茶树害虫防控的
化学生态和物理通信基础

陈宗懋　**主编**　蔡晓明　**副主编**

中国农业科学院茶叶研究所

上海科学技术出版社

图书在版编目（CIP）数据

茶树害虫防控的化学生态和物理通信基础 / 陈宗懋
主编. -- 上海 : 上海科学技术出版社，2024.3
ISBN 978-7-5478-6558-3

Ⅰ．①茶… Ⅱ．①陈… Ⅲ．①茶树－病虫害防治
Ⅳ．①S435.711

中国国家版本馆CIP数据核字(2024)第050688号

茶树害虫防控的化学生态和物理通信基础
陈宗懋　主编　蔡晓明　副主编
中国农业科学院茶叶研究所

上海世纪出版(集团)有限公司
上海 科 学 技 术 出 版 社　出版、发行
(上海市闵行区号景路 159 弄 A 座 9F-10F)
邮政编码 201101　　www.sstp.cn
浙江新华印刷技术有限公司印刷
开本 787×1092　1/16　印张 32
字数 800 千字
2024 年 3 月第 1 版　2024 年 3 月第 1 次印刷
ISBN 978-7-5478-6558-3/S·279
定价：180.00 元

编 委 会

序 一

昆虫化学生态和物理通信学是以探索害虫、植物、天敌三重营养级间的化学、物理信息通信机理为核心的研究领域。这些信息包括植物释放的挥发物、昆虫分泌的信息素、植物的颜色和昆虫发出的振动信号等，它们在害虫、天敌的寄主选择，以及植物的抗虫性和昆虫的求偶交配等行为活动中发挥了重要作用，是调控田间害虫种群变化的重要因子。在分别经历了半个多世纪和一个多世纪的发展，昆虫化学生态通信和物理通信研究已形成了由昆虫学、化学、振动学、光学、生物化学、生物震颤学、生态学、信息学和植物生理学等多门学科的交叉融合体。如此复杂的学科融汇、宽广的研究范围显示了昆虫化学生态和物理通信研究的理论创新价值和广阔的生产应用前景。

中国是茶的故乡，茶叶种植面积、生产总量、消费总量均居世界第一，茶产业在助力脱贫攻坚和乡村振兴中起到了重要作用。但由于茶树生长在暖温带和亚热带地区，适宜的气候条件和较为稳定的生态环境，常常导致茶园害虫的严重发生。茶农在生产上多采用化学防治方法控制害虫危害的发生，化学农药的频繁使用不仅对饮茶者健康造成风险，而且也是导致害虫产生抗药性、次生害虫大发生的主要原因。因此，人们更期望采用无害化的方式进行茶树害虫治理，以期获得无污染的健康饮品。

秉持害虫绿色防控的理念，中国工程院院士陈宗懋率领研究团队从 20 世纪 90 年代开始，系统开展了茶树害虫化学生态和物理通信的研究工作，他们持之以恒、勇于创新，取得了多项高水平的科研成果，不仅系统研究了茶树挥发物的指纹图谱、挥发物对害虫种群的生态调控功能，而且还明确了茶树鳞翅目害虫求偶化学通信、茶小绿叶蝉求偶振动通信和茶树诱导抗虫性机制，以及视觉在茶树害虫寄主定位中的作用。基于这些基础研究成果，他们进一步研发了茶园主要鳞翅目害虫性诱剂、天敌友好型物理诱杀产品、茶小绿叶蝉求偶的振动干扰信号等绿色防控技术，集成构建的我国茶园主要害虫绿色精准防控体系，在多个茶区大面积推广应用，为茶叶产业的健康发展提供了重要科技支撑。

　　由陈宗懋院士团队编写的《茶树害虫防控的化学生态和物理通信基础》一书，凝练了我国茶树害虫研究的最新成果。全书内容丰富、系统性强、信息量大，它的出版为我国昆虫学科研工作者提供了一本高水平的专业性工具书，对推动我国昆虫学的发展和害虫绿色防控技术创新具有重要价值。

中国工程院院士　吴孔明

2023 年 11 月 12 日

序 二

　　茶是一种绿色、天然、健康的饮品，深受世人的喜爱，在日常生活中占有重要地位。改革开放 40 多年来，中国茶产业发展取得了令人瞩目的巨大成就。目前我国的茶叶年产值超 2 000 亿元、综合产值近万亿元，茶叶种植面积、生产总量、消费总量均居世界第一。茶产业已成为我国一项具相当规模的产业，在助力脱贫攻坚和乡村振兴中起到了重要作用。

　　茶树分布在我国暖温带和亚热带地区，温暖而潮湿的气候条件有利于害虫的繁衍和生存，每年由此对茶叶生产造成的损失不下 10%～15%。由于茶叶是一种对人体健康有益的饮品，因此人们更期望采用无害化的治理方式进行害虫防治，以获得一种无污染的健康饮品。为此，陈宗懋院士团队从 20 世纪 90 年代开始，相继进行了茶树害虫化学生态、茶树害虫物理通信的研究和探索，以期为茶树害虫防治提供更加安全的技术。过去的 30 余年，他们在茶树、害虫、天敌三重营养级间的化学和物理通信、茶树鳞翅目害虫求偶化学通信、茶树刺吸害虫求偶振动通信等方面取得了系统且扎实的基础理论研究结果。同时，他们更加注重将这些基础研究结果转化为茶树害虫绿色防控技术。近 10 年里他们还相继研发出茶树鳞翅目害虫系列化性诱剂、窄波 LED 杀虫灯、黄红双色诱虫板、茶天牛食诱剂、茶小绿叶蝉求偶振动干扰信号等茶树害虫绿色精准防控技术与产品。目前，这些技术已作为农业农村部主推技术在我国各茶区大规模应用，并取得了良好的害虫防控和农药减施效果，对我国茶产业绿色可持续发展起到了重要的推动作用。

　　此次，陈宗懋院士团队出版的《茶树害虫防控的化学生态和物理通信基础》一书，凝练了茶树害虫及其相关领域的最新研究成果。全书内容丰富、系统性强、信息量大，涉及了化学生态、视觉生态、振动通信等三个研究方向，融合交叉了昆虫学、化学、振动学、光学、生物化学、生物震颤学、信息学、行为学、植物生理学、分子生物学、生态学等多个学科。本书注重基础理论研究在害虫防控中的应用，内容以陈宗懋院士团队的研究成果为主，同时对最新的国内外昆虫化学生态和物理通信文献资料进行了收集和整理。该书的出版为我国昆虫学科研工作者提供了一本高水平的专业性工具书,可为昆虫的化学生态、物理通信研究提供一定的参考,对推动茶树害虫绿色防控技术创新具有重要价值。

中国工程院院士

2023 年 11 月 24 日

前 言

　　生物间的信息交流是自然界中普遍存在的现象,对于物种的繁衍、生态系统的稳定发挥着至关重要的作用。生物间主要依靠化学和物理的信息进行交流。在害虫、植物、天敌的三重营养级关系中,这些信息包括:植物释放的挥发物、昆虫分泌的信息素、植物的颜色和昆虫发出的振动信号等。它们在害虫、天敌的寄主选择,植物的抗虫性和昆虫的求偶交配等方面发挥了重要作用,是保证昆虫觅食、交配和植物抗虫的关键。昆虫化学生态和物理通信的研究分别经历了半个多世纪和一个多世纪的发展,涉及化学生态、视觉生态、振动通信等三个研究方向。随着研究的不断深入,逐步实现了昆虫学、化学、振动学、光学、生物化学、生物震颤学、信息学、行为学、植物生理学、分子生物学、电生理学、生态学、微生物学、环境科学等多门学科的融合交叉。在宏观研究水平上,已实现从个体到种群、群落和生态系统的发展;微观上已从个体水平发展到分子水平、基因组学水平。目前昆虫化学生态和物理通信研究,不仅是国际昆虫学研究中最活跃的方向之一,也是植物保护学的研究热点。

　　茶叶生长在我国暖温带和亚热带地区,常年害虫发生严重,化学农药的频繁使用不仅导致害虫产生抗药性、次生害虫大发生等问题,还造成了农药残留问题。茶叶是一种对人体健康有益的饮品,因此人们更期望采用无害化的治理方式进行害虫防治,以获得一种无污染的健康饮品。在这样一个大背景下,研究团队分别于 20 世纪 90 年代后期和 21 世纪 10 年代相继开始了茶树害虫化学生态、茶树害虫物理通信的研究和探索,以期为茶树害虫防治提供更加安全的技术。历时 30 余年的研究,得到了国家自然科学基金、国家茶叶产业技术体系、国家科技支撑计划、国家重点研发项目、公益性行业科研专项、浙江省科技厅重大项目、浙江省自然科学基金等项目的资助,使得我们在虫害诱导茶树挥发物的指纹谱和动态变化、害虫定位茶树和天敌寻觅害虫的化学通信机制、植物挥发物对害虫种群的生态调控功能、茶树鳞翅目害虫性信息素的鉴定及应用、外源化合物诱导的茶树抗虫性、茶树害虫识别嗅觉信息的分子机制、视觉在茶园害虫寄主定位中的作用、茶小绿叶蝉求偶振动通信等方面取得了一些成果。同时,近 10 年茶树害虫化学生态和物理通信研究发展迅速,我国已将部分研究成果,主要包括:茶树鳞翅目害虫系列化性诱剂、茶天牛食诱剂和窄波 LED 杀虫灯、黄红双色诱虫板等天敌友好型害虫物理精准诱杀技术大规模应用到茶树害虫防控中,并获得良好的效果。

尽管国内已出版了一些昆虫化学生态学和昆虫声学的专著,并且在 2013 年出版了《茶树害虫化学生态学》,但本书写作对象围绕茶树进行,对茶树与害虫之间的化学、物理通信关系进行了较为透彻的阐述。同时,相较 2013 年出版的《茶树害虫化学生态学》,本书更加注重将基础研究和应用研究联系起来,将试验室的研究结果应用到茶园中的害虫防治。书中内容以本研究团队的研究成果为主,并结合国际发展趋势对最新的国内外文献资料进行收集和整理。这样,在理论上可为害虫的化学生态、物理通信研究提供一定的参考,在实践上也可为茶树害虫的无害化治理提供新思路。我们期望这本书的出版,对提升我国茶园有害生物防控技术有所促进,同时对我国昆虫化学生态研究、物理通信研究的发展也能作出一定的贡献。

本书的出版得到中国农业科学院科技创新工程的支持,在此表示衷心的感谢。由于时间仓促,本书还会有错误和遗漏之处,殷切希望读者和同行在阅读过程中提出批评并加以指正。

编著者

2024 年 2 月

目录

第三章
茶树挥发物的组成、生态功能和在害虫防控中的研究与应用　076

第八章
视觉在茶树主要害虫寄主定位中的作用与应用　362

附表一

附表二

第一章
中国茶树害虫区系的组成、变迁和演替

茶树原产于我国的西南地区,至今已有3 000多年的漫长历史。茶树在我国分布于北纬18°~37°、东经94°~122°的范围内,东起台湾地区、西至西藏察隅河谷,南自海南琼崖、北达山东半岛,分布于20个省、1 000多个县市。垂直分布上,茶树最高可种植在海拔2 600 m的高山,最低种植地距海平面仅62.73 m。种植区域则跨越6个气候带:中热带、边缘热带、南亚热带、中亚热带、北亚热带和暖温带。这种在物候条件上的差异不仅对茶树的生长发育具有重大的影响,而且对以茶树为食的害虫区系的发生、变迁和演替也具有显著的影响。

我国茶园面积2022年为339.3万 hm²,居世界首位,占世界茶园总面积的62.73%。茶叶产量2022年为334.2万 t,占世界总产量的47.45%。茶叶出口量2022年为37.52万 t(表1-1)。

表1-1 1950—2022年我国茶园面积、茶叶产量和出口量

年 份	面积(万 hm²)	产量(万 t)	出口量(万 t)
1950	16.94	6.22	1.87
1960	37.20	13.58	4.26
1970	48.73	13.60	4.17
1980	104.07	30.37	10.79
1990	106.13	52.50	19.55
2000	108.90	68.33	22.77
2010	274.13	209.20	30.10
2015	287.73	224.89	32.40
2020	321.70	293.18	34.88
2021	330.80	316.40	36.94
2022	339.30	334.20	37.52

1.1 茶树害虫的区系组成

茶园害虫在茶园生态系中以茶树为主体,与其他植物、动物和微生物之间相互制约、相互依存,经历了由量变到质变的发展过程,最后组成相对稳定的区系结构。茶树主要分布在气候温暖、雨量充沛的亚热带和热带地区,是一种多年生的木本植物,有利于茶树害虫的生长和繁衍。在世界范围,茶树鳞翅目害虫种类最多,半翅目种类次之,鞘翅目居第三位(陈宗懋,1979;2011)(表1-2)。在危害部位上,以危害芽叶的害虫种类最多,占总数的60%左右,危害茶树茎部的占24%左右,危害根部的占总数的12%,危害花、果和种子的占4%左右(Chen, 1989)。据张汉鹄和谭济才统计,到2004年11月出版时为界,我国茶树上的有害生物总计814种,包括昆虫、螨类和其他有害生物(包括蜗牛、蛞蝓和鼠类等)。常见种类则有400余种(张汉鹄和谭济才,2004)。在800多种茶树害虫和害螨中,害虫占总数的98%,害螨占2%。据陈宗懋的调查(1989),在世界上已有记载的1034种茶树害虫(包括害螨)和我国当时已记载害虫和害螨进行的分类学归属的研究(陈宗懋,1979;2011),其结果和张汉鹄等(2004)的相关研究基本一致。

表1-2 茶树害虫(包括害螨)类群的分类学归属
(张汉鹄、谭济才,2004;陈宗懋,2011)

类 群	世界茶树害虫		中国茶树害虫	
	种 数	占比(%)	种 数	占比(%)
鳞翅目(Lepidoptera)	326	31.53	272	33.96
半翅目(Hemiptera)	276	26.69	285	35.58
鞘翅目(Coleoptera)	194	18.76	133	16.60
等翅目(Isoptera)	74	7.16	9	1.12
缨翅目(Thysanoptera)	66	6.38	21	2.62
直翅目(Orthoptera)	42	4.06	49	6.12
蜱螨目(Acarina)	20	1.93	15	1.87
膜翅目(Hymenoptera)	19	1.84	4	0.50
双翅目(Diptera)	15	1.45	6	0.75
脉翅目(Neuroptera)	1	0.10	2	0.25
啮虫目(Psocotera)	1	0.10	5	0.62
总计	1 034	100.00	801	100.00

在世界六大动物分布区中,我国茶区大部分处于东洋界范围内,北部延达古北界南缘。据初步分析,我国茶树害虫有85%以上的种类属于东洋区系,少数种类属于古北区系。我国

的动物地理分布为 7 个区,我国茶区分布在华南、华中、西南和青藏 4 个动物区,我国茶树害虫有 85% 以上的种属于华南和华中 2 个动物分布区(陈宗懋,2011)。张汉鹄和谭济才(2004)将我国茶区分为 4 个纬度段:北纬 18°～25°、25°～30°、30°～33° 和 33°～37°,各纬度段中的茶树害虫种类分别为 580 种、501 种、302 种和 178 种,害虫的发生种类数量与纬度高低呈极显著负相关(图 1-1)。

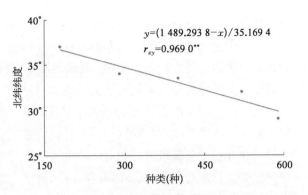

$$y=(1\ 489.293\ 8-x)/35.169\ 4$$
$$r_{xy}=0.969\ 0^{**}$$

图 1-1　我国茶树有害昆虫种数与纬度的关系

　　茶树害虫的组成是茶树和昆虫在环境条件的长期影响下,经过适应、竞争,由量变到质变的过程,最后发展成一个相对稳定的害虫区系。我国茶树害虫区系包括如下 3 大类群。

1.1.1　茶树上的寡食性昆虫种群

　　这类害虫往往是在很长的历史时期中与茶树长期共存,并对茶树释放的挥发物或茶树组织中的某些组分具有偏嗜性,从而形成了一种食物链中的依存和制约关系。这种寡食性的茶树害虫以茶树作为其主要的食料,具有较强的专化性。如茶尺蠖(*Ectropis obliqua* Warren)、灰茶尺蠖(*E. grisecens* Warren)、茶蚕(*Andraca bipunctata* Walker)和茶网蝽(*Stephanitis chinensis* Drake)等。

1.1.2　由其他植物上转移到茶树上并已上升到重要地位的害虫种群

　　茶园有害生物中除了专化性较强的寡食性昆虫种类外,大量的是一些多食性的土著害虫。它们有的种类主要在其他植物上危害,而只将茶树作为过渡食料。也有一些种类由于茶树提供的食料比其他植物在营养上更适合于这些害虫,因此尽管原来主要在其他植物上栖息危害,但会逐渐转移到茶树上,渐渐成为茶树上的一个优势种。从 20 世纪五十年代到七八十年代的短短的二三十年中可以列举出如下 5 个实例。

　　第一个实例是油桐尺蠖(*Buzura suppressaria* Huenee)。它原系油桐树上的一种重要害虫,在侵入茶园后,茶树上的嫩叶可能在数量上、口味品质上对它的吸引力超过了油桐树的叶片,在 70 年代前后我国茶园面积的发展速度远远超过了油桐树的发展,使其在食性上逐渐转化,在不长的时间里,即在 20 世纪的七八十年代,油桐尺蠖在湖南、江西、浙江等省很快地从油桐园转移到茶园危害,从而使油桐尺蠖在茶园中的优势地位远超过在油桐树上的地位。这一方面是由于茶园面积在我国的迅猛发展,另一方面和害虫对生态环境变换的选择和适应有很大关系。

　　第二个实例是茶小绿叶蝉(*Empoasca onukii* Matsuda)。它原是桃树及其他林木中的一种次要害虫,在侵入茶园后,由于叶蝉类害虫性喜吮吸植物汁液,而茶树嫩梢密集、柔嫩多汁,符合该虫的危害要求。尤其是近 20 年来,我国茶园面积发展速度较快,许多茶区都实施了夏秋茶留叶采摘制度,这为茶小绿叶蝉提供了更丰富的食料,因此使其增殖和繁殖速度加快。目前,茶小绿叶蝉已成为我国茶树上最重要的一种害虫。

第三个实例是长白蚧(*Lopholeucaspis japonica* Cockerell)。它原系梨树上的一个次要蚧种,20 世纪五六十年代随着茶园面积的发展,在不长的时间中迅速蔓延滋长,成为浙江、湖南、江苏、安徽等省茶区的重要害虫种类,对当地的茶叶产量带来显著的影响。

第四个实例是茶细蛾(*Caloptilia theivora* Walsingham)的暴发。茶细蛾原是山茶科植物上的一种次要害虫,在 20 世纪后半叶我国茶产业的大发展中转移到茶树上后,由于茶梢上的幼嫩芽叶适于茶细蛾卷苞和潜叶的危害特性,加之茶树是一种常绿植物,终年有大量叶片为此虫提供适宜的产卵场所,因此在江苏、浙江、安徽等省上升成春茶期的一种重要害虫。

第五个实例是日本茶产业的一种严重害虫桑盾蚧(*Pseudaulacaspis pentagonda* Targioni)。它原是桑树上的一种次要蚧种,在日本从桑树转到茶树上后,短短几年发展非常迅速,此虫对在日本茶产业中占 95% 的栽培品种'薮北'高度适宜,危害特别严重,因此从 20 世纪 90 年代迅速滋长为第一号害虫,给日本茶产业造成严重威胁。

1.1.3 多食性的昆虫种群

多食性类害虫的寄主范围较广,虽然不是茶树的专一性害虫,但也可以对茶树带来严重危害,特别对新开垦的茶区会造成较大的损失,如蛴螬、白蚁、地老虎等。在大面积扩展新茶园时,往往会出现一些危害其他植物的当地杂食性害虫转移到茶树上。在 20 世纪末期,我国扩展新茶园时曾出现甜菜夜蛾(*Spodoptera exigua* Hübner)和斜纹夜蛾(*Spodoptera litura* Fabricius)的普遍发生。它们原是棉花、蔬菜上的重要害虫,在附近出现新扩展的茶园时往往出现转移危害。有些多食性害虫种类会通过适应过程转移到茶树上,从而成为主要害虫。前文列举的 20 世纪七八十年代油桐尺蠖在我国新扩展茶区的暴发就是一个实例。

总的来说,在初开垦茶园中,开始的几年往往以多食性害虫为主。以后随着茶园面积的扩大,茶树的挥发物会通过扩散逐渐传递到周围地区,对一些寡食性的害虫产生引诱效应,然后逐渐进入茶园生态系统中定居和建立种群。在这些新茶园逐渐进入投产后,害虫的区系逐渐稳定和扩展。另一些多食性的害虫种群则在适应的过程中,有些稳定成为当地的重要种群,也有些种类会逐渐转移到其他农作物上。此外,人为因素的介入也会加速害虫种群的适应、变迁和演替。在一个新的种植业和种植规模建立的过程中,害虫也会逐渐通过适应建立起区系。在此过程中,茶树的挥发物种类和数量也逐渐增加并起到引领作用,茶树挥发物则受害虫种群的组成和规模的影响。

茶树害虫的区系组成形成后并非一成不变,会受各种外部环境因素(种植方式、栽培技术、气候变化等)影响发生相应的变迁和演替,从而形成新的区系组成。从 20 世纪 60 年代到 21 世纪初的 50 年中,我国茶产业中的茶树害虫群体和种类有很大的变化,特别是在发生的严重程度上差异很大。和 20 世纪六七十年代相比,21 世纪的前 20 年中有几类害虫发生的严重程度明显增加,茶网蝽、蓟马、茶小绿叶蝉等几种吸汁性害虫这 20 年来在我国许多产区已经上升为主要害虫。其主要原因是由于我国茶产业的发展,茶叶的产量 2010 年已达到 300 万 t 左右。许多地区夏秋茶停采,为茶小绿叶蝉、蓟马等害虫的生长繁殖提供良好的食料基础。许多地区在这 20 年来的夏秋茶采摘期间,象甲和叶甲发生较重,这也和大量茶区夏秋茶停采的种植管理方式有密切关系。20世纪蓟马的发生主要在我国的西南茶区,但从21世纪的虫情发生情况看,蓟马从西南茶区东移的现象明显,蓟马通常在夏秋季发生较重,这和21世纪来许多茶区夏秋茶停采的管理方式有一定关系。蚧类和螨类在20世纪六七十年代是两类发生严重的害虫,但从21世纪全国茶区发生情况来看,蚧类和螨类的发生呈下降趋势,这不仅和21世纪的水肥培管水平的提高有关,也和有机肥的普遍应用和农药种类的更换有关。我国茶树封园后石硫合剂应用面积的扩大也和蚧螨类数量下降有直接关系。

1.2 茶树害虫的变迁

茶园生态系是一个独特的生态环境。茶树又是一种多年生的作物,地处亚热带和热带气候条件,温暖湿润、终年枝叶茂密,不像一年生作物生长环境变化较大,茶树害虫生活在这样的环境下,经过一段时间的适应后形成种群相对比较稳定的害虫区系。但这种稳定现象只是相对的,在不同地域气候条件和人为因素的影响和干扰下,这种长期形成的区系格局会随着空间和时间的变化而发生改变。这种改变可以在种类上出现定性的变化,也可以在数量上出现定量的变化。在茶叶生产上就相应地表现出害虫种类上的增加或减少,出现某些种的猖獗发生或蔓延,或出现某些种在数量上的减少和消失。在这些影响因子中,最明显的是气候因子的影响和人为技术因素的干扰,特别是使用化肥和农药带来的影响最大。

1.2.1 不同地域茶树害虫的区系变迁

我国茶区地域辽阔,跨6个气候带,覆盖19个纬度、28个经度,还有海拔2600 m的垂直跨度,因此我国各茶区的气候条件具有很大差异,从而导致各茶区害虫的种类和发生程度也有很大差异。目前,我国的茶叶种植划分为四大茶区:江北茶区、江南茶区、西南茶区和华南茶区。按害虫发生的种类数统计,以华南茶区的害虫种类数最多;随着地理位置的北移,害虫的发生数量则随之减少。总体来说,害虫发生的种类数依次为:华南茶区>江南茶区>西南茶区>江北茶区(表1-3)。

表1-3 我国四大茶区害虫发生种类数比较
(张汉鹄、谭济才,2004)

茶 区	害虫种类(种)	占比(%)
华南茶区	668	83.50
江南茶区	620	77.50
西南茶区	580	72.50
江北茶区	339	42.38

从不同茶区害虫发生种类的比较可以发现,四大茶区有许多共同的害虫种类,但也有一些各茶区特有的害虫种类,这在很大程度上和各茶区的气候环境、茶叶品种有关。

(1) **华南茶区** 位于大彰溪、雁石溪、梅江、连江、浔江、红水河、南盘江、无量山、保山、盈江以南,包括福建东南部、台湾和广东中南部、海南和广西南部、云南南部。整个茶区地跨热带北缘和亚热带南部,气候高温多湿,年平均温度在20℃以上,年极端最低温度不低于−3℃。全年降雨量可达1 500 mm,海南部分地区可达2 600 mm,茶树品种多为乔木型大叶种茶树。从总的发生种类来看,华南茶区的害虫发生种类丰富,茶毛虫(*Euproctis pseudoconspersa* Strand)、灰茶尺蠖(*Ectropis grisecens* Warren)、茶小绿叶蝉、黑刺粉虱、蚧类、螨类等其他茶区都发生的广布种在华南茶区也普遍发生。另一些昆虫种类,如茶角盲蝽(*Helopeltis fasciaticollis* Poppius)、可可广翅蜡蝉(*Racania cacaonis* Chou et Lu)、咖啡小爪螨(*Oligonychus coffeae* Nietner)、茶小蛾(*Laspeyresis leucostoma* Meyrick)、山茶叶螟(*Schoenobius bipunctiferus* Walker)、金黄螟(*Pyralis regalis* Schiifermuller et Denis)、大钩翅尺蠖(*Hypesidra talaca* Walker)、大毒蛾(*Dasychira thewaitesi* Moore)、河星黄毒蛾(*Euproctis staudingeri* Leech)、龙眼蚁舟蛾(*Stauropus alternus* Walker)、茶芽瘿蚊(*Contarinia* sp.)、龙眼裳卷叶蛾(*Cerace stipatana* Walker)、大鸢尺蠖(*Ectropis excellens* Butler)、海南黑土白蚁(*Odontotermes hainansis* Light)等地域性种类则在华南地区发生(张汉鹄、谭济才,2004)。华南茶区的害虫发生种类和印度、斯里兰卡等热带产茶国家的害虫种类很近似,这可能和地区间的气候条件相似有关。

(2) **江南茶区** 位于长江以南、南岭以北、武陵山脉以东,直至东部沿海,包括湖南、江西、福建北部、浙江、江苏南部、广西北部、广东北部、安徽南部和湖北南部,是我国最大的产茶区,地处我国中亚热带季风气候区。该区气候温和、季节分明,年平均气温在15.5℃以上,冬季极端最低气温不低于−8℃,年降雨量在1 000~1 400 mm。茶树大多为灌木型中叶种和小叶种,有少部分小乔木型中叶种和大叶种。从总的害虫发生种类来看,江南茶区的害虫发生种类丰富,茶尺蠖、茶毛虫、茶小绿叶蝉、黑翅粉虱、蚧类和螨类等全国发生的广布种在江南茶区也普遍发生。另一些昆虫种类,如灰茶尺蠖、茶丽纹象甲(*Myllocerinus aurolineatus* Voss)、茶细蛾、茶橙瘿螨(*Acaphylla steinwedeni* Keifer)、长白蚧等优势种在江南茶区严重发生。还有一些在华南茶区发生的南方种也向北扩展到江南茶区,如咖啡小爪螨、茶枝小蠹虫(*Xyleborus fornicates* Eichhoff)、茶角胸叶甲(*Basilepta melanopus* Lefevre)、河星黄毒蛾、茶吉丁虫(*Agrilus* sp.)、黑跗眼天牛(*Chreonoma artritarsis* Pic)、茶网蛾(*Striglina glarcola* Faldermann)等(张汉鹄、谭济才,2004)。

(3) **西南茶区** 位于米仓山、大巴山以南,红水河、南盘江、盈江以北,神农架、巫山、方斗山、武陵山以西,大渡河以东等地区,包括贵州、四川、重庆、云南中北部以及西藏东南部。虽然该区大多属高原地区,但仍属亚热带气候,平均气温在14~17℃,冬季较温暖,一般冬季极端最低温仅为−3℃,年降雨量在1 000 mm以上。茶树以灌木型和小乔木型为主,部分地区还有乔木型茶树。从总的害虫发生种类看,数量较多,灰茶尺蠖、茶毛虫、茶小绿叶蝉、黑刺粉虱、蚧类和螨类等全国发生的广布种在西南茶区也普遍发生。另一些昆虫种类,如茶跗线螨、茶网蝽、茶牡蛎蚧(*Lepidesaphes tubulorum* Ferris)、茶枝瘿蚊(*Asphondylia* sp.)、茶黄蓟马(*Scirtothrips dorsalis* Hood)、贡山喙蓟马(*Mycterothrips gongshanensis*)、茶籽象甲

(*Curculio chinensis* Chevrolat)、茶梢蛾(*Parametriotes theae* Kuz.)等成为优势种,在西南茶区严重发生。还有一些在华南茶区发生的南方种也向北扩展到西南茶区,如尼泊尔盾蝽(*Poecilocoris nepalensis* Has)、茶透翅蛾(*Conopia quercus* Mats.)等(张汉鹄、谭济才,2004)。

(4) 江北茶区 南起长江,北至秦岭、淮河,西起大巴山,东至山东半岛,包括甘肃南部、陕西南部、湖北北部、河南南部、安徽北部、江苏北部和山东东南部等地,是我国最北的茶区。该区大部分地区的年平均气温在 15.5℃ 以下,极端最低温在 −15～−10℃,年降雨量在 1 000 mm 左右,地处亚热带北缘,茶树大多为灌木型中叶种和小叶种。从害虫发生的总趋势看,种类数偏少,全国性的广布种如灰茶尺蠖、茶小绿叶蝉、茶小卷叶蛾、黑刺粉虱、蚧类和茶橙瘿螨类等在江北茶区也普遍和严重发生。但也有一些属古北区系的昆虫种,如几种盲蝽、北方发生普遍的华北蝼蛄(*Gryllotalpa unispila* Saussure)、暗黑鳃金龟甲(*Holotrichia parallela* Mots.)在江北茶区也有发生(张汉鹄、谭济才,2004)。

1.2.2 不同年代种植茶树的害虫区系变迁

茶树是一种多年生常绿植物,分布在亚热带、热带和暖温带,由于温暖高湿的气候条件和多年生的生物学特性,因此和其他农作物相比,茶园中通常蕴藏有较多数量的害虫种类。Southwood 早在 1961 年就提出植物种的分布范围越广,对其危害的害虫种类和数量也越多,并建立了一种面积与害虫种类及数量间的关系。Strong(1974,1977)等和 Wastie(1975)分别对可可、甘蔗和森林害虫种类进行了研究,并得出作物的种植面积是影响害虫种类最重要的因素等结论。在茶树上,印度的 Benerjee(1981)认为茶园种植年限和面积对害虫的种类和数量具有重要的影响,但到一定年限后,这种影响会逐渐减弱,并提出一个 35 年的期限。超过这个年限,害虫的积累程度就达到饱和。本书作者对世界种茶国家种茶的年限和害虫发生种类之间关系的研究表明,我国茶树害虫的饱和年限应该在 100～150 年。从表 1-4 可见,由于我国各产茶省都有较悠久的种茶历史,因此在不同种植面积和害虫种类上的差异不大,但和分布位置有联系。我国南部茶区(如广东、云南、台湾)由于气候温暖,害虫数量较多,而偏北茶区(山东、河南)的害虫种类则较少。

表 1-4 我国各产茶省份茶园面积和害虫种类数量
(金孟肖,1957;陈宗懋、陈雪芬,1999;张汉鹄、谭济才,2004;陈宗懋,2011)

产 茶 叶 省 份	2021 年茶园面积 (万 hm²)	害虫记录数量 (种)
云南	50.46	436
湖北	36.91	301
四川	40.48	433
福建	23.21	408
浙江	20.62	510
贵州	47.22	386

产茶叶省份	2021 年茶园面积 （万 hm²）	害虫记录数量 （种）
安徽	20.50	336
湖南	20.33	439
河南	11.58	225
陕西	15.65	230
广西	9.61	380
江西	11.71	510
广东	8.93	464
江苏	3.42	330
重庆	5.43	418
山东	2.69	187
海南	0.23	366
全国总计	328.98	839

注：我国台湾地区资料缺，容以后补缺。

　　在同一地域范围，甚至在同一茶园中，害虫区系或种类也会在年度间发生变化，这主要受环境条件、人为因素干扰的影响。以浙江省为例，据金孟肖（1937）报道，浙江茶叶生产中的主要害虫种类有：茶尺蠖、茶毛虫、茶蓑蛾、茶锈刺蛾等 7 种。在中华人民共和国成立前，茶园的管理措施比较单一，病虫防治所用的农药以矿物性农药（如石硫合剂、波尔多液）和植物源农药（如鱼藤酮、除虫菊素、烟碱）为主，使用的肥料则以有机肥为主。人为因素对茶园生态环境和生态系的干扰和破坏很小。因此，茶树上的害虫种类基本趋于相对稳定状态，以食叶性害虫和钻蛀性害虫为优势种（陈宗懋，1979；张汉鹄、谭济才，2004）。

　　中华人民共和国成立伊始，茶叶生产处于恢复阶段，技术措施主要是对衰老茶园的改造。因此，在老茶园中害虫的防治主要是以食叶类害虫（茶尺蠖、茶毛虫、蓑蛾、刺蛾等）和钻蛀性害虫为主。钻蛀性害虫的发生随着修剪、台刈等技术的推广而有明显减轻。20 世纪 50 年代末到 60 年代初，老茶园改造和新茶园发展是当时提出茶叶生产中的主要技术措施。人工合成的化学农药，如滴滴涕和六六六开始在茶叶生产中推广应用，化学肥料也在茶叶生产中普遍应用。这些措施的推广应用对茶叶产量的增长发挥了重要作用，但对生态系中种群间的平衡产生了负面的影响，表现为天敌数量的减少、害虫再猖獗现象的出现，如 60 年代茶园出现蚧类害虫的大面积发生和严重危害。当时，各茶区的主要害虫除了茶尺蠖、茶毛虫、蓑蛾、刺蛾、茶丽纹象甲等以食叶类害虫为优势种的害虫区系外，以长白蚧（*Lopholeucaspis japonica* Cockerell）、蛇眼蚧（*Pseudaonidia dülex* Cockerell）、茶长绵蚧（*Chloropulvinaria aurantia* Cockerell)、龟蜡蚧(*Ceroplastes floridensis* Comstock)等过去在果树和林木上发生的蚧类在茶树上也猖獗发生。另一个明显变化是,由于新茶园的扩展、化学氮肥的使用导致许多芽叶害虫,如茶小绿叶蝉、茶蚜、茶细蛾在 60 年代初期和中期在我国茶业生产中也呈上升趋势(陈宗懋,1979,2011)。

20 世纪 60 年代到 70 年代中期,我国新茶园大批出现,茶园面貌发生明显改变。化学肥料在茶园中的使用量迅速增加,化学农药在茶叶生产中的施用量和施药次数也直线上升。尽管化肥和农药使用后的正面效应为生产接受,但负面效应也在生产中暴露无遗。氮肥施用量的迅速增加改变了茶树芽叶中的酸性氨基酸和碱性氨基酸间的比例。精氨酸含量的上升可以引起多种蚧类和螨类的产卵量增加(金子武,1976),从而使茶橙瘿螨在我国许多茶区猖獗发生。蚧类在我国茶区的严重发生不仅使有机磷农药的用量增加,也使得有些害虫的种群密度上升。当时,茶叶生产中的主要害虫除了茶尺蠖、茶毛虫、茶丽纹象甲等食叶类害虫发生普遍和严重外,长白蚧、蛇眼蚧、角蜡蚧(*Ceroplastes ceriferus* Anderson)、椰园蚧(*Temnaspidiotus destructor* Signoret)等多种蚧类,茶小绿叶蝉、茶小卷叶蛾(*Adoxophyes honmai* Yasuda)、黑刺粉虱(*Aleurocanthus camelliae* Kanmiya and Kasai)、茶橙瘿螨、茶叶瘿螨(*Calacarus carinatus* Green)、卵形短须螨(*Brevipalpus obovatus* Donnadiev)、茶跗须螨[*Polyphagotarsonemus latus* (Banks)]等螨类在全国茶叶生产中也普遍发生(陈宗懋,1997,2011;金子武,1976)。

20 世纪 70 年代到 80 年代全国茶园面积大发展,茶树的栽培方式以新茶园为主,氮肥的用量随着名优茶的发展而继续上升。化学农药的应用品种有所更换,拟除虫菊酯类农药占主要地位。茶叶生产中的主要害虫除了茶尺蠖、茶毛虫和茶丽纹象甲等食叶类害虫仍发生普遍和严重外,黑刺粉虱是 80 年代以来在全国各茶区发生严重和普遍的一种害虫,且在茶产业中的发生程度有日益严重的趋势(徐德良,1990)。在采摘标准上,采嫩芽和嫩叶以适应产品的高质量要求。由于采摘方式的改变,嫩芽和嫩叶采下后,留下的鱼叶和成叶是茶细蛾产卵的合适场所,因此 21 世纪茶细蛾在四川、重庆、江苏、浙江等省市出现上升趋势。螨类在全国 4 个茶区都有不同程度的上升趋势。各种蓟马和茶跗线螨在西南茶区已逐渐上升为主要害虫。角蜡蚧在全国茶区发生较为普遍,并有上升趋势。茶黑毒蛾在安徽、浙江、江苏等省加害茶园老叶,并对翌年春茶具有一定威胁。斜纹夜蛾原是棉花和蔬菜上的食叶害虫,现已成为茶树上重要的迁入性害虫。油桐尺蠖和木橑尺蠖在湖南、浙江、安徽等省茶区的局部地区已从林业树种上转移到茶树上,成为茶园的暴食性害虫(陈宗懋,1979,2011)。

20 世纪 90 年代到 20 世纪末的 10 年中,我国茶产业结构开始发生重要的调整。到 2000 年,全国茶树种植面积已达到 108.9 万 hm²。随着人民生活水平的提高,消费者对名优茶的需求和茶叶的嫩度有明显提高,因此保证高质量的春茶产量是这段时期茶叶生产的重点。这一时期贯彻实施的夏秋茶停采留养技术,为秋季叶蝉提供了充沛的食物,为叶蝉越冬创造了良好条件,使得茶小绿叶蝉发生愈发严重,成为我国茶园第一号害虫。在茶园管理技术上也和 20 世纪七八十年代有很大的不同。根据名优茶的要求采摘单芽、1 芽 1 叶和 1 芽 2 叶,因此在采摘技术上要求嫩度较高。一方面在茶树上会有较多留叶,另一方面在施肥技术上也要求使用更多的氮肥。在害虫发生的种类上和 20 世纪七八十年代也有很大的不同。茶园中的主要害虫除了茶尺蠖、茶毛虫、茶丽纹象甲这些食叶害虫仍普遍和严重发生外，黑刺粉虱、各种螨类、茶棍蓟马（*Dendrothrips minowai* Priesner），茶黄蓟马（*Scirtothrips dorsalis* Hood）等刺吸和锉吸式口器害虫对茶叶生产带来的危害性比过去更为严重，其中威胁最大的是茶小绿叶蝉。在防治技术上，根据国际科学研究进展，对食品，包括茶叶在内的质量安全赋予更多的关切和规定。与此相关联的是，在对茶树害虫的防治技术上更加强调害虫综合治理和无公害防治，在化学防治上提出尽量减少化学农药的使用量，同时在农药的使用上开始重视农药品种的合理选用。高毒性农药已在茶叶生产中禁用，高水诱性农药也在逐步停用。

21 世纪开始的 20 年（2001—2020 年），我国的茶园面积从 2000 年的 108.9 万 hm^2 增加到 2020 年的 315.62 万 hm^2，20 年间增加 1.9 倍，全国茶园面积有很大幅度的发展。从总体发生情况来看，叶蝉、蓟马、盲蝽、螨类、蚧类、粉虱等刺吸式和锉吸式口器的害虫呈现增长势头。21 世纪，茶叶生产的一个大的变化趋势是减少化学农药施用，并提出了"绿色防控"的观念，反映出对质量安全方面的要求；对茶叶中的农药残留和环境污染物提出更为严格的规范与管理，采用了物理学和化学生态学的原理和方法进行害虫防治。2016 年国家颁布了 GB 2763 食品中农药最大残留限量的标准，其中包括茶叶的标准 48 项；2008 年，我国还实现了制定农作物国际限量标准零的突破。在茶园农药使用上，根据国际上对茶叶农药残留的高要求，21 世纪的研究发现，20 世纪末在茶叶上广泛应用的新烟碱类农药也存在质量安全问题，这类农药（吡虫啉、啶虫脒）在茶叶中的检出率和超标率都很高，因此引起了关注。进一步研究发现，问题的出现主要是这类农药具有很高的水溶性，这和茶叶的消费方式有关。一般食品是以生鲜或煮熟后的状态摄入人体，而茶叶则是用开水冲泡后只饮用茶水，而将茶叶丢弃。因此，如果在茶树上使用水溶解度高的新烟碱类农药，这些水溶性高的农药会从茶叶溶解到茶水中而被摄入人体内。进一步的研究提出了"有效风险限量"这个新的规范原则，为风险评价和农药安全选用提供了更为正确的科学基础。这些新的研究进展获 2019 年国家科技进步二等奖。为了更准确和简便地选出茶树上安全适用的农药，新增加了包括农药水溶解度在内的茶园农药安全评价的多因子体系。

1.3　茶树害虫的种群演替

中华人民共和国成立后 70 多年茶园害虫区系的组成、变迁和演替是茶园生态系统中害虫和人类共存以及害虫和天敌"竞争—平衡—再竞争—再平衡"后出现的结果（陈宗懋、陈雪芬，1999；陈宗懋，2011）。如果说种群的变迁是反映在不同种植年代和不同地域种群的变化，这种变化相对较小，因为这种影响的时间相对较短。而演替（succession）则是种群和环境长期相互作用而出现一些当地原来没有的新害虫种类，它的变化具有延续性和后继性。茶树是一种多年生木本常绿树种，它的栽培年限可达几十年到上百年，成龄后的茶树树冠茂密郁闭，小气候相对稳定，从而使得茶园生态系统中的昆虫区系（包括害虫和益虫）和微生物区系（包括病原菌和天敌微生物）与 1 年生作物相比，在年度间显得比较平稳。当茶园中的病虫区系随着茶树种植年限的增加而逐渐稳定后,这种区系中不同种类的种群数量虽然略有变化,但总体上保持相对平稳,优势种在漫长的岁月中能在较长时间内保持优势地位,而一些次要的病虫种群则不容易上升为优势种群。正是这个原因,在我国漫长的种茶历史中,占优势的病虫种群总是限于少数种类,而很少发生大的变化。但由于气候条件的变化,特别是人为因素的影响,尤其是近几十年来,随着科学技术的发展、茶园管理技术的改变,以及日益增多的人为因素介入自然界,从而发生了明显的病虫区系的演变,这种稳定性往往由于人为因素的影响而遭到破坏,出现了病虫种群的演替,这就使得在中华人民共和国成立以后的70多年中所发生的病虫区系的演替速度远远超过了以前漫长的历史岁月。总结这种区系发生演变的过程,主要有如下几个诱发因素。

1.3.1 茶园种植方式的变化

20世纪60年代以来,我国茶园面积有了很大的增长,种植方式也由丛栽发展为条栽,也导致了害虫种类和密度的增加,尤其是粉虱类、蚧类、螨类和蓟马类等小型害虫在丛栽条件下由于茶丛间的距离而较难传布蔓延,但在条栽条件下,这几类害虫在行间可以随着茶丛而传布蔓延。从70年代起,有的茶区推广密植栽培,这种种植方式使得害虫更加容易传布和蔓延。正因如此,茶小绿叶蝉、粉虱类、蚧类和螨类等小型害虫在条栽和密植茶园成为主要的害虫种群。大面积种植一种作物,尤其采用密植和条栽的种植方式,往往可以使得一些全年发生多代的害虫在大面积的这种生态系统中,更多地出现猖獗发生的情况(吕文明、楼永芬,1989)。所以大面积地种植单一作物,尤其是密植方式,由于减少生物种群的多样性往往有利于害虫的发生和蔓延,而不利于保持生态系中的种群平衡。

1.3.2 茶园栽培技术的变革

栽培技术的变革使得害虫区系由于生态环境的变化而发生演变。往往一项新技术的推行会引起某些害虫的严重发生,而另一些害虫发生减轻,这主要是因为一项技术措施的推广使害虫的生活环境发生改变,对其生活习性产生有利或不利的影响,从而影响这个种的繁衍和生长发育。如我国20世纪50年代老茶园改造和更新,推行重修剪和台刈,大大减少了茶堆沙蛀蛾、茶枝镰蛾和茶枝天牛等钻蛀型害虫的栖息场所,使这些害虫种群数量明显下降。而茶蚜、卷叶蛾等害虫由于修剪和台刈后芽梢的旺盛生长,从而使得一些趋嫩的害虫数量明显上升。茶细蛾成虫多在芽下第2~3叶和鱼叶上产卵,茶树留叶采摘技术为茶细蛾提供了合适的产卵场所,使得茶细蛾的种群数量在70年代有明显上升。这也是栽培技术引起害虫种群演替的一个实例。分批留叶采摘技术的推广使得茶跗线螨在许多茶区,特别在西南茶区猖獗发生与危害。新茶树品种的推广也往往会使得一些害虫种群演变为某些茶树品种的优势种。"薮北"茶树品种是日本在20世纪育成的一个良种,产量高、品质好。到20世纪80年代推广面积占日本茶园总面积的75%左右。但这个品种对病虫的抗性弱,在大面积推广种植后引起了桑盾蚧在全日本的广泛流行,成为世界茶叶界的一个深刻教训。茶树是一种采收嫩叶获得高经济效益的植物。在20世纪中叶,全世界种植茶树的国家都推行高氮化措施以获取高经济效益。这项措施推行后使得茶树种植国的病虫区系发生明显演变。由于高氮素的施用,导致茶树新梢生长柔嫩和密集,不仅使许多趋嫩的病虫种群数量明显增加,而且其他植物上的趋嫩害虫也转移到茶树上,并发展成为茶树上的优势种(南川仁博、刑部胜,1979)。研究还发现氮肥施用量过多会使茶梢中的氨基酸组分发生变化,茶树芽梢中的酸性氨基酸和中性、碱性氨基酸组分间的比例发生改变。其中,精氨酸含量增加具有促进茶树害螨和蚧类的产卵作用,增加产卵量。因此,氮肥施用量增加使得茶树上螨类的危害性增加。20世纪70年代以来,茶橙瘿螨、茶短须螨、茶蚜、蚧类和茶小绿叶蝉等刺吸式口器害虫在我国和日本以及其他产茶国严重发生就和氮肥的使用量偏高趋势有关(金子武,1976)。

茶小绿叶蝉是一种主要危害茶树嫩梢的害虫,在我国过去漫长的岁月里,茶小绿叶蝉并不是危害严重的茶树害虫。因为在20世纪70年代以前,我国的茶产业采摘标准是,既采摘茶芽、1芽1叶,又采摘1芽二三叶,所以许多茶区在秋季采摘后留下的成叶数量并不多。80年代以后,随着产业的发展和人民生活水平的提高,采摘后茶树上留下嫩的成叶数量增多,且许多茶区夏秋季停采,这些都为叶蝉的越冬创造良好的生存条件。上述采摘制度的改变使得茶小绿叶蝉从20世纪80年代开始上升为我国的主要茶树害虫。

1.3.3 化学农药的不合理使用

农药的不合理使用是造成茶园生态系中种群演替最重要的一个原因。化学农药的大量使用在杀死害虫的同时也伤害了害虫的天敌,使得生态系统中的种群平衡受到破坏,导致害虫种群数量上升。中华人民共和国成立以来,我国农业发展史上茶树害虫的3次大的演替就是由于化学农药的不合理使用所引起的(陈宗懋,1979,2011)。纵观20世纪50年代到21世纪20年代的70年漫长岁月中,我国茶区茶树害虫的种群有5次明显的种群变化,其中有3次主要由使用化学农药引起的,2次是由栽培技术改变引起的(表1-5)。

表1-5 我国5次茶树害虫种群演替因素分析
(陈宗懋,2022)

害虫种群演替记录	发 生 时 间	原 因 分 析
蚧类害虫流行	20世纪60年代中期	20世纪50年代有机氯农药的大量使用
螨类害虫流行	20世纪70年代中后期	20世纪60—70年代有机磷农药的大量应用
黑刺粉虱流行	20世纪70年代末	20世纪70年代拟除虫菊酯农药的大量使用
茶细蛾流行	20世纪70年代末至80年代初	留叶采摘有利于茶细蛾幼虫产卵
小绿叶蝉流行	20世纪90年代至21世纪20年代	夏秋季留养有利于叶蝉秋季生长繁殖

下面是我国茶区5次茶树害虫种群演替情况的发生及诱因分析。

20世纪50年代后期到60年代初,我国开始在茶区推广应用有机氯农药,这是一类性质稳定的化学农药,一度使得茶叶中的农药残留成为茶叶出口的一个制约因素。20世纪60年代中期,在全国茶区相继出现各种蚧类,如长白蚧(*Lopholeucaspis japonica* Cockerell)、蛇眼蚧(*Pseudaonidia duplex* Cock.)、椰园蚧(*Temnaspidiotus destructor* Signoret)、茶长绵蚧（*Chloropulvinaria floccifera* Westwood）、角蜡蚧（*Ceroplastes ceriferus* Anderson）、红蜡蚧（*C. rubens* Maskell）和龟蜡蚧（*C. floridensis* Comstock）等，并在各地相继暴发成灾，对茶叶产量和质量带来重要影响。这是我国茶区大面积茶树害虫种群演替的第一次显著变化。

20世纪六七十年代，有机磷农药在广大茶区推广以替代有机氯农药。虽然茶树上的蚧类害虫对有机磷农药敏感，但茶园中各种螨类，如茶橙瘿螨（*Acaphylla theae* Watt）、茶叶瘿螨（*Calacarus carinatus* Green）、卵形短须螨（*Brevipalpus obovatus* Donn.）、茶跗线螨（*Polyphagotarsonemus latus* Banks）和咖啡小爪螨等发生较重。由于有机磷农药对螨类的天敌有很强的杀伤力，而对螨类的卵杀伤力不强，因此在有机磷农药大量使用后的20世纪70年代中后期，螨类成为广大茶区继蚧类之后又一类危害严重的新类群。这是我国茶园害虫种群演替的第二次显著变化。

20世纪70年代中期，拟除虫菊酯类农药在茶园中普遍推广应用，这是一类持效期较长的农药。这类农药对害虫的天敌有很强的杀伤力，因此在拟除虫菊酯类农药大面积应用后的5～10年间，我国茶区大范围内相继出现一种刺吸式口器害虫——黑刺粉虱的流行和严重危害。由于这种害虫会分泌含糖类的蜜露，因此还会伴随发生煤病菌，使茶树叶层表面形成黑色的煤病菌层，它虽然并不对茶树叶片产生寄生关系，但黑色煤病菌在茶树叶面的存在会影响茶树进行光合作用。因此，黑刺粉虱的发生一方面是黑刺粉虱对茶树的危害，另一方面是分泌的蜜露引起的煤病菌严重影响茶树光合作用而产生的危害。因此，在20世纪70年代，黑刺粉虱的流行对我国茶园的产量产生巨大的影响。这也是我国茶园害虫种群演替的第三次显著变化。

我国茶树害虫种群演替的第四次和第五次演替变化所引起的原因与茶树栽培技术变化所有关。20世纪70年代末到80年代初，由于人民生活水平的提高和茶园面积的大幅增加，在茶园栽培管理技术上产生了很大差异，茶园管理水平有很大的提高，包括施肥水平有比较明显的增加，在采摘技术上对茶叶嫩度有较高的要求。同时，普遍实施留叶采摘以改进茶树树势。这项技术虽有利于改良茶树面貌，但也利于茶叶害虫的发生，如茶细蛾。茶细蛾在日本茶产业中发生严重。茶细蛾雌虫趋嫩性强，在留养茶园中发生严重，它的产卵习性是散产在芽下的第二、第三嫩叶上和嫩的成叶上，因此70年代中期前在我国茶产业中很少发生。但从70年代中后期开始，由于我国茶园面积增加很快，茶园管理技术也随之改变，其中留叶采摘技术非常适合茶细蛾的产卵习性。因此，70年代后期到80年代初的短短几年，这种过去很少发生的害虫很快在我国茶区，特别是浙江、江苏、安徽等省以及发展高级茶的绿茶产区发展为一种严重害虫。这是我国茶园害虫种群演替的第四次显著变化。

21世纪初期，我国茶产业害虫发生的一个普遍的现象是，茶小绿叶蝉已在全国范围发展成为第一号害虫，其原因也和茶园栽培管理有密切关系。20世纪70年代后期到80年代初，从经济上考虑，我国很大范围茶区中，在茶园的管理上实行夏秋茶少采或停采进行茶树留养以保证春茶数量和质量的栽培方式。这项技术从我国茶产业的总体安排来看是无可非议的，但夏秋茶留养却有利于茶小绿叶蝉秋季的生长和繁殖，因此导致21世纪初出现了茶小绿叶蝉的严重发生，成为茶产业中发生与危害最严重的一种害虫。这是我国茶树害虫的第五次种群演替变化。

参考文献

［1］陈宗懋.茶园病虫区系的构成和演替.中国茶叶,1979,1：6-8.

［2］陈宗懋,陈雪芬.茶业可持续发展中的植保问题.茶叶科学,1999,19：1-6.

［3］陈宗懋.中国茶经(增订版).上海：上海文化出版社,2011.

［4］陈宗懋,许宁,韩宝瑜.茶树-害虫-天敌间的化学信息联系.茶叶科学,2003,23：38-45.

［5］陈宗懋.茶园有害生物绿色防控技术发展与应用.中国茶叶,2022,44：1-6.

［6］金孟肖.浙江茶树的害虫.浙江省建设月刊.1957,10：1-12.

［7］金子武.吸汁害虫の多发倾向とその要因.茶,1976,29：49-53.

［8］吕文明,楼永芬.茶刺蛾暴发成灾因子的探讨.生物防治通报,1989,5：168-172.

［9］南川仁博,刑部胜.茶树の害虫.东京：日本植物防疫协会,1979.

［10］孙晓玲,陈宗懋.基于化学生态学构建茶园害虫无公害防治技术体系.茶叶科学,2009,2：136-143.

［11］徐德良.黑刺粉虱大发生原因分析及防治对策.茶叶科学简报,1990,127：38-39.

［12］赵启民,吕文明,楼永芬.茶细蛾.中国茶叶,1979,1：30-31.

［13］张汉鹄,谭济才.中国茶树害虫及其无公害治理.合肥：安徽科学技术出版社,2004.

［14］Banerjee B. An analysis of the effect of latitude, age and area on the arthropod pest species of tea. Journal of Applied Ecology, 1981, 18：339-342.

［15］Chen Z M, Chen X F. An analysis on the world tea pest fauna. Journal of Tea Science, 1989, 9：13-22.

［16］Southwood T R E. The number of species of insect associated with various trees. Journal of Animal Ecology, 1961, 30：1-8.

［17］Strong D R. Rapid asymptotic species accumulation in phytophagous insect communities- pests of cacao. Science, 1974, 185：107-175.

［18］Strong D R, McCoy E D, Rey J R. Time and the numbers of herbivore species：the pests of sugarcane. Ecology, 1977, 58：107-175.

［19］Wastie R L. Diseases of rubber and Their Control. PANS, 1975, 21：268-294.

陈宗懋

第二章
植物的语言——挥发物

40 年前，美国的 Rhoades(1983)发表了一篇柳树受到一种鳞翅目害虫的危害后释放出挥发性有机化合物的论文，并发现这些化合物具有提高邻近柳树对这种害虫的抗性。接着，三位德国科学家和一位美国科学家联合提出了一个观点：植物在受到害虫危害后会释放出生物源的挥发性有机化合物(biogenic volatile organic compounds，简称 BVOCs)，这些化合物具有和邻近的同种及异种植物以及其他生物(如昆虫)进行信息交流和传递信息的能力(Baldwin & Schultz et al，1983)。他们和以后的一些科学家把这些植物称为"Talking tree"(会说话的树)和"Talking plants"(会说话的植物)(Baldwin et al，1983)。1988—2000 年，Dicke 等(1988)、Turlings(1990)等众多科学家相继在许多植物上(如烟草、大麦、利马豆和蒿属植物)开展相关研究，论述 BVOC 化合物参与的"植物—植物"以及其他生物间的交流是一种可证实的自然现象。

自 1983 年至今，世界上开展了许多植物对自身、邻近植物、植食性害虫、天敌昆虫等各种"植物挥发物—生物间"相互影响的大量研究。每年世界上发表的相关论文数量从 20 世纪 80 年代初的小于 10 篇，到 21 世纪 20 年代的 700～800 篇，可以有力地说明该科学问题已在世界范围引起了强烈的关注，相关研究也得到迅猛发展(图 2-1)。世界各国对植物挥发物研究投入的经费也日益增加，如欧洲科学基金会(European Science Foundation)专门对欧洲的植物挥发物生态学(EuroVOL)研究给予列项支持(Loreto et al，2014)。

2.1　植物挥发物是植物的语言

长期以来，虽然植物可以对光和营养物质表现主动的反应，这种反应最近被解释为植物的行为(Silvertown & Gordon，1989)，但人们通常把植物认作为一种被动的有机体。

自 20 世纪 90 年代起，不少科学家相继提出了植物语言(plant language)的概念(Penuelas et al，1995；Montineli et al，2013；Kaban et al，2014；Gagliano & Grimonprez，2015；Guerrierie et al，2016；Simpraga et al，2016)。他们认为，植物释放的生物源挥发性有机化合物，可被其他生物体利用，引发它们的代谢和行为反应发生改变，这种挥发物就是植物与其他有机体沟通的"语言"。

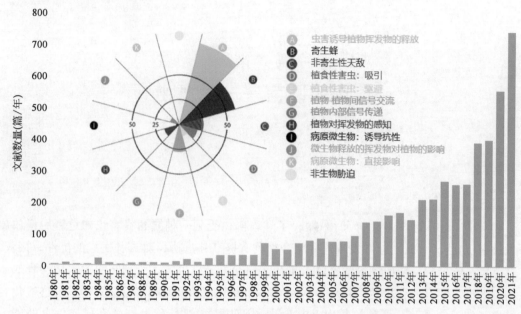

图 2-1 1980 年来世界上对植物挥发物研究发表的论文数量
(Heil *et al*, 2021)

植物挥发物的功能及其发现,改变了人们对植物的认识。早期植物挥发物被认为只是植物向环境释放出的大量气态化合物,如二氧化碳、氧气、水和乙烯等代谢物,但释放量和作用是无关重要的。随着挥发物收集和鉴定技术的发展,20 世纪 80 年代起植物挥发物开始引起科学界的广泛关注,并开展了植物挥发物功能、合成机理和作用途径的大量研究。植物挥发物至今已发现 2 000 多种(Wei *et al*, 2007),最早提取的植物挥发物是 Curtius 和 Franzen 于 1914 年从 600 kg 豆类植物中分离的绿叶挥发物——(*E*)-2-己烯醛。后来,各国的科学家又相继分离和鉴定出其他一些绿叶挥发物。

植物挥发物是植物与周围邻近的同种和异种植物信息交流、调控植物自身对外界生物(如害虫和植物病原菌)与非生物的直接抗性和间接抗性,吸引害虫寄生性天敌和捕食性天敌,吸引授粉昆虫的重要媒介(Baldwin, 2010; Scala *et al*, 2013; Dudareva *et al*, 2006)。这些"行为"被认为是植物对付有害昆虫和病原菌的一种"认知"和"有意识"的对策。

植物的挥发物从广义来说,主要包括绿叶挥发物、萜烯类化合物、苯丙烷类和类苯化合物、氨基酸衍生物等。绿叶挥发物(GLVs)可在植物组织受到机械损伤后迅速合成和释放。除了 GLVs,植物在害虫口腔分泌物的诱导下还会释放出特异性的虫害诱导挥发物(HIPVs),包括萜烯类化合物、苯丙烷类和类苯化合物、氨基酸衍生物等(Clavizo McCoemick *et al*, 2012)。大量研究表明,HIPVs 可以激发植物产生防御反应,具有减少害虫在目标植物上降落的作用,如烟草 HIPVs 的释放可以使有害昆虫的降落量减少 50% 以上(Kessler & Baldwin, 2001; Schuman *et al*, 2012)。

植物 GLVs 中不同类型 VOC 的相对含量变化会受到危害类型的影响(表 2-1),真菌侵害植物后可激发比机械损伤(TE=4.69, *P*<0.001)更大的 GLVs 形成效应(TE=9.67, *P*<

0.001),害虫危害后 GLVs 形成效应(TE＝1.86,*P*＜0.001)相对较小。害虫口器类型对 GLVs 形成效应的影响也不同,咀嚼式口器害虫危害后的 GLVs 形成效应(TE＝2.1,*P*＜0.001)大于刺吸式口器害虫(TE＝0.36～2.0,*P*＜0.001),这些差异形成的原因是植物所产生的防御途径不同所致。

表 2-1　不同危害处理后植物 GLVs 中不同类型 VOC 的相对含量变化

（Ameye *et al*,2018）

处　理	化合物类型	处　理　前	处　理　后
真菌	醛类化合物	0.450(0.272～0.583)	0.514(0.474～0.576)
	醇类化合物	0.217(0.170～0.402)	0.177(0.146～0.327)
	酯类化合物	0.273(0.188～0.309)	0.293(0.132～0.344)
昆虫	醛类化合物	0.191(0.146～0.481)	0.375(0.063～0.506)
	醇类化合物	0.296(0.159～0.387)	0.200(0.143～0.308)
	酯类化合物	0.385(0.217～0.621)	0.470(0.278～0.647)
机械损伤	醛类化合物	0.450(0.190～0.593)	0.488(0.404～0.532)
	醇类化合物	0.176(0.124～0.479)	0.216(0.127～0.331)
	酯类化合物	0.282(0.240～0.335)	0.338(0.262～0.405)
咀嚼式口器害虫	醛类化合物	0.302(0.159～0.506)	0.441(0.187～0.525)
	醇类化合物	0.267(0.156～0.367)	0.200(0.151～0.269)
	酯类化合物	0.316(0.212～0.595)	0.421(0.252～0.569)
刺吸式口器害虫	醛类化合物	0.161(0.013～0.178)	0.117(0.007～0.182)
	醇类化合物	0.355(0.237～0.415)	0.259(0.127～0.315)
	酯类化合物	0.540(0.385～0.749)	0.667(0.616～0.691)

从 20 世纪末到 21 世纪初,有不少研究人员认为释放挥发物相当于植物在讲话(talk),但它们可能是"聋子"。所以,在 21 世纪初"Plants talk—But can they listen?""Plants talk, but are they deaf?"和"Who's listening to talking plants?"等一些文章对此进行了讨论(Lerdau,2002;Dicke *et al*,2003;Glinwood & Blande,2015)。后来许多研究证明植物能够"听到"其他植物的"话",并呈现出两种类型的反应(Dicke & Bruin,2001;Baldwin *et al*,2002;Pickett *et al*,2003):一种是直接防御,即植物可以通过物理结构或化学物质阻碍害虫危害,或直接毒杀害虫;另一种是间接防御,包括招募天敌来保护自身。如:桤树(*Alnus glutinosa*)的部分叶片由于接收到邻近植物释放的 VOCs,会启动自身的直接防御(图 2-2)。

图 2-3 表明了挥发物在白天和黑暗条件下进入植物体内的途径。图 2-4 是植物对叶表面挥发物和进入体内挥发物的感应反应和作用途径。图 2-5 是害虫释放挥发物在环境中的短距离和长距离传递及其作用。

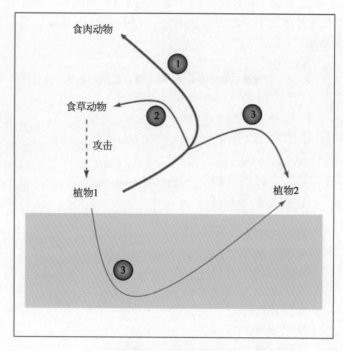

图 2-2 植物利用地上和地下部分释放化学信号和
周围生物进行信息交换

（Dicke *et al*，2003）

① 害虫的捕食性天敌，② 有害昆虫和③ 邻近植物；红色箭头表示害虫在植物
上危害，蓝色箭头表示植物 1 对邻近植物 2 释放化学信息；蓝色箭头越粗表示这种
作用越重要。

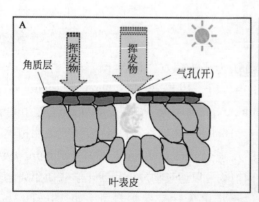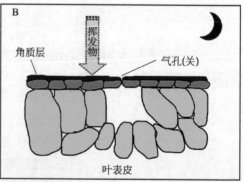

图 2-3 挥发物可进入植物组织

（Wang & Erb，2022）

A：白天开放的气孔是挥发物进入组织的主要途径；B：晚上气孔是关闭的，挥发物通过角质层进入成为主要途径。

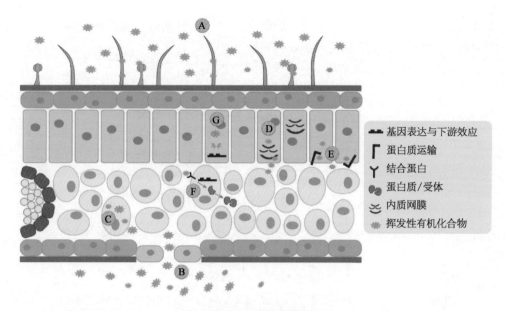

图 2-4 VOCs 的植物感知机理

(Ninkovic *et al*，2021)

A：VOCs 可通过腺毛进行贮存、释放和感知；B：VOCs 可通过气孔细胞进行释放和吸收；C：VOCs 可通过浓度梯度进行细胞内外的双向扩散；D：VOCs 在和细胞壁直接接触时，可通过内质网进行非微管束的亲酯性输导；E：VOCs 或代谢物可通过专门的转运蛋白进行传导；F：细胞内外的结合蛋白对 VOCs 的识别，是通过信号级联和基因表达来实现的；G：VOCs 的代谢降解可形成具有信号特征的片段。

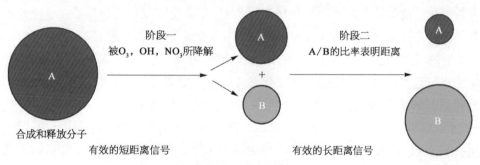

图 2-5 由害虫诱导的 VOCs 与 O_3、NO_3、OH 等环境污染物反应产物相结合的长距离交流过程

(Simpraga，2016)

2.2 植物挥发物的组成和生物合成

植物释放的挥发物有的是结构类化合物，是植物本身形成的，但也有一些化合物是根据需要而形成的，如由于在新出现的生物源（如有害昆虫或病原菌）或非生物源（如营养、干旱、紫外线、温度）胁迫下形成的。这些因素会诱导植物产生用于调控植物防御反应的信号分子，如茉莉酸、水杨酸等（图 2-6）。植物的挥发物主要包括四大类化合物：萜烯类化合物、绿

叶挥发物(挥发性的脂肪酸衍生物)、苯丙烷类化合物和由氨基酸衍生的挥发物。表2-3是四类植物挥发物的生物合成、功能和挥发性程度。

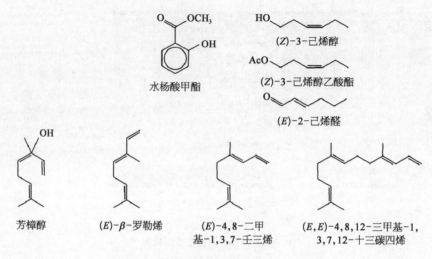

图2-6　植物根据需要而形成的一些挥发物

2.2.1　萜烯类化合物

　　萜烯类化合物是最大的植物次生代谢物类群,在植物挥发物的化学多样性上起着最主要的作用。这类挥发物中包括许多种在植物对有害生物的防御上起着重要作用的化合物。萜烯类化合物还是植物许多主要产物的先成物,如植物激素、光合色素和植物膜的结构组成物。它们或是直接作为昆虫忌避剂和对有害昆虫有一定毒性的化合物发挥直接防御功能,或是间接地引诱捕食性天敌和寄生性天敌而发挥间接防御功能(Logan *et al*,2000;De Moraes *et al*,2001;Schnee C *et al*,2006)。挥发性的萜烯类化合物包括半萜类(C5)、单萜类(C10)、倍半萜(C15)、萜烯同系物(C11和C16)和部分双萜(C20)、二倍半萜类化合物(C25)、三萜(C30)以及四萜(C40)化合物。

　　萜类化合物的形成是从5碳的先成物异戊烯二磷酸酯(IDP)及其烯丙基异构体——二甲基烯丙基二磷酸酯(DMADP),并通过两个生物合成途径:一个是在细胞液中的甲羟戊酸途径(MVA),包括倍半萜烯类化合物(C15)和三萜烯类化合物(C30);另一个是在质体中的2-C-甲基赤藓糖醇-4-磷酸酯途径(MEP),形成单萜类(C10)、双萜类(C20)和四萜类化合物(C40)(图2-7;Nagegowda & Gupta,2020;Jahangeer *et al*,2021)。不同生物体内萜烯类化合物生物合成的途径见表2-2。萜类合成酶是萜类化合物生物合成的关键酶,已知植物中有100多种萜烯合成酶。所有的萜类化合物都具有很高的蒸汽压,因而可以释放到大气中去。这些丰富的酶系统使得在各种植物中形成如此丰富的挥发物组成和具有极为特殊的功能。在各种萜类化合物中还包括一些不规则的无环萜烯化合物,称为萜烯同系物(homoterpenes)。这类挥发物是一些萜烯醇的降解产物,主要从受伤害的组织中释放出去

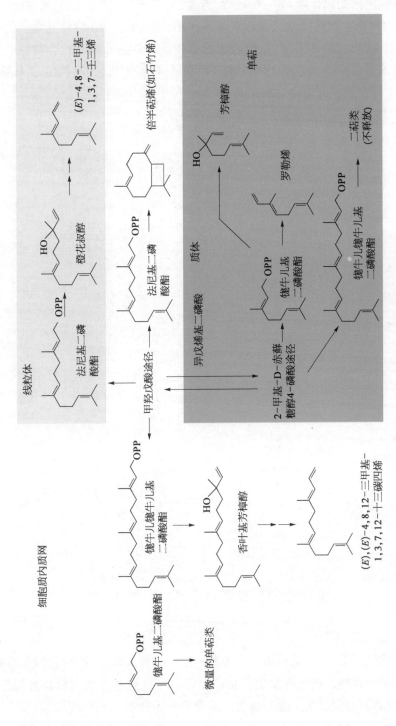

图 2-7 植物体内萜烯类化合物的生物合成途径

(Arimura *et al*, 2009)

图中列出从橙花叔醇和牛儿龙牛儿沉香醇相应的生物合成同萜烯类化合物 DMNT 和 TMTT。DMNT: 4,8-二甲基-1,3,7-壬三烯;FDP: 法尼基二磷酸酯;GGDP: 牻牛儿牻牛儿基二磷酸酯;GPP: 牻牛儿基二磷酸酯;IDP: 异戊烯基二磷酸酯;MEP: 2-C-甲基-D-赤藓醇-4-磷酸酯;MVA: 甲羟戊酸酯;TMTT: (*E,E*)-4,8,12-三甲基十三-1,3,7,11-十三烷四烯;TPS: 萜烯合成酶。

的。除了萜烯同系物外,植物形成其他碳环从 C8～C18 的挥发性萜烯类化合物主要从胡萝卜素(C40)衍生而成,如紫罗兰酮等。它们主要出现在植物的花、果释出的气味中。半萜类化合物,如:异戊二烯,单萜类化合物,如:罗勒烯、芳樟醇、柠檬烯、牻牛儿醇、桉树醇、樟脑等,对植物与外界生物和非生物的信息交流起着重要作用。它们是 C10 牻牛儿基二磷酸酯(OPP)经萜烯合成酶反应形成的。虫害后,倍半萜化合物橙花叔醇和双萜化合物香叶基芳樟醇,经氧化降解,分别形成萜烯同系物 DMNT(C11)和 TMTT(C12)。罗勒烯、芳樟醇、法尼烯、DMNT、TMTT 等主要萜烯类化合物见图 2-8。

表 2-2　不同生物体内萜类化合物合成途径
(Jahangeer *et al*, 2021)

生 物 种 类	生物合成途径
植物	MVA 或 MEP
动物	MVA
藻类植物	MEP
细菌	MVA 和 MEP
真菌	MVA

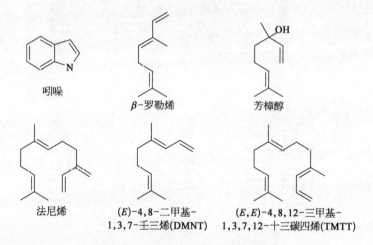

吲哚　　　β-罗勒烯　　　芳樟醇

法尼烯　　　(*E*)-4,8-二甲基-　　　(*E*,*E*)-4,8,12-三甲基-
　　　　　　1,3,7-壬三烯(DMNT)　　　1,3,7,12-十三碳四烯(TMTT)

图 2-8　五种主要萜烯类化合物和吲哚

　　异戊二烯属于结构性挥发物,也是植物释出的最大的一类挥发物,主要来自四类植物挥发物中的第一类萜烯类化合物。这类挥发物也是一个很大和种类繁多的有机化合物类群。植物体内,萜烯类化合物的合成由两个途径负责。这就是细胞溶质中的甲羟戊酸(MVA)途径和质体中的 2-C-甲基-D-赤藓糖醇-4-磷酸(MEP)途径。一般认为,半萜类(C5)、单萜类(C10)、双萜类(C20)和四萜类(C40)是在质体中形成的,而倍半萜(C15)和三萜(C30)是在细胞溶质中形成的。异戊二烯是脂溶性、低分子量的化合物。只有半萜、单萜、倍半萜和有些双萜化合物的蒸汽压较高，因而可以在常温下挥发，这样便可以携带化学信息从植物的合成部位挥发出去。挥发性很强的单萜和异戊二烯挥发物一般挥发浓度在 $1 \sim 100 \text{ nmol}/(\text{m}^2 \cdot \text{s})$，这个数量大概相当于 $1‰ \sim 2‰$ 的光合作用碳的固定量。

全球每年从植被上分泌的异戊二烯估计有 3×10^{14} g，数量和甲烷相似。因为异戊二烯很快和羟基团反应，因此在大气化学中起着很重要的作用。Sanadze 在 20 世纪 50 年代首先发现了上述现象，并引起广泛关注。

2.2.2 绿叶挥发物

绿叶挥发物主要包括 6 碳的醛类、醇类和酯类化合物。典型的绿叶挥发物包括：(E)-2-己烯醛、(Z)-3-己烯醛、(Z)-3-己烯醇、(Z)-3-己烯醋酸酯等。此外，绿叶挥发物还包括(E)-3-己烯醛、正己烯醛、正己烯醇、(E)-2-己烯醇、(E)-2-己烯醇醋酸酯等。最常发现的绿叶挥发物见图 2-12。绿叶挥发物是聚不饱和脂肪酸中的亚麻酸和亚油酸通过脂氧合酶途径合成的。聚不饱和脂肪酸是由细胞膜的半乳糖脂经水解而成。亚麻酸在 13-脂氧合酶(13-LOX)作用下进行立体定向氧化，形成 13-(S)-氢过氧亚麻酸，然后再经 13-氢过氧化物裂解酶(13-HPL)催化形成(Z)-3-己烯醛。当亚油酸是起始材料时，经相似的过程形成正己烯醛。因此，LOX 和 HPL 这两种酶是绿叶挥发物形成最关键的两种酶。植物体内存在异构化酶，可将(Z)-3-己烯醛转变为(E)-2-己烯醛。这些产生的 6 碳醛进一步由醇脱氢酶(ADH)代谢形成相应的 6 碳醇，如(Z)-3-己烯醇、(E)-2-己烯醇、正己醇等。此外，2-链烯还原酶也可将(E)-2-己烯醛还原成正己烯醇。这些 6 碳的醇再经酰基转移酶催化形成相应的醋酸酯，如(Z)-3-己烯醇醋酸酯、(E)-2-己烯醇乙酸酯、正己烯醇乙酸酯等。通常己烯醛可快速向己烯醇转变。这可能是植物自我保护的一种机制，因为有研究显示己烯醛对植物具一定的毒性。绿叶挥发物具有明显的亲酯性，因此植物合成的绿叶挥发物，可通过植物组织的膜释放到大气中。这些绿叶挥发物都是植物在受到伤害后，最先释放的挥发物(Hatanaka *et al*，1987)。由于各种植物和植物器官中的亚麻酸、亚油酸含量水平不同，由亚麻酸和亚油酸衍生的 6 碳挥发物平衡状态也存在差异，这就为在"植物—有害生物—有害生物天敌间"的相互作用提供重要的信息。

除了 8 种挥发性的 6 碳化合物外，还有 8 种 9 碳化合物，包括$(3Z,6Z)$-、$(3E,6Z)$-壬二烯醛和$(3Z)$-、$(2E)$-壬烯醛以及它们的醇、酯类化合物。9 碳和 6 碳之比在各种植物中都不相同，因此在功能上也存在差异。

2006 年 Shiojiri 等报道，植物在受到各种生物和非生物因素形成的伤害后可以形成和产生绿叶挥发物。绿叶挥发物中的(E)-2-己烯醛最早是在 1912 年由 Yamaguchi 在槭树(*Acer carpinifolium*)的绿叶中分离获得的(Curtius & Franzen，1912)。其后，日本的京都大学和山口大学的化学家分离和探明了绿叶挥发物的范围和包括的化合物种类(图 2-12；Hatanaka *et al*，1987)。Halitschke 等(2004)报道了绿叶挥发物的释放是叶片机械损伤引起的。但 Allmann 等(2013)认为是害虫造成的损伤引起的，Piesik 等(2011)和 Pozzio 等

(2013)认为真菌和细菌感染植物也可诱导绿叶挥发物的形成。与此同时报道的是,Wenda-Piesik 等(2011)和 Copolovicie 等(2012)报道干旱和热也可诱使植物释放绿叶挥发物。这表明生物性和非生物性的胁迫都可以诱导植物释放绿叶挥发物以应对环境压力。Visser 等(1979)、Turlings 等(1991)以及 Scala 等(2013)都相继提出植物释放绿叶挥发物可以驱避害虫和引诱天敌,是提高植物抗虫性的一项措施。由此可见,在几十年前,绿叶挥发物是植物应对各种生物和非生物胁迫的一种主动反应和对策,已成为一项植物保护学界的共识。进一步研究证明了绿叶挥发物在许多植物的叶片和食物中都有发现。几乎所有陆地上的植物,包括苔藓植物、蕨类植物、裸子植物和被子植物都可以释放挥发物,这是因为在各类植物中都具有形成绿叶挥发物必需的氢过氧化物裂解酶(HPL)有关的基因,而在大多数的动物中并不具有这种基因,因此动物不能形成绿叶挥发物。据认为,与 HPL 酶有关的基因在动物进化过程中丧失了(Lee *et al*,2008)。

绿叶挥发物一个最重要的特征是在植物组织受到伤害后会迅速形成。通常在健康的植物中只含有很低含量的绿叶挥发物。但植物组织,特别是叶片,受到机械损伤后瞬间即可形成绿叶挥发物。植物体内合成的第一个绿叶挥发物通常认为是(Z)-3-己烯醛。它在植物组织受到害虫危害或机械损伤后很快会形成,30~45 s 后即可从受伤部位扩散到整个叶片。之后又很快会形成己烯醇、己烯醇乙酸酯。通常在受损后的 5 min 内,这些挥发物的释放便会达到峰值(D'Auria *et al*,2009)。由于这些挥发物是在植物受到生物或非生物胁迫后才大量、立刻释放的,因此这一现象被称为"绿叶挥发物暴发"(GLVs burst)。这些绿叶挥发物不仅可起到间接防御(召唤天敌)、直接防御(对害虫具毒性)的作用,还可激发邻近植物的防御反应。

植物在遭受一定程度的生物性或非生物性胁迫后,会迅速形成绿叶挥发物。绿叶挥发物的形成受脂质水解过程控制,其为绿叶挥发物的合成提供了底物——游离脂肪酸。GLVs 是植物通过 oxylipin 代谢途径中的氢过氧化物裂解酶而形成的 6 碳的醛类、醇类及其酯类化合物。在健康的植物组织中,GLVs 的数量是很低的。但植物的组织受伤害时,在短时间内 GLVs 便迅速形成。在组织匀浆化前,游离的亚麻酸和 13S-氢过氧亚麻酸[13(S)-HPOT]很难被检出,半乳糖脂在匀浆过程中迅速降低。从这个现象中可以联想到组织伤害会使半乳糖脂水解成 GLVs 形成所必需的游离脂肪酸。大量研究已经证明 GLVs 在植物抵御生物源和非生物源胁迫生理学中的重要性,也已证明绿叶挥发物是植物体内和植物间,以及植物和其邻近的其他生物体间信息交流和传递安全信息的一个重要来源。

植物组织受伤害后促进了组织中的半乳糖脂水解,提供绿叶挥发物形成所需要的游离脂肪酸。这种半乳糖脂的迅速降解也就是植物组织受损伤后基物和酶的接触和作用。另外,1996 年在棉花上进行的研究表明,当棉花植株的下部叶片受到害虫危害时,在植株上部的叶片中已经开始有绿叶挥发物的合成(Rose *et al*,1996),而且这种挥发物的释放过程呈现清晰的昼夜释放动态(Arimura *et al*,2005)。这表明组织损伤并不是引起绿叶挥发物形成的唯一途径。茉莉酸处理、病原菌侵染也可以诱导绿叶挥发物的形成(Blee,2002)。

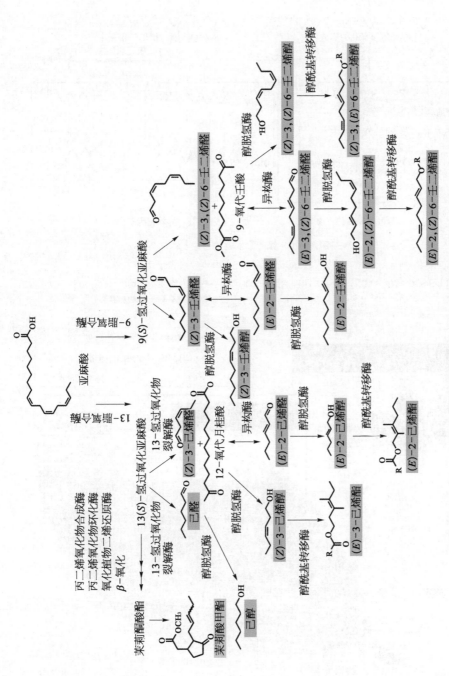

图 2 - 9 脂肪酸衍生的挥发性有机化合物 (VOCs) 和绿叶挥发物 (GLVs) 的生物合成

(Dudareva et al, 2013)

亚油酸和亚麻酸是各种脂肪酸衍生 VOCs 的先成物, 这些先成物进入脂氧合酶途径通过酶合作用形成 9 - 氢过氧化和 13 - 氢过氧化的中间产物, 并进一步通过过氧化物裂解酶和醇脱氢酶和醇脱氢酶和醇酰基转移酶转变为挥发物; 挥发性化合物用绿色背景表示, 绿叶挥发物用绿色表示。箭头表示多种酶参与的反应; 挥发性化合物用绿色背景表示, 绿叶挥发物用绿色表示。

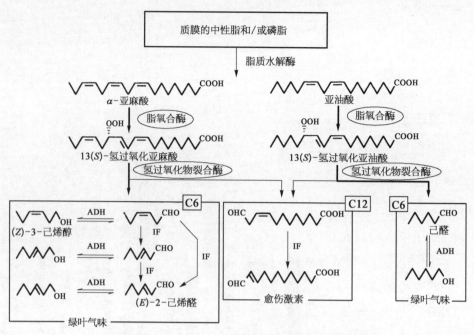

图 2 - 10　绿叶挥发物的合成

(Hatanaka *et al*，1995)

　　亚油酸和亚麻酸从膜中释放后,通过 LOP(酯氧合酶)和脂肪 HPL(氢过氧化物裂解酶)的序列催化作用形成 C6 和 C12 的合物;部分 C6 化合物由 ADH(醇脱氢酶)和 IF(异构化因子)还原成醇类化合物和脂类化合物。

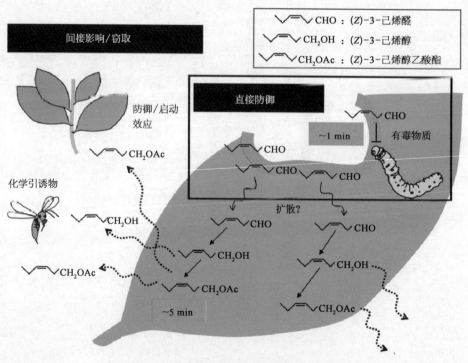

图 2 - 11　绿叶挥发物的生物合成和生物效应

(Arimura *et al*，2009)

　　绿叶挥发物途径的第一个产品(Z)-3-己烯醛是植物组织被害虫加害或机械损伤后立即在受伤的位置形成和释放出来的,一部分的醛类化合物可由受伤部位扩散到全叶,在那里形成无毒的绿叶挥发物的挥发性醇类和醋酸酯;这些挥发性的绿叶挥发物可以用于控制害虫的取食和捕食性天敌捕食害虫,以及用于对邻近植物或植物体内的防御。

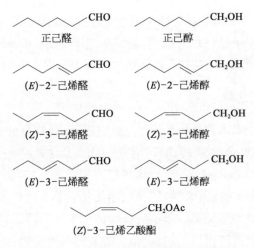

图 2‑12 植物中常见绿叶挥发物的化学结构

2.2.3 苯丙烷类和类苯(Benzenoids)化合物

苯丙烷类和类苯化合物是一类具有共轭双键的平面环和环状环化合物(Escobar-Bravo *et al*,2023)。根据侧链的长度可分为苯丙烷类化合物(C6 - C3)和类苯化合物(C6 - C1)。苯丙烷类和类苯化合物都是通过莽草酸途径合成的。首先,芳香族氨基酸、苯丙氨酸在L-苯丙氨酸解氨酶的作用下,去氨基形成(*E*)-肉桂醛。(*E*)-肉桂醛再经过一系列的酶促反应形成对-酰基辅酶 A。对-酰基辅酶 A 可进一步合成,形成丁香酚、甲基胡椒酚等苯丙烷类化合物,以及花色素苷、类黄酮、木质素等。生成的苯丙烷类化合物可储存在一些植物的毛状腺

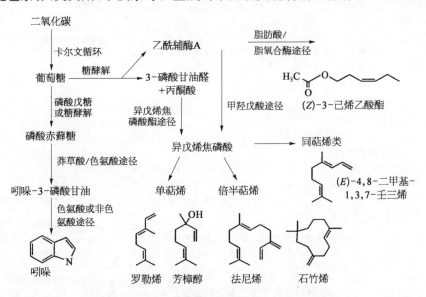

图 2‑13 引导植物挥发物释放的生物化学途径

(Pare & Tumlinson,1999)

植物从各个生物化学的代谢途径形成各种挥发物,即通过莽草酸、色氨酸途径形成吲哚,通过甲羟戊酸和异戊烯焦磷酸酯途径形成单萜、倍半萜、同萜和法尼烯、罗勒烯芳樟醇等挥发物以及通过脂肪酸、酯氧合途径形成绿叶挥发物等。

体中。而类苯化合物的合成则主要是(E)-肉桂醛在β-氧化或非-β-氧化作用下,将丙基侧链缩短至两个碳,进而再经过一系列反应,最终形成苯甲醛、水杨酸甲酯等化合物。水杨酸甲酯是这一类化合物中最重要的物质,在植物的防御中发挥重要的作用。

2.2.4 氨基酸的衍生物

除去来自苯丙氨酸的苯丙素类和类苯化合物外,丙氨酸、缬氨酸、亮氨酸、异亮氨酸、蛋氨酸等氨基酸也可作为前体物,合成醛、醇、酯、酸类挥发物以及含氮或硫的挥发物(Dudareva et al,2006;Escobar-Bravo et al,2023)。这些氨基酸首先经去氨或转氨反应,生成相应的α-酮酸,再经脱羧、氧化、酯化反应,生成醛、醇、酸、酯类化合物。支链氨基酸还可生成酰基辅酶A,再经醇酯化反应,生成相应的醇、酯化合物,如:3-甲基丁醇、2-甲基乙酸丙酯。氨基酸还可在细胞色素 P450 单氧酶的作用下,生成相应的醛肟类挥发物,如:2-甲基丁醛肟;醛肟类化合物还可在另外的 P450 酶作用下,生成腈类化合物,如:苯乙腈。蛋氨酸是二甲基二硫醚、硫酯等含硫挥发物的合成前体物。此外,吲哚是色氨酸的合成前体物,是常见的植物挥发物。目前,玉米体内的吲哚合成途径已经十分明确。首先,1-(2-羧基苯基氨)-1-脱氧核酮糖-5-磷酸盐经吲哚-3-甘油磷酸合成酶催化形成吲哚-3-甘油磷酸;吲哚-3-甘油磷酸再在吲哚-3-甘油磷酸裂解酶的作用下,裂解形成吲哚。

表 2-3　四类植物挥发物的生物合成、功能和挥发度
(Schumann et al,2016)

种类	化合物	生物合成途径	功能	挥发度(BP ℃)	已知结构
萜烯类类化合物	大多数挥发性萜烯类化合物有 5 碳(半萜烯)、10 碳(单萜烯)、15 碳(倍半萜烯)	主要由 5 碳的先成物 IPP 和 DMAPP 通过植物细胞质中的 MEP 途径或细胞液中的 MVA 途径合成。半萜、单萜主要在细胞质中合成,倍半萜主要在细胞液中合成。这些挥发物的合成通常与光有关	对害虫有直接或间接防御作用。大多与臭氧反应,参与植物氧化胁迫反应	异戊二烯:34.1;单萜:140~180;半萜:>200	异戊二烯是唯一的半萜。单萜和倍半萜已知约有 1 000 种和 5 000 种
	有些萜烯类化合物有不规则的碳数(8~18),称为同萜烯		TMTT 和 DMNT 是虫害诱导植物挥发物中的常见组分,可引诱天敌	TMTT:293.2;DMNT:195.6	
脂肪酸衍生物	绿叶挥发物(GLVs)	从膜脂上游离出来的亚油酸或亚麻酸经脂氧合酶在 C13 位置上立体定向氧化,再经氢过氧化物裂解酶催化形成 6 碳的醛,并进一步反应生成 6 碳的醇和相应的酯	GLVs 对植物抵御病菌侵染,直接、间接防御害虫危害十分重要。GLVs 还可作为植物间交流的信号物质	(Z)-3-己烯醛:127.3;(Z)-己烯醇:156.5;(Z)-3-己烯醋酸酯:174.2	至少已知在植物中有 32 种化合物,包括 4 种醛[正己醛、(Z)-3-己烯醛、(E)-2-己烯醛、(E)-3-己烯醛],由这 4 种醛得到的 4 种醇和至少 24 种酯类化合物

种 类	化 合 物	生物合成途径	功 能	挥发度 (BP ℃)	已知结构
脂肪酸 衍生物	茉莉酸类化合物	亚油酸经 13 -脂氧合酶、氧化烯合成酶等酶的催化形成	MeJA 在 1962 年被发现,是一种挥发性的植物激素	甲基茉莉酸酯:302.9; (Z)-茉莉酮:292	有 4 个立体异构体
	9 碳的挥发性醛类、醇类和酯类	亚油酸或亚麻酸经 9 -脂氧合酶催化,再经氢过氧化物裂解酶、醇脱氢酶、酰基转移酶催化,相继形成 9 碳的醛、醇、酯	9 碳的醛类化合物具有抗真菌活性	(E,E)- 3,6 -壬二烯醛:201.8; (E,E)- 3,6 -壬二烯醇:214.7; (E,E)- 3,6 -壬二烯醋酸酯):247.4	至少 15 个 5 碳醛类可转变为 5 碳醇类并酯化
苯丙烷类和类苯化合物	L -苯丙氨酸的酸、醛和醇类衍生物	苯丙氨酸在 L -苯丙氨酸解氨酶的作用下形成 (E)-肉桂醛,再经过一系列的酶促反应形成丁香酚、甲基胡椒酚等苯丙烷类化合物。(E)-肉桂醛还可在 β-氧化或非-β-氧化作用下,将丙基侧链缩短至两个碳,再经一系列反应形成苯甲醛、水杨酸甲酯等化合物	甲基水杨酸酯是害虫诱导的一种产物,对天敌有引诱活性	180～325	约占已知植物挥发物的 20%
氨基酸及其衍生物	由氨基酸(除了 L -苯丙氨酸外)衍生的含氮和含硫的挥发物以及酸、醛、醇、酯类化合物	氨基酸是由脱胺或胺转移而形成 a -酮酸,再经进一步还原、氧化和酯化	从蛋氨酸衍生得到的含硫的化合物,具腐臭味,具有直接防御功能	乙烷:103.7; 3-甲基- 2 丁醇:113.6; 醋酸丁酯:126.6	

2.2.5　短链挥发物

除了上述四类化合物外,植物还可释放一些只有 1～2 个碳的挥发物。其中,甲醇、乙烯最为常见。甲醇主要是在生长、衰老等过程中,植物细胞壁中富含的果胶经果胶甲基酯酶作用脱甲基后形成的。甲醇的释放量一般老叶大于嫩叶,这可能和颗粒状的毛状体的数量有关。昆虫取食也可产生甲醇。这主要是因为具较高 pH 的昆虫口腔分泌物,可激活细胞壁中的果胶甲基酯酶(Baldwin,2010)。此时甲醇的释放量可达绿叶挥发物释放量的 10 倍。

另一种常见短链的植物挥发物是乙烯。它也是植物释放到大气中的三种植物激素之一。乙烯对调节植物生长、果实成熟和抵御有害生物危害起到重要作用。乙烯不仅可调控受害植株体内的防御反应,同时被害植株释放的乙烯还可诱导邻近植株产生防御反应(Van Loon et al,2006;Baldwin,2010)。它的生物合成从蛋氨酸衍生成 1 -氨基-环丙烷-1 -羧酸(ACC)开始,然后通过 ACC 氧化酶的作用形成乙烯(Baldwin,2010;Kant et al,2009)。

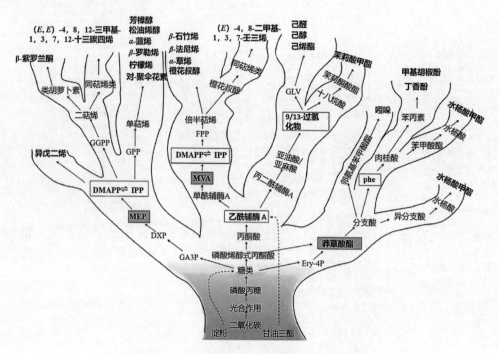

图 2-14　各种重要植物挥发物的生物合成溯源
（Holopainen *et al*，2012）

2.3　植物对挥发物释放的控制

　　根据 1995 年加拿大国际大气研究中心的资料，植物挥发物全球释放量估计在 1 150 Tg 碳（1 Tg＝10^{12} g）左右，包括 44％的异戊二烯、11％单萜烯、22.5％其他活性挥发物和 22.5％的其他挥发物（Guenther *et al*，1995）。按释放源和释放挥发物的种类分，最大的挥发物数量来自树林（表 2-4）；按地理位置分，北半球 VOC 释放量占 51％，南半球占 49％。虽然北半球占有较大的土地面积，但大部分是高纬度地区，这些地区释放量较少，65％的挥发物来自赤道至北纬 25°地区，27％来自北纬 25°到北纬 50°地区，8％来自北纬 50°到北纬 80°地区。估计热带林地中释放出的挥发物占总量的一半，其他的种植地和林地各占 10％～20％（Guenther *et al*，1995，2012）。从释放的化合物来看，以异戊二烯的数量最大，占总释放量的 43.7％（表 2-5）。

表 2-4　全球 VOC 释放量比率
（Guenther *et al*，1995）

来　源	异戊二烯	单　萜	其他活性挥发物	其他挥发物	总　计
森林	372	95	177	177	821
农作物	24	6	45	45	120

续　表

来　源	异戊二烯	单萜	其他活性挥发物	其他挥发物	总　计
灌木	103	25	33	33	194
海洋	0	0	2.5	2.5	5
其他	4	1	2	2	9
总计	503	127	259.5	259.5	1 149

表 2-5　生物源挥发性化合物(BVOC)的主要释放植物类群及释放到大气中的估计数量
(Laothawornkitkul $et\ al$, 2009)

BVOC 种类	目前估计每年释放量(10^{12} g 碳)	未来估计每年释放量(10^{12} g 碳)	在大气中的寿命(d)	实　例	主要释放的植物
总量	700~1 000	1 251~1 288			
异戊二烯	412~601	638~689	0.2		杨树、柽柳、悬铃木、杉树、可可、油棕、木麻黄、和桉树
单萜	33~480	265~316	0.1~0.2	β-蒎烯，α-蒎烯，柠檬烯	柑橘、苹果、松树和毛雄蕊属植物
其他活性 BVOC	约260	56~159(仅对乙醛和甲醛而言)	<1	乙醛、2-甲基-3-丁烯-2-醇和己烯类	草地(各种C3植物)、葡萄、十字花科植物,黑麦和桦树
其他活性较小的 BVOC	约260	292~514(仅对甲醇、丙酮、甲酸 和醋酸而言)	>1	甲醇、乙醇、甲酸、醋酸和丙酮	草地(各种C3植物)、葡萄、十字花科植物,黑麦和桦树
乙烯	8~25		1.9		

　　一个令人迷惑的自然现象是,所有的植物都以挥发物的形态将其同化得到的碳数量的10％释放到大气中,尽管不同的植物释放到大气中的挥发物并不完全相同。有人统计过,世界上植物的挥发物总共约有2 000多种化合物(Wei $et\ al$,2011)。在不同的植物中这些化合物有的是相同的,但很大部分是不相同的。大气中CO_2总量的五分之一被植物固定且每天以挥发物的状态释放到大气中。植物挥发物的诱因包括机械损伤(Halitschka $et\ al$,2004)、干旱和热(Wenda-Piesik,2011;Copoviciet $et\ al$,2012)、害虫危害(Allmann $et\ al$,2013)、真菌和细菌危害(Piesik $et\ al$,2013;Pozio $et\ al$,2013)等。当昆虫加害植物时,植物会有两种挥发物的反应类型。第一种反应是植物如果组织受到伤害时,它会很快地释放出储藏的化合物作为反应;第二个反应是释放新合成的化合物,这种化合物不是事先贮藏好的,而是自身合成好再行释放。根据以上两种机理释放的挥发物在成分上会有一定重复,在数量上通常会因为昆虫取食而有增加,但在成分上有可能是受害植物原来所没有的。如在菜豆上

进行的一个实验,当植株在受害初期只释放单萜烯化合物:蒎烯和柠檬烯;而在受红蜘蛛危害后几个小时,则会释放出其他化合物。油菜植株在未受害时释放出的挥发物包括 7 种单萜烯类化合物,但受到小菜蛾危害 48 h 后释放出的挥发物中增加了 3 种新的单萜烯类化合物和另外 3 种其他化合物(Holopainen et al,2012)。

这些资料表明,生物性的和非生物性的胁迫都有可能诱使植物释放挥发物以应对环境的压力。从另一方面看,这也是植物应对害虫危害和引诱天敌的一种植物的抗性行为(Scala et al,2013)。30 多年研究得到的共识是:植物这样释放挥发物的目的也是发挥它们在植物防御、保护和通信交流上的功能。许多害虫的寄生性天敌和捕食性天敌也是依靠这些挥发物寻觅到它们的寄主目标,而且这些植物的挥发物对害虫的天敌具有中距离到长距离的引诱活性,因为植物群体的数量远大于危害植物的害虫群体数量(Vet & Dick,1992)。同时,每种植物都会释放出含不同组成及比例的挥发物,为天敌寻找和识别害虫提供更为专化性的信息。许多研究还证明,在这些挥发物中还包括害虫危害后发出的挥发物,这些挥发物可帮助捕食或寄生性天敌对害虫的定位(Halitschke et al,2008)。英国和肯尼亚的科学家研究了一种螟蛾科的昆虫(Chilo partellus)在一种非洲牧草(Brachiaria bizantha)上产卵和这种牧草释放挥发物的关系(Bruce et al,2011)。研究表明,这种昆虫在这种非洲牧草上产卵后(Z)-3-己烯醋酸酯的数量减少了 67%,(Z)-3-己烯醋酸酯与其他挥发物的比例减少了一半。这种挥发物的变化使得这种植物上的植食性害虫的数量减少,而一种寄生性的天敌昆虫 Cotesia sesamiae 的数量则有所增加。由这个研究资料可见,昆虫的反应主要依决于挥发物的质量,它的重要性大于挥发物的数量(表 2-6)。

表 2-6　非洲牧草上螟蛾的产卵数量和这种牧草挥发物释放量的关系
(Bruce et al,2011)

挥发物	平均释放量(ng/h/株,括号中数值为标准误)	
	无卵	有卵
6-甲基-5-庚烯-2-酮	5.75(0.67)	5.01(0.99)
(Z)-3-己烯醇醋酸酯(Z3HA)	202.25(41.95)	68.28(14.06)
(E)-罗勒烯	1.97(0.33)	2.44(0.96)
(S)-芳樟醇	5.73(1.01)	6.22(1.55)
(3E)-4,8-二甲基-1,3,7-壬三烯(DMNT)	12.43(2.73)	9.55(3.33)
甲基水杨酸酯	1.73(0.24)	2.87(1.37)
(E)-石竹烯	2.58(0.97)	1.87(0.55)
(3E,7E)-4,8,12-三甲基-1,3,7,11-十三碳四烯(TMTT)	2.14(0.83)	3.34(1.02)
其他总计	32.33(4.67)	31.30(7.84)
比率(Z3HA:其他)	6.78(1.46)	3.01(0.87)

研究证明,植物用10%以下的基因负责挥发物的生物合成(Dudareva et al,2006)。绿叶挥发物中醛类化合物除刺吸式口器害虫在受害后有所减少外,其余的真菌、害虫、机械损伤和咀嚼式口器害虫危害后,植物释放的挥发物中其他醛类化合物都有增加趋势。酯类化合物在各种生物加害和机械损伤条件下也有增加趋势。醇类化合物除了机械损伤条件下表现增加外,其余各种生物(包括真菌、各类害虫)危害都会引起醇类化合物的下降。这也说明了植物在遭受各种生物危害后所释放的各类醛类、醇类和酯类化合物的数量,在大多数情况下均有增加,但刺吸式口器害虫危害后醛类化合物和醇类化合物的释放量则有减少趋势。因此,植物所释放的GLVs是一种向外界发出的信息,并根据不同情况进行调整。

在植物GLVs的生物合成途径中,(Z)-3-己烯醛转变成(E)-2-己烯醛的现象受到关注。植食性害虫加害植物后,会增加GLVs中(Z)-3-己烯醛转变为(E)-2-己烯醛的比率。这种(E)-2-己烯醛的增加可使同一植株的邻近叶片或邻近植物的诱导防御能力增加,并增强植物的免疫性和捕食性天敌的捕食率(Ameye et al,2018;Allmann & Baldwin,2010)。通常植物通过气孔或叶片表皮吸收外源物质进入植物体内,体内的GLVs可以增强一些植物(已报道有玉米、利马豆、柑橘、茶树等)体内茉莉酸代谢基因的转录和植物的防御能力。GLVs是脂溶性的,可以"溶解"在质膜中,并到达细胞溶质中,被植物细胞进一步代谢和利用。据测定,植物内部GLVs浓度可达1 mM。但GLVs如何通过主动或被动传递到达植物体的质膜或其他的植物细胞器,及如何影响植物体内的植物激素,特别是茉莉酸的信号,是当前研究的一个重要课题。

在有些植物上,当害虫危害2 h后就会大量释放绿叶挥发物(Meja et al,2014),如图2-15所示,(Z)-3-己烯醛,(E)-3-己烯醛和(E)-2-己烯醛是害虫危害后植物最快、最早释放的化合物(2~3 min内响应),而10~15 min后(Z)-3-己烯醇和(Z)-3-己烯醋酸酯开始释放。

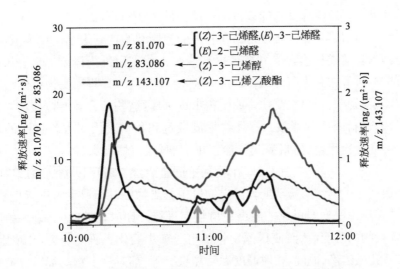

图2-15 从植物叶片中释放的由害虫诱导的C6绿叶挥发物

实验由Maja et al(2014)用飞行质谱(PTR-TOF-MS)测定。箭头表示尺蠖幼虫取食的时间。

图 2-16 是 *Spodoptera littoralis* 昆虫幼虫危害利马豆后,植株释放的挥发物中不同化合物(石竹烯、己烯醋酸酯和罗勒烯)及其释放的昼夜节奏。

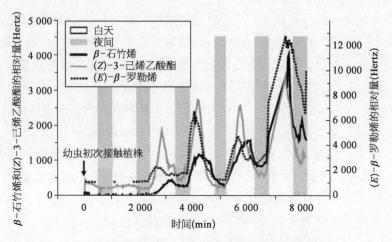

图 2-16　12 头 *Spodoptera littoralis* 昆虫幼虫危害 5 株
利马豆植株(2 周树龄)释放的多种挥发物

(Arimura *et al*，2005)

图中显示了不同化合物合成的昼夜节奏。

植物挥发物具有低极性、高蒸汽压、低分子量,常被认为是次生代谢物。但和"初生"代谢物(如脂肪酸、氨基酸、甾醇)密切相关,包含多种小结构化合物的混合物。它们都在植物表皮组织中合成,并通过膜释放。植物挥发物除了本身可以扩散外,还可以通过气孔、伤口、各种组织(花、叶片、茎、毛状体和根部)的表皮进行释放。这类挥发物能提供它们当前的生理学和生态学需要,并可以和周围的同种和其他植物或生物体进行交流。在不同的植物器官中,从花器中释放的挥发物的数量和种类都最多(Knudsen *et al*，2006)。针叶树类的萜烯类化合物释放量最多,这类化合物是在专门的树脂细胞或管道结构中形成的,释放的部位在茎部和针叶,且这类植物在受到机械损伤或害虫危害后进行释放。它们从合成的部位输送到释放部位,再释放到大气中(Dudareva *et al*，2006)。有些挥发物可以结合态贮存在专门的管道和乳汁管中,当组织受伤害或受害虫危害后,这些结合态的挥发物可以和水解酶混合并对结合态进行降解和释放。挥发物形成数量和种类会因周围环境中的非生物因素(如光、温度等)和生物因素(如咀嚼式口器害虫、刺吸式口器害虫、植物病原菌等)的不同而发生改变,并产生不同的防御功能。即在受到不同害虫危害时可以控制和形成不同的挥发物并释放,从而产生不同的防御功能。昆虫的口腔分泌物在进行取食时进入植物的伤口,可对植物起着诱导新挥发物的形成。昆虫在植物上进行产卵时,和卵一起进入植物体内的液体也可激发挥发物的改变,从而使得挥发物的信号产生变化。研究认为,环境因子(包括光强度、大气二氧化碳浓度、温度、相对湿度和营养状况等)都对挥发物的释放具有重大的影响(Dudareva *et al*，2006，2013)。植物花器的挥发物种类更多地针对授粉生物的需要,如高含量的类苯化合物,其次如类萜烯化合物和含氮化合物等。这都是符合为了招引授粉生物的需求。有时为了在授粉季节对花器防卫的需要，植物的花也会释放一些引诱蜜蜂的挥发物配方，如包括甲基水杨酸酯、(Z)-茉莉酮、α-派烯、α-甲基苯乙烯、α-皆烯等化合物的挥发物。植物的挥发物在植物生长发育和对外需求上起着一个信息交流、调控挥发物的合成与释放功能。此外，还有一个重要的功能，就是为了防御外界生物和非生物的胁迫而通过挥发物的合成和释放来提高自身的直接防御、间接防御能力。

植物挥发物的释放是由植物体内调控防御反应的信号系统控制的。如茉莉酸甲酯可以激活控制植物挥发物合成的基因(Kessler & Baldwin，2001)。关于植物的挥发物在与外界生物和非生物胁迫方面的大量研究结果表明，植物的保卫反应是受植物激素调控的，同时受"植物—昆虫""植物—病原物"相互作用过程中的交流网络所控制。这些植物挥发物的形成一般至少要通过如下三个生物合成途径：脂氧合酶合成途径(绿叶挥发物)、异戊二烯途径(萜烯类化合物)和莽草酸途径(甲基水杨酸酯)。许多产物是在合成过程中通过对亲水基团的去除和掩蔽以及亲脂基团的进入而合成并释出的。对外界环境的影响和植物本身需要而形成不同化合物的时间也有所不同。如有的植物在很短的几十分钟后就可以形成和释放，而有的植物则需要几个小时到一天的时间。Erb 等(2015)进行了斜纹夜蛾(*Spodoptera littoralis*)危害诱导玉米挥发物释放的试验。结果在处理后 1.5 h 中有绿叶挥发物释出，在处理后 45～600 min 有吲哚挥发物释放，在处理后 90～600 min 有单萜、同萜和倍半萜类化合物释出(图 2-17)。图 2-18 是图 2-17 中，斜纹夜蛾危害和未受害玉米释放的绿叶挥发物、吲哚、倍半萜和同萜的释放量。

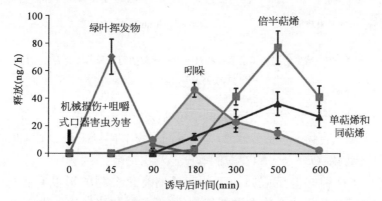

图 2-17 玉米植株在接种斜纹夜蛾(*Spodoptera littoralish*)害虫后
不同时间几种化合物的形成数量和时间
(Erb *et al*，2015)

从图 2-17 可见，吲哚出现时间较早，在斜纹夜蛾危害 45 min 后即开始释放，且持续时间较长，约 9 h。三个萜烯类化合物类群的释放规律近似，但同萜烯类化合物开始释放时间比单萜类和倍半萜类早 90 min，停止释放时间都在开始释放后 10 h。释放的峰期都在开始释放后 300～500 min，同萜烯类的峰期稍长。在几类化合物的释放数量上，以倍半萜类化合物最多，释放量在每小时 250 ng，同萜类化合物在每小时 60～80 ng，单萜在每小时 50 ng。绿叶挥发物的释放时间最早，持续时间很短，但释放量和几类萜烯类化合物相近，每小时 60～80 ng。

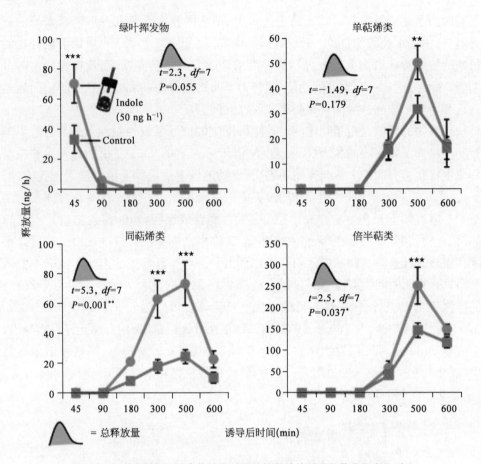

图 2-18　害虫诱导的玉米植株和对照植株释放的吲哚和萜类化合物对比

(Erb *et al*，2015)

从图 2-18 可见，绿叶挥发物先释出，其中包括(*Z*)-3-己烯醛、(*Z*)-3-己烯醇和(*Z*)-己烯醋酸酯；在单萜化合物中包括芳樟醇；在萜烯同系物中有 DMNT、TMTT；倍半萜烯化合物有(*E*)-*β*-丁子香烯、(*E*)-*α*-香柠檬烯和(*E*)-*β*-法尼烯。

许多研究都将这种防御反应归功于茉莉酸酯类化合物的形成有关(Pieterse *et al*，2012)。人们对茉莉酸酯类化合物在许多植物，包括茶树的挥发物生物合成和释放的调控(Xin *et al*，2014)进行了研究和证实。茉莉酸酯类化合物在植物上使用时对挥发物形成还需要进一步研究，包括植物通过什么机制进行信号传递，植物只和 JA 还是和其他植物激素也相互作用和发挥功能？

表 2-7 引用了 Atkinson 和 Arey(2003)综合不同文献中的多种生物源挥发物组分在三种主要大气污染物环境中的存在时间。单萜类挥发物在大气中的存在时间一般在几分钟到几小时，倍半萜类挥发物在大气中的存在时间略长于单萜烯类化合物，绿叶挥发物中的己烯醇和己烯醋酸酯的存在时间在 1.3～7.3 h，较单萜类化合物长。在三种污染物中，绿叶挥发物在臭氧组中存在时间较在其他两种污染物中存在时间长。在不同挥发物中，甲醇在臭氧和 NO₃组中的存在时间可达到几年之久。

表 2-7　生物源挥发物在大气中的存在期
(Atkinson & Arey, 2003)

		在不同污染物中的存在期		
		OH	O₃	NO₃
异戊二烯		1.4 h	1.3 d	1.6 h
单萜类	莰烯	2.6 h	18 d	1.7 h
	2-蒈烯	1.7 h	1.7 h	4 min
	3-蒈烯	1.6 h	11 h	7 min
	柠檬烯	49 min	2.0 h	5 min
	月桂烯	39 min	50 min	6 min
	(Z、E)-罗勒烯	33 min	44 min	3 min
	α-水芹烯	27 min	8 min	0.9 min
	β-水芹烯	50 min	8.4 h	8 min
	α-蒎烯	2.6 h	4.6 h	11 min
	β-蒎烯	1.8 h	1.1 d	27 min
	桧烯	1.2 h	4.8 h	7 min
	α-萜品烯	23 min	1 min	0.5 min
	γ-萜品烯	47 min	2.8 h	2 min
	萜品油烯	37 min	13 min	0.7 min
倍半萜类	α-丁子香烯	42 min	2 min	3 min
	α-雪松烯	2.1 h	14 h	8 min
	β-胡椒烯	1.5 h	2.5 h	4 min
	α-葎草烯	28 min	2 min	2 min
	长叶烯	2.9 h	>33 d	1.6 h
氧化物	丙酮	61 d	>4.5 a	>8 a
	莰酮	2.5 d	>235 d	>300 d
	1,8-桉树脑	1.0 d	>110 d	1.5 a
	(Z)-3-己烯醇	1.3 h	6.2 h	4.1 h
	(Z)-3-己烯醇醋酸酯	1.8 h	7.3 h	4.5 h
	芳樟醇	52 min	55 min	6 min
	甲醇	12 d	>4.5 a	2.0 a
	2-甲基-3-丁烯-2-醇	2.4 h	1.7 d	7.7 d
	6-甲基-5-庚烯-2-酮	53 min	1.0 h	9 min

注：估计 OH 浓度(分子/cm³)在白天 12 h 平均为 2.0×10^6，在晚间 12 h NO₃ 平均浓度为 2.5×10^8，O₃ 24 h 平均浓度为 7×10^{11}。

　　植物挥发物在植物组织中的传递速度是很快的，从植物体的表面上释放到大气中后，这些挥发物会和大气中的污染物产生反应。从表 2-8 中可以看出大部分挥发物在和大气中的污染物作用后的存在时间都是比较短暂的。21 世纪初，北欧就开展了主要大气污染物(臭氧、羟基自由基和亚硝酸自由基)对植物释放挥发物的影响。研究结果表明，中等程度的臭氧污染水平就可极大影响植物挥发物在空气中的稳定性并削弱其生态功能。目前提出的大气中臭氧的安全浓度应低于 80 mmol/mol，就考虑了上述因素(McFrederick *et al*，2009；Blande *et al*，2014)。

表 2-8 在三种主要污染物的环境中几种典型的由有害昆虫
诱导形成的挥发物在大气中的存在时间
(Holopainen & Blande, 2013)

环境污染物	虫害诱导挥发物及其在大气中的存在时间(min)			
	<10	10~60	60~1 440	>1 440
臭氧	β-石竹烯	$(Z)/(E)$-罗勒烯、芳樟醇、(E)-4,8-二甲基-1,3,7-壬三烯、(E,E)-4,8,12-三甲基-1,3,7,11-十三碳四烯、β-法尼烯	α-蒎烯、β-水芹烯、柠檬烯、(Z)-3-己烯乙酸酯、(Z)-3-己烯-1-醇、(Z)-3-己烯醛	水杨酸甲酯
羟基自由基		$(Z)/(E)$-罗勒烯、β-水芹烯、柠檬烯、芳樟醇、β-石竹烯、(E)-4,8-二甲基-1,3,7-壬三烯、(E,E)-4,8,12-三甲基-1,3,7,11-十三碳四烯	α-蒎烯、(Z)-3-己烯乙酸酯、(Z)-3-己烯-1-醇、(Z)-3-己烯醛	水杨酸甲酯
硝酸根自由基	α-蒎烯、$(Z)/(E)$-罗勒烯、β-水芹烯、柠檬烯、芳樟醇β-石竹烯、(E)-4,8-二甲基-1,3,7-壬三烯、(E,E)-4,8,12-三甲基-1,3,7,11-十三碳四烯	β-法尼烯、水杨酸甲酯	(Z)-3-己烯乙酸酯、(Z)-3-己烯-1-醇	

　　植物在正常情况下会向大气中释放出不同的挥发物组分。这些挥发物在大气中的存在时间,也就是这些信息在大气中的寿命决定了对植物本身以及对邻近的同种和异种植物的作用大小和持续时间长短。这一方面决定于这些化合物本身在大气中的稳定性,也就是存在期长短;另一方面决定于这些信息的传递距离,有些化合物具有高挥发性,如异戊二烯、甲醇、植物激素乙烯和某些单萜烯通常只能在一个有限的距离范围发挥作用,另一些挥发性较弱、分子量较大的化合物,如萜烯类、甲基茉莉酸酯、甲基水杨酸酯等则可以传递较远的距离。但植物释放出的挥发物必然是一个含有多种成分的混剂,而且其中的成分往往是多变的。一般来说,植物释出的挥发物由于活性浓度在大气中会迅速被稀释,因此只能在一个较短的距离内有效,从"植物—植物"交流中的生态学意义来讲是有限的(Preston *et al*, 2001; Heil *et al*, 2010)。Braasch 等(2012)报道植物由于害虫危害而诱导释放挥发物的有效距离可达 8 m,也有报道为 10~30 m(Kessler & Baldwin, 2001; James, 2003; Jones *et al*, 2011)。但实际上,由于植物释出的挥发物会在大气环境中被迅速稀释,因此其有效作用距离会低于上述的有效范围。如一个用水杨酸甲酯诱芯作为挥发物释放源进行的研究,其结果显示有效范围是 1.5 m(Mallinger *et al*, 2011)和 2.5 m(Rodriguez-Saona *et al*, 2011);另一个用天敌数量的实验结果显示,有效范围是距离挥发物诱芯 5 m 和 10 m(Lee, 2010)。关于植物挥发物的有效活性范围是一个非常复杂的问题,影响因素很多:一是挥发物的浓度和数量,二是挥发物中组成成分的稳定性,三是目标物的种类,四是气候因素。

　　图 2-19 是植物对环境反应从瞬间、昼夜甚至个体发育期间挥发物的形成和释放的动态特征。图中可以提供在生态学范围和时间尺度内,植物反应产生的挥发物从形成和释放的

动态和幅度。其中,包括绿叶挥发物和害虫及病原、异戊二烯与活性氧、乙烯与果实成熟、萜烯类与异种克生现象等。最关键的因素是挥发物在环境中的稳定性。一些不稳定的挥发物,如绿叶挥发物中的化合物大多是易于降解的化合物,必然只能在一个较短的时间幅度内发挥作用。

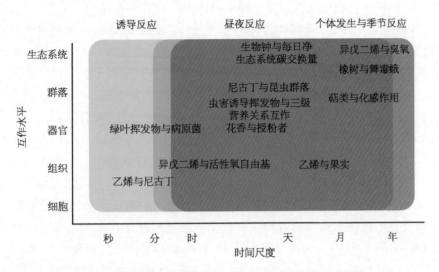

图 2-19　植物挥发物在生态学范围和时间尺度内的动态特征

昆虫危害时,在昆虫口腔分泌物的影响下,植物可以形成和释放大量引诱天敌的挥发物(Alborn *et al*,1997,2007;Mattiacci *et al*,1995;Schmelz *et al*,2006)。这些挥发物的释放时间随着植物的不同会有很大差异,如玉米植株释放新合成化合物的时间需要几个小时(Turlings *et al*,1998),其他植物则需要 1 d 以上的时间(Danner *et al*,2015;Loughrin *et al*,1994;Mithofer *et al*,2005;Pare *et al*,1997)。图 2-20是害虫危害后不同时间段玉米植株绿叶挥发物释放情况,1~4 的峰分别是 6 碳的 3 个不同异构体:己烯醛(1,2)、己烯醇(3)、己烯醇醋酸酯(4)。图 2-20 反映了植物遇到害虫危害后释放挥发物的顺序,显示植物可以在不同时间和不同虫情下释放出不同数量和组分的挥发物化合物(Turlings *et al*,2018)。

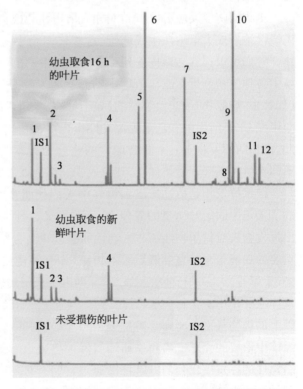

图 2-20　昆虫危害后不同时间段玉米植株挥发物释放情况
(Turlings *et al*,2018)

2.4 植物挥发物的生态学功能

长期以来,植物挥发物被认为只是一种生物体向环境放出大量的气态化合物,例如二氧化碳,氧、水和乙烯等代谢物,就像动物体的呼吸一样。由于顶空取样技术和质谱技术的发展,20世纪80年代起,植物挥发物开始引起科学界的关注,全世界开始大范围开展植物挥发物的由来、功能、形成机理和作用途径的研究。几十年的研究证明了释放植物挥发物是植物的一种重要功能。通过挥发物的释放,发挥与周围邻近的植物交流、调节植物自身对外界生物与非生物(包括有害昆虫和植物病原)的直接抗性和间接抗性、吸引有害昆虫的寄生性天敌和捕食性天敌、吸引植物的授粉昆虫等功能(Baldwin,2010;Scala et al,2013;Dudareva et al,2006),被认为是植物对付有害昆虫和病原菌的多功能武器。一个很重要的突破是在20世纪90年代初发现了植食性昆虫可以激发植物挥发物的释放,并且起着植物对天敌发出求救(cry for help)信号的作用(Turlings et al,1990;Dicke et al,1990)。大约经过10年的时间,进一步发现了这种挥发物具有对植食性昆虫的直接制止作用和植物与植物间的信息交流作用(De Moraes et al,2001)。因此近30年来,世界各国大力开展植物挥发物的研究,并取得很大的进展,现在已经形成一个共识,就是植物挥发物相当于植物的语言,并提出了植物挥发物就是植物的智能(Fain,2016)。

植物的防卫反应可以广义地分为物理性的或化学性的。化学性的防卫就是结构性地或诱导性地形成大量的次生代谢物,这些代谢物中有些是小分子的具有高蒸汽压的亲脂化合物。它们可以很容易地挥发到正常的大气中。植物挥发物的一个重要功能是与植物生长环境中各种生物进行交流。植物中的有些挥发物是属于诱导性的,它们会通过一些生物性的(如害虫、病原物)或非生物性的(如干旱、营养缺乏、紫外辐射和高温等)影响而形成,如茉莉酸甲酯、水杨酸甲酯和乙烯等挥发性化合物,它们在植物的防御体系中具有重要的作用。因此,植物的挥发物是一个非常庞大的化合物类群的混合物。不同的植物种类和同种植物的不同部位和不同环境条件下,其组成成分都会因需要而改变。

植物挥发物是植物释放到大气中去的代谢物,而且有一定规模的释出量。陆地上的植物从大气中固定 CO_2 量的五分之一,每天又以挥发物状态再释放到大气中。植物不断合成出挥发物来对付生物性和非生物性的胁迫并向合作者提供信息以保护自己。植物挥发物最重要的功能是对来自自然界的生物源(如有害昆虫和植物病原菌)和非生物源(高温、低温、光、干旱等)灾害进行防御。表2-9列出了最早发表的生物源有机挥发物在大气和生物圈中发挥主要作用的文献。植物挥发物代表着1%的已知植物次生代谢物。到目前已经从90个以上的植物科中分离到2 000多种植物挥发物(Dudareva et al,2006;Wei et al,2007)。叶绿体中形成的异戊二烯和单萜烯与保护热胁迫有关(Laothawornkitkul et al,2009)。有些结构性的挥发性化合物可以直接通过它们有毒的、具驱避性的特性直接影响有害生物的生理学和行为(Holopainen,2004)。这种来自外界的胁迫可以是非生物性的,如干旱、热和臭氧等,也可以是生物性的,如植物病原、昆虫和螨类的危害。

表 2-9 最早发表的有关生物挥发性化合物在空气和生物界中发挥重要作用的文献
(Laothawornkitkul *et al*,2009)

发 现 内 容	文 献 作 者
异戊二烯是植物释放的	Sanadze(1956)
森林中 BVOC 的释放可引起气溶胶的形成和具有环境影响	Went(1960)
虫害植物释放的挥发物可以诱导邻近未受害植物产生化学防御反应	Baldwin & Schultz(1983)
从害虫危害的植物释放的 BVOCs	Dicke(1986)
空气中的茉莉酸可以诱导植物产生防御反应,同时不同种类的植物也可通过挥发物进行交流	Farm & Ryan(1990)
大气中 BVOC 作用的第一篇评述	Fehsenfeld *et al*(1992)
全球陆生植物每年 BVOC 的释放量大于 1 000 Tg	Guenther *et al*(1995)
异戊二烯的释放保护了热胁迫下的光合作用	Sharkey & Singsaas(1995)
植物可通过 BVOC 的产生应对有害昆虫	Pare & Tumlinson(1995)
驱避害虫的诱导 BVOC 是在夜间产生的	De Moraes *et al*(1997)
BVOC 在自然界可发挥间接防御作用应对有害生物	Kessler & Baldwin(2001)
BVOC 可以保护植物免受氧化应激损伤	Loreto *et al*(2001)
异戊二烯的合成受昼夜控制	Wilkinson *et al*(2006)
异戊二烯会影响"植物-害虫"间的相互作用和三级营养级间的相互作用	Laothawornkitkul *et al*(2008),Loivamaki *et al*(2008)

植物的挥发物可以对多重胁迫(multiple stress)具有应对效应。早在 1975 年就已经发现植物可以释放单萜化合物来防御高温和有害生物(Demented *et al*,1975)。

植物将根据不同的非生物和生物胁迫内容及针对发生的害虫种类,在短时间或较长时间(如几分钟到几个小时)内来合成和释放针对害虫种类的挥发物。例如,由于日光引起的高温,植物将通过释放异戊二烯来缓解高温对植物的伤害。表 2-10 是非生物性胁迫影响下植物释放的挥发物。

总的来说,植物体内的挥发物在植物的信息传递上发挥重要作用,参与寄主植物的信息发送和传递。在植物的生长过程中,植物为了自身的生存与发展以及抵御外界生物性和非生物性因素的胁迫而释放了各种挥发物。早期释放的氧化产物,如通过酯氧合酶途径由脂肪酸形成和释放的(E)-2-己烯醛和(Z)-3-己烯醇、1-己烯醇及其衍生物,如(Z)-3-己烯醋酸酯。这个含有多种成分的复杂混合物很难用人工方法进行传递。但植物释出的挥发物可含有多种成分通过大气进行传递。这种多成分的挥发物可以发挥多种功能,有的化合物对害虫有一定的毒性,有的对天敌具有诱集效应。这是植物在早期采取的一种保护自身和进行防御的策略。研究还发现,植物不仅对其自身进行防御,还会主动对其邻近同种植物发

表 2 - 10　非生物性胁迫影响下植物释放的挥发物
(Holopainen & Gershenzon, 2010)

| 植物挥发物 | 植物种类及非生物压力类型 | | | | | | | | 空气污染 | | | | | |
	玉米 干旱	玉米 高温	玉米 低光照	玉米 氮缺乏	玉米 氮缺乏	玉米 氮缺乏	欧洲油菜 氮缺乏	陆地棉 氮缺乏	棉豆 臭氧升高	棉豆 大气高臭氧	花椰菜 大气高臭氧	欧洲油菜 大气高臭氧	花椰菜 二氧化碳升高	欧洲油菜 二氧化碳升高
脂肪酸衍生物														
(Z)-3-己烯醛(C6)	nd	nd	nd	nd	↕	nd	nd	↕	nd	nd	↕	nd	nd	nd
(E)-2-己烯醛(C6)	nd	nd	nd	nd	nd	nd	nd	nd	nd	nd	nd	nd	nd	nd
(Z)-3-己烯醋酸酯(C6)	↕	↕	←	↑	↕	→	→	←	↕	↓	→	→	→	↑
(Z)-3-己烯-1-醇(C6)	nd	nd	nd	nd	nd	nd	nd	nd	nd	nd	nd	nd	nd	nd
1-戊烯-3-醇(C5)	↑	nd	↓	nd	←	nd	nd	↕	nd	↑	nd	nd	nd	nd
苯丙烷类														
吲哚(C8)	↕	↕	↕	→	↕	→	↕	↕	nd	nd	↕	↕	↕	nd
水杨酸甲酯(C8)	nd	nd	nd	nd	nd	nd	↕	nd	↕	↕	nd	→	nd	nd
萜类														
月桂烯(C10)	↕	↕	→	→	↕	↕	↕	↕	nd	↕	→	↕	↕	↕
芳樟醇(C10)	→	→	→	→	←	→	nd	→	nd	→	nd	nd	nd	nd
β-罗勒烯(C10)	nd	↕	nd	nc	→	→	→	nd	↕	↕	↕	→	↕	↕
DMNT(C11)	↕	↕	↕	→	→	↕	↕	nd	nd	↕	↕	↕	↕	↕
乙酸香叶酯(C15)	↕	↕	→	→	→	→	→	nd	nd	nd	↕	→	↕	↕
β-石竹烯(C15)	↕	↕	↕	←	→	→	↕	nd	nd	↕	↕	↕	↕	↕
α-香柑油烯(C15)	↕	↕	←	←	→	←	←	nd	nd	↕	↕	→	↕	↕
(E)-β-法尼烯(C15)	↕	↕	→	←	→	→	→	nd	↕	↕	↕	↕	→	↕
α-法尼烯/β-甜没药烯(C15)	↕	↕	→	←	↕	←	→	nd	↕	↕	→	→	↕	↕
(E)-橙花叔醇(C15)	↕	↑	→	→	→	→	nd	nd	nd	↕	↕	→	↕	↕
TMTT(C16)	↕	↕	→	→	→	→	nd	nd	↕	↕	↕	↕	↕	nd

出预警信号进行防御。在被危害的植物附近的植物也可以"窃听"周围植物释放出的"挥发物编码信息"的方式来防卫自己(Baldwin & Schultz,1983;Karban & Maron,2002;Karban et al, 2006)。研究证明,烟草植物会释放出乙烯(一种普遍存在的植物激素)"告诉"邻近同种植物增加叶片的角度和茎的长度以提高遮阳的能力(Pierik et al,2003)。现有的研究已经证明,植物不但具有自己抵御和适应外界环境的能力,还具有帮助和提醒邻近同种植物有关适应环境和抵御各种生存压力的信息(Ninkovic et al,2013)。在考虑植物挥发物的巨大功效时,就会联想到这个挥发物可能就是植物的语言。植物释放出来的各种化合物可能就是语言中的字母,那么由化合物组成的挥发物就是语句。另一方面,每种植物所释放出来的挥发物也是针对某一个目标(非生物目标或生物目标)、挥发物中的各种化合物的比例包含着对有害昆虫和病原微生物在寄主体内活动的信息资料。

植物挥发物的释放具有如上各种功能。但植物释放出这些挥发物也因此付出"成本",包括对挥发物组分的生物合成、合成酶类、生产、贮藏、运输、自动氧化的预防和释放等方面。

2.4.1 绿叶挥发物

绿叶挥发物(GLVs)是6碳醛类、醇类和酯类化合物的总称。这类化合物是各种植物的叶片和组织受到有害生物和微生物等生物因素以及高温、干旱等非生物因素造成的组织损伤后,短时间内在植物体中形成和释放到大气中的一种气态混合物。这种被命名为"绿叶挥发物"的结构与成分在种与种间有很大的差异。表2-11是23种植物释放的两种己烯醛和正己醛数量。它们可以很容易地被植物周围的生物体识别,在植物体内部和植物与植物间以及与其他邻近生物体间起着信息交流的作用。许多文献报道昆虫能够"嗅"出GLVs,也有许多文献中提到挥发物就是植物的"语言",说明绿叶挥发物在植物信息交流中的作用以及昆虫和绿叶挥发物间的密切关系。当植物遇到环境胁迫时很快就能形成GLVs进行释放并发挥直接和间接的防御功能,因此绿叶挥发物在"植物—植物"间的信息功能已越来越为科技界所公认。

表 2-11　23种植物释放的己烯醛和己醛的数量
(Jones et al,2022)

种　名	科	(Z)-3-己烯醛 (nmol/gFW)	正己醛 (nmol/gFW)	(E)-2-己烯醛 (nmol/gFW)
菠菜 Spinacia oleracea L.(S.e.;T.n.)	Amaranthaceae	3.55±2.20	0±0	5.76±1.78
柳叶马利筋 Asclepias tuberosa L.(D.p.)	Apocynaceae	210.00±55.20	11.25±6.01	22.16±9.97
半结球莴苣 Lactuca sativa var. longifolia(S.e.;T.n.;H.v.)	Asteraceae	4.26±1.27	2.26±0.69	0±0
菊芋 Helianthus tuberosus L.	Asteraceae	2.53±0.72	0.99±0.14	0±0

种　名	科	(Z)-3-己烯醛 (nmol/gFW)	正己醛 (nmol/gFW)	(E)-2-己烯醛 (nmol/gFW)
青蒿 *Artemisia annua* L.	Asteraceae	83.54±22.36	21.00±3.56	0±0
甘蓝 *Brassica oleracea* (*T.n.*; *P.r.*; *S.e.*)	Brassicaceae	33.47±24.40	2.35±1.84	2.62±1.91
白菜型油菜 *Brassica rapa* (*T.n.*; *P.r.*; *S.e.*)	Brassicaceae	33.11±24.42	2.18±0.72	9.00±3.80
甘蓝型油菜 *Brassica napus* (*T.n.*; *P.r.*; *S.e.*)	Brassicaceae	125.87±32.81	27.6±6.66	96.3±23.36
皱果荠 *Rapistrum rugosum* L.	Brassicaceae	308.49±42.59	34.48±6.05	68.49±11.89
黄瓜 *Cucumis sativus* L. (*S.e.*)	Cucurbitaceae	20.49±6.15	35.99±4.48	147.99±11.59
豌豆 *Pisum sativum* L. (*S.f.*; *S.e.*; *T.n.*)	Fabaceae	34.38±13.37	22.42±5.44	75.79±35.15
绿豆 *Vigna radiata* L. (*S.e.*; *S.f.*; *T.n.*)	Fabaceae	84.09±8.04	61.01±2.40	799.72±248
弗吉尼亚栎 *Quercus virginiana* var. *fusiformis* (*M.a.*; *L.d.*)	Fagaceae	226.97±111.91	8.43±1.39	38.56±12.30
陆地棉 *Gossypium hirsutum* (*H.v.*; *S.e.*; *S.f.*)	Malvaceae	384.56±47.73	25.95±11.03	80.25±23.12
桑树 *Morus alba* L. (*B.m.*)*	Moraceae	6.13±2.05	7.14±1.03	54.36±10.92
绒毛白蜡 ZHOANG*Fraxinus velutina* Torr. (*M.a*; *L.d.*)*	Oleaceae	16.96±5.19	3.51±1.41	49.70±21.28
美国白蜡 *Fraxinus americana* var. *texensis* (*M.a.*; *L.d.*)*	Oleaceae	202.82⊥76.18	25.67±7.35	89.28±16.32
大麦 *Hordeum vulgare* L. (*S.e.*; *S.f.*)*	Poaceae	12.68±3.83	2.93±0.35	6.11±1.07
石茅 *Sorghum halepense* L. (*S.e.*; *S.f.*)*	Poaceae	41.21±6.14	4.65±0.61	6.99±1.54
偏序钝叶草 *Stenotaphrum secundatum* (*S.f.*)*	Poaceae	81.26±21.67	10.58±2.53	17.15⊥3.59
玉米 *Zea mays* L. (*S.e*; *S.f.*; *T.n.*)*	Poaceae	166.52±58.3	8.71±3.43	11.44±1.38
一种李树植物 *Prunus* sp. (*M.a.*; *L.d.*)*	Rosaceae	80.49±17.05	41.33±31.68	56.11±40.45
番茄 *Solanum lycopersicum* L. (*S.e.*; *S.f.*; *T.n.*; *M.s.*; *H.v.*)*	Solanaceae	69.40±23.70	11.76±6.7	7.16±2.19

　　绿叶挥发物在植物防御中具有增效作用。从 20 世纪 80 年代开始的研究已经确定了植物的挥发物对自然界生物性和非生物性的胁迫都具有控制效应和一定的防控效果。它不仅对植物自身具有保护和控制作用，而且对其邻近的同种植物和异种植物也有一定的信息交流和种群控制的效果。上述功能已在世界范围获得公认和应用。尽管植物挥发物的组分和释放通常有效距离较短，而且由于运行过程中大气的稀释，因此在很大程度上只能发挥短距离的功效。但从生态学的观点考虑，植物释放的挥发物对植物的授粉和自然界的生态平衡

具有重要作用。植物一方面通过信息的释放向外界"求救",另一方面通过信息为天敌提供害虫的位置和数量,这也是自然界中植物和天敌间在化学生态学上的巧妙合作。植物的挥发物尽管从宏观的生态学来讲发挥了引诱天敌、授粉昆虫和在一定程度上控制害虫种群的作用,但另一方面它也付出巨大的"成本"。植物释放的挥发物同样对一些有害生物种群也有一定引诱效果。最致命的缺陷是植物释放的挥发物从生物学观点来分析,浓度太低,而且暴露在自然界的空间中,因而其有效的活性距离很小。因此,科学家们正在考虑如何能更好地和植物"合作",如何提高挥发物的"活性",人们拭目以待。

绿叶挥发物对在植物上生存的几种不同的害虫具有不同的生物活性。在对有害昆虫的作用上,GLVs 对有些昆虫的聚集和性信息素有增效作用。因此,许多国家将性信息素和绿叶挥发物一起使用可达到增效作用。GLVs 可提高植物对害虫的间接防御作用,但不同的昆虫种对不同植物的绿叶挥发物具有不同的反应。GLVs 具有吸引害虫的寄生性天敌和捕食性天敌的作用,可帮助天敌寻找到寄主。研究表明在 6 碳的绿叶挥发物中,6 碳的醇类化合物对昆虫忌避、引诱以及对天敌的引诱上具有多方面的活性。在对植物的作用上,绿叶挥发物可以使植物对害虫和植物病原菌产生不同程度的防御反应。日本学者用 100 μg/L 的绿叶挥发物处理 Arabidopsis 植物时,可诱导其产生防御反应(Kishimoto et al,2005)。对有害微生物的作用上,在各种 GLVs 中,(E)-2-己烯醛具有强杀细菌活性。Nakamura(2002)进行绿叶挥发物对革兰氏阳性和阴性细菌的杀菌活性研究中发现,(Z)-3-己烯醛和(E)-3-己烯醛活性最高。6 碳的醇类化合物对细菌也具有强的杀菌活性。植食性害虫加害植物后,会增加 GLVs 中(Z)-3-己烯醛转变为(E)-2-己烯醛的比率。这种(E)-2-己烯醛的增加可使同一植株的邻近叶片或邻近植物的诱导防御能力增加,从而增强植物的免疫性(Ameye et al,2018)。

绿叶挥发物具有如下几个方面的功能:一是 6 碳挥发物可激活参与植物防御反应相关基因的转录(Bate & Rothstein,1998);二是 6 碳挥发物可以减弱刺吸式口器害虫,如蚜虫、螨类的繁殖能力以及食叶害虫的取食量;三是 6 碳挥发物可作为有些害虫的引诱剂(Bolter et al,1997);四是 6 碳挥发物可以对植物与有害生物产生相互作用,发挥植物挥发物对有害生物的防控作用(表 2-12、表 2-13);五是在一定浓度下发挥抗微生物和抗真菌活性(Anderson et al,1994)。但是 GLVs 中(Z)-3 异构体向(E)-2 异构体转变的生态学条件和酶的生理学功能是什么还不清楚,最为重要的是各种植物的 GLVs 能否在有害生物治理中作为农药的替代物进行应用,这些在今后的研究中应予以更多的重视。

表 2-12 6 碳挥发物对"有害生物—植物"相互作用的影响
(Walling,2000)

	对有害生物和植物基因表达的影响	文　献
(E)-2-己烯醛	降低蚜虫的繁殖能力	Hildebrand et al,1993
	降低红蜘蛛的繁殖能力	Kasu et al,1995
	增加 AOS,LOX,PAL,VSP,CHS 和 DFR 的表达量	Bate & Rothstein,1998
	降低 M.sexta 的取食	Avdiushko et al,1997

	对有害生物和植物基因表达的影响	文　献
(Z)-3-己烯醇	降低蚜虫的繁殖能力	Hildebrand et al，1993
己醇	降低蚜虫的繁殖能力 增加 LOX 的表达量	Hildebrand et al，1993 Bate & Rothstein，1998
己醛	降低红蜘蛛的繁殖能力 阻止 M. sexta 的取食	Kasu et al，1995 Avdiushko et al，1997
(Z)-3-己烯醛	增加 LOX 的表达量	Bate & Rothstein，1998
(E)-3-己烯醋酸酯	引诱甘蓝蚜虫	Visser et al，1996
6 碳挥发物的混合物	引诱科罗拉多马铃薯叶甲	Bolter et al，1997

表 2 - 13　GLVs 的生物学功能
（Hassen et al，2015）

生物学功能	绿叶挥发物种类	功　能　描　述	文　献
有害生物防御	(E)-2-己烯醛和 (Z)-3-己烯醇醋酸酯	可引诱寄生菜白蝶幼虫的寄生蜂（Cotesia glomerata）	Shiojir et al，2006
	(Z)-3-己烯醛	水稻 HPL 基因(OsHPL3)在抗白背飞虱上的作用	Wang et al，2014
	GLVs 混合物	水稻 OsHPL3 基因在对害虫直接和间接防御上的作用	Tong et al，2012
	壬醛	三重关系：马铃薯甲虫危害的马铃薯植株的挥发物，特别是壬醛，对捕食性天敌的引诱	Gosset et al，2009
	(Z)-3-己烯醇	GLVs 可激活玉米对害虫的防御反应	Engelberth et al，2013
	(Z)-3-己烯醇	(Z)-己烯醇及其乙酰化衍生物对防御有害昆虫的活化作用	Farag et al，2005
	己烯醇醋酸酯	三重关系：由受伤诱导的挥发物信号诱集害虫天敌的间接防御	Chehab et al，2008
	GLVs 混合物	三重关系：烟草植株通过释放 GLVs 和萜烯类化合物引诱捕食性蝽来降低有害昆虫的数量	Halitschke et al，2008
	(Z)-3-己烯醇	三重关系：从潜叶害虫 Liromyza huidobrensi 危害植株释放的(Z)-3-己烯醇引诱一种寄生蜂（Opius dissitus）用于防治	Wei et al，2007
	(E)-2-己烯醛	三重关系：大豆植株在开花早期用合成的己烯醛进行处理以吸引 Trissolcus spp.和蝽类害虫的其他天敌	Vieira et al，2014
植物间通信	(E)-2-己烯醛	修剪后的蒿属植物的挥发物[含有(E)-2-己烯醛]可以成功地引发烟草植株胰蛋白酶抑制剂的反应	Kessler et al，2006
	(E)-2-己烯醛	可增加 Arabidopsis 植株对 MeJA 的灵敏度	Hirao et al，2012
	壬醛	通过气传引发利马豆植株 PR - 2 基因的表达，提高其抗病性	Yi et al，2009

生物学功能	绿叶挥发物种类	功　能　描　述	文　献
植物间通信	(Z)-3-己烯醛;(Z)-3-己烯醇;(Z)-3-己烯醇醋酸酯	可预诱导玉米植株应对害虫的防御反应	Engelberth et al, 2004
	(Z)-3-己烯醇醋酸酯	健康玉米释放的绿叶挥发物,被乙酰化后,可以预诱导邻近植株的防御反应	Yan & Wang, 2006
	GLVs混合物	预诱导 Arabidopsis 植株防御反应的最优 GLVs 暴露强度和频率	Shiojiri et al, 2012

Gouinguene 和 Turlings(2002)进行了一个包括非生物因素和生物因素在内的不同处理对绿叶挥发物形成和释放数量的比较。从图 2-21 中可以看出,机械损伤加害虫口腔分泌物的处理(图中的三角形符号)植物的挥发物分泌量最多,直接将害虫的口腔分泌物注入植物茎部的(图中的圆形符号)次之。图中的方形符号为未受伤的植物,可见均分布在图下部,表示挥发物的形成量最少。土壤湿度(图中横坐标),从 30% 增至 80%~90%,挥发物的释放量则渐减。但芳樟醇、β-石竹烯和 α-香柠檬烯含量随着土壤湿度的增加而增加,而(Z)-3-己烯醋酸酯、DMNT、吲哚、牻牛儿醋酸酯和法尼烯在高土壤湿度条件下都很低。

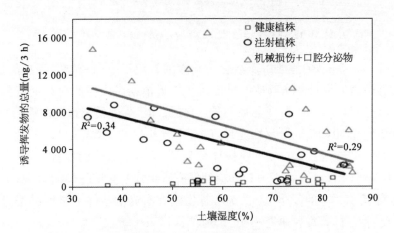

图 2-21　不同土壤湿度条件下玉米植株释放的诱导挥发物的总量(ng/3 h)

(Gouinguene & Turlings, 2002)

三角形是伤口部位用机械损伤+口腔分泌诱导后植株释放的挥发物数量,圆形是用害虫口腔分泌物直接注射植株茎部后释放的分泌物,方形是健康植株释放的挥发物;浅色线条表示机械损伤+口腔分泌物处理植株($F=8.667$, $P=0.009\,1$)的线性回归,深色的线条是注射法处理植株的线性回归($F=0.667$, $P=0.009\,1$)。

(Z)-3-己烯醇是一种脂氧合酶 HPL 途径中合成的一种绿叶挥发物。业已证明,己烯醇是植物对害虫忌避、引诱和天敌引诱的三重营养级关系以及在诱导邻近未受害植物基因表达中重要的信息化合物。研究证明,在植物受到害虫加害后很快会从组织中释放出己烯醇,而且在邻近的受害叶片中也可以释放出这种绿叶挥发物。由害虫加害或伤口形成诱导的己烯醛和己烯醇具有对害虫的忌避作用和对天敌的引诱作用。据 Liao 等(2021)研究表明,(Z)-3-己烯醇在光的参与下,茶树在受到害虫危害的10 min 后就能释放出(Z)-3-己烯醇进行反应。没有受到危害的邻近茶树也会吸收己烯醇,并且形成3种对害虫具有防御作用的代谢物:(Z)-3-己烯醇葡萄糖苷、(Z)-3-己烯醇樱草糖苷和(Z)-3-己烯醇巢菜糖苷(图2-22)。进一步的研究还发现,用含有这三种糖苷的茶粉饲喂茶尺蠖幼虫48 h 后,均可显著抑制幼虫体重增长(图2-22)。

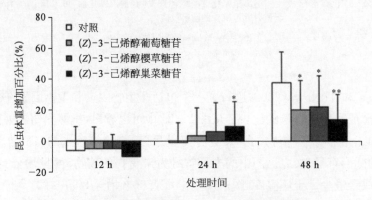

图2-22　(Z)-3-己烯醇葡萄糖苷、(Z)-3-己烯醇樱草糖苷和(Z)-3-己烯醇巢菜糖苷处理和对照对茶尺蠖幼虫体重的影响

(Liao *et al*, 2021)

图中每个处理和对照的幼虫体重百分比差异用平均±S.D.(n=25)表示。图中表示对照和不同己烯醇糖苷处理间昆虫体重增加量具有显著差异($*P \leqslant 0.05$ 和$** P \leqslant 0.01$)。

另外,茶树(Z)-3-己烯醇还可以活化茉莉酸的合成以提高植物对害虫的抗性。因此,(Z)-3-己烯醇被认为是一种光调控的可以提高邻近植物对生物源和非生物源因子防御的信号分子(Liao *et al*, 2021)。除了己烯醇外,己烯醛和己烯醋酸酯也对植物上的有害生物具有直接防御效应。害虫的口腔分泌物还具有将(Z)异构体的己烯醛、己烯醇和己烯醇醋酸酯转变为相应的异构体。而(Z)/(E)异构体的转变可以增加半翅目捕食性天敌(*Geocoris* spp.)的捕食效果(Wei & Kang, 2011)和提高对有害生物的直接防御和间接防御效应。Liao等(2021)报道了害虫诱导的(Z)-3-己烯醇挥发物在有光的条件下是促进茶树直接防御和间接防御的气传信号的研究。研究表明,茶树植株在茶尺蠖加害后10 min 内即可迅速和稳定地释放出(Z)-3-己烯醇,它是通过脂氧合酶途径和茉莉酸酯途径生物合成而后释放的。释放的(Z)-3-己烯醇挥发物可以被邻近的健康茶树吸收,并转变为三种还原的己烯醇醋酸酯的糖苷物:(Z)-3-己烯醇葡糖苷、(Z)-3-己烯醇樱草糖苷和(Z)-3-己烯醇巢菜糖苷。(Z)-3-己烯醇还可以活化茉莉酸的合成,以提高茶树植株对茶尺蠖的抗性。室内实验还证明,用含有己烯醇的三种糖苷化合物的茶粉喂饲茶尺蠖幼虫,在喂饲(Z)-3-己烯醇巢菜糖苷48 h 后幼虫的体重比对照组有极明显降低,另两种己烯醇糖苷代化合物也表现有明显降低(图2-22)。上述结果表明了(Z)-3-己烯醇糖苷化合物处理可提高茶树对尺蠖类咀嚼式口器害虫的直接防御效果。此外,研究还表明(Z)-3-己烯醇处理茶树可以明显增加茶树体内的茉莉酸水平,但对水杨酸含量变化无明显效果(图2-23)。进一步分析还表明,(Z)-3-己烯醇处理茶树可以对一些参与防御作用有关的基因表达有上调功能,包括多酚氧化酶、萜烯合成酶、黄烷醇合成酶、醇脱氢酶、醛脱氢酶和查耳酮等（Liao *et al*，2021）。因此，(Z)-3-己烯醇在本实验中被证明对茶树主要害虫茶尺蠖生长有抑制作用，具有直接防御功能，同时具有通过增强茉莉酸合成能力增强茶树的间接防御功能（图2-23）。

在植物挥发物中，6碳的醛类化合物对植物细胞也有一定毒性。用(Z)-3-己烯醛和(E)-2-己烯醛接触叶片，在5 h后叶片就会出现坏死，22 h后叶片黄化萎缩，(Z)-3-己烯醛引起的毒害比(E)-2-己烯醛更为严重。为降低毒性，植物会快速将(Z)-3-己烯醛还原为(Z)-3-己烯醇。日本 Matsui 等通过

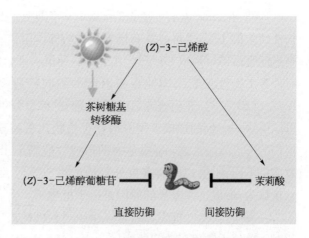

图2-23 (Z)-3-己烯醇通过 *CsGT1* 和 *CsGT2* 糖苷合成基因以及光照抑制茶尺蠖幼虫生长的直接防御功能，通过增强茉莉酸合成能力增强茶树间接防御功能以引发茶树防御能力

（Liao *et al*，2021）

^{13}C标记发现，拟南芥伤口处产生的正己醛、(Z)-3-己烯醛可快速向邻近未受损部位扩散并释放；同时扩散至邻近部位的正己醛、(Z)-3-己烯醛可在短时间内反应，生成相应的醇、酯并释放（Matsui *et al*，2012；表2-14）。但(Z)-3-己烯醇在有些情况下仍然有一定毒性，因而植物进一步将(Z)-3-己烯醇还原成(Z)-3-己烯醋酸酯。研究表明，6碳醛类化合物在植物受伤害的位置上会致使植物转向防御状态。因此，许多文献认为，一些6碳化合物可以在植物交流信息的过程中诱导一些与防御反应有关的次生代谢物的形成以及防御基因的转录（Scala *et al*，2013；Yan & Wang，2006；Bate & Rothstein，1998；Farag *et al*，2005）。此外，在间接防御方面，(Z)-3-己烯醇对寄生蜂的引诱活性显著优于 TMTT、DMTT、芳樟醇、3-甲基丁醛肟等物质（Wei & Kang，2011）。

表2-14 伤口处^{13}C标记的正己醛和(Z)-3-己烯醛向邻近未受损部位的扩散
（Matsui *et al*，2012）

化 合 物	数量(nmol/g 鲜重)
正己醛	42.2±24.2
(Z)-3-己烯醛	13.0±10.6
乙酸己酯	0.5±0.1
(Z)-3-己烯醋酸酯	0.7±0.2
正己醇	57.5±23.2
(Z)-3-己烯醇	48.2±2.8

注：图中数据为邻近未受损部位由^{13}C标记的正己醛、(Z)-3-己烯醛及其相关的醇、酯类化合物的释放量。

1998 年,Blee 提出了植物的 oxylipid 代谢途径对植物的抗病性具有重要的作用,包括结构性的防御作用,也可能具有诱导性的防御作用。Shiojiri 等(2006)报道,植物在受到伤害或害虫危害后便可形成 GLVs。几乎每一种植物都会释放出挥发物,但会因为种类的不同以及对外界生物性和非生物性影响因素的不同释放出不同组成成分,从而发挥不同的功能。Ameye(2018)对 53 项研究(163 个处理)的综合分析结果证明,害虫危害、真菌和机械损伤都可以诱导 GLVs 的形成。但真菌侵害植物比机械损伤可显示较大的 GLVs 形成效应,机械损伤的形成效应次之,害虫危害的形成效应则小于上两种。不同口器害虫危害植物的形成效应也不同,咀嚼式口器害虫处理后的形成效应大于刺吸式口器害虫处理后的形成效应。分析认为,形成这些差异的原因是由于植物所产生的不同防御途径所致。

一般而言,绿叶挥发物通常在组织受到机械损伤或有害生物危害引起的损伤后,会在分的时间单位内迅速释放到植物体外。己烯醛在 NADH 或 NADPH 辅酶的参与下可以转变为己烯醇、己烯醋酸酯和不同的异构体,表现出不同的活性和减轻对植物的毒性。在绿叶挥发物中,己烯醛、己烯醇和己烯醋酸酯占有很高的比例。己烯醇还会形成各种糖苷化合物,发挥不同的功效和提高效果,包括葡糖苷、樱草糖苷、巢菜糖苷、佛手柑糖苷、马兜铃糖苷和异丁基糖苷等。这些化合物对植物害虫具有一定的毒性,因此绿叶挥发物的释放被认为是植物的一种防御功能。研究证明,植物绿叶释放挥发物不仅对植株自身具有防御功效,而且挥发物释放到大气中对其邻近同种植株也具有防御功效。

植物挥发物的释放是植物对自身的一种间接防御反应,而且不同的挥发物类型和种类在释放节奏上也有一定的规律。植物的挥发物(Z)-3-己烯醇可以有效地引诱寄生蜂(*Opius dissitus*),寄生蜂可以根据挥发物来区别潜叶蛾危害的寄主和非寄主植物以及完成寄主的定位。其他挥发物(TMTT,3-甲基丁烯醛肟)可以提高寄生蜂的寄主定位。从图 2-24 可

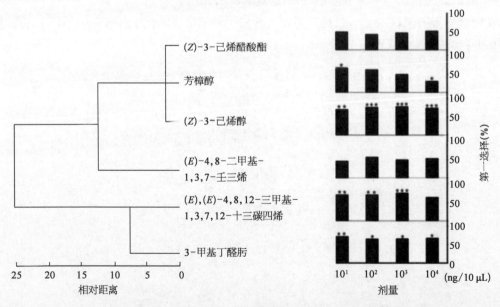

图 2-24　在 Y 型管中 *Opius dissitus* 处女雌蜂对 5 种植物挥发物的行为反应

(Wei *et al*,2007)

见,潜叶蛾寄主豌豆释放的 5 种绿叶挥发物可吸引潜叶蛾寄生蜂。但以(Z)-3-己烯醇效果最好,在 10~10 000 ng/μL 四个剂量处理结果均呈显著至极显著水平,TMTT 次之。

2.4.2 萜烯类化合物

挥发性萜烯类化合物在植物体内的生物合成和有害生物的危害有密切关系。早在 1988 年就有研究报道不同的害虫危害会产生不同的萜烯类挥发物(DeMoraes,1988)。这应是植物应对不同害虫危害启动了不同的信号传导途径。刺吸式口器害虫(蚜虫和红蜘蛛)危害会使植物体内水杨酸(SA)和茉莉酸(JA)的拮抗性交联来调节挥发物的生物合成。咀嚼式口器害虫危害植物后,在受害的植物叶片中发生主要是茉莉酸为主的生物合成途径,但水杨酸的形成数量不明显。而刺吸式口器害虫危害后则同时诱导茉莉酸和水杨酸的形成(Reymond *et al*,2004;DeVos *et al*,2007)。有不少报告引列了茉莉酸和水杨酸在防御信息方面的负面相互作用,但这主要决定于浓度和时间(Mur *et al*,2006)。

挥发量最大的是异戊二烯。全球每年释放出来的异戊二烯的数量估计为 3×10^{14} g(Sharkey & Singsaas,1995),这个数字和甲醇的释放量近似。由于异戊二烯和 OH 基团反应速度很快,因此它在大气化学特别是对未来的气候变化具有重要作用。植物体内异戊二烯的释放可以降低叶温,起到提高植物耐热性的作用(Sharkey & Singsaas,1995),并在热和氧的胁迫情况下对光合作用起着保护效应(Vickers *et al*,2009)。异戊二烯对非生物源,特别是热对植物的胁迫反应速度很快,可明显减轻热源对植物的影响。从生物源角度来看,研究发现异戊二烯对某些害虫(如 *Manduca sexta*)具有拒食效应(Laothawornkitkul *et al*,2008)。最近据英国研究发现,异戊二烯浓度高于 6 nmol/(m² · s),可导致害虫 *M. sexta* 找不到取食目标的作用(Laothawornkitkul *et al*,2008)。异戊二烯和单萜烯的释放量通常在 1~100 nmol/(m² · s)(Vickers *et al*,2009)。异戊二烯的释放是在有光条件下进行的,当在黑暗条件下,异戊二烯的释放会立即停止(Hayward *et al*,2002)。目前已经明确,挥发性的异戊二烯使植物对一系列非生物性胁迫,如大气中的高光度、温度、干旱和氧化条件起到重要的保护作用。异戊二烯最引起人们关注的是对非生物胁迫(热、高温、高光度、干旱等)的防护功能,表现为氧化胁迫。实验证明异戊二烯在热和氧化胁迫条件下对光合作用具有保护效应。实验证明释放异戊二烯的植物与不释放异戊二烯的植物相比较,呈现一个耐热的生长表型。臭氧处理时,释放异戊二烯的植物叶片中活性氧的积累较少,细胞损伤程度较轻。异戊二烯的作用机理主要表现为:异戊二烯和氧化物的直接反应、间接改变活性氧(ROS)信号、膜的稳定性和抗氧化活性。

在 30℃ 条件下,木本树种异戊二烯一般占光合作用固定碳的 2%。但也并非所有植物都会释放异戊二烯。在光合作用受抑制的黑暗条件或纯氮条件下,异戊二烯挥发释放停止;植物在 20℃ 或低于 20℃ 并不释放异戊二烯,但在 30℃ 下 4~6 h,植物便会释放出异戊二烯。叶温上升 10℃,其释放量可以增加 10 倍(Sharkey *et al*,1993)。由此产生了异戊二烯是否会提供热保护效应的问题。进一步研究证明,在叶温达到 37.5℃ 但没有异戊二烯条件下,叶片会产生不可恢复的高温引起的伤害;而当温度上升到 45℃,并在气流中添 17.5 ppm 的异戊二烯时,叶片则会出现伤害恢复的现象。这证明了异戊二烯可以溶解到叶片的膜中起

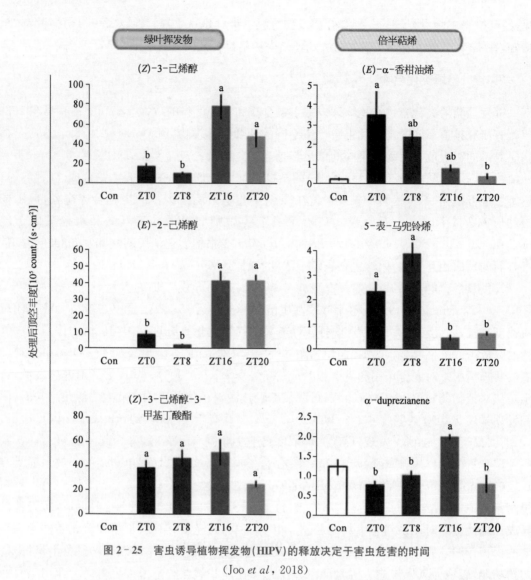

图 2-25 害虫诱导植物挥发物(HIPV)的释放决定于害虫危害的时间

(Joo *et al*，2018)

左边是绿叶挥发物在一昼夜中的释放,右边是倍半萜烯类挥发物在一昼夜中的释放。Con：未受害植株;ZT0：黎明开始危害;ZT8：白天开始危害;ZT16：黄昏开始危害;ZT20：夜晚开始危害。

着改变"膜-蛋白"的相互作用,从而发挥其热保护功能(Sharkey & Singsaas,1995)。即使在胁迫条件下,在碳呈负增长状况、光合作用被严重抑制或完全抑制条件下,异戊二烯的释放仍可维持,并继续发挥热保护功能。

异戊二烯不仅对非生物性胁迫(如高温、干旱等)具有很明显的保护效应,而且对生物性胁迫(昆虫和病原菌)也具有保护效应。至于异戊二烯这种保护效应的机理,在 2009 年澳大利亚、德国、美国和意大利的科学家主要针对非生物性胁迫研究时,联合提出一个"针对多种生理学胁迫的单个生化机理"的理论(single biochemical mechanism for multiple mphysiological stressors)。这个理论主要根据两个方面的作用提出的:一个是对膜的稳定,另一个是直接抗氧化作用。前者是根据 Sharkey 和 Singsaas(1995)提出的膜稳定作用的解释,后者主要根据 Loreto、Affek 和 Velikova 等（2001，2002，2004）提出的论点。热胁迫下，细胞膜变得液态化，导致光合效率降低。但由于异戊二烯是疏水性的，因此进入类囊体膜的异戊二烯可通过疏水作用增强细胞膜的物理稳定性。另一个作用机理是异戊二烯的直接抗氧化作用。作为一种抗氧化剂，挥发性的异戊二烯具有清除活性氧的功能，成为非酶性氧化防护直接和臭氧作用，可以有效地降低臭氧的水平并缓和对叶片的氧化性伤害。图 2-26 是根据在转基因烟草植株（28℃）上进行的昼夜条件下异戊二烯释放的测定结果。结果表明，含有来自杨树异戊二烯合成基因的烟草植株在光照条件下，连续 3 min 释放

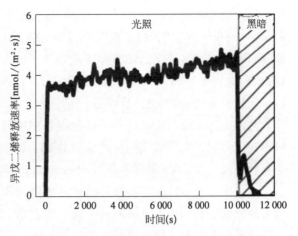

图 2-26 异戊二烯在转基因烟草植株上的昼夜释放
（Laothawornkitkul *et al*，2008）

转基因烟草植株（n=4）在光照和黑暗条件下异戊二烯的释放，释放速率在 28℃ 和有效光照辐射条件 $[500\ \mu mol/(m^2 \cdot s)]$ 下进行测定。转基因烟草含有来自杨树的异戊二烯合成基因

出 3.9～4.6 nmol/（m²·s）的异戊二烯，在光照停止后，异戊二烯即停止释放。

异戊二烯无论对生物源的胁迫（包括有害昆虫、植物病原真菌、细菌、病毒、线虫等），还是非生物源胁迫（包括高温、低温、干旱、过湿等）都具有积极的防护功能。这种防护功能可以是直接防护（direct defense），有时植物挥发物起着毒物的作用，它可以杀死有害生物和有害病原微生物。如：十字花科植物体内的芥子油甙水解后可形成对昆虫具毒性的异硫氰酸酯，并释放出来（Halkier & Gershenzon，2006）。有些害虫诱导的植物挥发物，如芳樟醇，就是一种具有直接防护功能的挥发物。有些有毒的植物挥发物是由有害昆虫诱导形成的，如茉莉酸信号途径就起着一个关键的作用（Howe & Jander，2008）。这种植物防护功能也可以是间接防护（Indirect defense），当植物收到有害生物危害时，植物就会释放各种挥发物来吸引各种天敌，包括寄生性的和捕食性的天敌。这样就可以阻止或降低有害生物的危害。这种现象就是间接防护，这种观念在 20 多年前就已经被证实（Takabayashi & Dicke，1996），并已在许多植物上引起关注和应用（Yuan *et al*，2008）。

关于异戊二烯在自然界中的释放及其作用，美国的 Sharkey 和 Monso（2014）对未来异戊二烯在叶片层面、树冠层面和大地层面的释放数量及其作用进行了宏观的分析。研究认为，未来异戊二烯的释放量将决定于叶片生理学、树冠和气候的变化、大气中 CO_2 浓度以及土地利用的变化等影响。叶片层面上，由于大气温度升高导致的异戊二烯释放量增加将被因 CO_2 浓度增加导致的异戊二烯释放量减少所抵消。此外，臭氧可抑制异戊二烯合成基因的表达。因此，大气中臭氧浓度的升高会使植物异戊二烯的释放量减少。氮肥的施用会增加异戊二烯的释放量，它的影响有直接效应和间接效应两个方面。直接效应和光合作用产物有联系，因为这些产物适用于异戊二烯的生物合成；间接效应和树冠的发展及叶面积指数有联系。从树冠面分析，在 CO_2 含量增加情况下叶面积指数的增加可以弥补在叶片层面由于 CO_2 含量增加而引起的异戊二烯释放量的减少；从大地层面分析，深林覆盖度的减少可以降

低全球异戊二烯的释放量,而气候变暖、森林施肥和群体组成动态可以增加全球异戊二烯的释放量(Naik *et al*,2004)。根据 Pacifico 等(2012)的全球模型计算,从工业前时代(1860—1869)和现在相比,异戊二烯的释放量增长了 26%,估计到 2109 年因为较暖和的温度(正影响力)和大气中较高的 CO_2 浓度(负影响力)的补偿影响,异戊二烯将保持大致稳定的增长量。未来究竟如何,人们拭目以待。

萜烯类挥发物对害虫控制的影响因素主要包括:调控萜烯化合物合成的信号通路组成和不同信号通路间增效或拮抗的交互作用。如利马豆遭受二斑叶螨(*Tetranychus urticae*)危害后释放的 HIPVs 是受水杨酸和茉莉酸通路同时控制的(Ozawa *et al*,2000)。

为了应对外界许多危害植物的有害生物,植物要释放很多数量的挥发物进行防御,在萜烯类挥发物中有一个很重要的成员是橙花叔醇。(*E*)-橙花叔醇是一种高效的信号物,它可以诱导茉莉酸和脱落酸的信号发生。在茶树上的研究也证明了用橙花叔醇处理茶树可以改变 *CsMARK* 和 *CsWRKY3* 基因的表达。用橙花叔醇处理 0.5 h 后 *CsMARK* 基因的转录水平增加,处理后 1 h 即达峰值;*CsWRKY3* 的转录水平在处理后 0.5 h 即有增加,处理后 2 h 即可达峰值(图 2-27)。同时,茶树体内对防御水平有重要作用的茉莉酸水平也快速增加。

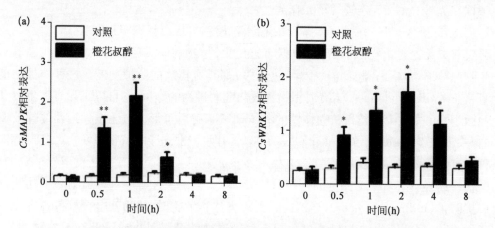

图 2-27 (*E*)-橙花叔醇控制茶树中的促分离原活化的蛋白质激酶
MAPK 基因(a)和 *WRKY* 基因(b)

(Chen *et al*,2020)

暴露在橙花叔醇下的茶树叶片和对照(Con)叶片中的 *CSMARK*(a)和 *CsWRK3*(b)两种基因的转录水平。数值是 5 次重复均值+标准差。* 表示在用(*E*)-橙花叔醇处理的茶树叶片和对照叶片间的差异显著性(t test,* $P<0.05$,** $P<0.01$)。

2.4.3 吲哚

吲哚是一种有害生物加害植物后较其他诱导反应出现较早的挥发物,被认为是一种具有快速反应能力的空气传导引物,最早报道是在玉米植株上发生的。研究表明,虫害玉米释放的吲哚可以提高邻近玉米植物的诱导防卫反应(Erb *et al*,2015)。吲哚可以显著增加邻近玉米体内茉莉酸甲酯——异亮氨酸结合物的产生,并且可以显著提升邻近虫害玉米单萜、萜烯同系物的释放量。在诱导后 45 min,茉莉酸甲酯的水平提高 50% 以上。因此,吲哚起了一个快速和有效的气态引物的作用,使得有联系的组织以及邻近植株对即将来临的侵害做好防御准备。

从 20 世纪 90 年代开始,相继报道了水稻、花生等多种植物上吲哚挥发物的释放。在植物受侵害后的 45 min 就开始有吲哚的释放,比其他 HIPV 的释放至少早 2 h(Erb *et al*,1995)。在受侵害后 180 min 时吲哚的释放量达到峰值,并一直延续到 600 min(图 2-17),释放的量约为每小时 50 ng。萜烯类化合物的释放时间比吲哚的释放时间晚了 135 min。5 h 后,释放吲哚的植物也开始大量释放单萜类、同萜类和倍半萜类化合物,包括芳樟醇、DMNT、TMTT、(E)-β-石竹烯。(E)-α-佛手烯以及(E)-法尼烯等。

吲哚的生物合成和释放对已被有害生物加害的植株在组织中发挥周身性引发作用,以提高防御能力是极为重要的。除了同一植株外,吲哚也可以通过挥发物的释放使邻近植物获得早期警戒而提高对外来有害生物的防卫。但不同植物对吲哚或含有吲哚的植物挥发物具有不同的接受程度,如豌豆、棉花等植物对吲哚的接受程度远不如玉米。总的来说,吲哚是一种可靠和高效的引发信号,因为和单纯机械损伤相比,有害生物可以明显提高吲哚的释放程度。

2.5 植物挥发物在三重营养级关系中的作用

植物释出的生物源挥发型有机物(BVOC)是植物对外界环境反应的重要形式,它是植物用以和周围环境以及其他生物进行交流的"语言"。植物将约占大气五分之一的 CO_2 进行固定,并每天以挥发物状态释放回大气中。从生理学观点而言,植物挥发物的释放包括三个关键的过程:"植物—植物"间的相互作用,共生有机体间的信号作用,对捕食性天敌、寄生性天敌与授粉昆虫的引诱作用。当植物受到有害昆虫危害时,这些挥发物可以为捕食性和寄生性天敌提供害虫位置、活性,甚至可以提供危害害虫的发育龄期等信息。捕食性和寄生性天敌可以根据这些挥发物的引导对害虫进行捕食和寄生。为了提高天敌的捕食和寄生效率,植物还可以在"寻求帮助"(cry for help)的挥发物中添加化合物作为密码,使天敌可以精准地消灭害虫而使植物受到保护。这是自然界中植物和天敌间的巧妙合作。这些挥发物一般为亲脂性、具有高蒸汽压并可以自由地透过植物组织的膜。它的主要功能:一是吸引授粉的生物体和传布种子的生物体以保障植物种群的繁衍,二是通过挥发物在自然界中的三重营养级关系链起着保护种群自身和警卫邻近植物免受有害生物和病原物的危害。

植物、植食性有害生物及其天敌间的三重营养级关系是全球生态体系中的一个极为重要的部分。这个"植物—害虫—天敌"间的三重营养级关系最早在 1980 年由 Price 等提出的。至 2000 年,这个三重营养级关系的现象已在 23 种植物和各种害虫、天敌种类的组合进行了报道(Dicke,1999)。其中研究得较深入的是"菜豆—红蜘蛛—天敌植绥螨"之间三重营养级关系(Takabayashi & Dicke,1996)。在三重营养级关系中,植物是一方,有害生物(包括有害昆虫、有害病原真菌、细菌、病毒等)是加害植物的一方,还有以有害生物为食料的有益昆虫和微生物的一方(包括寄生性和捕食性天敌昆虫、寄生有害昆虫的昆虫和微生物等)。在浩瀚的自然界中,上述植物、有害生物和天敌生物三类生物体间存在着关系到生存的多重营养关系,可用图 2-28 来表示。植物在漫长的历史长河中利用自己的"智慧"对危害它们的有害生物进行防御,并可以分为直接防御和间接防御。直接防御(direct defense)是植物利用直接的负面影响,采取直接影响有害生物的生理或行为,例如用植物体上的毛、刺、挥发物、毒素对侵害它们的有害生物进行直接防御以保护自己;而间接防御(indirect defense)是对消灭和取食有害生物的生物体进行招募和吸引,并帮助天敌更容易找到猎物。这些挥发物包括害虫诱导的植物挥发物和产卵诱导的植物挥发物(Vet & Dicke,1992)。上述的植物挥发物有的是结构形成的,也就是植物本身具有的;有的挥发物则是由于非生物原因的影响(如营养、干旱、紫外线和温度等)和生物源的影响(如昆虫、真菌、细菌等)引起的。这些影响因素可以通过各种植物信息分子(如茉莉酸、水杨酸等)来活化各种生化途径。图 2-28 是自然界中包括植物直接防御和间接防御在内的多重营养关系。

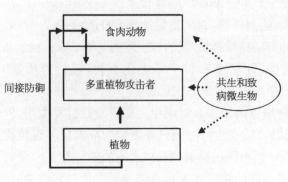

图 2-28 植物防御的多重营养级关系
(Dicke & Hiker,2003)

　　在一个大生物和微生物共存的群体中,植物在防御上具有多元化情境。植物对攻击者的直接防御采用直接的负面效应,植物对攻击者的间接防御采用维持和(或)吸引能捕食植物攻击者的肉食性生物。

　　1980 年,发表了在三重营养级相互作用方面具有引领作用的 2 篇综述(Turlings & Erb 1980;Price et al,1980)。作者提出了一个植物具有招募有害生物天敌的观点。此后,Vinson(1987),Nordlund(1988)和 Dicke(1993)等相继发表了不少被植食性有害生物危害的植物在招募捕食性和寄生性天敌方面具有重要作用中的化学证据。到 20 世纪末,报道了 20 多种植物以及有害生物和天敌的相关现象(Dicke,1999)。后来的研究也进一步说明了被有害生物危害的植物不仅仅是受害部位发生挥发物的渗入,还能引发植物周身性释放挥发物的防御反应,使得整个植株对有害生物的天敌产生引诱。释放挥发物是植物对外界环境反应的重要形式。它是植物同周围环境和生物进行交流的"语言"。这些挥发物从叶片、花、果实中释放到周围的大气中,还可以通过根部释放到土壤中。这些挥发物还可以引诱授粉生物进行授粉,也可以保护植物抵抗害虫和病原菌的危害。从上述的三重营养级关系中可以看出,挥发物在三者间发挥着重要的作用。植物挥发物,可帮助害虫寻觅寄主,并进行寄主定位。当植物遭遇到有害生物定居和危害后,植物会释放出挥发物来招募天敌保护自己,还可以通过挥发物对邻近的同种和异种植物进行警告以起到保护效果。植物的不同器官可以释放出不同的化合物以保护植物的健康。在作用机理上,还发现了有害生物的口腔分泌物中的激发子(elicitor)对激发 HIPV 的释放起着重要的作用(Mattiacci et al,1995;Alborn et al,1997;Schmelz et al,2006)。1997 年,发现了咀嚼式口器害虫危害玉米植株几小时后很快就有很高的 GLVs 释放量,而有的植物挥发物需要 1 天以上才能形成和释放。Halitschke(2004,2011,2012),Pozzio(2013)等报道真菌和细菌感染植物也可以诱导 GLVs

的形成。Wenda 和 Piesik（2011）、Copoloviciet 等（2012）报道干旱和热也可诱使植物释放 GLVs，这表明一些非生物性胁迫也可诱使植物释放 GLVs 以应对环境压力。Visser（1979）、Turling（1991）以及 Scala（2013）等相继报道植物释放 GLVs 挥发物可以驱避害虫和引诱天敌作为提高植物抗性的一项措施。由此可见，GLVs 的形成和释放是植物对应各种生物学和非生物学胁迫的一种反应，有助于增强植物自身对有害生物危害的抵抗力（Ameye et al，2018）和对捕食性天敌、寄生性天敌的引诱力（Allmann & Baldwin，2010）。研究表明，植物体上绿叶挥发物的形成数量与植物收到的胁迫类型有关。在受到真菌侵染时，植物形成的绿叶挥发物数量（影响力＝9.67）比机械损伤形成的挥发物数量要大（影响力＝4.69）；植食性昆虫危害对植物挥发物形成的影响最小（影响力＝1.86）（Ameye et al，2018）。

在挥发物形成机理研究上，大量的研究在关注植物叶片和叶片间的信息传导和植物间的信息传导。从有害生物危害的植物中释出的挥发物也可以参与"植物—植物"间的相互作用，也可参与在同一株植物或邻近未受害植株的防御基因和挥发物释放的表达。这样，不仅受危害的植物，而且其邻近植株也会释放 HIPVs 招引天敌。绿叶挥发物从信号感受到信号转导首先要通过主动或被动传递到达质膜或其他植物细胞器，植物挥发物可通过气孔或叶表的吸收而被植物利用，但在到达质膜前，它们还必须通过角质层和细胞壁。因为挥发物是脂溶性的，因此可以"溶解"在质膜中，并被植物细胞进一步代谢和利用。目前，已经测定到挥发物在细胞中的浓度在 1 mM 左右。许多研究证明，植物体内的绿叶挥发物可增强一些植物（如玉米、菜豆、柑橘、茶叶）体内的茉莉酸甲酯合成基因的转录和植物对有害昆虫的防御能力。Liao 和 Yang 等研究报道，茶树在受到茶尺蠖危害后可以在 10 min 内迅速释放出（Z）-3-己烯醇挥发物，并可以持续进行释放。研究认为，己烯醇可能是一种由害虫诱导的次生性的防御化合物，还兼具应对害虫的直接防御和间接防御的效应（Liao et al，2021）。此外，研究证明，（Z）-3-己烯醇还可以活化茉莉酸的合成以提高茶树对昆虫的抵抗力。（Z）-3-己烯醇还是一种光调节的信号分子，可以活化邻近植株的系统防御功能。研究证明了（Z）-3-己烯醇是一种生物源和非生物源的诱导植物挥发物，对植物的系统性防御机制具有形成和释放挥发物的功能（Liao & Yang，2021）。在正常情况下，植物的叶片只会释放少量的挥发性化合物，但当植物受到植食性害虫危害时，许多挥发性化合物会更多地释放出来。挥发性化合物的种类会因昆虫种类的不同而发生变化。这些挥发物还会诱集这些害虫的捕食性和寄生性天敌。当植物将挥发物释放到大气中时，昆虫将从这种含有植物特征的气息中寻找和收集需要的信息。昆虫根据气缕飘移中化合物的浓度，表现出触角的电位响应大小，从而出现不同的行为表现。

当植食性昆虫危害植物时，植物会释放出包括绿叶挥发物在内的 HIPVs。昆虫的口腔分泌物对挥发物的释放起着重要的作用。在不同的口器类型中，咀嚼式口器害虫对 GLVs 的影响（影响力＝2.1）大于刺吸式口器害虫（影响力＝0.36）。这和不同口器害虫危害后对植物产生的不同保卫途径有关。通常，咀嚼式口器害虫主要活化茉莉酸途径，而刺吸式口器害虫主要活化水杨酸途径（Kant et al，2015）。植物控制 HIPVs 的合成和释放一般包括 3 个不同的机理：一是通过从伤口中渗出，二是通过细胞膜、细胞壁和角质层扩散出去和大气接触，三是通过细胞中输导或扩散到质外体的空间中并通过气孔释放出去。虽然已经证实

HIPVs 是因间接防御而产生的,但除了间接防御外,已证明 HIPVs 对害虫或病原菌具有直接毒性。在 HIPVs 中含有的 β-石竹烯可杀死植物病原菌,含有的吲哚对多种食叶害虫具有毒性。

植物细胞的质膜是植物和环境唯一直接接触的间隔。跨膜势能(V_m)的改变或者在质膜水平上的离子通量的调变是细胞对生物源和非生物源胁迫最早的反应。害虫诱导的势能变化在一个快速的电信号(动作电位)上表现出来。这个电信号在韧皮部或木质部移动是非常快的(Wildon $et\ al$,1992)。势能的改变则要慢得多,一般 6~7 cm 的势能改变需 5~6 min。寄主植物早期识别害虫是信号分子的作用,例如 H_2O_2 就是一个强的去极化分子,它可以被取食的昆虫诱导。除了 H_2O_2 外,β-葡聚糖和其他寡糖也具有激发子的作用。下图(图 2-29)显示了植物和害虫相互作用的过程中各阶段发生的事件。这种作用可以从取食的昆虫开始。这个最早期的作用是从质膜的势能(V_m)变化开始。接着是细胞内的 Ca^{2+} 的浓度和 H_2O_2 的形成是以分钟为单位,激酶和植物激素茉莉酸(JA)和水杨酸(SA)的首次检出和基因的活化及其后的代谢变化可在 1 h 左右发现,然后在代谢变化上是以小时为单位的。

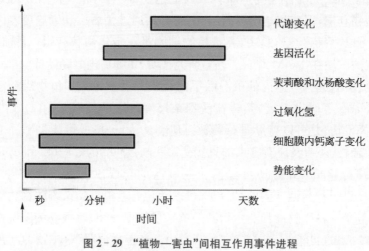

图 2-29 "植物—害虫"间相互作用事件进程
(Maffei $et\ al$,2007)

30 多年的大量研究证明了植物的地上部分各个组织和器官,包括叶片、花、果实都可以释放出各种不同的挥发性有机化合物,地下部分根系也可以根据对土壤环境的要求和危害植物根系的有害生物而释出各种保卫性物质并引诱有益生物种群,保护植物根系的健康。各种植物可以根据自身的需要以及对有害生物防御的需要释放出不同的化合物。这些挥发物主要包括萜类化合物、脂肪酸衍生物、类苯与苯丙烷类化合物,它们主要通过甲羟戊酸途径、甲基赤藓醇磷酸途径、脂氧合酶途径、莽草酸途径等合成。此外,植物释放的挥发物还包括氨基酸衍生物和一些短链化合物。植物挥发物有的是结构性的,有的是由于生物源胁迫,如害虫和病原菌引起的;也有是非生物因素胁迫,如营养、干旱、紫外线和温度等因素引起的。上述这些生物学和非生物学胁迫因素可以活化各种植物体内的信号途径,随之产生各种控制植物信息分工的茉莉酸、水杨酸等信号分子。在植物产生 BVOC 的过程中,害虫危害是其中的一个重要方面,昆虫的口腔分泌物起着重要的作用。在不同的口器类别上,咀嚼式口器对挥发物的影响大于刺吸式口器(图 2 - 30)。研究表明,这和不同口器危害后对植物产生不同的生化合成途径有关。通常,咀嚼式口器主要活化茉莉酸途径(JA),而刺吸式口器主要活化水杨酸途径(SA)(Kant *et al*,2015)。

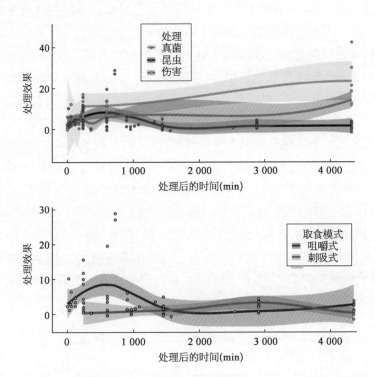

图 2 - 30　不同因素(真菌、昆虫、机械损伤)和害虫取食方式对绿叶挥发物释放的影响
(Ameya *et al*,2018)

　　植物释放出的 BVOC 是植物对其外界环境反应的重要形式。这种挥发物可以引导植物进行授粉,也可以保护植物抵抗害虫和病原菌的危害。在应对害虫上具有多种功能:直接防御、间接防御和植物间的引发效应(priming)。直接防御就是植物挥发物起着毒物的功能直接杀死害虫,植物也可以间接用它们保护自己。这是基于包括"植物—植食害虫—天敌"这种三重营养级关系的防卫策略。当植物受害虫危害时,植物会释放各类挥发性物质来引诱捕食性和寄生性天敌到这种受到害虫伤害的植物上,这时天敌可以直接捕食或寄生于害虫(在害虫身上产卵)。这样可以预防或减轻害虫对植物的伤害。这种现象是一种间接防御。Dicke 和 Sabelis(1988)是最早报道害虫诱导的挥发物具有引诱害虫天敌的作用。除了直接和间接防御这两种反应外,这种信息还可以通过植物和邻近的同种或异种植物间的引发作用(inter-plant priming)使得邻近未受害的植物获得预防信息而减轻受害(Howe & Jander,2008)。这种现象在棉花(Bruin *et al*,1992)和一种蒿属植物(*Artemesia tridentata*)(Kessler *et al*,2006)上已获得证实。

　　绿叶挥发物在提高植物对害虫有关联的保卫反应中起着重要的作用。绿叶挥发物中的

(Z)-3-己烯醇可以有效地活化茶树对一种鳞翅目食叶害虫——茶尺蠖(*Ectropis obliqua* Prout)的防御作用。利用分子生物学方法探明了(Z)-3-己烯醇对茶树基因表达的影响,总共有 318 个基因上调,其中 56 个基因与防御相关,包括 6 个在茉莉酸和乙烯生物合成中的关键酶、24 个信号传导基因和 12 个昆虫反应转录因子。大多数与防御有关的基因由茉莉酸、茶尺蠖或伤害处理所诱导,这表明了茉莉酸的信号在己烯醇诱导的茶树对茶尺蠖的防御中起着重要作用。这对害虫的防控是一种间接防御(Xin *et al*,2019)。

当有害生物开始危害植物时,植物会产生两种类型的挥发物反应:一类是当植物组织因受到有害生物的危害而很快释放出已贮存的化合物,另一类则是新合成化合物后再行释放(Pare & Tumlingson,1997)。根据这两个机理释放的挥发物可能在结构性的化合物中会有些重复,但其含量会随着昆虫的危害而有增加和变化。图 2-31 是健康的油菜(*Brassica oleracea*)植株在释放结构性化合物时有 7 个单萜化合物,但在被小菜蛾幼虫危害 48 h 后又释放出 3 种新的萜烯类化合物,还释放出另外 3 种其他化合物(Holopainn & Blande,2012)。这些植物因害虫危害而诱导形成的化合物对天敌的引诱和招募,以及对害虫寄主定位的影响,已被实验室和田间实验证实(Turlings *et al*,1990;Kessler & Baldwin,2001)。植物在被昆虫危害后释放的 VOCs 信号被认为是一种"寻求帮助"的信号。因为害虫的天敌就是利用这些挥发物来寻求、定位和找到寄主。这些化合物可为天敌提供找到害虫的指示信号,如该实验中所释放的 DMNT 和 TMTT。植物根据害虫种类确定这些化合物的释放量和比率,也决定了这些挥发物对不同天敌种类的引诱效果。

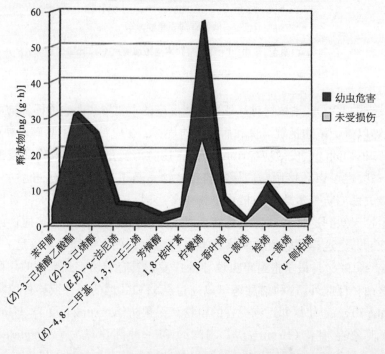

图 2-31 健康油菜植株和小菜蛾(*Plutella xylostella*)幼虫危害的油菜植株的 VOC 释放
(Holopainn & Blande,2012)

最近的研究表明,烟草天蛾 *Manduca sexta* 口腔分泌物中含有一种异构化酶,可将烟草释放的$(Z)-3-$己烯醛异构化为$(E)-2-$己烯醛,并进一步降低$(Z)-3-$相关绿叶挥发物与$(E)-2-$相关绿叶挥发物的比例。改变后的绿叶挥发物,对捕食性天敌 *Geocoris* spp.的吸引力明显增强,同时也极大降低了对烟草天蛾产卵雌蛾的吸引(Allmann & Baldwin, 2010;Allmann *et al*, 2013)。家蚕幼虫的唾液腺中含有一种脂肪酸脱氢酶(BmFHD)。这种酶可以将$13(S)-$HPOT 转变为$(9Z,11E)-13-$氧$(OXO)-$十八碳二烯酸$(13-ODE)$,制止了$(Z)-3-$己烯醛和其后的 GLVs 的生物合成。FHD 的同源物在一些其他鳞翅目的科中也同样存在。此外,一种热稳定的己烯醛捕集(HALT)分子在 *M.sexta* 和一些鳞翅目的夜蛾科农业害虫体内被发现。这种分子可以与$(Z)-3-$己烯醛结合,从而阻止$(Z)-3-$己烯醛的释放和其后一些绿叶挥发物的合成。害虫可通过下述三种机制改变被害植物 GLVs 的释放:① $(Z)-3-$己烯醛的异构化,② 改变$(Z)-3-$己烯醛的合成前体,③ 直接对$(Z)-3-$己烯醛结合(Jones *et al*, 2022)。

从图 2-32 中可以看出,在 Jones(2022)的研究中所选用的 10 种鳞翅目昆虫的幼虫,它们口腔分泌物中的 HALT、FHD 和异构化酶的活性均有不同。

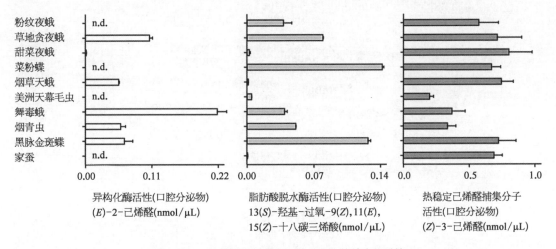

图 2-32 10 种鳞翅目害虫口腔分泌物的效应物活性

(Jones *et al*, 2022)

测定口腔分泌物对$(Z)-3-$己烯醛异构化(异构化酶的活性),测定分解 GLVs 先成物 $13(S)-$HPOT(FHD 酶活性)和结合$(Z)-3-$己烯醛(HALT 活性)的作用。

从图 2-32 可见,在家蚕(*B. mori*)幼虫体内,FHD 的活性很低,而 HALT 分子的活性较高。在 *S.exigua*、*S.frugiperda* 和 *M.sexta* 几种农业昆虫口腔分泌物中 HALT 分子的活性也较高。FHD 和 HALT 会改变诱导的挥发物中$(Z)-3-$己烯醛的生物合成。高含量的$(Z)-3-$己烯醛对昆虫具有一定的毒性。据报道,一种半翅目的捕食性天敌 *Geocoris sp.*在害虫的幼龄幼虫上产卵时喜欢在$(Z)/(E)$己烯醛比例低的 GLVs 植物上产卵,这是因为(Z)异构体比(E)异构体的己烯醛具有较高的毒性(Allmann & Baldwin, 2010;Scala *et al*, 2013;Engelberth & Engelberth, 2020)。昆虫取食会改变植物体内$(Z)/(E)-3-$己烯醛的异构体比例,减少(Z)-3-己烯醛对天敌的伤害,这也是影响植物的三重营养级中相互作用的一个重要方面(Matsui & Koeduka, 2016)。加强这方面的研究,进一步明确这些效应因子在这些复杂的动态过程中对 GLVs 的作用和变化对"植物—昆虫"的相互作用具有很重要的指导作用。图 2-33 是 FHD,异构化酶和 HALT 在 6 碳醛类化合物的合成、异构化和减毒中的作用。昆虫异构化酶的作用主要是使(Z)-3-己烯醛异构化为(E)-2-己烯醛,这是使得毒性较大的(Z)-3-己烯醛通过异构化变为毒性较小的(E)-2-己烯醛。HALT 的作用是与(Z)-3-己烯醛结合,从而阻止了(Z)-3-己烯醛的释放和其他一些绿叶挥发物的合成。这 3 种酶对绿叶挥发物中的己烯醛还原为己烯醇和己烯醋酸酯发挥重要作用。

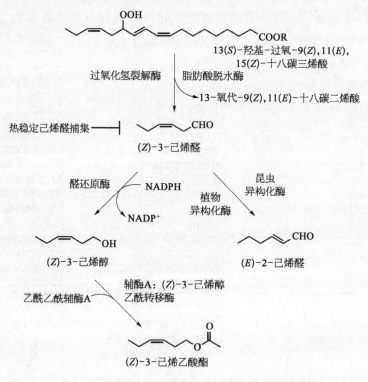

图 2-33　GLVs 化合物生物合成途径中 6 碳醛类化合物的几个分支途径

(Jones *et al*, 2022)

13(*S*)HPOT 裂解形成(Z)-3-己烯醛,再还原成(Z)-3-己烯醇或异构化成(E)-2-己烯醛。(Z)-3-己烯醇进一步酯化成(Z)-3-己烯醇醋酸酯。

2.6　植物挥发物的传递和"植物—植物"的交流

对于有害生物的危害,植物将采取各种防卫措施,包括挥发性化合物(VOC)的释放以引诱有害生物的天敌。这种释放到大气中去的挥发物通过"植物—植物"的交流还可以为邻近植物所接收,用以应对其后有害生物的危害。这已经在许多种植物(菜豆、白杨、蓝莓和利马豆等)上获得证明。植食性昆虫可以从植株的一张叶片转移到另一张叶片,但邻近的叶片不一定通过维管束直接相连,所以对一些距离稍远的叶片来讲,挥发物到达的速度可能会快于维管束的信号。大量的研究已经证明,植物挥发物对植物的自身存在与同种和异种植物间和外界的联系,以及植物对外界生物性与非生物性的胁迫产生的防御都具有重要的作用。此外,有些单萜类化合物,如香芹酚和柠檬烯具有异株克生(allelopathic)作用,通过抑制邻近植物呼吸作用的细胞色素途径可同时发挥阻断氮素循环或抑制生长的作用(Mucciarelli *et al*,2001;Maffei *et al*,2007)。

植物在受到外界影响,无论是非生物源还是生物源的,都会释放出挥发物。但根据不同时间和不同需要,植物会释放出不同数量和不同内容的挥发物。一般在正常情况下释放的数量比较少,而且是一些贮存在植物体内常规性的挥发物。但当植物受到外界的各种胁迫,包括非生物源和生物源的胁迫时,植物就会根据外界胁迫的种类和程度不同而功能性地合成一些具有针对性的挥发物,且在数量上也会增多,这种挥发物具有向外界"求助"的性质,同时还具有招募和引诱天敌的功能。植物的这种功能一方面是一种保卫自身的防御功能,但另一方面还具有一种信息交流(communication)的作用。植物释放的挥发物具有表达其自身生理学状态,所以对其邻近的同种或不同种植物也会提供一个最现实和最快速的信息。一个很重要的问题是这些信息的传递距离有多远?有些化合物通常只能在一个有限的距离范围内发挥作用,另一些挥发性较弱、分子量较大的化合物,如萜烯类、甲基茉莉酸酯、甲基水杨酸酯等则可以传递较远的距离。但植物释放出的挥发物必然是一个含有多种成分的混合物,而且其中的成分往往是多变的。一般来说,植物释出的挥发物由于其活性浓度在大气中会迅速被稀释,因此只能在一个较短的距离内有效,在"植物—植物"交流中的生态学意义来讲具有一定的积极作用(Preston *et al*,2001;Heil *et al*,2010)。Braasch 等(2012)报道植物释放的虫害诱导植物挥发物被昆虫感知的有效距离为 8 m,也有报道 10~30 m 的(Kessler & Baldwin,2001;James,2003;Jones *et al*,2011)。另一个用天敌进行的实验结果显示,挥发性引诱剂的有效引诱范围是 5 m 和 10 m(Lee,2010)。但实际上,植物释放的挥发物会在大气环境中迅速稀释,因此其有效作用距离可能会低于上述的有效范围。但总体而言,植物挥发物在一个敞开的自然界中飘逸,在很大程度上受周围大气的影响而被稀释。近 10 年来,各国科学家进行了大量的研究,但对于由昆虫危害而诱导的植物挥发物对植物和植物间的交流和影响持积极的评价。

植物挥发物在"植物—植物"相互作用中时,分为提示(cue)和信号(signal)两种作用(Ninkovic *et al*,2021)。提示挥发物是植物在未遭受生物胁迫、非生物胁迫时释放的结构性挥发物,也称组成型挥发物。这些挥发物里包含释放方的身份信息。邻近植物可以通过提示挥发物,判断释放方的种类,以便更好地进行竞争生长或适应生长。信号挥发物是植物在遭受各种生物胁迫、非生物胁迫时释放的诱导性挥发物。这些挥发物里包含释放方当前所遭受的各种生存压力。邻近植物在感知到信号挥发物后,可改变自身的生理代谢,用以应对即将到来的生存压力或生存威胁。必须说明的是,当植物遭受各种胁迫后,其所释放的提示挥发物会转变为信号挥发物。日本科学家 Shiojiri 等人(2012)的研究显示,连续 3 周暴露于痕量的绿叶挥发物(浓度低于百亿分之一)可激发拟南芥对害虫的防御反应。这项表明,即使信号挥发物的浓度低于感知的临界值，但只要经过一个长期的暴露，邻近植物仍可感知并利用这些浓度极低的信号挥发物。

植物释放挥发物的另一个重要的功能是通过信息交流向天敌通告有害昆虫的动态，以便于天敌的定位，提高防控效果。此外，植物挥发物对授粉的昆虫提供信息以提高授粉昆虫的目标定位。植物挥发物对非生物性胁迫具有良好的应对能力，如对高温引起的热害、强光害等非生物性胁迫表现出良好的应对能力。在应对低温冷害、干旱胁迫时，茶树的丁子香酚可作为信号分子并经葡萄糖苷化反应形成丁子香酚葡萄糖苷，进而提高茶树的耐寒、耐旱性（Zhao et al，2020；Zhao et al，2022）。过去 10 年间，全球气候变暖使北极冻原的白桦树虫害程度提升了 4 倍；同时在气候变暖和虫害的双重作用下，白桦树单萜的释放量提升了 11 倍（Li et al，2019）。干旱和高盐条件下引起植物合成和释放单萜和异戊二烯的量来提高抗性（Fernandez-Martinez et al，2018）。在土壤出现含盐量提高情况下，番茄植株会自动释放较多的亲水化合物，并降低 2-癸酮和 α-紫罗兰酮的释放量（Benjamin et al，2010）。

植物应对生物胁迫释放的挥发物，可被植物的叶片吸收并转化利用。下面是一个实例：植物体中 6 碳的醛类挥发物可进一步糖苷化和谷胱甘肽化，使其转变为一种非挥发性的化合物。这个新产生的（Z）-3-己烯醇巢菜糖苷使得未受侵染的植物具备抵抗害虫危害的能力（Sugimoyo et al，2014）。另一个进展是进一步认识了植物叶片上毛状体的重要作用。研究认识这种毛状体由于 VOCs 的快速释放而在"植物—植物"相互作用中非常重要。这种毛状体可以贮存高浓度的化学物质，同时阻止这些 VOCs 进入有可能会中毒的亚细胞。这些从毛状体中释放出去的 VOCs 可以对邻近植物起到一个信号的作用（Tissier et al，2017）。有一项研究对白桦树（Betula pubescens）下面的一种灌木（Rhododendron tomentosum）的叶片上毛状体密度和 VOCs 释放速率的研究证明了"植物—植物"相互作用中的上述可能的机制。研究发现，在类萜烯化合物的释放数量和灌木叶片上毛状体的密度间有关联（Mofikoya et al，2018）。在 2020 年进行的一种非微管束植物——苔藓的研究中，发现苔藓也具有通过"植物—植物"相互作用中辨认其邻居的能力（Vicherova et al，2010）。这项发现认为，作为一种重要的手段，VOCs 在很古老的年代就可以在"植物—植物"交流中被接受。已受害的蒿属植物（Artemisia tridentata）会释放 VOCs 诱导附近的野生烟草启动防御代谢，从而使邻近野生烟草与对照植株相比保卫酶（多酚氧化酶）的含量明显增加，并且受昆虫的危害程度也较轻，受害蒿属相邻的烟草植株有较多的花和结籽的荚，并且结籽荚的产量和与蒿属的距离成反比（Kessler et al，2006）。

植物挥发物除了对自身的信息进行传递和交流外，对自身的保卫和防御究竟有没有实效呢？5 年前，德国用烟草、两种害虫（Manduca sexta、Tupiocois notatus），以及它们的捕食性天敌（Geocoris spp.）进行了 HIPVs 对烟草害虫和天敌种群增减的间接防御效果研究。研究中，通过先进行机械损伤，再用 20 μL 害虫口腔分泌物（稀释 5 倍）进行伤口处理，模拟害虫取食危害烟草。分别于清晨和傍晚进行虫害模拟处理。处理后每过 4 h，测定一次虫害烟草的挥发物。结果表明，无论在清晨或傍晚处理，在植物的挥发物中都检测到（E）-2-己烯醛、（E）-2-己烯醇、（E）-1-己烯醇、（Z）-3-己烯异丁酸脂、（E）-α-香柠檬烯和 5-表-马兜铃酸酯等挥发物。但未处理的对照植株均未检出有上述挥发物。绿叶挥发物主要在处理后的第一个 4 h 的样品中检测到,绿叶挥发物中的醛类和醇类挥发物的种类和数量在傍晚处理的样品中要比清晨处理的样品中要多(图 2-34)。从上方的柱形图中可见,黑色的(傍晚处理)挥发物数量明显高于白色(清晨处理)的挥发物数量。从下方的圆形图中可见,和酯类化合物黑色的图形中各种 6 碳的醛类、醇类和酯类挥发物含量大部分高于白色图中的含量。绿叶挥发物的含量在处理后 4 h 即达到很高的挥发量,倍半萜烯类挥发物在处理后较晚的时间才有较高的挥发量,但可以持续保持一段较长的时间,呈现一个较明显的昼夜节奏。不同的植

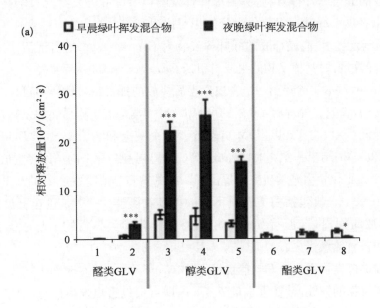

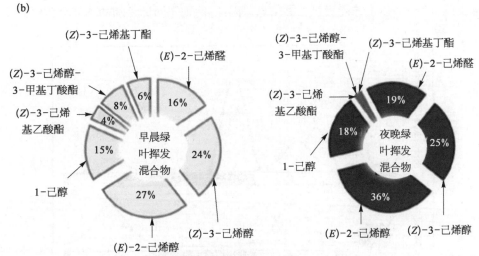

图 2-34 虫害野生烟草清晨、夜晚释放的绿叶挥发物差异

(Joo *et al*,2018)

图中傍晚处理的用黑色方块表示,清晨处理的用白色方块表示,圆形图中的白色图例是清晨的绿叶挥发物组成及其数量比例,黑色图例是晚间的绿叶挥发物组成及其数量比例。

物挥发物呈现不同的挥发状态。绿叶挥发物在处理后很快即可形成。可检测到很高数量的6碳的醛类和醇类,且主要在夜间。6碳的酯类挥发物不局限在晚间,在其他时间也可以检测到很高的数量,但(Z)-3-丁酸酯和(Z)-3-己酸酯例外。在倍半萜烯类化合物中,(E)-α-香柠檬烯和5-表-马兜铃酸在处理后可持续释放,释放时间可以比绿叶挥发物持续更长。α-duprezianene是结构性的化合物,但在诱导过程中稍有改变。这3种倍半萜烯类化合物的数量决定于诱导的时间和一天中的时间(Joo $et\ al$,2018)。

从图2-34中可以看出,虫害后,烟草释放的绿叶挥发物中醇类化合物是主要成分。夜晚虫害烟草释放的醛类绿叶挥发物、醇类绿叶挥发物以及绿叶挥发物总量均高于清晨。同时,清晨、夜晚虫害烟草绿叶挥发物各组分的相对比列有较大差异。对捕食性天敌 $Geocoris$ spp.引诱活性的测定显示,清晨释放的绿叶挥发物对 $Geocoris$ spp.的引诱活性远大于夜晚。这说明,相对于释放量,绿叶挥发物的组成对引诱 $Geocoris$ spp.更为重要。

Joo 等(2018)通过本实验提出一个害虫危害后释放的挥发物(HIPVs)可以分为两大类:一类是绿叶挥发物,它们在处理后4 h内即可释放;另一类是倍半萜烯类挥发物,它们只是在处理后有光的时间(一般在1 d以上)才可释放。这个结果和 Allmann & Baldwin(2010),Halitschke 等(2000)的结果一致,和 Arimura 等(2008)在利马豆上的结论相近似。在此基础上,德国 Max Planck 化学生态学研究所提出了一新的观点:植物在经受了害虫的危害后释放的挥发物(HIPV),一般包括两类性质不同的挥发物类群:一类是迅速释放的绿叶挥发物,另一类是形成时间滞后,但持续时间较长的倍半萜烯类挥发物。前一类被称为快速(fast)型,第二类被称为缓慢(slow)型(图2-35;Joo $et\ al$,2018)。从图2-35中可见,本研究中的倍半萜烯类挥发物释放节奏与捕食性天敌($Geocoris$ spp.)在时间上同步;天敌起始活动是紧随绿叶挥发物的释放,并在害虫危害4 h内即可提供害虫发生信息,而倍半萜烯类只能在害虫危害后1 d以上才能提供相关信息。因此,两种不同挥发物的不同释放时间为捕食

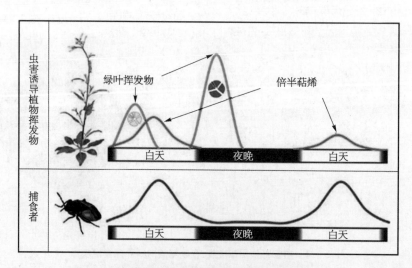

图2-35　植物挥发物的释放类型:快速型、缓慢型和一种
捕食性天敌($Geocoris$ spp.)的发生时间

(Joo $et\ al$,2018)

性天敌提供全面的害虫的信息,这种"快速型"和"缓慢型"挥发物相结合将为自然界中害虫的间接防御提供良好的信息资源。

醇类挥发物的糖基化作用(glycosylation)证明是提高挥发物对有害生物防御效应的一项有效措施。如 Sugimoto 等(2014)报道西红柿被害虫危害后,体内可产生(Z)- 3 -己烯醇巢菜糖,这是挥发物中的(Z)- 3 -己烯醇和植物中的巢菜糖结合成(Z)- 3 -己烯醇巢菜糖的糖苷化合物。它在西红柿体内具有保护植物应对害虫攻击的作用。在其他植物体内也具有相似的功能,如在茶树上的研究报道显示,茶树在遇到害虫危害后很快会释放出(Z)- 3 -己烯醇。这种从茶树上释放出的(Z)- 3 -己烯醇可被邻近健康茶树吸收并被转化成 3 种糖苷化合物:(Z)- 3 -己烯醇葡糖苷、(Z)- 3 -己烯醇樱草糖苷和(Z)- 3 -己烯醇巢菜糖苷。这 3 种己烯醇的糖苷物在茶树体内具有抵抗害虫危害的功效(Liao *et al*,2021)。研究表明,这种挥发物还具有种间和种内的信息交流功能。

害虫取食和机械损伤对植物危害的主要区别是,害虫取食时会向植物释放口腔分泌物。通常在未受害前,植物挥发物的释放保持在一个很低的水平。机械损伤后,受损部位可立刻大量释放一些结构性的化合物和绿叶挥发物。结构性的化合物通常为萜类化合物和芳香类化合物,它们通常在未受损植物的腺体或毛状体中就有一个很高水平的积累。机械损伤还导致大量的不饱和脂肪酸从膜脂上游离出来,并经脂氧合酶途径快速、大量合成 6 碳的醛、醇、酯等绿叶挥发物。而害虫取食时,在机械损伤和昆虫唾液的双重作用下,植物体内的茉莉酸、水杨酸等信号途径被激活,进而启动甲羟戊酸途径、甲基赤藓醇磷酸途径、脂氧合酶途径、莽草酸途径等挥发物合成途径,最终导致植物释放出大量的未受害植物不能释放的新化合物。用化学标记研究表明,害虫危害条件下高水平释放出的挥发物是新形成的,而不是从贮存在植物体内释放的(Pare & Tumlinson,1997)。研究还证明,害虫开始在植物上取食和诱导挥发物释放之间要有几个小时的间隔,这证明了要合成和释放这些挥发物需要一系列的生物化学反应,包括基因表达、蛋白质组装和酶的诱导等过程(Pare & Tumlinson,1998)。在挥发物的释放上,植物除了可以从叶片、茎部花器和果实中释放到周围的大气中外,也可以通过根部释放到土壤中。它们一般以亲酯、高蒸汽压的状态自由地透过植物组织的膜层,它的功能一是吸引授粉和传布种子的生物体以保护生物种群的繁衍,通过作用于害虫、天敌和邻近植物,调节三重营养级关系,达到抵御有害生物危害、保护自身和种群的目的。

参考文献

[1] Abbas F, Ke Y G, Yu R C, *et al*. Volatile terpenoids: multiple functions, biosynthesis, modulation and manipulation by genetic engineering. Planta, 2017, 246: 803 - 816.

[2] Acevedo F E, Rivera-Vega L J, Chung S H, *et al*. Cues from chewing insects—the intersection of DAMPs, HAMPs, MAMPs and effectors. Current Opinion in Plant Biology, 2015, 26: 80 - 86.

[3] Alborn H T, Turlings T C J, Jones T H, *et al*. An elicitor of plant volatiles from beet army worm oral secretion. Science, 1997, 276: 945 - 949.

[4] Alborn H T, Hansen T V, Jones T H, *et al*. Disulfooxy fatty acids from the American bird grasshopper *Schistocerca americana*, elicitors of plant volatiles. Proceedings of the National Academy of Sciences, 2007, 104: 12976 - 12981.

[5] Allmann S, Baldwin I T. Insects betray themselves in nature to predators by rapid isomerization of green leaf

volatiles. Science, 2010, 329: 1075 - 1078.

[6] Ameye M, Allmann S, Verwaeren J, et al. Green leaf volatile production by plants: a meta-analysis. New Phytologist, 2018, 220: 666 - 683.

[7] Arimura G, Kost C, Boland W. Herbivore-induced, indirect plant defences. Biochimica et Biophysica Acta— Molecular and Cell Biology of Lipids, 2005, 1734: 91 - 111.

[8] Arimura G, Matsui K, Takabayashi J. Chemical and molecular ecology of herbivore-induced plant volatiles: proximate factors and their ultimate functions. Plant and Cell Physiology, 2009, 50: 911 - 923.

[9] Atkinson R, Arey J. Atmospheric chemistry of biogenic organic compounds. Accounts of Chemical Research, 1998, 31: 574 - 583.

[10] Atkinson R, Arey J. Gas-phase tropospheric chemistry of biogenic volatile organic compounds: a review. Atmospheric Environment, 2003, 37: 197 - 219.

[11] Baldwin I T, Schultz J C. Rapid changes in tree leaf chemistry induced by damage: evidence for communication between plants. Science, 1983, 221: 277 - 279.

[12] Baldwin I T, Kessler A, Halitschke R. Volatile signaling in plant-plant-herbivore interactions: what is real?. Current Opinion in Plant Biology, 2002, 5: 351 - 354.

[13] Baldwin I T. Plant volatiles. Current Biology, 2010, 20: R392 - R397.

[14] Bate N J, Rothstein S J. C_6-volatiles derived from the lipoxygenase pathway induce a subset of defense-related genes. The Plant Journal, 1998, 16: 561 - 569.

[15] Benjamin O, Silcock P, Leus M, et al. Multilayer emulsions as delivery systems for controlled release of volatile compounds using pH and salt triggers. Food Hydrocolloids, 2012, 27: 109 - 118.

[16] Berenbaum M R, Zangerl A R. Facing the future of plant-insect interaction research: le retour à la "raison d'être". Plant Physiology, 2008, 146: 804 - 811.

[17] Blande J D, Holopainen J K, Niinemets Ü. Plant volatiles in polluted atmospheres: stress responses and signal degradation. Plant Cell and Environment, 2014, 37: 1892 - 1904.

[18] Blée E. Impact of phyto-oxylipins in plant defense. Trends in Plant Science, 2002, 7: 315 - 322.

[19] Blée E. Phytooxylipins and plant defense reactions. Progress in Lipid Research, 1998, 37: 33.

[20] Boncan D A T, Tsang S S K, Li C, et al. Terpenes and terpenoids in plants: interactions with environment and insects. International Journal of Molecular Sciences, 2020, 21, 7382.

[21] Braasch J, Kaplan I. Over what distance are plant volatiles bioactive? Estimating the spatial dimensions of attraction in an arthropod assemblage. Entomologia experimentalis et applicata, 2012, 145: 115 - 123.

[22] Brosset A, Blande J D. Volatile-mediated plant-plant interactions: volatile organic compounds as modulators of receiver plant defence, growth, and reproduction. Journal of Experimental Botany, 2022, 73: 511 - 528.

[23] Bruce T J A, Midega C A O, Birkett M A, et al. Is quality more important than quantity? Insect behavioural responses to changes in a volatile blend after stemborer oviposition on an African grass. Biology Letters, 2010, 6: 314 - 317.

[24] Bruin J, Sabelis M W, Dicke M. Do plants tap SOS signals from their infested neighbours? Trends in Ecology and Evolution, 1995, 10: 167 - 170.

[25] Campos W G, Faria A P, Oliveira M G A, et al. Induced response against herbivory by chemical information transfer between plants. Brazilian Journal of Plant Physiology, 2008, 20: 257 - 266.

[26] Chen S L, Zhang L P, Cai X M, et al. (E)-Nerolidol is a volatile signal that induces defenses against insects and pathogens in tea plants. Horticulture Research, 2020, 7.

[27] Conchou L, Lucas P, Meslin C, et al. Insect odorscapes: from plant volatiles to natural olfactory scenes. Frontiers in physiology, 2019, 10: 972.

[28] Curtius T, Franzen H. Über die chemischen Bestandteile grüner Pflanzen. Über die flüchtigen Bestandteile der Hainbuchenblätter. Justus Liebigs Annalen der Chemie, 1914, 404: 93 - 130.

[29] Blande J D, Glinwood R. Deciphering chemical language of plant communication. Berlin: Springer, 2016.

[30] De Moraes C M, Lewis W J, Pare P W, et al. Herbivore-infested plants selectively attract parasitoids. Nature, 1998, 393: 570 - 573.

[31] Dicke M, Bruin J. Chemical information transfer between plants: Back to the future. Biochemical Systematics and Ecology, 2001, 29: 981 - 994.

[32] Dicke M, Hilker M. Induced plant defences: from molecular biology to evolutionary ecology. Basic and Applied

Ecology, 2003, 4: 3 - 14.

[33] Dicke M, Agrawal A A, Bruin J. Plants talk, but are they deaf?. Trends in Plant Science, 2003, 8: 403 - 405.

[34] Dicke M, Baldwin I T. The evolutionary context for herbivore-induced plant volatiles: beyond the "cry for help". Trends in Plant Science, 2010, 15: 167 - 175.

[35] Du Y, Poppy G M, Powell W, et al. Identification of semiochemicals released during aphid feeding that attract parasitoid Aphidius ervi. Journal of chemical Ecology, 1998, 24: 1355 - 1368.

[36] Dudareva N, Pichersky E, Gershenzon J. Biochemistry of plant volatiles. Plant Physiology, 2004, 135: 1893 - 1902.

[37] Dudareva N, Negre F, Nagegowda D A, et al. Plant volatiles: recent advances and future perspectives. Critical Reviews in Plant Sciences, 2006, 25: 417 - 440.

[38] Dudareva N, Klempien A, Muhlemann J K, et al. Biosynthesis, function and metabolic engineering of plant volatile organic compounds. New Phytologist, 2013, 198: 16 - 32.

[39] Effah E, Holopainen J K, McCormick A C. Potential roles of volatile organic compounds in plant competition. Perspectives in Plant Ecology Evolution and Systematics, 2019, 38: 58 - 63.

[40] Elhakeem A, Markovic D, Broberg A, et al. Aboveground mechanical stimuli affect belowground plant-plant communication. PLoS One, 2018, 13: e0195646.

[41] Engelberth J, Alborn H T, Schmelz E A, et al. Airborne signals prime plants against insect herbivore attack. Proceedings of the National Academy of Sciences USA, 2004, 101: 1781 - 1785.

[42] Engelberth J, Contreras C F, Dalvi C, et al. Early transcriptome analyses of (Z)-3-hexenol-treated Zea mays revealed distinct transcriptional networks and anti-herbivore defense potential of green leaf volatiles. PLoS ONE, 2013, 8: e77465.

[43] Engelberth M, Selman S M, Engelberth J. In-cold exposure to (Z)-3-hexenal provides protection against ongoing cold stress in Zea mays. Plants, 2019, 8: 165.

[44] Engelberth J, Engelberth M. Variability in the capacity to produce damage-induced aldehyde green leaf volatiles among different plant species provides novel insights into biosynthetic diversity. Plants, 2020, 9: 213.

[45] Erb M, Veyrat N, Robert C A M, et al. Indole is an essential herbivore-induced volatile priming signal in maize. Nature communications, 2015, 6: 6273.

[46] Escobar-Bravo R, Lin P A, Waterman J M, et al. Dynamic environmental interactions shaped by vegetative plant volatiles. Natural Product Reports, 2023, 40: 840 - 865.

[47] Farag M A, Paré P W. C6 -Green leaf volatiles trigger local and systemic VOC emissions in tomato. Phytochemistry, 2002, 61: 545 - 554.

[48] Fernández-Martínez M, Llusià J, Filella I, et al. Nutrient-rich plants emit a less intense blend of volatile isoprenoids. New Phytologist, 2018, 220: 773 - 784.

[49] Freundlich G E, Shields M, Frost C J. Dispensing a synthetic green leaf volatile to two plant species in a common garden differentially alters physiological responses and herbivory. Agronomy, 2021, 11: 958.

[50] Gagliano M, Grimonprez M. Breaking the silence—language and the making of meaning in plants. Ecopsychology, 2015, 7: 145 - 152.

[51] Gershenzon J. Plant volatiles carry both public and private messages. Proceedings of the National Academy of Sciences, 2007, 104: 5257 - 5258.

[52] Girón-Calva P S, Molina-Torres J, Heil M. Volatile dose and exposure time impact perception in neighboring plants. Journal of Chemical Ecology, 2012, 38: 226 - 228.

[53] Gouinguené S P, Turlings T C J. The effects of abiotic factors on induced volatile emissions in corn plants. Plant Physiology, 2002, 129: 1296 - 1307.

[54] Gross M. Could plants have cognitive abilities?. Current Biology, 2016, 26: 181 - 184.

[55] Guenther A, Hewitt C N, Erickson D, et al. A global model of natural volatile organic compound emissions. Journal of Geophysical Research, 1995, 100: 8873 - 8892.

[56] Guenther A B, Jiang X, Heald C L, et al. The model of emissions of gases and aerosols from nature version 2.1 (MEGAN2.1): an extended and updated framework for modeling biogenic emissions. Geoscientific Model Development, 2012, 5: 1471 - 1492.

[57] Halkier B A, Gershenzon J. Biology and biochemistry of glucosinolates. Annual Review of Plant Biology, 2006, 57: 303 - 333.

[58] Hassan M N, Zainal Z, Ismail I. Green leaf volatiles: biosynthesis, biological functions and their applications in

biotechnology. Plant biotechnology journal, 2015, 13: 727 - 739.

[59] Hatanaka A. The biogeneration of green odour by green leaves. Phytochemistry, 1993, 34: 1201 - 1218.

[60] Hatanaka A, Kajiwara T, Matsui K. The biogeneration of green odour by green leaves and it's physiological functions-past, present and future. Zeitschrift für Naturforschung C, 1995, 50: 467 - 472.

[61] Hayward S, Hewitt C N, Sartin J H, et al. Performance characteristics and applications of a proton transfer reaction-mass spectrometer for measuring volatile organic compounds in ambient air. Environmental Science and Technology, 2002, 36: 1554 - 1560.

[62] Heald C L, Wilkinson M J, Monson R K, et al. Response of isoprene emission to ambient CO_2 changes and implications for global budgets. Global Change Biology, 2009, 15: 1127 - 1140.

[63] Heil M, Ton J. Long-distance signalling in plant defence. Trends in Plant Science, 2008, 13: 264 - 272.

[64] Heil M, Adame-Alvarez R M. Short signalling distances make plant communication a soliloquy. Biology Letters, 2010, 6: 843 - 845.

[65] Hilker M, Meiners T. How do plants "notice" attack by herbivorous arthropods?. Biological Reviews, 2010, 85: 267 - 280.

[66] Himanen S J, Blande J D, Klemola T, et al. Birch (Betula spp.) leaves adsorb and re-release volatiles specific to neighbouring plants—a mechanism for associational herbivore resistance?. New Phytologist, 2010, 186: 722 - 732.

[67] Himanen S J, Bui T N T, Maja M M, et al. Utilizing associational resistance for biocontrol: impacted by temperature, supported by indirect defence. BMC Ecology, 2015, 15: 1 - 12.

[68] Holopainen J K. Multiple functions of inducible plant volatiles. Trends in Plant Science, 2004, 9: 529 - 533.

[69] Holopainen J K, Gershenzon J. Multiple stress factors and the emission of plant VOCs. Trends in Plant Science, 2010, 15: 176 - 184.

[70] Holopainen J K. Can forest trees compensate for stress-generated growth losses by induced production of volatile compounds?. Tree Physiology, 2011, 31: 1356 - 1377.

[71] Holopainen J K, Blande J D. Molecular plant volatile communication. Sensing in Nature, 2012: 17 - 31.

[72] Holopainen J K, Blande J D. Where do herbivore-induced plant volatiles go?. Frontiers in Plant Science, 2013, 4: 185.

[73] Howe G A, Jander G. Plant immunity to insect herbivores. Annual Review of Plant Biology, 2008, 59: 41 - 66.

[74] Hu L, Ye M, Erb M. Integration of two herbivore-induced plant volatiles results in synergistic effects on plant defence and resistance. Plant Cell and Environmentplant, 2019, 42: 959 - 971.

[75] Jahangeer M, Fatima R, Ashiq M, et al. Therapeutic and biomedical potentialities of terpenoids-A review. Journal of Pure and Applied Microbiology, 2021, 15: 471 - 483.

[76] James D G. Field evaluation of herbivore-induced plant volatiles as attractants for beneficial insects: methyl salicylate and the green lacewing, Chrysopa nigricornis. Journal of Chemical Ecology, 2003, 29: 1601 - 1609.

[77] James D G. Synthetic herbivore-induced plant volatiles as field attractants for beneficial insects. Environmental Entomology, 2003, 32: 977 - 982.

[78] James D G, Grasswitz T R. Synthetic herbivore-induced plant volatiles increase field captures of parasitic wasps. BioControl, 2005, 50: 871 - 880.

[79] James D G. Methyl salicylate is a field attractant for the goldeneyed lacewing, Chrysopa oculata. Biocontrol Science and Technology, 2006, 16: 107 - 110.

[80] Jardine K, Barron-Gafford G A, Norman J P, et al. Green leaf volatiles and oxygenated metabolite emission bursts from mesquite branches following light-dark transitions. Photosynthesis Research, 2012, 113: 321 - 333.

[81] Jones A C, Seidl-Adams I, Engelberth J, et al. Herbivorous caterpillars can utilize three mechanisms to alter green leaf volatile emission. Environmental Entomology, 2019, 48: 419 - 425.

[82] Jones A C, Cofer T M, Engelberth J, et al. Herbivorous caterpillars and the green leaf volatile (GLV) quandary. Journal of Chemical Ecology, 2022: 1 - 9.

[83] Jones V P, Steffan S A, Wiman N G, et al. Evaluation of herbivore-induced plant volatiles for monitoring green lacewings in Washington apple orchards. Biological Control, 2011, 56: 98 - 105.

[84] Joo Y, Schuman M C, Goldberg J K, et al. Herbivore-induced volatile blends with both "fast" and "slow" components provide robust indirect defence in nature. Functional Ecology, 2018, 32: 136 - 149.

[85] Kant M R, Bleeker P M, Van Wijk M, et al. Plant volatiles in defence. Advances in Botanical Research, 2009, 51: 613 - 666.

［86］Kaplan I. Attracting carnivorous arthropods with plant volatiles: the future of biocontrol or playing with fire?. Biological Control, 2012, 60: 77 – 89.

［87］Karban R, Baldwin I T, Baxter K J, et al. Communication between plants: induced resistance in wild tobacco plants following clipping of neighboring sagebrush. Oecologia, 2000, 125: 66 – 71.

［88］Karban R. Communication between sagebrush and wild tobacco in the field. Biochemical Systematics and Ecology, 2001, 29: 995 – 1005.

［89］Karban R, Maron J. The fitness consequences of interspecific eavesdropping between plants. Ecology, 2002, 83: 1209 – 1213.

［90］Karban R, Maron J, Felton G W, et al. Herbivore damage to sagebrush induces resistance in wild tobacco: evidence for eavesdropping between plants. Oikos, 2003, 100: 325 – 332.

［91］Karban R, Shiojiri K, Huntzinger M, et al. Damage-induced resistance in sagebrush: volatiles are key to intra-and interplant communication. Ecology, 2006, 87: 922 – 930.

［92］Karban R, Yang L H, Edwards K F. Volatile communication between plants that affects herbivory: a meta-analysis. Ecology letters, 2014, 17: 44 – 52.

［93］Kessler A, Baldwin I T. Defensive function of herbivore-induced plant volatile emissions in nature. Science, 2001, 291: 2141 – 2144.

［94］Kessler A, Baldwin I T. Plant responses to insect herbivory: the emerging molecular analysis. Annual Review of Plant Biology, 2002, 53: 299 – 328.

［95］Kessler A, Halitschke R, Dieyel C, et al. Priming of plant defense responses in nature by airborne signaling between Artemisia tridentata and Nicotiana attenuata. Oecologia, 2006, 148: 280 – 292.

［96］Kishimoto K, Matsui K, Ozawa R, et al. Direct fungicidal activities of C6-aldehydes are important constituents for defense responses in Arabidopsis against Botrytis cinerea. Phytochemistry, 2008, 69: 2127 – 2132.

［97］Kikuta Y, Ueda H, Nakayama K, et al. Specific regulation of pyrethrin biosynthesis in Chrysanthemum cinerariaefolium by a blend of volatiles emitted from artificially damaged conspecific plants. Plant and Cell Physiology, 2011, 52: 588 – 596.

［98］Kishimoto K, Matsui K, Ozawa R, et al. ETR-, JAR1- and PAD2-dependent signaling pathway are involved in C6-aldehyde-induced defense responses of Arabidopsis. Plant Science, 2006, 171: 415 – 423.

［99］Kunishima M, Yamauchi Y, Mizutani M, et al. Identification of (Z)-3: (E)-2-hexenal isomerases essential to the production of the leaf aldehyde in plants. Journal of Biological Chemistry, 2016, 291: 14023 – 14033.

［100］Laothawornkitkul J, Paul N D, Vickers C E, et al. Isoprene emissions influence herbivore feeding decisions. Plant Cell and Environment, 2008, 31: 1410 – 1415.

［101］Laothawornkitkul J, Paul N D, Vickers C E, et al. The role of isoprene in insect herbivory. Plant Signaling and Behavior, 2008, 3: 1141 – 1142.

［102］Laothawornkitkul J, Taylor J E, Paul N D, et al. Biogenic volatile organic compounds in the earth system. New Phytologist, 2009, 183: 27 – 51.

［103］Lee J C. Effect of methyl salicylate-based lures on beneficial and pest arthropods in strawberry. Environmental Entomology, 2010, 39: 653 – 660.

［104］Li T, Holst T, Michelsen A, et al. Amplification of plant volatile defence against insect herbivory in a warming Arctic tundra. Nature Plants, 2019, 5: 568 – 574.

［105］Liao Y Y, Tan H B, Jian G T, et al. Herbivore-induced (Z)-3-hexen-1-ol is an airborne signal that promotes direct and indirect defenses in tea (Camellia sinensis) under light. Journal of Agricultural and Food Chemistry, 2021, 69: 12608 – 12620.

［106］Logan B A, Monson R K, Potosnak M J. Biochemistry and physiology of foliar isoprene production. Trends in Plant Science, 2000, 5: 477 – 481.

［107］Loivamäki M, Mumm R, Dicke M, et al. Isoprene interferes with the attraction of bodyguards by herbaceous plants. Proceedings of the National Academy of Sciences of the United States of America, 2008, 105: 17430 – 17435.

［108］Loreto F, D'Auria S. How do plants sense volatiles sent by other plants?. Trends in Plant Science, 2022, 27: 29 – 38.

［109］Loreto F, Dicke M, Schnitzler J P, et al. Plant volatiles and the environment. Plant Cell and Environment, 2014, 37: 1905 – 1908.

[110] Loreto F, Pinelli P, Manes F, et al. Impact of ozone on monoterpene emissions and evidence for an isoprene-like antioxidant action of monoterpenes emitted by *Quercus ilex* leaves. Tree Physiology, 2004, 24: 361 – 367.

[111] Loreto F, Schnitzler J P. Abiotic stresses and induced BVOCs. Trends in Plant Science, 2010, 15: 154 – 166.

[112] Loreto F, Velikova V. Isoprene produced by leaves protects the photosynthetic apparatus against ozone damage, quenches ozone products, and reduces lipid peroxidation of cellular membranes. Plant Physiology, 2001, 127: 1781 – 1787.

[113] Loughrin J H, Manukian A, Heath R R, et al. Diurnal cycle of emission of induced volatile terpenoids by herbivore-injured cotton plant. Proceedings of the National Academy of Sciences, 1994, 91: 11836 – 11840.

[114] López-Gresa M P, Payán C, Ozáez M, et al. A new role for green leaf volatile esters in tomato stomatal defense against *Pseudomonas syringe* pv. tomato. Frontiers in Plant Science, 2018, 9: 1855.

[115] Maffei M E, Gertsch J, Appendino G. Plant volatiles: production, function and pharmacology. Natural Product Reports, 2011, 28: 1359 – 1380.

[116] Maffei M E, Mithöfer A, Boland W. Before gene expression: early events in plant-insect interaction. Trends in Plant Science, 2007, 12: 310 – 316.

[117] Maja M M, Kasurinen A, Yli-Pirilä P, et al. Contrasting responses of silver birch VOC emissions to short-and long-term herbivory. Tree Physiology, 2014, 34: 241 – 252.

[118] Mallinger R E, Hogg D B, Gratton C. Methyl salicylate attracts natural enemies and reduces populations of soybean aphids (Hemiptera: Aphididae) in soybean agroecosystems. Journal of Economic Entomology, 2011, 104: 115 – 124.

[119] Markovic D, Colzi I, Taiti C, et al. Airborne signals synchronize the defenses of neighboring plants in response to touch. Journal of experimental botany, 2019, 70: 691 – 700.

[120] Matsui K. Green leaf volatiles: hydroperoxide lyase pathway of oxylipin metabolism. Current Opinion in Plant Biology, 2006, 9: 274 – 280.

[121] Matsui K, Sugimoto K, Mano J, et al. Differential metabolisms of green leaf volatiles in injured and intact parts of a wounded leaf meet distinct ecophysiological requirements. PLoS One, 2012, 7: e36433.

[122] Matsui K, Engelberth J. Green leaf volatiles-the forefront of plant responses against biotic attack. Plant and Cell Physiology, 2022, 63: 1378 – 1390.

[123] Mattiacci L, Dicke M, Posthumus M A. beta-Glucosidase: an elicitor of herbivore-induced plant odor that attracts host-searching parasitic wasps. Proceedings of the National Academy of Sciences, 1995, 92: 2036 – 2040.

[124] Mayhew E J, Arayata C J, Gerkin R C, et al. Transport features predict if a molecule is odorous. Proceedings of the National Academy of Sciences, 2022, 119: e2116576119.

[125] McCormick A C, Unsicker S B, Gershenzon J. The specificity of herbivore-induced plant volatiles in attracting herbivore enemies. Trends in plant science, 2012, 17: 303 – 310.

[126] Mithöfer A, Boland W. Plant defense against herbivores: chemical aspects. Annual Review of Plant Biology, 2012, 63: 431 – 450.

[127] Mithöfer A, Wanner G, Boland W. Effects of feeding *Spodoptera littoralis* on lima bean leaves. II. Continuous mechanical wounding resembling insect feeding is sufficient to elicit herbivory-related volatile emission. Plant Physiology, 2005, 137: 1160 – 1168.

[128] Mofikoya A O, Miura K, Ghimire R P, et al. Understorey Rhododendron tomentosum and leaf trichome density affect mountain birch VOC emissions in the subarctic. Scientific Reports, 2018, 8: 1 – 12.

[129] Mosblech A, Feussner I, Heilmann I. Oxylipins: structurally diverse metabolites from fatty acid oxidation. Plant Physiology and Biochemistry, 2009, 47: 511 – 517.

[130] Mwenda C M, Matsui K. The importance of lipoxygenase control in the production of green leaf volatiles by lipase-dependent and independent pathways. Plant biotechnology, 2014, 31: 445 – 452.

[131] Myung K Y, Hamilton-Kemp T R, Archbold D D. Interaction with and effects on the profile of proteins of Botrytis cinerea by C6 aldehydes. Journal of Agricultural and Food Chemistry, 2007, 55: 2182 – 2188.

[132] Nagegowda D A, Gupta P. Advances in biosynthesis, regulation, and metabolic engineering of plant specialized terpenoids. Plant Science, 2020, 294: 110457.

[133] Naik V, Delire C, Wuebbles D J. Sensitivity of global biogenic isoprenoid emissions to climate variability and atmospheric CO_2. Journal of Geophysical Research: Atmospheres, 2004, 109: D06301.

[134] Nakamura S, Hatanaka A. Green-leaf-derived C6-aroma compounds with potent antibacterial action that act on both gram-negative and gram-positive bacteria. Journal of Agricultural and Food Chemistry, 2002, 50: 7639 – 7644.

［135］Ninkovic V, Dahlin I, Vucetic A, et al. Volatile exchange between undamaged plants-a new mechanism affecting insect orientation in intercropping. PLoS One, 2013, 8: e69431.

［136］Ninkovic V, Rensing M, Dahlin I, et al. Who is my neighbor? Volatile cues in plant interactions. Plant Signaling and Behavior, 2019, 14: 1634993.

［137］Ninkovic V, Markovic D, Rensing M. Plant volatiles as cues and signals in plant communication. Plant Cell and Environment, 2021, 44: 1030 – 1043.

［138］Ohgami S, Ono E, Horiwaka M, et al. Volatile glycosylation in tea plants: sequential glycosylations for the biosynthesis of aroma β-primeverosides are catalyzed by two Camellia sinensis Glycosyltransferases. Plant Physiology, 2015, 168: 464 – 477.

［139］Owen S M, Boissard C, Hewitt C N. Volatile organic compounds (VOCs) emitted from 40 Mediterranean plant species: VOC speciation and extrapolation to habitat scale. Atmospheric Environment, 2001, 35: 5393 – 5409.

［140］Ozawa R, Arimura G, Takabayashi J, et al. Involvement of jasmonate- and salicylate-related signaling pathways for the production of specific herbivore-induced volatiles in plants. Plant and Cell Physiology, 2000, 41: 391 – 398.

［141］Pacifico F, Folberth G A, Jones C D, et al. Sensitivity of biogenic isoprene emissions to past, present, and future environmental conditions and implications for atmospheric chemistry. Journal of Geophysical Research: Atmospheres, 2012, 117: D018276.

［142］Paré P W, Tumlinson J H. De novo biosynthesis of volatiles induced by insect herbivory in cotton plants. Plant physiology, 1997, 114: 1161 – 1167.

［143］Paré P W, Tumlinson J H. Plant volatiles as a defense against insect herbivores. Plant physiology, 1999, 121: 325 – 332.

［144］Pickett J A, Rasmussen H B, Woodcock C M, et al. Plant stress signalling: understanding and exploiting plant-plant interactions. Biochemical Society Transactions, 2003, 31: 123 – 127.

［145］Pierik R, Visser E J W, de Kroon H, et al. Ethylene is required in tobacco to successfully compete with proximate neighbours. Plant Cell and Environment, 2003, 26: 1229 – 1234.

［146］Pickett J A, Hamilton M L, Hooper A M, et al. Companion cropping to manage parasitic plants. Annual Review of Phytopathology, 2010, 48: 161 – 177.

［147］Pickett J A, Woodcock C M, Midega C A O, et al. Push-pull farming systems. Current Opinion in Biotechnology, 2014, 26: 125 – 132.

［148］Pierik R, Ballaré C L, Dicke M. Ecology of plant volatiles: taking a plant community perspective. Plant Cell and Environment, 2014, 37: 1845 – 1853.

［149］Pickett J A, Khan Z R. Plant volatile-mediated signalling and its application in agriculture: successes and challenges. New Phytologist, 2016, 212: 856 – 870.

［150］Pokhilko A, Bou-Torrent J, Pulido P, et al. Mathematical modelling of the diurnal regulation of the MEP pathway in Arabidopsis. New Phytologist, 2015, 206: 1075 – 1085.

［151］Price P W, Bouton C E, Gross P, et al. Interactions among three trophic levels: influence of plants on interactions between insect herbivores and natural enemies. Annual Review of Ecology and Systematics, 1980, 11: 41 – 65.

［152］Altındal N, Altındal D. Plant volatiles and defense. Rani K, Arya S S, Devi S, et al, eds. Volatiles and Food Security: Role of Volatiles in Agro-ecosystems. Berlin: Springer, 2017: 1 – 13.

［153］Rodriguez-Saona C, Kaplan I, Braasch J, et al. Field responses of predaceous arthropods to methyl salicylate: a meta-analysis and case study in cranberries. Biological Control, 2011, 59: 294 – 303.

［154］Rose U S R, Manukian A, Heath R R, et al. Volatile semiochemicals released from undamaged cotton leaves (a systemic response of living plants to caterpillar damage). Plant Physiology, 1996, 111: 487 – 495.

［155］Scala A, Allmann S, Mirabella R, et al. Green leaf volatiles: a plant's multifunctional weapon against herbivores and pathogens. International Journal of Molecular Sciences, 2013, 14: 17781 – 17811.

［156］Schmelz E A, Carroll M J, LeClere S, et al. Fragments of ATP synthase mediate plant perception of insect attack. Proceedings of the National Academy of Sciences, 2006, 103: 8894 – 8899.

［157］Schuman M C, Barthel K, Baldwin I T. Herbivory-induced volatiles function as defenses increasing fitness of the native plant Nicotiana attenuata in nature. Elife, 2012, 1: e00007.

［158］Schuman M C, Valim H A, Joo Y. Temporal dynamics of plant volatiles: Mechanistic bases and functional consequences. Deciphering Chemical Language of Plant Communication, 2016: 3 – 34.

［159］Sharkey T D, Singsaas E L. Why plants emit isoprene. Nature, 1995, 374: 769 – 769.

[160] Sharkey T D, Monson R K. The future of isoprene emission from leaves, canopies and landscapes. Plant Cell and Environment, 2014, 37: 1727-1740.

[161] Shiojiri K, Kishimoto K, Ozawa R, et al. Changing green leaf volatile biosynthesis in plants: An approach for improving plant resistance against both herbivores and pathogens. Proceedings of the National Academy of Sciences of the United States of America, 2006, 103: 16672-16676.

[162] Shiojiri K, Ozawa R, Matsui K, et al. Intermittent exposure to traces of green leaf volatiles triggers a plant response. Scientific Reports, 2012, 2: 1-5.

[163] Shrivastava G, Rogers M, Wszelaki A, et al. Plant volatiles-based insect pest management in organic farming. Critical Reviews in Plant Sciences, 2010, 29: 123-133.

[164] Šimpraga M, Takabayashi J, Holopainen J K. Language of plants: Where is the word?. Journal of Integrative Plant Biology, 2016, 58: 343-349.

[165] Snoeren T A L, Mumm R, Poelman E H, et al. The herbivore-induced plant volatile methyl salicylate negatively affects attraction of the parasitoid *Diadegma semiclausum*. Journal of chemical ecology, 2010, 36: 479-489.

[166] Sobhy I S, Erb M, Lou Y G, et al. The prospect of applying chemical elicitors and plant strengtheners to enhance the biological control of crop pests. Philosophical Transactions of the Royal Society B: Biological Sciences, 2014, 369: 20120283.

[167] Spyropoulou E A, Dekker H L, Steemers L, et al. Identification and characterization of (3Z): (2E)-hexenal isomerases from cucumber. Frontiers in plant science, 2017, 8: 1342.

[168] Sugimoto K, Matsui K, Iijima Y, et al. Intake and transformation to a glycoside of (Z)-3-hexenol from infested neighbors reveals a mode of plant odor reception and defense. Proceedings of the National Academy of Sciences, 2014, 111: 7144-7149.

[169] Sugimoto K, Iijima Y, Takabayashi J, et al. Processing of airborne green leaf volatiles for their glycosylation in the exposed plants. Frontiers in Plant Science, 2021, 12: 721572.

[170] Tissier A, Morgan J A, Dudareva N. Plant volatiles: going "in"but not "out"of trichome cavities. Trends in Plant Science, 2017, 22: 930-938.

[171] Trewavas T. Plant intelligence: an overview. BioScience, 2016, 66: 542-551.

[172] Turlings T C J, Tumlinson J H, Lewis W J. Exploitation of herbivore-induced plant odors by host-seeking parasitic wasps. Science, 1990, 250: 1251-1253.

[173] Turlings T C J, Lengwiler U B, Bernasconi M L, et al. Timing of induced volatile emissions in maize seedlings. Planta, 1998, 207: 146-152.

[174] Turlings T C J, Erb M. Tritrophic interactions mediated by herbivore-induced plant volatiles: mechanisms, ecological relevance, and application potential. Annual review of entomology, 2018, 63: 433-452.

[175] Ueda H, Kikuta Y, Matsuda K. Plant communication: mediated by individual or blended VOCs?. Plant Signaling and Behavior, 2012, 7: 222-226.

[176] van Loon L C, Geraats B P J, Linthorst H J M. Ethylene as a modulator of disease resistance in plants. Trends in Plant Science, 2006, 11: 184-191.

[177] Vancanneyt G, Sanz C, Farmaki T, et al. Hydroperoxide lyase depletion in transgenic potato plants leads to an increase in aphid performance. Proceedings of the National Academy of Sciences of the United States of America, 2001, 98: 8139-8144.

[178] Vet L E M, Dicke M. Ecology of infochemical use by natural enemies in a tritrophic context. Annual Review of Entomology, 1992, 37: 141-172.

[179] Vicherová E, Glinwood R, Hájek T, et al. Bryophytes can recognize their neighbours through volatile organic compounds. Scientific Reports, 2020, 10: 1-11.

[180] Vickers C E, Gershenzon J, Lerdau M T, et al. A unified mechanism of action for volatile isoprenoids in plant abiotic stress. Nature Chemical Biology, 2009, 5: 283-291.

[181] Walling L L. The myriad plant responses to herbivores. Journal of Plant Growth Regulation, 2000, 19: 195-216.

[182] Wang L, Erb M. Volatile uptake, transport, perception, and signaling shape a plant's nose. Essays in Biochemistry, 2022, 66: 695-702.

[183] Wei J N, Wang L Z, Zhu J W, et al. Plants attract parasitic wasps to defend themselves against insect pests by releasing hexenol. PLOS one, 2007, 2: e852.

[184] Wei J, Kang L. Roles of (Z)-3-hexenol in plant-insect interactions. Plant Signaling and Behavior, 2011, 6: 369-371.

[185] Widhalm J R，Jaini R，Morgan J A，*et al.* Rethinking how volatiles are released from plant cells. Trends in Plant Science，2015，20：545 – 550.

[186] Wildon D C，Thain J F，Minchin P E H，*et al.* Electrical signalling and systemic proteinase inhibitor induction in the wounded plant. Nature，360：62 – 65.

[187] Xin Z J，Ge L G，Chen S L，*et al.* Enhanced transcriptome responses in herbivore-infested tea plants by the green leaf volatile (*Z*)-3-hexenol. Journal of plant research，2019，132：285 – 293.

[188] Yauk Y K，Ged C，Wang M Y，*et al.* Manipulation of flavour and aroma compound sequestration and release using a glycosyltransferase with specificity for terpene alcohols. The Plant Journal，2014，80：317 – 330.

[189] Yi H S，Heil M，Adame-Álvarez R M，*et al.* Airborne induction and priming of plant resistance to a bacterial pathogen. Plant Physiology，2009，151：2152 – 61.

[190] Yuan J S，Köllner T G，Wiggins G，*et al.* Molecular and genomic basis of volatile-mediated indirect defense against insects in rice. The Plant Journal，2008，55：491 – 503.

[191] Zakir A，Sadek M M，Bengtsson M，*et al.* Herbivore-induced plant volatiles provide associational resistance against an ovipositing herbivore. Journal of Ecology，2013，101：410 – 417.

[192] Zhao M Y，Cai B B，Jin J Y，*et al.* Cold Stress-induced glucosyltransferase CsUGT78A15 is involved in the formation of eugenol glucoside in *Camellia sinensis*. Horticultural Plant Journal，2020，6：439 – 449.

[193] Zhao M Y，Jin J Y，Wang J M，*et al.* Eugenol functions as a signal mediating cold and drought tolerance via UGT71A59-mediated glucosylation in tea plants. Plant Journal，2022，109：1489 – 1506.

陈宗懋

第三章
茶树挥发物的组成、生态功能和
在害虫防控中的研究与应用

茶树挥发物的组成、释放量与茶树遭受的各种胁迫密切相关,是茶树与周围生物信息交流的媒介,对调控茶园害虫种群消长发挥着重要作用,可成为茶园害虫绿色防控的有效手段。本章介绍了3种害虫诱导茶树挥发物的组成与释放规律,并以"茶树—茶尺蠖—单白绵副绒茧蜂"三重营养级为例,介绍茶树挥发物的生态功能。同时,对植物挥发物在茶树害虫防控方面的应用研究进行了介绍、总结,主要包括:植物源引诱剂和"推—拉"防控策略,并结合国内外相关研究的成功经验与失败教训,提出了今后需在强引诱活性物质、茶园背景气味、害虫寄主选择行为等方面加以重视,以期让挥发物在茶园害虫绿色防控中发挥应有的作用。

3.1　茶树挥发物的组成与虫害诱导茶树挥发物的释放规律

茶树挥发物的组成、释放量与茶树遭受的各种生物、非生物胁迫等密切相关。这样,挥发物就可作为茶树的"语言"与周围生物进行交流。下面以机械损伤、茶小绿叶蝉 *Empoasca onukii*、茶尺蠖 *Ectropis obliqua*、茶丽纹象甲 *Myllocerinus aurolineatus* 诱导的茶树挥发物为例,介绍茶树挥发物的组成与虫害诱导茶树挥发物的释放规律。

3.1.1　机械损伤诱导的茶树挥发物

机械损伤可显著改变茶树挥发物的释放。通过 SPME 并结合 GC - MS 发现,当离体茶树叶片遭受机械损伤后,其挥发物的释放量可显著增加(蔡晓明等,2009)。此时茶树叶片挥发物主要由(Z)- 3 -己烯醛、(Z)- 3 -己烯醇、(Z)- 3 -己烯醇醋酸酯、(E)- 2 -己烯醛、2 -乙基- 1 -己醇等绿叶挥发物组成,其中(Z)- 3 -己烯醛、(Z)- 3 -己烯醇的释放量可占总释放量的 70% 以上。茶树叶片遭受严重的机械损伤后还可释放少量的芳樟醇、苯乙醇等非绿叶挥发物。这些物质一般由虫害诱导产生,而非机械损伤引起。与此相似,Mithöfer 等人(2005)发现当利马豆受到持续性的机械损伤后,释放的挥发物与其被棉贪夜蛾取食后释放的 HIPVs 相似。他们认为这可能是因为持续的机械损伤造成利马豆体内活性氧不断积累。当活性氧积累到一定的阈值后就能启动植物完整的防御信号传导。

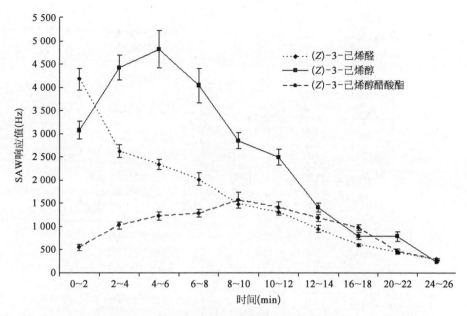

图 3-1　茶树叶片针扎损伤后 (Z)-3-己烯醛、(Z)-3-己烯醇、(Z)-3-己烯醇
醋酸酯的释放时间动态(图中数据为平均数±标准误)

(蔡晓明,2009)

　　通过 zNose™ 对机械损伤后茶树叶片绿叶挥发物的释放规律进行了研究(蔡晓明等,2009)。损伤叶在 2 min 内即能释放 (Z)-3-己烯醛、(Z)-3-己烯醇、(Z)-3-己烯醇醋酸酯;而损伤 0.5 h 后,这 3 种绿叶挥发物的释放量急剧减少,表明合成 (Z)-3-己烯醛、(Z)-3-己烯醇、(Z)-3-己烯醇醋酸酯等绿叶挥发物所需的酶应于损伤前就存在于茶树叶片内,机械损伤只是使亚麻酸、亚油酸等脂肪酸从遭到破坏的质膜上游离出来,为绿叶挥发物的合成提供底物。而 (Z)-3-己烯醛、(Z)-3-己烯醇、(Z)-3-己烯醇醋酸酯释放高峰的出现顺序(图 3-1)与其合成先后顺序一致,即亚麻酸在脂氧合酶、脂氢过氧化物裂解酶的作用下,先生成 (Z)-3-己烯醛,(Z)-3-己烯醛经乙醇脱氢酶催化生成 (Z)-3-己烯醇,最后,(Z)-3-己烯醇再经酰基转移酶催化形成 (Z)-3-己烯醇醋酸酯。受损茶树叶片绿叶挥发物的释放量还与损伤程度有关。如图 3-2 所示,无论磨损还是针扎,当对新叶施以重度的机械损伤后,(Z)-3-己烯醛、(Z)-3-己烯醇、(Z)-3-己烯醇醋酸酯的释放量都显著大于中度的机械损伤;同样,中度机械损伤后这 3 种物质的释放量几乎都显著大于轻度的机械损伤。Mithöfer 等(2005)的研究同样表明机械损伤程度越大,绿叶挥发物的释放量也越大。这可能主要是因为损伤程度越大,受损细胞就越多,这样游离的亚麻酸、亚油酸等脂肪酸的数量就越多。此外,遭受同等程度的机械损伤后,新叶、老叶释放的绿叶挥发物有一定差异。例如新叶上,(Z)-3-己烯醇醋酸酯的释放量明显高于老叶,这可能是因为新叶中乙酰转移酶的数量较老叶多、活力较老叶高。

　　根据我们的研究,茶树遭受虫害引起机械损伤后绿叶挥发物的释放具有三个显著特点:① 可在植食性昆虫危害后立刻产生;② 仅在受损部位释放;③ 当植食性昆虫转移危害后,先前取食部位可在较短时间内停止释放绿叶挥发物。而这些释放特点可能会对茶树和天敌产

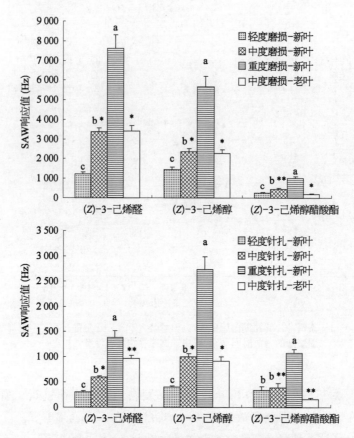

图3-2　不同程度机械损伤后茶树叶片3种绿叶挥发物[(Z)-3-己烯醛、
(Z)-3-己烯醇、(Z)-3-己烯醇醋酸酯]的释放量比较

（蔡晓明,2009）

图中数据为平均数±标准误,相同字母表示同一物质在不同处理间差异不显著($P>$
0.05,新复极差法),＊表示同一物质在两处理间差异不显著($P>0.05$,t 测验)。

生以下收益：① 茶树可通过虫害后立刻释放绿叶挥发物以尽早、尽快地招引天敌、消灭害虫；② 天敌通过整株虫害茶树释放的 HIPVs 进行远距离的寄主定位,然后通过绿叶挥发物的释放精确锁定害虫；③ 植食性昆虫转移危害后,绿叶挥发物可在较短时间内停止释放,这样茶树就可尽早地向天敌提供"此处已没有食物或寄主"的信息,以减少对天敌的误导。

3.1.2　三种害虫诱导的茶树挥发物比较

植物被害虫危害后,其挥发物的释放量和组分数会增加,被称为虫害诱导植物挥发物（HIPVs）。不同的害虫可诱导同一植物释放不同的挥发物。这就保证了被害植物可通过释放特异性的 HIPVs,来招引适合的天敌消灭其上的害虫。这里我们将虫害诱导茶树挥发物的组成成分分为 3 类,即：组成型、诱发型、新形成型化合物（Degenhardt and Lincoln,2006）。组成型是指当植物组织遭受到机械损伤后,在受损部位能立即释放的物质。这些物质主要来自两部分,即绿叶性气味和积累在植物细胞、组织或器官中的物质。诱发型化合物是指那些能够被正常植株释放,但经植食性昆虫取食后释放量加大的 VOCs。而新形成化合物是指那些不能被正常植株释放,但经植食性昆虫取食后,诱导产生的新物质。与组成型化合物不同,诱发产生的和新形成的 VOCs 都是整株系统性释放的。

为研究虫害诱导的茶树挥发物,我们以 2 年生的龙井 43 茶苗为研究对象,让其被两种咀嚼式口器害虫茶尺蠖、茶丽纹象甲,一种刺吸式口器害虫茶小绿叶蝉分别危害(蔡晓明,2009;Cai et al,2012;Cai et al,2014)。未受损茶树仅能释放少量的壬醛、萘、水杨酸甲酯、癸醛、1-甲基萘、雪松醇 6 种物质。但害虫危害后,茶树挥发物的释放量可增加上百倍,并且其组分数也大幅增加(图 3-3)。茶丽纹象甲成虫取食诱导的茶树挥发物中包括:4 种组成型化合物,47 种新形成型化合物;茶尺蠖幼虫取食诱导的挥发物中包括:4 种组成型化合物,51 种新形成型化合物;茶小绿叶蝉成虫诱导的挥发物中包括:2 种组成型化合物,1 种诱发型化合物,29 种新形成型化合物。

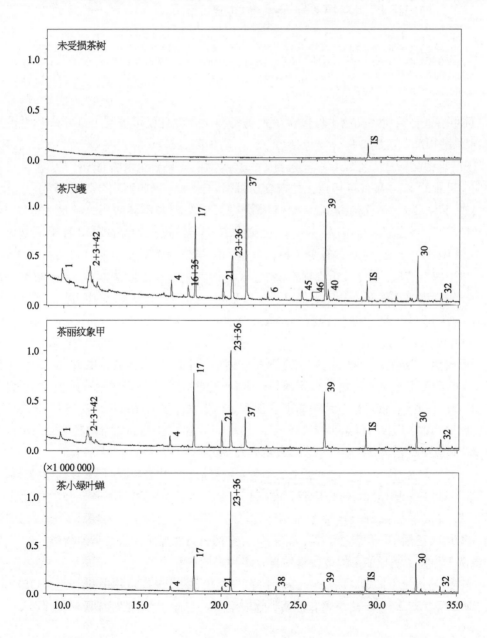

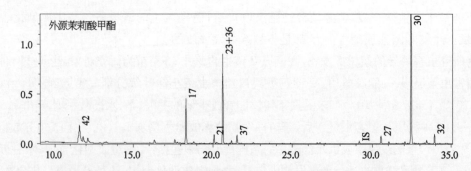

图 3-3　茶尺蠖 1 龄若虫(40 头/株)、茶丽纹象甲成虫(40 头/株)持续取食 28 h 后,茶小绿叶蝉成虫(40 头/株)持续危害 28 h 后,外源茉莉酸甲酯处理(0.45 μmol/株,喷雾)后 28 h 茶树挥发物以及未受损茶树挥发物的简明气相色谱图

(蔡晓明,2009)

1:(Z)-3-己烯醛;2:(E)-2-己烯醛;3:(Z)-3-己烯醇;4:(Z)-3-己烯醇醋酸酯;6:(Z)-3-己烯丁酸酯;16:(Z)-β-罗樟烯;17:(E)-β-罗勒烯;21:芳樟醇;23:DMNT;30:(E,E)-α-法尼烯;32:(E)-橙花叔醇;35:苯甲醇;36:苯乙醇;37:苯乙腈;38:水杨酸甲酯;39:吲哚;40:乙苯(1-硝基-2);42:未知化合物-1;45:未知化合物-4;46:未知化合物-5;IS:内标(癸酸乙酯)。

3 种虫害诱导茶树挥发物中仅包含 1 种诱发型化合物且仅可被茶小绿叶蝉危害诱导产生,即水杨酸甲酯。组成型化合物包括(Z)-3-己烯醛、(E)-2-己烯醛、(Z)-3-己烯醇、(Z)-3-己烯醇醋酸酯 4 种绿叶性气味物质。这些物质应是害虫取食、产卵造成机械损伤引起的。茶尺蠖幼虫、茶丽纹象甲成虫的取食均可引发这 4 种组成型化合物的释放,并且相对比例相似,其中(Z)-3-己烯醛、(Z)-3-己烯醇、(Z)-3-己烯醇醋酸酯的释放量较大。而茶小绿叶蝉成虫的危害则只能引发(Z)-3-己烯醇、(Z)-3-己烯醇醋酸酯 2 种组成型化合物的产生,其中(Z)-3-己烯醇只有少量释放。这可能是因为相对于咀嚼式口器害虫茶尺蠖、茶丽纹象甲取食造成的磨损、切割损伤,刺吸式口器害虫茶小绿叶蝉取食、产卵对茶树造成穿刺的损伤程度要小得多。与此类似,稻飞虱、稻蚜、玉米蚜、烟粉虱等刺吸式口器害虫危害植物后,均未能引起组成型化合物的释放(Turlings et al,1998；Rodriguez-Saona et al,2003；Lou et al,2005)。

新形成型化合物在 3 种害虫诱导的茶树挥发物中种类最多,释放量也最大。但仅个别新形成型化合物只可被某一种害虫危害诱导产生,且这些化合物的释放量均较低,相对含量<1%,如:β-红没药烯仅可被茶尺蠖幼虫取食诱导产生,(E,E)-4,8,12-三甲基-1,3,7,11-十三碳四烯(TMTT)仅可被茶小绿叶蝉成虫危害诱导产生,γ-萜品烯可被茶丽纹象甲成虫和茶小绿叶蝉成虫危害诱导产生。绝大多数新形成型化合物具普遍性,即大多数新形成型化合物可被至少两种害虫诱导产生。这些新形成型化合物包括萜类化合物,如:(E)-β-罗勒烯、芳樟醇、(E)-4,8-二甲基-1,3,7-壬三烯(DMNT)、(E,E)-α-法尼烯、(E)-橙花叔醇等;苯类化合物,如:苯乙醇、苯乙腈、吲哚等;脂肪酸衍生物,如:(Z)-3-己烯醇丁酸酯、(Z)-3-己烯醇己酸酯、(Z)-3-己烯-2-甲基丁酯等。这些化合物都是自然界中比较常见的物质。

虽然 3 种害虫诱导的茶树挥发物中含有多种相同的化合物,但其中主要物质(相对含量大于 5%)的组成是不同的(图 3-4)。茶小绿叶蝉诱导的茶树挥发物中 90%是由(E)-β-罗勒烯、DMNT、(E,E)-α-法尼烯 3 种萜类物质组成。与此相似,被神泽氏叶螨 Tetranychus

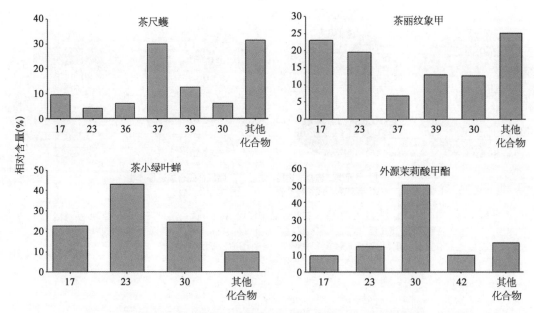

图3-4 茶小绿叶蝉成虫(40头/株)、茶丽纹象甲成虫(40头/株)、茶尺蠖1龄若虫
(40头/株)持续取食28 h后,以及外源茉莉酸甲酯处理(0.45 μmol/株,喷
雾)后28 h,茶树挥发物中的主要物质(相对含量≥5%)的相对比例

(蔡晓明,2009)

17：(E)-β-罗勒烯;23：DMNT;30：(E,E)-α-法尼烯;36：苯乙醇;37：苯乙腈;39：吲哚

kanzawai 危害后,离体茶梢挥发物中(E)-β-罗勒烯、DMNT、(E,E)-α-法尼烯的释放量最大(Taro et al,2006)。茶丽纹象甲诱导的茶树挥发物中主要物质包括(E)-β-罗勒烯、DMNT、(E,E)-α-法尼烯、苯乙腈、吲哚,它们占挥发物总释放量的75%;而茶尺蠖诱导茶树挥发物中的主要物质种类又比茶丽纹象甲诱导的多了1种,即苯乙醇,但它们的总和仅占挥发物总释放量的70%。同时,遭受3种害虫危害后,茶树挥发物中来自不同生物合成途径的挥发性物质的相对比例也相差巨大。茶小绿叶蝉危害后,茶树主要启动了萜类化合物合成途径,其释放的萜类物质可占挥发物总释放量的95%;茶丽纹象甲、茶尺蠖危害后,茶树挥发物中的萜类物质分别为64%、24%,而来自莽草酸合成途径的物质分别为23%、53%(图3-5)。此外,不同虫害诱导茶树挥发物中,同一化合物的相对含量相差较大。例如:茶小绿叶蝉、茶丽纹象甲、茶尺蠖诱导的茶树挥发物中(E,E)-α-法尼烯的相对含量分别为24.51%、12.68%、6.04%。也就是说,3种虫害诱导茶树挥发物中虽然包含了许多相同的脂肪酸衍生物、萜类化合物、苯类化合物,但这些化合物的相对比例相差较大,这也就导致了3种害虫诱导的茶树挥发物截然不同。通过对3种害虫危害后28 h的茶树挥发物进行主成分分析,可更为直观地显示出茶尺蠖、茶小绿叶蝉、茶丽纹象甲诱导的茶树挥发物是截然不同的。图3-6是利用虫害诱导茶树挥发物各组分相对含量进行的主成分分析,共分析了23种物质。其主成分1、主成分2可分别解释总变异的51.1%、26.4%。从图中可看出,主成分1、主成分2都可将3种害虫诱导的茶树挥发物进行一个明显的两两区分,特别是主成分2。从主成分1上看,茶尺蠖、茶小绿叶蝉诱导的茶树挥发物相距最远,茶丽纹象甲与茶小绿叶蝉较为接近;而从主成分2上看,茶小绿叶蝉、茶丽纹象甲诱导的茶树挥发物相距最远,茶尺蠖居中。

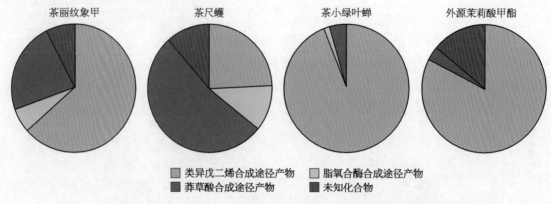

图 3 - 5　茶小绿叶蝉成虫(40 头/株)、茶丽纹象甲成虫(40 头/株)、茶尺蠖 1 龄若虫(40 头/株)
持续取食 28 h 后,以及外源茉莉酸甲酯处理(0.45 μmol/株,喷雾)后 28 h,茶树挥发物
中主要物质(相对含量≥5%)的相对比例(图中数据为平均数)

(蔡晓明,2009)

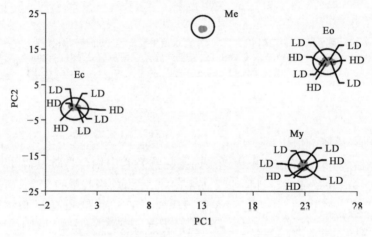

图 3 - 6　茶小绿叶蝉成虫(Eo)、茶丽纹象甲成虫(My)、茶尺蠖 1 龄若虫(Ec)持
续取食 28 h 后,以及外源茉莉酸甲酯(Me)处理(0.45 μmol/株,喷雾)
后 28 h,茶树挥发物各组分(相对含量>1%)相对含量的主成分分析

LD 为低虫口密度(茶小绿叶蝉,100 头/株;茶尺蠖,100 头/株;茶丽纹象甲,40 头/株);HD
为高虫口密度(茶小绿叶蝉,200 头/株;茶尺蠖,200 头/株;茶丽纹象甲,100 头/株);PC1,PC2
分别为主成分 1、主成分 2,分别解释总变异的 51.1%、26.4%。

机械损伤引发的组成型化合物只占虫害诱导茶树挥发物中的一小部分,而新形成型、诱
发型化合物的产生是虫害植株体内信号传导途径调控的。因此,不同害虫危害后,茶树体内
启动了不同的信号传导途径,是其释放不同 HIPVs 的主要原因。这些信号传导途径是由害
虫唾液、反吐物、产卵液中的特异性激发子激活的。通过与外源茉莉酸甲酯诱导的挥发物
相比,可对不同虫害茶树体内启动的信号传导途径进行推测。经外源茉莉酸甲酯处理
(0.45 μmol/株,喷雾)后,茶树挥发物中萜类物质的释放量可占到总释放量的 80% 以上。其
中,(E)-β-罗勒烯、DMNT、(E,E)-α-法尼烯 3 种萜类物质的总和就占挥发物总释放量的
70% 以上(图 3 - 5)。尽管在组成上,外源茉莉酸甲酯诱导的茶树挥发物要比茶小绿叶蝉诱
导的丰富,但两者中主要物质组成,以及来自不同合成途径产物的相对比例都极为相似。同

样,主成分分析显示,3种虫害诱导茶树挥发物中,茶小绿叶蝉诱导的茶树挥发物与茉莉酸甲酯诱导的挥发物最为接近(图3-6)。因此,茶小绿叶蝉危害后,茶树应主要启动了茉莉酸信号传导途径。虽然茶小绿叶蝉诱导的挥发物中含有水杨酸甲酯,但这并不能说明茶小绿叶蝉的危害可激活茶树体内的水杨酸信号传导途径。因为已有研究表明,在二斑叶螨危害的番茄上,水杨酸甲酯的释放是由茉莉酸信号传导途径调控的(Ament *et al*,2004)。而茶丽纹象甲、茶尺蠖诱导的茶树挥发物与外源茉莉酸甲酯诱导的挥发物有着巨大差异,因此相对茶小绿叶蝉,茶丽纹象甲、茶尺蠖的危害可能激活了更为复杂的信号传导。茶尺蠖可能会通过激活茶树体内的水杨酸信号传导途径,而削弱由茉莉酸信号传导途径调控的防御反应。已有研究表明,在甜菜夜蛾、美洲棉铃虫等广食性害虫的反吐物中普遍存在的葡萄糖氧化酶可激活被害植物体内的水杨酸信号传导途径来削弱被害植物的防御反应(Musser *et al*,2002;Weech *et al*,2008;Diezel *et al*,2009)。当然,茶丽纹象甲、茶尺蠖也有可能激活了茉莉酸信号传导途径的不同支路。因为茉莉酸信号传导途径的晚期媒介分子——茉莉酸,和早期媒介分子——12-氧-植物二烯酸,可诱导利马豆释放不同的挥发物(Koch *et al*,1999)。

综上所述,茶丽纹象甲、茶尺蠖、茶小绿叶蝉3种害虫的危害可诱导茶树释放不同的挥发物。相对于咀嚼式口器害虫茶丽纹象甲、茶尺蠖,刺吸式口器害虫茶小绿叶蝉危害后,茶树释放的挥发物相对较为简单,其中90%是由(E)-β-罗勒烯、DMNT、(E,E)-α-法尼烯3种萜类物质组成。尽管这3种害虫对茶树损伤方式的差异可造成虫害诱导茶树挥发物的不同,但来源于不同害虫的诱导物启动了不同的信号传导途径才应是3种害虫危害后茶树可释放不同挥发物的主要原因。为了能更加清晰地解释为何不同害虫可诱导茶树释放不同的挥发物,需对来源于虫体的诱导物、茶树体内的信号传导途径和不同信号传导途径间的相互关系,以及信号传导途径与挥发物释放的关系等进行更加深入的研究。

3.1.3 虫害诱导茶树挥发物释放的影响因素

虫害诱导植物挥发物的产生是植食性昆虫的危害和植物体内各种生理、生化反应共同作用的结果,因此其释放受到许多因素的影响。例如:虫口密度、虫龄、光周期、危害时间等因素都可影响虫害诱导植物挥发物的释放。

3.1.3.1 虫口密度对虫害诱导茶树挥发物的影响

首先,虫口密度越大,即危害程度越大,虫害诱导茶树挥发物的组成就越复杂、释放量也越高。例如:200头1龄茶尺蠖幼虫诱导茶树挥发物的释放量比100头1龄幼虫诱导的高2.2倍,挥发物组分多4个;200头茶小绿叶蝉成虫危害时,挥发物的释放量比100头茶小绿叶蝉高2.5倍,组分多5个;100头茶丽纹象甲成虫危害时,挥发物的释放量比40头茶丽纹象甲高4.1倍,组分多14个。高虫口密度下,茶树多释放的组分均为新形成型化合物。尽管高虫口密度下,茶树挥发物的释放量更大、组分数更多,但同一害虫不同虫口密度诱导的茶树挥发物有很大的相似性。对茶尺蠖、茶小绿叶蝉、茶丽纹象甲危害后28 h的茶树挥发物进行主成分分析显示,同种害虫不同虫口密度诱导的茶树挥发物完全不能区分(图3-6)。同样,分别对茶尺蠖、茶小绿叶蝉危害后1 h,4 h,16 h,28 h,40 h,52 h的茶树挥发物进行主成分分析显示,挥发物首先按危害时间可明显分为4类。而在每一类中,高、低虫口密度诱导的挥发物或有略微区分,或没有区分。也就是说,虫口密度对虫害诱导茶树挥发物相对组成的影响远小于害虫种类和危害时间。

下面以茶丽纹象甲诱导的茶树挥发物为例,详细说明虫口密度对挥发物的影响。从表 3 - 1 中可看出茶丽纹象甲的密度越大,其诱导的茶树挥发物中包含的新形成型化合物就越多。这说明新形成型化合物的产生与危害程度相关,同时激活不同物质合成的阈值也不相同。由于组成型化合物的释放是由植食性昆虫危害时对植物造成的机械损伤而引发的,因此其种类并未随茶丽纹象甲密度的增加而增加。其次,虫口密度还可影响虫害诱导茶树挥发物的释放量。图 3 - 7 显示了茶丽纹象甲的密度越大,虫害茶树挥发物中主要成分(相对含量≥5%)的释放量也越大。这些物质释放量的总和可占挥发物总释放量的 70% 以上。但无论是被低密度还是高密度的茶丽纹象甲危害后,茶树挥发物中的主要成分都是相同的。并且虫口密度对挥发物中主要成分(相对含量≥5%)的相对含量几乎没有影响。也就是说,尽管茶丽纹象甲诱导的挥发物组成、释放量会随着虫口密度的增加而增加,但不同密度的茶丽纹象甲诱导的茶树挥发物的主要组成却是相似的。此外,被两种不同密度的茶丽纹象甲危害后,茶树挥发物的释放动态变化也具有相似性(图 3 - 8)。因此,尽管虫害诱导茶树挥发

表 3 - 1　不同密度的茶丽纹象甲危害 28 h 后茶树挥发物的组成

（蔡晓明,2009）

虫口密度（头/株）	虫害诱导茶树挥发物的组成					
	组成型化合物	诱发型化合物	新形成型化合物	脂氧合酶途径产物	萜烯类化合物	莽草酸途径产物
40	3	0	34*	10	16	6
100	3	0	48*	15	21	9

注：＊表示两种虫口密度的茶丽纹象甲诱导的茶树挥发物中各有 5 种共同的未知化合物。

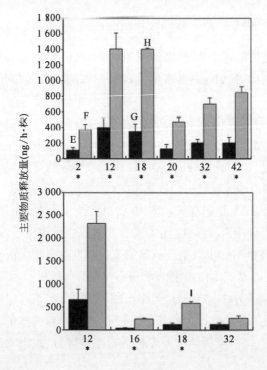

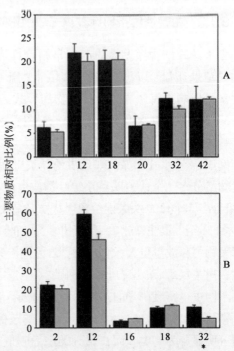

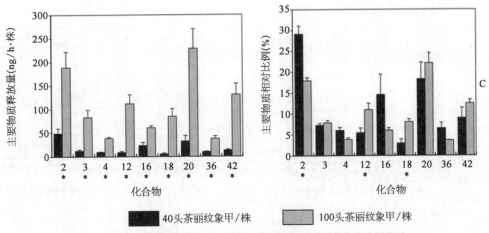

图3-7　虫口密度对茶丽纹象甲诱导的茶树挥发物主要组成的影响

（蔡晓明，2009）

A：接虫后 28 h(12：00～13：00)；B：接虫后 40 h(00：00～01：00)；C：取虫后 27 h(12：00～13：00)。图中数据为平均数＋标准误。*表示同一物质在两处理间差异不显著(P＞0.05，t 测验)。数字表示各虫害诱导挥发物中的主要成分(相对含量≥5％)。2：(E)-2-己烯醛＋(Z)-3-己烯醇(这两种物质的色谱峰未完全分离，释放量合计)；3：未知化合物-1；4：未知化合物-2；12：(E)-β-罗勒烯；16：芳樟醇；18：DMNT＋苯乙醇(同上)；20：苯乙腈；32：吲哚；36：(E)-石竹烯；42：(E,E)-α-法尼烯。字母表示经DB-5 和DB-WAX分析后，得到的未完全分离的各物质比例：E,(E)-2-己烯醛：(Z)-3-己烯醇＝1.0：3.7；F,(E)-2-己烯醛：(Z)-3-己烯醇＝1.0：2.5；G,DMNT：苯乙醇＝10.4：1.0；H,DMNT：苯乙醇＝6.1：1.0；I,DMNT：苯乙醇＝27.2：1.0。

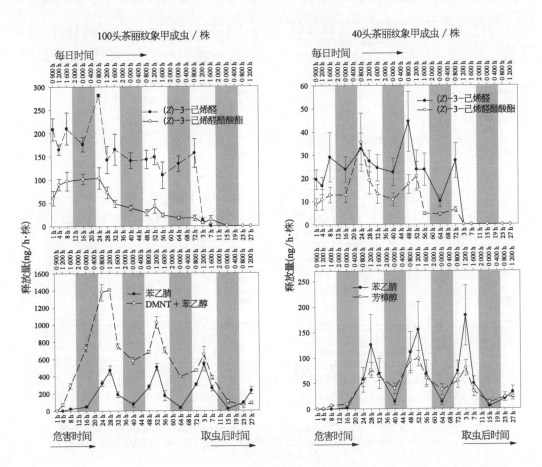

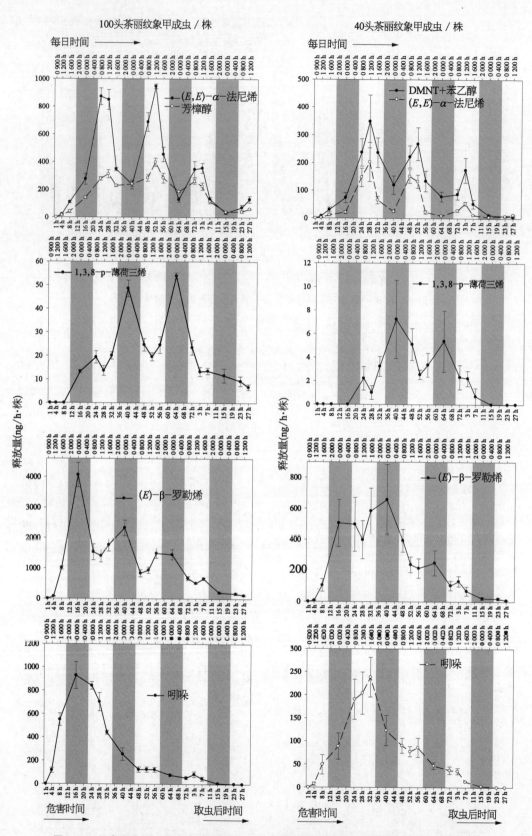

图3-8　经高密度(100 头/株)、低密度(40 头/株)的茶丽纹象甲持续危害后，茶树挥发物中
12种物质在所有挥发物收集时段中的释放时间动态(图中数据为平均数±标准误)

(蔡晓明,2009)

物可随虫口密度的变化而发生改变,但也具有一定的稳定性。有关虫口密度对 HIPVs 的影响国外也有类似报道:当害螨的密度增加后,其诱导挥发物的释放量和组分数也会随之增加(de Boer *et al*,2004;Scutareanu *et al*,2003);并且虫害越严重,虫害植物对寄生蜂或捕食螨的引诱能力也就越大(Gols *et al*,2003;Pareja *et al*,2007)。这一现象说明植物遭受到的虫害越重,其对天敌的招引能力就越强。

3.1.3.2　危害时间、光周期对虫害诱导茶树挥发物的影响

3 种害虫诱导的茶树挥发物,随危害时间的变化基本相似。被害后,茶树可立即释放由机械损伤引起的(Z)-3-己烯醛、(E)-2-己烯醛、(Z)-3-己烯醇、(Z)-3-己烯醇醋酸酯 4 种组成型化合物;接虫后 4 h,茶树挥发物中开始出现芳樟醇、DMNT、苯乙醇、苯乙腈、吲哚、(E,E)-α-法尼烯等新形成型化合物;此后,茶树挥发物的释放量和其中物质的种类不断增加,至接虫后 28 h 达到顶峰;之后虫害诱导挥发物呈现出较为稳定的昼夜变化。对其进行的主成分分析显示,虫害诱导茶树挥发物首先按危害时间可明显分为 4 组(图 3-9、图 3-10),即:1 组,接虫后 1 h;2 组,接虫后 4 h;3 组,接虫后 28 h、52 h(均为中午);4 组,接虫后 16 h、40 h(均为晚上)。其中,1 组、2 组均分别与其他 3 组有较大的差异,差异主要体现在挥发物的组成上;而 3 组、4 组间的差异较小,差异主要体现在组成的相对比例上。例如:茶丽纹象甲持续危害 28 h 后(中午),DMNT、(E)-β-罗勒烯的释放量最大,其相对含量都为 20% 左右。但由于 DMNT 的释放动态为昼高夜低型,而(E)-β-罗勒烯的释放动态则相反。因此

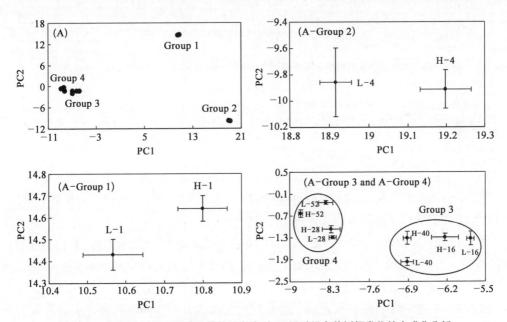

图 3-9　两种虫口密度的茶尺蠖持续危害时,不同时间点茶树挥发物的主成分分析

(Cai *et al*,2014)

主成分分析是利用挥发物中相对含量>1%组分的相对含量进行的。主成分 1(PC1)、主成分 2(PC2)分别解释了总变异的 68.3%、30.7%。Group 1、Group 2 分别是持续危害后 1 h、4 h;Group 3 是持续危害后 16 h 和 40 h,此时均为 12:00;Group 4 是持续危害后 28 h 和 52 h,此时均为 0:00。A-Group 1、A-Group 2、A-Group 3 和 A-Group 4 均为 A 的局部图,其中数据为主成分得分的 means±SEs。L、H,分别代表低、高虫口密度,即:100 头茶尺蠖 1 龄幼虫/株,200 头茶尺蠖 1 龄幼虫/株。L、H 后面的数据表示持续危害时间。

在午夜(茶丽纹象甲持续危害 40 h 后),(E)-β-罗勒烯的释放量可占到挥发物总释放量的 50％以上,而 DMNT 的相对含量只有 10％(图 3-7)。此外,当把茶尺蠖从茶树上移除后,组成型挥发物可在 3 h 内停止释放;而新形成型化合物的释放量在害虫移除后是逐步降低的,大部分物质可在茶尺蠖移除后 24 h 停止释放,小部分物质,如:(E)-β-法尼烯、芳樟醇等,在害虫移除后 48 h 仍可释放。

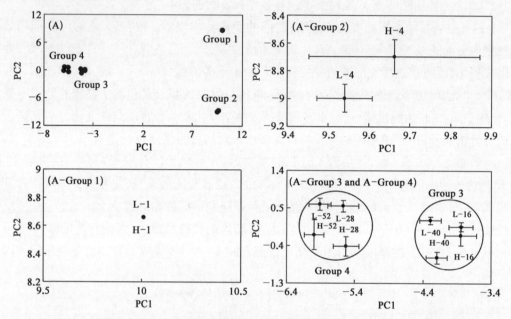

图 3-10 两种虫口密度的茶小绿叶蝉持续危害时,不同时间点茶树挥发物的主成分分析

(Cai et al, 2014)

主成分分析是利用挥发物中相对含量＞1％组分的相对含量进行的。主成分 1(PC1)、主成分 2(PC2)分别解释了总变异的 64.4％、34.1％。Group 1、Group 2 分别是持续危害后 1 h、4 h;Group 3 是持续危害后 16 h 和 40 h,此时均为 12:00;Group 4 是持续危害后 28 h 和 52 h,此时均为 0:00。A-Group 1、A-Group 2、A-Group 3 和 A-Group 4 均为 A 的局部图,其中数据为主成分得分的 means±SEs。L、H,分别代表低、高虫口密度,即:100 头茶小绿叶蝉成虫/株、200 头茶小绿叶蝉成虫/株。L、H 后面的数据表示持续危害时间。

当害虫持续危害茶树时,各组分的释放动态可分为 3 类,即:无规则、先升高后降低、昼夜节律。组成型化合物的释放没有呈现出任何规律,这应与害虫的取食有关。新形成型中的大部分,例如:芳樟醇、DMNT、(E,E)-α-法尼烯等萜类化合物,苯乙醇、苯乙腈等苯环类化合物,(Z)-3-己烯醇丁酸酯、(Z)-3-己烯醇己酸酯等脂肪酸衍生物的释放都存在昼高夜低的规律。而这一释放规律可能是由于茶树体内这些物质合成基因的转录存在昼夜差异(Arimura et al, 2004;Arimura et al, 2008);又或许是因为这些物质的合成前体物需光合作用提供(Arimura et al, 2008)。但无论如何,这一释放规律都与天敌的活动节律相吻合,因此这为天敌寻找寄主提供了便利。当然,虫害诱导茶树挥发物释放的昼夜节律并不一定都是昼高夜低。例如:茶丽纹象甲诱导产生的 1,3,8-p-薄荷三烯、茶尺蠖诱导产生的(E)-β-罗勒烯的释放则呈现出相反的释放动态,即夜高昼低。与此类似,烟草被烟芽夜蛾危害后,(Z)-3-己烯醇丁酸酯、(Z)-3-己烯醇异丁酸酯、(Z)-3-己烯醇-2-甲基-2-丁烯酸酯等物质只在夜间释放,并且它们对只在夜间产卵的烟芽夜蛾具有驱避作用(de Moraes et al, 2001)。令人感到意外的是,不同害虫危害时,同一物质的释放动态变化并不一定相同。例如:茶小绿叶蝉、茶丽纹象甲持续危害时,$(E)-\beta$-罗勒烯的释放是先急剧增强,危害后16 h释放达到顶峰,然后再缓慢减弱(图3-11)。这与茶尺蠖诱导释放的$(E)-\beta$-罗勒烯截然不同。有研究显示,茶尺蠖取食后,茶树体内$(E)-\beta$-罗勒烯合成酶的表达呈现出昼低夜高的日节律,而控制$(E)-\beta$-罗勒烯释放的转移酶表达则呈现出截然相反的日夜变化规律(Jian et al, 2021)。因此,茶树害虫危害后,1,3,8-p-薄荷三烯、$(E)-\beta$-罗勒烯等物质的释放机制及其生态功能是一个十分有趣的问题,值得更加深入地研究。此外,少数物质的释放量,如:新形成型化合物吲哚、诱发型化合物水杨酸甲酯,可随着害虫危害时间的延长而迅速增加;当释放达到顶峰后,其释放量则又随着危害时间的延长而缓慢减少。这可能说明编码吲哚、水杨酸甲酯合成基因的表达不受光照的影响,并且合成吲哚、水杨酸甲酯所需的前体物可能是茶树在生长过程中长期积累的,而不能在短时间内大量形成。

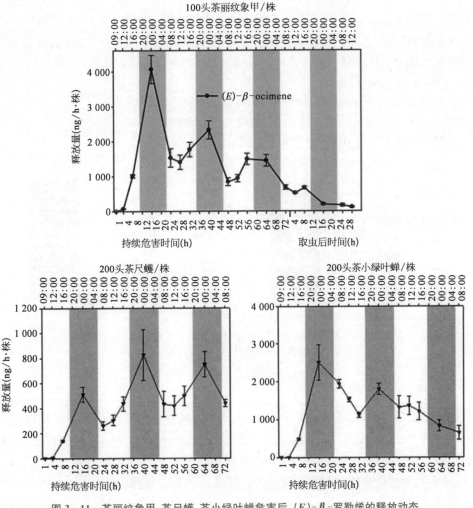

图3-11 茶丽纹象甲、茶尺蠖、茶小绿叶蝉危害后,$(E)-\beta$-罗勒烯的释放动态

(蔡晓明,2009)

3.1.3.3 虫龄对虫害诱导茶树挥发物的影响

由于不同虫龄的茶尺蠖幼虫口器大小相差较大,因此茶尺蠖低龄幼虫和高龄幼虫的取食对茶树造成的损伤是不同的。茶尺蠖低龄幼虫仅能刮擦叶片表面,取食叶肉,并留下大量的表皮、叶脉;而高龄幼虫可整块地取食茶树叶片,使叶片形成缺刻。由于取食方式的不同,在同样的伤口面积下,高龄幼虫的叶片取食面积应远大于低龄幼虫。由于(Z)-3-己烯醛的释放量与伤口面积存在着线性关系,因此这里将其作为茶树受损程度的指标(Mithöfer et al, 2005)。当茶树分别被15头3龄茶尺蠖幼虫以及100头1龄幼虫持续取食28 h后,两者释放的(Z)-3-己烯醛无显著差异(图3-12),所以可认为不同虫数的3龄、1龄幼虫取食造成的茶树叶片伤口面积是相似的。此时两种虫龄茶尺蠖诱导的挥发物中都包含4种组成型化合物,即(Z)-3-己烯醛、(Z)-3-己烯醇、(Z)-3-己烯醇醋酸酯、(E)-2-己烯醛,但低龄幼虫诱导产生的新形成型化合物的种类要比高龄幼虫多,分别为44种和32种,其中那些可由高龄幼虫诱导产生的新形成型化合物均可被低龄幼虫取食诱导产生。并且100头1龄幼虫取食诱导的挥发物释放量显著高于15头3龄幼虫的释放量(图3-12)。不同虫龄幼虫诱导的挥发物主要组分也不同。高龄茶尺蠖幼虫诱导的挥发物中,(Z)-3-己烯醛、(E)-β-罗勒烯、吲哚的释放量最大,其相对含量分别为18.18%、12.75%、10.30%;而低龄茶尺蠖幼虫诱导的挥发物中,苯乙腈、(E)-β-罗勒烯、DMNT的释放量最大,其相对含量分别为16.55%、9.76%、8.24%。

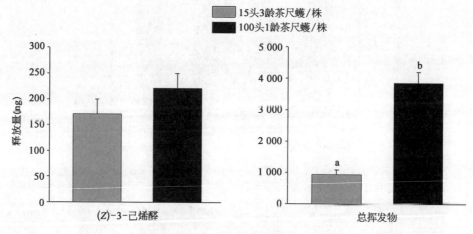

图3-12 不同虫龄的茶尺蠖幼虫持续危害28 h后,(Z)-3-己烯醛以及虫害诱导挥发物的总释放量比较

(蔡晓明,2009)

图中数据为平均数+标准误,不同小写字母表示同一物质在不同处理间差异显著($P>0.05$,t测验)。

这些结果表明,在伤口面积接近的情况下,高龄、低龄幼虫取食诱导的茶树挥发物具有一定的差异。不仅低龄幼虫诱导的茶树挥发物组成复杂、释放量大,而且两者的主要组成也有较大差异。这可能是因为两者的反吐物中,诱导物的浓度以及组成等相差较大。同时,低龄、高龄幼虫取食造成的机械损伤差异或许也是原因之一。毕竟,HIPVs中新形成型化合物的产生是机械损伤和来自虫体的诱导物共同作用的结果。这里我们无法解释为何当伤口面积相同时,即高龄幼虫的取食面积远大于低龄幼虫时,受害严重的茶树(高龄幼虫取食的茶树)反而释放的挥发物较为简单,释放量也较小。但无论如何,挥发物的差异为天敌寻找适合的寄主提供了可靠的信息。

3.1.4 虫害诱导茶树挥发物的释放特征

通过对茶丽纹象甲、茶尺蠖、茶小绿叶蝉危害诱导茶树挥发物的分析,我们得出以下虫害诱导茶树挥发物的释放特征。

第一,高度清晰性。通常未受害茶树仅能释放微量的少数几种物质,但遭受虫害后,茶树挥发物就会发生巨大变化,释放量可提升上百倍、组分数也可增加近 10 倍。并且信号的清晰程度还与虫害的发生程度有关,即虫害发生越严重,虫害诱导茶树挥发物的组成越复杂、释放量也越大,进而对天敌的招引能力也越强。

第二,特异性。不同害虫诱导的茶树挥发物截然不同,尽管茶尺蠖、茶小绿叶蝉、茶丽纹象甲诱导的茶树挥发物中含有某些相同的物质,但由于相对含量的差异和特异性物质,不同害虫诱导的茶树挥发物具有一定的特异性。茶小绿叶蝉危害后,(E)-β-罗勒烯、DMNT、(E,E)-α-法尼烯 3 种萜类物质的释放量可占挥发物总释放量的 90%;茶丽纹象甲危害后,茶树挥发物中的萜类物质、苯类化合物分别占挥发物总释放量的 64%、23%,释放量最大的物质是(E)-β-罗勒烯;茶尺蠖危害后,萜类物质、苯类化合物分别为 24%、53%,释放量最大的是苯乙腈。除上述差异外,β-红没药烯、TMTT、γ-萜品烯分别仅出现于茶尺蠖、茶小绿叶蝉、茶丽纹象甲危害诱导茶树挥发物中,是 3 种虫害诱导茶树挥发物的特异性物质。

第三,稳定性。尽管虫口密度越高,虫害茶树挥发物组成越丰富、释放量越大,但由于其主要成分相似,故虫害诱导茶树挥发物又具有一定的稳定性。例如:茶丽纹象甲的虫口密度从 40 头/株提升到 100 头/株后,受害茶树的挥发物释放量可提升 4 倍,挥发物组分数也从 37 增加到了 51。但低、高密度的茶丽纹象甲危害后,茶树挥发物中的主要成分(相对含量≥5%)是相同的,并且其相对比例几乎没有差异。

第四,与害虫发生、天敌活动的同步性。害虫危害后,茶树立刻就可释放绿叶挥发物,而虫害诱导茶树挥发物中的其他组分也可在 24 h 内陆续、大量释放;当害虫停止危害后,虫害诱导茶树挥发物可在 15 h 内大量减少。这样就避免了对天敌"呼救"的不及时和误导。虫害诱导茶树挥发物还具有昼高夜低的释放动态,而绝大多数天敌都在白天捕食或寄生害虫。这样,虫害诱导茶树挥发物的释放规律与天敌的活动规律具有同步性。

综上,正是因为虫害诱导茶树挥发物具备上述特性,才保证了天敌等其他生物对虫害诱导茶树挥发物的利用。

3.2 挥发物对"茶树—茶尺蠖—寄生蜂"三重营养级关系的调控

害虫危害后,茶树通过丰富挥发物组成,提高挥发物释放量,与周围有机体进行化学信号交流,从而发挥其生态功能。一方面,虫害诱导的茶树挥发物通过召唤天敌、消灭害虫,实现间接防御反应;另一方面,虫害诱导茶树挥发物还可通过激活邻近茶树的钙离子信号通路和茉莉酸信号通路,引起邻近茶树的防御警备效应或直接激活防御反应。更为有趣的是,某些害虫也可利用虫害诱导茶树挥发物定位交配、产卵场所。目前,挥发物对"茶树—茶尺蠖—单白绵副绒茧蜂 *Parapanteles hyposidrae*""茶树—茶蚜 *Toxoptera aurantii*—蚜茧蜂 *Aphidius* sp. 和捕食性天敌""茶树—茶小绿叶蝉—白斑猎蛛 *Evarcha alba*""茶树—害螨—捕食螨"等多个三重营养级关系的调控已被证实(陈宗懋等,2003;赵冬香等,2002;Maeda *et al*,2006;Ishiwari,*et al*,2007)。其中,以"茶树—茶尺蠖—单白绵副绒茧蜂"研究得最为深入和详细。下面就以此为例,介绍虫害诱导茶树挥发物对三重营养级关系的调控。

3.2.1 虫害茶树挥发物吸引茶尺蠖产卵

由于初孵幼虫的活动能力有限,产卵场所的选择对鳞翅目昆虫的生存繁衍至关重要。植物的挥发物是成虫用于定位产卵寄主的重要信息。利用 1.5 m×1.5 m×1.5 m 大铁纱笼进行的产卵选择性试验显示,茶尺蠖雌蛾在其幼虫危害茶树上的产卵量是未被害茶树的 2.3～8.1 倍(图 3-13;王国昌,2010)。但是这种产卵选择的偏好性可能会加大下一代的种内竞争压力。进一步试验发现,在虫害茶树和未被害茶树上生长的茶尺蠖 1 龄幼虫,其发育历期和蛹重均没有显著差异(王国昌,2010)。这说明茶尺蠖偏好在同种幼虫危害后的茶苗上产卵的习性没有直接影响到其子代的生长发育。利用"Y"型嗅觉仪进行的嗅觉行为反应显示,茶尺蠖幼虫危害诱导的茶树挥发物不仅可吸引已交配的雌蛾,还可吸引未交配的雌蛾和雄蛾(Sun *et al*,2014)。这表明,茶尺蠖幼虫诱导的茶树挥发物还可将未交配的茶尺蠖雌雄蛾吸引到同一场所,进而提高交配概率。

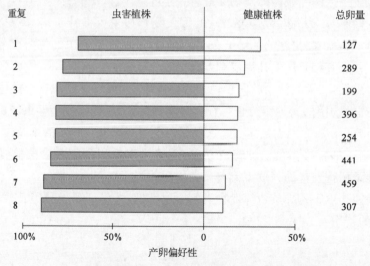

图 3-13　茶尺蠖成虫对虫害茶苗和未损伤茶苗产卵的偏好性比较
(王国昌,2010)

利用触角电位-气相色谱联用仪(GC-EAG),对茶尺蠖诱导茶树挥发物中的嗅觉电生理活性物质进了筛选(图 3-14;王国昌,2010)。挥发物中共有 17 种物质可引起茶尺蠖触角的电生理反应,其中包含(*Z*)-3-己烯醇、(*Z*)-3-己烯醛、(*E*)-2-己烯醛等 6 种脂肪酸衍生

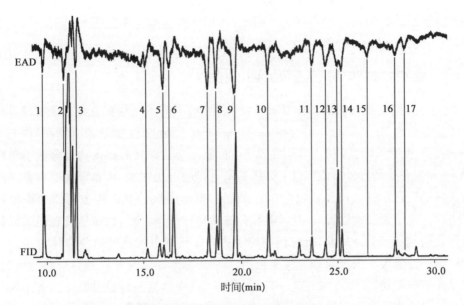

图 3-14 茶尺蠖雌成虫对茶尺蠖幼虫诱导茶树挥发物的 GC-EAD 反应

(王国昌,2010)

1:(Z)-3-己烯醛;2:(E)-2-己烯醛;3:(Z)-3-己烯醇;4:(Z)-3-己烯醇乙酸酯;5:苯甲醇;6:未知化合物-1;7:芳樟醇;8:苯乙醇;9:苯乙腈;10:(Z)-3-己烯醇丁酸酯;11:未知化合物-2;12:未知化合物-3;13:吲哚;14:1-硝基-2-苯乙烷;15:未知化合物-4;16:(Z)-3-己烯醇己酸酯;17:未知化合物-5。

物,苯甲醇、苯乙醇、苯乙腈等5种苯类化合物,1种萜类化合物芳樟醇,和5种未知化合物。单物质嗅觉行为反应显示,未交配的雌蛾、雄蛾和已交配的雌蛾对化合物的反应并不一致。(Z)-3-己烯醛、(Z)-3-己烯醇己酸酯、苯甲醇对未交配的雌蛾、雄蛾具引诱活性,而(Z)-3-己烯醛、(Z)-3-己烯醇乙酸酯、(Z)-3-己烯醇己酸酯则对已交配的雌蛾具引诱活性。

昆虫通常是利用植物挥发物中少数组分形成的特异性混合物进行寄主定位的。将具引诱活性的物质混配后进行的行为测定显示,(Z)-3-己烯醛、(Z)-3-己烯醇己酸酯、苯甲醇的混合物可显著吸引茶尺蠖雌雄蛾。当混合物中去除(Z)-3-己烯醛,或去除(Z)-3-己烯醇己酸酯、苯甲醇两种物质后,对雌雄蛾的引诱活性都将极大减弱。而(Z)-3-己烯醛、(Z)-3-己烯醇己酸酯的混合物,和(Z)-3-己烯醛、苯甲醛的混合物,对茶尺蠖雌雄蛾的引诱活性均与(Z)-3-己烯醛、(Z)-3-己烯醇己酸酯、苯甲醇的混合物相当(Sun et al,2014)。这样看来,(Z)-3-己烯醛在虫害诱导茶树挥发物吸引茶尺蠖雌、雄蛾中发挥了重要作用;但单独的(Z)-3-己烯醛并不能起到吸引作用,它还需与(Z)-3-己烯醇己酸酯或苯甲醇结合。同时,(Z)-3-己烯醇乙酸酯可显著提高(Z)-3-己烯醛、苯甲醛混合物对雄蛾的吸引,和(Z)-3-己烯醛、(Z)-3-己烯醇己酸酯、苯甲醇混合物对雌、雄蛾的吸引。并且(Z)-3-己烯醛、(Z)-3-己烯醇己酸酯、苯甲醇混合物,(Z)-3-己烯醛、(Z)-3-己烯醇己酸酯、苯甲醇、(Z)-3-己烯醇乙酸酯混合物,对茶尺蠖雌雄蛾的引诱活性均与茶尺蠖幼虫诱导的茶树挥发物相当。但在田间,上述混合物并未展现出良好的引诱活性。在茶尺蠖发生高峰期,该混合物与船型诱捕器结合使用,1周内仅诱捕到了约10头茶尺蠖雄蛾,同时几乎没有诱捕到雌蛾(Sun et al,2016)。这可能是由于茶尺蠖诱导的挥发物中还有重要物质未挖掘出来,也有可能与茶尺蠖成虫的行为活动特性有关。因此,运用挥发物监测田间茶尺蠖的种群动态或进行诱杀防治,尚待进一步的研究。

3.2.2 虫害茶树挥发物招引茶尺蠖幼虫寄生蜂

20世纪90年代,我国科研工作者就已发现茶尺蠖诱导的茶树挥发物对茶尺蠖幼虫寄生蜂单白绵副绒茧蜂具引诱活性(许宁等,1999)。研究发现,未受损茶梢、机械损伤的茶梢释放的挥发物对单白绵副绒茧蜂不具引诱活性,而虫害茶梢释放的挥发物显著吸引单白绵副绒茧蜂。同时,在茶梢机械损伤伤口上涂抹茶尺蠖口腔分泌物后,可重复出虫害茶梢对单白绵副绒茧蜂的引诱活性。可见茶尺蠖口腔分泌物中的激发子是产生虫害诱导挥发物的关键。这也就保证了茶尺蠖危害后,茶树能够释放特异性的挥发物,而寄生蜂也能凭借这一特异性的挥发物找到寄主。另外,研究还明确了虫害茶梢加茶尺蠖幼虫复合体对单白绵副绒茧蜂的引诱活性要大于虫害茶梢。由于虫害诱导植物挥发物的释放是周身系统性的,而不仅仅只是在植株的受害部位,因此这一结果表明,单白绵副绒茧蜂通过整株虫害茶树释放的挥发物进行远距离的寄主定位,然后通过虫害诱导挥发物局部释放与系统释放的差异定位茶尺蠖幼虫所在部位,最后通过虫体释放的微量气味物质精确锁定茶尺蠖幼虫。

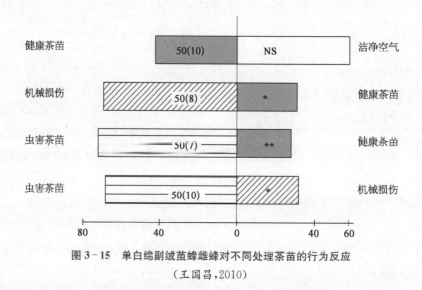

图3-15　单白绵副绒茧蜂雌蜂对不同处理茶苗的行为反应

(王国昌,2010)

上述试验是采用离体茶梢进行的,而离体茶梢并不能真实反映活体茶树的挥发物释放情况。因此,21世纪初又采用活体茶树进行了相关研究,再次证实茶尺蠖诱导的茶树挥发物对单白绵副绒茧蜂的雌雄蜂均具明显的引诱活性(图3-15;王国昌,2010)。但是与之前的研究结果不同,本次试验发现机械损伤引发的茶树挥发物对单白绵副绒茧蜂同样具引诱活性,且与虫害诱导茶树挥发物相当。同时,研究还比较了不同茶尺蠖幼虫虫口密度下,虫害茶树挥发物的引诱活性差异。虽然每株90头茶尺蠖时虫害诱导茶树挥发物对单白绵副绒茧蜂的引诱率(55.8%)大于每株60头茶尺蠖,但两种虫口密度下的引诱活性没有显著差异。这可能是因为相对于每株60头的茶尺蠖虫口密度,每株90头时茶树挥发物释放量或组分数的增加还不够明显。在茶园进行的寄生率测试显示,虽然每株 90 头时的茶尺蠖寄生率(12.6％)显著低于每株 60 头(18.1％),但是高虫口密度下被寄生的茶尺蠖数量还是略高于低密度。此外,这一现象也从另一方面证实了同种幼虫诱导的挥发物吸引茶尺蠖雌蛾产卵,可降低单白绵副绒茧蜂对后代单个个体的攻击概率,让更多的后代得以存活,从而使其子代获益。

利用 GC-EAG 对茶尺蠖诱导茶树挥发物中的单白绵副绒茧蜂电生理活性物质进了筛选(图 3-16;王国昌,2010)。共有 16 个物质可引起单白绵副绒茧蜂触角的电生理反应,其中包含(Z)-3-己烯醛、(Z)-3-己烯醇、(E)-2-己烯醛、(Z)-3-己烯醇乙酸酯等 9 个脂肪酸衍生物,(E)-β-罗勒烯、DMNT、芳樟醇 3 种萜类化合物和苯乙腈、1-硝基-2-苯乙烷 2 种苯类化合物。嗅觉行为反应测定显示,(Z)-3-己烯醛、(Z)-3-己烯醇、(E)-2-己烯醛、(Z)-3-己烯醇乙酸酯、(Z)-3-己烯醇丁酸酯、芳樟醇等 9 种物质均可显著吸引单白绵副绒茧蜂的雌雄蜂。可见虫害诱导茶树挥发物中脂肪酸衍生物,特别是绿叶挥发物,应在引诱单白绵副绒茧蜂中起到重要作用。这一结果与目前学界内的普遍认识相一致。已有研究表明,(Z)-3-己烯醛、(Z)-3-己烯醇、(E)-2-己烯醛、(Z)-3-己烯醇乙酸酯等绿叶挥发物在 *Microplitis croceipes*、*Opius dissitus*、*Anaphes iole*、*Aphidius ervi*、*Cotesia marginiventris*、*Encarsia formosa* 等多种寄生蜂的寄主定位中发挥关键作用(Whitman & Eller,1990,1992;Wei *et al*,2007;Williams *et al*,2008;Du *et al*,1998;Ngumbi *et al*,2009)。

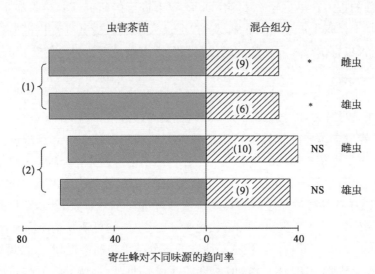

图 3-16　混合组分对单白绵副绒茧蜂选择行为的影响

(王国昌,2010)

(1):(Z)-3-己烯醛、(Z)-3-己烯醇乙酸酯、(Z)-3-己烯醇、(Z)-3-己烯醇-2-甲基-丁酸酯、(E)-β-罗勒烯的混合物;(2):(Z)-3-己烯醇乙酸酯、(Z)-3-己烯醛、(Z)-3-己烯醇、芳樟醇、(E)-β-罗勒烯的混合物。每一对比较测试的总虫数是 50 头。图中右边括号内的数字表示没有反应的虫数。"*"代表 $P<0.05$,"NS"代表没有显著差异。

在上述基础上选择了(Z)-3-己烯醛、(Z)-3-己烯醇、(Z)-3-己烯醇-2-甲基丁酸酯、(E)-β-罗勒烯等 5 种物质(混合物 1)和(Z)-3-己烯醛、(Z)-3-己烯醇、芳樟醇、(E)-β-罗勒烯等 5 种物质(混合物 2)进行了混配(图 3-16)。混合物 1 对单白绵副绒茧蜂雌雄蜂的引诱活性显著低于茶尺蠖诱导的茶树挥发物,混合物 2 的引诱活性却与虫害诱导茶树挥发物相当。也就是说,芳樟醇是虫害诱导茶树挥发物中吸引单白绵副绒茧蜂的关键物质,而(Z)- 3 -己烯醇- 2 -甲基丁酸酯是冗余物质。由于机械损伤后,植物受损部位可立即、大量释放绿叶挥发物,因此利用绿叶挥发物进行寄主定位可为寄生蜂带来很大的便利。但同时由于绿叶挥发物是自然界中十分普遍的物质,几乎所有的植物在遭受机械损伤后,都可释放(Z)- 3 -己烯醛、(Z)- 3 -己烯醇、(E)- 2 -己烯醛、(Z)- 3 -己烯醇乙酸酯等绿叶挥发物。因此,如果仅凭绿叶挥发物进行寄主定位,会极大降低单白绵副绒茧蜂的寄主定位成功率。为此,在绿叶挥发物的基础上再加入一些萜类化合物,可极大提高寄主定位信号的专一性,进而提高定位成功率。同时由于绿叶挥发物的释放特性,单白绵副绒茧蜂可通过绿叶挥发物与 1~2 种萜类化合物组成的混合物进行远距离的寄主定位;接近虫害植株后,再通过仅在受损部位大量释放的绿叶挥发物,确定茶尺蠖在被害茶树上位置。无论如何,自然环境中,单白绵副绒茧蜂所面临的挥发物远比实验室复杂得多,既要面对非寄主害虫诱导茶树产生的挥发物,还要面对其他植物释放的挥发物。在这种环境下,上述鉴定出的挥发物能否吸引到单白绵副绒茧蜂,还需进一步在田间验证。

3.2.3　虫害茶树挥发物对邻近茶树抗虫反应的激活

茶树这方面的报道最早见于 2011 年 Dong 等人进行的研究。其结果显示,虫害茶树上的未受害叶片是否暴露于被害叶片的挥发物,可极大影响未受害叶片内的非挥发性代谢物图谱,而未暴露于虫害诱导挥发物叶片的代谢物图谱与未受害茶树上的叶片较为接近(Dong et al, 2011)。虽然该研究仅限于同株茶树不同位置叶片间的挥发物信息交流,但也证实了茶树叶片可感知虫害叶片释放的挥发物,进而改变其代谢物组成。随着研究的不断深入,目前已证实茶尺蠖诱导挥发物可通过以下 3 种途径提高邻近茶树的抗性。

首先,茶尺蠖取食诱导的挥发物可激活邻近茶树的防御反应。茶尺蠖诱导挥发物的暴露处理,可激活未受害茶树体内的茉莉酸通路和钙离子信号通路,并诱导茶树大量释放 β -罗勒烯、芳樟醇、DMNT、(E)-橙花叔醇等 7 个萜类化合物和(Z)- 3 -己烯醇醋酸酯。其中,β -罗勒烯和(E)-橙花叔醇对茶尺蠖雌蛾具驱避活性。进一步的研究表明,茶尺蠖诱导挥发物中的(Z)- 3 -己烯醇、芳樟醇、DMNT、α -法尼烯 4 个组分,均可诱导茶树释放 β -罗勒烯且诱导活性相近(Jing et al, 2021)。虽然这一研究的部分结果与前面提到"茶尺蠖幼虫诱导的挥发物可吸引茶尺蠖雌蛾产卵"相矛盾,但无论如何也表明,虫害诱导挥发物可诱导茶树释放(Z)- 3 -己烯醋酸酯、β -罗勒烯、芳樟醇、DMNT 物质,而这些物质通常在植物的间接防御中发挥重要作用。与虫害诱导挥发物的接触还可导致茶树体内次生代谢物的积累发生改变。茶尺蠖诱导挥发物中的组分,(Z)- 3 -己烯醇、DMNT 和吲哚,可激活未受害茶树的茉莉酸通路、乙烯通路或钙离子信号通路,进而改变其下游次生代谢物的积累,致使茶尺蠖的取食量显著减少、生长发育受到抑制,甚至死亡率提高,从而增强茶树的直接防御能力(Xin et al, 2016; Xin et al, 2019; Jing et al, 2021; Ye et al, 2021)。此外,α -法尼烯、(E)-橙花叔醇等茶尺蠖诱导的挥发物,也可诱导茶树的次生代谢物发生改变,并提高茶树对茶小绿叶蝉、炭疽病的抗性(Wang et al, 2019; Chen et al, 2020)。

其次,茶尺蠖取食诱导的挥发物可激活邻近茶树的防御警备。这里的防御警备并没有激活防御反应,但在遭受害虫袭击后,具备防御警备的植物可更加快速、强烈地启动抗虫防御反应。茶树这方面的研究主要集中在(Z)-3-己烯醇(Xin $et\ al$,2016)。经(Z)-3-己烯醇熏蒸处理后,茶树体内仅茉莉酸含量显著增加,但其挥发物释放未有显著变化。经(Z)-3-己烯醇处理的茶树再让茶尺蠖取食,其体内的茉莉酸、乙烯含量均显著高于仅遭茶尺蠖危害的茶树(图3-17)。同时,(Z)-3-己烯醇熏蒸+茶尺蠖取食处理茶树的挥发物释放量显著高于仅茶尺蠖取食处理的茶树;并且相对于仅茶尺蠖取食处理的茶树,单白绵副绒茧蜂更喜欢(Z)-3-己烯醇熏蒸+茶尺蠖取食处理茶树的挥发物(图3-18)。这一结果表明,经(Z)-3-己烯醇处理后,茶树并未启动间接防御反应;但再经茶尺蠖取食后,茶树启动的间接防御反应强度要高于仅遭茶尺蠖取食的茶树。

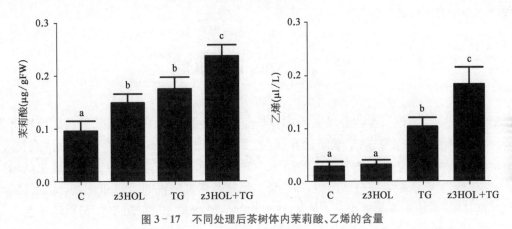

图3-17 不同处理后茶树体内茉莉酸、乙烯的含量

(Xin $et\ al$,2016)

C:对照茶树;z3HOL:(Z)-3-己烯醇处理茶树;TG:茶尺蠖危害茶树;z3HOL+TG:(Z)-3-己烯醇处理后再被茶尺蠖被害的茶树。

最后,邻近茶树直接吸收被害茶树释放的绿叶挥发物,并将其转化为直接防御物质(Jing $et\ al$,2019;Liao $et\ al$,2021)。茶尺蠖取食后,茶树释放的(Z)-3-己烯醇可被邻近茶树吸收,并在尿苷-二磷酸-糖基转移酶催化下将吸收的(Z)-3-己烯醇转化为3种己烯醇糖苷物:(Z)-3-己烯醇葡萄糖苷、(Z)-3-己烯醇樱草糖苷和(Z)-3-己烯巢菜糖苷。这些物质对害虫具有一定的毒性,可显著提高邻近茶树的直接防御水平。利用人工饲料进行的添加试验显示,(Z)-3-己烯巢菜糖苷的抗虫效果最好。取食含(Z)-3-己烯巢菜糖苷饲料的茶尺蠖幼虫体重仅为对照组的40%,达极显著差异;

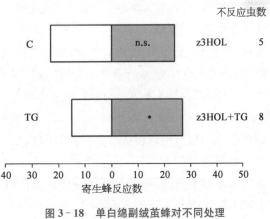

图3-18 单白绵副绒茧蜂对不同处理
茶树挥发物的选择反应

(Xin $et\ al$,2016)

C:对照茶树;z3HOL:(Z)-3-己烯醇处理茶树;TG:茶尺蠖危害茶树;z3HOL+TG:(Z)-3-己烯醇处理后再被茶尺蠖被害的茶树。

取食含另 2 种己烯醇糖苷物幼虫的体重也仅为对照的约 50%，达显著差异。同时研究还表明，光照可同时影响邻近茶树对 (Z) - 3 - 己烯醇的吸收和转化。黑暗条件下，邻近茶树体内生成的 3 种己烯醇糖苷物总量仅为光照条件下的约五分之一。

目前，相关研究大多聚焦于茶树生理，对虫害诱导茶树挥发物激发邻近茶树抗虫、抗病性的生态功能还了解较少。同时，部分结果也存在不一致的地方。例如：有的研究显示 (Z) - 3 - 己烯醇可直接诱导防御反应，而有的研究显示 (Z) - 3 - 己烯醇可激活邻近茶树的防御警备。当然，这可能与 (Z) - 3 - 己烯醇的处理浓度有关。今后相关方面的研究应注重回答以下几个问题：① 虫害诱导茶树挥发物激活邻近茶树抗性的活性阈值是多少？这一活性阈值与茶园中虫害诱导茶树挥发物的浓度又是怎样的一个关系？② 虫害诱导挥发物对邻近茶树的作用范围有多大？③ 虫害诱导挥发物可给邻近茶树带来多大的防御收益，而这对害虫、天敌的种群动态又有怎样的影响？

3.3 茶树害虫引诱剂的研发

植物挥发物在调控三重营养级关系中发挥着重要作用，人们很早就开始利用植物挥发物进行害虫防治，迄今已发展形成了诱集植物、诱集枝把、引诱剂等一系列害虫诱杀技术。其中引诱剂已在多种世界性重要害虫的防治中发挥了重要作用，是一种重要的害虫防治措施。目前应用的引诱剂主要分为两类，即传统引诱剂和新型引诱剂。20 世纪初，人们开始利用与腐烂果实、植物蜜露等害虫喜好食物气味相似的发酵糖水、糖醋酒液、蛋白质水解液等传统引诱剂诱杀害虫。这些引诱剂的诱虫谱较广，对多种害虫都具有较强的诱杀作用。随着对害虫偏好植物、食物挥发物中信息物质的不断了解，通过组配人工合成的挥发物，研制出多种害虫的新型引诱剂。这些引诱剂对雌雄害虫均有效，并已在实蝇、夜蛾科害虫、蓟马、根萤叶甲等重要害虫的防控中发挥了重要作用。新型引诱剂不仅高效，而且操作简单，避免了诱集植物、诱集枝把所需的大量人工操作。同时，新型引诱剂是由人工合成的挥发物组配而成，可标准化、规模化生产，极大克服了传统引诱剂由于原料多样性而导致的引诱活性不稳定，是当前化学生态诱杀技术发展的重要趋势。

同样，国内外茶树植保科研工作者也在相关方面进行了研究，并在茶天牛 *Aeolesthes induta*、茶小卷叶蛾 *Adoxophyes orana*、茶卷叶蛾 *Homona coffearia* 等少数几种茶树害虫的传统引诱剂研究中取得成功。虽然目前初步提出了茶小绿叶蝉、茶尺蠖、茶丽纹象甲等害虫的新型引诱剂配方，但大部分田间试验的效果尚不理想，还未达到实际应用的需求。下面就茶树害虫相关方面的研究进行总结，并结合国内外相关研究的成功经验与失败教训，提出今后研究需加强和重视的方面。

3.3.1 茶树害虫传统引诱剂

茶小卷叶蛾是日本茶园重要害虫。1984 年，日本科学工作者在分离鉴定茶小卷叶蛾性信息素的过程中，偶然发现性腺浸提液过弗罗里硅土柱的一段洗脱液，在田间对茶小卷叶蛾雌雄蛾有吸引作用,且诱到的雌蛾数量是雄蛾的 2 倍多。进一步研究发现,洗脱液中起引诱作用的其实是洗脱溶剂乙酸。茶园中乙酸诱到的雌蛾几乎均已交配,但其对雄蛾的引诱活性明显弱于性信息素。此后,日本科学工作者又从 23 种挥发性酸类物质中筛选出甲基丙烯酸、丙酸等对茶小卷叶蛾雌雄虫具相似引诱作用的物质(Tamaki *et al*,1984)。尽管这些物质不能被茶树释放,但它们对茶小卷叶蛾的引诱活性应与茶小卷叶蛾成虫期的取食偏好性有关。毕竟大部分蛾子为获取营养与能量,喜欢取食发酵食物。1986 年,日本茶树植保工作者又利用清酒酒粕、清酒诱捕茶小卷叶蛾、茶卷叶蛾获得成功(Horikawa *et al*,1986)。清酒酒粕制成的引诱剂由清酒酒粕、蒸馏酒精和水组成。其中,蒸馏酒精、水对两种卷叶蛾无引诱活性。清酒酒粕引诱剂对茶小卷叶蛾的引诱活性要强于茶卷叶蛾,其诱到的茶小卷叶蛾雌雄蛾总数量与性信息素诱到的雄蛾数量相当,并且诱捕到的茶小卷叶蛾、茶卷叶蛾中,雌蛾均占 60% 以上且 95% 已完成交配。因此,利用清酒酒粕、乙酸等诱杀茶小卷叶蛾、茶卷叶蛾,可作为性信息素防治技术的有益补充。

我国利用糖醋酒液、蜂蜜水、白糖水等研制出了茶天牛引诱剂(边磊等,2018)。茶天牛幼虫蛀食茶树近地表的主干及根部,导致茶树死亡,大面积爆发可对茶园造成不可逆的破坏。目前还缺乏茶天牛的高效防治技术。为了交配产卵,茶天牛成虫要补充营养、进行取食。利用糖醋酒液、发酵蜂蜜水或白糖水模拟出的茶天牛喜食食物气味,对茶天牛雌雄虫有强烈的吸引作用,引诱到的雌雄虫比例为 2:1。3 种引诱剂的配置方法如下:糖醋酒液按白酒:食醋:白糖:水=3:2:1:10 的比例混配,蜂蜜水将蜂蜜兑水稀释 20 倍,糖水按白糖:水=3:10 的比例稀释。其中,蜂蜜水引诱效果最好。但随着蜂蜜稀释倍数的增大,茶天牛的诱捕数量显著减少。稀释 20 倍时,发酵蜂蜜水每周的诱捕量可达 87.8±14.3 头;稀释至 400 倍后,每周诱捕量仅为 3±0.89 头。但蜂蜜水、白糖水放置后第一天的诱捕数量很低。这是由于只有发酵后,糖溶液释放的气味才会吸引茶天牛。茶天牛引诱剂需配合水盆诱捕器使用。诱捕器的悬挂高度可显著影响诱杀效果。诱捕器高于茶棚 30 cm 时,诱杀的天

图 3-19 茶天牛引诱剂田间放置示意和水盆诱捕器中诱到的茶天牛

牛数量最多。诱捕器放置在地面时,对茶天牛的诱杀效果最差。天气对诱捕效果也有显著的影响。雨天茶天牛的诱捕量仅为晴天的 15% 左右,这可能与不同天气条件下,茶天牛的活动能力差异有关。2017 年至今,该技术已在浙江绍兴御茶村茶业有限公司示范推广 333.3 hm²,诱杀茶天牛 80 万头,挽救 600 余万棵茶树。

3.3.2 茶树害虫新型引诱剂

虽然在新型引诱剂方面开展了大量研究,并初步提出了茶尺蠖、茶丽纹象甲、茶小绿叶蝉等害虫的新型引诱剂配方。但大部分研究的田间诱捕效果尚不理想,还未达到实际应用的需求。例如,茶尺蠖幼虫危害诱导的茶树挥发物对茶尺蠖雌雄虫有明显的吸引作用,且雌蛾在被害茶苗上的产卵量可达未受害茶苗的 9 倍(Sun *et al*,2014)。虫害诱导挥发物中,(Z)-3-己烯醛、(Z)-3-己烯醇醋酸酯、(Z)-3-己烯醇己酸酯、苯甲醇等物质对茶尺蠖成虫有显著的吸引作用。但这 4 种物质的混合物在田间对雄蛾的诱蛾效果仅为每周 20 头,且仅比对照多 10 头;对雌蛾的诱蛾效果仅为每周 1.2 头,且与对照相似(Sun *et al*,2016)。与之相似,茶丽纹象甲成虫危害的茶树对茶丽纹象甲有明显的引诱作用(Sun *et al*,2010;Sun *et al*,2012)。基于这一现象提出的引诱剂,在茶丽纹象甲发生高峰期的田间诱虫数量仅为每 3 天 1.8 头。目前对茶小绿叶蝉引诱剂开展的研究工作最多,先后提出了 8 个配方(Bian *et al*,2018;Han *et al*,2020;Cai *et al*,2017;Cai *et al*,2017;Xu *et al*,2017;Chen *et al*,2019;Niu *et al*,2022;Mu *et al*,2012)。它们的提出主要通过两种途径,即:模拟天然植物挥发物和组配引诱物质。虽然这 8 个配方都含有(Z)-3-己烯醇醋酸酯,但其物质组成还是有较大差别,共包含 18 种物质(表 3-2)。8 个配方的物质组成可分为 4 类:绿叶挥发物+萜类挥发物、绿叶挥发物+萜类挥发物+苯类挥发物、绿叶挥发物+正构烷烃、绿叶挥发物+萜类挥发物+正构烷烃。尽管这 8 个配方的物质组成相差较大,但没有一个配方在田间表现出优良的引诱效果。效果最好的配方也仅可使诱虫色板的叶蝉捕杀数量提高 1 倍。这一效果与可使诱捕器诱虫数量提升 10 倍甚至上百倍的蓟马引诱剂相比,还相差较远(表 3-2)。

表 3-2 目前文献报道的 8 个茶小绿叶蝉引诱剂配方组成

	成　　分	配方 1	配方 2	配方 3	配方 4	配方 5	配方 6	配方 7	配方 8
挥发性化合物	(E)-2-己烯醛						2.3%		12.5%
	(Z)-3-己烯醇	1.7%	38.5%			22.0%	18.1%	73.8%	12.5%
	(Z)-3-己烯醋酸酯	63.5%	38.5%	32.8%	14.6%	44.0%	9.0%	17.4%	12.5%
	香叶醇						15.0%		
	芳樟醇	34.8%					48.1%		
	(E)-罗勒烯			46.5%	10.5%	17.0%	7.5%		
	柠檬烯					17.0%			
	DMNT			13.3%	5.7%				
	苯乙醛				69.2%				
	苯甲酸乙酯			7.4%					

续 表

成　分		配方 1	配方 2	配方 3	配方 4	配方 5	配方 6	配方 7	配方 8
挥发性化合物	十六烷		7.6%						
	壬醛		15.4%					4.4%	
	α-法尼烯							4.4%	
	2-戊烯-1-醇								12.5%
	1-戊烯-1-醇								
	(E)-2-戊烯醛								12.5%
	戊醇								12.5%
	己醇								12.5%
备　注		茶梢挥发物	大叶千斤拔挥发物	葡萄藤挥发物	桃树梢挥发物	引诱物质组配	引诱物质组配	大叶千斤拔挥发物	茶梢挥发物
参考文献		Bian et al, 2018	Han et al, 2020	Cai et al, 2017	Cai et al, 2017	Xu et al, 2017	Chen et al, 2019	Niu et al, 2022	Mu et al, 2012

注：DMNT 为 (E)-4,8-二甲基-1,3,7-壬三烯。

但上述研究的结果和经验，还是可为将来的相关研究提供宝贵经验。下面以茶小绿叶蝉引诱剂为例，从模拟天然植物挥发物和组配引诱物质两个方面，对茶树害虫新型引诱剂的研制过程进行介绍。

3.3.2.1　植物挥发物中害虫寄主定位的嗅觉信息

植物挥发物中害虫寄主定位嗅觉信息的破解，往往是新型引诱剂研发过程中十分重要的一环。植物挥发物中可包含几十甚至上百种组分，但其中被植食性昆虫用于寄主定位的信息物质通常不到 10 种。这些寄主植物挥发物中的少数物质混合物就构成了植食性昆虫寄主定位的嗅觉信息（Bruce and Pickett，2011；Bruce et al，2005）。其物质的组成、相对比例甚至浓度都对植食性昆虫寻找适合的寄主至关重要。

嗅觉信息中物质的组成对于植食性昆虫寄主定位至关重要。尽管可能含有相同的组分，但昆虫定位不同寄主植物的嗅觉信息通常是不一样的。这样有助于植食性昆虫找到最合适的寄主植物。苹果实蝇 Rhagoletis pomonella 至少有苹果、山楂、山茱萸、绿山楂、蓝莓山楂 5 个寄主种群，分别为专食苹果、山楂、山茱萸、绿山楂、蓝莓山楂，对各自寄主挥发物展现出明显的喜好性（Nojima et al，2003a；Charles et al，2005；Nojima et al，2003b；Cha et al，2011）。这些实蝇定位各自喜好食物的嗅觉信息组成差异很大，并且向原本喜食植物的挥发物中加入其非喜食的植物挥发物后，可降低对苹果实蝇的吸引。寄主和非寄主植物挥发物中有可能含有某些相同的物质。这些物质是否能为植食性昆虫寄主定位提供帮助，与寄主挥发物中的其他物质有很大关系（Webster et al，2008；Webster et al，2008；Webster et al，2010）。同时，嗅觉信息中各组分所起的作用并不一定完全相同，组分间通常存在协同增效作用。例如：烟草天蛾 Manduca sexta 以怀特曼陀罗花蜜为食，怀特曼陀罗花

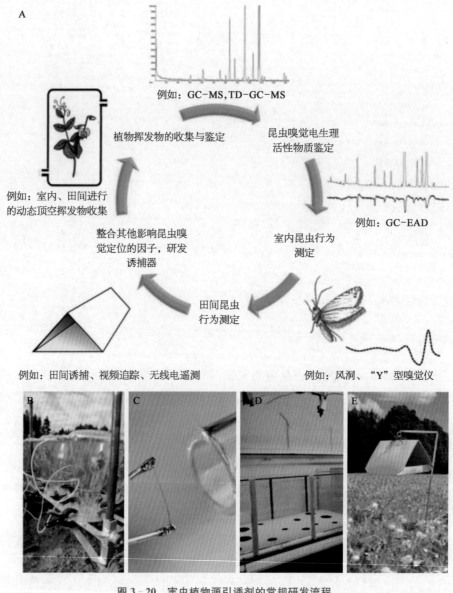

图 3-20 害虫植物源引诱剂的常规研发流程

(Thöming，2021)

A：研发流程；B：田间植物挥发物收集；C：为筛选活性物质而进行的昆虫触角电生理测定；D：风动中引诱剂活性测定；E：田间引诱剂验证试验。GC-EAD：气相-触角电位联用仪；GC-MS：气相-质谱联用仪；TD-GC-MS：热脱附-气相-质谱联用仪。

香中至少含有 60 种物质，但仅有苯乙醛、苯甲醇、芳樟醇、橙花醇、b-月桂烯等 9 种物质能引起烟草天蛾强烈的嗅觉神经反应。这些物质单独存在时，对烟草天蛾不具引诱作用，仅有当 9 种物质混合后才具有与怀特曼陀罗花香相似的引诱活性(Riffell *et al*，2009)。

嗅觉信息中，各物质的相对比例对植食性昆虫的寄主定位也是十分重要的。例如：葡萄花翅小卷蛾 *Lobesia botrana* 定位寄主葡萄浆果的嗅觉信息是 (E)-β-石竹烯、DMNT、(E)-β-法尼烯 3 种物质按 4∶3.3∶1 比例混合的混合物。苹果不是葡萄花翅小卷蛾的寄主，但也可释放这 3 种物质。风洞中,葡萄花翅小卷蛾对按苹果挥发物组配的这 3 种物质混合物(相对比例为 7.2∶3.3∶19.4)的味源着落率几乎为零(Tasin *et al*,2005)。甚至利用转基因技术,改变了葡萄浆果中(E)-$β$-石竹烯和(E)-$β$-法尼烯的相对比例后,也会极大减弱其对葡萄花翅小卷蛾的引诱活性(Salvagnin *et al*,2018)。虽然植食性昆虫可通过嗅觉信息中各物质的相对比例定位适合的寄主,但是同种植物的不同植株、同一植株不同时间释放的挥发物都存在一定变化,特别是挥发物中各组分的相对比例。那么,这些变化是否会影响植食性昆虫的寄主定位呢? 首先,嗅觉信息中各组分相对比例在一定范围内的变化应不会对植食性昆虫的嗅觉寄主定位造成严重影响(Najar-Rodriguez *et al*,2010)。例如:梨小食心虫定位桃梢的嗅觉信息中固定(Z)-3-己烯醇醋酸酯、(Z)-3-己烯醇、(E)-2-己烯醛、苯乙醛等 5 种物质的量,增加、减少苯甲腈的量,使其与(Z)-3-己烯醇醋酸酯的相对比例在 100∶0～0∶100 的范围内变化。当比例在 99.85∶0.15～86.69∶13.31 范围变化时,混合物与桃梢具相似的引诱活性。其次,植物挥发物中各组分的相对比例也可在一定程度上保持稳定。每天不同时间,蚕豆挥发物中蚕豆蚜嗅觉信息的 15 种组分的两两相对比例变化不大。特别是,两种关键物质,(Z)-3-己烯醇醋酸酯和(Z)-3-己烯醇的比值,在下午、晚上、上午、中午均能保持一致(Webster *et al*,2010)。

此外,嗅觉信息的浓度也可影响植食性昆虫的寄主定位。通常在一定范围内,嗅觉信息的浓度越高,对植食性昆虫的引诱活性越强(Nojima *et al*,2003a;Nojima *et al*,2003b;Tasin *et al*,2006)。但也有例外的情况,例如,烟草天蛾定位怀特曼陀罗花的嗅觉信息,稀释 10 倍、100 倍、1 000 倍后,仍具相似的引诱活性(Riffell *et al*,2009)。

3.3.2.2 基于幼嫩茶梢挥发物的茶小绿叶蝉引诱剂

植物幼嫩部位,新陈代谢旺盛,机械组织不发达,是害虫喜食的部位。茶小绿叶蝉主要栖息在芽下的第 2、第 3 叶,在取食和产卵中表现出明显的趋嫩性。黑暗条件下,利用茶树嫩梢(正在伸长展叶的新梢,表皮青绿,多嫩叶)、成熟梢(停止展叶的新梢,芽头已形成驻芽,多成熟叶)、成熟枝条(茎上出现皮孔,木质化,多老叶)进行的风洞行为测定显示,嫩梢吸引的

叶蝉数量最多,其次是成熟梢,而老叶较多的枝条吸引到的叶蝉最少(Bian *et al*,2018)(图 3-21)。由于是在黑暗条件进行的行为测定,因此嫩梢挥发物在茶小绿叶蝉趋嫩习性中发挥重要作用。挥发物测定显示,相同质量的不同枝梢可释放相似的挥发性物质,但是挥发物的组成、释放量具较大差异。嫩梢、成熟梢挥发物的组分完全一致,含 13 种物质;老叶较多的枝条不释放吲哚、芳樟醇 2 种物质。成熟梢释放的(Z)-3-己烯醇、(Z)-3-己烯醇醋酸酯等绿叶挥发物最多,释放量为嫩梢的 2.5 倍和 2 倍。随着茶梢成熟度增加,(E)-$β$-

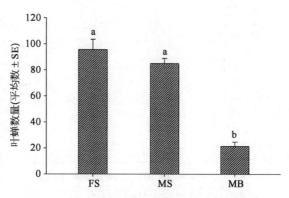

图 3-21　风洞内茶小绿叶蝉对不同成熟度茶梢的趋性

(Bian *et al*,2018)

FS:嫩梢,正在伸长展叶的新梢,表皮青绿,多嫩叶;MS:成熟梢,停止展叶的新梢,芽头已形成驻芽,多成熟叶;MB:成熟枝条,茎上出现皮孔,木质化,多老叶。不同字母表示具显著差异。

罗勒烯、芳樟醇、DMNT 等萜类物质的量明显减少。相对成熟梢，嫩梢挥发物中芳樟醇的量提高了 4 倍，(E)-β-罗勒烯、DMNT 的量提高了 0.5 倍。芳樟醇应是茶树叶片嫩度的重要指征物质。释放量方面，嫩梢与成熟梢的释放量相差不大，而枝条的释放量仅为成熟梢的一半。

利用"Y"型嗅觉仪进行了嗅觉行为反应测定(Bian *et al*，2018)。结果表明，单物质均不能显著吸引茶小绿叶蝉。之后又参照茶树嫩梢挥发物进行不同物质的混配，共设计了 14 种混合物。其中，(Z)-3-己烯醇、(Z)-3-己烯醇醋酸酯和芳樟醇 3 种物质按质量比 0.6：23：12.6 混配后，对茶小绿叶蝉的引诱活性与全组分混合物相当，并且这 14 种混合物中，只要缺少(Z)-3-己烯醇、(Z)-3-己烯醇醋酸酯和芳樟醇中的任一物质后，混合物即不能显著吸引茶小绿叶蝉。这说明，这 3 种物质的混合物是茶小绿叶蝉定位茶树嫩梢的关键物质。但是(Z)-3-己烯醇、(Z)-3-己烯醇醋酸酯和芳樟醇并不是茶树嫩梢独有的，因此它们间的特定比例也应是茶小绿叶蝉定位茶树嫩梢的关键信息。在茶园利用诱虫色板对这个引诱剂配方(配方 1，表 3-2)进行了验证。在浙江、贵州进行的 4 次田间验证实验显示，引诱剂在放置 3 天或 6 天后开始显著发挥作用，可使诱虫色板上茶小绿叶蝉的诱捕量提高 0.6～1.3 倍。

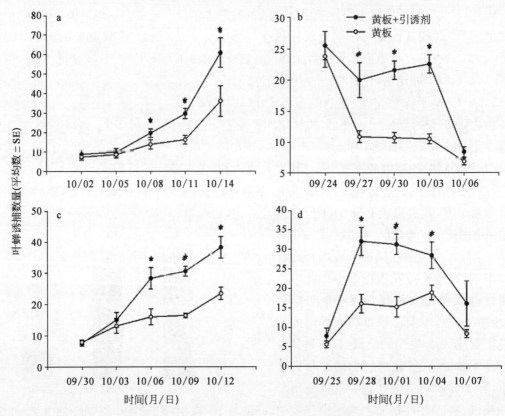

图 3-22　茶小绿叶蝉引诱剂配方 1 的田间验证试验
(Bian *et al*，2018)

　　a：2014 年浙江杭州；b：2015 年浙江杭州；c：2014 年贵州贵阳；d：2015 年贵州贵阳。﹡ 表示与对照具显著差异。配方 1：来源于茶树嫩梢挥发物，组成见表 3-2。

3.3.2.3　基于非茶植物挥发物的茶小绿叶蝉引诱剂

茶小绿叶蝉(*Empoasca onukii*)2015 年前定名为 *Empoasca vitis*。而 *E. vitis* 是欧洲葡萄园中的重要害虫。同时,在田间发现,桃树附近的茶树上茶小绿叶蝉发生严重。因此,在2013 年测定了葡萄藤嫩梢、桃树嫩梢挥发物对茶小绿叶蝉的引诱活性。与洁净空气相比,茶小绿叶蝉明显趋向于离体茶梢、离体桃梢、离体葡萄藤挥发物,其选择率分别为 67%、75%和89%;当与离体茶梢挥发物相比时,虽然较多的茶小绿叶蝉选择离体桃梢挥发物,但无显著差异;而离体葡萄藤挥发物则显著吸引茶小绿叶蝉(Cai *et al*,2015a)。也就是说,相对于茶树挥发物,茶小绿叶蝉更喜欢桃树、葡萄挥发物。其中,葡萄挥发物的引诱活性最强(图 3 - 23)。

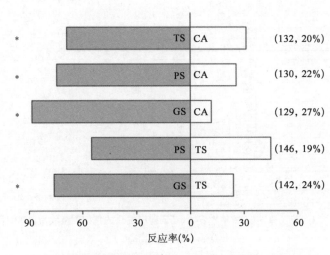

图 3 - 23　"Y"型嗅觉仪中茶小绿叶蝉对茶梢挥发物(TS)、桃梢挥发物(PS)、
葡萄藤挥发物(GS)的嗅觉行为反应

(Cai *et al*,2015a)

CA: 为洁净空气。* 表示具显著差异。括号中数值表示测试虫数和不反应率。

尽管还未有直接的证据证明,葡萄、桃树是茶小绿叶蝉的寄主植物,但已有利用非寄主植物挥发物诱集害虫的成功事例。最典型的例子就是欧洲山芥、香根草等致死型诱集植物在防治小菜蛾、水稻螟虫上的成功应用(Hussain *et al*,2020;Badenes-Perez *et al*,2004;Lu *et al*,2017)。甚至,在棉铃虫引诱剂的研制中也使用了具引诱活性的非寄主植物挥发物(Del Socorro *et al*,2010)。因此,利用具强引诱活性的非寄主植物挥发物研制害虫引诱剂是可行的。当然,葡萄、桃树是否是茶小绿叶蝉的适生植物值得进一步研究。

挥发物分析显示,尽管含有某些相同的物质,茶梢、桃梢、葡萄藤的挥发物明显不同。主成分分析中,这 3 种挥发物可明显地分成 3 类。茶梢挥发物中特异性物质为(*E*)-橙花叔醇和苯乙腈,主要成分为 DMNT 和(*E*)-β-罗勒烯,相对含量分别为 58.3%、24.7%。桃树挥发物中特异性物质为苯乙醛,其相对含量为 84.9%。在 3 种挥发物中,葡萄挥发物的组成最为复杂。其中,丁酸乙酯、己酸乙酯、乙酸己酯、苯甲酸乙酯等物质只能由葡萄释放。葡萄挥发物中的主要物质是(*Z*)-3-己烯醇醋酸酯、(*E*)-β-罗勒烯,相对含量均为 20%左右。释放量方面,桃树挥发物的释放量最大,为 137.83 ng/(h·g),显著高于另外两种植物(图 3 - 24)。

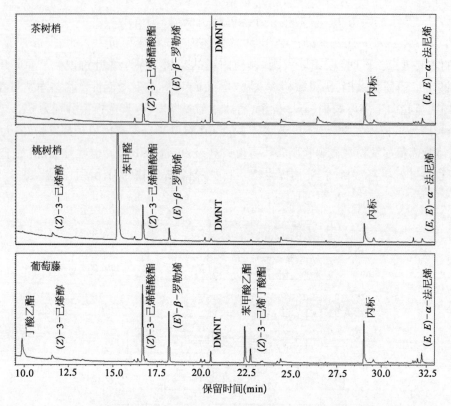

图 3-24　茶梢挥发物、桃梢挥发物、葡萄藤挥发物的气相质谱联用仪 TIC 图

(Cai *et al*，2015a)

DMNT：(*E*)-4,8-二甲基-1,3,7-壬三烯。

表 3-3　鉴定茶梢、桃树梢、葡萄藤挥发物中茶小绿叶蝉嗅觉
信息所用的混合物及两个引诱剂的物质组成

(Cai *et al*，2017)

物质	茶　　梢					桃　　梢		桃　　梢				引诱剂	
	B-1	B-2	B-3	B-4	B-5	B-6	B-7	B-8	B-9	B-10	B-11	F-P	F-G
HA	•	•	•	•	•	•	•	•	•	•	•	•	•
HB								•	•		•		
Oc	•	•	•	•	•		•	•	•	•	•		
Li	•		•										
DM	•	•	•	•			•	•	•	•	•	•	•
Fa	•												
Be						•	•						
EB								•	•	•	•	•	•

注：HA：(*Z*)-3-己烯醇醋酸酯；HB：(*Z*)-3-己烯醇丁酸酯；Oc：(*E*)-罗勒烯；Li：芳樟醇；DM：(*E*)-4,8-二甲基-1,3,7-壬三烯；Fa：(*E*,*E*)-α-法尼烯；Be：苯乙醛；EB：苯甲酸乙酯。F-P 和 F-G 分别与表 3-2 中的配方 4、配方 3 相同。

对 3 种植物挥发物进行了人工模拟,并采用逐个减少组分的方法,鉴定了 3 种植物挥发物中引诱茶小绿叶蝉的关键物质(Cai $et\ al$, 2017)。首先根据茶树挥发物中物质的比例和释放量,混配了 1 种绿叶挥发物(Z)-3-己烯醇醋酸酯和 4 种萜烯类化合物罗勒烯、芳樟醇、DMNT、(E,E)-α-法尼烯。由于寄主定位嗅觉信息通常由不同种类的化合物组成,因此仅对 4 种萜烯类化合物进行了删减。结果显示,当去除罗勒烯或 DMNT 后,混合物对茶小绿叶蝉的吸引力明显下降,并且(Z)-3-己烯醇醋酸酯、罗勒烯、DMNT 混合物对茶小绿叶蝉的引诱力与茶树挥发物相当。因此,我们认为这 3 种物质的混合物是茶小绿叶蝉定位茶树的嗅觉信息。这一结果与前面提到的茶树嫩梢不一致,应是试验材料差异所致。

由于苯乙醛是桃树挥发物特异性物质,同时其相对组成在 80% 以上。因此,选择苯乙醛、(Z)-3-己烯醇醋酸酯、罗勒烯和 DMNT 4 种物质对桃树嗅觉信息进行了测定。4 种物质的混合物显著吸引茶小绿叶蝉。去除 DMNT 后,混合物对茶小绿叶蝉的吸引力无显著变化。故桃树挥发物中茶小绿叶蝉的嗅觉信息是苯乙醛、(Z)-3-己烯醇醋酸酯、罗勒烯 3 者的混合物。在茶树嗅觉信息的基础上,加入葡萄挥发物中相对比例较大的特异性脂肪酸类化合物(Z)-3-己烯醇丁酸酯和相对比例较小的特异性苯类化合物苯甲酸乙酯后,混合物对茶小绿叶蝉具强烈的引诱活性。去掉(Z)-3-己烯醇丁酸酯,对混合物的吸引力影响较小,但去掉苯甲酸乙酯可极大减弱混合物对茶小绿叶蝉的吸引力。因此,葡萄挥发物中茶小绿叶蝉的嗅觉信息是(Z)-3-己烯醇醋酸酯、罗勒烯、DMNT、苯甲酸乙酯的混合物。由于这 3 种嗅觉信息都含有(Z)-3-己烯醇醋酸酯、罗勒烯、DMNT,且它们的相对比例相差不大,所以苯甲酸乙酯、苯乙醛应分别在葡萄藤、桃树挥发物对茶小绿叶蝉的引诱中起重要作用。有意思的是,这两个苯类化合物在两种嗅觉信息中所占的比例相差巨大。苯乙醛在桃树嗅觉信息中的相对含量超过 80%,而葡萄嗅觉信息中,苯甲酸乙酯的相对含量却只占 2%(图 3-25)。

为提高引诱活性,进一步调整了茶小绿叶蝉嗅觉信息的组成。将葡萄嗅觉信息中苯甲酸乙酯的含量从 2% 提高到 5%,研制出引诱剂配方 3;向桃树嗅觉信息中加入 DMNT 并提高苯乙醛的相对含量,研制出配方 4。利用"Y"型嗅觉仪进行的生测显示:相对于茶树挥发物,茶小绿叶蝉偏好选择引诱剂配方 3、配方 4,选择比例分别为 8∶2、7∶3。利用风洞进行

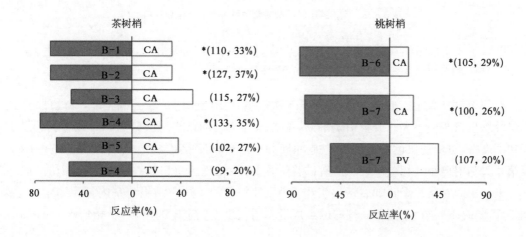

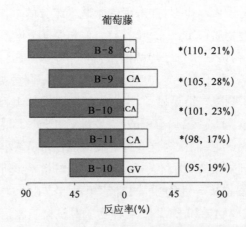

图 3 - 25 室内利用"Y"型嗅觉仪鉴定茶梢、桃树梢、葡萄藤
挥发物中的茶小绿叶蝉嗅觉信息

(Cai *et al*,2017)

B1~B10 物质组成见表 3 - 3。CA：为洁净空气。* 表示具显著差异。括号中数值表示测试虫数和不反应率。

的行为测定,获得了相似的结果。生测中,除特异性组分苯乙醛、苯甲酸乙酯外,两个配方释放的其他组分的量均与茶树挥发物相似。因此,苯乙醛、苯甲酸乙酯是配方 3、配方 4 引诱活性强于茶树的重要原因,是两种配方中的关键组分(图 3 - 26)。

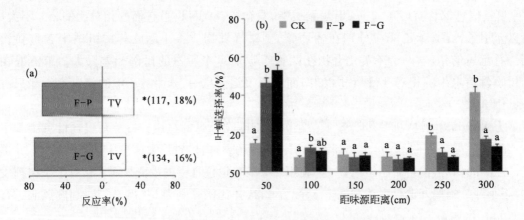

图 3 - 26 室内茶小绿叶蝉对两种引诱剂的行为测定结果

(Cai *et al*,2017)

(a)："Y"型嗅觉仪;(b)：风洞。F - P：表 3 - 2 中的配方 4,通过桃树嫩梢挥发物得到;F - G：表 3 - 2 中的配方 3,通过葡萄嫩梢挥发物得到;TV：茶梢挥发物。不同小写字母、* 表示具显著差异。括号中数值表示测试虫数和不反应率。

2014 年、2015 年在杭州、绍兴进行了 3 次引诱剂田间验证试验。试验前,各处理小区茶小绿叶蝉虫口相差不大。放置引诱剂后,配方 3 处理区的茶小绿叶蝉虫口逐渐上升,至第 6 天达到高峰,可使诱虫色板的诱虫量提高 80%。之后,处理小区茶小绿叶蝉虫口逐渐减少,至第 8 天与对照小区相差不大。所有试验中,配方 4 处理区虫口始终与对照区相仿。即,配方 4 未在田间对茶小绿叶蝉展现出引诱活性(图 3 - 27)。这一结果与室内行为测定的结果相矛盾,将在下一节"茶园背景气味的组成及其对害虫嗅觉定向的影响"展开介绍。

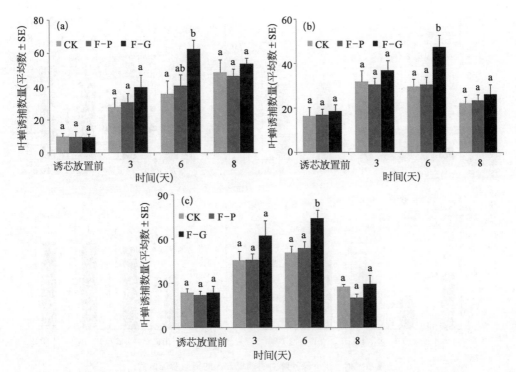

图 3-27 茶小绿叶蝉引诱剂配方 3、配方 4 的田间验证试验

(Cai *et al*, 2017)

F-P: 表 3-2 中的配方 4, 通过桃树嫩梢挥发物得到; F-G: 表 3-2 中的配方 3, 通过葡萄嫩梢挥发物得到。(a): 2014 年浙江杭州;(b): 2015 年浙江杭州;(c): 2015 年浙江绍兴。不同小写字母表示差异显著。

3.3.2.4 基于引诱物质混配的茶小绿叶蝉引诱剂

茶小绿叶蝉引诱剂研制中还采取了人为组配引诱物质的策略, 例如配方 5(表 3-2, Xu *et al*, 2017)。研究起始, 根据文献报道和经验选取了 13 种化合物进行田间引诱测试。其中含 4 种绿叶挥发物, 8 种萜烯类化合物和 1 种苯类化合物。这 13 种物质均未在田间展现出明显的引诱活性。随后, 又在室内利用"Y"型嗅觉仪测试了 4 个浓度下这 13 种物质的引诱活性。结果显示, 仅(Z)-3-己烯醇、(Z)-3-己烯醇醋酸酯、柠檬烯、罗勒烯 4 种物质可显著吸引茶小绿叶蝉。其中, 茶小绿叶蝉对(Z)-3-己烯醇和(Z)-3-己烯醇醋酸酯的趋向性最强。4 个浓度的(Z)-3-己烯醇均有显著的吸引作用,(Z)-3-己烯醇醋酸酯在大部分测试浓度下亦能显著吸引茶小绿叶蝉, 而柠檬烯、罗勒烯仅在低浓度时对茶小绿叶蝉具有一定的吸引作用。

基于上述结果开展了引诱物质的组配。为避免气味浓度对试验结果的影响, 试验时不同混合物的总量保持一致。当罗勒烯和柠檬烯按 1:1 比例混合时, 可显著吸引茶小绿叶蝉; 加入(Z)-3-己烯醇醋酸酯后, 引诱效果略有提升; 再加入(Z)-3-己烯醇后, 引诱效果进一步得到提升, 并极显著吸引茶小绿叶蝉。

连续 2 年在夏、秋两季, 利用诱虫色板对配方 5 进行了田间验证。夏季, 无论是在杭州还是在绍兴, 配方 5 都不能明显提高诱虫色板上的叶蝉诱捕量。但在秋季, 配方 5 可显著提高诱虫色板上的叶蝉诱捕量, 诱虫量最高可提升 1 倍(图 3-28)。

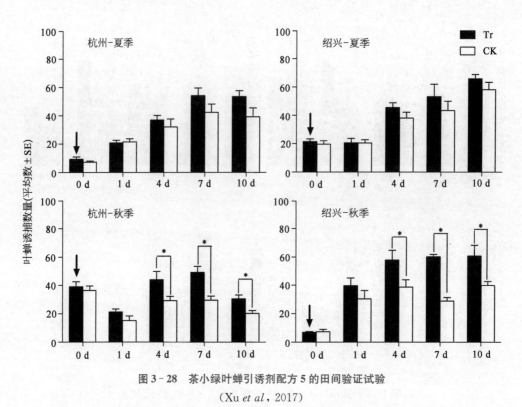

图 3-28　茶小绿叶蝉引诱剂配方 5 的田间验证试验

(Xu *et al*, 2017)

试验在 2014 年的夏秋两季进行。配方 5 组成见表 3-2。* 表示差异显著。

3.3.3　今后茶树害虫引诱剂的研发策略

新型引诱剂,高效、操作简单,可标准化、规模化生产,已在许多世界性害虫的防治中发挥了重要作用,是当前引诱诱杀技术发展的重要趋势。虽然茶树害虫引诱剂已经开展了大量的研究,但是绝大多数研究还距离实际应用有一定的距离。同样,近 20 年其他作物上的相关研究也进展缓慢。大量的室内试验结果未在田间得到验证(Szendrei and Rodriguez-Saona, 2010;Thöming, 2021)。结合前期的研究经验与教训,今后茶树害虫引诱剂的研究应在以下几方面加以重视。

3.3.3.1　引诱剂配方

在田间对害虫展现出优良的引诱效果是引诱剂成功的前提,其核心是挥发性物质的组成。但目前的茶树害虫新型引诱剂,包括茶小绿叶蝉、茶尺蠖、茶丽纹象甲,均未在茶园中展现出良好的引诱活性。这应是我们还未找到最佳的挥发物组合。今后,我们可从以下几方面加强研究。

第一,获得对害虫具强引诱活性且表现稳定的植物材料。这些植物材料可以是茶树的不同品种、某种胁迫下的茶树,甚至非茶树的植物。例如:前期在室内发现离体的茶梢、葡萄藤、桃梢对茶小绿叶蝉具引诱活性,但缺乏更多的尝试。今后可通过虫害、外源化合物诱导等处理,改变这些植物材料的挥发物释放,进一步提升其引诱活性。再例如:虽然发现茶尺蠖幼虫取食诱导的茶树挥发物对茶尺蠖雌成虫具引诱活性,但不同批次试验中引诱活性并不稳定。这是否与虫害程度、幼虫虫龄等有关还有待证实。毕竟这些因素可强烈影响虫害诱导茶树挥发物的释放。茶尺蠖幼虫重度危害的茶树可比轻度危害的茶树多释放约 15 种物质。当然,最好能在茶园中获得对害虫具强引诱活性且表现稳定的植物材料,而不仅仅只是表现在室内的行为测定中。例如:在茶园中种上葡萄、桃树,如能重现室内的强引诱活性,可为茶小绿叶蝉引诱剂研究提供很好的材料。

第二,解析引诱植物挥发物中的关键引诱物质。植物挥发物释放易受各种生物、非生物胁迫以及物候期、温度、光照等影响。收集植物挥发物时,一定要保证所用的植物材料与所观测到的现象中的材料要一致。往往一些看似微小的差异,就可导致植物挥发物释放的巨大变化。例如:在田里发现某一茶树品种对茶小绿叶蝉具强引诱活性,在分析其挥发物时,应直接在田间采集,而不是利用离体茶梢或幼龄茶苗在室内收集。

第三,可尝试对不同植物挥发物中关键引诱物质进行人工组配。这其中最为典型的例子就是棉铃虫引诱剂,做到了"来源于自然,强于自然"。通过对棉铃虫 38 种寄主植物挥发物的分析,得到一个含 7 种组分的引诱剂。该物质组合并不存在于天然的植物挥发物中,但其对棉铃虫的引诱活性却强于植物挥发物(Gregg *et al*,2016;Gregg *et al*,2018)。再例如:葡萄和野生寄主 *Daphne gnidium* 对葡萄浆果蛾具相似的引诱活性,但其中的关键引诱物质不同。将两者混合后,对葡萄浆果蛾的引诱活性可提升 1 倍(Tasin *et al*,2010)。组配时,除了要获得更好的引诱活性外,还要考虑化合物的稳定性、成本等。

第四,不能忽视茶园背景气味的影响。这方面内容将在下一节详细介绍。

3.3.3.2 利用反向化学生态学原理,高效筛选或人为设计引诱物

根据天然引诱活性物质的化学结构特征,人工设计、合成引诱物质已在实蝇、蓟马、根萤叶甲的引诱剂研发中应用。但是这一技术手段具有一定的盲目性、效率不高。往往是合成一批化合物,仅能获得少数几个引诱活性物质。这是因为,人们根据经验推测出的化学结构,不一定真的对昆虫起作用(蔡晓明等,2018)。近年来,随着分子生物技术和方法的不断发展,人们开始采用逆向思维解决实际问题。与传统的化学生态学从寄主植物挥发物成分出发,通过昆虫的电生理和行为学试验筛选目标化合物不同,反向化学生态学是从昆虫嗅觉识别的分子机制出发。首先筛选出调控昆虫嗅觉行为的潜在靶基因,再找出与该嗅觉蛋白结合较强的配体挥发物,然后验证该配体化合物的生物学活性(Pelosi *et al*,2006)。利用这种方法设计筛选的昆虫行为调控物质已在多个害虫的防治上得到应用(Brito *et al*,2016)。

目前,已对灰茶尺蠖、茶小绿叶蝉等茶树主要害虫的嗅觉识别分子机制有了一定的了解。例如:通过对转录组、基因组测序,从茶小绿叶蝉中鉴定得到 33 个气味结合蛋白(*OBP*)基因、20 个气味受体(*OR*)基因、26 个化学感受蛋白基因、23 个离子型受体基因和 2 个神经元膜蛋白基因(Bian *et al*,2018;Zhao *et al*,2022;Zhang *et al*,2023);从茶尺蠖中鉴定得到 36 个 *OBP* 基因、52 个 *OR* 基因,明确了 OBP3 和 OBP6 与 26 种茶树挥发物、8 种非茶树植物挥发物的结合能力差异(马龙,2016)。下一步需加强完善嗅觉受体基因对不同植物挥发物的识别功能,建立茶树害虫嗅觉受体的功能图谱,并综合利用基因编辑和行为测定技

术,获得影响害虫行为的关键气味受体。然后根据蛋白的分子量和性质等,解析关键气味受体的三维结构和影响其功能的关键氨基酸。之后利用分子对接技术确定靶标和配体间正确的结合模式和结合强度,再通过筛选或人为设计,高效获得高活性引诱物。

3.3.3.3 引诱剂缓释载体

适合的缓释载体也是引诱剂成功的重要前提。缓释载体要在引诱剂释放量、组分释放比率、持效时间等几方面满足田间应用需求。自然条件下,植物挥发物的释放量达毫克级,比害虫求偶时释放的性信息素高 1 000 倍。因此,只有当释放量足够大时,引诱剂才能被害虫感知,进而发挥作用。但过高的释放量也有可能会驱避害虫。这是因为害虫对气味的喜好都存在一个浓度范围。通常引诱剂的释放量以 10~30 mg/d 为宜(Heuskin et al,2011)。其次,缓释引诱剂气味中各组分要有合适、稳定的比例。这是因为挥发物中各组分的相对比例是害虫寄主定位的关键信息。挥发性物质在缓释载体上的释放速率与其理化性质高度相关,尤其是分子的链长和官能团结构。同类型的物质,分子量越大、分子链越长,缓释半衰期越长(Heuskin et al,2011)。因此,单一材质的缓释材料很难保证长时间内引诱剂各组分按固定的比例释放。最后,是持效时间。缓释引诱剂应至少在害虫一个发生高峰期持续高效吸引害虫。这个时间少则 1 周,多则数月。

综上,未来茶树害虫引诱剂在缓释方面首先要根据所需的释放量、缓释时间等找到合适的缓释载体。硅烷、氨基树脂、聚氨酯、丙烯酸等高分子聚合物,可根据挥发物的性质合成相应的缓释材料;而高聚物基体复合缓释材料可使理化性质相差较大的挥发性化合物加载到一个缓释载体上。其次,需摸清田间条件下引诱剂各组分在缓释载体上的加载量与缓释半衰期、释放量间关系,以及温度、光照等因素对挥发物释放速率、稳定性等的影响。

3.3.3.4 引诱剂气味的时空浓度

了解引诱剂气味在田间的时空浓度变化,对引诱剂的合理应用至关重要。害虫只有接触到引诱剂气味,才会被引诱剂吸引。自然界中气味主要借助风进行传播(Murlis et al,1992;Beyaert and Hilker,2014;De Bruyne and Baker,2008;Cardé and Willis,2008;Riffell et al,2008;Conchou et al,2019)。从味源释放后,气味随即被风吹散形成内含无数气羽丝的气味羽流。气羽丝被无味的空气分隔,以斑块状散布。这一情形与我们通常看见的烟非常相似。气味羽流的结构通常以气羽丝的间歇性、间距和大小进行描述。由于受地表障碍物、温度、湿度等因素的影响,风在近地表是复杂、无规则的湍流。因此,气味的羽流结构也是复杂、随时变化的。空间中某一点的气味浓度瞬间变化可达几个数量级。气流湍动程度越高,气羽丝间歇性越强;同时气羽丝的间距、大小可随传播距离增加而增大。湍流对气羽丝不断稀释、混合,进而导致气味浓度降低、气味发生改变。目前人们已对昆虫的嗅觉定向行为,特别是雄蛾利用性信息素定向雌蛾有了较为深入的认识。与气羽丝的间歇性接触是昆虫朝向气味源定向移动的关键,即昆虫感知到某一感兴趣的气羽丝后,便加速逆风飞行并持续一段时间;若逆风飞行结束前再遇到同一气味的气羽丝,便继续逆风飞行;若未遇到气味气羽丝,昆虫便垂直风向往复飞行,以寻找新的气羽丝。通常,气味羽流越大、空间内气羽丝密度越高,害虫接触到气羽丝的概率就越大。而气味羽流的大小、其内部气羽丝密度的高低与味源表面积、味源释放量、距味源的距离等密切相关。通常,味源表面积越大、味源释放量越高、距味源越近,则气味羽流越大、气羽丝密度越高。由于尚缺乏测定气羽丝瞬时变化的高灵敏度方法,目前有关引诱剂时空浓度的研究报道并不多(图 3-29)。

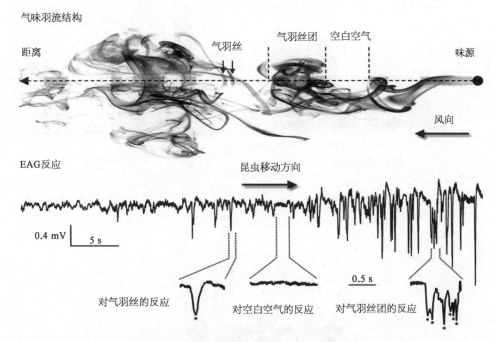

图 3-29 气味随风扩散形成的气味羽流(上半部分)和昆虫逆风味源定位过程中触角对气羽丝的电生理相应示意(下半部分)

(Conchou, *et al*, 2019)

我们对缓释挥发物的空间浓度变化做了一些初步的研究。风洞内稳定气流下,缓释挥发物的气味羽流大致呈现一个圆锥形。即,沿着风的方向,距缓释味源越远,气味羽流就越宽。风速可影响气味羽流的形状。风速越高,圆锥形气味羽流的顶角就越尖锐。风洞内不同位置,气味的浓度是不同的。距缓释载体越近,气味浓度下降得越剧烈。与缓释味源相比,距味源 0.6 m 处气味浓度下降了约 300 倍,1.2 m 处下降了约 1 000 倍,1.8 m 处下降了3 000 倍(Cai *et al*, 2022)。而在田间,由于没有四周的遮挡,气味浓度下降得更为明显。距缓释载体 0.2 m 处,挥发物浓度即可有上万倍的下降(蔡晓明,2016)。研究者还发现,风洞内同一时间不同位置收集到的气味,其组分比例有差异(Cai *et al*, 2022)。这可能是不同物质的理化性质差异所致(图 3-30)。

缓释挥发物的扩散行为是可调控的。例如:当缓释引诱剂悬挂在杯口朝下的塑料杯中时,距缓释材料 0.2～1.2 m 范围内收集到的缓释挥发物的量相差不大;当无塑料杯时,在0.2～1.2 m 范围内,随距离增大,收集到的挥发物的量显著减少,减少程度可达上百倍(蔡晓明,2016)。这表明,缓释载体上方放置罩子后,可明显增加缓释挥发物平行地面的水平扩散,而这对于引诱剂的田间应用十分重要。绝大多数茶树害虫都在茶树棚面及其附近活动,增加缓释引诱剂的水平扩散,可增加引诱剂气味覆盖的茶棚范围,进而增大引诱剂气味与害虫的接触概率,同时减少引诱剂气味向茶棚上空的无效释放(图 3-31)。

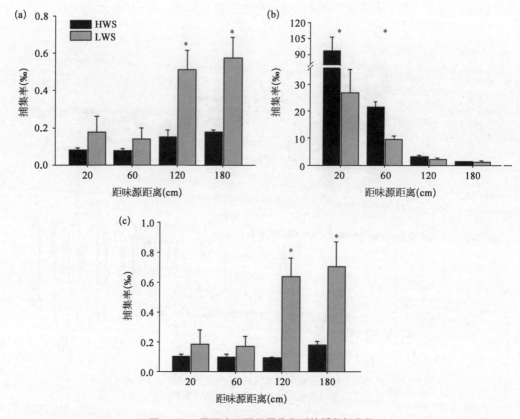

图 3-30 风洞中不同位置收集到的缓释挥发物

(Cai *et al*，2022)

(*Z*)-3-己烯醇、(*Z*)-3-己烯醇醋酸酯、苯乙醛、柠檬烯、罗勒烯、DMNT[(*E*)-4,8-二甲基-1,3,7-壬三烯]、苯甲酸乙酯、(*Z*)-3-己烯醇丁酸酯等8种标准物质按等比例混合，加载在缓释载体上。缓释载体置于风洞中上风处的中部。味源下风向处共设12个挥发物采集点，分别位于：左侧4个(a)，中部4个(b)，右侧4个(c)。图中数据为不同位置收集到的8种物质的总量与释放量的比值。HWS：高风速，0.39 m／s；LWS：低风速，0.09 m／s。＊表示差异显著。

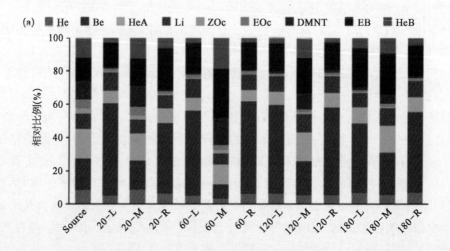

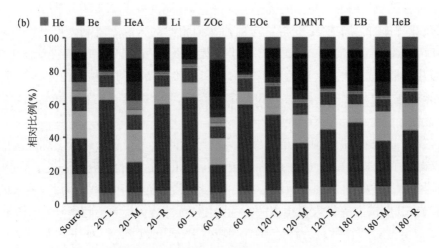

图3-31 风洞中不同位置收集到的缓释挥发物中各物质的相对比例

(Cai *et al*, 2022)

(*Z*)-3-己烯醇(He)、(*Z*)-3-己烯醇醋酸酯(HeA)、苯乙醛(Be)、柠檬烯(Li)、罗勒烯(ZOc、EOc)、(*E*)-4,8-
二甲基-1,3,7-壬三烯(DMNT)、苯甲酸乙酯(EB)、(*Z*)-3-己烯醇丁酸酯(HeB)等8种挥发物标准物质按等比例
混合,加载在缓释载体上。缓释载体置于风动中上风处的中部。味源下风向处共设12个挥发物采集点,分别位于:
左侧4个,中部4个,右侧4个。横坐标中20、60、120、180分别表示距味源20 cm、60 cm、120 cm、180 cm,横坐标中
L、M、R分别表示位于风洞内部左侧、中间、右侧。(a)为高风速,0.39 m/s;(b)为低风速,0.09 m/s。

上述结果只是对缓释引诱剂气味扩散行为的一些初步了解。将来只有充分了解引诱
剂气味的时空浓度变化规律及其影响因素,才能明确引诱剂气味在时间、空间上的控制范
围,甚至调控其扩散行为。而这对于引诱剂从实验室走向田间,甚至高效应用,都十分
重要。

3.3.3.5 要充分了解害虫的寄主选择行为和飞行扩散能力

充分了解害虫的寄主选择行为和飞行扩散能力,对于设计高效的诱捕装置和诱捕装置
的田间使用有很大帮助。

首先是害虫的寄主选择行为。寄主选择过程中,害虫是依靠嗅觉、视觉、触觉等多种感
觉器官不断收集来自植物的各种信息,然后对正、负作用因素进行综合评价,最后做出对植
物的取舍决定,并且寄主选择过程中不同阶段依靠的感觉器官不同(陆宴辉等,2008)。在较
远距离的寄主定向阶段中,害虫的嗅觉发挥主要作用;在近距离的寄主定位和降落阶段中,
害虫的嗅觉、视觉可同时发挥作用,特别是白天活动的害虫,如:茶小绿叶蝉、茶丽纹象甲等;
而在接触后,害虫主要依靠触觉、味觉做出对植物的取舍判断。因此,如果引诱剂配合一个
不适合的诱捕器,有可能在害虫的近距离定位和降落阶段,因缺少某些方面的信息或者嗅
觉、视觉给出截然不同的评价,而导致不能高效捕杀害虫。例如:2008年,科研工作者就解
析出了葡萄小卷叶蛾 *Paralobesia viteana* 定位葡萄嫩梢的嗅觉信息。尽管风洞中该嗅觉信
息可使葡萄小卷叶蛾具备与葡萄嫩梢相似的逆风飞行率,但是葡萄小卷叶蛾的味源着落率
远低于葡萄嫩梢。同时,该嗅觉信息在田间几乎未展现出任何诱蛾效果(Cha *et al*,2008)。
这表明除嗅觉信息外,葡萄小卷叶蛾在降落阶段还需要其他方面的信息。经过10多年的研

究,科研工作者终于利用人工模拟的缓释嗅觉信息、可提供视觉刺激的人造葡萄嫩梢以及置于人造葡萄叶叶背的湿润棉球,获得了与葡萄嫩梢相似的味源着落率。当三者中缺少任意一种信息时,葡萄小卷叶蛾的味源着落率都会极大降低(Wolfifin et al,2020)。这表明在降落阶段,葡萄嫩梢释放的气味、葡萄嫩梢的颜色和形状以及葡萄嫩梢周围的空气湿度,对葡萄小卷叶蛾均是十分重要的。因此,在设计诱捕器时,要兼顾葡萄小卷叶蛾的视觉信息和相应的空气湿度。

目前,茶树害虫这方面的研究还不够深入。已有的研究大多只进行了短距离的嗅觉反应测试,仅得到了昆虫对某种气味的一个最终反应结果。这样的研究方法过于简单,不能详细解析茶树害虫寄主定位过程中所需要的各种信息和嗅觉反应过程。为此,将来的研究应加强风洞、半田间、田间等较大范围内的行为测定,同时结合视频追踪等技术,记录、分析茶树害虫长距离定位过程中的行为路径和行为特点(Thöming,2021),解析不同阶段中害虫所需要的各种信息及其之间的相互作用。这些试验结果有助于研发配合引诱剂使用的高效捕杀装置。已有研究显示,诱杀装置的形状、颜色、高度、大小等都可极大影响引诱剂对目标害虫的吸引。而这些参数的最优化与昆虫行为学研究密不可分。在棉铃虫引诱剂的研发过程中,尽管获得了强引诱力的配方,但当引诱剂与通用型性信息素诱捕器配合使用时,结果令人失望。室内行为观察发现,诱捕器产生的视觉信息可极大阻碍引诱剂对棉铃虫的近距离吸引。最后,棉铃虫引诱剂的使用剂型为引诱挥发物、缓释材料、取食刺激物(蔗糖)和化学杀虫剂的混合黏稠物。这样,就可通过挥发物将棉铃虫吸引并集中,引诱来的成虫在取食刺激物的刺激下摄入农药,从而达到诱杀目的。在1.5%的棉田施用棉铃虫引诱剂,整块棉田中棉铃虫落卵量减少达90%,并且农药使用量仅为常规防治田的5%~10%(Gregg et al,2016;Gregg et al,2018)。通过嗅觉与视觉协同效应,将引诱剂与物理诱杀装置有机结合,可开发出更为高效的诱杀技术。最为典型的就是涂有丁酸己酯的红色诱蝇球(Rull and Prokopy,2005)。该技术已是苹果绕实蝇综合防治中的一项重要措施。此外,进行行为测定时,应尽可能采用田间收集来的虫子。这样可使试虫在种内多样性、表型可塑性、环境适应性等方面更接近于田间(Thöming,2021)。

其次,茶树害虫的飞行扩散能力和活动范围。不同害虫有不同的飞行扩散能力和活动范围。有的可长距离迁移,有的仅在小范围内转移危害。深入了解害虫的这些生物、生态学特性对我们高效使用引诱剂有很大帮助。也就是说,茶园中怎样布局引诱剂,主要包括高度和密度,才能让害虫更容易接触到引诱剂气味?例如,相对雄蛾,茶尺蠖雌蛾的活动能力较差。因此,针对雌蛾的引诱剂不能像性诱剂那样每公顷只用60个。再比如,有的害虫在茶棚内部活动,如果我们将引诱剂放置在茶棚上方,将极大降低害虫与引诱剂气味的接触概率。虽然我们可利用飞行磨在室内精准测定茶树害虫的飞行能力,但更为重要的是在茶园对害虫的活动路径进行追踪,分析其活动能力和活动范围。尽管雷达、无线电遥测等追踪技术已应用于昆虫研究,但这些技术还不能满足茶树害虫研究的需求,还需较大发展。例如:大黄蜂上成功应用的最新式无线电跟踪装备重量仅为0.1 g,但这对于茶小绿叶蝉等小型害虫还是太重、太大,无法应用(Cavigliasso et al,2020)。

3.4 茶园背景气味的组成及其对害虫嗅觉定向的影响

背景气味是指昆虫嗅觉定向过程中除目标气味外遇到的其他所有气味（Schrder and Hilker，2008）。田间背景气味包括植物释放的挥发物，昆虫、动物及其排泄物释放的气味，以及施肥、打药、工厂、汽车等各种人为活动产生的气味。这些气味中除了植物挥发物外，动物、人类产生的某些挥发物也可引起昆虫的嗅觉感知，例如：苯乙醛、甲苯、氨类化合物。同时，植物挥发物受植物的种类、品种、生育期以及各种胁迫、季节、光照等的影响，可发生巨大变化；而且被释放后，有些挥发物可被大气中的臭氧、硝酸根、羟基等氧化降解（Conchou et al，2019）。因此，田间背景气味是复杂且变化的，而这一复杂的气味环境势必会对害虫的嗅觉寄主定位产生影响。背景气味对昆虫嗅觉定向的影响可分为3个方面，即：无作用、增效、干扰（Schrder and Hilker，2008）。下面主要从背景气味增效、干扰昆虫嗅觉定向和茶园背景气味的组成及其对引诱剂的干扰等方面进行介绍（图3-32）。

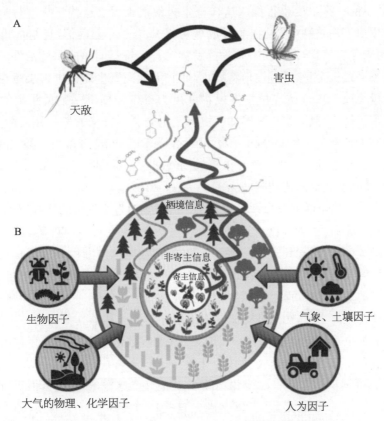

图3-32　自然条件下昆虫寄主定位时所面临的复杂气味环境

（Thöming，2021）

A：害虫、天敌的寄主定位信息。灰色箭头，寄主信息（Host cues）；绿色箭头，栖境信息（Habitat cues）；蓝色箭头，非寄主信息（Non-host and background cues）。B：多种因子对植物挥发物释放的影响，包括：生物因子，气候、土壤因子，大气的物理、化学因子，人为因子。

3.4.1 背景气味增效昆虫嗅觉寄主定向

距离味源较近时,植食性昆虫可依靠与寄主植物气味的间歇性接触进行寄主定位。但当距离较远时,由于气羽丝间距变得很大,气羽丝内气味浓度很低,甚至低于昆虫的感知阈值,昆虫很难再依靠寄主挥发物进行定位。因此,背景气味应在植食性昆虫的远距离嗅觉寄主定位中发挥重要作用(Webster and Cardé,2017)。由于以往的研究主要专注于寄主植物挥发物中嗅觉信息的破译,对植食性昆虫的远距离嗅觉寄主定位还了解较少。但是通过地下害虫、天敌昆虫、吸血类害虫的相关研究,学者们提出了以下假设,背景气味可通过以下 3 种方式帮助植食性昆虫进行远距离嗅觉寄主定位。

3.4.1.1 背景气味可激活植食性昆虫向寄主植物的逆风飞行

背景气味激活的逆风飞行可使距离较远的植食性昆虫不断靠近寄主所在场所,从而使植食性昆虫接触寄主植物气味羽流的概率得到增加。当遇到寄主植物挥发物后,植食性昆虫便利用其中的嗅觉信息进行寄主定位。这方面最为典型的例子就是寄生蜂对产卵寄主的定位。寄生蜂通过植食性昆虫身体、卵等释放的气味对寄主进行精准定位。但这些味源通常比较小,释放出的气味浓度也很低。这样寄生蜂就很难通过这些气味进行远距离的寄主定位。但是发生虫害后,植物挥发物的释放量可提升几十至上百倍,且组成也发生较大变化。同时,相对未受害植物,发生虫害植物挥发物对寄生蜂具明显的引诱活性。但由于虫害诱导挥发物是被害植株全身、系统性地释放,因此它不能向寄生蜂提供害虫所在位置的准确信息。这样大量释放的虫害诱导植物挥发物就可为寄生蜂提供一个远距离的寄主定位信号。当来到虫害植株周围后,寄生蜂感知害虫释放出的微弱气味的概率便可增大,然后再利用这一气味对害虫精准定位(Afsheen et al,2008;de Rijk et al,2013)。类似的现象在传粉昆虫上也有发现。野生烟草、曼陀罗叶子释放的气味可增强烟草天蛾 *Manduca sexta* 定位野生烟草花朵、曼陀罗花朵的成功率(Kárpáti et al,2013)。

3.4.1.2 背景气味可增强植食性昆虫在某一区域内对寄主气味的搜寻行为

感知到背景气味后,植食性昆虫通过增大转弯频率、改变移动速度等,提高与寄主植物气味羽流的接触概率;当感知到寄主植物气味后,植食性昆虫便利用其中的嗅觉信息进行寄主定位。这方面假设已在地下害虫嗅觉寄主定位中被证实。与根际分泌物相比,植物根部呼吸可产生大量的二氧化碳,而且二氧化碳在土壤中的扩散速度远大于植物根基分泌物,并展现出随着与植物距离增加,则浓度降低的变化趋势。由于其不具备植物种类的专一性,因此不能作为地下害虫寄主定位的信息。研究显示,大多数地下害虫都不会利用土壤中二氧化碳浓度的梯度变化进行定向移动。例如:土壤中三叶草象甲 *Sitona lepidus*、麦种蝇 *Delia coarctata* 的幼虫遇到二氧化碳后,虽未做出朝向二氧化碳味源的定向移动,但却展现出更加密集、曲折的搜索行为。也就是说,二氧化碳向这些幼虫传递了一个信息,即周围有植物存在,加强搜寻可能找到寄主植物(Johnson et al,2006;Rogers et al,2013)。

3.4.1.3 背景气味可提高植食性昆虫对寄主气味的响应

背景气味可使植食性昆虫对寄主气味的感知更加敏感,从而提高对寄主气味羽流的响应。例如:(Z)-3-己烯醇对叶甲 *Cassida denticollis* 无引诱活性,但是当(Z)-3-己烯醇作为背景气味存在时,叶甲辨别寄主植物和无气味的人工模拟植物的速度明显加快(Muller and Hilker,2000)(图3-33)。

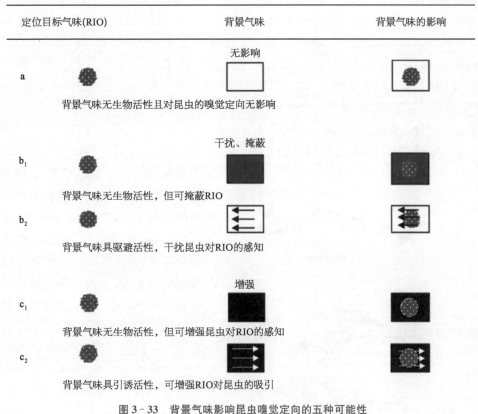

图3-33 背景气味影响昆虫嗅觉定向的五种可能性
(Schrder and Hilker,2008)

上述前两种方式中,植食性昆虫先与背景气味相遇,再与寄主植物气味相遇,借助背景气味提高与寄主气味羽流相遇的概率;当感知到寄主气味后,植食性昆虫便通过"追踪"寄主气味进行寄主定位。而第三种方式是发生在第一或第二种方式之后,即背景气味、寄主气味同时作用于植食性昆虫,但背景气味的作用仅是提高植食性昆虫感知寄主气味的敏感性。

3.4.2 背景气味干扰昆虫嗅觉寄主定向行为

"背景"干扰动物视觉、听觉、嗅觉等感官的信息感知,已被公认(Wilson *et al*,2015),特别是听觉方面的研究进行得尤为深入。干扰主要来自两方面,背景噪声修改了听觉信息、背景噪声影响了接收者对听觉信息的接收。虽然有关背景气味干扰嗅觉定向的研究还相对匮乏,但目前研究显示,背景气味干扰昆虫嗅觉定向可发生在昆虫外周神经系统的嗅觉感知过程和中枢神经系统的信息处理过程。

研究显示,与嗅觉信息相似的背景气味可干扰昆虫的嗅觉寄主定向。施用性信息素迷向防治技术时,人为大量释放的性信息素或其主要组分可干扰田间求偶雄虫对雌虫的定位,进而降低害虫的交配成功率(Ando *et al*,2004)。罗勒、薰衣草挥发物构成的背景气味,可显著干扰罗勒、薰衣草挥发物主要成分丁子香酚、芳樟醇对西花蓟马的吸引（Koschier *et al*，2017）。茴香脑对苹果果蛾具引诱活性，可被欧洲山梨叶片少量释放。风洞中由欧洲山梨叶片气味构成的背景气味可显著降低苹果果蛾对茴香脑的味源着落率（Bengtsson *et al*，2006；Knudsen *et al*，2008）。红足侧沟茧蜂 *Microplitis croceipes* 对烟芽夜蛾 *Heliothis virescens* 危害的棉花、大豆展现出显著的趋向性，且两者对红足侧沟茧蜂具相似的引诱活性。但当以被害的棉花挥发物作背景气味时，红足侧沟茧蜂更喜欢被害的大豆挥发物，反之亦然（Morawo and Fadamiro，2012）。这一结果表明背景气味可影响寄生蜂的寄主选择，并支持了"嗅觉信息反差"假说，即相对背景气味，嗅觉信号的特异性越大，越容易被感知。

曼陀罗花香主要成分苯乙醛、曼陀罗花香近似气味"芳香灌木挥发物"或苯乙醛类似物甲苯、二甲苯等构成的背景气味，均可显著降低烟草天蛾向曼陀罗花的逆风直线飞行能力和

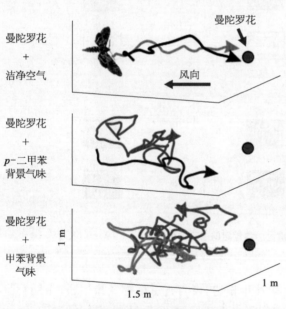

味源着落率。进一步研究显示，在外周神经系统，背景气味没有改变触角对曼陀罗花香的响应；但在中枢神级系统，背景气味降低了触角叶神经元对曼陀罗花香的追踪响应能力，进而改变了嗅觉神经兴奋与抑制间的平衡，干扰了曼陀罗花香在触角叶的再现（Riffell *et al*，2014）。背景气味也可影响昆虫外周神经系统对嗅觉信息的感知。背景气味、嗅觉信息与气味受体蛋白的竞争性结合，可降低昆虫对嗅觉信息的敏感性。并且背景气味的浓度越高，其对嗅觉信息感知的干扰程度就越大（Hellwig and Tichy，2016）。即使嗅觉神经元适应了持续、低浓度的背景气味，其感知刺激物的最低浓度仍可被显著提高（Martelli *et al*，2013）。这表明，在与嗅觉信息重叠的背景气味中，害虫感知嗅觉信息的灵敏度将被降低，害虫嗅觉定位的最远距离将被缩短（图3-34）。

图3-34 风洞内烟草天蛾在洁净空气中和甲苯、*p*-二甲苯背景气味中对曼陀罗花定位的行为轨迹
（Riffell *et al*，2014）
甲苯、*p*-二甲本均为曼陀罗花香主要成分，苯甲醛的类似物。

与嗅觉信息不相似的背景气味也可干扰害虫的嗅觉寄主定向。这种干扰有可能是背景气味具驱避活性，也有可能是背景气味改变了嗅觉信息中关键组分的比例，又或是背景气味抑制了害虫对嗅觉信息的感知。尽管这方面的研究还较少，但已有充足的证据证明这种干扰是存在的。例如：具驱避活性的非寄主挥发物可降低寄主挥发物对油菜花露尾甲 *Meligethes aeneus* 的吸引（Mauchline *et al*，2005）；具驱避活性的 DMNT、TMTT 可降低九里香、柑橘等寄主挥发物对柑橘木虱 *Diaphorina citri* 的吸引（Fancelli *et al*，2018）。无昆虫行为调控活性的背景气味也可对昆虫嗅觉寄主定向产生干扰。例如：非驱避性的香菜挥发物可降低番茄挥发物对烟粉虱 *Bemisia tabaci* 的吸引（Togni *et al*，2010）；与无引诱活性

的榆树挥发物或(Z)-3-己烯醇醋酸酯混合后,叶甲 Xanthogaleruca luteola 危害诱导的榆树挥发物或其关键组分(E)-β-石竹烯对寄生蜂 Oomyzus gallerucae 的引诱活性明显降低(Büchel et al,2014)。甚至,一些具引诱活性的背景气味同样可干扰昆虫嗅觉寄主定向。樱桃、蓝莓、黑莓、山莓 4 种水果的气味以及酵母菌 Hanseniaspora uvarum 的气味均对樱桃果蝇具引诱活性。其中,山莓引诱活性最强,酵母菌、黑莓次之,樱桃、蓝莓最弱。山莓、黑莓组成的背景气味可显著干扰樱桃果蝇对酵母菌的嗅觉定位。山莓背景气味干扰最强,干扰程度可随山莓气味浓度的提高而增强(Huang et al,2021)。芜菁花和被欧洲粉蝶 Pieris brassicae 危害的芜菁可释放不同的挥发物,且均对菜粉蝶盘绒茧蜂 Cotesia glomerata 具引诱活性。芜菁花香可降低虫害芜菁对菜粉蝶盘绒茧蜂的吸引,引诱率可减少 43%,并且花香越浓,干扰越大。类似现象在菜粉蝶镶颚姬蜂 Hyposoter ebeninus、中红侧沟茧蜂 Microplitis mediator、菜蚜茧蜂 Diaeretiella rapae 的嗅觉定位过程中也有发现。进一步研究显示,菜粉蝶盘绒茧蜂可感知芜菁花香,但是芜菁花香不能抑制菜粉蝶盘绒茧蜂对虫害诱导芜菁挥发物的感知(Desurmont et al,2015;Desurmont et al,2020)。这暗示,芜菁花香与虫害诱导芜菁挥发物的相互作用应是发生在中枢神经系统,而不是周围神经系统。

通过上述研究可看出,背景气味能够干扰昆虫嗅觉定向。这种干扰要么是由于背景气味与嗅觉信息进行了混合改变了嗅觉信息组成,要么是由于害虫对背景气味的感知影响了害虫对嗅觉信息感知,又或两者兼有之。但上述研究均是在室内可控条件下,通过人工模拟气味进行的。其中的背景气味要么是某种物质,要么来源于某种植物材料,其复杂程度以及气流的湍动程度均要比田间简单,同时气味的浓度也要比田间高。因此,这些结果并不能反映田间真实情况。

3.4.3 茶园背景气味的组成及季节变化规律

田间背景气味组分复杂、浓度低,在 $10^{-12} \sim 10^{-9}$ 级别,因此对测定方法的灵敏度、选择性要求非常高。现有的测定方法都无法在检测限和物质确认两方面同时满足要求(Cai et al,2015)。例如:电子鼻(zNose™)的灵敏度为 10^{-6} 级且仅能通过保留时间对物质进行鉴定。质子转移质谱、光离子检测器的灵敏度虽然可达到 10^{-9} 级别,但只能对一类物质的总量进行测定。目前灵敏度最高的方法应属生物电生理检测器,如:昆虫触角。但这类检测器只能识别有电生理活性的物质,不能进行化学物质的判定。由于测定方法的限制,目前对田间背景气味的组成、浓度、变化等还缺乏了解。

参照美国环境保护署颁布的大气中有毒物质测定方法,利用热解析(TD)-气相质谱联用仪(GC/MS)建立了一套茶园空气中植物挥发物的痕量测定方法(Cai et al,2015b)。该方法通过吸附柱大量富集茶园空气中的挥发物,然后通过热解析仪解析,再进气相质谱联用仪分析。其灵敏度可达痕量级,可通过质谱信息和气相保留特征对化合物进行准确定性。该方法通过热解析,提高灵敏度,应对田间背景气味的低浓度;通过质谱 SIM 模式,改善选择性,应对田间背景气味的复杂性。

为建立方法,选取了 15 种植物挥发物,绝大部分可被茶树释放。其中包含 2 种绿叶挥发物、3 种长链脂肪酸衍生物、3 种苯类化合物、7 种萜类化合物。它们的沸点为 150~260℃,跨度较大。首先，确定了吸附填料。由于活性炭对苯类物质有很强的吸附能力，因此在填装活性炭的吸附柱上，苯乙醛、苯甲酸乙酯和水杨酸甲酯的解析效率较低。同时，DMNT 和（E）-β-法尼烯在填装 HayeSep Q 的吸附柱上解析效率较低。因此，选择 Tenax™ TA 作为吸附材料。然后，确定了热解析条件。热解析的优点是避免了溶剂洗脱带来的样品稀释，因此极大提高方法灵敏度。当吸附柱热解析温度较低、吸附柱热解析时间较短、冷阱解析温度较低

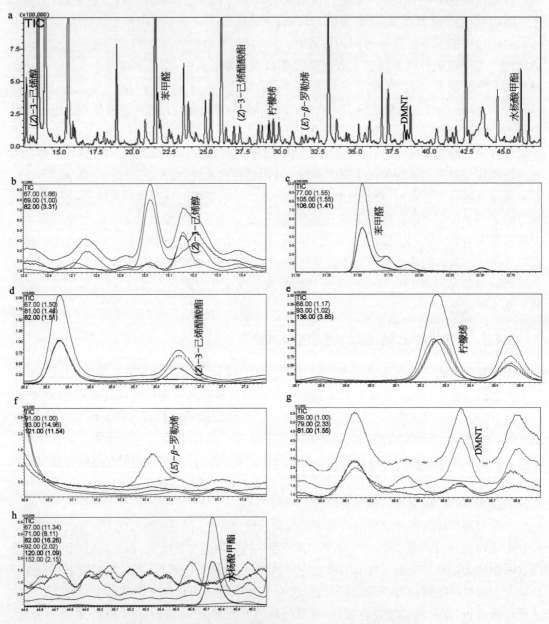

图 3-35　热脱附气相质谱联用仪分析的茶园背景气味色谱图

（Cai *et al*，2015b）

a：Scan 模式；b～h：SIM 检测模式。（Z）-3-Hexenol：（Z）-3-己烯醇；Benzaldehyde：苯甲醛；（Z）-3-Hexenyl acetate：（Z）-3-己烯醇醋酸酯；Limonene：柠檬烯；（E）-β-Ocimene：（E）-β-罗勒烯；Methyl salicylate：水杨酸甲酯；DMNT：（E）-4,8-二甲基-1,3,7-壬三烯。

时,高沸点物质,如:(E,E)-α-法尼烯、(E)-β-法尼烯、(Z)-3-己烯醇己酯解析效率低。结合高解析率和节能两方面考虑,最终确定热解析条件为:吸附柱在 275℃下解吸 5 min,解析出来的化合物在 −4℃冷阱富集,然后冷阱温度以 100℃/sec 的速度升至 290℃进行解析,随后进入 GC/MS 进行分析。最后,确定了检测条件。尽管采用了较缓慢的气相升温程序,Scan 模式下茶园背景气味中各组分未能完全分离,但在 SIM 检测模式下,茶园背景气味中目标化合物达到了满意的分离度,且灵敏度可提高 5 倍。

该方法对 15 种待测物具有较高的准确度和灵敏度。0.05~100 ng 范围内,15 种挥发物的不同浓度与仪器响应间具有良好的线性关系(R^2,0.995 3~0.999 9)。除苯乙醛外,14 种物质检出限为 0.01~0.06 ng,其中检出限最低的为(Z)-3-己烯醇己酸酯,最高的为(E)-β-法尼烯和(E,E)-α-法尼烯。由于污染,苯乙醛检出限为 1 ng。按采样体积为 24 L 计算,本方法对空气中 15 种物质的最低检出浓度为 0.4~40 ng/m³。除(E,E)-α-法尼烯外,14 种物质在 0.1 ng、5 ng、100 ng 三档添加水平下回收率为 85%~117%,RSD 均小于 10%。三档添加水平下,(E,E)-α-法尼烯回收率为 80%~157%,RSD 为 18%~36%(表 3-4)。

表 3-4　浙江杭州不同季节茶园背景气味组成
(Cai *et al*,2015b)

化 合 物	检出率(%)		检出浓度(mean±SE,ng/L)	
	夏季	秋季	夏季	秋季
(Z)-3-己烯醇	100	0	0.012±0.002	<MDL
(Z)-3-己烯醇醋酸酯	100	100	0.025±0.008	0.004±0.001
(Z)-3-己烯醇丁酸酯	82	86	0.004±0.001	0.005±0.001
(Z)-3-己烯醇戊酸酯	29	0	0.001	<MDL
(Z)-3-己烯醇己酸酯	32	0	0.001	<MDL
柠檬烯	100	0	0.019±0.002	0.004±0.001
(E)-罗勒烯	93	36	0.012±0.005	0.001
DMNT	86	0	0.011±0.004	<MDL
苯乙醛	100	100	1.989±0.106	3.441±0.122
水杨酸甲酯	100	100	0.053±0.008	0.081±0.011

注:测定地点为中国农业科学院茶叶研究所茶园。每个季节测试 28 个样品。茶园空气采样量为 24 L,采样流速为 100 mL/min。DMNT:(E)-4,8-二甲基-1,3,7-壬三烯;MDL:检测限。

利用大气采样仪,以 100 mL/min 的流速持续收集 4 h 的茶棚表面空气,然后进行分析。结果显示,茶园背景气味中含有(Z)-3-己烯醇、(Z)-3-己烯醇醋酸酯、水杨酸甲酯、苯乙醛、DMNT 和(E)-罗勒烯等物质。这些物质均可被茶树释放。它们在茶园空气中的浓度为 1~3 400 ng/m³ 之间,其中苯乙醛的浓度最大。不同时间的采样分析显示,(Z)-3-己烯醇醋酸酯、苯乙醛、水杨酸甲酯和柠檬烯 4 种物质是茶园背景气味中常见组分；夏季茶园背景气味的组成比秋季更丰富，同时浓度也更高。但秋季茶园背景气味中水杨酸甲酯和苯乙醛的浓度高于夏季。

3.4.4 田间背景气味对害虫引诱剂的干扰

这些低浓度、种类丰富的背景气味物质如何影响昆虫的嗅觉定向，目前还了解较少。但已有的大量事例证明，田间背景气味可干扰昆虫的嗅觉定向。例如：生境中植物种类越复杂，寄生蜂的寄生率越低（Kruidhof et al，2015）。同样，田间背景气味可干扰引诱剂对害虫的吸引，特别是当田间背景气味与引诱剂组分发生重叠时。例如：当田间施用粪肥后，蛋白质诱饵对地中海实蝇的引诱效果明显下降（Michal，2009）。这是由于动物粪便、蛋白质诱饵均可大量释放对实蝇具有引诱活性的氨。玉米吐丝期可大量释放苯丙素类化合物，而这一时期丁子香酚、肉桂醇、4-甲氧基苯乙醇等物质对北方玉米根萤叶甲的引诱活性最弱（Hammack，1996）。梨成熟期大量释放对苹果蠹蛾 Cydia pomonella 具有引诱活性的梨酯，而此时含梨酯的引诱剂对苹果蠹蛾的诱集效果并不理想（Casado et al，2008）。目前，背景气味干扰已在引诱剂的田间验证试验中被逐步考虑。下面通过几个更为详细的例子说明田间背景气味对引诱剂的干扰。

斑翅果蝇是欧美浆果的重要害虫。2012 年发现酒、醋混合液对斑翅果蝇具良好的引诱效果，其中米醋与梅洛葡萄酒混合液效果最好。在此基础上，通过向基本配方（乙酸、乙醇的混合物）中添加其他嗅觉电生理活性物质，展开了一系列的配方研制试验，并最终形成了乙酸、乙醇、乙偶姻、甲硫醇 4 种物质组成的引诱剂产品（Cha et al，2012；Cha et al，2014；Cha et al，2017；Cha et al，2018），其诱蝇效果甚至好于酒、醋混合液，并具较强的靶标专一性。但起始阶段，研究进展得并不顺利。主要原因是，室内嗅觉行为选择结果与田间诱捕效果相矛盾，室内研究不能为引诱剂配方研制提供有效信息。例如：室内研究显示，基本配方添加甲硫醇后，引诱活性无显著变化；添加乳酸乙酯、乙酸-2-甲基丁酯或乙酸乙酯后则具驱避活性。但田间诱捕试验显示，甲硫醇、乳酸乙酯均对基本配方有显著的增效作用；乙酸乙酯、乙酸-2-甲基丁酯对基本配方的引诱活性几乎无影响。笔者认为造成这一矛盾的主要原因是，相对田间，室内行为测定的气味环境过于简单；而田间复杂的气味环境会影响斑翅果蝇对引诱剂的嗅觉响应。为了在室内制造复杂的气味环境，2018 年笔者在生测装置中同时放置了 10 余种味源，其结果与田间诱捕试验相一致，证明了之前的猜测。

前面 3.2.2.2 节"基于非茶植物挥发物的茶小绿叶蝉引诱剂"中提到的引诱剂配方 4，室内无论是在"Y"型嗅觉仪内还是在风洞中，对茶小绿叶蝉的引诱性均显著强于茶梢挥发物。苯乙醛是配方 4 的关键组分，也是其相对茶梢挥发物的特异性组分。但在杭州、绍兴进行的 3 次田间验证实验中，配方 4 始终未对茶小绿叶蝉展现出明显的引诱活性。在田间验证实验开展的同时，对茶园背景气味进行了采样和分析。结果显示：茶园背景气味中含 10 余种植物挥发物，其中苯乙醛出现得最稳定且检出浓度最高，约为 3 ng/L，是其余物质的上百倍（Cai et al，2017）。进一步在室内利用"Y"型嗅觉仪进行测定显示，苯乙醛在茶园空气中的浓度下对茶小绿叶蝉具引诱活性，并且让茶小绿叶蝉在配方 4 与苯乙醛间进行选择，当配方 4 气味中的苯乙醛浓度小于单独苯乙醛气味的20倍时,茶小绿叶蝉就不会对配方4表现出明显的趋性。因此,茶园背景气味中高浓度的苯乙醛与配方4关键组分重叠,是配方4在田间对茶小绿叶蝉无引诱效果的主要原因(图3-37)。前面3.3.2.3节还提到了引诱剂配方5的引诱效果受季节影响大,秋季的引诱效果普遍好于夏季。田间诱集实验同步的茶园背景气味测定显示,夏季茶园背景气味中含有配方5的所有组分,但秋季茶园背景气味中含配方5的3种组分物质,未检出组分物质(E)-β-罗勒烯。同时,夏季茶园背景气味中配方5组分物质的总浓度约是秋季的15倍。由于配方5的4种组分均可被茶树释放,因此夏秋两季茶园背景气味中4种物质的差异,应是不同季节茶树挥发物释放差异所致。毕竟相对秋季,春夏时节茶树生长旺盛,挥发物释放也更丰富。在田间进行的"Y"型嗅觉仪测定显示:当茶小绿叶蝉在未经活性炭净化的茶园空气和经活性炭净化的茶园空气间选择时,茶小绿叶蝉明显趋向未经活性炭净化的茶园空气,即:茶园背景气味对茶小绿叶蝉具引诱活性;当茶小绿叶蝉在未经活性炭净化的茶园空气与配方5间进行选择时,茶小绿叶蝉未表现出明显的趋向性;但当配方5的浓度提高10倍后,茶小绿叶蝉更愿意选择引诱剂。这也就是说,提高引诱剂的释放量可在一定程度上克服茶园背景气味的干扰(图3-37)。

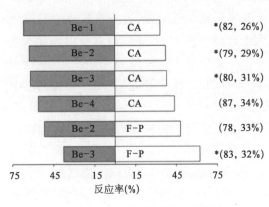

图3-36 苯乙醛气味对茶小绿叶蝉
引诱剂配方4的干扰

(Cai *et al*,2017)

室内利用"Y"型嗅觉仪进行的生测。CA:洁净空气;F-P:基于桃树挥发物的引诱剂配方,表3-2中的配方4。Be-1至Be-4为不同浓度的苯乙醛气味;Be-1:790.1±37.1 ng/L,Be-2:20.1±4.2 g/L,Be-3:3.4±0.3 ng/L,Be-4:0.4±0.1 ng/L。*表示具显著差异。括号中数值表示测试虫数和不反应率。

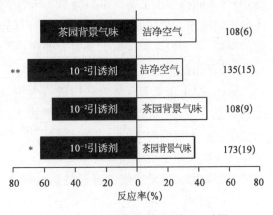

图3-37 茶园背景气味对茶小绿叶蝉
引诱剂配方5的干扰

(Xu *et al*,2017)

田间利用"Y"型嗅觉仪进行的生测。引诱剂:引诱剂配方5,组成见表3-2。10^{-1}、10^{-2},分别表示配方5原液稀释10倍、100倍;*表示具显著差异。括号中数值表示测试虫数和不反应虫数。

苹果果蛾引诱剂的研究从2006年开始。当时基于偏好寄主欧洲山梨浆果挥发物,组配出由2-苯乙醇、茴香脑组成的二元引诱剂(Bengtsson *et al*,2006)。该引诱剂在欧洲山梨林中对苹果果蛾有很好的引诱活性,引诱到的雄蛾是雌蛾的2倍,对雄蛾的引诱活性甚至强于性信息素。虽然苹果不能释放2-苯乙醇、茴香脑,但在苹果园该引诱剂的诱蛾效果令人失望。研究者认为是苹果园背景气味干扰了引诱剂。为此,研究人员增加了引诱剂配方的复杂性,在9年后又提出了一个基于欧洲山梨浆果挥发物的七元引诱剂配方,包含:2-苯乙醇、茴香脑、茴香醛、癸醛、水杨酸甲酯、(Z)3-己烯醇-2-甲基丁酸酯、(Z)-茉莉酮。其中,2-苯乙醇、茴香脑、茴香醛、癸醛、(Z)-茉莉酮不能被苹果释放。尽管该七元引诱剂在苹果果园中的诱蛾效果仍不如欧洲山梨林,但是其诱蛾效果至少比二元引诱剂提高3倍(Knudsen and Tasin,2015)。进一步研究显示,苹果、梨、云杉的挥发物对七元引诱剂有不同程度的干扰。其中,苹果、梨挥发物的干扰较大,而云杉挥发物的干扰较小。对挥发物分析发现,苹果与欧洲山梨的混合挥发物、梨与欧洲山梨的混合挥发物中,具嗅觉电生理活性的(Z)-3-己烯醇醋酸酯、DMNT与引诱剂七组分的比例显著高于云杉与欧洲山梨的混合挥发物(Knudsen et al,2017)。这表明,背景气味中具嗅觉电生理活性但非引诱剂组分的物质也可干扰引诱剂对害虫的吸引。

3.4.5 注重茶园背景气味的影响有助于加快引诱剂的研发

茶园背景气味对茶树害虫嗅觉定向的影响是背景气味与嗅觉信息共同作用害虫嗅觉神经系统造成的,而影响主要取决于背景气味和嗅觉信息的物质组成。目前,背景气味对害虫嗅觉寄主定向的增效影响还缺乏室内、田间的证据。但对背景气味的干扰已有了初步的了解,并在田间得到了证实。茶园背景气味对引诱剂的干扰,很大程度上延缓了相关研究成果走向田间应用。如果我们对以往忽略的田间背景气味干扰加以重视,在研发过程中采取相应的策略,可加快茶树害虫引诱剂的研发。我们可通过以下3方面,降低或避免田间背景气味对引诱剂的干扰。

第一,注重在复杂背景气味中进行引诱剂的配方研制。"成本最优"是配方研制过程中的基本原则,因此在保证引诱活性的前提下,配方组分数应尽可能地少。但在该原则下,室内洁净气味中得到的"最优配方"往往丢失了某些看似不重要的物质,但是它们有可能在抵抗田间背景气味干扰中发挥着重要作用。因此,在复杂气味环境中,进行引诱剂的配方研制是十分必要的。流动空气中进行的昆虫行为测定,可在待测味源的逆风向上方增加一个味源,或直接采集茶园空气作为背景气味(Knudsen and Tasin,2015)。例如:风洞中,在测试味源上方安置一个多孔金属板,金属板后方放置茶树。茶树挥发物随气流经过多孔板后,就在风洞内形成了一个均匀分布的背景气味,同时不影响风洞内测试味源的气味羽流结构(图3-38)。静态空气中进行的行为测定,可以直接在茶园中进行,当然要考虑光照等因素的影响;也可通过增加味源数量,来增强测试环境的气味复杂性。例如:斑翅果蝇引诱剂研发成功后,作者建立了一套可同时测定至少10个味源的多选择测定装置。该装置内的气味环境远比二项行为选择系统复杂。作者估计,若利用该装置,斑翅果蝇引诱剂的研发时间可由2年缩短至1周(Cha et al,2018)。虽然该装置简单易操作,但适合用于引诱剂基底物质,如:乙酸、乙醇、铵盐等已确认的引诱剂配方研制。

第二,注重对茶园背景气味的分析,可尽早发现茶园背景气味中是否存在与引诱剂重要组分相同或相似的物质,提早判断茶园背景气味对配方的干扰程度,提高研发效率。茶园背景气味来源复杂,茶树挥发物并不能代表茶园背景气味。例如,前文所述的茶小绿叶蝉引诱剂配方4,其关键组分苯乙醛仅能被茶树少量释放,但茶园背景气味中却含有高浓度的苯乙醛。因此,在引诱剂研制过程中,有必要对茶园背景气味进行分析。虽然我们目前建立了一套茶园背景气味的分析方法,也有一些茶园背景气味的测定结果,但是对其组成和变化还是了解较少。首先,已建立的茶园背景气味分析方法,只能测定(Z)-3-己烯醇、(Z)-3-己烯醇醋酸酯、柠檬烯、(E)-β-罗勒烯等15种物质,不能告诉我们这15种物质外,茶园背景气味还含有什么物质。因此,测定方法还需进一步优化、完善,增加测定物质的数量。根据背景气味干扰昆虫嗅觉定向的机理,测定物质的选定可参考以下两个标准:① 引诱剂组分物质或其类似物,② 已明确

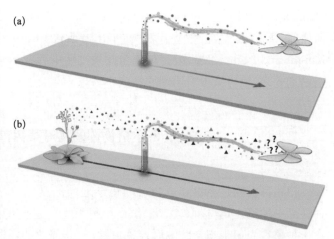

图3-38 风洞内洁净空气中(a)和背景气味中(b)
昆虫嗅觉行为反应测定示意
(Gregg et al, 2018)

对靶标害虫具引诱或驱避活性的物质。当然,目前对背景气味干扰昆虫嗅觉定向的机制还了解不够深入,同时茶园背景气味的组成十分复杂。那些与引诱剂不重叠的背景气味物质,是否也具干扰作用还不得而知。因此,未来利用更先进的检测设备对茶园背景气味进行全组分分析是十分必要的。其次,要积累不同季节、不同茶树品种的茶园背景气味资料,以及害虫发生、农事操作、茶园周边环境等对茶园背景气味的影响,掌握茶园背景气味的变化规律。

第三,利用非茶树植物或多种植物挥发物研制引诱剂。非茶树植物挥发物的引诱剂,因存在茶树不能释放的物质,可减少或避免因组分重叠而造成的茶园背景气味干扰,但前提是所选择的植物对害虫的引诱活性要强于茶树。尽可能增加引诱剂组分来源的多样性,可减少茶园背景气味的干扰。这方面最为成功的例子就是棉铃虫引诱剂。研究起始,挑选了具引诱活性的18个科33种植物,并从这些植物挥发物中筛选出34种引诱活性物质。考虑到田间背景气味可能存在的干扰,引诱物质组配遵循了两条原则:同时包含多种植物的挥发物,同时包含花香物质和植物叶片释放的物质。该引诱剂在棉花、玉米、花生、大豆、烟草等多种作物田中均对棉铃虫表现出良好的引诱活性(Gregg et al, 2016)。

当然,茶园背景气味也有可能对引诱剂有增效作用,我们不能忽视这方面的研究。茶园背景气味中含有(Z)-3-己烯醇醋酸酯、DMNT、(E)-罗勒烯等物质。这些物质是常见的植物挥发物,通常对害虫具有一定的引诱活性,也常是害虫寄主定位嗅觉信息中的辅助成分。也就是说,一些关键物质与它们混合后才能展现出较强的引诱活性。那我们能否在茶树害虫引诱剂配方组配时,在明确辅助物质的有效浓度、协同增效强度后,将这些茶园空气中已经存在的辅助物质考虑在内并加以利用。这方面目前已有少量的证据。例如:由欧洲山梨浆果挥发物提出了苹果果蛾引诱剂,其中的关键组分2-苯乙醇在风洞中对苹果果蛾无任何引诱活性,但是该物质在欧洲山梨林中对苹果果蛾的引诱活性仅略低于由2-苯乙醇和茴香脑组成的二元引诱剂(Bengtsson et al, 2006; Knudsen et al, 2008)。风洞中,"Bartlett"梨释放的乙基-(E,Z)-2,4-癸二烯酸酯对苹果蠹蛾 Cydia pomonella 几乎不具有引诱活性

(Sauphanor *et al*，2002；Knight and Light，2005a)，但是乙基-(*E*,*Z*)- 2,4 -癸二烯酸酯在胡桃园、苹果园中却展现出较强的引诱活性(Light *et al*，2001；Thwaite *et al*，2004；Knight and Light，2005b)。对茶园背景气味中存在的辅助物质加以利用，不仅有助于提升引诱剂效果，也可减少引诱剂原料成本。

3.5 非寄主植物挥发物对茶树害虫的行为调控

植物挥发物是昆虫和植物之间化学通信的基础，特殊的非寄主植物挥发物可以干扰植食性昆虫的寄主定位、取食、交配、产卵等行为。这些特殊的非寄主植物可以作为驱避植物直接种植在农田生态系统中调控害虫种群，其释放的驱避活性挥发物可开发为害虫驱避剂。同时，在农业生态系统中种植功能植物构建植被多样化，形成农田景观多样性，能提高生境中天敌的丰富度，进而通过三重营养级间的互作关系控制害虫。

3.5.1 芳香植物对茶园害虫的行为调控

芳香植物是一类香味浓郁的特殊植物，通过腺毛体等分泌结构不断合成、积累并大量释放萜类化合物。近几年，通过在农业生产中直接种植芳香植物并利用其释放的高浓度挥发物调控靶标害虫是害虫绿色防控策略新的研究思路和实践尝试。很多研究表明，间作芳香植物对农业生态系统中植食性昆虫的个体行为和种群数量都有显著调控功能，特别是芳香植物浓郁气味中含有大量对半翅目农业害虫具驱避活性的萜类化合物。例如，迷迭香 *Rosmarinus officinalis* 挥发物对蓟马雌雄虫都有显著的驱避作用，减少了蓟马雌虫的寄主选择以及在寄主植物上的产卵量(Li *et al*，2021)。薰衣草 *Lavendula angustifolia* Mill 驱避油菜 *Brassica napus* L.上花粉甲虫 *Meliethes aeneus* (Fabricius)，能减少油菜上花粉甲虫定殖量，驱避成分为(±)-芳樟醇和(±)-乙酸芳樟酯(Mauchline *et al*，2008；Mauchline *et al*，2013)；蚕豆 *Vicia faba* L.与芳香植物间作能有效降低豌豆蚜 *Aphis fabae* (Scop.)危害(Basedow *et al*，2006)；梨园间作夏香薄荷 *Satureja hortensis* L.、藿香 *Ageratum houstonianum* Mill.、罗勒 *Ocimum basilicum* L.等芳香植物能调控梨园中昆虫群落，有效降低梨木虱 *Psylla chinensis*、绣线菊蚜 *Aphis citricola*、康氏粉蚧 *Pseudococcus comstocki* 等梨树害虫发生，并增加瓢虫、草蛉、捕食螨等天敌数量(Song *et al*，2011)。

3.5.1.1 芳香植物挥发物对茶园尺蠖的行为调控

茶园间作芳香植物迷迭香、丁香罗勒、柠檬桉 *Cuminum maculata* 和芸香 *Ruta graveolens*，可有效降低茶尺蠖种群数量。其中，迷迭香间作的茶园中茶尺蠖幼虫种群密度最小，其次是丁香罗勒。迷迭香间作区和丁香罗勒间作区中，茶尺蠖幼虫的密度分别为每 10 棵茶树 0.89 头和 1.91 头，比茶树单作区分别减少了 73%和 43%(Zhang *et al*，2013)。室内嗅觉行为测定显示，迷迭香植株挥发物对茶尺蠖成虫具有较好的驱避效果，并能干扰茶尺蠖成虫对茶树的寄主定位(图 3 - 39)。迷迭香挥发物的释放量大、包含的挥发性化合物种类多。每百克迷迭香植株挥发物的总释放量为 772.10 ng/hr，含有 42 种挥发性化合物，而丁香罗勒挥发物的总释放量为 514.89 ng/hr,含 37 种挥发性化合物(张正群等,2012,2014;Zhang et al,2013)。通过 GC-MS 和 GC-EAD 分析,芳香植物挥发物中有 8 种物质可激活茶尺蠖触角的电生理反应,包括月桂烯、α-萜品烯、γ-萜品烯、芳樟醇、(Z)-马鞭草烯醇、樟脑、α-松油醇、马鞭草烯酮,并且这 8 种化合物均为单萜类化合物。茶尺蠖雌雄虫对这些化合物的触角电位反应随着浓度增加而出现不同程度的升高,并且雄蛾触角对化合物的敏感度高于雌蛾。昆虫行为学测定显示:月桂烯、γ-萜品烯、樟脑、(Z)-马鞭草烯醇、马鞭草烯酮对茶尺蠖成虫有显著的行为驱避活性,而 α-萜品烯、芳樟醇、α-松油醇行为活性不明显(Zhang et al,2015)。不同芳香植物挥发物对茶尺蠖驱避效果的差异可能跟驱避活性组分的数量和释放量有关。迷迭香挥发物中含有所有 5 种驱避化合物,月桂烯、γ-萜品烯、(Z)-马鞭草烯醇、樟脑、马鞭草烯酮的释放量分别为 20.46 ng/hr、19.58 ng/hr、1.58 ng/hr、36.87 ng/hr、27.24 ng/hr,而丁香罗勒挥发物中有月桂烯、γ-萜品烯、(Z)-马鞭草烯醇、樟脑 4 种信息化合物,释放量分别为 36.88 ng/hr、2.49 ng/hr、3.31 ng/hr、4.60 ng/hr。电生理试验表明,在相同的浓度条件下,茶尺蠖触角对 8 种电生理活性化合物按在迷迭香挥发物中比例(13∶2∶13∶8∶1∶24∶6∶17)配成的混合物的电位反应高于 8 种化合物按等比例配成的混合物和单一化合物。并且按天然比例组配的混合物在低浓度条件下就能对茶尺蠖成虫表现出显著的行为驱避活性(Zhang et al,2013,2015)。

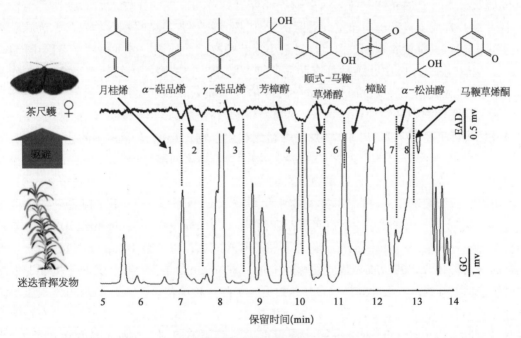

图 3-39　茶尺蠖成虫对迷迭香挥发物的 GC-EAD 反应
(Zhang et al,2015)

　　芳香植物提取液和精油对茶尺蠖成虫同样表现出驱避活性。迷迭香、罗勒、柠檬桉植株甲醇提取液对茶尺蠖雌雄成虫有显著的驱避效果。相对丁香罗勒、迷迭香和柠檬桉的提取液,不论是雌虫还是雄虫总是显著选择溶剂对照。14 种植物精油中,迷迭香精油对茶尺蠖成虫既表现出驱避活性,还能显著干扰雌虫的产卵活动。例如,0.1 μg、0.01 μg、0.001 μg 剂量 99%迷迭香精油对茶尺蠖成虫表现出显著的驱避活性。喷施迷迭香精油能使茶尺蠖雌虫在茶树上的产卵量减少89.7%。除了驱避活性,芳香植物提取液和植物精油能抑制茶尺蠖幼虫取食,干扰幼虫取食后的营养效应。茶尺蠖 3 龄幼虫对 200 mg/mL 迷迭香甲醇提取液处理的茶树叶片的选择性拒食率为 86.00%,非选择性拒食率为 87.00%。茶尺蠖幼虫取食迷迭香提取液处理的茶树叶片后,生长率仅为 0.12 mg/d,低于其他芳香植物提取液处理并与对照差异显著。迷迭香甲醇提取液能干扰茶尺蠖幼虫取食后的营养效应,包括幼虫的相对取食量、食物利用率、食物转化率等营养指标。茶尺蠖幼虫取食迷迭香提取液处理茶树叶片 48 h 后,幼虫的相对取食量为 0.25 mg/(mg·d)、食物转化率为 2.1%,两个营养指标比对照处理分别降低 94.6%和90.1%。茴香 *Cuminum cyminum*、罗勒、藿香 *Agastache rugosa* 等植物精油对茶尺蠖幼虫同样表现出显著的拒食活性。随着精油处理浓度的升高,茶尺蠖幼虫的拒食率升高,生长率随之下降。迷迭香植物提取液和精油能驱避茶尺蠖成虫,对茶尺蠖幼虫有拒食活性,可开发成茶尺蠖驱避剂或拒食剂用于茶园尺蠖的生态调控(张正群等,2012;张正群等,2014)。

3.5.1.2 芳香植物挥发物对茶小绿叶蝉的行为调控

茶小绿叶蝉成虫对不同芳香植物气味表现出不同的嗅觉行为反应,薰衣草 *Lavandula pedunculata* 和迷迭香植株气味显著驱避茶小绿叶蝉成虫。相对于薰衣草和迷迭香植株气味,茶小绿叶蝉成虫显著趋向于空气对照;当茶树挥发物和芳香植物挥发物一起作为味源进行行为测定时,只有薰衣草和茶树组合对茶小绿叶蝉有排斥作用。芳香植物在茶园中间作,其释放的挥发物对茶园中叶蝉种群有明显的抑制效果。在茶园叶蝉的秋季高峰时,单作茶园中茶小绿叶蝉密度是薰衣草间作茶园的 2.8 倍(Zhang *et al*,2014)。

薰衣草挥发物中的主要组分为 α-蒎烯、月桂烯、柠檬烯、1,8-桉叶素、罗勒烯、萜品油烯、松油醇、百里酚、β-石竹烯、α-法尼烯等萜烯类化合物。其中,含量最多的化合物为百里酚,占挥发物总量的25.24%。迷迭香植物挥发物中含量最多的组分有 1,8-桉叶素和 α-蒎烯等,其中 1,8-桉叶素占迷迭香挥发物总量的 20.32%(Zhang *et al*,2014;钮羽群等,2014)。在室内嗅觉行为测试显示,薰衣草挥发物中百里酚和 2-异丙基-4-甲基茴香醚在浓度为 5 mg/mL 时对茶小绿叶蝉雄虫具有显著驱避活性,0.001 mg/mL、0.1 mg/mL、10 mg/mL 的两种化合物分别按 1∶1 比例的混合物显著驱避叶蝉成虫。将装有 10 mg/mL 按 1∶1 比例混合的这两种化合物的橡胶隔垫放到距黏虫板下方 30 cm 处的茶丛中。茶丛中的驱避混合物可使茶丛上方的诱虫板叶蝉捕杀量显著提升。另外一种单萜化合物 1,8-桉叶素对茶小绿叶蝉同样具有显著驱避作用。在二元选择生物测定中,20 μL 的 2% 1,8-桉叶素石蜡溶液(v/v)处理后 20~70 min 对茶小绿叶蝉表现出显著驱避效果,30 min 驱避指数最大,为 56.7%(Cai *et al*,2020)。迷迭香挥发物中萜烯化合物樟脑、α-松油醇、石竹烯在 10^{-2} g/mL 剂量下以及 β-蒎烯在 10^{-10} g/mL 剂量下对茶小绿叶蝉有明显的驱避活性(钮羽群等,2014;2015)。樟脑、α-松油醇、石竹烯按 1∶1∶1 混合制成的缓释驱避剂,放置在诱虫板上,可使诱虫板的叶蝉捕杀量减少 30%(钮羽群等,2015)。

芳香植物精油对茶小绿叶蝉具有驱避活性。茶小绿叶蝉对 14 种植物精油气味的室内行为反应结果表明,薰衣草、迷迭香、天竺葵 Pelargonium graveolens、罗勒和肉桂 Cinnamomum zeylanicum 5 种植物精油气味对茶小绿叶蝉成虫具有明显的驱避活性。田间试验结果表明,迷迭香、薰衣草精油置于诱虫板上后,分别可使诱虫色板上的茶小绿叶蝉数量减少 11.34%、7.02%。(Zhang et al,2015)。

3.5.2 基于植物挥发物的茶园害虫"推-拉"策略

3.5.2.1 农业害虫防治"推-拉"策略原理及类型

"推-拉"策略是一种有效绿色的 IPM 模式。该策略以昆虫寄主选择行为为依据,使用不同作用方式(视觉、嗅觉、味觉、触觉)的昆虫行为调控刺激控制靶标害虫在农田生态系统中的空间分布,降低靶标害虫在目标保护作物上的密度,减少害虫防治对农药的依赖性。一方面,使用驱避刺激(提供"推")将害虫从被保护的主栽作物中转移出来,另一方面,利用吸引刺激(提供"拉")将靶标害虫诱集、转移到某些低价值资源上(例如,诱集植物、诱虫板、诱捕器等)(Cook et al,2007)。此外,这些驱避、引诱刺激还有可能吸引靶标害虫的主要天敌,提高防治效率(Eigenbrode et al,2016)。"推-拉"策略是多种害虫防治措施整合而形成的高效配置,科学组合"推"和"拉"刺激,产生协同效应以提高单一刺激对害虫的调控效率。构建"推-拉"策略的刺激主要涉及驱避或诱集植物、化学驱避或引诱剂、干扰或兴奋剂、拒食或食诱剂以及有引诱或驱避作用的视觉线索等,分为长距离刺激和短距离或接触刺激两类。长距离刺激主要操纵靶标害虫寄主确认和选择,包括驱避和诱集植物、化学驱避剂和引诱剂、视觉线索等;短距离或接触刺激主要在靶标害虫接触寄主后调控其取食、产卵甚至是后代的生长发育,如拒食剂、食诱剂、产卵干扰剂、产卵兴奋剂等。不同类型的"推""拉"刺激组合后,就会产生各种不同调控类型的混合模式(Eigenbrode et al,2016)。

依据刺激类型和调控范围可以将害虫防治"推-拉"策略框架分为 4 种类型。Ⅰ型主要是由短距离或接触"推"和"拉"接触刺激组成,这一类型"推-拉"策略中所包含的刺激对靶标害虫的调控范围比较有限,主要是针对活动迁移范围小的害虫种类。例如,卷心菜根蝇 Delia radicum 植物源产卵刺激剂(Z)-3-己烯基乙酸酯和产卵干扰剂二甲基二硫化物组成的"推-拉"策略。Ⅱ型主要是由长距离"推"刺激和短距离或接触的"拉"刺激组成。Ⅲ型主要是由短距离或接触的"推"刺激和长距离的"拉"刺激组成。例如,用拒食剂(印楝油)作为接触"推"刺激,用聚集信息素作为长距离的"拉"刺激,构成调控菜豆 Phaseolus vulgaris 上豆象 Sitona lineatus 的"推-拉"策略;用产卵干扰剂{N[5(β-吡喃葡萄糖)氧代-8-羟基棕榈酰]-牛磺酸}作为短距离"推"刺激,用视觉诱捕器作为长距离"拉"刺激,构成调控欧洲甜樱桃 Prunus avium 樱桃绕实蝇 Rhagoletis ceras 的"推-拉"策略(Aluia and Boller,1992)。Ⅳ型主要由远程的"推"和"拉"刺激组成。例如,以糖蜜草、银叶山绿豆或旋钮山绿豆等驱避植物作为长距离"推"刺激,以象草或苏丹草等诱集植物作为长距离"拉"刺激,对玉米螟虫 Pyrausta nubilalis 及天敌进行种群调控的"推-拉"技术。

对玉米螟虫建立的"推-拉"策略是最为经典和成功的,并在东非大面积应用(Khan et al,2000;Cook et al,2007;Pickett et al,2014;Khan et al,2016)。玉米或高粱田中间作的糖蜜草、银叶山绿豆或旋钮山绿豆等驱避植物,可释放(E)-β-罗勒烯、α-萜品油烯、β-

石竹烯、蛇麻烯、DMNT 等萜类化合物,对螟蛾产卵有显著的驱避作用。并且这些萜类化合物对螟蛾幼虫寄生蜂有吸引作用,可显著提高玉米上螟虫的寄生率。而在作物田四周种植的象草或苏丹草等引诱植物,可释放己醛、(E)-2-己烯醛、(Z)-3-己烯醇、(Z)-3-己烯醇醋酸酯、壬醛、丁子香酚、(R,S)-芳樟醇等对螟蛾产卵有显著吸引作用的物质。并且太阳落山后的 1 h,象草上 4 种绿叶挥发物的释放量剧烈增加,可提升至之前的 300 多倍;而这一时间,也正是螟虫的产卵高峰期。同时,由于象草可产生对螟虫具有一定黏杀作用的黏液,螟虫在其上的存活率只有 20%,因此,象草还是一个诱杀植物。由于减少了玉米螟虫的危害,该技术可使玉米产量提高 1 倍以上。

3.5.2.2 茶园茶小绿叶蝉"推-拉"策略研究

目前,在茶园害虫防治策略研究中,初步开展了茶小绿叶蝉"推-拉"技术相关试验,利用不同类型"推""拉"刺激组合构建了 2 种调控模式。第一种是由驱避植物万寿菊 *Tagetes erecta* 和引诱植物大叶千斤拔 *Flemingia macrophylla* 直接种植在茶园中,构建基于功能植物的茶小绿叶蝉"推-拉"策略。首先,该策略的构建是以茶小绿叶蝉和植物之间的化学通信作为依据。室内利用"Y"型嗅觉仪测定茶小绿叶蝉雌雄虫对两种植物气味的行为选择表明,万寿菊嫩枝气味能驱避茶小绿叶蝉,大叶千斤拔嫩枝气味能引诱茶小绿叶蝉。万寿菊新鲜嫩枝显著驱避茶小绿叶蝉雌雄虫的阈值剂量分别为 2 g 和 3 g 植物材料,5 g 万寿菊新鲜嫩枝对茶小绿叶蝉的驱避率达到 100%;大叶千斤拔嫩枝显著吸引茶小绿叶蝉雌雄成虫的剂量范围为 1~8 g,而且茶小绿叶蝉雌虫对大叶千斤拔嫩芽气味的反应比雄虫更敏感。在行为测定中,选择气味源(万寿菊或大叶千斤拔嫩枝)的茶小绿叶蝉数量与气味源的剂量(嫩枝重量)存在显著相关性。该"推-拉"策略中功能植物在茶园中的布局为:万寿菊间作在试验小区(20 m×20 m,约 800 棵茶树)的茶行中,单行种植,种植间距为 33 cm,每行约 60 棵,通过万寿菊挥发物驱避(推)茶小绿叶蝉;在试验小区四周围种 2 行大叶千斤拔(约 480 棵),每行长度为 20 m,种植间距为 33 cm,利用大叶千斤拔挥发物引诱(拉)茶小绿叶蝉。在茶小绿叶蝉种群发生高峰期,应用该"推-拉"策略的试验小区中茶小绿叶蝉种群数量明显低于仅围种大叶千斤拔的试验小区,2 个处理中茶小绿叶蝉虫口分别为对照茶园的 56.4% 和 88%(Niu *et al*,2022)。该"推-拉"策略调控模式是通过在茶园中种植驱避植物和引诱植物,并利用功能植物释放的挥发物对茶园一定区域内茶小绿叶蝉形成由内到外平面调控。这一模式建立后对茶园茶小绿叶蝉产生持续稳定调控,其调控效果在茶小绿叶蝉发生高峰期较明显,能一定程度上减少杀虫剂使用和劳动力投入。该策略只是利用茶园中的功能植物抑制茶小绿叶蝉种群增长或者将茶小绿叶蝉转移到诱集植物上,没有涉及对茶园叶蝉的灭杀。

功能植物的田间布局、种植密度、与作物之间的比例、后期长势等因素显著影响着驱避植物和诱集植物构建"推-拉"策略对靶标害虫的调控效果。诱集植物田间布局通常采用四周环绕方式种植,也可以采用田块内条带式或者棋盘式种植;驱避植物与主栽作物进行间作,驱避植物植株高度要矮于茶树,避免影响茶园行间农事操作。功能植物种植密度、比例和长势要能保证所释放挥发物浓度达到对害虫产生行为调控的活性阈值,以维持整个系统对茶小绿叶蝉的调控效果。诱集植物在策略中的比例要适当高,对靶标害虫的引诱力显著高于主栽作物,从而能有效转移牵制害虫。驱避植物在策略中的间作比例要适中,在保证产生最大驱避效果的同时要尽量权衡成本收益之间的关系,同时避免间作植物与茶树争水争肥而影响茶叶产量和品质。因此,功能植物的种植模式,要兼顾靶标害虫调控的有效性和经济收益的最大化。例如,螟虫"推-拉"技术功能植物的空间布局为:驱避植物与作物间作最优种植比例为 1∶3,四周种植宽 5 m 的象草诱集带,应用"推-拉"技术的玉米田块采用棋盘式分布(Chamberlain et al,2006);利用诱杀植物香根草防治水稻螟虫时,在兼顾经济效益和防治效果的前提下,香根草种植面积以占稻田面积的 6%~10% 为宜(陆宴辉等,2017)。此外,利用功能植物构建"推-拉"策略模式时,还应考虑诱集植物上害虫的灭杀,以防止害虫再次转移到作物上。灭杀措施可包括物理清除、杀虫剂灭杀等。

引诱、驱避植物作为茶树的伴生植物,在茶园多尺度空间范围内进行布局种植,构建"推-拉"策略的同时组成大尺度的农业景观格局,为茶园天敌提供庇护所和资源,通过改变昆虫食物网组成结构来调节茶园害虫种群。例如,在螟虫"推-拉"策略中,天敌的丰度和多样性跟功能植物构建的农业景观多样性呈正相关,可以改善生物防治的生态服务功能。玉米间作山蚂蟥和糖蜜草能提高寄生蜂大螟盘绒茧蜂 Cotesia sesamiae 和姬蜂 Dentichasmias busseolae Heinrich 对螟虫幼虫和蛹的寄生率。螟虫"推-拉"策略还提高了蚂蚁、螳螂、蜘蛛等广食性天敌的数量、多样性和活力(Midega et al,2015)。

茶小绿叶蝉是茶园中的小型害虫,成虫多数时间栖息在茶树嫩梢第 3~5 片叶下,通常只在茶梢之间跳跃或进行短距离飞行(边磊等,2014)。根据茶小绿叶蝉飞行活动性不强,在茶园中迁徙范围相对较小的习性,第二种茶小绿叶蝉"推-拉"策略模式是通过驱避剂与引诱剂对局部茶丛中茶小绿叶蝉进行调控,黏虫板作为辅助灭杀措施,称为"吸引/排斥和杀死"的"推-拉"方式。其中,引诱剂是(Z)-3-己烯醇、(Z)-3-己烯基乙酸酯、α-法尼烯按大叶千金拔挥发物混配制得,驱避剂是苯甲醚、百里酚、樟脑按万寿菊挥发物混配制得(Niu et al,2022)。茶小绿叶蝉引诱剂和驱避剂在茶丛中的放置方式为:将装有 400 μL 引诱剂的诱芯附着在绿色黏虫板上并放置在茶芽上方 15 cm 处,将等量驱避剂放在茶丛内(黏虫板下方 30 cm)。"推-拉"组合装置在茶园中呈棋盘式分布,间隔距离为 7 m。茶丛中的驱避剂与茶丛上方的引诱剂形成自下向上垂直调控茶小绿叶蝉的防治模式,有效增强单一引诱剂+黏虫板组合对茶园茶小绿叶蝉的诱杀效率。"吸引/排斥和杀死"方式诱杀到的茶小绿叶蝉数量比单独使用驱避剂或引诱剂高出 40%~60%(Niu et al,2022;Han et al,2020)(图 3-40)。

图 3-40　防治茶园茶小绿叶蝉的"吸引/排斥和杀死"方式

(Niu et al,2022)

影响引诱、驱避剂"推-拉"策略效果的主要因素包括:驱避剂和引诱剂活性、释放基质/载体类型、装置的田间布局和放置数量等。化合物的结构(异构体、手性等)、活性组分选择和搭配、混合比例以及浓度剂量等因素决定着驱避剂和引诱剂对靶标害虫的调控活性大小。农业害虫引诱剂和驱避剂大部分是以寄主植物、诱集植物、驱避植物所释放的行为调控活性化合物为主要组分,配比和剂量以植物挥发物中活性成分的占比和释放量作为参考依据。引诱剂、驱避剂的缓释载体需能持续稳定的释放调控害虫行为的化合物,并使其在田间环境中的浓度易被害虫感知。释放载体的材质、形状、厚度、高度、密封和开孔情况决定着昆虫行为调控剂是否可以均匀稳定释放,进而影响对靶标害虫的调控效果。"推-拉"装置在田间的布点数量要根据虫口密度来确定,还要平衡防治效果跟成本收益之间关系。现阶段,相比功能植物构建的"推-拉"策略,驱避剂和引诱剂组成的茶小绿叶蝉"推-拉"策略实施操作较烦琐。需要将大量"推-拉"装置布置到茶园中,所用的茶小绿叶蝉行为调控剂因持效性还需要定期更换,操作比较费时费工,故防治成本相对较高。

3.5.2.3 茶园害虫"推-拉"防治策略的构建与展望

依照"推-拉"策略的调控原理和基本构成元素的要求,茶树害虫寄主定位、求偶交配相关的嗅觉、视觉刺激通过科学有效组合,可以构建不同类型茶园害虫"推-拉"策略。目前,能用于茶园害虫"推-拉"策略的刺激主要涉及诱集植物和驱避植物、引诱剂和驱避剂、性信息素、色板等。另外,可以考虑配合使用物理灭杀、化学农药、生物防治等措施有效降低害虫种群,以显著提高整体"推-拉"策略对茶园害虫的防治效果。基于驱避植物和诱集植物的茶园害虫"推-拉"策略更符合茶园害虫生态调控和生态茶园建设要求,适合用于害虫抗药性治理、有机农业生产等。更为理想化的"推-拉"策略调控模式是科学利用功能植物实现对茶园一定区域内多种害虫同时有效调控。例如,某些芳香植物对茶小绿叶蝉、茶尺蠖等都有很好的驱避效果,通过合理使用可实现对茶园害虫的多靶标调控。用芳香植物来构建"推-拉"策略所具有的优势及好处有:① 芳香植物通过腺毛体等分泌结构能不断合成、积累并持续释放大量萜类化合物,一些组分对茶树害虫有显著行为调控活性。选择合适芳香植物在茶园科学合理布置栽种,长成规模后所释放的挥发物浓度较容易达到茶园害虫行为调控的活性阈值,还能对茶园害虫产生持续稳定的调控。另外,芳香植物挥发物在整个生长季的释放动态跟一些茶园害虫种群年消长规律基本一致,也保证了调控效果(Zhang *et al*,2014)。当芳香植物生长旺盛时,通过修剪将枝叶铺于茶行间,能显著提高茶园环境中芳香植物气味,增强对茶园害虫的调控。② 芳香植物不但能释放驱避组分,还能释放一些有毒化合物,导致害虫习性改变和生理异常,如营养不良、发育畸形、中毒死亡、产卵能力下降等问题,一定程度上也能抑制害虫个体发育和种群发展(Song *et al*,2010)。③ 芳香植物能提高茶园生态系统中的植被多样性,构建茶园景观多样性,同时芳香植物还可发挥蜜源植物、载体植物、栖境植物的功能,为茶园天敌提供食物(如花粉、花蜜)和庇护所,增加茶园天敌的丰富度和优势度。利用天敌与害虫在长期的协同进化过程中形成相互制约、互相依存关系,实现茶园害虫可持续控制。④ 一些芳香植物在茶园中一次栽种可以多年循环使用,能降低茶园管理成本或带来附加经济生态效益,包括抑制茶园杂草、改善茶园土壤条件(例如,增加土壤有机质含量、保持土壤湿度、减缓土壤侵蚀、提高土壤微生物多度)等。另外,"推-拉"策略中所用的功能植物需能很好地适应当地气候和土壤,具有较强的抗逆性,最好是多年生低矮草本。首选当地存在的茶园伴生植物,可无性繁殖且不会杂草化。

茶树害虫生态控制主要是利用茶园生态系统中各种害虫调控因子(环境、茶树、天敌、栽培措施等)之间的自然相互作用,使茶园害虫种群密度处于经济阈值水平以下,实现茶园生态系统绿色低碳和可持续发展,在茶园害虫综合治理中蕴藏着巨大的应用潜力。未来,茶园中稳健可靠的"推-拉"策略建立和应用还需要开展如下大量工作。① 茶树害虫引诱剂、性信息素、色板等"拉"刺激技术研发已取得很大进展,且应用日趋成熟,而驱避植物、驱避剂等"推"刺激的研究报道和应用案例还较少,需要加大"推"刺激相关研究投入来补齐短板,甚至可以考虑转基因抗虫植物和植物自身防御机制等。② 构建功能植物为主的"推-拉"策略需要全面充分考量区域气候条件、生物群落结构、功能植物类型、种植时间及空间布局、茶园农事操作等因素对策略整体调控效果的影响;科学评估"推-拉"策略应用成本和收益,实现系统效益最大化;除了害虫调控主体功能外,进一步开发功能植物的其他附加应用价值。③ 深入研究"茶树—害虫—天敌"间的化学通信机制和茶树害虫嗅觉识别机制,并在充分理解该机制的基础上,借助于现代分析技术、化学合成技术和缓释剂型加工技术开发高效、稳定、绿色的商品化行为调控剂作为"推""拉"刺激,解决现有昆虫行为调控剂的应用缺陷。④ 尝试多种作用方式(视觉、嗅觉、触觉、味觉等)、不同调控范围(长距离和短距离等)的"推""拉"刺激在茶园中进行多元组装和立体布局,实现同时对多靶标在较大空间和时间尺度上的高效调控。⑤ 配套害虫监测系统,实时监测"推-拉"策略对靶标害虫的控制效果,同时关注次要害虫的发生情况。若次要害虫暴发,及时采取应对措施。最终,通过不断的技术创新和实践探索,成熟的茶园害虫"推-拉"策略要具有显著的绿色高效特征,并具备轻简化、低投入和多效益的优势。

参考文献

[1] 边磊,孙晓玲,陈宗懋.假眼小绿叶蝉的日飞行活动性及成虫飞行能力的研究.茶叶科学,2014,34:248 - 252.
[2] 蔡晓明.三种茶树害虫诱导茶树挥发物的释放规律.中国农业科学院博士论文,2009.
[3] 蔡晓明,孙晓玲,董文霞,等.应用 zNoseTM 分析被害茶树挥发物.生态学报,2009,169 - 177.
[4] 蔡晓明.茶小绿叶蝉与植物间化学通信物质的鉴定与田间功能验证.中国农业科学院博士后出站报告,2016.
[5] 蔡晓明,李兆群,潘洪生,等.植食性害虫食诱剂的研究与应用.中国生物防治学报,2018,34:8 - 35.
[6] 边磊,吕闰强,邵胜荣,等.茶天牛食物源引诱剂的筛选与应用技术研究.茶叶科学,2018,38:94 - 101.
[7] 马龙.茶尺蠖化学感受相关基因的克隆与功能研究.中国农业科学院博士论文,2016.
[8] 钮羽群,潘铖,王梦馨,等.显著调控假眼小绿叶蝉行为的迷迭香挥发物鉴定.生态学报,2014,34:5477 - 5483.
[9] 钮羽群,王梦馨,崔林,等.迷迭香挥发物不同组合对假眼小绿叶蝉行为的调控.生态学报,2015,35:2380 - 2387.
[10] 陆宴辉,张永军,吴孔明.植食性昆虫的寄主选择机理及行为调控策略.生态学报,2008,28:5113 - 5122.
[11] 陆宴辉,赵紫华,蔡晓明,等.我国农业害虫综合防治研究进展.应用昆虫学报,2017,54:349 - 363.
[12] 王国昌.三种害虫诱导茶树挥发物的生态功能.中国农业科学院博士论文,2010.
[13] 许宁,陈宗懋,游小清.引诱茶尺蠖天敌寄生蜂的茶树挥发物的分离与鉴定.昆虫学报,1999,42,126 - 131.
[14] 朱荫,杨停,施江,等.西湖龙井茶香气成分的全二维气相色谱-飞行时间质谱分析.中国农业科学,2015,48:4120 - 4146.
[15] 张正群,孙晓玲,罗宗秀,等.芳香植物气味及提取液对茶尺蠖行为的影响.植物保护学报,2012,39:541 - 548.
[16] 张正群,孙晓玲,罗宗秀,等.14 种植物精油对茶尺蠖行为的影响.茶叶科学,2014:34:489 - 496.
[17] Afsheen S, Wang X, Li R, et al. Differential attraction of parasitoids in relation to specificity of kairomones from herbivores and their by-products. Insect Science, 2008, 15: 381 - 397.
[18] Aksenov A A, Pasamontes A, Peirano D J, et al. Detection of huanglongbing disease using differential mobility spectrometry. Analytical Chemistry, 2014, 86, 2481 - 2488.
[19] Aluja M, Boller E. Host marking pheromone of Rhagoletis cerasi: field deployment of synthetic pheromone as a novel

cherry fruit fly management strategy. Entomologia Experimentalis et Applicata, 1992, 65: 141 – 147.

[20] Ament K, Kant M R, Sabelis M W, et al. Jasmonic acid is a key regulator of spider mite-induced volatile terpenoid and methyl salicylate emission in tomato. Plant Physiology, 2004, 135: 2025 – 2037.

[21] Ansebo L, Coracini M D A, Bengtsson M, et al. Antennal and behavioural response of codling moth Cydia pomonella to plant volatiles. Journal of Applied Entomology, 2004, 128: 488 – 493.

[22] Ando T, Inomata S, Yamamoto M. Lepidopteran sex pheromones. Topics in Current Chemistry, 2004, 239: 51 – 96.

[23] Arimura G, Huber D P W, Bohlmann J. Forest tent caterpillars (Malacosoma disstria) induce local and systemic diurnal emissions of terpenoid volatiles in hybrid poplar (Populus trichocarpa × deltoides): cDNA cloning, functional characterization, and patterns of gene expression of (−)-germacrene D synthase, PtdTPS1. The Plant Journal, 2004, 37: 603 – 616.

[24] Arimura G I, Köpke S, Kunert M, et al. Effects of Feeding Spodoptera littoralis on Lima bean leaves: IV. diurnal and nocturnal damage differentially initiate plant volatile emission. Plant Physiology, 2008, 146: 965 – 973.

[25] Badenes-Perez F R, Shelton A M, Nault B A. Evaluating trap crops for diamondback moth, Plutella xylostella (Lepidoptera: Plutellidae). Journal of Economic Entomology, 2004, 97: 1365 – 1372.

[26] Basedow T, Hua L, Aggarwal N. The infestation of Vicia faba L. (Fabaceae) by Aphis fabae (Scop.) (Homoptera: Aphididae) under the influence of Lamiaceae (Ocimum basilicum L. and Satureja hortensis L.). Journal of Pest Science, 2006, 79: 149 – 154.

[27] Bengtsson M, Jaastad G, Knudsen G, et al. Plant volatiles mediate attraction to host and non-host plant in apple fruit moth, Argyresthia conjugella. Entomologia Experimentalis et Applicata, 2006, 118: 77 – 85.

[28] Beyaert I, Hilker M. Plant odour plumes as mediators of plant-insect interactions. Biological Reviews, 2014, 89: 68 – 81.

[29] Bian L, Cai X M, Luo Z X, et al. Design of an attractant for Empoasca onukii (Hemiptera: Cicadellidae) based on the volatile components of fresh tea leaves. Journal of Economic Entomology, 2018, 111: 629 – 636.

[30] Bian L, Li Z Q, Ma L, et al. Identification of the genes in tea leafhopper, Empoasca onukii (Hemiptera: Cicadellidae), that encode odorantbinding proteins and chemosensory proteins using transcriptome analyses of insect heads. Applied Entomology and Zoology, 2018, 53: 93 – 105.

[31] Binyameen M, Ejaz M, Shad S A, et al. Eugenol, a plant volatile, synergizes the effect of the thrips attractant, ethyl iso-nicotinate. Environmental Entomology, 2018, 47: 1560 – 1564.

[32] Brito N F, Moreira M F, Melo A C. A look inside odorant-binding proteins in insect chemoreception. J. Insect Physiol. 2016, 95: 51 – 65.

[33] Bruce T J A, Pickett J A. Perception of plant volatile, blends by herbivorous insects finding the right mix. Phytochemistry, 2011, 72: 1605 – 1611.

[34] Bruce T J A, Wadhams L J, Woodcock C M. Insect host location: a volatile situation. Trends in Plant Science, 2005, 10: 269 – 274.

[35] Burger B V, Munro Z M, Visser J H. Determination of plant volatiles 1: analysis of the insect-attracting allomone of the parasitic plant Hydnora africana using Grob-Habich activated charcoal traps. Journal of High Resolution Chromatography, 1988, 11: 496 – 499.

[36] Büchel K, Austel N, Mayer M, et al. Smelling the tree and the forest: elm background odours affect egg parasitoid orientation to herbivore induced terpenoids. BioControl, 2014, 59: 29 – 43.

[37] Cai X M, Guo Y H, Bian L, et al. Variation in the ratio of compounds in a plant volatile blend during transmission by wind. Scientific Reports, 2022, 12: 6176.

[38] Cai X M, Lei B, Xu X X, et al. Field background odour should be taken into account when formulating a pest attractant based on plant volatiles. Scientific Reports, 2017, 7: 41818.

[39] Cai X M, Luo Z X, Meng Z N, et al. Primary screening and application of repellent plant volatiles to control tea leafhopper, Empoasca onukii Matsuda. Pest Management Science, 2020, 76: 1304 – 1312.

[40] Cai X M, Sun X L, Dong W X, et al. Herbivore species, infestation time, and herbivore density affect induced volatiles in tea plants. Chemoecology, 2014, 24: 1 – 14.

[41] Cai X M, Sun X L, Dong W X, et al. Variability and stability of tea weevil-induced volatile emissions from tea plants with different weevil densities, photoperiod and infestation duration. Insect Science, 2012, 19: 507 – 517.

[42] Cai X M, Xu X X, Bian L, et al. Attractiveness of host volatiles combined with background visual cues to the tea leafhopper. Entomologia Experimentalis et Applicata, 2015a, 157: 291 – 299.

[43] Cai X M, Xu X X, Bian L, et al. Measurement of volatile plant compounds in field ambient air by thermal desorption-gas chromatography-mass spectrometry. Analytical and Bioanalytical Chemistry, 2015b, 407: 9105 – 9114.

[44] Cardé R T, Willis M A. Navigational strategies used by insects to find distant, wind-borne sources of odor. Journal of Chemical Ecology, 2008, 34: 854 – 866.

[45] Casado D, Gemeno C, Avilla J, et al. Diurnal variation of walnut tree volatiles and electrophysiological responses in Cydia pomonella (Lepidoptera: Tortricidae). Pest Management Science, 2008, 64: 736 – 747.

[46] Cavigliasso P, Phifer C C, Adams E M, et al. Spatio-temporal dynamics of landscape use by the bumblebee Bombus pauloensis (Hymenoptera: Apidae) and its relationship with pollen provisioning. Plos one, 2020, journal. pone. 0216190.

[47] Cellini A, Biondi E, Blasioli S, et al. Early detection of bacterial diseases in apple plants by analysis of volatile organic compounds profiles and use of electronic nose. The Annals of Applied Biology, 2016, 168: 409 – 420.

[48] Cha D H, Adams T, Rogg H, et al. Identification and field evaluation of fermentation volatiles from wine and vinegar that mediate attraction of spotted wing Drosophila, Drosophila suzukii. Journal of Chemical Ecology, 2012, 38: 1419 – 1431.

[49] Cha D H, Adams T, Werle C T, et al. A four-component synthetic attractant for Drosophila suzukii (Diptera: Drosophilidae) isolated from fermented bait headspace. Pest Management Science, 2014, 70: 324 – 331.

[50] Cha D H, Landolt P J, Adams T B. Effect of chemical ratios of a microbial-based feeding attractant on trap catch of Drosophila suzukii (Diptera: Drosophilidae). Environmental Entomology, 2017, 46: 907 – 915.

[51] Cha D H, Hesler S P, Wallingford A K, et al. Comparison of commercial lures and food baits for early detection of fruit infestation risk by Drosophila suzukii (Diptera: Drosophilidae). Journal of Economic Entomology, 2018, 111: 645 – 652.

[52] Cha D H, Linn JrC, Teal P E A, et al. Eavesdropping on plant volatiles by a specialist moth: significance of ratio and concentration. PLoS one, 2011, 6: e17033.

[53] Cha D H, Loeb G M, Linn C E, et al. A multiple-choice bioassay approach for rapid screening of key attractant volatiles. Environmental Entomology, 2018, 47: 946 – 950.

[54] Cha D H, Powell T H Q, Feder J L, et al. Identification of fruit volatiles from green hawthorn (Crataegus viridis) and blueberry hawthorn (Crataegus brachyacantha) host plants attractive to different phenotypes of Rhagoletis pomonella flies in the southern united states. Journal of Chemical Ecology, 2011, 37: 974 – 983.

[55] Chamberlain K, Khan Z R, Pickett J A, et al. Diel periodicity in the production of green leaf volatiles by wild and cultivated host plants of stemborer moths, Chilo partellus and Busseola fusca. Journal of Chemical Ecology, 2006, 32: 565 – 577.

[56] Chen K, Huang M X, Shi Q C, et al. Screening of a potential leafhopper attractants and their applications in tea plantations. Journal of Environmental Science and Health, Part B, 2019, 54: 858 – 865.

[57] Chen F, Tholl D, D'Auria J C, et al. Biosynthesis and emission of terpenoid volatiles from Arabidopsis flowers. Plant Cell, 2003, 15: 481 – 494.

[58] Chen S L, Zhang L P, Cai X M, et al. (E)-Nerolidol is a volatile signal that induces defenses against insects and pathogens in tea plants. Horticulture Research, 2020, 7: 52.

[59] Charles E, Linn JrC, Dambroski H, et al. Variability in response specificity of apple, hawthorn, and flowering dogwood-infesting Rhagoletis flies to host fruit volatile blends: implications for sympatric host shifts. Entomologia Experimentalis et Applicata, 2005, 116: 55 – 64.

[60] Conchou L, Lucas P, Meslin C, et al. Insect odorscapes: from plant volatiles to natural olfactory scenes. Frontiers in Physiology, 2019, fphys.2019.00972.

[61] Cook S M, Khan Z R, Pickett J A. The use of push-pull strategies in integrated pest management. Annual Review of Entomology, 2007, 52: 375 – 400.

[62] Crock J, Wildung M, Croteau R. Isolation and bacterial expression of a sesquiterpene synthase cDNA clone from peppermint (Mentha x piperita, L.) that produces the aphid alarm pheromone (E)-beta-farnesene. Proceedings of the National Academy of Sciences, 1997, 94: 12833 – 12838.

[63] D'Auria J C, Pichersky E, Schaub A, et al. Characterization of a BAHD acyltransferase responsible for producing the green leaf volatile (Z)-3-hexen-1-yl acetate in Arabidopsis thaliana. Plant, 2007, 49: 194 – 207.

[64] De Boer J G, Posthumus M A, Dicke M. Identification of volatiles that are used in discrimination between plants infested with prey or nonprey herbivores by a predatory mite. Journal of Chemical Ecology, 2004, 30: 2215 – 2230.

［65］De Bruyne M, Baker T C. Odor detection in insects: volatile codes. Journal of Chemical Ecology, 2008, 34: 882 – 897.

［66］De Moraes C M, Mescheer M C, Tumlinson J H. Caterpillar induced nocturnal plant volatiles repel nonspecific females. Nature, 2001, 410: 577 – 580.

［67］De Rijk M, Dicke M, Poelman E H. Foraging behaviour by parasitoids in multiherbivore communities. Animal Behaviour, 2013, 85: 1517 – 1528.

［68］Del Socorro A P, Gregg P C, Alter D, et al. Development of a synthetic plant volatile-based attracticide for female noctuid moths. I. Potential sources of volatiles attractive to Helicoverpa armigera（Hübner）（Lepidoptera: Noctuidae). Australian Journal of Entomology, 2010, 49: 10 – 20.

［69］Desurmont G A, Laplanche D, Schiestl F P, et al. Floral volatiles interfere with plant attraction of parasitoids: ontogeny-dependent infochemical dynamics in Brassica rapa. BMC Ecology, 2015, 15: 17.

［70］Desurmont G A, von Arx M, Turlings T C J, et al. Floral odors can interfere with the foraging behavior of parasitoids searching for hosts. Frontiers in Ecology and Evolution, 2020, 8: 148.

［71］Diezel C, von Dahl C C, Gaquerel E, et al. Different lepidopteran elicitors account for cross-talk in herbivory-induced phytohormone signaling. Plant Physiology, 2009, 150: 1576 – 1586.

［72］Dong F, Yang Z Y, Baldermann S, et al. Herbivore-induced volatiles from tea (Camellia sinensis) plants and their involvement in intraplant communication and changes in endogenous nonvolatile metabolites. Journal of Agricultural and Food Chemistry, 2011, 59: 13131 – 13135.

［73］Du Y, Poppy G M, Powell W, et al. Identification of semiochemicals released during aphid feeding that attract parasitoid Aphidius ervi. Journal of Chemical Ecology, 1998, 24: 1355 – 1368.

［74］Eigenbrode S D, Birch A N E, Lindzey S, et al. A mechanistic framework to improve understanding and applications of push-pull systems in pest management. Journal of Applied Ecology, 2016, 53: 202 – 212.

［75］Fabisch T, Gershenzon J, Unsicker S B. Specificity of herbivore defense responses in a woody plant, black poplar (Populus nigra). Journal of Chemical Ecology, 2019, 45: 162 – 177.

［76］Fall R, Karl T, Hansel A, et al. Volatile organic compounds emitted after leaf wounding: On—line analysis by proton—transfer-reaction mass spectrometry. Journal of Geophysical Research-Atmospheres, 1999, 104: 15963 – 15974.

［77］Fall R, Karl T, Jordon A, et al. Biogenic C5 VOCs: release from leaves after freeze- thaw wounding and occurrence in air at a high mountain observatory. Atmospheric Environment, 2001, 35: 3905 – 3916.

［78］Fancelli M, Borges M, Laumann R A, et al. Attractiveness of host plant volatile extracts to the asian citrus psyllid, Diaphorina citri, is reduced by terpenoids from the non-host cashew. Journal of Chemical Ecology, 2018, 44: 397 – 405.

［79］Gols R, Roosjen M, Dijkman H, et al. Induction of direct and indirect plant responses by jasmonic acid, low spider mite densities, or a combination of jasmonic acid treatment and spider mite infestation. Journal of Chemical Ecology, 2003, 29: 2651 – 2666.

［80］Gregg P C, Del Socorro A P, Landolt P J. Advances in attract-and-kill for agricultural pests: beyond pheromones. Annual Review of Entomology, 2018, 63: 453 – 470.

［81］Gregg P C, Del Socorro A P, Hawes A J, et al. Developing bisexual attract-and-kill for polyphagous insects: ecological rationale versus pragmatics. Journal of Chemical Ecology, 2016, 42: 666 – 675.

［82］Halitschke R, Baldwin I. Antisense LOX expression increase herbivore performance by decreasing defense responses and inhibiting growth-related transcriptional reorganization in Nicotiana attenuate. The Plant Journal, 2003, 36: 794 – 807.

［83］Halitschke R, Kessler A, Kahl J, et al. Ecophysiological comparison of direct and indirect defenses in Nicotiana attenuata. Oecologia, 2000, 124: 408 – 417.

［84］Hammack L. Corn volatiles as attractants for northern and western corn rootworm beetles (Coleoptera: Chrysomelidae: Diabrotica spp.). Journal of Chemical Ecology, 1996, 22: 1237 – 1253.

［85］Han S J, Wang M X, Wang Y S, et al. Exploiting push-pull strategy to combat the tea green leafhopper based on volatiles of Lavandula angustifolia and Flemingia macrophylla. Journal of Integrative Agriculture, 2020, 19: 193 – 203.

［86］Hellwig, Tichy H. Rising background odor concentration reduces sensitivity of on and off olfactory receptor neurons for changes in concentration. Frontiers in Physiology, 2016, 7: 63.

［87］Heong K L, Cheng J A, Escalada M M, 2015. Rice planthoppers. Springer-Verlag: Springer Netherlands. 1 – 231.

[88] Heuskin S F J, Verheggen E, Haubruge J P, et al. The use of semiochemical slow-release devices in integrated pest management strategies. Biotechnologie Agronomie Societe et Environment, 2011, 15: 459 - 470.

[89] Hokkanen H M T. Trap cropping in pest management. Annual Review of Entomology, 1991, 36: 119 - 138.

[90] Holzke C, Hoffmann T, Jaeger L, et al. Diurnal and seasonal variation of monoterpene and sesquiterpene emissions from Scots pine (*Pinus sylvestris* L). Atmospheric environment, 2006, 40: 3174 - 3185.

[91] Holzinger R, Sandoval-Soto L, Rottenberger S, et al. Emissions of volatile organic compounds from *Quercus ilex* L. measured by proton transfer reaction mass spectrometry under different environmental conditions. Journal of Geophysical Research-Atmospheric, 2000, 105: 20573 - 20579.

[92] Hopkins R J, van Dam N M, van Loon J J A. Role of glucosinolates in insect-plant relationships and multitrophic interactions. Annual Review of Entomogy, 2009, 54: 57 - 83.

[93] Horikawa T, Shiratori C, Suzuki T, et al. Evaluation of sake-lees bait as an attractant for the smaller tea tortrix moth (*Adoxophyes* sp.) and tea tortrix moth (*Homona magnanima* Diakonoff). Japanese Journal of Applied Entomologist Zoology, 1986, 30: 27 - 34.

[94] Hussain M, Gao J, Bano S, et al. Diamondback moth larvae trigger host plant volatiles that lure its adult females for oviposition. Insects, 2020, 11: 725.

[95] Huang J, Gut L J. Impact of background fruit odors on attraction of *Drosophila suzukii* (Diptera: Drosophilidae) to its symbiotic yeast. Journal of Insect Science, 2021, 21: 1 - 7.

[96] Janson R W. Monoterpene emissions from scots pine and norwegian spruce. Journal of Geophysical Research, 1993, 98: 2839 - 2850.

[97] Jian G T, Jia Y X, Li J L, et al. Elucidation of the regular emission mechanism of volatile β-ocimene with anti-insect function from tea plants (*Camellia sinensis*) exposed to herbivore attack. Journal of Agricultural and Food Chemistry, 2021, 69: 11204 - 11215.

[98] Jing T T, Zhang N, Gao T, et al. Glucosylation of (*Z*)-3-hexenol informs intraspecies interactions in plants: A case study in *Camellia sinensis*. Plant Cell and Environment, 2019, 42: 1352 - 1367.

[99] Jing T T, Qian X N, Du W K, et al. Herbivore-induced volatiles influence moth preference by increasing the β-Ocimene emission of neighbouring tea plants. Plant Cell Environment, 2021, 44: 3667 - 3680.

[100] Jing T T, Du W K, Gao T, et al. Herbivore-induced DMNT catalyzed by CYP82D47 plays an important role in the induction of JA-dependent herbivore resistance of neighboring tea plants. Plant Cell Environment, 2021, 44: 1178 - 1191.

[101] Johnson S N, Zhang X X, Crawford J W, et al. Effects of carbon dioxide on the searching behaviour of the root-feeding clover weevil *Sitona lepidus* (Coleoptera: Curculionidae). Bulletin of Entomological Research, 2006, 96: 361 - 366.

[102] Kallenbach M, Veit D, Eilers E J, et al. Application of silicone tubing for robust, simple, high-throughput, and time-resolved analysis of plant volatiles in field experiments. Bio Protocol, 2015, 5: 1391.

[103] Karl T, Harren F, Warneke C, et al. Senescing grass crops as regional sources of reactive volatile organic compounds. Journal of Geophysical Research-Atmospheric, 2005, 110: 15032.

[104] Kaiser R. Trapping, investigation and reconstitution of flower scents. In: Perfumes: Art, Science, Technology, pp. 213 - 250. Mueller P M, Lamparsky D, Ed. London: Elsevier Applied Science, 1991.

[105] Kessler A, Baldwin I T. Defensive function of herbivore-induced plant volatile emissions in nature. Science, 2001, 291: 2141 - 2144.

[106] Kfoury N, Scott E, Orians C, et al. Direct contact sorptive extraction: a robust method for sampling plant volatiles in the field. Journal of Agricultural and Food Chemistry, 2017, 65: 8501 - 8509.

[107] Khan Z, Midega C A O, Hooper A, et al. Push-Pull: chemical ecology-based integrated pest management technology. Journal of Chemical Ecology, 2016, 42: 689 - 697.

[108] Khan Z R, Pickett J A, van den Berg J. Exploiting chemical ecology and species diversity: stem borer and striga control for maize and sorghum in Africa. Pest Management Science, 2000, 56: 957 - 962.

[109] Knight A L, Light D M. Factors affecting the differential capture of male and female codling moth (Lepidoptera: Tortricidae) in traps baited with ethyl (*E*, *Z*)-2, 4-decadienoate. Environmental Entomology, 2005a, 34: 1161 - 1169.

[110] Knight A L, Light D M. Dose-response of codling moth (Lepidoptera: Tortricidae) to ethyl (*E*, *Z*)-2, 4-

decadienoate in apple orchards treated with sex pheromone dispensers. Environmental Entomology, 2005b, 34: 604 - 609.

[111] Knudsen G K, Bengtsson M, Kobro S, et al. Discrepancy in laboratory and field attraction of apple fruit moth *Argyresthia conjugella* to host plant volatiles. Physiological Entomology, 2008, 33: 1 - 6.

[112] Knudsen G K, Tasin M. Spotting the invaders: A monitoring system based on plant volatiles to forecast apple fruit moth attacks in apple orchards. Basic and Applied Ecology, 2015, 16: 354 - 364.

[113] Knudsen G K, Norli H R, Marco T. The ratio between field attractive and background volatiles encodes host-plant recognition in a specialist moth. Frontiers in Plant Science, 2017, 8: 2206.

[114] Koch T, Krumm T, Jung V, et al. Differential induction of plant volatile biosynthesis in the lima bean by early and late intermediates of the octadecanoid-signaling pathway. Plant Physiology, 1999, 121: 153 - 162.

[115] Koschier E H, Nielsen M C, Spangl B, et al. The effect of background plant odours on the behavioural responses of *Frankliniella occidentalis* to attractive or repellent compounds in a Y-tube olfactometer. Entomologia Experimentalis et Applicata, 2017, 163: 160 - 169.

[116] Kruidhof H M, Roberts A L, Magdaraog P, et al. Habitat complexity reduces parasitoid foraging efficiency, but does not prevent orientation towards learned host plant odours. Oecologia, 2015, 179: 353 - 361. Thwaite W, Mooney A, Eslick M, Nicol H. Evaluating pear-derived kairomone lures for monitoring *Cydia pomonella* (L.) (Lepidoptera: Tortricidae) in Granny Smith apples under mating disruption. General & Applied Entomology, 2004, 33: 56 - 60.

[117] Kunert M, Biedermann A, Koch T, et al. Ultrafast sampling and analysis of plant volatiles by a hand-held miniaturized GC with pre-concentration unit: Kinetic and quantitative aspects of plant volatile production. Journal of Separation Science, 2002, 25: 677 - 684.

[118] Kárpáti Z, Knaden M, Reinecke A, et al. Intraspecific combinations of flower and leaf volatiles act together in attracting Hawkmoth pollinators. Plos One, 2013, 8: e72805.

[119] Li X W, Zhang Z J, Hafeez M, et al. *Rosmarinus offcinialis* L. (Lamiales: Lamiaceae), a promising repellent plant for Thrips management. Journal of Economic Entomology, 2021, 114: 131 - 141.

[120] Liao Y Y, Tan H B, Jian G T, et al. Herbivore-induced (*Z*)-3-hexen-1-ol is an airborne signal that promotes direct and indirect defenses in tea (*Camellia sinensis*) under light[J]. Journal of Agricultural and Food Chemistry, 2021, 69: 12608 - 12620.

[121] Light D M, Knight A L, Henrick C A, et al. A pear-derived kairomone with pheromonal potency that attracts male and female codling moth, *Cydia pomonella* (L.). Naturwissenschaften, 2001, 88: 333 - 338.

[122] Lindinger C, Pollien P, Ali S, et al. Unambiguous identification of volatile organic compounds by proton—transfer reaction mass spectrometry coupled with GC/MS. Analytical Chemistry, 2005, 77: 4117 - 4124.

[123] Linn JrC, Feder J L, Nojima S, et al. Fruit odor discrimination and sympatric host race formation in Rhagoletis. Proceedings of the National Academy of Sciences of the USA, 2003, 100: 20.

[124] Lou Y G, Du M H, Turlings T C J, et al. Exogenous application of jasmonic acid induces volatile emission in rice and enhances parasitism of *Nilaparvata lugens* eggs by the parasitoid *Anagrus nilaparvatae*. Journal of Chemical Ecology, 2005, 31: 1985 - 2002.

[125] Lu Y H, Kai L, Zheng X S, et al. Electrophysiological responses of the rice striped stem borer *Chilo suppressalis* to volatiles of the trap plant *Vetiver grass* (*Vetiveria zizanioides* L.). Journal of Integrative Agriculture, Journal of Integrative Agriculture, 2017, 16: 2525 - 2533.

[126] Martelli C, Carlson J R, Emonet T. Intensity invariant dynamics and odor-specific latencies in olfactory receptor neuron response. The Journal of Neuroscience, 2013, 33: 6285 - 6297.

[127] Mauchline A L, Birkett M A, Woodcock C M, et al. Electrophysiological and behavioural responses of the pollen beetle, *Meligethes aeneus*, to volatiles from a non-host plant, lavender, *Lavandula angustifolia* (Lamiaceae). Arthropod-Plant Interactions, 2008, 2: 109 - 115.

[128] Mauchline A L, Cook S M, Powell W, et al. Effects of non-host plant odour on *Meligethes aeneus* during immigration to oilseed rape. Entomologia Experimentalis et Applicata, 2013, 146: 313 - 320.

[129] Mauchline A L, Osborne J L, Martin A P, et al. The effects of non-host plant essential oil volatiles on the behaviour of the pollen beetle *Meligethes aeneus*. Entomologia Experimentalis et Applicata, 2005, 114: 181 - 188.

[130] Michal M. Competitiveness of fertilizers with proteinaceous baits applied in Mediterranean fruit fly, *Ceratitis*

capitata Wied (Diptera: Tephritidae) control. Crop Protection, 2009, 28: 314 – 318.

[131] Midega C A, Bruce T J, Pickett J A, *et al*. Ecological management of cereal stemborers in African smallholder agriculture through behavioural manipulation. Ecological Entomology, 2015, 40 (Suppl 1): 70 – 81.

[132] Mithöfer A, Wanner G, Boland W. Effects of feeding *Spodoptera littoralis* on lima bean leaves. II. Continuous mechanical wounding resembling insect feeding is sufficient to elicit herbivory-related volatile emission. Plant Physiology, 2005, 137: 1160 – 1168.

[133] Morawo T, Fadamiro H. The role of herbivore- and plant-related experiences in intraspecific host preference of a relatively specialized parasitoid. Insect Science, 2019, 26: 341 – 350.

[134] Muller C, Hilker M. The effect of a green leaf volatile on host plant finding by larvae of a herbivorous insect. Naturwissenschaften, 2000, 87: 216 – 219.

[135] Mu D, Cui L, Ge J, *et al*. Behavioral responses for evaluating the attractiveness of specific tea shoot volatiles to the tea green leafhopper, Empoasca vitis. Insect Science, 2012, 19: 229 – 238.

[136] Murlis J, Elkinton J S, Cardé R T. Odor plumes and how insects use them. Annual Review of Entomology, 1992, 37: 505 – 532.

[137] Musser R O, Hum-Musser S M, Ervin G, *et al*. Caterpillar saliva beats plant defences. Nature, 2002, 416: 599 – 600.

[138] Najar-Rodriguez A J, Galizia C G, Stierle J, *et al*. Behavioral and neurophysiological responses of an insect to changing ratios of constituents in host plant-derived volatile mixtures. The Journal of Experimental Biology, 2010, 213: 3388 – 3397.

[139] Ngumbi E, Chen L, Fadamiro H Y. Comparative GC – EAD responses of a specialist (*Microplitis croceipes*) and a generalist (*Cotesia marginiventris*) parasitoid to cotton volatiles induced by two caterpillar species. Journal of Chemical Ecology, 2009, 35: 1009 – 1020.

[140] Niu Y Q, Han S J, Wu Z H, *et al*. A push-pull strategy for controlling the tea green leafhopper (*Empoasca flavescens* F.) using semiochemicals from *Tagetes erecta* and *Flemingia macrophylla*. Pest Management Science, 2022, 78: 2161 – 2172.

[141] Nojima S, Linn JrC, Morris B, *et al*. Identification of host fruit volatiles from hawthorn (*Crataegus* spp.) attractive to hawthorn-origin *Rhagoletis pomonella* flies. Journal of Chemical Ecology, 2003b, 29: 321 – 336.

[142] Nojima S, Linn JrCE, Roelofs W L. Identification of host fruit volatiles from flowering dogwood (Cornus flflorida) attractive to dogwood-origin *Rhagoletis pomonella* flies. Journal of Chemical Ecology, 2003a, 29: 2347 – 2357.

[143] Pareja M, Moraes M C B, Clark S J, *et al*. Response of the aphid parasitoid *Aphidius funebris* to volatiles from undamaged and aphid-infested *Centaurea nigra*. Journal of Chemical Ecology, 2007, 33: 695 – 710.

[144] Pelosi P, Zhou J, Ban L, *et al*. Soluble proteins in insect chemical communication. Cell. Mol. Life Sci. 2006, 63: 1658 – 1676.

[145] Pettersson E M, Boland W. Potential parasitoid attractants, volatile composition throughout a bark beetle attack. Chemoecology, 2003, 13: 27 – 37.

[146] Pickett J A, Woodcock C M, Midega C A, *et al*. Push-pull farming systems. Current Opinion in Biotechnology, 2014, 26: 125 – 132.

[147] Pio C A, Silva P A, Cerqueira T V, *et al*. Diurnal and seasonal emissions of volatiles organic compounds from cork oak (*Quercus suber*) tress. Atmospheric environment, 2005, 39, 1817 – 1827.

[148] Prazeller P, Palmer P, Boscaini E, *et al*. Proton transfer reaction ion trap mass spectrometer. Rapid Communications in Mass Spectrometry, 2003, 17: 1593 – 1599.

[149] Riffell J A, Abrell L, Hildebrand J G. Physical processes and real-time chemical measurement of the insect olfactory environment. Journal of Chemical Ecology, 2008, 34: 837 – 853.

[150] Riffell J A, Lei H, Christensen T A, *et al*. Characterization and coding of behaviorally signifificant odor mixtures. Current Biology, 2009, 19: 335 – 340.

[151] Riffell J A, Shlizerman E, Sanders E, *et al*. Flower discrimination by pollinators in a dynamic chemical environment. Science, 2014, 344: 1515 – 1518.

[152] Rinne J, Hakola H, Laurila R, *et al*. Canopy scale monoterpene emissions of *Pinus sylvestris* dominated forests. Atmospheric Environment, 2000, 34: 1099 – 1107.

[153] Rodriguez-Saona C, Crafts-Brandner S J, Cañas L A. Volatile emissions triggered by multiple herbivore damage: beet armyworm and whitefly feeding on cotton plants. Journal of Chemical Ecology, 2003, 29: 2539 – 2550.

[154] Rogers C D, Evans K A. Wheat bulb fly (*Delia coarctata*, Fallen, Diptera: Anthomyiidae) larval response to hydroxamic acid constituents of host-plant root exudates. Bulletin of Entomological Research, 2013, 103: 261-268.

[155] Rull J, Prokopy R J. Interaction between natural and synthetic fruit odor influences response of apple maggot flies to visual traps. Entomologia Experimentalis et Applicata, 2005, 114: 79-86.

[156] Salvagnin U, Malnoy M, Thöming G, et al. Adjusting the scent ratio: using genetically modifified *Vitis vinifera* plants to manipulate European grapevine moth behaviour. Plant Biotechnology Journal, 2018, 16: 264-271.

[157] Schrder R, Hilker M. The relevance of background odor in resource location by insects: a behavioral approach. Bioence, 2008, 58: 308-316.

[158] Schwartzberg E G, Kunter G, Stephan C. Real-Time Analysis of Alarm Pheromone Emission by the Pea Aphid (*Acyrthosiphon Pisum*) Under Predation. Journal of Chemical Ecology, 2008, 34: 76-81.

[159] Scutareanu P, Bruin J, Posthumus M A, et al. Constitutive and herbivore-induced volatiles in pear, alder and hawthorn trees. Chemoecology, 2003, 13: 63-74.

[160] Shimoda T, Ozawa R, Sano K, et al. The involvement of volatile infochemicals from spider mites and from food-plants in prey location of the generalist predatory mite *Neoseiulus californicus*. Journal of chemical ecology, 2005, 31: 2019-2032.

[161] Song B, Zhang J, Hu J, et al. Temporal dynamics of the arthropod community in pear orchards intercropped with aromatic plants. Pest Management Science, 2011, 67: 1107-1114.

[162] Song B Z, Wu H Y, Kong Y, et al. Effects of intercropping with aromatic plants on the diversity and structure of an arthropod community in a pear orchard. BioControl, 2010, 55: 741-751.

[163] Städler E, Reifenrath K. Glucosinolates on the leaf surface perceived by insect herbivores: review of ambiguous results and new investigations. Phytochemistry Reviews, 2009, 8: 207-225.

[164] Stewart-Jones A, Poppy G M. Comparison of glass vessels and plastic bags for enclosing living plant parts for headspace analysis. Journal of Chemical Ecology, 2006, 32: 845-864.

[165] Sun X L, Wang G C, Cai X M, et al. The tea weevil, *Myllocerinus aurolineatus*, is attracted to volatiles induced by conspecifics. Journal of Chemical Ecology, 2010, 36: 388-395.

[166] Sun X L, Wang G C, Gao Y, et al. Screening and fifield evaluation of synthetic volatile blends attractive to adults of the tea weevil, *Myllocerinus aurolineatus*. Chemoecology, 2012, 22: 229-237.

[167] Sun X L, Wang G C, Gao Y, et al. Volatiles emitted from tea plants infested by *Ectropis obliqua* larvae are attractive to conspecific moths. Journal of Chemical Ecology, 2014, 40: 1080-1089.

[168] Sun X L, Li X W, Xin Z J, et al. Development of synthetic volatile attractant for male *Ectropis obliqua* moths. Journal of Integrative Agriculture, 2016, 15: 1532-1539.

[169] Szendrei Z, Rodriguez-Saona C. A meta-analysis of insect pest behavioral manipulation with plant volatiles. Entomologia Experimentalis et Applicata, 2010, 134: 201-210.

[170] Tamaki Y, Sugie H, Hirano C. Acrylic acid: an attractant for the female smaller tea tortrix moth (Lepidoptera: Tortricidae). Japanese Journal of Applied Entomology and Zoology, 1984, 28: 161-166.

[171] Taro M, Yining I, Hayato I, et al. Conditioned olfactory responses of a predatory mite, *Neoseiulus Womersleyi*, to volatiles from prey-infested plants. Entomologia Experimentalis et Applicatta, 2006, 121: 167-175.

[172] Tasin M, Anfora G, Ioriatti C, et al. Antennal and behavioral responses of grapevine moth Lobesia botrana females to volatiles from grapevine. Journal of Chemical Ecology, 2005, 31: 77-87.

[173] Tasin M, Bäckman A C, Anfora G, et al. Attraction of female grapevine moth to common and specifific olfactory cues from 2 host plants. Chemical Senses, 2010, 35: 57-64.

[174] Tasin M, Bäckman A C, Bengtsson M, et al. Essential host plant cues in the grapevine moth. Naturwissenschaften, 2006, 93: 141-144.

[175] Tasin M, Bäckman A C, Bengtsson Marie, et al. Wind tunnel attraction of grapevine moth females, *Lobesia botrana*, to natural and artificial grape odour. Chemoecology, 2006, 16: 87-92.

[176] Togni P H B, Laumann R A, Medeiros M A, et al. Odour masking of tomato volatiles by coriander volatiles in host plant selection of *Bemisia tabaci* biotype B. Entomologia Experimentalis et Applicata, 2010, 136: 164-173.

[177] Tholl D, Boland W, Hansel A, et al. Practical approaches to plant volatiles analysis. The Plant Journal, 2005, 45: 540-560.

[178] Tholl D, Hossain O, Weinhold A, et al. Trends and applications in plant volatile sampling and analysis. The Plant

Journal，2021，106：314 - 325.

［179］ Thöming G. Behavior matters-future need for insect studies on odor mediated host plant recognition with the aim of making use of allelochemicals for plant protection. Journal of Agricultural Food Chemistry，2021，69：10469 - 10479.

［180］ Turlings T C J，Bernasconi M，Bertossa R，et al. The induction of volatile emissions in maize by three herbivore species with different feeding habits—possible consequences for their natural enemies. Biologial. Control，1998，11：122 - 129.

［181］ Turlings T C J，Lengwiler U B，Bernasconi M L，et al. Timing of induced volatile emissions in maize seedlings. Planta，1998，207：146 - 152.

［182］ Wang X W，Zeng L T，Liao Y Y，et al. Formation of α-farnesene in tea (Camellia sinensis) leaves induced by herbivore-derived wounding and its effect on neighboring tea plants. International Journal of Molecular Sciences，2019，20：4151.

［183］ Warneke C，De Gouw J，Kuster W，et al. Validation of atmospheric VOC measurements by proton-transfer-reaction mass spectrometry using a gas-chromatographic preseparation method. Environmental Science & Technology，2003，37：2494 - 2501.

［184］ Webster B，Bruce T，Dufour S，et al. Identification of volatile compounds used in host location by the black bean aphid，Aphis fabae. Journal of Chemical Ecology，2008，34：1153 - 1161.

［185］ Webster B，Bruce T，Pickett J，et al. Volatiles functioning as host cues in a blend become nonhost cues when presented alone to the black bean aphid. Animal Behaviour，2010，79：451 - 457.

［186］ Webster B，Bruce T，Pickett J，et al. Olfactory recognition of host plants in the absence of host-specific volatile compounds. Communicative & Integrative Biology，2008，12：167 - 169.

［187］ Webster B，Cardé R T. Use of habitat odour by host-seeking insects. Biological Reviews，2017，92：1241 - 1249.

［188］ Webster B，Gezan S，Bruce T，et al. Between plant and diurnal variation in quantities and ratios of volatile compounds emitted by Vicia faba plants. Phytochemistry，2010，71：81 - 89.

［189］ Weech M H，Chapleau M，Pan L，et al. Caterpillar saliva interferes with induced Arabidopsis thaliana defence responses via the systemic acquired resistance pathway. Journal of Experimental Botany，2008，59，2437 - 2448.

［190］ Wei J N，Wang L Z，Zhu J W，et al. Plants attract parasitic wasps to defend themselves against insect pests by releasing hexenol. PLoS ONE，2007，2(9)：e852.

［191］ Whitman D W，Eller F J. Orientation of Microplitis croceipes (Hymenoptera：Braconidae) to green leaf volatiles：Dose-response curves. Journal of Chemical Ecology，1992，18：1743 - 1753.

［192］ Whitman D W，Eller F T. Parasitic wasps orient to green leaf volatiles. Chemoecology，1990，1：69 - 75.

［193］ Wilson J K，Kessler A，Woods H A. Noisy communication via airborne infochemicals. BioScience，2015，65：667 - 677.

［194］ Williams III L，Rodriguez-Saona C，Castle S C，et al. EAG-active herbivore-induced plant volatiles modify behavioral responses and host attack by an egg parasitoid. Journal of Chemical Ecology，2008，34：1190 - 1201.

［195］ Wolffifin M S，Chilson III R R，Thrall J，et al. Habitat cues synergize to elicit chemically mediated landing behavior in a specialist phytophagous insect，the grape berry moth. Entomologia Experimentalis et Applicata，2020，168：880 - 889.

［196］ Xin Z J，Ge L G，Chen S L，et al. Enhanced transcriptome responses in herbivore-infested tea plants by the green leaf volatile (Z)-3-hexenol. Journal of Plant Research，2019，132：285 - 293.

［197］ Xin Z J，Li X W，Li J C，et al. Application of chemical elicitor (Z)-3-hexenol enhances direct and indirect plant defenses against tea geometrid Ectropis obliqua. BioControl，2016，61：1 - 12.

［198］ Xu X X，Cai X M，Bian L，et al. Does background odor in tea gardens mask attractants? Screening and application of attractants for Empoasca onukii Matsuda. Journal of Economic Entomology，2017，110：2357 - 2363.

［199］ Ye M，Liu M M，Erb M，et al. Indole primes defence signalling and increases herbivore resistance in tea plants. Plant Cell and Environment，2021，44：1165 - 1177.

［200］ Zhang Z Q，Bian L，Sun X L，et al. Electrophysiological and behavioural responses of the tea geometrid Ectropis obliqua (Lepidoptera：Geometridae) to volatiles from a non-host plant，rosemary，Rosmarinus officinalis (Lamiaceae). Pest Management Science，2015，71：96 - 104.

［201］ Zhang Z Q，Chen Z M. Nonhost plant essential oil volatiles with potential for a "push-pull" strategy to control the tea green leafhopper Empoasca vitis. Entomologia Experimentalis et Applicata，2015，156：77 - 87.

[202] Zhang R R, Lun X Y, Zhang Y, *et al*. Characterization of ionotropic receptor gene EonuIR25a in the tea green leafhopper, Empoasca onukii Matsuda. Plants. 2023, 12: 2034.

[203] Zhang Z Q, Luo Z X, Gao Y, *et al*. Volatiles from non-host aromatic plants repel tea green leafhopper *Empoasca vitis*. Entomologia Experimentalis et Applicata, 2014, 153: 156 – 169.

[204] Zhang Z Q, Sun X L, Xin Z J, *et al*. Identification and field evaluation of non-host volatiles disturbing host location by the tea geometrid, *Ectropis obliqua*. Journal of Chemical Ecology, 2013, 39: 1284 – 1296.

[205] Zhao Q, Shi L Q, He W Y, *et al*. Genomic variation in the tea leafhopper reveals the basis of adaptive evolution. Genomics, Proteomics & Bioinformatics, 2022, 20: 1092 – 1105.

蔡晓明　张正群　徐秀秀

第四章
茶树害虫求偶化学通信及其应用

　　我国是世界第一大茶叶生产国,茶叶是我国南方地区乡村振兴的支柱产业。调研数据显示,防治茶树害虫的化学农药占茶园化学农药总投入的 91%,过度依赖化学农药防治害虫的现状易导致茶叶农药残留超标。当前我国茶产业正处于高质量发展期,研发高效、安全、环境友好的害虫防治新方法是我国茶产业可持续发展的重大需求。性信息素自 1959 年被发现报道以来,被害虫防治专家寄予厚望,相关基础研究不断深入,茶园许多昆虫的性信息素也相继被鉴定,与茶树害虫性信息素相关的生物合成路径与调控、性信息素的化学感受机制等研究也在不断深入发展。随着机理研究深入,许多基于性信息素的产品和技术不断被研发并在生产中应用,截至 2019 年,全球的性信息素产品市场规模增长到 24 亿美元。我国茶树害虫性信息素虽然发展较晚,但经过近几年科研工作者的努力攻关,也取得了较大的进步,成为我国茶树害虫绿色防控的一项重要技术措施。

4.1　昆虫性信息素的发展

4.1.1　昆虫性信息素的定义与研究历程

　　昆虫在整个生命周期中,信息化学物质调控的行为对其生存和繁殖具有重要的作用。昆虫信息素种类很多,可调控昆虫的多种行为,如吸引交配、聚集、报警、防卫和社会等级等(Yew and Chung, 2015)。性信息素是由同种昆虫的某一性别个体的特殊分泌器官分泌于体外,能被同种异性个体的感受器所接受,并引起异性个体产生一定的行为反应或生理效应(如求偶、交配等)的微量化学物质(Raina, 1993)。绝大多数昆虫由雌虫释放性信息素来唤起雄虫的求偶反应,引诱雄虫进行交配,实现种群繁衍。

　　早在 19 世纪,人们发现将野生蚕蛾(*Bombyx mori*)雌虫藏在房间内也可将室外的雄虫吸引过来,但是将雌蚕蛾放在密封的玻璃罐内,就不再能吸引雄虫。这个现象让当时的昆虫学家很困惑,但是他们察觉到玻璃罐能密封住的某种气味才是雌雄虫求偶的通信讯号。科学家第一次尝试分析鉴定昆虫性信息素的化学结构始于欧亚舞毒蛾(*Lymantria dispar*),但由于当时科研条件及分析方法的局限而以失败告终(Schneider, 1992)。此后 Butenandt 经过多年的艰苦摸索,终于在1959年从约50万头雌蚕腹部腺体内分离提取出12 g性信息素纯物质,命名为蚕蛾醇[Bombykol,(E)-10-顺-12-十六碳二烯醇],这是世界上第一次成功鉴定昆虫性信息素,从此性信息素研究成为化学家们的一片科研新天地。近几十年来,与性信息素相关的生物学、行为学、生理学、生物化学各学科的研究不断深入,分离手段和化学结构鉴定方法得到了巨大发展。触角电位技术(EAG)、单感器记录(SSR)等电生理技术大大提高了信息素研究水平(蔡双虎和程立生,2002);气质联用仪(GC/MS)、气相色谱触角电位联用仪(GC-EAD)、气相色谱傅里叶变换红外光谱(GC/FT-IR)、液相色谱飞行时间质谱(LC/TOFMS)和全二维气相色谱飞行时间质谱(GC×GC/TOFMS)等技术的应用使得信息素的提取鉴定工作效率大大提高(Yamazawa et al,2003;Kalinová et al,2006),性信息素研究进入快速发展期,越来越多的昆虫性信息素被相继鉴定。在性信息素化学结构鉴定的基础上,昆虫性信息素的多样性、性信息素组分的功能、性信息素生物合成酶、性信息素生物合成的调节机制、性信息素的感受机制以及性信息素的应用技术等方面的研究迅速发展(韦卫等,2006;孔祥波等,2003;Ono et al,2002;Moto et al,2004)。

自从蚕蛾性信息素被第一次鉴定后,关于蛾类性信息素知识的增加引起了人们对非鳞翅目昆虫性信息素的兴趣,如双翅目、蜚蠊目、鞘翅目、半翅目。截至目前,已开展了9个目、90余科、3 000多种昆虫性信息素的研究,以鳞翅目、鞘翅目昆虫居多,其中对鳞翅目昆虫性信息素的研究最为广泛和深入。截至2020年,超过700种雌性信息素得以鉴定,另外有1 300余种蛾类的引诱剂被发现(Ando and Yamamoto,2020)。目前报道已鉴定的700多种鳞翅目昆虫性信息素,根据化学结构特点基本可归纳为2大主要类型(图4-1)。最常见的类型Ⅰ性信息素为$C_{10}\sim C_{18}$的不饱和长碳链结构,碳链末端具有羟基、甲酰基、乙酰基等官能团。类型Ⅰ性信息素通常是由饱和脂肪酸生物合成而来,约占已经报道的蛾类性信息素的75%,此类性信息素几乎见于所有的双孔亚目,常见于螟蛾科、卷蛾科和夜蛾科等蛾类性信息素成分(Yan et al,2014;Vang et al,2013;Subchev et al,2000)。类型2性信息素在

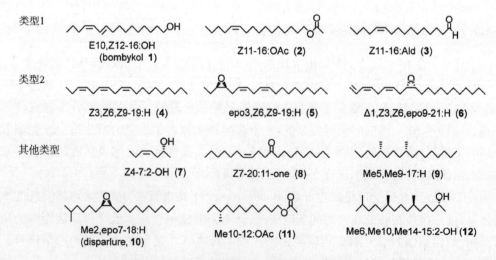

图4-1 鳞翅目昆虫性信息素的典型化学结构

(Ando and Yamamoto,2020)

20 世纪 70 年代被科学家发现，特点为 C_{17}～C_{23} 的烯烃及其环氧衍生物，此类性信息素化学结构相对复杂，多见于尺蠖科、毒蛾科和灯蛾科等蛾类性信息素成分，约占蛾类性信息素的 15%（Kong *et al*，2012；Yamamoto *et al*，2013；Yamakawa *et al*，2012）。除了上述两大主要类型，还剩下 10%的性信息素不具备类型 I 和类型 II 的特点，其中具有短链（C_7 和 C_9）的二醇被 Löfstedt 和 Millar 定义为 0 型，长碳链的中间碳位具有甲基等化学结构的性信息素被定为类型 III 性信息素（Yamakawa *et al*，2011），此两类化学结构信息素相对较为少见。上述不同类型性信息素通过碳链长度、官能团位置、化合物结构修饰等方式产生了成千上万种结构特异的性信息素化合物。绝大部分鳞翅目昆虫含有两种或两种以上的性信息素成分，由此可以产生更多独特的性信息素组合（Uehara *et al*，2015）。国内外学者在昆虫性信息素领域的研究主要集中在鳞翅目害虫性信息素鉴定、性诱剂研发、嗅觉识别机理及交配干扰等方向。

4.1.2 昆虫性信息素的研究方法

4.1.2.1 性信息素提取与分离

昆虫性信息素绝大多数是由雌虫分泌产生，其体内的性信息素含量并不是一直恒量的，而是随着生理节律的变化也在发生变化。通常在求偶期，鳞翅目昆虫体内性信息素含量达到最高。不同种的鳞翅目昆虫体内性信息素含量也有较大的差异，如体型较大的夜蛾科蛾类，其性信息素主成分含量通常为 10～100 ng，而体型微小的潜蛾科蛾类含量就极小，甚至少于 1 pg（Ando *et al*，2004）。基于上述两个特点，在合适的时间使用合适的方法提取性信息素成为性信息素研究的重要前提。目前常用的性信息素提取方法有如下几种。

（1）**腺体浸提法**　昆虫性信息素是由特定的腺体分泌产生，不同种类昆虫的腺体位置差异很大，准确定位昆虫性腺是性信息素提取的关键。鞘翅目金龟科昆虫的性腺通常位于最后两节腹板和肛上板的上皮细胞（Leal *et al*，1996）；天牛科昆虫性信息素通常由体壁分泌（温硕洋，1991；陆群和张玉凤，2000）；盲蝽科昆虫性信息素分泌部位则可能为后胸臭腺、足部或者腹部（Millar *et al*，1998）；鳞翅目昆虫性信息素腺体大多位于第 8、第 9 腹节的节间膜（Ma and Roelofs，2002）。腺体浸提法通常选择正处于求偶期的雌虫，通过挤压腹部末端，使其性腺暴露出来，剪下后利用非极性溶剂浸泡可获得性信息素有效成分，但是浸泡时间需要掌握好，以避免杂质过多地溶于溶剂。腺体浸提法是提取鳞翅目昆虫性信息素最常用的方法，具有操作简便，经济高效的特点。

（2）**动态顶空吸附法**（DHS）　该方法是化学生态学研究中最常见的一种采集挥发性物质的方法。由于鳞翅目昆虫性信息素具有挥发性，因此也可使用该方法提取。通常将求偶期的雌虫置于一个封闭环境，利用净化后的气流带动性信息素通过吸附物质，从而将性信息素富集的一种方法。常见的吸附剂有 Porapak Q、Super Q、Tenax、活性炭、玻璃棉、玻璃毛细管等材料（Tóth and Buser，1992）。顶空抽气法可实现在求偶期内对昆虫性信息素进行连续的提取，但是由于吸附材料对亲脂性的性信息素吸附力较低，因此容易遗漏释放量较小的性信息素。

（3）**固相微萃取**（solid-phase microextraction，SPME）、**磁力搅拌吸附萃取**（SBSE）　该方法

是一种便捷的提取方法,其工作原理为,表层涂有特异性涂层的熔融石英纤维在昆虫性腺表面吸附性信息素直至纤维层达到平衡,然后将吸附性信息素后的石英纤维通过保护针鞘直接注入气相色谱的进样口,吸附在其表面的性信息素在瞬时高温条件下快速解吸附,进入色谱柱分离。SPME 技术克服了以往传统样品预处理技术的缺陷,它无须溶剂和复杂装置,可以直接采集挥发性和非挥发性的化合物,并直接在分析仪器上实现进样分析。由于其高效及便捷性,常用于鳞翅目昆虫性信息素的提取,如细蛾科的 *Phyllonorycter sylvella* 和斑幕潜叶蛾 *P. blancardella*,夜蛾科的 *Sesamia nonagrioides* 和卷叶蛾科的 *Phtheochroa cranaodes* 的性信息素均采用 SPME 提取,并进一步分析鉴定出其性信息素化学结构(Borgkarlsona and Mozuraitis,1996;Mozuraitis *et al*,1999;Norin,2001;Frérot *et al*,1997)。

总之,以上几种性信息素的提取方法各有优缺点,在实际研究中应该根据昆虫的具体特点以及性信息素化学特性综合考虑,以选择能获得尽可能多的性信息素且杂质较少的提取方法为宜。

4.1.2.2 性信息素活性测定方法

在性信息素研究中,无论天然的性信息素粗提物还是人工合成性信息素化合物,都需要通过一定的方法评估其生物活性,以进一步进行分析及应用研究。

(1)**昆虫触角电位技术**(Electroantennogram,EAG) 该技术是目前昆虫化学生态学最常用的电生理技术,该技术可以直接检测昆虫触角对化学物质的反应,因此在昆虫信息素和植物挥发物的研究中,可在系列候选化合物里筛选出具有电生理反应的物质。触角电位技术的原理是:触角是昆虫感受化学气味的器官,其上面分布大量的嗅觉感受器,内部有嗅觉神经元,可以将气味信息转化为电信号,从而产生动作电位。每一个化学感受器可以看作是一个电阻和电压,从触角端部到基部分布的大量化学感受器产生的电压累加形成一个总电压。这个总电压通过仪器降噪以及信号放大后呈现,从而可以区分不同化合物以及不同浓度对触角的刺激程度(图 4-2)。

(2)**锥形瓶生测法** 该方法是一种最简单直观的生理活性测定方法,主要用于初步测定性信息素粗提物或者性信息素人工合成物质是否能引起同种异性昆虫的求偶交配行为。通常在黑暗条件下,通过微弱的红光(10 lx)观察昆虫的行为。测试时,一般用滤纸条上添加少于 1 头雌虫当量的性信息素粗提物或人工合成性信息素的正己烷溶液,待正己烷挥发后放入锥形瓶内,观察瓶内昆虫的反应行为。求偶反应行为可分为 4 种:激烈的触角摆动、定向飞行、求偶舞和腹部末端相互试探接触(Touhara,2013)。

(3)**风洞生测法** 该方法是研究昆虫信息素常用的技术之一。由于田间环境因子复杂,室内的研究结果与田间实际应用结果并不能保证完全一致。风洞技术可以在室内简单模拟出田间环境,作为室内研究结果和田间应用的一个中间过渡,常用于测定昆虫信息素或植物挥发物配方是否能调控昆虫行为。风洞测试成败的关键在于掌握好光照、温度、湿度等因子,因此风洞需要有光照控制系统、温度控制装置、湿度控制装置、空气净化装置、风力调节装置以及风向调节装置(图 4-3)。性信息素化合物活性测定时,将味源置于风洞上风口,让气流携带气味物质刺激位于下风口的昆虫,并观察昆虫的反应。风洞生物测定时主要观察两种行为反应,分别为昆虫的逆风飞行和味源接触。

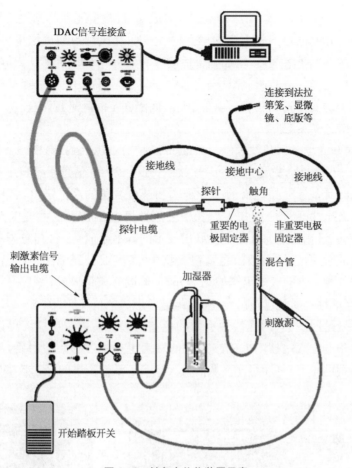

图 4-2　触角电位仪装置示意

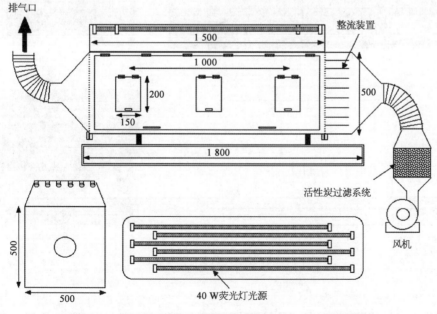

图 4-3　风洞结构示意(日本筑波大学 Yooichi Kainoh 教授提供)

（4）**田间诱捕**　检验昆虫性信息素鉴定是否成功,最为重要和可靠的证据就是在田间能否成功诱捕到同种异性昆虫。根据室内触角电位反应和风洞等测试结果得出的配方,将人工合成的性信息素溶解于溶剂后,添加到合适的缓释载体中形成诱芯。田间诱捕时,根据目标害虫的行为特性选择合适的诱捕器,诱捕器内安装配制好的诱芯,选择目标害虫发生的区域进行诱捕。每个诱捕器间距一般不小于 10 m,间隔固定时间进行调查。

4.1.2.3　性信息素鉴定方法

（1）**气相色谱触角电位联用技术**(gas chromatography-electroantennographic detection,GC - EAD)　该技术是 Arn *et al*（1975）发展起来的一项技术,现已成为性信息素鉴定中十分重要的一种方法。该技术同时具备了气相色谱的高分辨率和昆虫触角的高灵敏度,常用于在大量的化合物里筛选出具有电生理反应的物质。气相色谱触角电位联用技术可以大大缩小目标范围,提高工作效率。气相色谱与触角电位联用技术的基本原理是:性信息素粗提物包含了活性成分以及大量的杂质,进样后性信息素粗提物中,各种成分经毛细管色谱柱分离,分离后的物质一部分被气相色谱的火焰离子检测器分析,形成气相色谱的信号,另一部分分流的物质则流向触角,当活性物质流出被触角感受后,触角形成电位反应(图 4 - 4)。由于气相色谱和触角电位的信号是同步的,因此活性物质的色谱峰和触角电位反应峰可以对应起来。通过气相色谱与触角电位联用技术准确锁定性信息素粗提物中的活性物质,没有触角电位反应的成分可以不用进行下一步的分析,从而大大提高了活性物质的筛选效率(闫凤鸣,2011)。

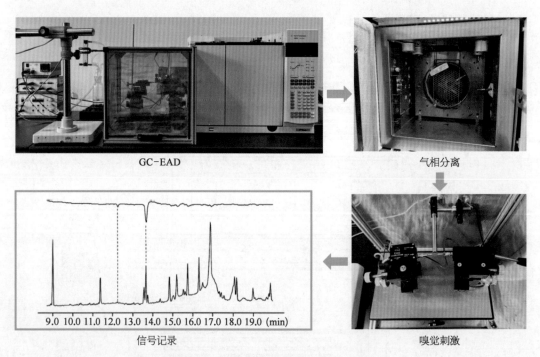

图 4 - 4　气相色谱—触角电位联用仪示意

（2）**气相色谱质谱联用技术**(gas chromatography-mass spectrometry,GC - MS)　该技术是性信息素化学结构鉴定最常使用的方法,利用气相色谱良好的分离能力,让物质在色谱柱内分离,并用质谱对分离出来的组分进行鉴定。气质联用技术的原理是被分析混合物由气流带动,在一根很长的内壁具有特定物质涂层的毛细柱内流动,因为混合物与固定相的结合能力不同,因此在流动过程中逐渐分开,从而达到分离的目的。通过色谱柱分离后的物质先后进入质谱,在电子轰击离子源(EI)作用下,化合物可能会被打掉一个电子形成分子离子,分子离子进一步发生化学键断裂形成碎片离子,通过分子离子以及特征碎片离子可以对化合物进行化学结构推导。

在鳞翅目性信息素鉴定中,类型Ⅰ的单烯型性信息素其分子离子难以被检测到,基本是通过高质荷比特征离子片段进行鉴定。比如 $C_{10} \sim C_{18}$ 的偶数碳链醇类性信息素的特征离子片段 $[M-H_2O]^+$ 分别是 m/z 138、166、194、222 和 250;$C_{10} \sim C_{18}$ 的偶数碳链醛类性信息素的特征离子片段是 m/z 136、164、192、220 和 248;$C_{10} \sim C_{18}$ 的偶数碳链酯类性信息素的特征离子片段 $[M-AcOH]^+$ 是(m/z 138、166、194、222 和 250)。当相同的碳链长度醇和乙酸酯表现出相同的片段离子时,可以通过乙酸酯类类型 1 性信息素特有的 m/z 61 离子进行区分鉴定。$C_{10} \sim C_{18}$ 链的二烯基和三烯基化合物的分子离子信号一般较为明显,可以在鉴定中起到很大的作用,例如,对于 $C_{10} \sim C_{18}$ 的偶数碳二烯醇分别对应 m/z 154、182、210、238 和 266;$C_{10} \sim C_{18}$ 的偶数碳二烯醛分别对应 m/z 152、180、208、236 和 264;$C_{10} \sim C_{18}$ 的偶数碳乙酸二烯酯分别对应 m/z 196、224、252、280 和 308。类型Ⅰ的烯烃双键的具体位置,质谱信息并不能判断出其准确构型。为了准确鉴定类型Ⅰ性信息素的双键位置,需要进行衍生化后再进行进一步的确认。通常类型Ⅰ的单烯型醇和乙酸酯采用的是利用二甲基二硫醚(DMDS)甲硫基化反应,在碘催化条件下,很容易发生碳碳双键的甲硫基化反式加成反应,顺式和反式异构体 DMDS 加成后分别形成苏式和赤式加合物。在 GC-MS 分析条件下,DMDS 衍生物均产生很强的分子离子峰。裂解位置主要位于甲硫基取代后的 2 个碳原子之间(原双键处),裂解产生的特征碎片离子丰度很强,很容易推断双键在碳链中的位置。如图 4-5(A)中的 (Z)7-十二碳乙酸酯[(Z)7-12:Ac]的 DMDS 衍生物经质谱分析,得到特征离子 m/z 117($[C_5H_{10}SMe]^+$)、143(M-AcOH-117)和 203(M-117),以上信息可以清楚地揭示其双键位于 C_7 位。对于共轭双烯型类型 1 性信息素双键位置判定,利用 4-甲基-1,2,4-三唑啉-3,5-二酮(MTAD)进行衍生化是一个很有效的方法,两者结合很容易发生 Diels-Alder 环加成反应。经质谱分析,可以形成丰富的特征离子片段用于判断母体双键位置。如图 4-5(B)中云南松毛虫性信息素成分(E)-5-(Z)-7-十二碳乙酸酯[(E)5,(Z)7-12:Ac]的衍生化合物产生 m/z 222 和 280,就可以推导出其两个双键位置分别是在 C_5 和 C_7 位。

类型Ⅱ的性信息素更适合利用气质进行分析,其分子离子和特征离子片段均比较容易被检测到(图 4-6)。比如(Z)6,(Z)9 的双烯质谱信息中,会有很明显的 m/z 81(基峰,$[C_2H_5(CH=CH)_2]^+$)和 m/z 110;而(Z)3,(Z)6,(Z)9 的三烯质谱信息中,会有很明显的 m/z 79(基峰,$[H(CH=CH)_3]^+$)和 m/z 108 和 M-56;(Z)6,(Z)9 的双烯环氧化形成的 2 个环氧单烯,其中 6,7-环氧单烯通常会有 m/z 109、m/z 113、M-71、M-71、M-111、M-114、M-142 和 M-156,尤其还有一个特征离子片段 m/z 99 显示 C_6 和 C_7 环氧处的断裂重排,9,10-环氧单烯通常会有 m/z 55、69 或 81 的基峰,m/z 110、m/z 153、M-71、M-125,其中特征离子片段 m/z 110 显示 C_8 和 C_9 环氧处的断裂重排;(Z)3,(Z)6,(Z)9 的

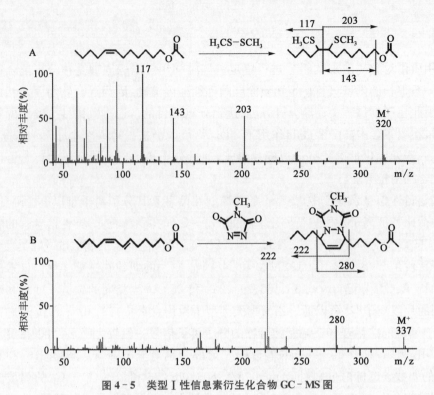

图 4-5　类型 Ⅰ 性信息素衍生化合物 GC-MS 图

A: (Z)7-12: Ac 的 DMDS 衍生物质谱图;B: (E)5,(Z)7-12: Ac 的 MTAD 衍生物质谱图。

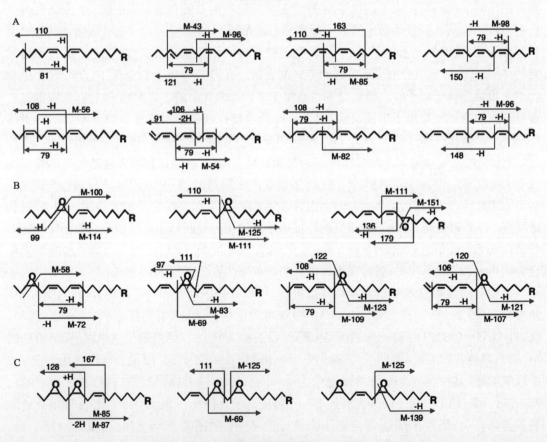

图 4-6　类型 Ⅱ 性信息素 GC-MS 图

A: 多烯类型 Ⅱ 性信息素;B: 单环氧及类似结构类型 Ⅱ 性信息素;C: 双环氧及类似结构类型 Ⅱ 性信息素。

三烯环氧化形成的 3 个环氧单烯也有明显不同的质谱信息,其中3,4-环氧-6,9-二烯和9,10-环氧-3,6-二烯因为其中保留了同共轭的二烯结构,因此在 m/z 79 处都有 1 个基峰,其中 3,4-环氧-6,9-二烯另外还有 M-72,9,10-环氧-3,6-二烯具有 m/z 108 的特征离子片段,6,7-环氧-3,9-二烯的基峰则为 m/z 67。类型Ⅱ的性信息素分析通常采用极性强的色谱柱进行分离,如 DB-23 或 DB-Wax。在强极性的色谱柱下,(Z)6,(Z)9-二烯衍生的 2 个单环氧化合物以 6,7-环氧化合物的出峰时间略早于 9,10-环氧化合物(Yamamoto et al,2000;Ando et al,1995),但并不能完全分离而形成并肩峰。(Z)3,(Z)6,(Z)9-三烯衍生的 3 种单环氧化合物出峰顺序依次为 6,7-、3,4-和 9,10-环氧化合物(Millar,2000)。6,7-环氧化合物能完全分离,而 3,4-和 9,10-环氧二烯则由于分离度不够形成不能完全分开的并肩峰(Ando et al,1997)。

近年来,由于分析仪器的发展,全二维气相色谱飞行时间质谱分析技术(comprehensive two-dimensional gas chromatography time-of-flight mass spectrometry,GC×GC/TOFMS)也开始应用于性信息素的鉴定。当物质组成太复杂,常规的气质联用技术的气相色谱的分离能力不够时,不能准确实现定性和定量分析。全二维气相色谱飞行时间质谱分析技术是把 2 根极性不同的色谱柱串联起来,再将色谱柱分离后的物质利用飞行时间质谱采集信号,因此具有分辨率高、丰容量大、灵敏度好和信息量大的优点。温秀军等人利用全二维气相色谱飞行时间质谱分析技术对皮暗斑螟(*Euzophera batangensis*)性信息素进行分析,成功鉴定出其性信息素成分为(Z)9,(E)12-十四碳-1-醇和(Z)9-十四碳-1-醇(温秀军,2009)。

(3)**液相色谱(LC)和液质联用技术(LC-MS)** 与气相色谱类似,液相色谱(liquid chromatography,LC)也是一种将混合物通过固定相实现分离的技术,所不同的是液相色谱的流动相采用的是液体。在鳞翅目昆虫性信息素研究中,对类型Ⅱ环氧烯烃类性信息素就是通过利用手性液相色谱柱实现分离(Pu et al,1999;Qin et al,1997)。液质联用技术(liquid chromatography-mass spectrometry,LC-MS)就是将液相色谱分离后的物质通过质谱进行分析的技术。液质联用技术广泛应用于极性化合物的分析,但是该技术在昆虫性信息素的分析方面应用却十分有限。近年来,日本科学家开始利用液质联用技术分析鳞翅目尺蛾科昆虫的性信息素,Yamazawa 等人利用液相色谱飞行时间质谱(liquid chromatography time-of-flight mass spectrometry,LC/TOFMS)对一系列尺蛾科的类型Ⅱ性信息素进行分析(图 4-7),并将其特征质谱信息进行总结,为后人对此类性信息素研究提供了参考(Yamazawa et al,2003)。

由(Z)3,(Z)6,(Z)9-三烯衍生的环氧二烯都表现为[M+NH₄]⁺、[M+H]⁺

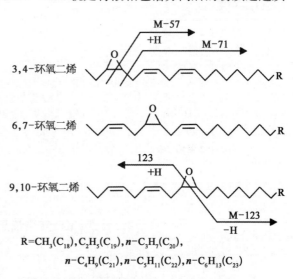

R=CH₃(C₁₈),C₂H₅(C₁₉),n-C₃H₇(C₂₀),
n-C₄H₉(C₂₁),n-C₅H₁₁(C₂₂),n-C₆H₁₃(C₂₃)

图 4-7 利用 LC/ESI-TOFMS 分析类型Ⅱ性
信息素的特征离子片段

和[M-OH]⁺三个离子，分辨率高，灵敏度好，可以推导相应性信息素的分子式。此外，3，4-环氧化合物还有特征离子片段M-57和M-71离子，9，10-环氧化合物有M-123和123离子片段，而6，7-环氧化合物没有产生确定反映其结构的片段离子。C18～C23的环氧二烯性信息素的特征离子具体见表4-1。

表4-1　环氧二烯类型Ⅱ性信息素的LC/ESI-TOFMS分析特征数据

化　合　物		分子量	相对离子丰度(%)			
			[M-57]⁺	[M-71]⁺	[M-123]⁺	m/z 123
C18			m/z 207	m/z 193	m/z 141	m/z 123
	3,4-环氧二烯	264	20.0	4.9	0.0	0.0
	6,7-环氧二烯	264	0.0	0.0	0.0	0.0
	9,10-环氧二烯	264	0.0	0.0	6.1	11.2
C19			m/z 221	m/z 207	m/z 155	m/z 123
	3,4-环氧二烯	278	22.0	4.0	0.0	0.0
	6,7-环氧二烯	278	0.0	0.0	0.0	0.0
	9,10-环氧二烯	278	0.0	0.0	6.6	20.4
C20			m/z 235	m/z 221	m/z 169	m/z 123
	3,4-环氧二烯	292	19.8	2.8	0.0	0.0
	6,7-环氧二烯	292	0.0	0.0	0.0	0.0
	9,10-环氧二烯	292	0.0	0.0	6.5	14.3
C21			m/z 249	m/z 235	m/z 183	m/z 123
	3,4-环氧二烯	306	17.2	1.3	0.0	0.0
	6,7-环氧二烯	306	0.0	0.0	0.0	0.0
	9,10-环氧二烯	306	0.0	0.0	2.9	7.6
C22			m/z 263	m/z 249	m/z 197	m/z 123
	3,4-环氧二烯	320	13.3	0.5	0.0	0.0
	6,7-环氧二烯	320	0.0	0.0	0.0	0.0
	9,10-环氧二烯	320	0.0	0.0	4.7	7.5
C23			m/z 277	m/z 263	m/z 211	m/z 123
	3,4-环氧二烯	334	7.0	0.6	0.0	0.0
	6,7-环氧二烯	334	0.0	0.0	0.0	0.0
	9,10-环氧二烯	334	0.0	0.0	1.8	13.7

4.2　茶树害虫性信息素研究的进展

茶(*Camellia sinensis*)是世界上消费量最大的饮料作物。然而茶园长期依赖化学农药进行病虫害防治，使得茶叶农药残留对消费者的健康安全造成了隐患，同时化学农药的使用还带来了害虫抗药性、环境污染等负面影响。昆虫性信息素作为20世纪60年代化学生态学的重要发现,因其具有高效、环保、专一性强等优点,受到各国科学家的肯定,被认为是"生物合理农药"。在过去的研究中,茶园许多昆虫的性信息素被相继鉴定和应用,其中尤其以日本科学家对茶树几种蛾类的研究最为深入,如茶小卷叶蛾(*Adoxophyes honmai*)的性信息素防治已经成为昆虫性信息素应用的典范。

4.2.1 茶树昆虫性信息素的鉴定情况

当前茶树害虫以刺吸式口器和咀嚼式口器害虫为主,其中刺吸式口器害虫往往因为个体微小,性信息素研究较少;咀嚼式口器害虫中,目前国际上以鳞翅目害虫性信息素研究最为深入,已有多种害虫性信息素被鉴定并应用于生产中。到目前为止,茶树害虫中共有19种昆虫的性信息素被成功分离鉴定,其中鳞翅目昆虫16种,半翅目昆虫3种(表4-2)。

表4-2 19种茶树害虫的性信息素化学成分

昆虫分类	种　　名	性信息素化学成分	参　考　文　献
鳞翅目 Lepidoptera	茶小卷叶蛾(*Adoxophyes honmai*)	(Z)9-十四碳烯乙酸酯 (Z)11-十四碳烯乙酸酯 (E)11-十四碳烯乙酸酯 10-甲基十二碳乙酸酯	Tamaki *et al*,1971,1979,1983
	茶卷叶蛾(*Homona magnanima*)	(Z)11-十四碳烯乙酸酯 (Z)9-十二碳烯乙酸酯 11-十二碳烯乙酸酯	野口浩等,1981
	褐带长卷叶蛾(*Homona coffearia*)	(E)9-十二碳烯乙酸酯 1-十二醇乙酸酯 1-十二醇	Kochansky *et al*,1978
	湘黄卷蛾(*Archips strojny*)	(Z)11-十四碳乙酸酯	Fu *et al*,2022
	茶细蛾(*Caloptilia theivora*)	(E)11-十六碳烯醛 (Z)11-十六碳烯醛	Ando *et al*,1985
	艾尺蠖(*Ascotis selenaria cretacea*)	(Z)6,9-环氧-3,4-十九碳二烯 (Z)3,6,9-十九碳三烯	Ando *et al*,1997;Witjaksono *et al*,1999
	灰茶尺蠖(*Ectropis grisescens*)	(Z)3,9-环氧-6,7-十八碳二烯 (Z)3,6,9-十八碳三烯	Ma *et al*,2016;罗宗秀等,2016
	茶尺蠖(*Ectropis obliqua*)	(Z)3,9-环氧-6,7-十八碳二烯 (Z)3,9-环氧-6,7-十九碳二烯 (Z)3,6,9-十八碳三烯	Luo *et al*,2017
	茶毛虫(*Euproctis pseudoconspersa*)	10,14-二甲基十五醇异丁酸酯 10,14-二甲基十五醇丁酸酯 14-甲基十五醇异丁酸酯	Wakamura *et al*,1994,1996;Ichikawa *et al*,1995
	黄尾毒蛾(*Euproctis similis*)	(Z)7-十八醇异丁酸酯 (Z)7-十八醇丁酸酯 (Z)7-十八醇-2-甲基丁酸酯 (Z)9-十八醇-2-甲基丁酸酯 (Z)7-十八醇异戊酸酯 (Z)9-十八醇异戊酸酯	Yasuda *et al*,1994

昆虫分类	种　　名	性信息素化学成分	参　考　文　献
鳞翅目 Lepidoptera	台湾黄毒蛾（*Euproctis taiwana*）	（*Z*）9 -甲基- 16 -十七烷异丁酸酯 16 -甲基十七烷异丁酸酯	Yasuda *et al*，1995
	折带黄毒蛾（*Artaxa subflava*）	10,14 -二甲基十五醇异丁酸酯 14 -甲基十五醇异丁酸酯	Wakamura *et al*，2007(a)
	茶黑毒蛾（*Dasychira baibarana*）	（*Z*）3,6 环氧- 9,10 -二十一碳二烯 （*Z*）3,6 二十一碳二烯- 11 -酮 （*Z*）3,6,-（*E*）11 -环氧- 9,10 -二十一碳三烯	Magsi *et al*，2022
	茶蚕（*Andraca bipunctata*）	十八碳醛 （*E*）11 -十八碳烯醛 （*E*）14 -十八碳烯醛 （*E,E*）11,14 -十八碳二烯醛	Ho *et al*，1996
	丽绿刺蛾（*Parasa lepida*）	（*Z*）7,9 -十碳二烯醇	Wakamura *et al*，2007(b)
	斜纹夜蛾（*Spodoptera litura*）	（*Z*）9 -反 11 -十四碳乙酸酯 （*Z*）9 -反 12 -十四碳乙酸酯	Tamaki *et al*，1973
半翅目 Hemiptera	茶蚜（*Toxoptera aurantii*）	荆芥内酯 荆芥醇	Han *et al*，2014
	桑白盾蚧（*Pseudaulascaspis pentagona*）	（*Z*）3,9 -二甲基- 6 -异丙烯- 3,9 -癸二烯丙酸酯	Heath *et al*，1979
	绿盲蝽（*Aploygus lucorum*）	4 -氧代-反- 2 -己烯醛 丁酸己酯 丁酸-反- 2 -己烯酯	Zhang *et al*，2020

4.2.2　茶树卷叶蛾类害虫性信息素的研究进展

截至目前,茶树上共有 5 种卷叶蛾性信息素的研究报道,分别是茶小卷叶蛾（*Adoxophyes honmai* Yasuda）、茶卷叶蛾（*Homona magnanima* Diakonoff）、褐带长卷叶蛾（*Homona coffearia* Nietner）、湘黄卷蛾（*Archips strojny* Razowski）和茶细蛾（*Caloptilia theivora* Walsingham）。研究发现,所有卷叶蛾类的性信息素均属于蛾类类型Ⅰ性信息素。茶小卷叶蛾、茶卷叶蛾、褐带长卷叶蛾和湘黄卷蛾属鳞翅目卷叶蛾科,茶细蛾则属于鳞翅目细蛾科,其中茶小卷叶蛾、茶卷叶蛾常见于中国和日本茶园,湘黄卷蛾是近年来在中国茶园新发现的卷叶害虫,褐带长卷叶蛾则主要分布在印度、斯里兰卡等国家茶园。

4.2.2.1　茶小卷叶蛾性信息素研究

茶小卷叶蛾是东北亚茶区的重要芽叶害虫,是茶树害虫性信息素研究最早的种类,也是研究最为深入和应用最为成功的种类,在茶树害虫性信息素研究中具有重要意义和地位。由于茶小卷叶蛾全年发生代数多,虫体匿藏于卷叶苞内,化学防治较难奏效,在日本茶园危害尤其严重,因此 20 世纪 70 年代,日本科学家就对该虫的性信息素进行了研究。当时茶小卷叶蛾的种名还是以 *Adoxophyes fasciata* 命名,受当时技术局限,Tamaki 等人(1971)利用二氯甲烷从 5 000 头雌虫体内浸提得到了茶小卷叶蛾性信息素粗提物,最后通过分离纯化得到 140 μg 性信息素成分 A 和 80 μg 性信息素成分 B,经气质分析与合成标样对比,确定性信息素成分 A 就是(Z)-9-十四碳烯乙酸酯,性信息素成分 B 为(Z)-11-十四碳烯乙酸酯(图 4-8)。

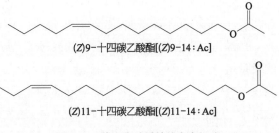

(Z)9-十四碳乙酸酯[(Z)9-14:Ac]

(Z)11-十四碳乙酸酯[(Z)11-14:Ac]

图 4-8 茶小卷叶蛾性信息素组分

活性测试显示,其中任何一种性信息素成分均不能单独引起雄虫的行为反应,只有当两者混合时,才引起了雄虫的求偶响应行为。1971 年,日本静冈县金谷町的田间试验结果表明,当(Z)9-14:Ac 和(Z)11-14:Ac 以 2:1 的比例混合,在 12 μg 剂量下每晚平均可以引诱到 49 头茶小卷叶蛾。然而,性诱剂的效果距离实际应用还有一定差距。

此后,日本科学家从一系列性信息素类似物筛选协同增效物质,以找到高效性诱剂配方实现生产应用。经过田间试验发现在(E)8,(E)10-十二碳二烯醇、(E)7-十四碳乙酸酯、(Z)9-十二碳乙酸酯、(Z)8-十二碳乙酸酯、2-甲基-7,8-环氧十八烷、(E)11-十四碳乙酸酯和(Z)9,(E)12-十四碳乙酸酯等物质中,(Z)9,(E)12-14 十四碳乙酸酯能起到明显的增效作用,可将茶小卷叶蛾的性诱剂引诱力由每个诱捕器诱捕 11.25 头提升至诱捕 31.00 头,且对照显示,该物质单独对茶小卷叶蛾雄虫无吸引力。在性诱剂与增效剂比例研究中,室内行为活性测试发现当(Z)9,(E)12-14:Ac 剂量为性信息素的 0.001 倍时即可起到较弱的增效作用,随着比例越来越高,引诱活性也越来越好,当性诱剂与增效剂比例达到 1:1 时,引诱活性提升最佳;最后进行的田间试验与室内活性测定一致,当性诱剂与增效剂均为 250 μg 时,田间诱虫效果比单独使用性诱剂高 1 倍,而且(Z)9,(E)12-14:Ac 还具有延长性诱剂持效期的作用。该发现为茶小卷叶蛾性诱剂的应用奠定了良好的基础。

在此之后的研究中,茶小卷叶蛾经历了复杂的分类学鉴定与命名过程,最初的 *Adoxophyes fasciata* 种名改为 *Adoxophyes orana*。研究发现这个种中危害茶树的种群和危害苹果、梨的害虫的种群间存在生殖隔离现象,也即人工饲养时,苹果及梨树上的小卷叶蛾只和苹果及梨树上的小卷叶蛾交配,而不和茶树上的小卷叶蛾交配;反之,茶树上的小卷叶蛾也是如此。当强制进行交配时,苹果及梨树上的小卷叶蛾和茶树上的小卷叶蛾虽可以交配产卵,但只有 6% 的卵可以孵化,而且后代均为雄虫,成活率还很低(本间健平,1971)。分类学研究发现,二者在形态结构上无明显区别,因此把苹果和茶树上的小卷叶蛾定为一个种(*A. orana*)下面的两个生物型:茶型和苹果型。1970—1976 年,在对茶小卷叶蛾性信息素的分离初期,人工饲养出来的茶小卷叶蛾虫源中也就不可避免地包括有两个型的昆虫,因而在对性信息素的活性成分分离中实际上包括了这两个型的活性成分。这使得在确定茶小卷叶蛾性信息素的成分配比上出现混乱的结果。1975 年 Yasuda 又提出它们是同一个种的两个亚种,苹果上的小卷叶蛾是 *A. orana fasciata*,茶树上的小卷叶蛾因为证据不足,大多用未定种名 *A. sp*。随后,科学家们逐渐对这两个"型"的身份提出怀疑,提出了对 Adoxophyes 属昆虫的分类学开展了系列研究直到 20 世纪 90 年代的中后期,茶小卷叶蛾近似种的解剖学研究结果表明这两个型的害虫可细分为 3 个种:苹果上的种(*Adoxophyes orana fasciata* Walsingham),茶树上的种(*Adoxophyes honmai* Yasuda)以及与茶树上的小卷叶蛾混生,但不危害茶、而危害珍珠花属(Lyonia)和茶藨子属(Ribes)植物的种(*Adoxophyes dubia* Yasuda)(Yasuda,1998)。

1979 年,茶小卷叶蛾性信息素的发现者 Yoshio Tamaki 进一步对茶小卷叶蛾性信息素的微量组分进行了研究。由于微量成分含量低且分离分析手段落后,此项研究使用了大量雌虫,共从 70 000 头雌虫体内提取分离到 1 117.1 μg 性信息素成分,除之前报道的两种性信息素(*Z*)9 - 14∶Ac 和(*Z*)11 - 14∶Ac 外,还发现了两种微量成分(*E*)11 -十四碳烯乙酸酯[(*E*)11 - 14∶Ac]和 10 -甲基十二碳乙酸酯(Me10 - 12∶Ac),四种成分含量比例为 62.7∶31.2∶4.2∶1.9(表 4 - 3)。此外,还在茶小卷叶蛾雌虫提取物种发现了 7 种性信息素类似化合物,然而并没发现具有生理活性。

表 4 - 3　70 000 头茶小卷叶蛾雌虫性信息素成分及其相对含量

化　合　物	70 000 头雌虫 含量(μg)	单头雌虫 含量(μg)	相对比例 (%)
(*Z*)9 - 14∶Ac	703.6	10.1	62.7
(*Z*)11 - 14∶Ac	350.0	5.0	31.2
(*E*)11 - 14∶Ac	45.6	0.7	4.2
Me10 - 12∶Ac	17.9	0.3	1.9
合计	1 117.1	16.1	100.0

根据诱导雄蛾的行为反应,性信息素大致分为两类:一类是"长距离"趋化性的化合物,它们能引起雄蛾的飞翔行为,通常为性信息素的主要成分;另一类是"近距离"行为反应化合物,它们可激起雄蛾降落、振翅、撒开味刷和交尾企图等行为,通常是性信息素中的次要组分,其可辅助长距离趋化性化合物功能的发挥。在茶小卷叶蛾性信息素组分中,(*Z*)9 - 14∶Ac 和(*Z*)11 - 14∶Ac 是性信息素的"长距离"趋化性主成分,有较广的作用范围,而(*E*)11 - 14∶Ac 和 Me10 - 12∶Ac 作为性信息素的"近距离"行为反应的次成分(表 4 - 4)则表现为较小的作用范围。性信息素浓度随着距离而降低,当其浓度低于阈值时,对茶小卷叶蛾便失去性引诱活性。一些次要成分的有效范围明显较主要成分小。但次要成分的加入可使性引诱活性有明显提高。有趣的是,两种主成分中的任何单独一种,即使是很高的剂量,对茶小卷叶蛾的雄蛾都无引诱作用。

表 4 - 4　茶小卷叶蛾性信息素中各种活性成分及其生物学功能

活　性　成　分	生　物　学　功　能
(*Z*)9 - 14∶Ac	使雄蛾激动(远距离作用)
(*Z*)11 - 14∶Ac	使雄蛾激动(远距离作用)
(*E*)11 - 14∶Ac	低浓度下可增效(近距离作用)
Me10 - 12∶Ac	提高雄蛾着陆能力和近距离交配性能
(*Z*)9,(*E*)12 - 14∶Ac	远距离对雄蛾飞行进行导航

性信息素的化学构型也影响这性信息素的生物活性。为了使得制剂具有更高的生物活性，曾对 Me10‐12：Ac 进行异构体拆分，包括 S 和 R 两个组分。活性比较实验表明，R 异构体的活性高于 S 异构体，相互间无抑制作用(Tamaki *et al*，1983)。R 体和 S 体的比率以 95/5 为最佳，效果甚至超过 100％R 体。在对(Z)9‐14：Ac 和(Z)11‐14：Ac 两种主要成分的研究中还发现了 5 种类似物(图 4‐9)，它们对上述两种主要成分的活性有抑制作用，因此必须保证上述两种主成分的纯度。Negishi(1979)等又同时发现(Z)9,(E)12‐十四碳二烯醇乙酸酯对上述两种活性成分可起增效作用。

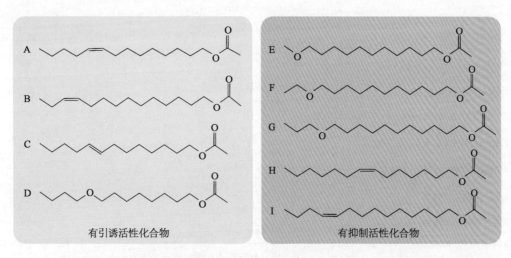

图 4‐9　对茶小卷叶蛾有引诱活性的性信息素成分及有抑制作用的类似物

茶小卷叶蛾除在日本危害较严重外，也是我国台湾地区茶园的重要害虫。由于同种害虫的不同地理种群存在性信息素差异的现象，因此我国台湾地区的昆虫学家对当地的茶小卷叶蛾性信息素进行了研究。实验结果表明，我国台湾种群的性信息素成分和比例与日本种群不同，我国台湾种群仅有(Z)11‐14：Ac 和(Z)9‐14：Ac 两种成分，二者含量分别为 24.9 ng 和 14.1 ng，以 64：36 的比例存在。相对于日本的四种组分配方，我国台湾种群的二元组合配方引诱力对当地雄虫引诱力显著高于日本的四种组分配方(Kou *et al*，1990)。

4.2.2.2　茶卷叶蛾性信息素研究

除茶小卷叶蛾外，茶卷叶蛾同样是严重危害日本茶园的一种鳞翅目害虫。日本的 Noguchi 等(1979)最早用 8 000 头茶卷叶蛾获得了茶卷叶蛾的性信息素粗提取物。将粗提物在弗罗里硅土(Florisil)柱上用梯度乙醚‐正己烷溶液进行淋洗，最终获得的两个化合物分别有 1 150 μg 和 170 μg，进一步用 GC‐MS 鉴定出化合物 A 是(Z)11‐14：Ac，而化合物 B 是(Z)9‐十二碳乙酸酯[(Z)9‐12：Ac]和 11‐十二碳烯乙酸酯(11‐12：Ac)。野口浩等将茶卷叶蛾雄虫转移至低于正常温度 5℃且持续光照的环境中时，可获得最佳的性信息素生物活性。随后其利用上述方法对茶卷叶蛾的 3 种性信息素成分进行了活性测定，结合进一步的田间诱捕效果比较，确定了浓度和活性间的关系，(Z)11‐14：Ac 的最适浓度为 3.0‐12.0 mg，(Z)9‐12：Ac 的最适浓度为 0.15 mg，11‐12：Ac 的最适浓度为 0.05 mg，三者的比例为

$60：3：1$。用上述三种化合物配成的混合物和处女雌蛾粗提物进行田间实验相比较，5 头羽化 2 天的茶卷叶蛾雌虫诱集的效果最好，与三种化合物的混合物效果相近（表 4-5）。

表 4-5　合成的性信息素和初羽化的茶卷叶蛾雌虫田间诱集效果比较
（Noguchi *et al*，1979）

处　　　理	诱集到的雄虫数	
	Ⅰ	Ⅱ
$(Z)11-14：Ac 1.5 mg+(Z)9-12：Ac 0.15 mg+11-12：Ac 0.05 mg$	71	54
$(Z)11-14：Ac 0.15 mg+(Z)9-12：Ac 0.015 mg+11-12：Ac 0.005 mg$	32	41
$(Z)11-14：Ac 1.5 mg+(Z)9-12：Ac 0.15 mg$	19	3
$(Z)11-14：Ac 1.5 mg+11-12：Ac 0.05 mg$	2	0
$(Z)9-12：Ac 0.15 mg+11-12：Ac 0.05 mg$	0	0
雌蛾粗提取物（相当于 100 头雌蛾）	6	4
雌蛾粗提取物（相当于 10 头雌蛾）	0	2
5 头 2 天龄处女雌蛾	79	75
1 头 3 天龄处女雌蛾	22	40
1 头 1 天龄处女雌蛾	4	6
蓝色荧光灯，20 W	0	—

在对活性成分同分异构体的活性比较研究中发现，$11-14：Ac$ 和 $9-12：Ac$ 两种主要成分都是顺式异构体，当反式异构体的量如果不超过 10%，对活性影响不明显，超过 10% 后，性诱剂整体引诱活力急剧下降为零。性信息素的载体材料可显著影响化学成分的持效期，将性信息素存放在棉线、塑胶、橡胶塞和毛细玻璃管中对比测试发现，只有橡胶塞吸附 $1.7\sim 17$ mg 性信息素或毛细玻璃管吸附 170 mg 性信息素能在 26 天后依然保持高效的吸引力（野口浩 等，1981），橡胶塞兼具持效期和节省性信息素原料的优点。最终提出在生产上采用三种性信息素总量为 3.2 mg，以 $60：3：1$ 的比例用橡胶作为载体的诱芯适用于引诱茶卷叶蛾。

肖素女对我国台湾的茶卷叶蛾种群进行性信息素研究。她所用的配方和日本的略有不同。田间诱集实验结果表明，$(Z)11-14：Ac：(Z)9-12：Ac$ 为 80：20 的配方效果最好，其次为 $(Z)11-14：Ac：(Z)9-12：Ac：11-12：Ac$ 为 80：10：10 或 88：9：3，而三种化合物单用效果均不好。在功能上，$(Z)11-14：Ac$ 有激发昆虫交配的功能，$(Z)9-12：Ac$ 有引诱昆虫的作用（肖素女，1998）。在我国台湾地区推广时用 $(Z)11-14：Ac：(Z)9-12：Ac：11-12：Ac$ 为 80：10：10（总剂量 1 mg），每隔 4 行茶树设立 1 排诱虫器，每个诱虫器间隔约 15 m。在田间温度不高时持效期可保持 1 个月（肖素女，2000）。下一代幼虫数量可减少 43%～100%。日本和我国台湾田间诱捕效果测试表明在第一、第二代虫口密度还不高时即用性信息素进行防治可获得 50%～60% 的防效，对压低第 3、第 4 代的虫口数量有良好效果。

4.2.2.3 褐带长卷叶蛾性信息素研究

属于 Homana 属的茶卷叶蛾除了日本记载的 *H. magnanima* 外,在印度、斯里兰卡和印度尼西亚还记载了褐带长卷叶蛾 *H. coffearia* Nietner。斯里兰卡的科学家为解决该虫对本国茶园的危害,与美国纽约农业试验站的专家合作研究,在褐带长卷叶蛾雌虫体内共发现三种性信息素成分,分别是 1-十二烷醇(12∶OH),(*Z*)9-十二碳烯乙酸酯[(*Z*)9-12∶Ac]和 1-十二碳烯乙酸酯(12∶Ac)三种化合物(图 4-10)(Kochansky *et al*,1978)。田间活性测试显示,三个成分中仅(*E*)9-十二碳烯乙

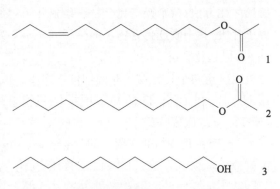

酸酯[(*E*)9-12∶Ac]表现出对雄虫具有引诱活性,而且当添加 1-十二烷醇(12∶OH)和 1-十二碳烯乙酸酯(12∶Ac)后,诱芯的活性显著增加。研究还发现,(*E*)9-12∶Ac 的顺式异构体对引诱力影响十分明显,当顺式异构体杂质含量在 2%~5%时,性诱剂引诱力几近失效。最终得到褐带长卷叶蛾性诱剂配方,当(*E*)9-12∶Ac、12∶OH 和 12∶Ac 为 3∶1∶1 时,以 1 mg 剂量可应用于该虫的虫口监测。

图 4-10 褐带长卷叶蛾(*Homona coffearia* Nietner)的性信息素化学式

1∶(*E*)9-12∶Ac;2∶12∶Ac;3∶12∶OH。

4.2.2.4 湘黄卷蛾性信息素研究

湘黄卷蛾属鳞翅目卷蛾科黄卷蛾属,是 2015 年在杭州茶园发现的一种茶树新害虫(图 4-11),该虫成虫高峰期在 4 月份,因此对春茶产量和品质均有较大影响(唐美君等,2017)。为了给防治该虫提供技术支撑,中国农业科学院茶叶研究所对湘黄卷蛾的性信息素进行了研究。研究首先利用正己烷浸提了 120 头湘黄卷蛾雌虫性腺腺体,获得了性信息素粗提物。由于如今分析仪器和方法的大幅提升,利用 GC-EAD 即可以高效准确地在性信息素

图 4-11 茶园新发现卷叶蛾——湘黄卷蛾

A: 雄虫;B: 雌虫

粗提物中发现具有生理活性的化合物,测试发现湘黄卷蛾性信息素粗提物中有候选化合物,二者的含量比例为8∶92(图4-12)。利用GC-MS分析两个候选化合物,根据二者的质谱信息里均有明显的离子片段m/z 194推断,可能是14碳烯烃结构的醇或乙酸酯基团断裂所产生。进一步质谱信息发现候选化合物2质谱信息具有一个离子片段m/z 61,为明显的乙酸酯基团特征,因此初步推断第一个候选化合物为14碳烯醇,第二个候选化合物为14碳烯乙酸酯。为确定两个化合物烯烃双键位置,采用了前文性信息素研究方法中的二甲基二硫醚衍生化方法,两个候选化合物在碘催化下,烯烃双键甲硫基衍生化后形成非常明显的特征离子片段,其中候选化合物1的分子离子M+为306,且分裂出2个高丰度特征离子m/z 217和89,候选化合物2的分子离子M+为348,且分裂出2个高丰度特征离子m/z 259和89,因此可以判定两个化合物的双键均位于第11碳位。此后又探究了两个化合物的顺反结构,利用HP-5和DB-23两种不同极性色谱柱下与(Z)11-十四碳醇[(Z)11-14∶OH]、(E)11-十四碳醇[(E)11-14∶OH]、(Z)11-14∶Ac和(E)11-十四碳乙酸酯[(E)11-14∶Ac]四种化合物的保留时间(retention time)和科瓦茨指数(Kovat's index)对比,最终明确候选化合物1为(Z)11-14∶OH,候选化合物2为(Z)11-14∶Ac。

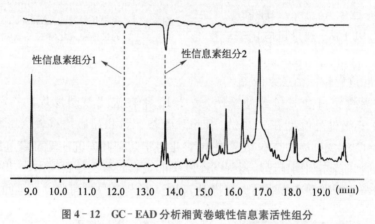

图4-12　GC-EAD分析湘黄卷蛾性信息素活性组分

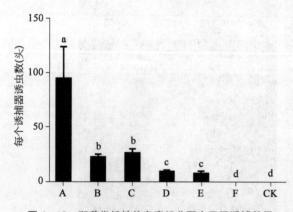

图4-13　湘黄卷蛾性信息素组分配方田间诱捕效果

A～F为不同比例的(Z)11-14∶OH和(Z)11-14∶Ac;A=0∶100,B=5∶95,C=10∶90,D=20∶80,E=40∶60,F=100∶0;CK为诱芯,添加100 μL正己烷。

最后对上述鉴定的两个性信息素候选化合物进行田间引诱活性测试,结果显示当(Z)11-14∶Ac单独使用时,表现出对湘黄卷蛾雄虫最强的引诱活性,每个诱捕器平均可以引诱到94.5头雄虫;(Z)11-14∶OH单独使用,对雄虫没有引诱活性;当将(Z)11-14∶OH与(Z)11-14∶Ac混合时,仅5%的(Z)11-14∶OH就使诱芯引诱力显著下降,而且(Z)11-14∶OH的比例越高,诱芯引诱活性越低(图4-13);最终明确湘黄卷蛾性腺中(Z)11-14∶Ac是其唯一的性信息素成分,对雄虫具有强烈的引诱力,而$(Z)11-14$：OH 则是性信息素拮抗剂,可能在湘黄卷蛾雌虫调节交配时机等行为方面发挥作用(Fu $et\ al$,2022)。

4.2.2.5 茶细蛾性信息素研究

茶细蛾是一种在日本、中国和印度等东北亚和南亚等产茶国严重危害茶园的害虫。这种害虫危害茶树时具有潜叶和卷叶两种不同的危害期,化学防治较难奏效。日本著名昆虫性信息素研究专家 Tetsu Ando 在 1985 年就开展了对该虫的性信息素研究,发现其活性成分为$(E)11-$十六碳烯醛$[(E)11-16$：Ald]和$(Z)11-$十六碳烯醛$[(Z)11-16$：Ald](图 $4-14$)(Ando $et\ al$,1985)。田间实验表明,每个诱集器用 1 mg 的有效成分,如果单是反式异构体,不能表现出引诱活性,但如果加入 $10\%\sim30\%$ 的顺式异构体成分则能发挥引诱活性(表$4-6$)。如果在成分中混有$(E)-11-$十六碳烯$-1-$醇或$(E)-11-$十六碳烯醇乙酸酯便会出现抑制效应(Ando $et\ al$,1985)。

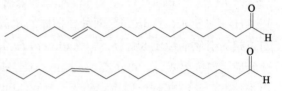

图 $4-14$ 茶细蛾性信息素活性成分的化学式

表 $4-6$ 茶细蛾性信息素两种活性成分不同配比对雄蛾的引诱活性
(Ando $et\ al$,1986)

性信息素组分的配比		引诱到的雄蛾总数	
$(E)11-16$：Ald	$(Z)11-16$：Ald	I	II
1.0	0	1	1
0.9	0.1	774	489
0.7	0.3	236	689
0.5	0.5	39	254
0.3	0.7	2	14
0.1	0.9	7	3
0	1.0	1	3
0	0	1	2

4.2.3 茶树尺蠖类害虫性信息素的研究进展

据记载茶园中的尺蠖类害虫有 20 多种。尺蠖类害虫在日本茶园危害不重,仅报道有少量茶艾枝尺蠖(*Ascotis selenaria cretacea*),然而在中国广大茶区,尺蠖类害虫是危害十分严重的一类食叶害虫,其中尤以灰茶尺蠖(*Ectropis grisescens*)和茶尺蠖(*Ectropis obliqua*)为重,几乎所有产茶省份均有危害,给茶产业造成很大的经济损失。为解决我国茶树尺蠖危害问题,中国农业科学院、安徽农业大学、华南农业大学等科研院所和高校进行了一系列的研究,最终鉴定其性信息素,并研发出高效性诱剂,建立高效应用技术,为尺蠖的绿色防控提供了技术支撑。目前报道的尺蠖性信息素均属于蛾类类型Ⅱ性信息素。

4.2.3.1 茶艾枝尺蠖性信息素研究

最早报道茶树尺蠖性信息素的是茶艾枝尺蠖,该虫可危害多种农作物,在以色列的学名定名为 Ascotis selenaria,而在茶树上危害的是一个亚种,定名为 Ascotis selenaria cretacea。以色列的研究发现其性信息素包括两种成分,主成分是(Z)6,(Z)9-3,4-环氧十九碳二烯[epo3,(Z)6,(Z)9-19:H],次要成分为(Z)3,(Z)6,(Z)9-十九碳三烯[(Z)3,(Z)6,(Z)9-19:H](图4-15)。Ando对日本茶树上的种的性信息素鉴定为epo3,(Z)6,(Z)9-19:H,其3S,4R和3R,4S两种异构体的比例是53:47。田间实验证明,3R,4S环氧化物对雄蛾的引诱活性比3S,4R强(Ando et al,1997)。三烯是环氧化物的生物合成途径的前体物质。研究发现,(Z)3,(Z)6,(Z)9-19:H的两种组分的比例在一天中会发生变化。在白天结束后2h,环氧化物与三烯之比为34:1,在白天结束后6h,两者之比为21:1,而在天亮后12h,两者之比为1:1。当白天结束时,三烯明显增加,同时环氧化物的量降低到三烯量的水平。用环氧化物作诱芯可以对茶艾枝尺蠖的雄蛾有诱集效应。但三烯没有引诱活性。当三烯和环氧的比例在1:9时,三烯会有增效作用,在5:5时活性明显下降(表4-7)。在上述两种昆虫中都是环氧化物诱集各自的雄蛾。但它们的环氧化物却是相反的。以色列的 A. selenaria 种的雄蛾可被3S,4R异构体所诱集,而日本的 A. selenaria cretacea 种的雄蛾可被3R,4S异构体所诱集。这两个亚种的雄蛾在反应上的差异可能是由它们的神经系统中不同的信息素受体引发的嗅觉差异造成的。笔者对我国茶园茶艾枝尺蠖的性信息素也进行了相关研究,发现与日本茶艾枝尺蠖略有不同,我国种群雄虫对单独的(Z)3,(Z)6,(Z)9-19:H 或 epo3,(Z)6,(Z)9-19:H 均有趋性,其中 epo3,(Z)6,(Z)9-19:H 的引诱力更强,二者混合后引诱力进一步提升,(Z)3,(Z)6,(Z)9-19:H 占比为10%时引诱活性最高,随着(Z)3,(Z)6,(Z)9-19:H 比例提升,引诱效果降低,结果表明茶艾枝尺蠖的性信息素主要成分为 epo3,(Z)6,(Z)9-19:H,微量成分为(Z)3,(Z)6,(Z)9-19:H。

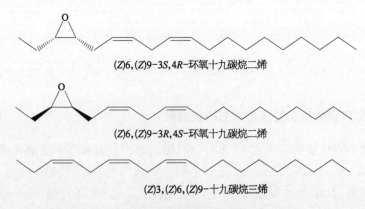

(Z)6,(Z)9-3S,4R-环氧十九碳烷二烯

(Z)6,(Z)9-3R,4S-环氧十九碳烷二烯

(Z)3,(Z)6,(Z)9-十九碳烷三烯

图4-15 茶艾枝尺蠖的性信息素组分化学结构

表 4-7　(Z)3,(Z)6,(Z)9-19：H 和 epo3,(Z)6,(Z)9-19：H
在茶园中对茶艾枝尺蠖雄蛾的田间引诱活性
(Ando *et al*, 1997)

处理（微克/诱芯）			诱集到的雄蛾数	
(Z)3,(Z)6, (Z)9-19：H	epo3,(Z)6, (Z)9-19：H	比 率	6月13—15日*	9月7—17日**
1 000	0	100：0	0	
900	100	9：1		19
500	500	5：5	1	51
100	900	1：9	36	120
0	1 000	0：10	64	108
0	0		0	0

注：＊为 2 个诱捕器的诱集数，＊＊为 3 个诱捕器的诱集数。

4.2.3.2　灰茶尺蠖性信息素研究

灰茶尺蠖和茶尺蠖是我国茶区最重要的两种尺蠖害虫。灰茶尺蠖分布于我国大部分产茶地区，如江北茶区的河南省，江南茶区的江西省、湖北省、湖南省，华南茶区的福建省、广东省、广西壮族自治区和西南茶区的四川省、贵州省等。茶尺蠖则主要分布于江苏省、安徽省和浙江省三省交界的茶区（张汉鹄和谭济才，2004；陈宗懋，2008）。这两种尺蠖的性信息素研究前后历时 20 余年，最终成功应用于茶产业的尺蠖防治中。早在 20 世纪 90 年代中国农业科学院茶叶研究所和南开大学合作，对茶尺蠖性信息素进行了分离和鉴定的研究。这是我国茶学领域第一次研究害虫性信息素，他们首次对茶尺蠖腺体部位、释放规律、提取方法及合成样品的生物活性进行了综合研究，发现茶尺蠖性信息素腺体位于腹部第 8 与第 9、第 10 节的节间膜处。在 15～20℃下，雌蛾在 2 日龄进入暗周期 6～8 h 期间释放性信息素最强，利用二氯甲烷浸提性腺、正己烷淋洗性腺或用 PORAPAK Q 吸附性信息素均可提取杂质较少、生物活性较高的粗提物。最终利用 GC-MS 分析粗提取物，发现并仿生合成 5 种性信息素候选化合物，其中(Z)3,(Z)9-6,7-环氧十八碳二烯[(Z)3,epo6,(Z)9-18：H]对雄蛾有 30%～47% 的求偶反应率，为茶尺蠖性信息素的主要成分；(Z)3,(Z)6,(Z)9-二十二碳三烯、(Z)3,(Z)6,(Z)9-二十四碳三烯和(Z)9,(Z)12-十八碳二烯醛的等量混合物对茶尺蠖雄蛾也有 27% 的引诱率（殷坤山等，1993）。虽然当时对茶尺蠖性信息素的研究尚未达到田间应用的地步，但是却为后人继续对两种尺蠖性信息素的研究打下良好的基础。

随着昆虫化学生态学研究技术的不断发展，农作物害虫性信息素研究种类越来越丰富。2016 年，中国农业科学院茶叶研究所对灰茶尺蠖性信息素进行了研究。利用 GC-EAD 对灰茶尺蠖性腺的正己烷浸提液进行分析，从中筛选找到两个反应明显的性信息素候选物质（图 4-16）。

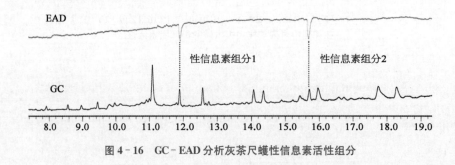

图 4-16　GC-EAD 分析灰茶尺蠖性信息素活性组分

GC-MS 分析,得到了总离子流色谱图,根据色谱峰出峰顺序以及鳞翅目类型Ⅱ性信息素特征离子锁定两个活性成分色谱峰。活性成分 1 的质谱信息(图 4-17),根据离子峰 m/z 41,55,67,79(基峰),93,108,121,135,149,163,177,192,219,234,248,推定活性成分 1 为(Z)3,(Z)6,(Z)9-十八碳三烯[(Z)3,(Z)6,(Z)9-18:H]。分析活性成分 2 的质谱信息(图 4-18),根据离子峰 m/z 41,55,67(基峰),83,95,111,121,137,151,165,179,209,224,235,249,推定活性成分 2 为(Z)3,epo6,(Z)9-18:H。此外 Ma(2016)等人还利用了二维气相飞行时间质谱分析了灰茶尺蠖性信息素成分,质谱分析结果与罗宗秀(2016)的气质分析结果一致,两种方法实现了对灰茶尺蠖性信息素化学结构的相互印证。

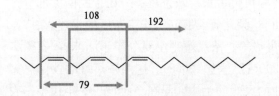

图 4-17　(Z)3,(Z)6,(Z)9-18:H 的特征离子片段

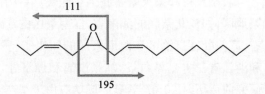

图 4-18　(Z)3,epo6,(Z)9-18:H 的特征离子片段

罗宗秀等测定了(Z)3,(Z)6,(Z)9-18:H 和(Z)3,epo6,(Z)9-18:H 两种性信息素的田间诱捕效果,结果表明(Z)3,(Z)6,(Z)9-18:H 和(Z)3,epo6,(Z)9-18:H 确为灰茶尺蠖性信息素。(Z)3,(Z)6,(Z)9-18:H 单独使用无引诱效果,而(Z)3,epo6,(Z)9-18:H 单独使用具有引诱效果,当二者混合时对雄蛾具有较好的引诱活性。浙江省杭州市与绍兴市两地的诱捕数据显示,不同比例的性信息素组合表现出不同的引诱效果,其中(Z)3,(Z)6,(Z)9-18:H 和(Z)3,epo6,(Z)9-18:H 以 4:6 的比例混合,总剂量为 1 mg 的处理引诱效果最佳,每个诱捕器的诱捕虫数分别为 69.7 头(杭州)和 41.7 头(绍兴)(表 4-8)。

表 4-8　灰茶尺蠖性信息素化合物的田间引诱结果

处理	物质添加量(μL)		每个诱捕器诱捕总数(头)	
	(Z)3,(Z)6,(Z)9-18:H (10 μg/μL)	(Z)3,epo6,(Z)9-18:H (10 μg/μL)	杭　州	绍　兴
1	100	0	2.7±0.7[c]	0.3±0.3[c]
2	80	20	19.3±4.7[b]	18.0±2.6[b]

处理	物质添加量(μL)		每个诱捕器诱捕总数(头)	
	(Z)3,(Z)6,(Z)9-18:H (10 μg/μL)	(Z)3,epo6,(Z)9-18:H (10 μg/μL)	杭 州	绍 兴
3	60	40	55.0±1.7a	27.7±8.8ab
4	40	60	69.7±19.9a	41.7±6.8a
5	20	80	63.0±17.9a	28.3±2.3ab
6	0	100	28.3±2.0ab	22.7±1.2ab
7	CK		0.7±0.3c	0.0±0.0c

注：表中数据为平均值±标准误差。同列数据后不同上标字母代表经 Tukey's-b 方法在 $P<0.05$ 水平分析达显著性差异。

4.2.3.3 茶尺蠖性信息素研究

茶尺蠖的性信息素自 20 世纪 90 年代初步研究后,相关研究陷入停滞。近年来,中国农业科学院茶叶研究所和安徽农业大学等研究人员才重新开展相关工作。中国农业科学院茶叶研究所研究人员,通过 GC-EAD 分析茶尺蠖性腺浸提物发现,采用正己烷浸提法提取的性信息素粗提物中共有 3 个活性成分可以引起雄蛾触角电生理活性(图 4-19)。

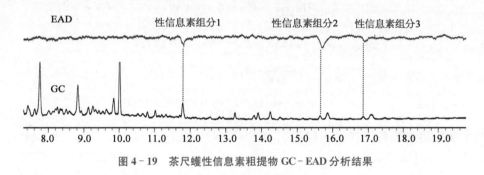

图 4-19　茶尺蠖性信息素粗提物 GC-EAD 分析结果

与 GC-EAD 相同色谱条件下对性信息素提取物进行 GC-MS 分析,得到了总离子流色谱图(图 4-20),根据色谱峰出峰顺序以及鳞翅目类型Ⅱ性信息素特征离子锁定 3 个活性成分色谱峰。其中活性成分 1 的质谱信息与灰茶尺蠖性信息素成分(Z)3,(Z)6,(Z)9-18:H 一致。活性成分 2 的质谱信息与灰茶尺蠖性信息素成分(Z)3,epo6,(Z)9-18:H 一致。分析活性成分 3 的质谱信息(图 4-21),得到离子峰 m/z 41,55,67(基峰),83,95,111,123,135,165,172,202,216,235,249,推定活性成分 3 为(Z)3,(Z)9-6,7-环氧十九碳二烯[(Z)3,epo6,(Z)9-19:H]。此外,还在茶尺蠖性信息素的粗提物中发现了一种未引起明显电生理活性的微量成分,通过分析其保留时间与质谱信息,确定其为(Z)3,(Z)6,(Z)9-19:H。

田间诱捕测试 3 种具有电生理活性的性信息素化合物的引诱活性,结果表明(Z)3,(Z)6,(Z)9-18:H、(Z)3,epo6,(Z)9-18:H 和(Z)3,epo6,(Z)9-19:H 确为茶尺蠖性信息素。三者混合时在一定比例范围内对雄蛾都具有一定的引诱活性。田间效果显示,不

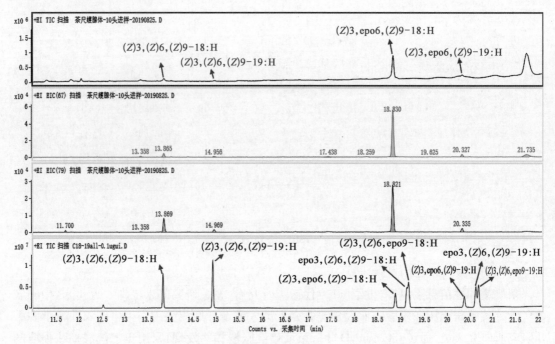

图 4 - 20　茶尺蠖性信息素粗提物 GC‑MS 分析结果

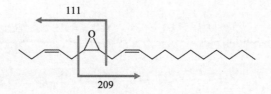

图 4 - 21　(Z)3, epo6, (Z)9 - 19：H 的特征离子片段

同比例的性信息素组合表现出不同的引诱效果,其中(Z)3,(Z)6,(Z)9 - 18：H、(Z)3,
epo6,(Z)9 - 18：H 和(Z)3,epo6,(Z)9 - 19：H 以 4：4：2 的比例混合,总剂量为 1 mg
时,引诱效果最佳(表 4 - 9)。该配方总体引诱力并不十分理想,距离田间应用尚有差距,因
此关于在性信息素粗提物中发现的(Z)3,(Z)6,(Z)9 - 19：H 的功能有待进一步的验证,是
否是微量成分可以增效其他成分的引诱效果需要通过田间试验去明确。

表 4 - 9　茶尺蠖性信息素化合物的田间引诱结果
(苏州市贡山茶场)

处理	物质添加量(μL)			每个诱捕器诱捕总数(头)
	(Z)3,(Z)6,(Z)9 - 18：H (10 μg/μL)	(Z)3,epo6,(Z)9 - 18：H (10 μg/μL)	(Z)3,epo6,(Z)9 - 19：H (10 μg/μL)	
1	10	80	10	2.7±1.5[ab]
2	20	40	20	5.0±1.5[ab]
3	20	60	20	5.0±1.5[ab]

处理	物质添加量（μL）			每个诱捕器诱捕总数（头）
	$(Z)3,(Z)6,(Z)9-18：H$（$10\ \mu g/\mu L$）	$(Z)3,epo6,(Z)9-18：H$（$10\ \mu g/\mu L$）	$(Z)3,epo6,(Z)9-19：H$（$10\ \mu g/\mu L$）	
4	20	70	10	4.3±1.5[ab]
5	30	40	30	3.0±1.0[ab]
6	30	60	10	6.7±2.2[a]
7	40	40	20	15.3±12.3[a]
8	40	50	10	6.3±0.9[a]
9	CK			0.0±0.0[b]

注：表中数据为平均值±标准误差。同列数据后不同上标字母代表经 Tukey's-b 方法在 $P<0.05$ 水平分析达显著性差异。

除中国农业科学院茶叶研究所对茶尺蠖性信息素进行了研究外，安徽农业大学也对茶尺蠖性信息素进行了分析研究，并报道在茶尺蠖性腺里发现两个具有电生理活性物质，结构解析确定是$(Z)3,(Z)6,(Z)9-18：H$ 和$(Z)3,epo6,(Z)9-18：H$，且$(Z)3,epo6,$ $(Z)9-18：H$的电生理反应要高于$(Z)3,(Z)6,(Z)9-18：H$，田间性诱剂比例试验结构显示$(Z)3,(Z)6,(Z)9-18：H$ 和$(Z)3,epo6,(Z)9-18：H$ 比例为 4∶6 的效果最高（Yang et al, 2016）。该项研究结论与前文中国农业科学院茶叶研究所和华南农业大学的灰茶尺蠖性信息素研究一致。根据近几年中国农业科学院茶叶研究所对全国灰茶尺蠖和茶尺蠖两个近缘种尺蠖的全国地理分布调查结果来看，安徽农业大学采集"茶尺蠖"的潜山县为灰茶尺蠖种群发生区，因此很有可能是和上述两家单位一样，研究的是灰茶尺蠖，这从性信息素的鉴定结果上可以得到佐证。

4.2.4 茶树毒蛾类性信息素的研究进展

毒蛾类是茶树的一类重要的害虫。这一方面是因为它大量地啃食茶树叶片，可对产量造成直接损失，另一方面是毒蛾类幼虫体表的毒毛能引起采茶人员皮肤刺痒和严重过敏。在众多茶树毒蛾类害虫中，已对性信息素进行研究的种类有如下 4 种。

4.2.4.1 茶毛虫性信息素研究

1994 年，日本 Wakamura 等用 400 头茶毛虫的雌蛾腹末端与 200 mg 硅胶混放在一起，用正己烷、含5%乙醚的正己烷和乙醚 3 种溶剂各 1 mL 相继进行淋洗。在含5%乙醚的正己烷组分中含有 3 种活性组分。主成分是 10,14-二甲基十五碳醇异丁酸酯（Me10，Me14-15：iBu），另两个次要成分是 14-甲基十五碳醇异丁酸酯（Me14-15：iBu）和 10,14-二甲基十五碳醇正丁酸酯（Me10，Me14-15：nBu）（图 4-22）。每头雌蛾体内这 3 种活性成分的含量分别为 10 ng、0.6 ng 和 0.6 ng。根据用不同的 Me10，Me14-15：iBu 进行田间雄蛾的引诱实验结果，用 80 μg 的 Me10，Me14-15：iBu 引诱效果远比三头 3~4 日龄雌蛾的引诱效果好。研究表明，当剂量从 2.4 μg 增加到 80 μg 时，引诱效果也随之增加，但剂量再提高，引诱效果反有所下降。Me10,Me14-15：iBu 的两个异构体中的 R 体的活性高于 S 体。它们的活性顺序为：(R)-Me10,Me14-15：iBu＞对映体 Me10,Me14-15：iBu＞(S)Me10,Me14-15：iBu(Ichikawa *et al*，1995)。100％的 R 体对雄蛾的引诱活性最高,比 100％的 S 体引诱活性几乎高一倍。随着 S 体比率的提高,对雄蛾的引诱活性随之下降(Zhao *et al*，1998)。在 Me10,Me14-15：iBu 中加入 Me14-15：iBu 后可以提高引诱效果。但单用 Me14-15：iBu 引诱效果很弱(表 4-10)。

表 4-10　Me10,Me14-15：iBu,Me14-15：iBu 以及两者的
混合物对茶毛虫雄蛾的引诱效果
(Wakamura *et al*，1994)

剂量(每张滤纸上的 μg 数)		每个诱捕器诱蛾数(头)	
Me10,Me14-15：iBu	Me14-15：iBu	10 月 22—26 日	10 月 27—30 日
80	0	10.8±2.9	10.2±3.3
80	4	17.3±5.0	11.0±3.7
80	15	17.6± 5.8	
80	40	12.8± 6.3	
0	80	0.1±0.1	
3 头雌蛾		0.6± 0.2	

　　中国科学院动物研究所的 Zhao 等(1996)和我国台湾地区的 Ho 等(1999)也相继从我国茶毛虫种群雌虫体内分离和鉴定出其主要的活性成分 Me10,Me14-15：iBu。据我国台湾的研究结果,雌蛾粗体物对雄蛾的 EAG 活性大于 R 体,S 体的 EAG 活性最低,这和 Zhao (1998)的研究结果基本相同。我国台湾的试验显示,诱捕器中的性信息素剂量在 20 μg 时的诱捕效果与 2 头处女雌蛾的效果相仿(Ho *et al*，1999)。我国在每个诱芯中加入 40～1 000 μg 的 Me10,Me14-15：iBu,都表现有诱集效果,1 000 μg 的效果和 2 头处女雌蛾的诱集效果相仿。所用性信息素效果的不同可能和所用性信息素的含量和纯度有关。

图 4-22　茶毛虫雌蛾性信息素主要活性成分(1)和次要成分(2、3)的化学式

近年来,中国农业科学院茶叶研究所进一步在茶毛虫性信息素成分手性提升引诱力方面进行了尝试与实践(Li *et al*,2022)。利用昆虫触角电位技术测定了茶毛虫雄蛾触角对主要性信息组分的两个手性对映体(S)-Me10,Me14-15:iBu 和(R)-Me10,Me14-15:iBu 及次要组分 Me14-15:iBu 的电生理活性。结果显示,(R)-Me10,Me14-15:iBu 的电生理活性显著高于(S)-Me10,Me14-15:iBu(图4-23A);次要组分 Me14-15:iBu 的电生理活性也具有一定的电生理活性(图4-23B)。该结果说明,主要组分的 R 手性对茶毛虫雄蛾可能具有更强的引诱活性,同时 Me14-15:iBu 对主要成分的活性可能具有增效作用。

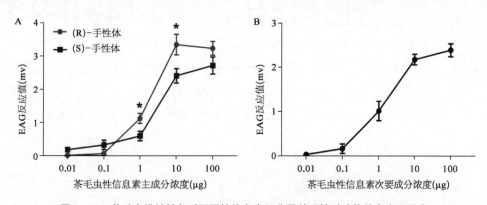

图4-23 茶毛虫雄蛾触角对不同性信息素组分及其手性对映体的电生理反应

A:茶毛虫雄蛾触角对性信息素主要组分不同手性对映体的电生理反应;B:茶毛虫雄蛾触角对性信息素次要组分的电生理反应。

通过田间诱捕试验研究了 3 个单组分对茶毛虫雄蛾的引诱活性及次要组分对主要组分的增效作用。结果显示(图4-24),(R)-Me10,Me14-15:iBu 的田间引诱活性显著高于(S)-Me10,Me14-15:iBu;Me14-15:iBu 虽无田间引诱活性,但其可以显著地提高其他两个组分的引诱活性。

通过田间诱捕试验研究了不同含量的(R)-Me10,Me14-15:iBu 对茶毛虫雄蛾引诱活性。两地结果显示(图4-25),(R)-Me10,Me14-15:iBu 的田间诱捕活性随浓度增加而增强,当其在诱芯中的含量为 0.75 mg 时,田间引诱活性最强。

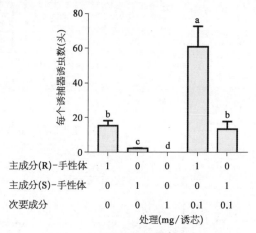

图4-24 茶毛虫性信息素不同组分的田间引诱活性

通过田间诱捕试验研究了不同含量的 Me14-15:iBu 对茶毛虫雄蛾引诱活性。结果显示(图4-26),Me14-15:iBu 对(R)-Me10,Me14-15:iBu 诱捕活性的增强作用随浓度增加先增强后降低,当其在诱芯中的含量为 0.1 mg 时,增强作用最高。

通过田间诱捕试验比较了由(R)-Me10,Me14-15:iBu 和 Me14-15:iBu 含量分别为 0.75 mg 和 0.1 mg 组成的高效性信息素配方与市售产品的田间效果。无锡市和桂林市两地结果显示(图4-27),高效性信息素配方对茶毛虫雄蛾的诱捕量约为市售产品的 2 倍,显著高于市售产品。

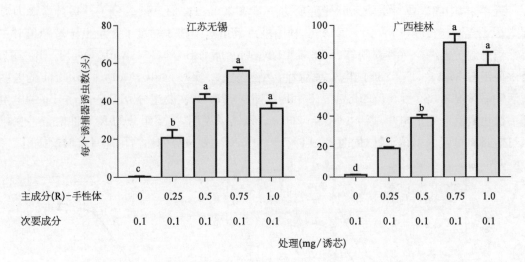

图4-25　不同含量的(R)-10,14-二甲基十五醇异丁酸酯对茶毛虫雄蛾的引诱活性

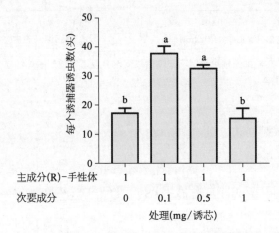

图4-26　14-甲基十五醇异丁酸酯对(R)-10,14-二甲基五醇异丁酸酯增强作用

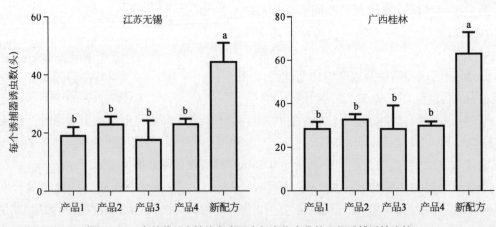

图4-27　高效茶毛虫性信息素配方与市售产品的田间诱捕活性比较

4.2.4.2 黄尾毒蛾性信息素研究

黄尾毒蛾(*Ectropis similis*)也是茶树上的一种食叶性害虫。据记载,在日本、中国、韩国均有发生。日本的 Yasuda 等在 1994 年报道了对 *E. similis* 性信息素的提取和鉴定。取雌蛾的腹部末端用正己烷进行提取,在弗罗里硅土柱上用正己烷和含 5%,10%,25% 和 50% 乙醚的正己烷相继进行淋洗,然后用 GC-MS 进行鉴定。经提取和鉴定的化合物包括 6 种:(*Z*)7-十八碳醇-2-甲基丁酸酯[(*Z*)7-18:mBu](53.5%),(*Z*)7-十八碳醇异戊酸酯[(*Z*)7-18:iVa](32.1%),(*Z*)9-十八碳醇-2-甲基丁酸酯[(*Z*)9-18:mBu](4.3%),(*Z*)9-十八碳醇异戊酸酯[(*Z*)9-18:iVa](4.8%),(*Z*)7-十八碳醇异丁酸酯[(*Z*)7-18:iBu](2.7%)和(*Z*)7-十八碳醇正丁酸酯[(*Z*)7-18:nBu](2.7%)(图 4-28)。每头雌蛾体内的总量为 18.7 ng(表 4-11)(Yasuda *et al*,1994)。(*Z*)7-18:mBu 和(*Z*)9-18:mBu 的两种对映体的比例为 *S*:*R* 为 7:2。在室内的风洞实验中表明,上述 6 种组分加上(*Z*)7-18:mBu 的光学异构体对雄蛾有引诱效应。进一步研究和田间实验表明,上述 7 种化合物中的 4 种组分(*Z*)7-18:mBu,(*Z*)7-18:iVa,(*Z*)7-18:iBu 和(*Z*)7-18:nBu 的混合物无论是在风洞实验还是田间实验中都表明是性信息素的主要成分,对雄蛾有性引诱活性。在(*Z*)7-18:mBu 的两种异构体种中,*S* 和 *R* 体的比例在 7:2 时引诱效果最好,但 *S* 体的效果优于 *R* 体,*S* 体是特别重要的组分(Yasuda *et al*,1994)。必须指出的是,用各种组分配合成的制剂无论在风洞实验和田间实验中都可以诱集到雄蛾,但效果明显较未交配雌蛾的效果要差。这说明这个混合配方组分的精确度还有待于提高,这可以从茶小卷叶蛾的研究中得到启示。

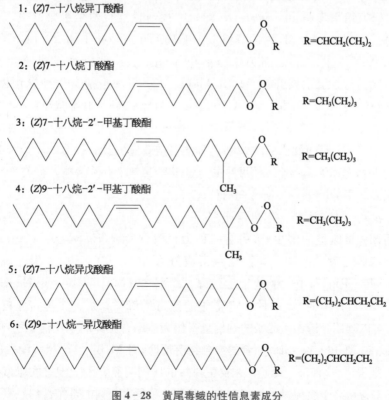

图 4-28 黄尾毒蛾的性信息素成分

（Yasuda *et al*，1994）

化 合 物	缩 写	每雌体内的平均含量(ng)
(*Z*)7‑十八碳醇异丁酸酯	(*Z*)7‑18：iBu	0.5
(*Z*)7‑十八碳醇正丁酸酯	(*Z*)7‑18：nBu	0.5
(*Z*)7‑十八碳醇‑2‑甲基正丁酸酯	(*Z*)7‑18：mBu	10.0
(*Z*)9‑十八碳醇‑2‑甲基正丁酸酯	(*Z*)9‑18：mBu	1.0
(*Z*)7‑十八碳醇异戊酸酯	(*Z*)7‑18：iVa	6.0
(*Z*)9‑十八碳醇异戊酸酯	(*Z*)9‑18：iVa	0.7

4.2.4.3 折带黄毒蛾性信息素研究

折带黄毒蛾(*Artaxa subflava*)分布于中国、日本、俄罗斯等国,是一种杂食性害虫,其寄主包括茶树。在 20 世纪 90 年代中期,日本的科学家曾经进行了 *A. Subflava* 种的性信息素研究,可能是由于 *A. subflava* 种和茶毛虫种名上的混淆,所以在性信息素的研究结果上也同样出现一些混乱。因此,从 2006 年起又重新进行了这方面的研究。Wakamura(2007a)将 17 头 3 天龄的 *A. Subflava* 未交配雌蛾,用正己烷进行提取,浓缩后在弗罗里硅土柱上用正己烷、含 5％和 15％乙醚的正己烷相继进行淋洗,再用 GC‑MS 进行鉴定和用 GC‑EAD 进行生物测定。研究结果表明,*A. Subflava* 雌蛾的性信息素有两个组分:10,14‑二甲基十五碳醇异丁酯(Me10,Me14‑15：iBu)和 14‑甲基十五碳醇异丁酯(Me14‑15：iBu)。两种化合物在每头雌蛾中的量分别为 10 ng 和 3 ng。上述两种性信息素组分和茶毛虫(*E. Pseudoconspersa*)的成分相同。Me10,Me14‑15：iBu 包括有两种异构体:*R* 体和 *S* 体。*R* 体的性引诱效果高于 *S* 体。在 *A. subflava* 雌蛾和茶毛虫雌蛾体内的性信息素组分中 Me10,Me14‑15：iBu 的 *R* 体和 *S* 体的比例未见报道。在进一步进行的田间实验中,Me10,Me14‑15：iBu 对两种虫的雄蛾都具有性引诱效应,在加入 Me14‑15：iBu 后效果下降。100％的 Me14‑15：iBu 组分对两种虫的雄蛾都没有性引诱活性。有关 *A. subflava* 的性信息素的配方和组分的进一步研究尚有待完善。

4.2.4.4 我国台湾黄毒蛾性信息素研究

除了上面 3 种毒蛾类的害虫外,另有一种为台湾黄毒蛾(*Euproctis taiwana*)。据报道也可在我国台湾地区危害茶树。其性信息素成分为(*Z*)9‑16‑甲基‑十七烷基异丁酸酯[(*Z*)9,Me16‑17：iBu]和 16‑甲基十七烷基异丁酸酯(Me16‑17：iBu)(图 4‑29)(安田哲也等,1995)。有趣的是,一种台湾毒蛾的卵寄生蜂——茶毛虫黑寄生蜂(*Telenomus euproctidis*),可以利用台湾毒蛾雌蛾的性信息素作为追踪寄主卵的定位信息物,但只对(*Z*)9,Me16‑17：iBu 和 Me16‑17：iBu 两者的混合物有反应,对 Me16‑17：iBu 没有反应(Arakaki *et al*,1996)。据报道,这种寄生蜂趋向未交配雌蛾的比例明显大于交配过的雌蛾,这可能也和前者的性信息素含量高于交配过的雌蛾有关。我国 4 种危害茶树的毒蛾性信息素见表 4‑12。

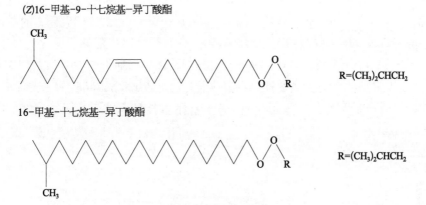

(Z)16-甲基-9-十七烷基-异丁酸酯

R=(CH₃)₂CHCH₂

16-甲基-十七烷基-异丁酸酯

R=(CH₃)₂CHCH₂

图 4‑29　台湾黄毒蛾的性信息素成分

表 4‑12　我国 4 种危害茶树的毒蛾的性信息素

种　名	性信息素组分	组成比例（%）	文　献
茶毛虫(茶黄毒蛾)	Me10,Me14‑15：iBu Me14‑15：iBu	94.3 5.7	*Wakamura et al*，1994； *Zhao et al*，1996； *Tsai et al*，1999
黄尾毒蛾	(Z)7‑18：mBu (Z)7‑18：iVa (Z)7‑18：iBu (Z)7‑18：nBu (Z)9‑18：mBu (Z)9‑18：iVa	53.5 32.1 2.7 2.7 4.3 4.8	*Yasuda et al*，1994
折带黄毒蛾	Me10,Me14‑15：iBu Me14‑15：iBu	77 23	*Wakamura et al*，2007
台湾黄毒蛾	(Z)9,Me16‑17：iBu Me16‑17：iBu	74.8 25.2	*Yasuda et al*，1995

4.2.4.5　茶黑毒蛾性信息素研究

茶黑毒蛾是近年来我国茶区区域性暴发严重危害的茶树害虫之一。幼虫毒毛触及人体皮肤会导致红肿痛痒,严重影响茶园管理。茶黑毒蛾分布于长江流域以南,北自湖北、安徽,南至两广、海南,西自云贵,东至东部沿海和我国台湾地区。由于该虫的性信息素一直未有研究,中国农业科学院茶叶研究所对其进行了首次研究。通过 GC‑EAD 分析茶黑毒蛾性信息素提取物,结果显示采用正己烷浸提法提取的茶黑毒蛾性信息素粗提物中共有 3 个活性成分可以引起雄蛾触角电生理活性。利用 GC‑MS 分析,根据色谱峰出峰顺序以及鳞翅目性信息素特征离子锁定 3 个活性成分色谱峰(图 4‑30)。其中活性成分 1 的质谱信息,得到离子峰 m/z 41,55,79(基峰),93,108,122,183,197,306,明确活性成分 1 为(Z)3,(Z)6‑9,10‑环氧-二十一碳三烯[(Z)3,(Z)6,epo9‑21：H]。活性成分 2 的质谱信息,得到离子峰 m/z 41,55,67(基峰),79,95,109,137,196,304,明确活性成分 2 为(Z)3,(Z)6 - 11 -
9,10 - 环氧-二十一碳二烯[(Z)3,(Z)6,epo9,(E)11 - 21：H]。活性成分 3 的质谱信息,得
到离子峰 m/z 55,67,79(基峰),93,122,165,169,180,306,明确活性成分 3 为(Z)3,(Z)6 -
二十一碳二烯- 11 -酮[(Z)3,(Z)6 - 21：11 - one]。以上 3 种化合物中,除了(Z)3,(Z)6,
epo9 - 21：H 为常见的蛾类类型 2 性信息素外,(Z)3,(Z)6,epo9,(E)11 - 21：H 和(Z)3,
(Z)6 - 21：11 - one 均为首次报道发现,对丰富昆虫性信息素种类具有重要的科学意义
(Magsi *et al*,2022)。

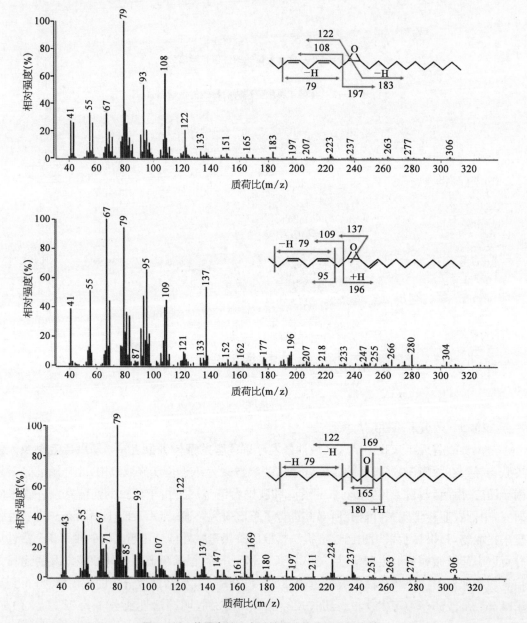

图 4 - 30　茶黑毒蛾 3 个活性成分的特征离子片段

田间诱捕结果证实了$(Z)3,(Z)6,$epo9 - 21：H、$(Z)3,(Z)6,$epo9，$(E)11 - 21$：H 和$(Z)3,(Z)6 - 21$：11 - one 为茶黑毒蛾的性信息素。不同比例的性信息素组合表现出不同的引诱效果，其中$(Z)3,$$(Z)6,$epo9 - 21：H、$(Z)3,(Z)6,$epo9，$(E)11 - 21$：H 和$(Z)3,(Z)6 - 21$：11 - one 以 25：20：55 的比例混合，总剂量为 1 mg 时，引诱效果最佳，每个诱捕器达到 16.67±3.38 头，但与其他处理引诱效果差异未达显著水平（图 4 - 31）。进一步将性信息素最佳比例处理与雌蛾引诱力进行田间诱捕对比，结果显示最优性诱剂配比引诱效果优于茶黑毒蛾雌蛾。

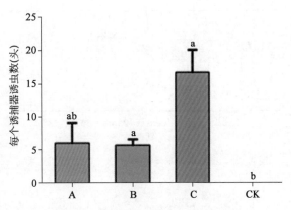

图 4 - 31　茶黑毒蛾性信息素田间诱捕结果

图中 A、B、C 处理分别为$(Z)3,(Z)6,$epo9 - 21：H、$(Z)3,$$(Z)6,$epo9，$(E)11 - 21$：H 和$(Z)3,(Z)6 - 21$：11 - one 三种成分的不同比例混合处理：A 为 75：05：20，B 为 50：10：40，C 为 25：20：55。

4.2.5　其他茶树害虫的性信息素

除了上述卷叶蛾科、尺蠖科和毒蛾科为代表的茶树害虫性信息素研究外，还有一些其他科的茶树昆虫性信息素被科学家研究报道，其中包括几种在其他作物上被研究过的多食性害虫。

4.2.5.1　茶蚕性信息素研究

茶蚕（*Andraca bipunctata* Walker），属鳞翅目（Lepidoptera）蚕蛾科（Bombycidae）茶蚕蛾属（Andraca），是一种重要的茶树食叶害虫，主要以其幼虫聚集咀食茶树叶片，严重时可将整株茶树上的叶片取食殆尽，不仅影响当年产量，而且会导致树势衰退，几年内难以恢复，造成极大危害（黄国华等，2004；李锡好等，1984）。茶蚕分布广泛，国外分布于日本、印度、马来西亚、越南、印度尼西亚等国，我国分布于台湾、江西、安徽、福建、浙江、江苏、湖北、四川、海南、广东、广西、云南等地。最早由我国台湾地区的科学家对茶蚕（*Andraca bipunctata* Walker）的性信息素进行了分离、鉴定和人工合成。我国台湾地区的 Ho 等研究报道，从茶蚕性腺中分离鉴定了 4 种候选性信息素物质，分别是十八碳醛（18：Ald），$(E)11 -$十八碳烯醛[$(E)11 - 18$：Ald]，$(E)14 -$十八碳烯醛[$(E)14 - 18$：Ald]和$(E)11,14 -$十八碳二烯醛[$(E)11, 14 - 18$：Ald]。每头雌蛾（1~3 天龄）的性信息素产生量相应为 121 ng、50 ng、187 ng 和 237 ng，这 4 个组分的比率为 20：8：31：41。用人工合成的各种组分进行的田间诱捕实验结果为，$(E)11,14 - 18$：Ald 对雄蛾的诱捕效果优于其他 3 种组分，它是茶蚕的主要活性成分，其他 3 种组分虽然也有一定的引诱活性，但主要的功能是$(E)11,14 - 18$：Ald 主组分生物合成的先成物。田间诱捕实验表明，上述 4 种成分的混合物对茶蚕雄蛾具有最高的引诱活性。其他的配方中只有$(E)11,$$(E)14 - 18$：Ald 可以出现很高的引诱效果与 4 种组分的配方差异不大（Ho *et al*，1996）。

通常远距离或特殊地理条件等因素会造成同种不同地理种群昆虫性信息素成分、比例或剂量存在差异。考虑到茶蚕大陆种群和台湾种群相隔台湾海峡，性信息素可能存在一定差异，为精准指导我国茶叶主产区利用性信息素防治茶蚕，中国农业科学院茶叶研究所对大

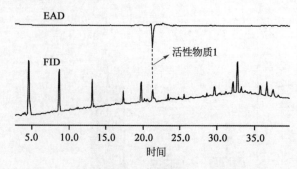

图 4-32 茶蚕性信息素粗提物 GC-EAD 分析结果

陆茶蚕种群的性信息素进行了分离与鉴定。与 Ho 等人直接在性腺粗提物中分析可能化合物不同,罗宗秀等利用 GC-EAD 对茶蚕大陆种群性信息素中真正对雄虫触角具有电生理活性的物质进行分析,发现在茶蚕性信息素粗提物中只有一种物质能引起雄虫明显的电生理反应(图 4-32)。利用 GC-MS 对该物质进行结构解析,发现活性成分的质谱离子峰 m/z 41,55,67,81,95,109,123,133,151,264(图 4-33),通过与标准品的保留时间、质谱信息对比,最终确定活性成分为(E)11,14-18Ald。

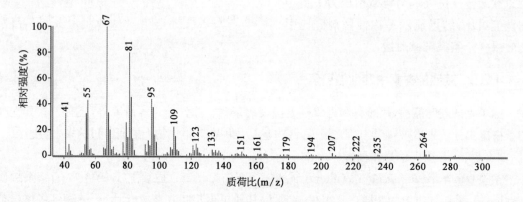

图 4-33 茶蚕性信息素提取物活性成分质谱图

由海南、安徽的田间诱捕结果表明,与空白对照相较,(E)11,14-18Ald 对茶蚕雄虫具有显著的引诱作用(表 4-13),且性信息素不同剂量对茶蚕雄虫的引诱效果具有显著影响。两地诱捕结果显示,随性信息素剂量(0.3 mg、0.6 mg、0.9 mg)的增加,雄虫的诱捕数逐渐增加,显著高于剂量为 0.3 mg 与 0.6 mg 时的诱捕数。

表 4-13 茶蚕性信息素化合物的田间引诱结果

处　理	性信息素剂量	雄　虫　诱　捕　数	
		海南五指山	安徽岳西
1	0.3 mg	80.00±9.37[c]	2.00±1.35[b]
2	0.6 mg	138.25±6.34[b]	8.75±0.95[a]
3	0.9 mg	213.50±11.90[a]	21.50±8.17[a]
4	空白对照	0.00±0.00[d]	0.00±0.00[c]

注:数据为平均值±标准误,同列数据后上标不同小写英文字母表示在 0.05 水平上单因素方差分析差异显著。

4.2.5.2 丽绿刺蛾性信息素研究

2007 年开始对丽绿刺蛾性信息素研究,通过 GC－EAD 对丽绿刺蛾性信息素提取物进行分析发现一个物质能引起雄虫触角的电生理反应,通过对其进行质谱分析,确定丽绿刺蛾的性信息素成分为 $(Z)7,9$－十碳二烯醇$[(Z)7,9-10：OH]$。当 $(Z)7,9-10：OH$ 以 1 mg 剂量添加至缓释载体后,其引诱活性与 2 头求偶期雌虫基本相当。除 $(Z)7,9-10：OH$ 外,还在其性腺粗提物中发现了 2 个性信息素类似物:$(Z)7$－十碳－1－醇$[(Z)7-10：OH]$和 9－十碳－1－醇$(9-10：OH)$,然而并未对 $(Z)7,9-10：OH$ 表现出增效或抑制效果,可能仅是其性腺中性信息素生物合成的前体化合物。由于 $(Z)7,9-10：OH$ 的分子量仅为 154,因此其挥发性相较于前文介绍的性信息素挥发性更强,导致其诱芯在田间的持效期仅能维持 12 天左右,此后引诱活性就会大大下降(Wakamura *et al*,2007b)。

4.2.5.3 斜纹夜蛾性信息素研究

斜纹夜蛾作为一种危害范围广泛的农作物害虫,对农业生产影响很大,因此在性信息素研究初期就受到了昆虫学家的高度关注,早在 1963 年就有研究人员初步发现斜纹夜蛾性信息素可能包含羟基和羰基官能团,1973 年日本科学家对斜纹夜蛾的性信息素进行了深入研究。研究人员将 5 万头未交配雌蛾的腹部末端用二氯甲烷浸提,得到了 220 g 的脂质粗提物,再利用弗罗里硅土柱层析分离纯化,最终得到 250 μg 和 35 μg 的两个性信息素化合物。最终结合红外光谱特征与质谱特征,确定两种性信息素化合物是 $(Z)9,(E)11$－十四碳乙酸酯$[(Z)9,(E)11-14：Ac]$和 $(Z)9,(E)12$－十四碳乙酸酯$[(Z)9,(E)12-14：Ac]$。行为测定发现在低于 10^{-3} μg 的剂量时,无论 $(Z)9,(E)11-14：Ac$ 或 $(Z)9,(E)12-14：Ac$ 均不能单独引起雄虫的求偶响应,当二者以 9：1 的比例混合后,只需剂量超过 10^{-6} μg 即可引起显著的生理活性(Tamaki *et al*,1973)。

4.2.5.4 桑盾蚧性信息素研究

另一种鉴定出性信息素成分的茶树害虫是桑盾蚧(*Pseudaulacaspis pentagona* Targioni-Tozetti)。早在 1979 年,日本科学家就利用有限的条件,采取 prorapak Q 提取了共计 1 亿头雌虫当量的性信息素,最终仅收集得到 4～5 μg 的性信息素化合物。经鉴定,该虫性信息素成分的化学式为 $(Z)3,(Z)9$－二甲基－6－异丙烯－3,9－癸二烯丙酸酯(图 4－34)(Heath *et al*,1979)。

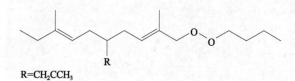

$R=CH_2CCH_3$

图 4－34　桑盾蚧性信息素成分

4.3　茶树鳞翅目害虫的性信息素防治

性信息素在害虫防治中既可以进行直接防治,也可以与其他防治方法相结合,一般应用于如下几个方面。

4.3.1 种群监测与预测预报

性信息素在害虫防治中应用得最多的是进行害虫的监测。由于昆虫性信息素和昆虫的关系是一种专化性的反应,因此用性信息素进行害虫的检测具有很高的准确性。通过性信息素进行害虫的诱集可以掌握害虫的发生期和种群数量,为害虫的防治提供时间信息和数量信息。在没有人工合成的性信息素时,也可以用活的雌蛾进行诱集。因此,可以采用性信息素或活的雌蛾作为指导化学防治喷药适期的辅助方法。目前,广泛利用性诱剂进行虫情监测的种类主要有茶小卷叶蛾、茶长卷夜蛾、茶细蛾、桑盾蚧、灰茶尺蠖、茶毛虫、茶蚕等。日本国立蔬菜茶叶研究所植保课题组已经连续 30 年利用性诱剂对静冈地区的三大主要害虫——茶小卷叶蛾、茶长卷夜蛾、茶细蛾进行监测,积累了大量的数据,为指导生产防治和研究种群生态提供了指导(图 4-35)。我国也利用性诱剂对灰茶尺蠖、茶毛虫、茶蚕等害虫进行种群的监测。

图 4-35　日本茶园的性信息素虫情监测装置与效果

如上文介绍,中国农业科学院茶叶研究所在我国台湾地区茶蚕研究的基础上,明确了大陆种群的性信息素有效成分及最佳剂量。在此基础上,研发了基于性信息素的虫口监测技术。茶蚕的虫口监测点设于海南省五指山市茶园(18.88°N,109.67°E)进行,将滴加性信息素化合物的橡胶塞置于船型诱捕器中,每10天调查1次,监测调查时间为2019年5—10月。

茶蚕田间种群虫口监测结果显示,利用性信息素进行虫口监测是一种有效方法。利用该方法对海南五指山地区茶园茶蚕虫口监测发现,该地区5—10月共发生2代茶蚕。第一代成虫自5月7日调查仅为(7.00±2.12)头,低虫口密度持续约1个月,6月7日成虫虫口增加,6月17日达到虫口高峰,达到(36.00±2.20)头,6月27日成虫虫口降低至(12.75±2.46)头。第二代成虫自7月7日调查为(16.00±1.41)头,7月27日开始成虫虫口增加,8月7日达到虫口高峰,这一代虫口高峰持续时间较长,到9月7日后虫口开始下降。共计16次的调查中,虫口高峰期的6月17日、8月7日、8月17日、8月27日和9月7日虫口数显著高于虫口低值期的5月7日、5月27日、9月27日和10月7日(图4-36)。

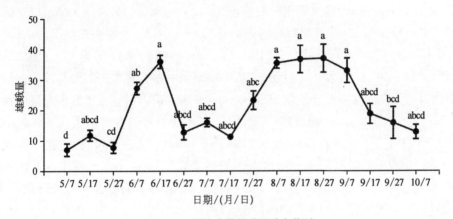

图4-36 海南省茶蚕种群动态监测

通过虫情监测可以掌握茶蚕的虫态和数量,为精准地开展防治工作提供指导,如确定防治阈值和防治时机等。本研究第一次利用性信息素对茶蚕虫口种群动态进行监测,结果准确地反映出海南五指山地区5—10月2代茶蚕的发生情况,相较于人工调查或灯诱调查,茶蚕性信息素是一种更为便捷和高效的虫口监测方法,因此利用茶蚕性信息素对茶蚕可能发生的重点区域进行监测,可及时发现虫情并为精准防治提供依据。

4.3.2 迷向防治

大部分昆虫的求偶通信主要依靠感受性信息素来完成的。交配迷向是通过人为释放性信息素制造性信息素味源,使得昆虫在求偶通信中获得错误信号,从而延迟、减少或者阻止昆虫顺利找到异性完成交配从而减少下一代虫口数量。交配迷向法是性信息素应用最多的一种策略(Knight *et al*,2012;Witzgall *et al*,2008;Stelinski *et al*,2013),尤其是一些种类昆虫性信息素引诱力较弱,不适应采用大量诱杀法的时候,交配迷向是更为有效的防治方法(Bengtsson *et al*,1994;Cork *et al*,1996;Stelinski *et al*,2008)。交配迷向防治的目的是干扰害虫的求偶通信,而非直接消灭,因此迷向剂通常不需要配套装置,降低了应用的成本。采用性信息素进行迷向防治的原理是在茶园空间安置有性信息素的诱芯。这样从大量的诱芯中会不断地释放出性信息素化学分子,使得在茶园上空弥漫着活性化合物分子。由于茶园空间到处都是这种性信息素,雄蛾迷失了寻找雌蛾的方向便无法找到雌蛾。然而,用于交配迷向的性信息素化合物的用量较大,因为空气中的性信息素浓度是决定交配迷向是否成功的重要因素。研究表明,空气中性信息素浓度至少需要 1 ng/m³ 才能有效干扰昆虫的求偶通信,因此通常一个作物生长季节,每公顷需要 10～100 g 性信息素(Bengtsson *et al*,1994;Cork *et al*,2008)。在实际使用时,有的直接用人工合成的性信息素诱芯进行,也有的在田间应用目标昆虫性信息素抑制剂,由于这类化合物具有抑制性信息素对雄蛾的引诱作用,因此也可以起着迷向的效果。本节主要介绍类型 I 性信息素为代表的茶小卷叶蛾迷向防治的典型成功案例以及类型 II 性信息素为代表的茶艾枝尺蠖迷向防治的尝试。

4.3.2.1 茶小卷叶蛾性信息素在日本茶产业中的应用———一个近乎完美的故事

1979 年,茶小卷叶蛾性信息素组分被鉴定为 $(Z)9-14Ac$、$(Z)11-14Ac$、$(E)11-14Ac$ 和 Me10-12:Ac。据 Hirai 等(1974)的测定,$(Z)9-14$:Ac 的饱和蒸汽压为 1.1×10^{-3}～1.4×10^{-2} mmHg(30～60℃),而 $(Z)11-14$:Ac 的饱和蒸汽压为 9.7×10^{-4}～1.2×10^{-2} mmHg(30～60℃),挥发性比 $(Z)9-14$:Ac 略低一些。每根塑料管释放的性信息素量 0.6～1.5 mg,每天性信息素的释放量为 1 500～3 000 mg,茶园上空每平方米空气中性信息素浓度为 10～20 ng(图 4-37)(崛川知广,1985)。玉木佳男等曾在田间条件下对茶小卷叶蛾主要活性成分进行消失速率的研究,结果归纳于表 4-14。从表中可见,包括 4 种成分在内的性信息素在茶园中的半衰期为 8.9～33 天,有效期在 2.5～6 个月。茶小卷叶蛾雄蛾在距离性信息素成分为 80 m 处出现少数步行反应,在距 65 m 处有间歇性步行或飞翔行为(朱耀沂和罗丽纹,1995)。另据玉木佳男等(1975 年)测定,$(Z)9-14$:Ac 对茶小卷叶蛾 50% 和 90% 交尾受阻的量分别为 0.3 μg 和 3 μg,而 $(Z)11-14$:Ac 对茶小卷叶蛾 50% 和 90% 交尾受阻的量分别为 0.1 μg 和 0.3 μg。日本静冈县茶叶试验场根据 70 次田间实验(最小面积为 0.32 hm²,最大面积为 7.5 hm²),测定了性信息素在自然条件下每天的挥发量和防治效果,结果显示在不同的用量和气候条件下,性信息素的每天挥发量在 1 080～6 250 mg/hm² 间。该文的作者认为,每天至少要有 3 000 mg/hm² 性信息素的挥发量才会发挥效果。茶小卷叶蛾性信息素"迷向"防治是将茶小卷叶蛾的性信息素组分散布在茶小卷叶蛾存在的环境中,造成该种群的性通信受到干扰,使得对雄蛾产生"迷向"效应,降低雌雄成虫的交配率,从而导致下一代幼虫密度降低,达到防治的目的。

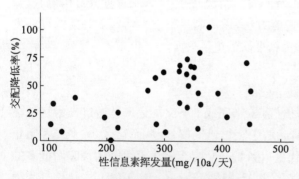

图 4-37 茶园中茶小卷叶蛾性信息素的
挥发量和成虫交尾率的关系

(崛川知广,1985)

表 4-14 茶小卷叶蛾性信息素主要成分在田间条件下的挥发速率

（玉木佳男等，1983）

成　　分	半衰期(d)	消失速度(mg/d)
包含 4 种成分的性信息素	8.9～33.0	0.057～0.348
(Z)9-14：Ac	8.6～53.3	0.008～0.078
(Z)11-14：AC	8.2～63.0	0.004～0.037
(E)11-TDA	14.4～86.6	0.001～0.005
Me10-12：Ac	8.5～25.7	0.048～0.224

　　1983 年，茶小卷叶蛾性信息素迷向剂商品问世，在日本最大的产茶地静冈县全面推广，开始推广有 4 种成分组成的制剂，考虑到茶叶生产中另一种卷叶蛾——茶卷叶蛾的发生，于是将两种卷叶蛾均含有的性信息素组分(Z)11-14：Ac 作为两种卷叶蛾通用的性信息素迷向剂推广应用。迷向剂被命名为 Hamaki-con。每公顷用 300～400 个性信息素商品，也就是每隔 1.5～1.8 m 放置一个性信息素商品。性信息素采用 20 cm 长的塑料管，内壁上填充封入 0.6～1.5 mg 性信息素，管的内径为 0.8～1.4 mm。由于性信息素成分比重比空气大，可放在茶丛表面部分。在管中的性信息素会从管的两端缓缓释出，可保持 2.5～6 个月的持效期。一些研究者认为，交配干扰率达到 95％以上才能有效降低下一代幼虫的虫口密度。但大面积应用结果表明，防治区雌蛾的交尾率在 49.0％～62.6％，而未应用性信息素的地块雌蛾的交尾率在 87.7％～92.1％，平均降低 32.1％～45.2％，但仍然获得良好的效果。用性信息素处理后，田间下一代的幼虫数平均每平方米为 0.01～6.40 头，未处理区为 0.60～35.03 头，处理区 2 年后的幼虫数为 15.30 头，而未处理区为 27.15 头，显示了明显的效果。据连续 10 年使用后的总体评价，效果与化学防治区的效果相仿，但成本可低于化学农药防治区。下面选择一个大面积防治区结果列于表 4-15。

表 4-15　1986—1988 年日本应用(Z)11-14：Ac 单种成分性信息素的迷向防治效果

地点	年份	连续使用后的年数	处理面积(hm²)	诱芯类型	小卷叶蛾虫数(头)		诱集的虫数(头)
					性信息素处理园	对照茶园	
静冈	1986	4	0.3	A	51	1 214	96
	1996	14	6.0	B	3 694	7 013	47
	1997	15	2.1	C	4 350	5 533	21
	1998	16	2.1	D	1 383	2 683	48
宇部	1996	1	1.5	B	24	2 073	99
	1997	2	1.5	D	8	1 512	99
入间	1997	1	0.5	B,D	0	213	100
铃鹿	1998	1	0.2	B	13	928	99

注：诱芯类型 A 的管内径 0.8 mm，长 20 cm，管内壁性信息素量 85 mg，每公顷放置诱芯管数 1 800 个；B 的管内径 1.2 mm，长 20 cm，管内壁性信息素量 180 mg，每公顷放置诱芯管数 5 000 个；C 的管内径 1.1 mm，长 40 cm，管内壁性信息素量 480 mg，每公顷放置诱芯管数 1 500 个；D 的管内径 1.4 mm，长 40 cm，管内壁性信息素量 300 mg，每公顷放置诱芯管数 2 500 个。

图 4-38 是 1986 年连续 4 代在静冈县用诱芯迷向防治茶小卷叶蛾后,茶园中的幼虫数。由图中的曲线可见,连续 4 代的幼虫数由每平方米 35 头降至 18 头、4 头和 1 头,而对照园虫数则由 2 头上升至 3 头、6 头和 24 头,使用诱芯迷向防治效果明显。这种迷向防治的作用机理见图 4-39。

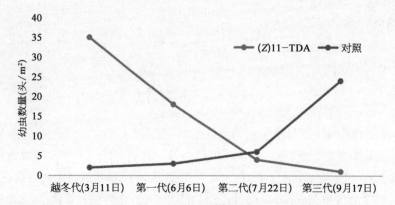

图 4-38　1986 年连续 4 代采用性信息素诱芯后茶园中茶小卷叶蛾幼虫数
(Mochizuka 等,2002)

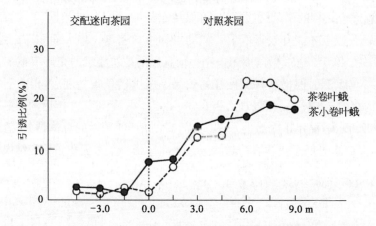

图 4-39　应用性信息素进行茶小卷叶蛾和茶卷叶蛾的迷向防治田间效果
(堀川知广,1985)

左为防治区,由于迷向的作用,雌雄蛾交配比例明显下降;右为对照区。

Hamaki-con 迷向剂的有效成分(Z)11-14:Ac 为茶卷叶蛾和茶小卷叶蛾性信息素共有主要成分,且茶卷叶蛾和茶小卷叶蛾经常在一块茶园中同时发生,因此该迷向剂对茶卷叶蛾也具有良好的迷向作用,在田间应用表现出良好效果。

4.3.2.2　茶艾枝尺蠖迷向防治的尝试

茶艾枝尺蠖性信息素属于蛾类类型Ⅱ性信息素,由于此类性信息素人工合成是以价格相对昂贵的亚麻酸或亚油酸为原料,因此使用成本相较于类型Ⅰ性信息素偏高,这给类型Ⅱ性信息素的应用带来了一定的影响。本章中介绍的茶艾枝尺蠖迷向防治,是茶树害虫第一个类型Ⅱ性信息素的应用尝试。茶艾枝尺蠖的性信息素为(Z)3,(Z)6,(Z)9-19:H 和

epo3,(Z)6,(Z)9-19：H,其中 epo3,(Z)6,(Z)9-19：H 是(Z)3,(Z)6,(Z)9-19：H 通过间氯过氧苯甲酸氧化得到环氧烯烃化合物。由于该反应是非选择性双键随机氧化,得到的环氧烯烃是环氧位于不同碳位的同分异构体混合物(EDM)(Ando et al,1995),因此日本科学家进行了(Z)3,(Z)6,(Z)9-19：H 和它的环氧二烯混合物的迷向试验。

研究发现茶艾枝尺蠖雌蛾性信息素中的次要成分(Z)3,(Z)6,(Z)9-19：H 或它的单环氧化二烯衍生物的混合物(epoxydiene mixture,EDM)均能有效地造成雄虫对雌虫求偶信号产生显著的扰乱作用。研究表明,1 mg 剂量的(Z)3,(Z)6,(Z)9-19：H 即可明显抑制对雄茶艾尺蠖的性引诱;EDM 的抑制效果比(Z)3,(Z)6,(Z)9-19：H 更强。在塑料管内壁中放入(Z)3,(Z)6,(Z)9-19：H,每公顷 3 000～5 000 根(Z)3,(Z)6,(Z)9-19：H 塑料管(每根塑料管每天挥发量 0.55～0.61 mg)或 250～5 000 根 EDM 塑料管(每根塑料管每天挥发量 0.25～0.39 mg)可产生迷向防治的效果。每公顷用 EDM 塑料管 1 000 根时茶艾尺蠖雌雄蛾的交配比例只有 7%(Ohtani et al,2001),每公顷 3 000～5 000 根可以完全抑制茶艾尺蠖雌雄蛾的交配(表 4-16)。EDM 在田间条件下挥发得较慢,但较易降解,因此在田间条件下 14 天后,80%的 EDM 会转变成其他的化合物。

表 4-16　茶园中放入(Z)3,(Z)6,(Z)9-19：H 或 EDM 对抑制茶艾尺蠖雌雄交配的效果
(Ohtani et al,2001)

	每公顷交配扰乱剂数量	雌蛾数(头)		交配率(%)
		测试虫数	成功交配虫数	
(Z)3,(Z)6,(Z)9-19：H	0	11	11	100
	500	10	6	60
	1 000	9	6	67
	3 000	10	8	80
	5 000	10	4	40
EDM	0	14	14	100
	250	13	3	23
	500	14	4	29
	1 000	14	1	7
	3 000	12	0	0
	5 000	12	0	0

4.3.3　大量诱杀控制种群密度

在自然界中,雄虫依靠同种雌虫释放的性信息素寻找和接触雌虫进行交配和繁殖。性信息素除了上述两种应用方式外,也有直接应用性信息素在自然条件下进行雄虫的诱捕。大量诱杀法是通过性诱剂大量吸引一种性别或雌雄两种性别昆虫,再结合大容量的诱捕器或化学农药将被引诱的昆虫消灭,从而降低其种群密度。相比于交配迷向法,大量诱杀法使

用成本比较低,但是与化学农药结合使用并不适用于有机栽培作物上。

如上文灰茶尺蠖性信息素研究中介绍,自 20 世纪 80 年代茶树尺蠖性信息素研究开始直至 2016 年,茶产业并无真正高效的性诱剂产品应用。中国农业科学院茶叶研究所在明确解析了灰茶尺蠖和茶尺蠖两种重要尺蠖的性信息素成分差异后,实现了灰茶尺蠖的高效诱捕。在此基础上进一步优化类型Ⅱ性信息素的合成工艺,解决了如茶艾枝尺蠖迷向应用上碰到的类型Ⅱ成本高昂的难题,灰茶尺蠖性信息素的应用才真正迎来发展机会。

灰茶尺蠖诱杀技术的应用首先需要解决的是性诱剂配套诱捕器的问题。诱捕器不但影响着性诱剂的诱杀效率,同时还涉及应用成本和用工等一系列问题。为此,中国农业科学院茶叶研究所测试了 5 款蛾类常用的诱捕器,结果显示,船形诱捕器是最适合诱捕灰茶尺蠖的类型。

使用同样的诱芯条件下(28 天),每个船型诱捕器平均诱捕灰茶尺蠖总数达 143.67±12.20 头,每个桶形诱捕器平均诱捕灰茶尺蠖总数为 63.33±7.62 头,每个三角形诱捕器平均诱捕灰茶尺蠖总数为 24.00±2.31 头,每个夜蛾诱捕器平均诱捕灰茶尺蠖总数为 3.00±1.15 头,每个钟形诱捕器平均诱捕灰茶尺蠖总数为 10.33±4.84 头。单因素方差分析结果显示,船型诱捕器的诱捕效果要显著优于桶形诱捕器、三角形诱捕器和钟形诱捕器(图 4-40)。

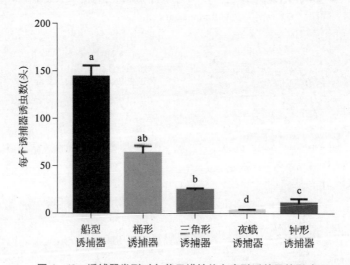

图 4-40　诱捕器类型对灰茶尺蠖性信息素引诱效果的影响

缓释材料同样是性诱剂成功与否的关键因素,决定了性诱剂的持效期与使用成本,测试的 3 种缓释载体,添加等量的性信息素诱捕灰茶尺蠖的效果显示异戊二烯橡胶塞是最适合灰茶尺蠖性信息素的缓释载体。

添加同比例等量性信息素的条件下(28 天),异戊二烯橡胶塞处理平均每个诱捕器诱捕灰茶尺蠖总数达 155.75±8.25 头,硅胶塞处理平均每诱捕器诱捕灰茶尺蠖总数达 108.50±5.97 头,PVC 毛细管处理平均每诱捕器诱捕灰茶尺蠖达 98.00±5.02 头。单因素方差分析结果显示,异戊二烯橡胶塞作缓释载体诱芯的引诱效果要显著优于硅胶塞和 PVC 毛细管(图 4-41)。

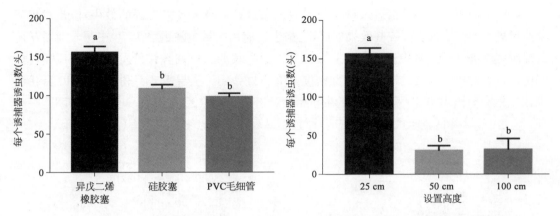

图 4-41 缓释材料对灰茶尺蠖性信息素引诱效果的影响

图 4-42 诱捕器设置高度对灰茶尺蠖性信息素引诱效果的影响

诱捕器的使用方法同样是影响诱捕效率的重要因素,因此科研人员研究了诱捕器设置高度和密度的参数。高度方面,测试了 3 种诱捕器的设置高度,从诱捕灰茶尺蠖的效果看,船形诱捕器设置于高于茶树 25 cm 处是最适合的高度。使用同样的诱捕器条件下(28 天),25 cm 高度处理的诱捕器平均每诱捕器诱捕灰茶尺蠖总数为 155.75±8.25 头,50 cm 高度处理的诱捕器平均每诱捕器诱捕灰茶尺蠖总数为 30.25±6.84 头,100 cm 高度处理的诱捕器平均每诱捕器诱捕灰茶尺蠖总数为 31.75±14.27 头。25 cm 高度处理的诱捕器要显著优于 50 cm 和 100 cm 高度处理的诱捕器(图 4-42)。

诱捕器使用密度方面,诱捕灰茶尺蠖的效果显示,设置间距为 15 m 的处理,诱捕器诱捕效率最高(图 4-43)。使用同样的诱捕器条件下(28 天),15 m 间距处理的诱捕器平均每个诱捕器诱捕灰茶尺蠖达 53.44±8.31 头,10 m 间距处理的诱捕器平均每个诱捕器诱捕数为 31.67±5.96 头,5 m 间距处理的诱捕器平均每个诱捕器诱捕数为 16.73±1.62 头。对 3 种不同诱捕器设置间距处理的诱虫总数进行统计,发现 5 m 间距处理的 3 个重复共 33 个诱捕器诱虫总数为 552 头,10 m 间距处理的 3 个重复共 15 个诱捕器诱虫总数为 475 头,15 m 间距处理的 3 个重复共 9 个诱捕器诱虫总数为 481 头(图 4-44)。从经济有效性方面综合考虑,15 m 间距处理的诱捕器诱捕效率最优。

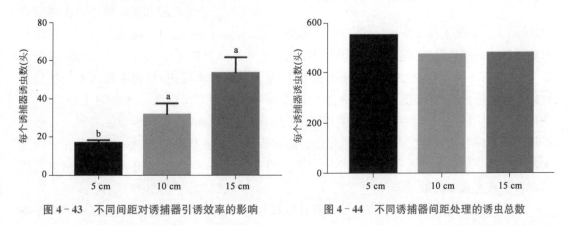

图 4-43 不同间距对诱捕器引诱效率的影响

图 4-44 不同诱捕器间距处理的诱虫总数

虽然上述灰茶尺蠖性信息素诱杀技术对灰茶尺蠖雄虫表现出良好的效果,但是对田间灰茶尺蠖种群密度的实际控制效果如何,仍是生产应用中最关注的。为此,中国农业科学院茶叶研究所进行了大面积诱杀实验防效评估。通过长期虫口调查评价发现,灰茶尺蠖性诱剂诱杀技术对控制灰茶尺蠖成虫种群密度具有良好作用。从春季4月份开始至10月份结束,24次调查中,共有15次处理区的虫口密度显著低于对照区,尤其在每代成虫的羽化高峰期,不仅可显著降低雄蛾成虫虫口密度,而且还显著降低雌蛾交配成功率(图4-45)。

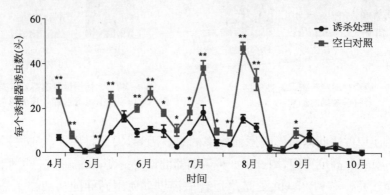

图4-45 灰茶尺蠖性信息素诱杀技术在整个生产季
对田间成虫的虫口控制效果

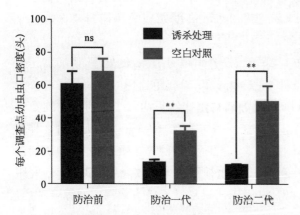

图4-46 灰茶尺蠖性信息素诱杀技术对田间幼虫防效

此外还进一步评估灰茶尺蠖诱杀技术对后代幼虫的防治效果,田间防效试验结果显示,使用灰茶尺蠖性诱剂防治1代成虫,下一代幼虫虫口防效为49.27%,连续防治两代成虫,下一代幼虫虫口防效为67.16%(图4-46)(Luo et al,2020)。

除了灰茶尺蠖性诱剂的应用参数问题以外,该性诱剂的应用区域同样是值得关注的问题。因为在茶产业中,灰茶尺蠖和茶尺蠖的近缘种问题在生产中造成过一定的困扰。灰茶尺蠖和茶尺蠖同属于鳞翅目(Lepidoptera)尺蛾科(Geometridae)灰尺蛾亚科(Ennominae)埃尺蛾属(Ectropis),是两种形态极为相似的近缘种。在以往的生产中,茶农常常将两种尺蠖误认为一种,通称为"茶尺蠖"。化学防治时,将两种尺蠖混淆影响并不大,防治效果基本接近,但是在使用专一性强的性信息素时就出现了问题。如果在灰茶尺蠖发生区域使用茶尺蠖诱芯则防治效果不佳,在茶尺蠖发生区域使用灰茶尺蠖诱芯效果也十分不理想。因此,明确我国茶区的灰茶尺蠖和茶尺蠖的地理分布对性诱剂的准确应用十分必要。中国农业科学与茶叶研究所已完成我国大部分产茶省份灰茶尺蠖和茶尺蠖的分布区域调查(Li et al,2019),这为指导性信息素的精准使用具有重要的指导意义。

由于我国茶树害虫性诱剂技术的完善,性诱剂产品不断丰富和成熟,自2017年开始小面积示范推广,应用面积逐年增加。目前,共有 17 个省份(自治区、直辖市),包括浙江、福建、江西、湖南、贵州、云南、广东、广西、海南、四川、重庆、湖北、河南、江苏、山东、陕西、安徽等地应用了以灰茶尺蠖为主的茶树害虫性信息素诱杀防治技术,总应用面积超 3.3 万 hm²。

4.4 性信息素在茶产业中的应用展望

4.4.1 昆虫性信息素应用经济有效性

在性信息素被发现以后,经过 60 年的发展,昆虫性信息素作为一种特异性的高效行为调控剂被广泛应用于大宗农作物害虫、园艺害虫、林业害虫、仓储害虫以及病原菌媒介害虫的治理。据估计,每年有上千万的性信息素产品被用于超过 1 000 万 hm² 农林区域的害虫种群监测或诱杀防治。然而,在应用过程中越来越明显地显示出一些问题仍需要化学家、昆虫学家、植物保护专家进行一些跨学科的研究,解决性信息素应用的一些难点,其中最重要的是解决性信息素的经济有效性问题。

限制性信息素应用的一大难题就是性信息素人工合成的原料成本问题,其中又以蛾类类型Ⅱ性信息素原料成本最高。蛾类类型Ⅰ的性信息素成本相对略微便宜,这也是日本在卷叶蛾类茶树害虫上率先应用的最重要前提。我国茶树主要尺蠖类害虫均是蛾类类型Ⅱ性信息素,其常规人工化学合成须以价格昂贵的亚麻酸和亚油酸为底物,这直接导致我国茶树害虫性信息素应用难度高于日本。经过国内大学和科研院所的努力,虽然通过优化合成路线提高纯度和得率,同时扩大合成规模以降低成本,我国茶树害虫性信息的应用自 2016 年起迎来了较快发展。然而,性信息素原料的成本问题还未有革命性地降低,因此从亚麻酸和亚油酸的合成开始还需要化学合成相关科学家继续攻关。此外,目前产业中还存在个别昆虫的性信息素结构非常复杂,如茶黑毒蛾性信息素利用化学合成几乎没有应用的可能性。近些年来,合成生物学的迅速发展为性信息素原料的合成制备带来了新的曙光。国内外已经有多种害虫生物合成性信息素的途径及关键基因被鉴定与解析,并利用植物或微生物进行表达转化。随着相关技术的进一步优化完善,所有被鉴定的害虫性信息素将有望被广泛地应用于害虫防治。

除了性信息素原料成本问题外,其配套装置是另一项影响其推广的因素。性信息素应用以性诱剂和迷向剂为主,其中性诱剂必须与配套装置使用,因此这也是影响其经济有限性的重要因素,以船型诱捕器为例,在前文中介绍了所有常规诱捕器中以船型诱捕器配合性诱剂效果最佳,其高效的诱捕率可以有效控制灰茶尺蠖成虫。然而在推广应用中,茶农的接受度还是不高,究其原因是船型诱捕器需要人工更换黏虫板,其人力成本使得部分茶农放弃使用性诱捕器进行害虫防治。因此,省时、省力、省料的高效便捷诱捕器亟待开发,目前,中国农业科学院茶叶研究所已经研发出高效电击式蛾类害虫诱捕器,引诱效果较船型诱捕器提高 1 倍,人力成本可节省 80%,但诱捕器本身的成本还有待进一步降低。

作为昆虫的求偶通信讯号物质,性信息素的一个重要特点是具有专一性,这个特点既说明了这项技术对害虫天敌等有益生物安全,但是也注定了该项技术杀虫谱窄。当茶园有多种害虫同时发生时,化学防治可实现茶园害虫的兼治,但是在使用专一性强的性信息素时就出现了问题。例如在灰茶尺蠖和茶毛虫同时发生的茶园,单独使用灰茶尺蠖性诱剂或茶毛虫性诱剂时,均不能同时控制两种目标害虫,然而同时使用两种性诱剂,防治成本又过高,因此需要开发"一芯多诱"的诱芯,实现一套诱捕器同时诱杀多个靶标害虫,从而降低应用成本。

4.4.2 昆虫性信息素"抗性"形成与对策

化学农药使用后的一个普遍现象是害虫会对化学农药产生抗药性,而且这种抗性还可以通过遗传获得累积加强,从而形成害虫抗化学农药品系。这就使得在生产中必须采用不同农药轮换的方法以延迟抗性的形成。在昆虫性信息素的研究与应用过程中,研究者认为害虫对性信息素不会产生如化学农药一样的抗性,首先是因为性信息素是昆虫体内本身就具有的成分,是昆虫赖以生存和繁衍的必需成分,因此不会对它产生抗性;其次是这种化学成分在应用数量上是微量的。但这种乐观情绪却在茶小卷叶蛾的应用上破灭了。1979 年,茶小卷叶蛾性信息素组分被鉴定为$(Z)9-14$∶Ac、$(Z)11-14$∶Ac、$(E)11-14$∶Ac 和 Me10-12∶Ac。1983 年,茶小卷叶蛾的性信息素迷向剂商品问世,在日本最大的产茶地静冈县全面推广,考虑到茶叶生产中另一种卷叶蛾——茶卷叶蛾的发生,于是将对两种卷叶蛾性信息素中均含有的$(Z)11-14$∶Ac 作为两种卷叶蛾通用的性信息素迷向剂推广应用。最初几年迷向防治的效果达到 96%。到 1997 年,也就是在使用性信息素后 15 年,效果就降至 21%(Mochizuki et al,2002)。这是世界上首次报道昆虫对性信息素产生"抗性"的实例。目前,对这种"抗性"归之于连续使用性信息素引起的选择压力。日本的科学家在实验室内连续利用人工合成的性信息素处理从田间收集的"抗性"茶小卷叶蛾,连续处理 70 多代后,得到一个抗性很强的品系(Tahata et al,2007),即使在浓度为 1 mg/L 的高浓度性信息素条件下,雄蛾仍能顺利找到雌蛾并进行交配,从而可以确定长期使用性信息素迷向防治的地区,茶小卷叶蛾已经对$(Z)11-14$∶Ac 产生了抗性,长期的选择压力下抗性种群雌虫合成了更多的$(Z)11-14$∶Ac,导致雄虫对低剂量$(Z)11-14$∶Ac 不敏感。为消除茶小卷叶蛾对单组分迷向剂的抗性,将茶小卷叶蛾其他 3 种性信息素组分按比例添加后,茶小卷叶蛾抗性种群的迷向防治效果又上升到 99%,2001 年,科研人员又提出了一种包括 7 种成分的新配方,除了原来的 4 种成分外,又增加了 3 种组分:$(Z)9-14$∶Ac、$(E)11-14$∶Ac 和 Me10-12∶Ac,并以 Hamaki-con N(Tortrilure)于 2001 年在日本进行登记。这种新配方对过去的Hamaki-con 性信息素产生"抗性"的茶小卷叶蛾有效。目前,这两种产品(一种是含 4 种成分,另一种是含 7 种成分)在日本都已登记销售。最近,在原有迷向丝的基础上,日本科学家又开发出迷向绳,新产品的优势在于不再需要将大量的迷向丝均匀悬挂于茶园,只要将迷向绳绕茶园一周固定好即可,从而进一步节省了人力成本。

日本茶小卷叶蛾及相关几种近似卷叶蛾的性信息素治理是茶树害虫绿色防控乃至世界农作物害虫治理方面的一个成功案例,日本科学家面对茶小卷叶蛾迷向剂抗性问题的治理和应对策略给了我们研究应用其他害虫性信息素时以启示:首先,是迷向剂可以采用性信息素其中的单组分应用,实现害虫危害区域空气中的雌虫释放性信息素组合比例被打乱,从而实现迷向的效果,然而该方法可能存在性信息素的感受驯化,长期使用可能带来对迷向剂的抗性问题,因此在性信息素应用时需做好害虫种群抗性发展的监测;其次,性信息素作为昆虫求偶通信的重要线索,是昆虫嗅觉感受的主要信号之一,因此昆虫对自身全组分性信息素应该不易产生抗性,故基本不会影响到性信息素引诱剂的应用。

4.4.3 性信息素在茶树害虫综合防治中的角色与未来

茶树(*Camellia sinensis*)是世界上消费量最大的饮料作物,是包括中国、日本、斯里兰卡、印度等亚洲国家最为重要的经济作物。由于茶叶的经济价值高,因此在茶叶种植过程中农户会更有使用化学药剂防治的意愿。而茶园长期依赖化学农药进行病虫害防治,使得茶叶农药残留不利于消费者的健康安全,同时化学农药的使用还带来了害虫抗药性、环境污染等负面影响。随着人民生活水平的提高,消费者对茶叶的健康属性更为关注,因此茶园减少化学农药施用量,提升茶叶质量安全已成为各方共识。2010 年开始,我国茶园经历了茶园高水溶性农药替代过程,使得化学用药更为合理。到 2016 年,科技部启动了国家重点研发计划项目"茶园化肥农药减施增效技术集成研究与示范",其目标之一就是到 2020 年茶园化学农药施用量减少 25%。如此大幅度减少农药用量,需要通过其他害虫防治技术措施来替代。经过科研工作者的不懈努力,茶园害虫的生物防治初见成效,核型多角体病毒、苏云金杆菌、短稳杆菌、白僵菌等微生物制剂应用得到较大的发展;以高效、精准为特点的精细化色板、诱虫灯得到大面积应用;茶园化学农药的使用体系更加科学完善。在过去的 30 年中,日本在茶树害虫化学生态技术上的研究与应用是植物保护的一个典范。同样,中国的茶树害虫性信息素研究也得到了长足的发展,茶树植保科技人员在茶树害虫性信息素鉴定、高效配方筛选、高效配套装置研发、应用技术研发和求偶通信机理等方面开展了科研攻关。由最初的无性信息素产品可用,发展到全国茶区尺蠖类型Ⅱ性诱剂大面积地应用推广,其他区域性害虫类型Ⅰ性诱剂的不断丰富,茶树害虫性信息素产品逐渐系列化、配套应用技术逐渐成熟化、应用面积逐渐规模化。我国茶树害虫性信息素应用在克服上述经济有效性和做好抗性监测的前提下,随着害虫综合防治理念在实践过程中的不断完善,茶树害虫性信息素技术还需和其他防治技术进行不断融合发展,形成综合性、针对性更强的害虫防治体系,只有并入茶树害虫绿色防控的体系中,性信息素的研究与应用才能获得进一步的发展。相信作为一种安全、绿色、高效的害虫防治技术,在绿色发展的大背景下,茶树害虫性信息素防控必将获得更大的发展。

参考文献
---

[1] 孔祥波,赵成华,孙永平,等.赤松毛虫性信息素次要组分的鉴定[J].昆虫学报,2003,46(2):131-137.
[2] 李锡好.茶蚕发生规律及其防治[J].中国茶叶,1984(2):36-37.
[3] 罗宗秀,李兆群,蔡晓明,等.灰茶尺蛾性信息素的初步研究[J].茶叶科学,2016,36(5):537-543.
[4] 唐美君,郭华伟,殷坤山,等.茶树新害虫湘黄卷蛾的初步研究[J].植物保护,2017,43(2):188-191.
[5] 韦卫,赵莉蔺,孙江华.蛾类性信息素研究进展[J].昆虫学报,2006,49(5):850-858.
[6] 温硕洋.粗鞘双条杉天牛交配行为生物学及雌性识别信息素研究[J].植物保护学报,1991,18(2):167-172.
[7] 温秀军,孙朝辉,Kalinova B,等.GC×GC/TOFMS技术在皮暗斑螟性信息素研究中的应用[J].华南农业大学学报,

2009,30(2)：53－56.

［8］肖素女.茶卷叶蛾性费洛蒙田间诱虫效果测试［J］.台湾茶业研究汇报,1988,17：9－17.

［9］肖素女.茶园施放性费洛蒙大量诱杀茶卷叶蛾之效果试验［J］.台湾茶业研究汇报,2000,19：67－76.

［10］闫凤鸣.化学生态学(第二版)［M］.北京：科学出版社,2011,377－387.

［11］张汉鹄,谭济才.中国茶树害虫及其无公害治理［M］.合肥：安徽科学技术出版社,2004,244－250.

［12］朱耀沂,罗ın纹.茶姬卷叶蛾性费洛蒙合成剂之诱引范围［J］.植物保护学会会志,1995,37：179－188.

［13］安田哲也,若村定男.どドクガ类の雌性フェロモン。Euproctis 属の性フェロモンは种特异的が？［J］.化学と生物,1995,33：493－495.

［14］本间健平.コカクモンハマキのリンゴ型トチヤ型［J］.农业及园艺,1971,46：1647－1650

［15］蔡双虎,程立生.昆虫性信息素的研究进展［J］.华南热带农业大学学报,2002,8(1)：47－53.

［16］陈宗懋.中国茶叶大辞典［M］.北京：中国轻工业出版社,2008,170－171.

［17］黄国华,王星.中国茶蚕蛾属 Andraca Walker,1865 记述［J］.昆虫分类学报,2004(1)：47－48.

［18］崛川知广.交信搅乱法によるチャのハマキガ类の防除［J］.あたらしいい农业技术,1985,118,1－17.

［19］野口浩,玉木佳男,新井茂,等.チャハマキの合成性フェロモンの野外における诱引性［J］.日本応用動物昆虫学会誌,1981,25(3)：170－175.

［20］殷坤山,洪北边,尚稚珍,等.茶尺蠖性信息素生物学综合研究［J］.自然科学进展：国家重点实验室通信,1993(4)：332－338.

［21］玉木佳男,野口浩.チャのハマキガ诱引用性フェロモン制剂の野外条件下にわける成分消失速度［J］.日本応用動物昆虫学会志,1983,27：154－156.

［22］玉木佳男,野口浩.性フェロモンわよびその构成成分にょる：チャノコカクモンハマキの性行为阻害［J］.日本応用動物昆虫学会志,1975,19(3)：187－192.

［23］Ando T，Inomata S I，Yamamoto M. Lepidopteran sex pheromones［J］. Topics in Current Chemistry，2004，239：898－901.

［24］Ando T，Kishi H，Akashio N，et al. Sex attractants of geometrid and noctuid moths：Chemical characterization and field test of monoepoxides of 6，9-dienes and related compounds［J］. Journal of chemical ecology，1995，21：299－311.

［25］Ando T，Ohtani K，Yamamoto M，et al. Witjaksono. Sex pheromone of Japanese giant looper，*Ascotis selenaria cretacea*：Identification and field tests［J］. Journal of Chemical Ecology，1997，23(10)：2413－2423.

［26］Ando T，Taguchi K Y，Uchiyama M，et al. Female sex pheromone of the tea leafroller，*Caloptilia theivora* Walsingham (Lepidoptera：Gracillariidae)［J］. Agricultural and Biological Chemistry，1985，49(1)：233－234.

［27］Ando T，Yamamoto M. Semiochemicals containing lepidopteran sex pheromones：Wonderland for a natural product chemist［J］. Journal of Pesticide Science，2020，45(4)：191－205.

［28］Arakaki N，Wakamura S，Yasuda T. Phoretic egg parasitoid，*Telenomus euproctidis* (Hymenoptera：Scelionidae)，uses sex pheromone of tussock moth *Euproctis taiwana* (Lepidoptera：Lymantriidae) as a kairomone［J］. Journal of Chemical Ecology，1996，22：1079－1085.

［29］Arn H，Sätdler E，Raucher S. The electroantennographic Detector-a selective and sensitive tool in gas chromatographic analysis of insect pheromones［J］. Zeitschrift Für Naturforschung C，1975，30(11－12)：722－725.

［30］Bengtsson M，Karg G，Kirsch P A，et al. Mating disruption of pea moth *Cydia nigricana* F. (Lepidoptera：Tortricidae) by a repellent blend of sex pheromone and attraction inhibitors［J］. Journal of Chemical Ecology，1994，20(4)：871－887.

［31］Borgkarlsona A K，Mozuraitis R. Solid phase micro extraction technique used for collecting semiochemicals. Identification of volatiles released by individual signalling *phyllonorycter sylvella* Moths［J］. Zeitschrift Für Naturforschung C，1996，51(7－8)：599－602.

［32］Cork A，Desouza K，Krishnaiah K，et al. Control of yellow stem borer，*Scirpophaga incertulas* (Walker) (Lepidoptera：Pyralidae) by mating disruption on rice in India：Effect of unnatural pheromone blends and application time on efficacy［J］. Bulletin of Entomological Research，1996，86(5)：515－524.

［33］Cork A，Souza K D，Hall D R，et al. Development of PVC-resin-controlled release formulation for pheromones and use in mating disruption of yellow rice stem borer，*Scirpophaga incertulas*［J］. Crop Protection，2008，27(2)：248－255.

［34］Frérot B，Malosse C，Cain A. Solid-phase microextraction (SPME)：A new tool in pheromone identification in Lepidoptera［J］. Journal of High Resolution Chromatography，1997，20：340－342.

［35］Fu N X，Magsi F H，Zhao Y J，et al. Identification and field evaluation of sex pheromone components and its antagonist produced by a major tea pest, *Archips strojny* (Lepidoptera: Tortricidae)[J]. Insects, 2022, 13, 1056.

[36] Han B Y, Wang M X, Zheng Y C, et al. Sex pheromone of the tea aphid, *Toxoptera aurantii* (Boyer de Fonscolombe) (Hemiptera: Aphididae)[J]. Chemoecology, 2014, 24: 179 – 187.

[37] Heath R R, Mclaughlin J R, Tumlinson J H, et al. Identification of the white peach scale sex pheromone[J]. Journal of Chemical Ecology, 1979,5(6): 941 – 953.

[38] Hirai Y, Tamaki Y, Yushima T. Inhibitory effects of individual components of the sex pheromone of a tortricid moth on the sexual stimulation of males[J]. Nature, 1974,247(5438): 231 – 232.

[39] Ho H Y, Tao Y T, Tsai R S, et al. Isolation, identification, and synthesis of sex pheromone components of female tea cluster caterpillar, *Andraca bipunctata* Walker (Lepidoptera: Bombycidae) in Taiwan[J]. Journal of Chemical Ecology, 1996, 22(2): 271 – 285.

[40] Ichikawa A, Yasuda T, Wakamura S. Absolute configuration of sex pheromone for tea tussock moth, *Euproctis pseudoconspersa* (Strand) *via* synthesis of (*R*)-and (*S*)-10,14-dimethyl-1-pentadecyl isobutyrates[J]. Journal of Chemical Ecology, 1995, 21(5): 627 – 634.

[41] Kalinová B, Jiroš P, Zd'Arek J, et al. GC × GC/TOF MS technique-A new tool in identification of insect pheromones: Analysis of the persimmon bark borer sex pheromone gland[J]. Talanta, 2006, 69(3): 542 – 547.

[42] Knight A L, Stelinski L L, Hebert V, et al. Evaluation of novel semiochemical dispensers simultaneously releasing pear ester and sex pheromone for mating disruption of codling moth (Lepidoptera: Tortricidae)[J]. Journal of Applied Entomology, 2012, 136(1 – 2): 79 – 86.

[43] Kochansky J P, Roelofs W L, Sivapalan P. Sex pheromone of the tea tortrix moth (*Homona coffearia* Neitner)[J]. Journal of Chemical Ecology, 1978, 4(6): 623 – 631.

[44] Kong X B, Wang H B, Zhang Z. Determination of the absolute configuration of an EAG active component in the sex pheromone gland of *Semiothisa cinerearia* Bremer *et* Grey (Lepidoptera: Geometridae)[J]. Acta Entomologica Sinica, 2012, 55(2): 162 – 167.

[45] Kou R, Tang D S, Chow Y S, et al. Sex pheromone components of female smaller tea tortrix moth, *Adoxophyes sp.* (Lepidoptera: Tortricidae) in Taiwan[J]. Journal of chemical ecology, 1990, 16: 1409 – 1415.

[46] Leal W S, Hasegawa M, Sawada M, et al. Scarab beetle *Anomala albopilosa albopilosa* utilizes a more complex sex pheromone system than a similar species A. *cuprea*[J]. Journal of Chemical Ecology, 1996, 22(11): 2001 – 2010.

[47] Li Z Q, Yuan T T, Cui S W, et al. Development of a high-efficiency sex pheromone formula to control *Euproctis pseudoconspersa*[J]. Journal of Integrative Agriculture, 2022.

[48] Luo Z X, Li Z Q, Cai X M, et al. Evidence of premating isolation between two sibling moths: *Ectropis grisescens* and *Ectropis obliqua* (Lepidoptera: Geometridae)[J]. Journal of Economic Entomology, 2017, 110(6): 2364 – 2370.

[49] Li Z Q, Cai X M, Luo Z X, et al. Geographical distribution of *Ectropis grisescens* (Lepidoptera: Geometridae) and *Ectropis obliqua* in China and description of an efficient identification method. Journal of Economic Entomology, 2019, 112, 277 – 283.

[50] Luo Z X, Magsi F H, Li Z Q, et al. Development and evaluation of sex pheromone mass trapping technology for *Ectropis grisescens*: A potential integrated pest management strategy[J]. Insects, 2019, 11(1): 15.

[51] Ma P W, Roelofs W L. Sex pheromone gland of the female European corn borer moth, *Ostrinia nubilalis* (Lepidoptera, Pyralidae): ultrastructural and biochemical evidences[J]. Zoological Science, 2002, 19(5): 501 – 511.

[52] Ma T, Xiao Q, Yu Y G, et al. Analysis of tea Geometrid (*Ectropis grisescens*) pheromone gland extracts using GC-EAD and GCxGC/TOFMS[J]. Journal of Agricultural and Food Chemistry, 2016, 64(16): 3161 – 3166.

[53] Magsi F H, Li Z Q, Cai X M, et al. Identification of a unique three-component sex pheromone produced by the tea black tussock moth, *Dasychira baibarana* (Lepidoptera: Erebidae: Lymantriinae)[J]. Pest Management Science, 2022, 78: 2607 – 2617.

[54] Millar J G, Rice R E. Sex Pheromone of the plant bug *phytocoris californicus* (Heteroptera: Miridae)[J]. Journal of Economic Entomology, 1998, 91(1): 132 – 137.

[55] Millar J G. Polyene hydrocarbons and epoxides: a second major class of Lepidopteran sex attractant pheromones[J]. Annual Review of Entomology, 2000, 45: 575 – 604.

[56] Mochizuki F, Fukumoto T, Noguchi H, et al. Resistance to a mating disruptant composed of (*Z*)-11-tetradecenyl acetate in the smaller tea tortrix, *Adoxophyes honmai* (Yasuda) (Lepidoptera: Tortricidae)[J]. Applied Entomology and Zoology, 2002, 37(2): 299 – 304.

[57] Moto K, Suzuki M G, Hull J J, et al. Involvement of a bifunctional fatty-acyl desaturase in the biosynthesis of the

silkmoth, *Bombyx mori*, sex pheromone[J]. Proceedings of the National Academy of Sciences of the United States of America, 2004, 101(23): 8631 – 8636.

[58] Mozuraitis R, Borgkarlson A K, Buda V, *et al*. Sex pheromone of the spotted tentiform leafminer moth *Phyllonorycter blancardella* (Fabr.) (Lep., Gracillariidae)[J]. Journal of Applied Entomology, 1999, 123(10): 603 – 606.

[59] Negishi T, Ishiwatari T, Uchida M, *et al*. A new synergist, 11-methyl-cis-9, 12-tridecadienyl acetate, for the Smaller Tea Tortrix sex attractant[J]. Applied entomology and zoology, 1979, 14(4): 478 – 483.

[60] Noguchi H, Tamaki Y, Yushima T. Sex Pheromone of the Tea Tortrix Moth: Isolution and Identification[J]. Applied entomology and zoology, 1979, 14(2): 225 – 228.

[61] Norin T. Pheromones and kairomones for control of pest insects. Some current results from a Swedish research program[J]. Pure and Applied Chemistry, 2001, 73(3): 607 – 612.

[62] Ohtani K, Fukumoto T, Mochizuki F, *et al*. Mating disruption of the Japanese giant looper in tea gardens permeated with synthetic pheromone and related compounds[J]. Entomologia experimentalis et applicata, 2001, 100(2): 203 – 209.

[63] Ohtani K, Yamamoto M, Miyamoto T, *et al*. Responses of Japanese giant looper male moth to synthetic sex pheromone and related compounds[J]. Journal of Chemical Ecology, 1999, 25(7): 1633 – 1642.

[64] Ono A, Imai T, Inomata S, *et al*. Biosynthetic pathway for production of a conjugated dienyl sex pheromone of a Plusiinae moth, *Thysanoplusia intermixta*[J]. Insect Biochemistry and Molecular Biology, 2002, 32(6): 701 – 708.

[65] Pu G Q, Yamamoto M, Takeuchi Y, *et al*. Resolution of epoxydienes by reversed-phase chiral HPLC and its application to stereochemistry assignment of mulberry looper sex pheromone[J]. Journal of Chemical Ecology, 1999, 25(5): 1151 – 1162.

[66] Qin X R, Ando T, Yamamoto M, *et al*. Resolution of pheromonal epoxydienes by chiral HPLC, stereochemistry of separated enantiomers, and their field Evaluation[J]. Journal of Chemical Ecology, 1997, 23(5): 1403 – 1417.

[67] Raina A K. Neuroendocrine control of sex pheromone biosynthesis in Lepidoptera[J]. Annual Review of Entomology, 1993, 38(1): 329 – 349.

[68] Schneider D. 100 years of pheromone research—an essay on Lepidoptera[J]. Naturwissenschaften, 1992, 79(6): 241 – 250.

[69] Stelinski L L, Gut L J, Miller J R. An attempt to increase efficacy of moth mating disruption by co-releasing pheromones with kairomones and to understand possible underlying mechanisms of this technique[J]. Environmental Entomology, 2013, 42(1): 158 – 166.

[70] Subchev M, Toth M, Wu D, *et al*. Sex attractant for *Diloba caeruleocephala* (L.), (Lep., Dilobidae) (*Z*)-8-tridecenyl acetate[J]. Journal of Applie Entomology, 2000, 124(3 – 4): 197 – 199.

[71] Tabata J, Noguchi H, Kainoh Y, *et al*. Sex pheromone production and perception in the mating disruption-resistant strain of the smaller tea leafroller moth, *Adoxophyes honmai*[J]. Entomologia Experimentalis et Applicata, 2007, 122(2): 145 – 153.

[72] Tamaki Y, Noguchi H, Sugie H, *et al*. Minor component of the female sex-attractant pheromone of smaller tea tortrix moth (Lepidoptera: Tortricidae): isolation and identification[J]. Applied Entomology and Zoology, 1979, 14(1): 101 – 113.

[73] Tamaki Y, Noguchi H, Yushima T. Sex pheromone of Spodoptera litura (F.) (Lepidoptera: Noctuidae): isolation, identification, and synthesis[J]. Applied entomology and zoology, 1973, 8(3): 200 – 203.

[74] Tamaki Y, Noguchi H, Yushima T. Two sex pheromone of the smaller tea tortrix: Isolation, identification, and synthesis[J]. Applied Entomology and Zoology, 1971, 6(3): 139 – 141.

[75] Tamaki Y, Sugie H. Biological activities of *R*- and *S*-10-methyldodecyl acetates, the chiral component of the sex pheromone of the smaller tea tortrix moth (Adoxophyes sp., Lepidoptera: Tortricidae)[J]. Applied Entomology and Zoology, 1983, 18(2): 292 – 294.

[76] Tóth M, Buser H R. Simple method for collecting volatile compounds from single insects and other point sources for gas chromatographic analysis[J]. Journal of Chromatography A, 1992, 598(2): 303 – 308.

[77] Touhara K. Pheromone signaling—methods and protocols[M]. New York: Humana press, 2013: 3 – 14.

[78] Uehara T, Naka H, Matsuyama S, *et al*. Identification of the Sex Pheromone of the Diurnal Hawk Moth, *Hemaris affinis*[J]. Journal of Chemical Ecology, 2015, 41(1): 9 – 14.

[79] Vang V L, Thuy H N, Khanh C N, *et al*. Sex pheromones of three citrus leafrollers, *Archips atrolucens*, *Adoxophyes privatana*, and *Homona sp.*, inhabiting the Mekong Delta of Vietnam[J]. Journal of Chemical Ecology,

2013，39：783－789.

［80］Wakamura S, Ichikawa A, Yasuda T, et al. EAG and field responses of the male tea tussock moth, *Euproctis pseudoconspersa* (Strand) (Lepidoptera：Lymantriidae) to (*R*)-and (*S*)-Enantiomers and Racemic Mixture of 10,14-dimethyl pentadecyl isobutyrate［J］. Applied Entomology and Zoology, 1996, 31(4)：623－625.

［81］Wakamura S, Tanaka H, Masumoto Y, et al. Sex pheromone of the blue-striped nettle grub moth *Parasa lepida* (Cramer) (Lepidoptera：Limacodidae)：identification and field attraction［J］. Applied Entomology and Zoology, 2007, 42(3)：347－352.

［82］Wakamura S, Yasuda T, Hirai Y, et al. Sex pheromone of the oriental tussock moth *Artaxa subflava* (Bremer) (Lepidoptera：Lymantriidae)：Identification and field attraction［J］. Applied entomology and zoology, 2007, 42(3)：375－382.

［83］Wakamura S, Yasuda T, Ichikawa A, et al. Sex attractant pheromone of the tea tussock moth, *Euproctis pseudoconspersa* (Strand) (Lepidoptera：Lymantriidae)：Identification and field attraction［J］. Applied Entomology and Zoology, 1994, 29(3)：403－411.

［84］Witzgall P, Stelinski L, Gut L, et al. Codling moth management and chemical ecology［J］. Annual Review of Entomology, 2008, 53(1)：503－522.

［85］Yamakawa R, Kiyota R, Taguri T, et al. (5*R*,7*R*)-5-Methylheptadecan-7-ol：a novel sex pheromone component produced by a female lichen moth, *Miltochrista calamina*, in the family Arctiidae［J］. Tetrahedron Letters, 2011, 52：5808－5811.

［86］Yamakawa R, Takubo Y, Shibasaki H, et al. Characterization of epoxytrienes derived from (3*Z*,6*Z*,9*Z*)-1,3,6,9-Tetraenes, sex pheromone components of Arctiid moths and related compounds［J］. Journal of Chemical Ecology, 2012, 38：1042－1049.

［87］Yamamoto M, Kiso M, Yamazawa H, et al. Identification of chiral sex pheromone secreted by giant geometrid moth, *Biston robustum Butler*［J］. Journal of chemical ecology, 2000, 26：2579－2590.

［88］Yamamoto M, Maruyama R, Murakami Y, et al. Characterization of posticlure and the structure-related sex pheromone candidates prepared by epoxidation of (6*Z*,9*Z*,11*E*)-6,9,11-trienes and (3*Z*,6*Z*,9*Z*,11*E*)-3,6,9,11-tetraenes［J］. Analytical & Bioanalytical Chemistry, 2013, 405：7405－7414.

［89］Yamazawa H, Yamamoto M, Karasawa K I, et al. Characterization of geometrid sex pheromones by electrospray ionization time-of-flight mass spectrometry［J］. Journal of Mass Spectrometry, 2003, 38：328－332.

［90］Yan Q, Vang V L, Khanh C N, et al. Reexamination of the female sex pheromone of the sweet potato vine borer moth：identification and field evaluation of a Tricosatriene［J］. Journal of Chemical Ecology, 2014, 40：590－598.

［91］Yang Y Q, Zhang L W, Guo F, et al. Reidentification of sex pheromones of Tea Geometrid *Ectropis obliqua* Prout (Lepidoptera：Geometridae)［J］. Journal of Economic Entomology, 2016, 109(1)：167－175.

［92］Yasuda T, Wakamura S, Arakaki N. Identification of sex attractant pheromone components of the tussock moth, *Euproctis taiwana* (Shiraki) (Lepidoptera：Lymantriidae)［J］. Journal of Chemical Ecology, 1995, 21(11)：1813－1822.

［93］Yasuda T, Yoshii S, Wakamura S. Identification of sex attractant pheromone of the browntail moth, *Euproctis similis* (Fuessly) (Lepidoptera：Lymantriidae)［J］. Applied Entomology and Zoology, 1994, 29(1)：21－30.

［94］Yasuda T. The Japanese species of the genus *Adoxophyes Meyrick* (Lepidoptera, Tortricidae)［J］. Lepidoptera Science, 1998, 49(3)：159－173.

［95］Yew J Y, Chung H. Insect pheromones：An overview of function, form, and discovery［J］. Progress in lipid research, 2015, 59：88－105.

［96］Zhang T, Mei X D, Zhang X F, et al. Identification and field evaluation of the sex pheromone of *Apolygus lucorum* (Hemiptera：Miridae) in China［J］. Pest Management Science, 2020; 76：1847－1855.

［97］Zhao C H, Millar J G, Pan K H, et al. Responses of tea tussock moth, *Euproctis pseudoconspersa*, to its pheromone,(*R*)-10, 14-dimethylpentadecyl isobutyrate, and to the S-enantiomer of its pheromone［J］. Journal of Chemical Ecology, 1998, 24：1347－1353.

［98］Zhao C H, Millar J G, Wen Z H, et al. Isolation. Identification and synthesis of the female sex pheromone of the tea tussock moth, *Euproctis pseudoconspersa* (Lepidoptera：Lymantridae)［J］. Insect Science, 1996, 3(1)：58－69.

罗宗秀

第五章
灰茶尺蠖和茶尺蠖种间隔离的化学生态学机制

2014 年,中国农业科学院茶叶研究所和中国科学院动物研究所联合对我国茶区的尺蠖进行形态学观察和分子特征分析,发现传统意义上的"茶尺蠖"实际上是灰茶尺蠖(*Ectropis grisescens*)和茶尺蠖(*Ectropis obliqua*)两个物种(姜楠等,2014),从而揭开了两近缘种种间隔离机制研究的序幕。由于两种茶尺蠖近缘种外部形态、发生规律和生物学习性十分相似,导致长期以来一直将两者误认为一个种,造成原有的关于茶尺蠖在生物学特性、性信息素组成等多方面的研究结果与实际情况可能存在差异。本章从灰茶尺蠖和茶尺蠖的鉴定、地理分布、求偶通信的种间隔离机制、识别性信息素的分子机制等多个方面对现有相关研究结果进行了梳理。

5.1 近缘种灰茶尺蠖和茶尺蠖的发现与地理分布

5.1.1 生物学物种定义与生殖隔离机制

物种作为生物分类阶元系统的一个基本单元,分类学家最初是根据生物在表型特征上的差异来识别和区分物种。自从达尔文的《物种起源》一书发表以后,人们认识到不同的物种是由共同祖先进化而来,在定义物种时引入了"谱系"的概念。达尔文着重强调物种不仅可以变化,而且这些变异最终可以使一个种内的成员彼此分离,形成新种。自此,物种定义与物种形成的机制成为进化生物学、分类学、保护生物学及生物多样性等领域的重要研究内容。

随着现代综合进化论和群体遗传学的建立,关于物种形成了很多不同的概念。比如:生物学物种概念、形态学物种概念、进化物种概念、系统发育物种概念及生态学物种概念等。其中,Mayr 提出的生物学物种概念(biological species concept)被生物学家,特别为动物学家广泛接受。其定义为:"species are groups of interbreeding natural populations that are reproductively isolated from other such groups",即"物种是相互繁殖的自然种群所组成的群体,与其他类群之间存在生殖隔离"。这个定义把是否存在生殖隔离、有无基因交流作为划分物种的标准(刘志瑾等,2004;王琛柱,2006)。

生殖隔离分为合子前隔离和合子后隔离。合子前隔离是指不同物种的个体间不能交配,或者交配后不能形成合子。合子前隔离主要包括以下 5 种类型:① 生态或栖息地隔离,即有关的群体在同一大区域但在不同的栖息地发生;② 季节或时间上隔离,即在不同的季节或在一天的不同时间交配或开花;③ 性或行为的隔离,即不同物种的异性之间相互吸引不足或缺乏;④ 机械隔离,即生殖器在解剖结构上不匹配或花的结构防止交配或花粉地转移;⑤ 配子隔离,即体外受精生物的雌雄配子可能相互不吸引,或体内受精生物的一个物种的配子或配子体在另一个物种的生殖管道或花柱中不能生存。合子后隔离是指交配形成的合子不能发育到成体,或成体的生殖力缺失或低下。合子后隔离包括以下 3 种情况:① 杂种不存活,即杂合子的生存力减小或不能存活;② 杂种不育,即杂种子一代的一个性别或两个性别不能产生有功能的胚子;③ 杂种衰弱,即 F_2 代或回交代的生存力减小或不育。灰茶尺蠖和茶尺蠖之间的生殖隔离既存在合子前隔离(求偶行为的隔离),也存在合子后隔离(杂种不育)。

5.1.2 近缘种灰茶尺蠖和茶尺蠖的发现

5.1.2.1 由不同地区茶尺蠖对病毒敏感性差异引发的思考

茶尺蠖属鳞翅目(Lepidoptera)尺蛾科(Geometridae)埃尺蛾属(Ectropis),是我国重要的茶树害虫之一。茶尺蠖核型多角体病毒(*Ectropis oblique* nuclear polyhedrosis virus,*Eo*NPV)是茶尺蠖的重要微生物天敌,对茶尺蠖幼虫具有较高的致病力,具有专一性强、无毒、无污染等优点。自 20 世纪 70 年代首次发现以来,研究人员对该病毒的形态学、生物学、毒性、安全性等方面进行了系统研究(赵烨烽和侯建文,1980;朱国凯等,1981),研制出了茶尺蠖核型多角体病毒制剂,形成了登记产品,并进行了大面积的示范应用,成为茶尺蠖生物防治的重要措施。然而,在 *Eo*NPV 推广示范的过程中席羽等发现,*Eo*NPV 在不同地区对茶尺蠖的防治效果不同,部分地区使用 *Eo*NPV 后茶尺蠖幼虫的死亡率明显偏低,说明不同地区的茶尺蠖种群对 *Eo*NPV 表现出了一定程度的敏感性差异(席羽等,2011)。

为了明确茶尺蠖不同地理种群对 *Eo*NPV 病毒的敏感性差异程度,席羽等分别从浙江杭州、浙江衢州、江苏宜兴、江苏扬州、湖北武汉、湖北襄樊、湖南高桥 7 个不同的地区采集了茶尺蠖种群,从 *Eo*NPV 对不同地理种群茶尺蠖的毒效和毒力两个方面进行了比较(席羽等,2011)。毒效测试结果显示(图 5 - 1),饲喂病毒后杭州和宜兴种群的死亡速度最快,分别在饲毒后 10 天和 11 天即达到死亡率 100%;然而,其他种群饲毒后 11 天内的死亡率均低于 30%,其中湖南高桥种群和浙江衢州种群甚至在饲毒后 12 天仍未见死亡。进一步的毒力测试结果发现,茶尺蠖不同地理种群对 *Eo*NPV 的敏感性水平存在明显差异(表 5 - 1):*Eo*NPV 对宜兴种群茶尺蠖的致死中浓度(LC_{50})最低,仅为 8.32×10^4 PIB/mL,杭州种群的 LC_{50} 与之相近,为 8.6×10^4 PIB/mL;其余 5 个地理种群的 LC_{50} 在 $1.35 \times 10^7 \sim 6.03 \times 10^7$ PIB/mL 之间,处于同一数量级水平,比宜兴种群和杭州种群的 LC_{50} 高出百倍以上,其中以衢州种群最高,是宜兴种群的 724.5 倍。在 *Eo*NPV 刚登记推广不久,不同地理种群间就产生如此之高的差异,引发了研究人员的思考:敏感性差异不同的茶尺蠖地理种群间亲缘关系如何?如此之大的敏感性差异是否是由种的差异造成?

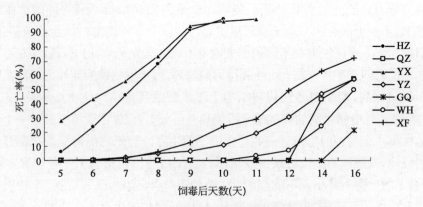

图5-1 *Eo*NPV对茶尺蠖不同地理种群的毒效结果

(席羽等,2011)

HZ:杭州种群;QZ:衢州种群;YX:宜兴种群;YZ:扬州种群;GQ:高桥种群;WH:武汉种群;XF:
襄樊种群。

表5-1 *Eo*NPV对不同地理种群茶尺蠖的致死中浓度

供 试 种 群	供试总数(头)	毒力回归方程	致死中浓度LC_{50}	毒力比值
宜兴种群(YX)	600	$y = 1.350\ 5x - 1.644\ 7$	$8.32 \times 10^4 \pm 0.14$	1.0
杭州种群(HZ)	653	$y = 1.151\ 8x - 0.684$	$8.61 \times 10^4 \pm 0.13$	1.0
衢州种群(QZ)	593	$y = 1.141\ 2x - 3.878\ 6$	$6.03 \times 10^7 \pm 0.13$	724.5
高桥种群(GQ)	659	$y = 1.087\ 0x - 3.375\ 0$	$5.06 \times 10^7 \pm 0.13$	608.8
扬州种群(YZ)	679	$y = 1.113\ 3x - 3.357\ 8$	$3.21 \times 10^7 \pm 0.12$	386.4
武汉种群(WH)	667	$y = 1.076\ 0x - 3.019\ 2$	$2.83 \times 10^7 \pm 0.12$	340.8
襄樊种群(XF)	674	$y = 1.114\ 1x - 2.942\ 4$	$1.35 \times 10^7 \pm 0.12$	161.8

注:y为死亡率概率值,x为浓度对数。

5.1.2.2 *Eo*NPV高敏感种群和低敏感种群间存在生殖隔离现象

由生物学物种概念可以看出,是否存在生殖隔离是划分物种的重要标准。席羽和张桂华分别选取对*Eo*NPV较为敏感的杭州种群和浙江余杭种群作为高敏感种群,对*Eo*NPV不敏感的衢州种群和浙江松阳种群作为低敏感种群,进行了遗传杂交试验,并从杂交当代成虫产卵量和卵的孵化率、杂交F_1代幼虫和蛹的生长发育状况、杂交F_1代成虫的羽化状况与雌雄性比、杂交F_1代自交和回交产卵量、F_2代孵化率等多个方面进行了系统研究(席羽等,2011;张桂华,2014)。两者的研究结果类似,分别如下:

(1) 杭州种群(高敏感种群)与衢州种群(低敏感种群)杂交遗传性状 在杂交当代成虫产卵量和卵的孵化率方面,杭州种群与衢州种群的成虫进行正交和反交后均能产卵。与种群内自交相比,正交和反交后的产卵量和卵孵化率均显著下降。两个种群自交后每头雌蛾的平均产卵量均在180.50粒以上,而杂交处理组雌虫的平均产卵量在130.41粒以下,其中以杭州种群雌蛾与衢州种群雄蛾杂交后的产卵量最低,雌蛾的产卵65.68粒,分别为杭州种群和衢州种群自交组合的33%和38%。杂交组合的卵孵化率亦显著降低,其趋势与产卵量一致,以杭州种群雌蛾与衢州种群雄蛾杂交后所产卵的孵化率最低,仅为47.95%,而正常种群内自交雌蛾所产的卵孵化率均高于96%(表5-2)。由此结果可以看出,杭州种群与衢州种群可以进行正交和反交,并且杂交后均可以产卵,但是产卵量和卵孵化率显著低于种群内自交,其中杭州种群雌蛾与衢州种群雄蛾杂交后的F_1代数量仅为杭州种群种内自交后F_1代数量的18%。

表5-2 茶尺蠖杭州种群(H)和衢州种群(Q)杂交亲本产卵量和卵孵化率
（席羽等,2014）

交 配 组 合	总虫数(对)	单雌平均产卵量(粒)	卵孵化率(%)
H(♀)×Q(♂)	32	65.68±21.92 cC	47.95±16.78 bB
Q(♀)×H(♂)	32	130.41±6.55 bB	77.20±9.97 abAB
H(♀)×H(♂)(CK)	32	180.50±13.29 aAB	96.43±3.58 aA
Q(♀)×Q(♂)(CK)	32	206.96±11.35 aA	100±0 aA

注: 同列数据后不同小写字母表示处理组间差异显著($P<0.05$),不同大写字母表示差异极显著($P<0.01$)(单因素方差分析,Duncan氏新复极差检验)。

在杂交F_1代幼虫和蛹的生长发育方面,杂交F_1代幼虫的生长基本正常,体上的斑纹与母本相似,但虫体略小、体色略浅、发育历期明显缩短(表5-3)。杭州种群和衢州种群自交组合的幼虫发育历期均为17天左右,幼虫化蛹数量与化蛹时间呈正态分布,化蛹时间持续12天左右,而杂交组合幼虫发育历期缩短至13天左右,幼虫化蛹数量随时间逐渐减少,前5天的化蛹率超过90%(图5-2)。杂交后代的蛹在外部形态上与母本无显著差异,但蛹重显著变轻。

表5-3 茶尺蠖杭州种群(H)与衢州种群(Q)杂交F_1代的幼虫历期与蛹重
（席羽等,2014）

交 配 组 合	总虫数(头)	幼虫历期(天)	蛹重(g/头)
H(♀)×Q(♂)	91	13.29±0.07 cC	0.059±0.002 cC
Q(♀)×H(♂)	238	13.09±0.01 bB	0.056±0.002 cC
H(♀)×H(♂)(CK)	312	17.17±0.01 aA	0.072±0.001 bB
Q(♀)×Q(♂)(CK)	237	17.24±0.03 aA	0.096±0.001 aA

注: 同列数据后不同小写字母表示处理组间差异显著($P<0.05$),不同大写字母表示差异极显著($P<0.01$)(单因素方差分析,Duncan氏新复极差检验)。

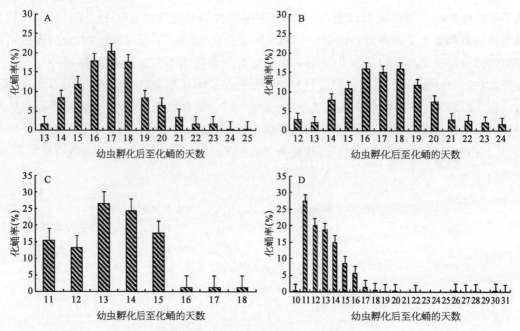

图 5-2　茶尺蠖杭州种群(H)与衢州虫源(Q)及其杂交(H×Q)F₁ 代化蛹率的时间分布

(席羽等,2014)

A:杭州种群(H)自交;B:衢州种群(Q)自交;C:H♀×Q♂;D:H♂×Q♀。

在杂交 F₁ 代成虫的羽化状况、雌雄性比以及是否能够产生 F₂ 代方面,杭州种群与衢州种群杂交后 F₁ 代蛹的羽化率显著低于种群内自交,并且无法羽化成正常的成虫,成虫性别比亦严重失调。杭州种群雄蛾与衢州种群雌蛾杂交以及杭州种群雌蛾与衢州种群雄蛾杂交的 F₁ 代成虫平均羽化率分别 15.15% 和 33.41%,而两个种群的自交 F₁ 代蛹的平均羽化率均高于 52%;两个种群自交组合 F₁ 代雌雄性别比接近 1∶1,而杭州种群雌蛾与衢州种群雄蛾杂交 F₁ 代成虫的雌雄比为1∶0.1,雌蛾占总数的 91% 以上,杭州种群雄蛾与衢州种群雌蛾杂交 F₁ 代成虫的雌雄比为 1∶52.5,雌蛾仅占总数的 1.9%;因两个种群杂交 F₁ 代的数量较少,且雌雄性别比失调、羽化时间不同步、难于配对等因素,导致 F₁ 代产卵量极少,且卵均未孵化,未能产成 F₂ 代(表 5-4)。

表 5-4　茶尺蠖杭州种群(H)与衢州种群(Q)杂交 F₁ 代蛹羽化率和成虫性别比

(席羽等,2014)

交 配 组 合	观察蛹数(头)	羽化率(%)	雌雄性别比
H(♀)×Q(♂)	91	33.41±11.60 abAB	1∶0.1
Q(♀)×H(♂)	209	15.14±4.30 bB	1∶52.5
H(♀)×H(♂)(CK)	292	54.93±8.00 aA	1∶0.9
Q(♀)×Q(♂)(CK)	237	52.84±10.82 aA	1∶0.9

注:同列数据后不同小写字母表示处理组间差异显著($P<0.05$),不同大写字母表示差异极显著($P<0.01$)(单因素方差分析,Duncan氏新复极差检验)。

（2）余杭种群（高敏感种群）与松阳种群（低敏感种群）杂交遗传性状 余杭种群雄蛾和松阳种群雌蛾杂交后的每头雌蛾平均产卵量与种群内自交无明显差异，余杭种群雌蛾与松阳种群雄蛾杂交后的每头雌蛾平均产卵量较松阳种群自交的显著减少（表5-5）。两个种群杂交组合的F_1代孵化率、至成虫期存活率和正常成虫比率与对照组相比均极显著地低于种群自交，其中余杭种群雌蛾与松阳种群雄蛾杂交后的F_1代孵化率仅为1.4％。杂交F_1代幼虫期加蛹期的平均历期与自交组相比均缩短4天左右，而且同一天孵化的杂交F_1代幼虫生长不一致，杂交F_1代成虫大部分在21天左右开始羽化，而部分成虫在35天之后才羽化，相比杂交组，对照组的幼虫生长较一致，绝大部分均在26天左右羽化。种群内自交的性别比均约为1∶1，而杂交组处理F_1代性比严重失衡，雌虫所占比例较低，其中余杭种群雌蛾与松阳种群雄蛾杂交的F_1代雌雄比为1∶4，余杭种群雄蛾和松阳种群雌蛾杂交的F_1代雌雄比为1∶27。

表5-5 茶尺蠖余杭(YH)和松阳(SY)种群杂交试验结果
（张桂华，2014）

处　理	重复	产卵量（粒/雌）	孵化率	平均历期（天）	至成虫期存活率	正常成虫羽化率（％）	性别比
YH♀×SY♂	12	357±15.58B	0.01±0.00C	22.74	0.17±0.02B	18.23±12.25B	1∶4
SY♀×YH♂	12	394±19.35AB	0.54±0.05B	22.34	0.19±0.01B	24.70±10.06B	1∶27
YH♀×YH♂	12	396±8.90AB	0.74±0.09A	26.81	0.80±0.03A	93.49±2.05A	1∶1
SY♀×SY♂	12	442±13.80A	0.66±0.02A	26.22	0.77±0.02A	94.16±0.62A	1∶1

注：平均历期采用加权平均法计算。除平均历期和性别比两栏外，表中数据为平均值±标准误差，同一列数据后的大写字母表示有极显著性差异（$P<0.01$）。

杂交组合和对照组的F_1代存活率存在差异。余杭种群与松阳种群杂交后F_1代幼虫、蛹和成虫存活率均显著低于自交组（图5-3）。自交组F_1代的死亡率比较均匀地分布在各个时期（虫态），而余杭种群雌蛾与松阳种群雄蛾杂交后F_1代死亡主要发生在卵孵化期，余杭种

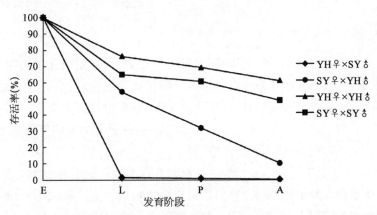

图5-3 余杭种群(YH)与松阳种群(SY)杂交F_1代生存率与年龄（虫态）的关系（Lx 曲线）
（张桂华，2014）

E：卵；L：幼虫；P：蛹；A：成虫。

群雄蛾和松阳种群雌蛾杂交后 F_1 代的死亡主要发生在卵孵化后到成虫之前。两个种群杂交后 F_1 代世代存活率分别为 0.01% 和 0.51%，与对照组的 51.25% 和 41.78% 相比，杂交组合 F_1 代的生长发育受阻，世代存活率均比对照组有显著下降。

为了进一步探讨茶尺蠖余杭种群和松阳种群间的生殖隔离程度，张桂华对两个种群杂交后 F_1 代进行了自交和回交试验(表5-6)。余杭种群雌蛾与松阳种群雄蛾杂交后 F_1 代异常，正常成虫极少，并且雌虫和雄虫在3天内不能同时羽化，成虫没有产卵，因此杂交 F_1 代不能产生 F_2 代。同时，余杭种群雄蛾和松阳种群雌蛾杂交后 F_1 代产少数卵，但未能孵化，亦不能产生 F_2 代。余杭种群雄蛾和松阳种群雌蛾杂交后 F_1 代雄虫与亲本余杭种群雌虫回交，所产卵亦不能孵化，其与亲本松阳种群雌虫的回交，所产卵能孵化产生回交 F_1 代，但回交 F_1 代出现与杂交 F_1 代同样的不良性状，其孵化率为 17.3%，正常成虫比例仅为 7.1%，雌雄比为 1:65，无法产生可育的 F_2 代。余杭种群雄蛾和松阳种群雌蛾杂交 F_1 代雌虫与亲本松阳种群雄虫回交产生少量的卵，但未孵化。综合上述试验结果表明，茶尺蠖余杭种群和松阳种群杂交 F_1 代自交及回交都难于产生 F_2 代。

表5-6 余杭(YH)和松阳(SY)种群杂交 F_1 代自交和回交试验结果
(张桂华，2014)

处　　理	重复数	产卵量(粒/雌)	F_2 代孵化率
F_1(YS)♀×F_1(YS)♂	0		
F_1(SY')♀×F_1(SY')♂	1	189	0
YH♀×F_1(SY')♂	2	284	0
SY♀×F_1(SY')♂	1	191	0.173
F_1(SY')♀×SY♂	2	231	0
YH(CK)	8	465±16.62	0.820±0.032
SY(CK)	8	453±37.99	0.719±0.098

注：YS表示杂交(YH♀×SY♂) F_1 代，SY'表示杂交(SY♀×YH♂) F_1 代。

由上述结果可以看出，EoNPV 高敏感种群和低敏感种群在室内强迫条件下可以进行交配，但无论是正交还是反交，杂交处理组雌虫的产卵量显著减少，杂交 F_1 代幼虫孵化率显著降低，蛹羽化率降低，成虫出现畸形，性别比严重失调，且在近百只杂交 F_1 代的饲养数量下，未能获得 F_2 代，说明 EoNPV 高敏感种群和低敏感种群间具有明显的生殖隔离现象，两个种群为不同物种，低敏感种群可能不是茶尺蠖。

5.1.2.3 EoNPV 高敏感种群和低敏感种群间存在不对称的生殖干扰现象

昆虫交配质量和次数是影响雌虫繁殖是否成功的关键因素。雌虫能够识别同种雄虫或者拒绝不合适雄虫的错误求偶，在交配中雌虫的交配行为比雄虫的交配行为更容易受到干扰。张桂华分别选取对 EoNPV 较为敏感的浙江余杭种群和对 EoNPV 不敏感的浙江松阳种群作为高敏感种群和低敏感种群，并将两个种群同时混合饲养在同一室内，采用种群生物学的方法,研究了雌虫的交配行为及后代各生物学性状的变化(张桂华,2014)。

在一对刚羽化的余杭种群中,分别加入1、2、3头同时羽化的松阳种群雄蛾后,余杭种群雌蛾和同种群雄蛾的交配率会显著下降。而分别加入1、2、3头同时羽化的余杭种群雄蛾,则不会影响余杭种群雌蛾和同种群雄蛾的交配率(图5-4A)。在一对刚羽化的余杭种群中,加入不同数量的余杭种群雄蛾后,对 F_1 代幼虫数没有显著影响,而加入松阳种群雄蛾后,F_1 代幼虫数显著降低(图5-4B)。在 F_1 代羽化成虫数方面,加入余杭种群雄蛾后,F_1 代的成虫数无明显变化。然而,加入松阳种群雄蛾则会导致 F_1 代羽化成虫数显著降低,且随着加入的松阳种群雄蛾数量的增加而降低(图5-4C)。同样地,余杭种群雄蛾的存在不影响 F_1 代的雌雄比,但松阳种群雄蛾的加入会显著降低 F_1 代的雌雄比,且随着加入的松阳种群雄蛾数量的增加 F_1 代雌雄比进一步降低(图5-4D)。以上结果表明,松阳种群的雄蛾不仅影响余杭种群的种群内交配和 F_1 代种群数,同时降低了 F_1 代的雌虫比例。松阳种群雄蛾的存在会对余杭种群的生殖产生明显的干扰作用,且雄虫数越多,干扰作用越强。相反,在一对刚羽化的松阳种群中,分别加入1、2、3头同时羽化的余杭种群雄蛾后,松阳种群雌蛾的交配率、F_1 代幼虫数量、F_1 代成虫数量以及 F_1 代雌雄比均未受到显著影响(图5-5)。以上研究结果说明:在室内人为干扰情况下,茶尺蠖余杭种群和松阳种群间存在不对称的生殖干扰现象,余

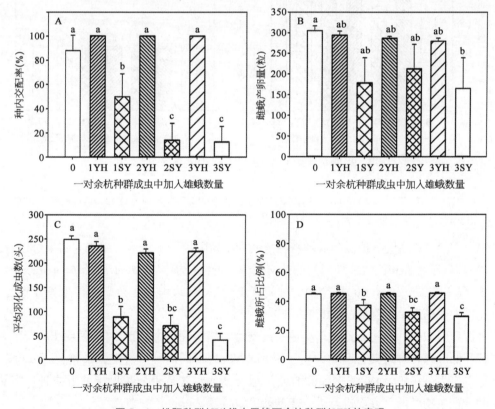

图5-4 松阳种群(SY)雄虫干扰下余杭种群(YH)的表现

(张桂华,2014)

一对余杭种群中加入1、2、3头余杭种群或松阳种群雄蛾后,余杭种群的同种交配率(A)、平均产卵数(B)、平均羽化成虫数(C)和雌虫所占比例(D)。柱形图表示平均数±标准误,小写字母显示显著性差异($P<0.05$)。

杭种群会因松阳种群雄蛾的存在,而发生高频率的种群间杂交,导致 F_1 代的数量和雌雄比降低,且随着松阳种群雄蛾数越多,干扰作用越明显;而余杭种群雄蛾的加入,导致松阳种群发生种间杂交的概率极低,且不会影响 F_1 代数量和雌雄比,松阳种群对余杭种群的生殖干扰作用较强,而余杭种群对松阳种群的干扰能力则不强。

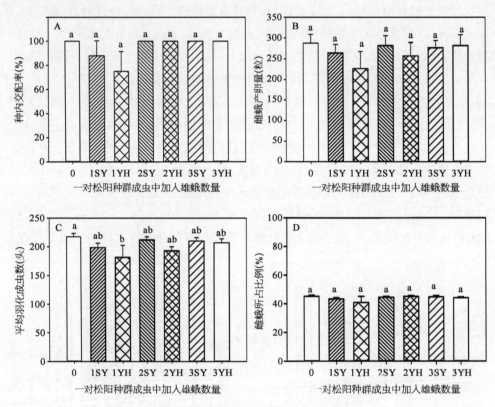

图 5-5　余杭种群(YH)雄虫干扰下松阳种群(SY)的表现

(张桂华,2014)

一对松阳种群中加入 1、2、3 头余杭种群或松阳种群雄蛾后,余杭种群的同种交配率(A)、平均产卵数(B)、平均羽化成虫数(C)和雌虫所占比例(D)。柱形图表示平均数±标准误,小写字母显示显著性差异($P<0.05$)。

综合 EoNPV 高敏感种群和低敏感种群间的生殖隔离和不对称交配研究结果可以看出,EoNPV 高敏感种群和低敏感种群间的杂交现象与近缘种棉铃虫($Helicoverpa\ armigera$)和烟青虫($Helicoverpa\ assulta$)两个种的种间杂交结果相似,均存在杂交后代生长发育受阻、性别比例失调的现象(王琛柱和董钧锋,2000;Wang,2007;Zhao $et\ al$,2005)。EoNPV 高敏感种群和低敏感种群间无论是正交还是反交均不能持续产生可育后代,说明 EoNPV 高敏感种群和低敏感种群间具有明显的生殖隔离现象,为不同的种。研究人员推测,EoNPV 高敏感种群应为茶尺蠖,而低敏感种群的分类地位如何? 其是否为茶尺蠖的近缘种? 需从形态学和分子生物学两个方面进行进一步的研究。

5.1.3　近缘种灰茶尺蠖和茶尺蠖的形态和分子鉴定

专化性强是昆虫核型多角体病毒的特点。然而,茶尺蠖不同地理种群对 EoNPV 的敏感性水平存在不同程度的差异,低敏感性种群(安徽潜山、浙江衢州、湖北武汉和湖南长沙等地)与高敏感性种群(浙江杭州、江苏宜兴和安徽十字镇)间的毒力水平差异最高可达 700 余倍,并且高敏感性种群(浙江杭州)与低敏感性种群(浙江衢州)间存在生殖隔离,因此推断低敏感性种群很可能不是茶尺蛾,而敏感性差异则可能是由种间差异造成的表型差异之一。姜楠等从形态特征和线粒体 *COI* 基因序列差异两个方面,对 *Eo*NPV 不同敏感种群的样品进行了分析鉴定(姜楠等,2014),发现 *Eo*NPV 低敏感种群实际上是灰茶尺蛾,为茶尺蛾的近缘种,由于两者之间因形态极为相似而被混淆。

5.1.3.1 两近缘种的形态鉴定

姜楠等首先对国内外茶尺蛾样本和标本进行了收集和检视。从河南、安徽、浙江、湖北、江西、湖南、福建、安徽、浙江和江苏共采集到茶尺蛾样本 149 个,以及 4 个日本茶尺蛾样品。检视了保存在英国自然历史博物馆(The Natural History Museum, London, UK)中来自我国浙江宁波和香港地区的灰茶尺蛾样品(包括模式标本)12 个,来自日本的茶尺蛾样品(包括模式标本)10 个。此外,还检视了保存在德国波恩动物学博物馆(Zoologische Forschungsinstitut und Museum Alexander Koenig, Bonn, Deutschland)的灰茶尺蛾样品 2 个,来自江苏、上海和日本的茶尺蛾样品(包括模式标本)21 个。对样本的卵、幼虫、蛹和成虫进行了鉴定,其中成虫选取了 26 个常用的尺蛾鉴别特征(韩红香和薛大勇,2011),并结合 Auto-Montage software version 5.03.0061(Synoptics Ltd)系统对形态特征进行拍照和测量,从共同特征和鉴别特征两个方面进行了分析,具体结果如下(姜楠等,2014)。

(1) **两近缘种的共同形态特征** 成虫(图 5-6):触角线形,雄性每节具 2 对纤毛簇;下唇须尖端未伸达额外;雄后足胫节膨大,具毛束;雄性前翅 R1 和 R2 共柄,R1+2 不与 R3~5 共柄,雌性 R1 和 R2 完全合并;前翅外缘浅弧形,后翅外缘浅波曲,翅面多灰褐色,偶尔为黑色(黑色个体往往翅面斑纹模糊);前翅外线外侧在近中部具 1 黑灰色斑,有时模糊不可见;雄第 3 腹节腹板具刚毛斑;雄性外生殖器的钩形突近三角形,端部细长且尖锐;颚形突退化;抱器瓣简单,渐细,端部圆;抱器背平直;囊形突端部圆;阳端基环后端两侧形成 1 对细指状突起;阳茎细长,后端部具微刺,阳茎端膜粗糙,具 1 个指状角状器,长度约为阳茎的 1/5;雌性外生殖器的肛瓣和后表皮突极度延长;前阴片为 1 对近三角形大骨片,后端圆;囊导管具骨环;囊体椭圆形,具 1 个囊片;囊片椭圆形,边缘具 14~16 根长刺。

卵、幼虫和蛹(图 5-7 和图 5-8):卵青绿色,椭圆形,长 701~721 μm,宽 461~475 μm,表面有浅黄褐色絮状物,受精孔区位于卵的顶部,具 2 圈花瓣花饰,内圈为菊花形(小叶数在灰茶尺蛾中为 6~10 片,在茶尺蛾中为 7~8 片),外圈花瓣形状不规则(小叶数在灰茶尺蛾中为 10~14 片,在茶尺蛾中 12~14 片)。幼虫体长 26~30 mm,头部灰白色,具黑色斑纹,上端两侧向外凸出,额副片黑色,上唇 M2 刚毛位于 M1 刚毛的下方,身体表面光滑,气门橘红色,边缘黑色,在 T2 和 T3 节上不明显,背线和亚背线为黑色双线,背线在 A1 至 A5 各节上仅中部清楚且略向外凸出,亚背线在 A5 和 A7 节上模糊不可见,在 A8 节处加粗呈"八"字形,A1 的 SV3 刚毛缺失,L2 刚毛较其他节上的靠近气门下方,A1 至 A5 各节上具 SDX1 刚毛,A8 节背面后方具 1 对角状突起,其上具 D1 刚毛,腹足趾钩为双序,长短相间;蛹深褐色,长 10.3~12.7 mm,宽 3.5~3.8 mm,表面具刻点,下唇须小,近三角形,臀棘端部二分叉状,末端细,前胸腿节明显。

图 5-6　灰茶尺蠖和茶尺蠖成虫形态图

（姜楠等，2014）

A、B、C、D、I、J 和 K：灰茶尺蠖。E、F、G、H、L、M 和 N：茶尺蠖；A、B 和 C：灰色型灰茶尺蠖成虫；D：黑色型灰茶尺蠖成虫；E、F 和 G：灰色型茶尺蠖成虫；H：黑色型茶尺蠖成虫；A：雄性；B：雄性（反面）；C、D：雌性；I 和 J：雄性外生殖器；K：雌性外生殖器；E：雄性；F：雄性（反面）；G：雄性；H：雌性；L 和 M：雄性外生殖器；N：雌性外生殖器。比例尺 A～H=1 cm，I～N=1 mm。

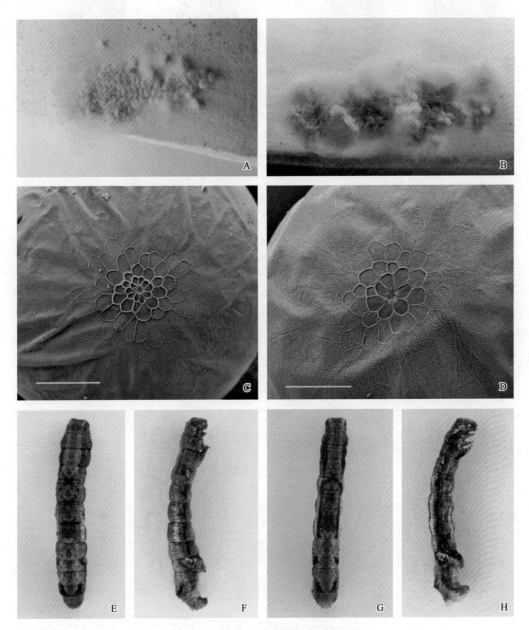

图 5 - 7 灰茶尺蠖和茶尺蠖卵、幼虫形态图

（姜楠等，2014）

A、C、E 和 F：灰茶尺蠖；B、D、G 和 H：茶尺蠖。A 和 B：卵的整体形态图；C 和 D：卵的受精孔区，比例尺＝10 μm；E 和 G：老熟幼虫背面观；F 和 H：老熟幼虫侧面观。

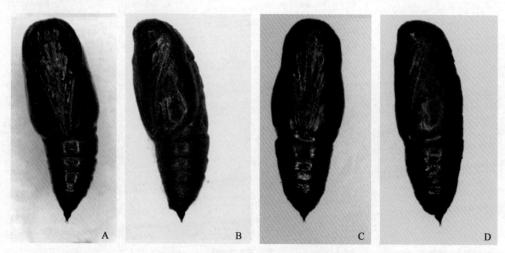

图 5-8 灰茶尺蠖和茶尺蠖蛹形态图

（姜楠等，2014）

A 和 B：灰茶尺蠖；C 和 D：茶尺蠖。A 和 C：蛹腹面观；B 和 D：蛹侧面观。

（2）**两近缘种的鉴别特征** 灰茶尺蠖成虫的 26 个形态参数均大于茶尺蠖（表 5-7），其中灰茶尺蠖和茶尺蠖之间的额宽、复眼间距离、复眼长、复眼宽、雄性后足胫节宽、雄性前翅长、雄性前翅宽、雌性前翅长、雌性前翅宽、钩形突长与基宽的比值、抱器瓣基宽和后阴片长与基宽比值等 12 个特征差异达到极显著水平；钩形突基宽、囊形突长、角状器中部宽、角状器长与宽的比值和后阴片基宽等 6 个特征差异达到显著水平（姜楠等，2014）。

表 5-7 灰茶尺蠖和茶尺蠖 26 个形态特征参数

（姜楠等，2014）

变 量	灰 茶 尺 蠖			茶 尺 蠖			显著性水平（P）
	样品数量	平均值	标准差	样品数量	平均值	标准差	
额宽	56	0.880	0.052	50	0.747	0.063	0
复眼间距离	56	2.082	0.107	50	1.854	0.105	0
复眼长	56	1.086	0.078	50	0.968	0.088	0
复眼宽	56	0.930	0.085	50	0.848	0.085	0
复眼长/复眼宽	56	1.173	0.089	50	1.145	0.010	0.084
雄性后足胫节宽	25	0.550	0.040	15	0.511	0.037	0.004
雄性前翅长	30	13.420	1.072	26	11.501	0.708	0
雄性前翅宽	30	6.185	0.516	26	5.427	0.379	0
雌性前翅长	23	17.125	1.000	26	14.056	0.947	0
雌性前翅宽	23	7.662	0.637	26	6.274	0.531	0
钩形突长	10	0.629	0.026	5	0.648	0.043	0.301
钩形突基宽	10	0.358	0.032	5	0.311	0.026	0.014

变　量	灰　茶　尺　蠖			茶　尺　蠖			显著性水平（P）
	样品数量	平均值	标准差	样品数量	平均值	标准差	
钩形突长/钩形突基宽	10	1.771	0.177	5	2.094	0.168	0.005
抱器瓣长	10	2.044	0.092	4	1.963	0.092	0.162
抱器瓣距端部 1/10 处宽	10	0.202	0.039	4	0.237	0.042	0.169
抱器瓣距端部 1/3 处宽	10	0.264	0.040	5	0.234	0.043	0.219
抱器瓣基宽	8	0.895	0.036	5	0.767	0.014	0
阳端基环基部长	10	0.276	0.045	4	0.256	0.021	0.422
阳端基环基部宽	10	0.353	0.028	4	0.315	0.020	0.026
阳端基环基部长/阳端基环基部宽	10	0.781	0.113	4	0.814	0.029	0.593
囊形突长	10	0.224	0.029	4	0.186	0.017	0.032
角状器长	10	0.466	0.068	5	0.471	0.032	0.868
角状器中部宽	10	0.129	0.024	5	0.101	0.010	0.030
角状器长/角状器中部宽	10	3.689	0.686	5	4.716	0.771	0.021
后阴片长	10	0.371	0.042	5	0.355	0.057	0.544
后阴片基宽	10	0.483	0.045	5	0.385	0.085	0.007

灰茶尺蠖和茶尺蠖成虫形态具有灰色型和黑色型（图 5-9），针对灰色型可以根据前翅和后翅外的横线形状，以及前翅内线内侧和外线外侧的深色带差异进行区分（图 5-9）（姜楠等，2014；唐美君等，2019）。茶尺蠖前翅的外横线中部向后突出，突出处至前缘的一段纹较平直，后翅的外横线呈起伏较大的波状纹；灰茶尺蠖前翅的外横线总体呈圆弧形，无平直部分；后翅的外横线较平直，起伏小。灰茶尺蠖前翅内线内侧和外线外侧的深色带较模糊，而茶尺蠖较为清晰。黑色型个体翅面斑纹模糊，无法通过形态特征来区分。

灰茶尺蠖和茶尺蠖幼虫可通过第 2 腹节背面的"八"字纹形态及其与 2 对黑点的位置进行幼虫鉴别（唐美君等，2019）：茶尺蠖第 2 腹节背面的"八"字形黑色斑纹较细长，前面一对黑点被"八"字形黑色斑纹遮盖或部分遮盖，后面一对黑点则清晰可见；灰茶尺蠖第 2 腹节背面的"八"字形黑斑较粗短，该节前、后 2 对黑点均清晰可见（图 5-10）。

5.1.3.2　两近缘种的分子鉴定

昆虫线粒体 DNA 是一种核外遗传信息载体，为双链闭环分子。其结构简单，具有较高的突变性和母系遗传特点，相对于细胞核基因标记，线粒体 DNA 能够更快更准确地显示物种的系统发育关系。Hebert 等提出线粒体 DNA 上的 *COI* 基因作为物种的 DNA 条形码，可用于准确高效地检测物种间、同种个体间的微小差异，弥补形态学的不足，为近缘种及种下阶元的鉴定提供新方法（Hebert *et al*，2003）。基于线粒体 *COI* 基因的 DNA 条形码技术已在动物各类群的物种鉴定中被证明是行之有效的方法，在鳞翅目物种分类及鉴定中发挥了巨大作用。

图 5-9　灰色型灰茶尺蠖和灰色型茶尺蠖成虫形态比较(上),成虫鉴别特征模式图(下)

(唐美君等,2019)

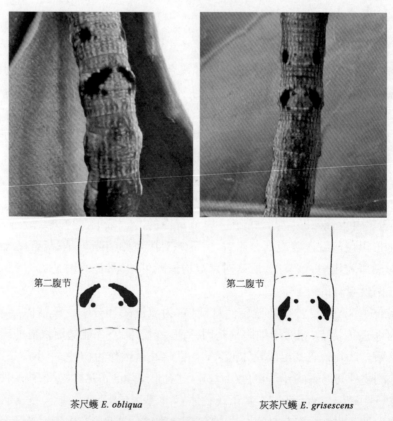

图 5-10　灰茶尺蠖和茶尺蠖幼虫形态比较(上),成虫鉴别特征模式图(下)

(唐美君等,2019)

姜楠等对 39 个灰茶尺蠖和茶尺蠖样本的 *COI* 基因序列进行了分析,获得长为 612 bp 的 *COI* 序列。通过序列比对发现两种尺蠖在此段 *COI* 基因上有 22 个变异位点。基于 Kimura2 - parameter 模型,分别采用最大似然法(maximum likelihood,ML)树和邻接法(neighbor-joining,NJ)构建了两个物种的进化树(图 5 - 11),ML 树和 NJ 树的拓扑结构基本一致。从 NJ 树中

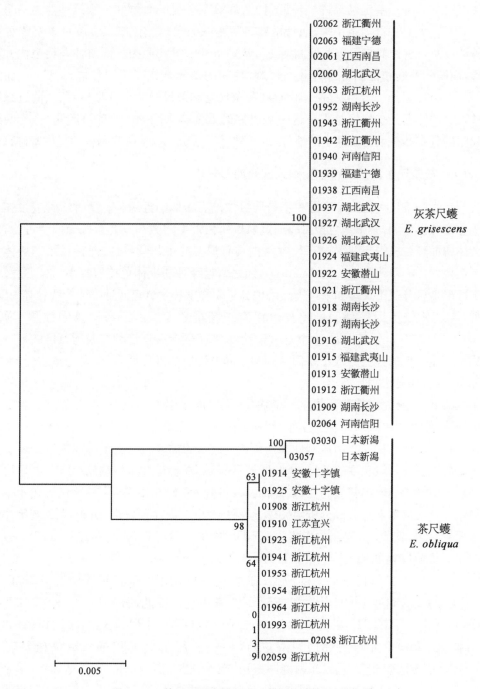

图 5 - 11　基于 *COI* 序列和 K2P 模型构建的 NJ 进化树

(姜楠等,2014)

看出灰茶尺蠖和茶尺蠖明显形成 2 个分支。另基于 K2P 模型,计算得到两物种种内遗传距离为 0%～2.5%,种间遗传距离为 3.2%～4.0%,每个种的种内遗传距离远远小于种间遗传距离,种内和种间遗传距离存在明显的条形码间隔(barcoding gap),同一物种的个体可以同其他物种的个体很好地区分开。

形态特征和分子鉴定结果进一步证明了 EoNPV 高敏感种群和低敏感种群为两个不同种,EoNPV 高敏感种群为茶尺蠖,而低敏感种群是灰茶尺蠖。该结果也解释了杭州种群与衢州种群以及余杭种群与松阳种群间对 EoNPV 抗性差异的原因。杭州种群和余杭种群是茶尺蠖,而衢州种群和松阳种群为灰茶尺蠖,种间的差异造成了不同种群对种专一性病毒 EoNPV 的抗性差异。既然我国茶园中存在灰茶尺蠖和茶尺蠖两个近缘种,那么两近缘种在我国各茶区的地理分布如何是需要进一步研究的重要科学问题。明确该问题,将为两近缘种在我国的分布和在茶树植保中的地位,以及种特异性防控技术研究和应用提供基础依据。

5.1.4　灰茶尺蠖和茶尺蠖在我国茶区的地理分布

灰茶尺蠖和茶尺蠖是两个形态和生物学习性极为相似的近缘种。两近缘种成虫体色均存在灰色型和黑色型,其中灰色型可以通过前后翅色带上的微小差异来区分两个近缘种,而黑色个体翅面斑纹模糊无法区分。尺蠖幼虫具有拟态的生物学特性,两种尺蠖幼虫体色会受周围生境的影响而改变(Li $et\ al$,2022),加之两近缘种幼虫体色差异微小,难以通过幼虫体色来准确地区分灰茶尺蠖和茶尺蠖。采用分子生物学技术测定两近缘种的线粒体 COI 基因序列,通过比较基因序列间的差异可以实现精准鉴定。由于我国茶园面积广阔,达326.4 万 hm^2(2021),分布于近 20 个省(直辖市),为了明确两近缘种在我国茶区的地理分布需采集和鉴定大量的样品。COI 基因序列测序的方法虽然准确性高,但鉴定速度慢,单个样品检测费用高,亦无法满足需求。

工欲善其事,必先利其器。建立一套快速、准确的鉴定方法,是实现灰茶尺蠖和茶尺蠖地理分布考察的先决条件。限制性内切酶片段长度多态性(restriction fragment length polymorphism, RFLP)是指由限制性酶切位点上碱基的插入、缺失、重排或点突变所引起的基因型之间限制性片段长度的差异,是发展最早的 DNA 标记技术。利用 RFLP 技术可直接从酶切后的电泳图谱看出其多态性,实现种群内、种群间不同水平的物种分化进化水平上的差异测定。李兆群等通过比较分析两尺蠖近缘种 COI 基因序列发现,由于 COI 基因序列差异导致两者 COI 基因上的限制内切酶位点不同(图 5 - 12)(Li $et\ al$,2019)。茶尺蠖较灰茶尺蠖少了 3 个限制内切酶位点: Sac I(214 bp～220 bp)、Ase I(284 bp～290 bp)和 Fba I(485 bp～491 bp),其中仅 Sac I 和 Fba I 在整个 COI 基因中只存在 1 个位点,可以作为RFLP方法的候选位点,并且其中以 Fba I 价格便宜。因此,分别以 5′- AATACTATTGTAACCGCTCATGCTT - 3′和 5′- AAAAAAAGATGTATTTAAATTTCGATC - 3′为上下游引物,以 Fba I 为限制性内切酶位点,构建了灰茶尺蠖和茶尺蠖快速鉴定方法(图 5 - 12)。该方法较 COI 基因序列测序方法,在保证鉴定准确率一致的基础上,单个样品鉴定时间从 3～4 天缩短至 3 h 以内,费用从 45 元降低至 4 元以内,可以实现灰茶尺蠖和茶尺蠖的快速、准确鉴定。

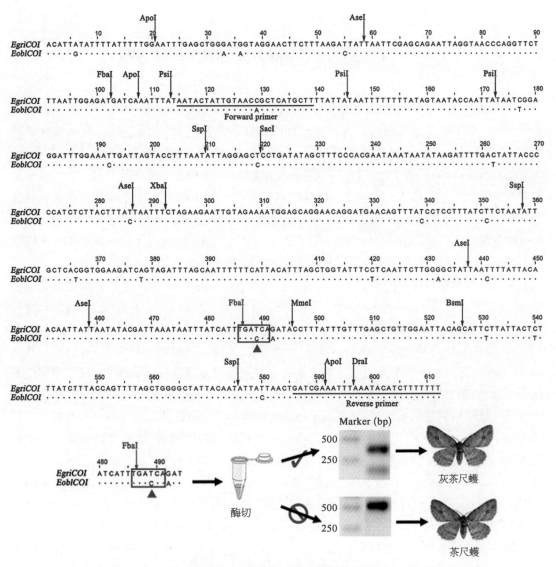

图 5‑12　灰茶尺蠖和茶尺蠖限制性内切酶位点分析(上),灰茶尺蠖和
茶尺蠖 RFLP 快速鉴定方法示意图(下)

(Li *et al*, 2019)

　　为了全面地研究灰茶尺蠖和茶尺蠖在我国各茶区的分布,李兆群等依托国家茶产业技术体系各试验站,从我国 13 个主要产茶省(直辖市)辖内的 72 个茶叶主产县(区)采集了 2 588 个灰茶尺蠖/茶尺蠖样本,并采用 RFLP 快速鉴定方法对样品进行了鉴定。结果显示,江苏省南部的尺蠖样本全部为茶尺蠖,江苏、浙江、安徽三省交界区域的尺蠖样本为茶尺蠖和灰茶尺蠖混合样本,其他区域的样本均为灰茶尺蠖。该研究结果说明:灰茶尺蠖发生的区域远大于茶尺蠖,在我国各茶区均有发生,是我国茶园最重要的鳞翅目害虫;两种尺蠖在江苏、浙江、安徽三省交界区域存在混合发生的情况。灰茶尺蠖和茶尺蠖既然存在混发区,而两种尺蠖的发生规律和生物学习性又极为相似,那么两近缘种在混发区是如何实现种间隔离的? 是需要研究人员进一步研究的科学问题。

5.2 灰茶尺蠖和茶尺蠖求偶通信的种间隔离机制

性信息素是昆虫吸引同种异性个体交配的化学信号物质,其在昆虫种间隔离中起着重要的作用。由于蛾类近缘种间具有相似或相同的性信息素组分,常通过性信息素组分的种类差异、比例变化、同分异构等方式来实现合子前生殖隔离(Gary Blomquist and Vogt,2021;Ando,2013)。其中,利用性信息素种类差异、比例变化的方式较为常见。如:棉铃虫和烟青虫的性信息素均为$(Z)9$-十六碳烯醛和$(Z)11$-十六碳烯醛,但比例相反,两近缘种通过调节性信息素比例避免种间的相互干扰(Wang $et~al$,2005),亚洲玉米螟($Ostrinia~furnacalis$)和欧洲玉米螟($O.~nubilalis$)的性信息素组分均为$(Z)12$-十四碳烯乙酸酯和$(Z)11$-十四碳烯乙酸酯,两者通过双键位置的顺反异构实现生殖隔离(Leary $et~al$,2012)。

茶尺蠖性信息素成分的鉴定始于 20 世纪 90 年代。我国的科研人员从茶尺蠖性腺中鉴定出了$(Z)3,(Z)9$-环氧-$6,7$-十八碳二烯[$(Z)3$,epo6,$(Z)9$-18:H]、$(Z)3,(Z)6,(Z)9$-十八碳三烯[$(Z)3,(Z)6,(Z)9$-18:H]、$(Z)3,(Z)6,(Z)9$-二十二碳三烯、$(Z)3,(Z)6,(Z)9$-二十四碳三烯和$(Z)9,(Z)12$-十八碳二烯醛 4 种物质(殷坤山等,1993),其中$(Z)3$,epo6,$(Z)9$-18:H 是引起雄蛾求偶反应的主要组分,可以引起 $30\%\sim47\%$ 的雄蛾求偶反应率,其余 3 种组分的等量混合物对雄蛾也具有 27% 引诱率,但合成的性信息素在室内和田间对雄蛾引诱效果不理想,显著低于雌蛾。随着 GC-EAD 和 GC-MS 等一系列分析仪器应用于性信息素研究,工作效率和准确度都大大提高,茶尺蠖的性信息素再鉴定工作取得了进展。茶尺蠖的性信息素被鉴定为$(Z)3,(Z)6,(Z)9$-18:H、$(Z)3$,epo6,$(Z)9$-18:H 和$(Z)3,(Z)9$-环氧-$6,7$-十九碳二烯[$(Z)3$,epo6,$(Z)9$-19:H],3 个组分间的比例为 $2:4:4$(Luo $et~al$,2017)(图 5-13)。灰茶尺蠖的性信息素组成为$(Z)3,(Z)6,(Z)9$-18:H 和$(Z)3$,epo6,$(Z)9$-18:H,两种组分间比例是 $4:6$(罗宗秀等,2016;Ma $et~al$,2016b)。由性信息素鉴定结果可知,$(Z)3,(Z)6,(Z)9$-18:H 和$(Z)3$,epo6,$(Z)9$-18:H 是近缘种灰茶尺蠖和茶尺蠖的共有性信息素组分,$(Z)3$,epo6,$(Z)9$-19:H 是茶尺蠖特有的组分。两尺蠖种近缘种性信息素的差异主要表现在$(Z)3$,epo6,$(Z)9$-19:H 的有无,以及次要组分$(Z)3,(Z)6,(Z)9$-18:H 所占的比例高低。

灰茶尺蠖和茶尺蠖是否存在求偶通信上的种间隔离?性信息素差异在这种隔离中的作用如何?为了回答这两个问题,科研工作者在风洞中研究了两近缘种对不同味源的求偶行为反应(Luo $et~al$,2017)。当以未交配的灰茶尺蠖雌蛾为味源时,灰茶尺蠖雄蛾表现出强烈的趋性,定向飞行率为 96.67%,味源接触率为 90.00%;而茶尺蠖雄成虫对未交配的灰茶尺蠖雌蛾无反应,定向飞行率和味源接触率均为 0%(图 5-14A)。以未交配的茶尺蠖雌蛾为味源时,茶尺蠖雄成虫对茶尺蠖未交配雌蛾表现出强烈的趋性,定向飞行率为 93.33%,味源接触率为 83.33%;而灰茶尺蠖雄蛾表现出极低的趋性,定向飞行率和味源接触率均为 3.33%(图 5-14B)。该结果中未交配雌蛾仅对同种雄蛾具有高引诱力,说明两近缘种在求偶过程中基本实现了种间隔离。

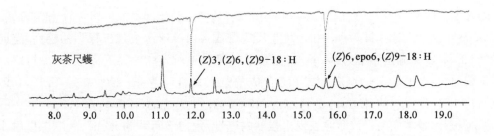

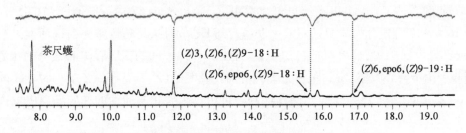

图 5 - 13　灰茶尺蠖和茶尺蠖性信息素粗提物的 GC - EAD 分析

(Luo *et al*，2017)

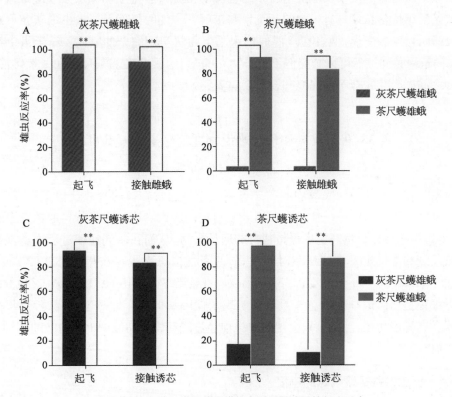

图 5 - 14　灰茶尺蠖和茶尺蠖雄虫对不同味源的行为反应

(Luo *et al*，2017)

　　A：未交配的灰茶尺蠖雌蛾；B：未交配的茶尺蠖雌蛾；C：400 μg 的(*Z*)3,(*Z*)6,(*Z*)9 - 18∶H 和 600 μg 的(*Z*)3,epo6,(*Z*)9 - 18∶H；D：200 μg 的(*Z*)3,(*Z*)6,(*Z*)9 - 18∶H、400 μg 的(*Z*)3,epo6,(*Z*)9 - 18∶H 和 400 μg 的(*Z*)3,epo6,(*Z*)9 - 19∶H。** 表示灰茶尺蠖和茶尺蠖对同一味源的反应存在极显著性差异(χ² test；*P*<0.01)。

以人工合成的灰茶尺蠖性信息素[400 μg 的(Z)3,(Z)6,(Z)9 - 18：H 和 600 μg 的(Z)3,epo6,(Z)9 - 18：H]为味源时,灰茶尺蠖雄成虫对该味源表现出强烈的趋性,定向飞行率为 93.33％,味源接触率为 83.33％;而茶尺蠖雄成虫对该味源无反应,定向飞行率和味源接触率均为 0％(图 5 - 14C)。以人工合成的茶尺蠖性信息素[200 μg 的(Z)3,(Z)6,(Z)9 - 18：H、400 μg 的(Z)3,epo6,(Z)9 - 18：H 和 400 μg 的(Z)3,epo6,(Z)9 - 19：H]为味源时,茶尺蠖雄成虫对该味源表现出强烈的趋性,定向飞行率为 96.67％,味源接触率为 86.67％;而灰茶尺蠖雄成虫对该味源表现出较弱的趋性,定向飞行率为 16.67％,味源接触率为 10.00％(图 5 - 14D)。由以上结果可以看出,(Z)3,(Z)6,(Z)9 - 18：H 和(Z)3,epo6,(Z)9 - 18：H 两种成分的味源强烈吸引灰茶尺蠖雄虫,对茶尺蠖雄蛾无引诱活性。当加入(Z)3,epo6,(Z)9 - 19：H 和降低(Z)3,(Z)6,(Z)9 - 18：H 的比例后,3 种成分的味源对灰茶尺蠖吸引力下降,对茶尺蠖的吸引力大大增加。说明了(Z)3,epo6,(Z)9 - 19：H 的有无和(Z)3,(Z)6,(Z)9 - 18：H 的比例在这两种近缘种求偶化学通信的种间隔离中发挥重要作用。

风洞试验中,无论是以未交配雌蛾为味源,还是以人工合成的性信息素为味源,茶尺蠖雄蛾对灰茶尺蠖雌蛾或灰茶尺蠖性信息素的起飞率和接触率均为 0,但灰茶尺蠖雄蛾对茶尺蠖雌蛾或茶尺蠖性信息素具有一定的起飞率和接触率。说明仍然会有极少的灰茶尺蠖雄蛾误把茶尺蠖雌蛾作为配偶,两者在求偶通信水平上无法实现完全的隔离。结合人工杂交研究结果:两近缘种间虽然可以杂交但不能产生可育后代,因此在灰茶尺蠖和茶尺蠖混发区,两近缘种之间同时存在合子前隔离和合子后隔离。

5.3 灰茶尺蠖和茶尺蠖识别性信息素的嗅觉机理

性信息素在昆虫的种间隔离中起重要作用。雌蛾通常在夜间释放性信息素吸引雄蛾,雄蛾依靠灵敏的嗅觉系统感受性信息素信号准确定位雌蛾。这种高度特异的性信息素通信系统,使得蛾类昆虫在自然环境中保持独特的通信频道,从而在求偶通信过程中实现种间隔离。灰茶尺蠖和茶尺蠖发生区域和时间重叠,两者性信息素既存在相同组分(Z)3,(Z)6,(Z)9 - 18：H 和(Z)3,epo6,(Z)9 - 18：H,又存在茶尺蠖特有组分(Z)3,epo6,(Z)9 - 19：H。两尺蠖近缘种是如何识别性信息素差异来实现求偶隔离的呢? 针对这一问题,近年来科研人员从嗅觉感受器功能、性信息素感受的周缘神经过程和嗅觉初级中枢触角叶的结构 3 个方面开展了研究。

5.3.1 昆虫识别环境气味的过程

嗅觉对于大部分昆虫来说至关重要。昆虫生活在一个复杂且不断变化的化学环境中,需要从周围无数不相关的气味物质中准确地识别出具有生物学意义的气味信息,从而完成觅食、交配、寻找产卵场以及社会性昆虫的劳动分工等重要行为和生理活动。因此,为了识别和解码气味信息,昆虫进化出了精密的嗅觉感受系统。昆虫嗅觉感受系统主要包括周缘神经过程和中枢神经过程。昆虫嗅觉信号识别的周缘神经过程主要在触角上的嗅觉感受器中完成,在该过程中气味物质的化学信号被转变为电信号。中枢神经过程则是接收昆虫触角嗅觉感受器感知的气味信息,并初步处理和整合,然后将信息进一步传递至脑的高级中枢,从而形成运动指令,指示昆虫做出相应的行为反应。

5.3.1.1 昆虫嗅觉感受的周缘神经过程

昆虫嗅觉感受的周缘神经过程主要发生在嗅觉感受器中。昆虫的嗅觉感受器属于多孔感受器,每个嗅觉感受器含有 1～4 个嗅觉神经元(olfactory sensory neurons),常见类型主要有毛形感受器、锥形感受器、腔锥形感受器等。鳞翅目昆虫的毛形感受器对性信息素敏感,锥形感受器则对一般植物气味敏感,腔锥形感受器对胺、酸和乙醇等气味敏感(van der Goes van Naters and Carlson,2007)。毛形感受器主要由鞘原细胞、膜原细胞、毛原细胞和感觉细胞构成,其通常含有 1～3 个嗅觉神经元(Jacquin-Joly and Maïbèche-Coisne,2009;Jacquin-Joly and Merlin,2004)。在家蚕(*Bombyx mori*)和多音天蚕(*Antheraea polyphemus*)中,感受雌蛾不同性信息素组分的神经元分布在同一个毛形感受器中,烟芽夜蛾(*Heliothis virescens*)和棉铃虫感受不同性信息素组分的神经元则分布在不同的毛形感受器中(Baker *et al*,2004;Xu *et al*,2016)。如:在棉铃虫的 A 类毛形感受器只对性信息素(*Z*)11-16:Ald 反应,B 类毛形感受器特异识别性信息素(*Z*)9-14:Ald,而 C 类毛形感受器对两种性信息素组分均可识别(Wu *et al*,2015)。

昆虫嗅觉感受的周缘神经过程涉及多种专门的嗅觉蛋白。目前,被广泛认可的假说是(图 5-15)(Leal,2013;Rutzler and Zwiebel,2005;Sánchez-Gracia *et al*,2009):气味分子通过触角感受器表皮上的微孔进入淋巴液与气味结合蛋白(odorant binding proteins)并与之结合,完成昆虫气味识别的第一个步骤。随后,气味物质被运输到嗅觉神经元树突膜上的气味受体(odorant receptors,ORs)。OR 被气味物质激活后,打开离子通道,进而产生动作电位。在这一步,气味分子的化学信号被变为电信号。电信号被进一步传递到中枢神经系统,

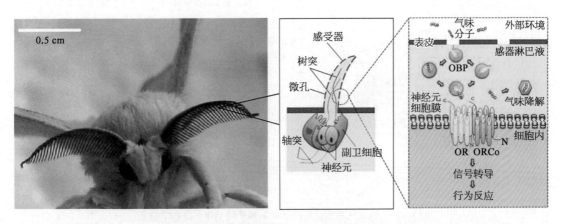

图 5-15 昆虫嗅觉感受器结构和嗅觉感受机制示意

(Brito *et al*,2016;Jacquin-Joly and Maïbèche-Coisne,2009;Jacquin-Joly and Merlin,2004)

OBP:气味结合蛋白(odorant binding protein);ORs:气味受体(odorant receptor);Orco:气味受体共表达受体(olfactory receptor co-receptor)。

产生行为反应。在完成信号的传递和转导后,第三个重要的步骤就是气味物质被气味降解酶(odorant-degrading enzymes)降解,从而恢复嗅觉神经元的敏感性,进而可以接受新的信号刺激。另外,研究表明感受神经元膜蛋白(sensory neuron membrane proteins)和离子型受体(ionotropic receptors,IRs)也参与了嗅觉感受和识别过程(Benton *et al*,2009;Gary Blomquist and Vogt,2021;Zhang *et al*,2019)。

气味结合蛋白是一类小分子量水溶性球状蛋白(10~30 kDa),以高浓度存在于触角淋巴液中(Zhou,2010)(图 5 - 16A)。典型的气味结合蛋白(Classic odorant binding proteins)具有 6 个保守的半胱氨酸残基(Cysteine),能够形成 3 个二硫键,起到稳定蛋白三维结构的作用(Pelosi *et al*,2014;Sandler *et al*,2000)。在鳞翅目昆虫中,根据气味结合蛋白氨基酸序

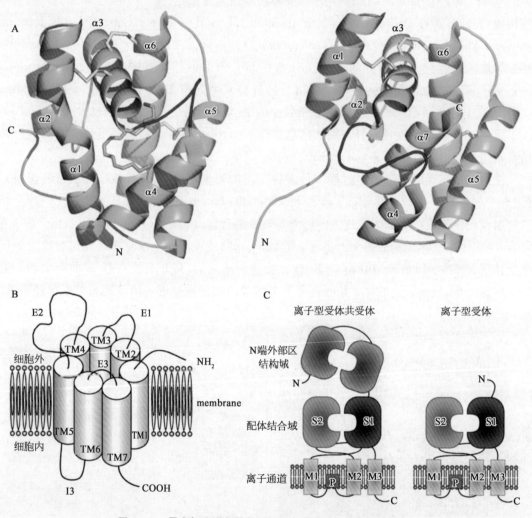

图 5 - 16 昆虫气味结合蛋白、OR 和离子型受体的结构示意图

(Jacquin-Joly and Merlin,2004;Lautenschlager *et al*,2007;Rytz *et al*,2013)

A:家蚕性信息素结合蛋白在结合性信息素家蚕醇(左)和未结合(右)状态下的三维结构,C 代表碳末端,N 代表氮末端;B:昆虫 *OR* 基因的三维结构模式图,TM 代表跨膜区域,E 代表胞外环,I 代表胞内环;C:离子型受体(右)和离子型受体共受体(右)的三维结构模式图,S1 和 S2 为配体结合腔的两半,C 代表碳末端,N 代表氮末端,M 代表跨膜域,P 代表离子通道。

列的同源性、表达谱和生理功能,分为 4 类(Gong et al,2009;Zhou,2010):一是信息素结合蛋白(pheromone-binding protein,PBP),主要参与性信息素的感受;二是普通气味结合蛋白,参与普通气味(如植物挥发物、食物气味等)的识别;三是触角特异性蛋白(antennal specific protein)或触角结合蛋白(antennal binding proteinx)(Krieger et al,1996),可能与性信息素或植物气味的感受有关;四是其他气味结合蛋白。

昆虫气味受体 OR 是一类具有 7 个跨膜区域的受体膜蛋白(图 5-16B)。由于其 N-端在胞内,C 端在胞外,与脊椎动物的 G 蛋白偶联受体(G-protein coupling receptor,GPCR)刚好相反,且与脊椎动物的 G 蛋白偶联受体基本没有序列相似性,所以昆虫的 OR 基因并不属于 G 蛋白偶联受体家族(Benton et al,2006;Spehr and Munger,2009)。昆虫 OR 基因的功能主要是特异性地识别一种或一类结构相似的气味物质,并将化学信号转变成电信号,通过投射神经传送到神经中枢系统(Leal,2013)。其可以分为两类:一类是传统气味受体(odorant receptor,ORs),此类受体序列在同一物种和不同物种间表现出高度分化,此类受体用于专一的识别气味物质;另一类被命名为气味受体共受体(olfactory receptor co-receptor,Orco),该受体基因具有较高的保守性,在感受气味物质刺激时,OR 和 Orco 以二聚体的模式表达在嗅觉神经树突膜上,OR 必须在 Orco 的参与下才能够被气味分子激活(Vosshall and Hansson,2011)。

离子型受体 IR 是近年来被鉴定的一种嗅觉受体,属于离子型谷氨酸受体(ionotropic glutamate receptor,iGluR)家族(图 5-16C)(Benton et al,2009)。离子型受体的结构特征类似于 iGluR 家族,包括 1 个胞外的 N-端、2 个配基结合区域形成的 1 个结合腔、1 个离子通道孔、3 个跨膜域和 1 个胞内 C-端。与气味受体相似,触角高表达离子型受体可以分为气味特异的离子型受体(odorant-specific ionotropic receptor)和共表达的离子型受体(ionotropic receptor co-receptor),后者包括 IR8a、IR25a 和 IR76b(Rytz et al,2013)。

5.3.1.2 昆虫嗅觉感受的中枢神经过程

触角叶(antennal lobe)属于昆虫中脑,是昆虫的嗅觉初级中枢。左右 2 个触角叶通过触角神经分别与左右 2 根触角相连。嗅觉感受器中的嗅觉信号经嗅觉神经元传输至触角叶,并进行初步处理和整合,而后传输至脑的高级中枢,从而形成运动指令,使昆虫做出相应的行为反应(Hansson and Anton,2000;Hansson and Stensmyr,2011)。

触角叶主要由神经元构成,其神经元细胞体均向触角叶内发出神经纤维,形成致密的神经纤维网(neuropil)。在神经纤维网核心的周围是众多球状的嗅小球(glomerulus),整个触角叶的形状像一串葡萄。构成触角叶的神经元分为 4 类(Schachtner et al,2005),即嗅觉神经元、局域中间神经元(local interneurons,LNs)、投射神经元(projection neurons,PNs)和远心神经元(centrifugal neurons,CNs)。嗅小球是嗅觉信息处理的基本功能单位,完成信号的接收、处理和传递。气味受体激活后产生的电信号由嗅觉神经元传输至嗅小球,局域中间神经元则进一步对信号进行处理和调控嗅小球间的互作,处理后的信号通过 PNs 传递输出至更高一级的中枢系蕈状体(mushroom body,MB)和侧叶(lateral horn,LH)(图 5-17)。远心神经元为反馈神经元,将神经系统内其他部位的信息反馈给触角叶,调节嗅觉信息的处理(Mohamed et al,2019)。

5.3.1.3 昆虫感受性信息素的周缘和中枢神经过程

昆虫性信息素作为一种特殊的气味物质,具有特定的化学结构和生物学功能。基于这

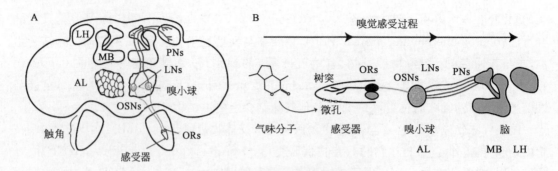

图 5-17 昆虫嗅觉神经组织示意图

(Gary Blomquist and Vogt, 2021)

A: 果蝇大脑处理嗅觉信号的回路图;B: 昆虫嗅觉通路示意图;OSNs: 嗅觉感觉神经元;AL: 触角叶;OR: 气味受体;LNs: 局域中间神经元;PNs: 投射神经元;MB: 蕈状体;LH: 侧叶。

种结构和功能上的特殊性,性信息素的周缘和中枢嗅觉识别过程也分别有特定的蛋白和嗅小球参与完成。家蚕是鳞翅目昆虫重要的模式昆虫之一,其感受性信息素(E,Z)-10,12-十六碳烯醇(又称"家蚕醇")的周缘和中枢神经过程对于其他鳞翅目昆虫具有重要的参考意义。因此,本小结以家蚕为例,重点介绍其感受性信息素的周缘和中枢神经过程。

家蚕醇的水溶解度较低,无法穿过感受器淋巴液,需要与PBP结合,并被转运至嗅觉神经元树突膜上的受体表面(Krieger et al, 1996)。家蚕的PBP具有6个α螺旋(图5-16A),其中4个α螺旋($\alpha1$、$\alpha4$、$\alpha5$和$\alpha6$)反相平行组成了一个烧瓶状的结合腔,用来特异性结合信息素。结合腔的一端由于α螺旋地紧缩而变得狭窄,而另一端则由2个二硫键(C1~C3和C2~C5)固定的$\alpha3$螺旋覆盖(Sandler et al, 2000)。家蚕PBP与家蚕醇的结合和释放受pH的影响:在低pH条件下(pH≤5.0),家蚕PBP的C端能够形成一个新的α螺旋($\alpha7$),占据结合腔,导致低pH条件下家蚕PBP与性信息素的结合能力较弱;相反,在高pH(pH>6.0)条件下,C端并不能够形成$\alpha7$,所以PBP与性信息素具有较强的结合能力(图5-16A)(Damberger et al, 2000;Horst et al, 2001)。这种pH的差异与昆虫触角中淋巴液和嗅觉神经元膜表面pH的差异相对应(昆虫触角中淋巴液的pH偏中性,而嗅觉神经元膜表面的pH偏酸性),因此pH诱导构象变化机制很好地解释了蛾类昆虫中性信息素的结合与释放机制。2005年,Leal等人通过突变的方法证明,在移除C端$\alpha7$的情况下,在pH 5.0时,家蚕PBP对性信息素也具有类似于pH 7.0时的亲和力,暗示了$\alpha7$在性信息素的结合与释放中起着重要的作用(Leal et al, 2005)。

2013年,Damberger等人对家蚕PBP与家蚕醇的结合和释放机制进行深入研究后发现,家蚕PBP的三级结构受pH和配基的双重影响,并据此提出一种新的假说(图5-18):家蚕醇在进入感器上的微孔后,首先与$\alpha7$竞争BmorPBP[A]结合腔,未结合状态的家蚕性信息素结合蛋白BmorPBP[A](U)选择性结合亲和力较高的配体家蚕醇,形成"BmorPBP[B]-家蚕醇"复合物,"BmorPBP[B]-家蚕醇"复合物可以保护家蚕醇穿过淋巴液转运至嗅觉神经元树突膜表面的过程中不被降解。当"BmorPBP[B]-家蚕醇"复合物到达嗅觉神经元树突膜表面后,其稳定性受膜附近的酸性环境的影响而降低,家蚕醇被释放(Damberger et al, 2013)。家蚕醇到达嗅觉神经元树突膜后,会激活家蚕的性信息素受体OR1,产生电信号,电信号进一步传输至触角叶。

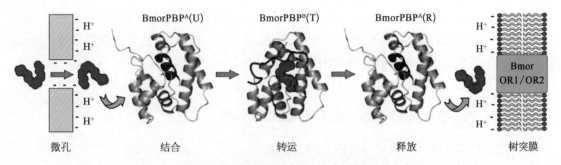

图 5‑18　家蚕性信息素结合蛋白识别和转运家蚕性信息素组分示意

(Damberger *et al*，2013)

红色化合物分子为家蚕醇，BmorPBP^A(U)表示家蚕性信息素结合蛋白处于未结合状态，BmorPBPB(T)表示家蚕性信息素结合蛋白结合家蚕醇后处于转运状态，BmorPBPA(R)表示家蚕性信息素结合蛋白到达嗅觉神经元树突表面释放性信息素后状态，紫色的 α 螺旋代表 C 末端形成的 α7，OR1 为家蚕的性信息素受体，OR2 为家蚕气味受体共受体。

家蚕雄性蛾的触角叶具有一个雄性特异的扩大纤维球复合体（macroglomerular complex，MGC）（Sakurai *et al*，2011），其专门负责处理雌性信息素信息，由云状体（cumulus）、2 个圈形体（toroid）和马靴体（horseshoe）组成（Kazawa *et al*，2009）。家蚕性信息素受体 OR1 被家蚕醇激活产生的电信号经嗅觉神经元传递至触角叶上的 MGC，信号经过整合后，经投射神经元传递到大脑更高层次的命令中心前脑侧叶三角区（the delta area of the inferior lateral protocerebrum，ΔILPC）（Seki *et al*，2005）。在这一步，性信息素和非性信息素信号被分开（图 5‑19）。前脑

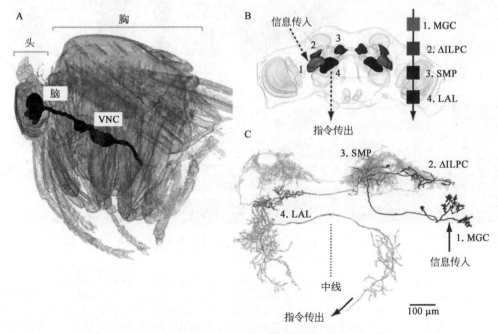

图 5‑19　家蚕信息素信号加工处理的脑和神经回路示意

A：家蚕中枢神经系统的位置，黑色为大脑和腹部神经索（ventral nerve cord，VNC）；B：参与性信息素信号处理的大脑区域，数字代表信号传递顺序；C：参与性信息素信号处理通路的神经元示例；MGC：扩大纤维球复合体（Macroglomerular complex）；ΔILPC：前脑侧叶三角区（the delta area of the inferior lateral protocerebrum）；SMP：内侧前脑（superior medial protocerebrum）；LAL：侧副叶（lateral accessory lobe）。

侧叶三角区与内侧前脑(superior medial protocerebrum,SMP)相连,两者分别在触角的两端,说明性信息素信号的输入是双向整合的(Namiki *et al*,2014)。整合后的信号进一步经内侧前脑传递至位于昆虫中央复合体的侧副叶(lateral accessory lobe,LAL),侧副叶控制雄蛾对性信息素进行定位(Namiki and Kanzaki,2016)。

5.3.2 茶尺蠖和灰茶尺蠖感受性信息素的嗅觉机理

5.3.2.1 茶尺蠖触角及其感受器的类型与结构

触角是昆虫的主要嗅觉器官。许多昆虫都有精致的触角结构,这与嗅觉在昆虫生命活动中的重要性息息相关(图5-20)(Hansson and Stensmyr,2011)。虽然昆虫触角形状多变,但它们遵循着相同的基本原则,即触角鞭节覆盖着不同类型的嗅觉感受器,且所有的嗅觉感受器内部均包裹着嗅觉神经元树突。茶尺蠖雌雄蛾触角形状和感受器分布相似(Liu *et al*,2019),均为丝状,40～53节,由柄节、梗节和鞭节组成。触角背面覆盖着大量鳞片,腹面和侧面分布着8种不同类型的触角感受器:毛形感受器、刺形感受器、锥形感受器、腔锥形感受器、耳形感受器、栓锥形感受器、鳞形感受器和Böhm氏鬃毛。其中,毛形感受器、锥形感受器、锥腔形感受器和耳形感受器表皮具有微孔,内部具有神经元树突,具有嗅觉感受器的特点(Ma *et al*,2016a)。

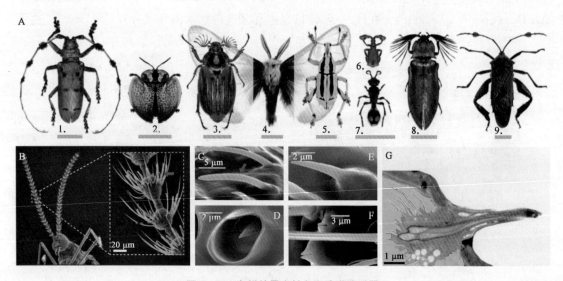

图5-20 多样的昆虫触角和嗅觉感受器
(Hansson and Stensmyr,2011)

A:各式各样的昆虫触角形状,9种昆虫分别为:1.木棉天牛(*Diastocera wallichi*),2.龟甲虫(*Cassidini tribe*),3.大栗鳃角金龟(*Melolontha melolontha*),4.内华达天蚕蛾(Hemileuca nevadensis),5.象鼻虫(*Euphotos bennetti*),6.步甲,7.天鹅绒蚁,8.叩头虫,9.缘蝽;B:雄性甘蓝瘿蚊(*Contarinia nasturtii*)具有巨大的环毛状触角,放大插图显示触角鞭节各小节具有环状感受器(箭头);C～F:冈比亚按蚊(*Anopheles gambiae*)触角上的不同嗅觉感受器,C图为毛形感受器,D图为大腔锥形感受器,E图为腔锥形感受器,F图为小腔锥形感受器;G:黑腹果蝇(*Drosophila melanogaster*)毛形感受器的纵切面。

(1)**毛形感受器**(sensilla trichodea) 毛形感受器是茶尺蠖触角上数量最多的一种感受器,主要分布在鞭节腹面和侧面。毛形感受器外形为细长毛形,表面有螺旋纹,基部无臼状窝,端部变细向前弯曲。其属于单壁感受器,表皮较厚,分布有许多微孔,这些微孔是性信息素分子或者植物挥发物进入感受器的通道。茶尺蠖的毛形感受器中具有 1～2 个神经元树突。据其外部形态和内部结构又可分为长毛形和短毛形两个亚型(图 5 - 21)。长毛形感受器基部直径为 5.2～6.5 μm,长度为 81～173 μm,主要分布于雄蛾鞭节每亚节前后端的腹面,呈扇形散开成 3 排,每排 18～24 根。短毛形感受器短而细,基部直径约为 0.38 μm,感受器淋巴液中有 2 个神经元树突。两种类型的毛形感受器在茶尺蠖雌雄蛾触角上的分布不同。长毛形感受器在雄蛾触角上的分布显著多于雌蛾且排列整齐,而在雌蛾触角上分布较少且不规则。而短毛形感受器主要分布于雌蛾鞭节腹面和侧面,雄蛾触角未发现有分布。鳞翅目昆虫主要通过毛形感受器来识别性信息素,因茶尺蠖雌蛾释放性信息素吸引雄蛾,雄蛾触角上对性信息素敏感的毛形感受器数量多于雌蛾。因此,推断两种类型毛形感受器在雌雄蛾触角上的分布差异与雌雄蛾需要感知的主要气味有关,即长毛形感受器在茶尺蠖的性信息素感受过程中发挥重要作用,而短毛形感受器主要参与寄主挥发物的识别。

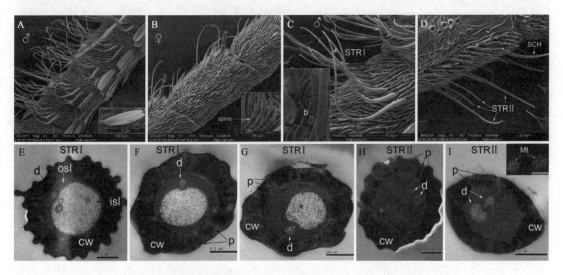

图 5 - 21　毛形感受器在茶尺蠖雌雄蛾触角上的分布情况及其结构特征

(Ma *et al*, 2016a)

A、B 和 C: 毛形感受器在雄蛾触角上的分布及外部形态;D: 短毛形感受器在雌蛾触角上的分布及外部形态;E、F 和 G: 长毛形感受器的横切图;H 和 I: 短毛形感受器Ⅱ的横切图。STRⅠ: 长毛形感受器(sensilla trichodea Ⅰ);STRⅡ: 短毛形感受器(sensilla trichodea Ⅱ);d: 树突(dendrite);isl: 神经元内部淋巴(inner sensillum lymph);osl: 神经元外部淋巴(outer sensillum lymph);CW: 感受器壁(cuticular wall);p: 微孔(pore)。

(2) **锥形感受器**(sensilla basiconica)　锥形感受器表皮较薄,密布气孔,感受器内有数个感觉神经元树突,一般认为这类感受器与感受普通寄主植物挥发物相关。茶尺蠖锥形感受器是一种典型的单壁感受器,主要分布在触角鞭节基部的侧面和腹面。感受器顶部钝圆,表面光滑多孔,着生于表皮凹陷。根据其长度、基部直径和弯曲度进一步分为 3 类亚型:Ⅰ 型锥形感受器为短锥形,表面的气孔清晰可见;Ⅱ 型锥形感受器呈长钉状,在 3 类锥形感受器中平均长度最长;Ⅲ 型锥形感受器顶部弯曲侧面有单孔。茶尺蠖锥形感受器表面分布着大量的微孔,感受器中有多个神经元树突(图 5 - 22),说明其可能具有嗅觉功能。

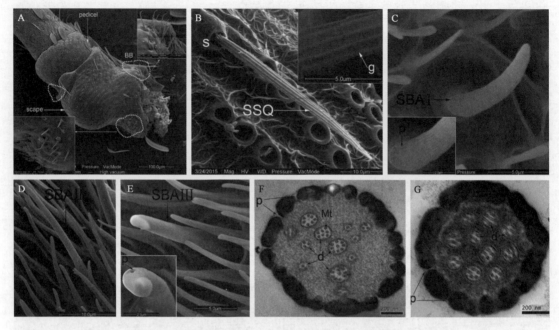

图 5 – 22　锥形感受器在茶尺蠖蛾触角上的分布情况及其结构特征

（Ma *et al*，2016a）

　　A：Böhm 氏鬃毛的扫面电镜图，成簇分布在柄节和梗节，表皮光滑，顶端较尖；B：鳞形感受器呈现纺锤状，表面具有很深的纵纹，基部具有向上隆起的臼状窝；C、D 和 E：锥形感受器扫面电镜图，外部形态为顶部钝圆，表面光滑多孔，基部着生于表皮凹陷，锥形感受器 Ⅰ 型呈现短锥形，表面的气孔清晰可见，锥形感受器 Ⅱ 呈长钉状，Ⅲ 型顶端弯曲有侧孔；F 和 G：锥形感受器的横切面，感受器壁较薄，感受器淋巴液分布大量的树突神经元。d：树突（dendrite）；p：微孔（pore）；Mt：微管（microtubules）。

　　（3）腔锥形感受器（sensilla coeloconica）　腔锥形感受器一般认为具有感受湿度、温度以及植物挥发物的功能。果蝇和沙漠蝗（*Schistocerca gregaria*）的腔锥形感受器表达多种离子型受体，其对胺类和酸类的气味有特异反应（Guo *et al*，2013；Yao *et al*，2005）。茶尺蠖的腔锥形感受器分布在雌雄触角鞭节的腹面，触角表皮凹陷形成一个浅圆腔，中心有感觉锥，具有深的纵纹（图 5 – 23）。根据有无缘毛，茶尺蠖的腔锥形感受器可分为 2 类：腔锥形感受

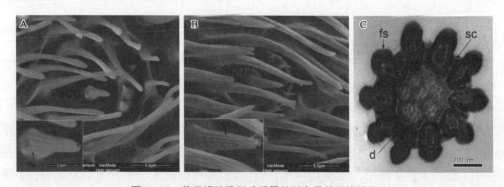

图 5 – 23　茶尺蠖腔锥形感受器的形态及其结构特征

（Ma *et al*，2016a）

　　A：Ⅰ 型腔锥感受器的外部形态；B：Ⅱ 型腔锥形感受器的外部形态；C：腔锥形感受器的横切面。d：树突（dendrite）；sc：放射形孔道（spoke-channels）；fs：指形刺突（finger-shaped spine）。

器Ⅰ型和Ⅱ型。茶尺蠖的腔锥形感受器属于双壁型感受器,上有放射性孔道连接淋巴液内腔和纵纹腔,感受器内有4～7个神经元树突,相关研究提出放射性的孔道功能上类似感受器表面的微孔,连通着外界环境与感受器淋巴液。

(4)**耳形感受器**(sensilla auricillica) 耳形感受器在鳞翅目许多物种中有过报道。梨小食心虫(*Grapholita molesta*)和苹果蠹蛾(*Cydia pomonella*)的耳形感受器对性信息素组分和绿叶挥发物都有反应(Ammagarahalli and Gemeno,2015;Ansebo *et al*,2005),而棘翅夜蛾(*Scoliopteryx libatrix*)和仙人掌螟(*Cactoblastis cactorum*)中耳形感受器只对植物挥发物反应(Anderson *et al*,2000;Pophof *et al*,2005)。茶尺蠖的耳形感受器分布在触角各鞭节的背腹面,着生于触角表皮凹陷处,靠近内侧鳞片。其外形类似禾本科植物外卷叶片,表面有清晰的气孔,顶部钝圆,平均长度为16.13±0.77 μm,在雌蛾触角上的分布多于雄蛾。透射电镜观察横切图显示,耳形感受器横切面呈长条形,感受器壁较薄,内部有多个神经元树突(图5-24)。

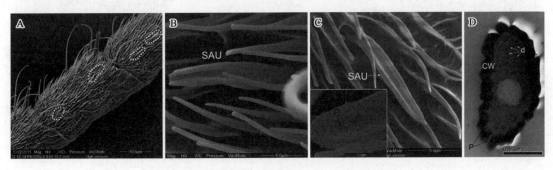

图5-24 茶尺蠖耳形感受器的形态及其结构特征

(Ma *et al*,2016a)

A:耳形感受器分布在雌蛾触角鞭节的分布;B和C:耳形感受器的外部形态;D:横切面。CW:感受器壁(cuticular wall);d:树突(dendrite);p:微孔(pore);SAU:耳形感受器(sensilla auricillica)。

(5)**刺形感受器**(sensilla chaetica) 昆虫的刺形感受器器壁比较厚且无气孔,但感受器顶端常有顶孔,无嗅觉功能,最近许多研究报道刺形感受器具有味觉感受的功能。棉铃虫中感受D-果糖的部位在触角的末梢(该部位主要分布有刺形感受器和栓锥形感受器),而对D-果糖特异反应的味觉受体HarmGR4存在于刺形感受器的味觉神经元中(Jiang *et al*,2015)。而且,在棉铃虫雌蛾的前胸足跗节上分布的刺形感受器对糖类、氨基酸等有电生理反应,且还能引起喙的伸展(Zhang *et al*,2010)。茶尺蠖的刺形感受器刚直如刺,表面有波浪状的刻纹,顶部有单孔,基部有向上隆起的臼状窝,具有内外2个感受器淋巴腔,中间由树突鞘隔开,感受器淋巴液内腔中有树突神经元树突(图5-25)。根据位置、长度、倾斜角度,茶尺蠖刺形感受器进一步可以分为3种亚型:刺形感受器Ⅰ型分布于鞭节每亚节的背面,常被鳞片覆盖,平均长度为44.48±0.70 μm,基部直径为3.38±0.07 μm;刺形感受器Ⅱ型位于触角鞭节末梢,感受器中部弯曲;刺形感受器Ⅲ型弯曲成弓形,散布于鞭节的侧面,长度为19.25±0.34 μm。茶尺蠖成虫触角刺型感受器具有厚的表皮壁并且无气孔存在,说明这类感受器不具有嗅觉功能,刺形感受器顶端有孔,感受器淋巴腔内有感觉神经元树突,因此推断茶尺蠖成虫触角的刺型感受器具有潜在的味觉功能。

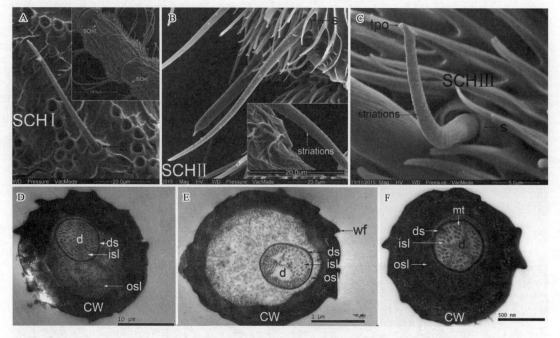

图 5 - 25　茶尺蠖刺形感受器的形态及其结构特征

(Ma *et al*，2016a)

　　A、B 和 C：茶尺蠖 3 种刺形感受器的外部形态；D、E 和 F：刺形感受器的横切面。CW：感受器壁(cuticular wall)；Mt：微管(microtubules)；isl：神经元内部淋巴液(inner sensillum lymph)；osl：神经元外部淋巴液(outer sensillum lymph)；d：树突(dendrite)；ds：树突鞘(dendritic sheath)。

　　(6) 栓锥形感受器(sensilla styloconica)　栓锥形感受器普遍存在于夜蛾科、卷蛾科、螟蛾科等鳞翅目昆虫中。鳞翅目幼虫口器周围的栓锥形感受器是主要的味觉感受器，棉铃虫和烟青虫上颚的栓锥形感受器对糖类物质和拒食剂有强烈反应(Tang *et al*，2000)。茶尺蠖的栓锥形感受器呈拇指状，较为粗大，表面光滑，感受器端部有锥状突起，分布于鞭节各亚节的末端，端部第一亚节着生于顶端，长度为 $29.11\pm0.93~\mu m$，基部直径为 $5.96\pm0.31~\mu m$。其表皮壁较厚，无孔道结构，内部具有 2~3 个树突神经元树突(图 5 - 26)。

图 5 - 26　茶尺蠖栓锥形感受器的形态及其结构特征

(Ma *et al*，2016a)

A：茶尺蠖栓锥形感受器在触角上的分布；B 和 C：栓锥形感受器的外部形态；D 和 E：刺形感受器的横切面。CW：感受器壁(cuticular wall)。

（7）**Böhm 氏鬃毛**（Böhm bristles） Böhm 氏鬃毛常成簇着生于触角的梗节和柄节,在鞭节一般无分布。Böhm 氏鬃毛在蛾类昆虫飞行中能够调控触角处于合适的飞行位置,当切除这类感受器后会引起蛾类在飞行中触角和翅的碰撞（Krishnan *et al*,2012）。茶尺蠖的Böhm 氏鬃毛成簇分布在柄节和梗节的基部,被鳞片覆盖,外形类似短刺,表面光滑,基部有白状窝,基部直径为 $2.55\pm0.09\ \mu m$,平均长度为 $18.43\pm0.46\ \mu m$（图 5 - 22）。

（8）**鳞形感受器**（sensilla squamiforniz） 鳞形感受器在小地老虎、黏虫、落叶松鞘蛾等鳞翅目物种中都有报道（Chang *et al*,2015）。茶尺蠖鳞形感受器的表面结构与鳞片相似（图 5 - 22）,但更为细长,表面深的纵纹,基部有向上隆起的白状窝,长度为 $45.47\pm1.78\ \mu m$,在茶尺蠖的触角和足跗节均有分布。

5.3.2.2 长毛形感受器在茶尺蠖和灰茶尺蠖感受性信息素中的功能

鳞翅目雄蛾触角上密布着长毛形感受器,用于感知雌蛾释放的性信息素来完成觅偶和交配。近缘种茶尺蠖和灰茶尺蠖长毛形感受器的外部形态及其在雄蛾触角上的分布相似,均主要位于鞭节腹侧,每鞭节上 $28\sim40$ 根长毛形感受器,呈 3 排排列（图 5 - 27）。根据长毛形感受器对 $(Z)3,(Z)6,(Z)9 - 18：H、(Z)3,epo6,(Z)9 - 18：H$ 和 $(Z)3,epo6,(Z)9 - 19：H$ 三种性信息素组分的电生理反应,两种尺蠖的长毛形感受器均可以分为 3 种类型（图 5 - 28,表 5 - 8）：类型 I（ST1）,仅对 $(Z)3,epo6,(Z)9 - 18：H$ 产生电生理反应;类型 II

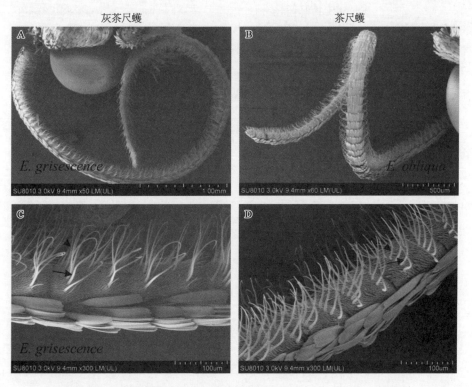

图 5 - 27 灰茶尺蠖和茶尺蠖的形状特征及其雄蛾触角上感受器分布情况

（Liu *et al*,2019）

A：灰茶尺蠖触角;B：茶尺蠖触角;C：灰茶尺蠖雄蛾触角上感受器分布情况,黑色箭头所指的为长毛形感器;D：茶尺蠖雄蛾触角上感器分布情况,黑色箭头所指的为长毛形感器。

(ST2)，对(Z)3,epo6,(Z)9 - 18∶H 和(Z)3,(Z)6,(Z)9 - 18∶H 均具有电生理反应；类型
Ⅲ(ST3)，对(Z)3,epo6,(Z)9 - 18∶H 和(Z)3,epo6,(Z)9 - 19∶H 产生电生理反应，而且 3
种类型的长毛形感受器均具有两个嗅觉神经元细胞(Liu $et\ al$, 2019)。

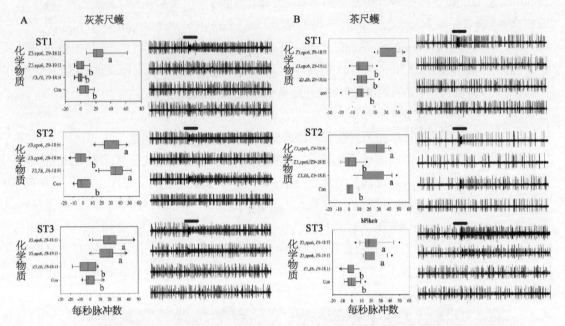

图 5 - 28　茶尺蠖和灰茶尺蠖长毛形感受器对不同性信息素组分的电生理反应

(Liu $et\ al$, 2019)

A: 灰茶尺蠖长毛形感受器功能分类；B: 茶尺蠖长毛形感受器功能分类。

表 5 - 8　茶尺蠖和灰茶尺蠖长毛形感受器类型及其对不同性信息素组分的电生理反应

(Liu $et\ al$, 2019)

物　种	感受器类型	性信息素组分		
		(Z)3,(Z)6,(Z)9 - 18∶H	(Z)3,epo6,(Z)9 - 18∶H	(Z)3,epo6,(Z)9 - 19∶H
灰茶尺蠖	ST1	—	√	—
	ST2	√	√	—
	ST3	—	√	√
茶尺蠖	ST1	—	√	—
	ST2	√	√	—
	ST3	—	√	√

注：√代表具有电生理反应，一代表不具有电生理反应。

　　目前的研究认为，同一感受器内不同神经元的单感受器记录电生理脉冲强度不同，具有
较大波幅的神经元一般具有更大的树突直径以及胞体面积，反之则相反(Ammagarahalli and
Gemeno, 2014；Baker $et\ al$, 2012)。而较大的神经元通常感受性信息素的主要组分，它能

够提高对化合物反应的通量(即最高浓度阈值)从而使其感受更高浓度的主要组分。但扩大的神经元轴突却降低了对低浓度化合物的敏感性,因而对低浓度在主要组分具有感受缺陷(Baker *et al*, 2012)。灰茶尺蠖和茶尺蠖对主要性信息素组分(*Z*)3,epo6,(*Z*)9-18∶H 的剂量反应均呈"Z"字形曲线(图5-29),符合上述观点。当(*Z*)3,epo6,(*Z*)9-18∶H 的剂量低于 1 μg 时,毛形感受器中的神经元无电生理反应,而当(*Z*)3,epo6,(*Z*)9-18∶H 的剂量升高至 10 μg 时,神经元反应强度瞬时达到最高水平。嗅觉神经元这种类似全或无的反应模式说明,灰茶尺蠖与茶尺蠖感受主要性信息素组分(*Z*)3,epo6,(*Z*)9-18∶H 的神经元在神经传导过程中可能起到信息的"开关"作用。两尺蠖对(*Z*)3,(*Z*)6,(*Z*)9-18∶H 和(*Z*)3,epo6,(*Z*)9-19∶H 的剂量反应为经典的"S"形曲线,在 0.1 μg 剂量时开始产生反应,随着化合物剂量的升高反应强度也随之升高,当(*Z*)3,(*Z*)6,(*Z*)9-18∶H 和(*Z*)3,epo6,(*Z*)9-19∶H 的剂量分别为 100 μg 和 10 μg 时反应强度达到饱和,此两种组分可能负责信息的强度调节。

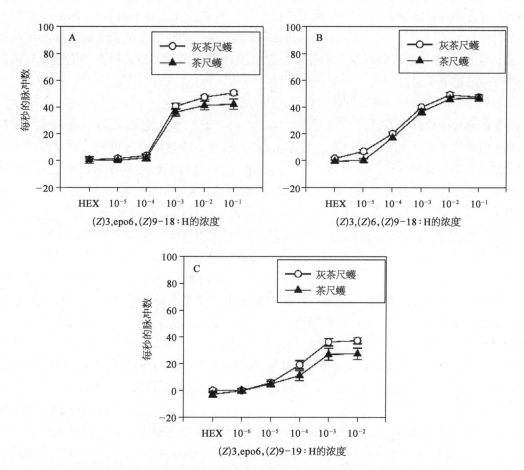

图5-29 茶尺蠖和灰茶尺蠖长毛形感受器对不同性信息素组分的电生理反应

(Liu *et al*, 2019)

A、B和C中所用性信息素组分的浓度单位为 μg/μL,将 10 μL 不同浓度的挥发物溶液滴加到 1 cm 直径的滤纸上,滤纸置于玻璃滴灌内部,刺激物通过 14 cm 长的金属控制台利用全自动流量控制泵将带有刺激物的洁净、湿润气流输送给昆虫触角。HEX代表正己烷。

茶尺蠖和灰茶尺蠖在毛形感受器的功能类型以及对 3 种性信息素组分的电生理剂量反应上高度相似,说明两者的感受器在电生理水平上可以识别 3 种性信息素组分。由于蛾类性信息素受体是决定嗅觉神经元对信息素组分感受的敏感性及选择性的关键因素,因此茶尺蠖与灰茶尺蠖雄虫毛形感受器功能相似也预示着它们性信息素受体功能的高度相似,同种类型感受器在电生理反应强度上微弱的差别可能与嗅觉神经元中 OR 表达量的差异相关。

茶尺蠖与灰茶尺蠖在感受器生理学的主要差异体现在不同类型感受器的比率上。茶尺蠖与灰茶尺蠖的所有毛形感受器中均含有一个对主要组分$(Z)3,epo6,(Z)9-18$：H 反应的嗅觉神经元,而灰茶尺蠖感受$(Z)3,(Z)6,(Z)9-18$：H 的毛形感受器数量多于茶尺蠖。两种尺蠖不同类型感受器比率上的差异与它们性信息素比率一致,即$(Z)3,epo6,(Z)9-18$：H 与$(Z)3,(Z)6,(Z)9-18$：H 在茶尺蠖及灰茶尺蠖中分别为 6：4 及 4：2(Luo et al,2017),性信息素的这种编码机制在近缘种烟青虫和棉铃虫中亦有相应的报道。由此可见,茶尺蠖与灰茶尺蠖嗅觉神经元胞体群密度及轴突大小参与性信息素的嗅觉信息编码,而胞体群密度在种间性信息素识别中起到了关键作用。嗅觉神经元作为双极神经元,其轴突进一步延伸进入初级中枢——触角叶中,其胞体群密度在一定程度上决定了触角叶的结构及功能。因此,两种尺蠖雄蛾触角叶中性信息素感受相关的嗅小球的结构和功能差异与两近缘种种间通信隔离息息相关。

5.3.2.3　茶尺蠖和灰茶尺蠖性信息素的周缘神经过程

雌蛾释放的性信息素通过空气传播至雄蛾触角上的毛形感受器,然后通过角质层表面的小孔向内部扩散。由于性信息素一般水溶性较低,难以穿过感受器淋巴液到达嗅觉神经元细胞树突膜表面的性信息素受体。为了解决此问题,昆虫毛形感受器嗅觉神经元细胞周围的辅助细胞会分泌性信息素结合蛋白 PBP 到触角淋巴液中,PBP 可以结合性信息素并将其转运至性信息素受体表面。鳞翅目昆虫一般具有 3 个性信息素结合蛋白基因,不同 PBP 对不同性信息素组分的结合能力不同。敲除 PBP 基因后,家蚕、斜纹夜蛾(Spodoptera litura)、二化螟(Chilo suppressalis)和棉铃虫雄蛾触角对性信息素的电生理反应显著降低(Dong et al,2019；Shiota et al,2018；Ye et al,2017；Zhu et al,2019)。而在性信息素反应液中加入 PBP 后,表达家蚕、烟芽夜蛾和多音天蚕性信息素受体的 HEK293 细胞对性信息素的反应阈值可以降低 2~3 个数量级(Grosse-Wilde et al,2006)。此外,PBP 的类型与性信息素受体对相应的性信息素组分的选择性相关。

茶尺蠖和灰茶尺蠖均具有 3 个 PBP 基因,而关于其功能相关的研究主要集中于茶尺蠖(Fu et al,2018；Sun et al,2017；Yan et al,2020)。茶尺蠖性信息素结合蛋白基因 PBP1 和 PBP2 主要在长毛形感受器的基部表达(图 5-30),其对 3 种性信息素组分均有较强的结合能力,均与性信息素主要成分$(Z)3,epo6,(Z)9-18$：H 的结合能力最强,$(Z)3,epo6,(Z)9-19$：H 次之,对次要组分$(Z)3,(Z)6,(Z)9-18$：H 的结合能力最弱(图 5-31)。由于两尺蠖近缘种性信息素结合蛋白的氨基酸序列高度一致性(一致性达 98％左右),蛋白序列中仅个别氨基酸位点不同,因此灰茶尺蠖 PBP 基因的功能可能与茶尺蠖相似,均可以识别 3 种性信息素组分。

性信息素被 PBP 转运至性信息素受体表面后,性信息素受体被激活,产生动作电位。基于配体的特殊性,鳞翅目昆虫性信息素受体具有以下 4 个特征：① 在数量上,鳞翅目昆虫一般具

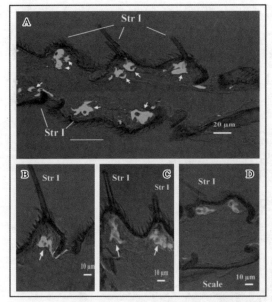
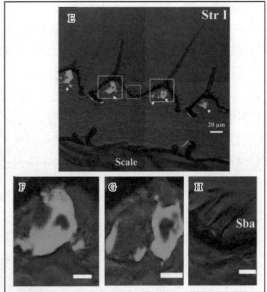

图 5-30 茶尺蠖 *PBP1* 和 *PBP2* 在触角感器中的定位

（Sun *et al*，2019；Yan *et al*，2020）

绿色代表表达 *PBP* 的细胞。A、B、C、D：*PBP1*；E、F、G、H：*PBP2*。StrI：长毛形感受器；Sba：锥形感器。

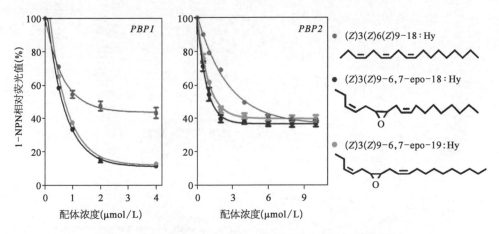

图 5-31 茶尺蠖 *PBP1* 和 *PBP2* 对不同性信息素组分的结合能力

（Sun *et al*，2019；Yan *et al*，2020）

1-NPN 的相对荧光值越低，代表 PBP 与配体间的结合能力越强。

有 5～7 个性信息素受体基因；② 在进化上，性信息素受体基因具有一定的保守性，常单独聚类在一起；③ 在表达模式上，性信息素受体基因一般表现为触角高表达，且在雄蛾触角中的表达量高于雌蛾；④ 在功能上，性信息素受体可以特异性地识别性信息素及其类似物。与性信息素结合蛋白不同，性信息素受体一般在功能上具有较高的特异性，仅特异性地识别性信息素及其类似物。

根据功能的不同，性信息素受体分为以下 3 种类型：① 特异性地识别一种性信息素，如家蚕的性信息素受体 BmorOR1 和 BmorOR3 分别特异性地识别其性信息素家蚕醇（bombykol）和家蚕醛（bombykal）；② 可以识别 2 种或多种性信息素及类似物，如小菜蛾（*Plutella xylostella*)的性信息素受体 PxylOR4 可以感受其次要性信息素(Z)9 - 14：Ac 及其类似物(Z)9,(E)12 - 14：Ac;③ 不能识别任何性信息素及类似物,如棉铃虫的性信息素受体 HarmOR11 和烟青虫的性信息素受体 HassOR11(Guo *et al*,2022)。

茶尺蠖和灰茶尺蠖均有 5 个性信息素受体基因,分别为 *OR24*、*OR28*、*OR31*、*OR37* 和 *OR44*(Li *et al*,2018;Li *et al*,2017)。李兆群等对 2 种尺蠖的性信息素受体进行了进化分析和体外功能研究,发现两尺蠖近缘种的 *OR25* 和 *OR28* 与家蚕、棉铃虫、烟青虫和烟芽夜蛾等类型 1 的鳞翅目昆虫性信息素受体基因聚类在同一分支,而 *OR24*、*OR31*、*OR37* 和 *OR44* 则与类型 1 的鳞翅目昆虫性信息素受体基因独立开来,单独聚为一支(图 5 - 32A),说明类型

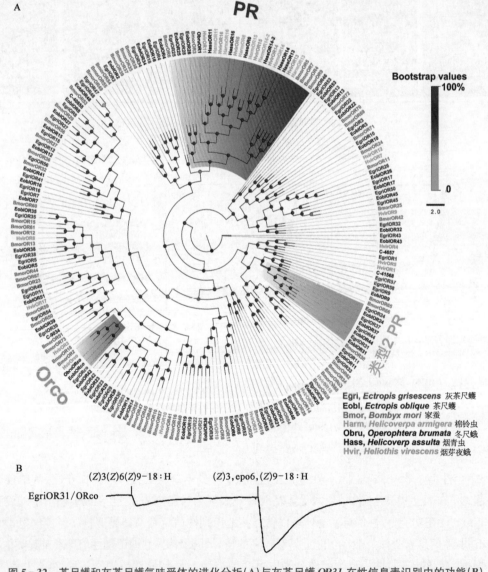

图 5 - 32　茶尺蠖和灰茶尺蠖气味受体的进化分析(A)与灰茶尺蠖 *OR31* 在性信息素识别中的功能(B)

(Li *et al*,2018;Li *et al*,2017)

PR 代表类型 1 性信息素受体;Orco 代表气味受体共受体。

1 和类型 2 鳞翅目昆虫的性信息素受体基因在进化上存在差异,该结果与性信息素层面上的"类型 2 的鳞翅目昆虫性信息素较类型 I 进化水平高(Walker,2013)"一致。

灰茶尺蠖和茶尺蠖同源性信息素受体基因的功能相同或相似。在两近缘种的 5 个同源性信息素受体基因中,*OR24* 对 3 种性信息素组分均无电生理反应,*OR31* 可以识别(*Z*)3,(*Z*)6,(*Z*)9 - 18:H 和(*Z*)3,epo6,(*Z*)9 - 18:H(图 5 - 32A);*OR37* 则对(*Z*)3,epo6,(*Z*)9 - 18:H 极为敏感,同时对(*Z*)3,epo6,(*Z*)9 - 19:H 也具有一定的电生理反应;两近缘种 *OR28* 和 *OR44* 对性信息素的识别谱具有一定的差异,灰茶尺蠖 *OR28* 仅对(*Z*)3,(*Z*)6,(*Z*)9 - 18:H 有电生理反应,茶尺蠖 *OR28* 除了可以识别(*Z*)3,(*Z*)6,(*Z*)9 - 18:H 外,对(*Z*)3,epo6,(*Z*)9 - 18:H 也有一定的电生理反应;灰茶尺蠖 *OR44* 对 3 种性信息素组分的电生理反应相当,但茶尺蠖 *OR44* 对(*Z*)3,(*Z*)6,(*Z*)9 - 18:H 没有反应,对另外两种组分的反应相似。茶尺蠖和灰茶尺蠖 4 个具有功能的性信息素受体在雄蛾触角中的表达丰度(reads per kilobase per million mapped reads, RKPM)不同(图 5 - 33)(Li *et al*,2018)。*OR37* 是茶尺蠖和灰茶尺蠖性信息素受体中雄蛾触角丰度最高的基因,表达丰度值分别为 150.67 和 398.40。茶尺蠖 *OR28* 也具有一定的雄蛾触角丰度,表达丰度值为 55.52,其他性信息素受体基因(包括茶尺蠖和灰茶尺蠖 *OR31*、*OR44* 以及灰茶尺蠖 *OR28*)的雄蛾触角丰度较低,表达丰度值小于 10。

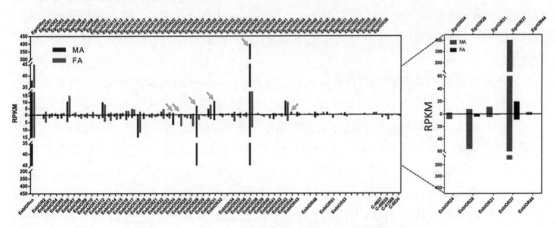

图 5 - 33　灰茶尺蠖和茶尺蠖气味受体触角丰度(RPKM)分析
(Li *et al*,2018)

综上所述,茶尺蠖和灰茶尺蠖均有多个性信息素受体基因对主要性信息素组分(*Z*)3,epo6,(*Z*)9 - 18:H 有电生理反应,但以 *OR37* 反应最为强烈。同时,*OR37* 是两种尺蠖性信息素受体基因中雄蛾触角表达丰度最高的基因,因此 *OR37* 在两尺蠖近缘种感受(*Z*)3,epo6,(*Z*)9 - 18:H 的过程中发挥关键作用。对次要组分(*Z*)3,(*Z*)6,(*Z*)9 - 18:H 来说,茶尺蠖 *OR28*、*OR31*、*OR44* 以及灰茶尺蠖 *OR28*、*OR31* 均具有识别能力,但茶尺蠖 *OR28* 在雄蛾触角中的表达丰度显著高于其他基因,且茶尺蠖和灰茶尺蠖 *OR37* 和 *OR44* 对茶尺蠖特有性信息素组分(*Z*)3,epo6,(*Z*)9 - 19:H 均有一定的电生理反应,说明两尺蠖近缘种在

$(Z)3,(Z)6,(Z)9-18：H$ 识别能力上可能具有差异,同时灰茶尺蠖可以通过性信息素受体基因 $OR37$ 和 $OR44$ 来识别茶尺蠖特有的性信息素。因此,两种尺蠖可能通过识别茶尺蠖特有组分和次要性信息素组分在种间的差异,以实现求偶通信上的种间隔离。由于性信息素感受的周缘神经过程是将化学信号转变为电信号,并进行传递,而中枢神经过程则是将接收到的电信号进行处理和整合,并转变为行为指令,决定昆虫的行为。因此,进一步解析茶尺蠖和灰茶尺蠖触角叶结构及功能将有利于揭示两近缘种在求偶通信上的种间隔离机制。

5.3.2.4 茶尺蠖和灰茶尺蠖触角叶 3D 结构

触角叶是昆虫脑内的嗅觉初级中枢,其可以接收昆虫触角上嗅觉感受器所感知的气味信息,并进行处理和整合。鳞翅目昆虫的触角叶一般具有 3 个细胞体群:前端细胞体群(anterior cell cluster,ACCL)、内侧细胞体群(medial cell cluster,MCCL)和外侧细胞体群(lateral cell cluster,LCCL)。雄蛾对性信息素敏感的投射神经元细胞体多位于内侧细胞体群,其内侧细胞体数量多于雌性。嗅小球是触角叶中处理气味信息的基本单位,嗅觉神经元细胞的树突纤维伸入触角感受器淋巴液内部,将嗅觉信息的化学信号转变为电信号并通过轴突传递到嗅小球中。因此,解析触角叶和嗅小球的结构有助于更好地研究气味信号在嗅小球上的编码及时空上的相互作用。灰茶尺蠖和茶尺蠖触角叶位于中脑前端,结构相似,呈球形,由众多嗅小球组成(图 5 - 34A)。两种尺蠖触角叶均具有雌雄二型性,雌雄蛾间的主要差异体现在入口处嗅小球。雌蛾此部位只含有 1 个大的嗅小球结构,且体积较小。而雄蛾该处为感受性信息素的扩大纤维复合体,由 5 个嗅小球组成,体积较大。

扩大纤维球复合体是鳞翅目雄蛾触角叶特化结构,其位于触角神经的入口,负责感受和处理雄蛾触角传递来的性信息素信号,以实现雌雄间精准识别和交配。因此,蛾类近缘种雄虫扩大纤维球复合体对性信息素组分感受的功能分化在生殖隔离中起到了关键的作用。茶尺蠖和灰茶尺蠖的扩大纤维球复合体中嗅小球的数量和位置相同,按照嗅小球的位置命名分别为:位于触角神经入口处的云状体;位于云状体背中侧的中间小球 1(medial glomerulus 1,M1)和中间小球 2(medial glomerulus 1,M2);位于云状体腹侧的前侧球(anterior-lateral glomerulus,ALG),其体积大于中间小球;位于云状体腹侧后方的后腹侧球(posterior-ventral glomerulus,PV)(图 5 - 34B)。5 个嗅小球中,以云状体的体积最大,用于接收和编码来自感受主要性信息素组分的嗅觉神经元信号,而其他小球则接收来自其他次要性信息素组分的嗅觉神经元信号。云状体、中间小球 1 和中间小球 2 的体积在两个近缘种间不存在显著差异,但灰茶尺蠖前侧球和后腹侧球的体积显著大于茶尺蠖。一般来说,雌蛾性信息素中各组分所占比例与识别该组分的嗅觉神经元包体群密度及相应的嗅小球体积成正比。结合两种尺蠖毛形感受器功能研究结果:灰茶尺蠖感受 $(Z)3,(Z)6,(Z)9-18：H$ 的毛形感受器数量显著多于茶尺蠖,推测前侧球和后腹侧球可能参与两尺蠖近缘种的次要组分 $(Z)3,(Z)6,(Z)9-18：H$ 的嗅觉感受,而中间小球 1 和中间小球 2 可能与组分 $(Z)3,epo6,(Z)9-19：H$ 的感受相关。但此结论仍需要进一步的功能研究加以证明,且 MGC 小球的容量差异是否为种间隔离机制的关键性遗传特性仍需要进一步的研究验证。

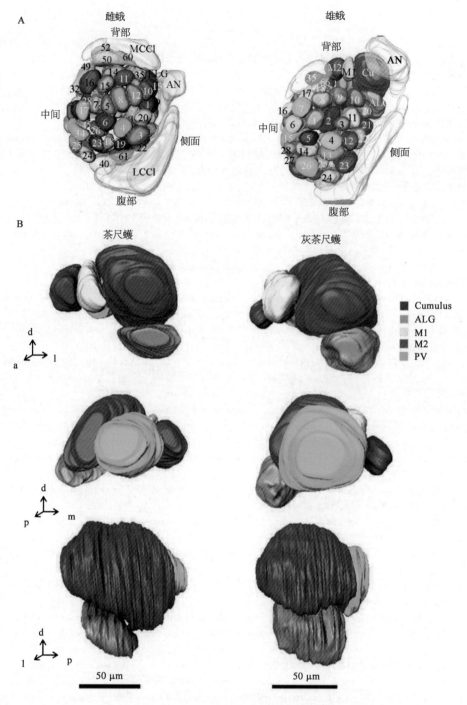

图 5 - 34　茶尺蠖和灰茶尺蠖扩大纤维球复合体 3D 结构

（Liu *et al*，2021）

A：灰茶尺蠖雌雄蛾触角叶 3D 结构；B：茶尺蠖和灰茶尺蠖扩大纤维球复合体的 3D 结构。

AN：触角入口；LCCl：神经元胞体侧群（lateral cell cluster）；MCCl：神经元胞体中间群（medial cell cluster）；云状体（Cumulus, Cu）位于触角神经的入口处；中间小球 1（medial glomerulus 1, M1）和中间小球 2（medial glomerulus 1, M2）位于云状体背中侧；前侧球（anterior-lateral glomerulus, ALG）位于云状体的腹侧；后腹侧球（posterior-ventral glomerulus, PV）位于云状体的腹侧后方。

参考文献

［1］韩红香,薛大勇.中国动物志,昆虫纲,第五十四卷,鳞翅目尺蛾科尺蛾亚科[M].北京：科学出版社,2011：1－787.

［2］姜楠,刘淑仙,薛大勇,等.我国华东地区两种茶尺蛾的形态和分子鉴定[J].应用昆虫学报,2014,51(04)：987－1002.

［3］刘志瑾,任宝平,魏辅文,等.关于物种形成机制及物种定义的新观点[J].动物分类学报,2004(04)：827－830.

［4］唐美君,王志博,郭华伟,等.茶尺蠖和灰茶尺蠖幼虫及成虫的鉴别方法[J].植物保护,2019,45(04)：172－175.

［5］王琛柱.从棉铃虫和烟青虫的种间杂交理解生物学物种概念[J].科学通报,2006(21)：2573－2575.

［6］席羽,殷坤山,肖强.不同地理种群茶尺蠖对 $EoNPV$ 的敏感性差异研究[J].茶叶科学,2011,31(02)：100－104.

［7］席羽.茶尺蠖地理种群对茶尺蠖核型多角体病毒的敏感性差异及遗传变异研究[D].中国农业科学院,2011.

［8］席羽,殷坤山,唐美君,等.浙江茶尺蠖地理种群已分化成为不同种[J].昆虫学报,2014,57(09)：1117－1122.

［9］张桂华.茶尺蠖两个地理种群遗传杂交与生殖干扰研究[D].中国农业科学院,2014.

［10］赵烨烽,侯建文.茶尺蠖病毒病的观察测定和田间试验简报[J].中国茶叶,1980(03)：14－17.

［11］朱国凯,侯建文,赵烨烽,等.茶尺蠖核型多角体病毒的鉴定[J].微生物学通报,1981(03)：102－103＋126.

［12］Ammagarahalli B, Gemeno C. Response profile of pheromone receptor neurons in male *Grapholita molesta* (Lepidoptera：Tortricidae). J Insect Physiol, 2014, 71：128－136.

［13］Ammagarahalli B, Gemeno C. Interference of plant volatiles on pheromone receptor neurons of male *Grapholita molesta* (Lepidoptera：Tortricidae). J Insect Physiol, 2015, 81：118－128.

［14］Anderson P, Hallberg E, Subchev M. Morphology of antennal sensilla auricillica and their detection of plant volatiles in the Herald moth, *Scoliopteryx libatrix* L. (Lepidoptera：Noctuidae). Arthropod Struct Dev, 2000, 29：33－41.

［15］Ando T. Female Moth Pheromones. In：Touhara, K. (eds) Pheromone Signaling. Methods in Molecular Biology, 2013, vol 1068. Humana Press, Totowa, NJ. https：//doi.org/10.1007/978-1-62703-619-1_1.

［16］Ansebo L, Ignell R, Lofqvist J, *et al*. Responses to sex pheromone and plant odours by olfactory receptor neurons housed in sensilla auricillica of the codling moth, *Cydia pomonella* (Lepidoptera：Tortricidae). J Insect Physiol, 2005, 51：1066－1074.

［17］Baker T C, Domingue M J, Myrick A J. Working range of stimulus flux transduction determines dendrite size and relative number of pheromone component receptor neurons in moths. Chem Senses, 2012, 37：299－313.

［18］Baker T C, Ochieng S A, Cosse A A, *et al*. A comparison of responses from olfactory receptor neurons of *Heliothis subflexa* and *Heliothis virescens* to components of their sex pheromone. J Comp Physiol A Neuroethol Sens Neural Behav Physiol, 2004, 190：155－165.

［19］Benton R, Sachse S, Michnick S W, *et al*. Atypical membrane topology and heteromeric function of *Drosophila* odorant receptors in vivo. PLoS Biol, 2006, 4：e20.

［20］Benton R, Vannice K S, Gomez-Diaz C, *et al*. Variant ionotropic glutamate receptors as chemosensory receptors in *Drosophila*. Cell, 2009, 136：149－162.

［21］Brito N F, Moreira M F, Melo A C A. A look inside odorant-binding proteins in insect chemoreception. J Insect Physiol, 2016, 95：51－65.

［22］Chang X Q, Zhang S, Lv L, *et al*. Insight into the ultrastructure of antennal sensilla of *Mythimna separata* (Lepidoptera：Noctuidae). J Insect Sci, 2015, 15.

［23］Damberger F, Nikonova L, Horst R, Peng G, *et al*. NMR characterization of a pH-dependent equilibrium between two folded solution conformations of the pheromone-binding protein from *Bombyx mori*. Protein Sci, 2000, 9：1038－1041.

［24］Damberger F F, Michel E, Ishida Y, *et al*. Pheromone discrimination by a pH-tuned polymorphism of the *Bombyx mori* pheromone-binding protein. Proc Natl Acad Sci U S A, 2013, 110：18680－18685.

［25］Dong X T, Liao H, Zhu G H, *et al*. CRISPR/Cas9-mediated PBP1 and PBP3 mutagenesis induced significant reduction in electrophysiological response to sex pheromones in male *Chilo suppressalis*. Insect Sci, 2019, 26：388－399.

［26］Fu X B, Zhang Y L, Qiu Y L, *et al*. Physicochemical Basis and Comparison of Two Type II Sex Pheromone Components Binding with Pheromone-Binding Protein 2 from Tea Geometrid, *Ectropis obliqua*. J Agric Food Chem, 2018, 66：13084－13095.

［27］Gary Blomquist, Vogt R. Insect pheromone biochemistry and molecular biology, 2021.

［28］Gong D P, Zhang H J, Zhao P, *et al*. The odorant binding protein gene family from the genome of silkworm,

Bombyx mori. BMC Genomics，2009，10：332.

［29］Grosse-Wilde E，Svatos A，Krieger J. A pheromone-binding protein mediates the bombykol-induced activation of a pheromone receptor in vitro. Chem Senses，2006，31：547－555.

［30］Guo H，Huang L Q，Gong X L，et al. Comparison of functions of pheromone receptor repertoires in *Helicoverpa armigera* and *Helicoverpa assulta* using a *Drosophila* expression system. Insect Biochem Mol Biol，2022，141：103702.

［31］Guo M，Krieger J，Grosse-Wilde E，et al. Variant ionotropic receptors are expressed in olfactory sensory neurons of coeloconic sensilla on the antenna of the desert locust (*Schistocerca gregaria*). Int J Biol Sci，2013，10：1－14.

［32］Hansson B S，Anton S. Function and morphology of the antennal lobe: New developments. Annu Rev Entomol，2000，45：203－231.

［33］Hansson B S，Stensmyr M C. Evolution of insect olfaction. Neuron，2011，72：698－711.

［34］Heber P D N，Cywinska A，Ball S L，et al. Biological identifications through DNA barcodes. P Roy Soc B-Biol Sci，2011，270：313－321.

［35］Horst R，Damberger F，Luginbuhl P，et al. NMR structure reveals intramolecular regulation mechanism for pheromone binding and release. Proc Natl Acad Sci U S A，2001，98：14374－14379.

［36］Jacquin-Joly E，Maïbèche-Coisne M. Molecular mechanisms of sex pheromone reception in Lepidoptera. In In Short Views on Insect Molecular Biology，2009：147－158. International Book Mission，South India.

［37］Jacquin-Joly E，Merlin C. Insect olfactory receptors: contributions of molecular biology to chemical ecology. J Chem Ecol，2004，30：2359－2397.

［38］Jiang X J，Ning C，Guo H，et al. A gustatory receptor tuned to D-fructose in antennal sensilla chaetica of *Helicoverpa armigera*. Insect Biochem Mol Biol，2015，60：39－46.

［39］Kazawa T，Namiki S，Fukushima R，et al. Constancy and variability of glomerular organization in the antennal lobe of the silkmoth. Cell Tissue Res，2009，336：119－136.

［40］Krieger J，von Nickisch-Rosenegk E，Mameli M，et al. Binding proteins from the antennae of *Bombyx mori*. Insect Biochem Mol Biol，1996，26：297－307.

［41］Krishnan A，Prabhakar S，Sudarsan S，et al. The neural mechanisms of antennal positioning in flying moths. J Exp Biol，2012，215：3096－3105.

［42］Lautenschlager C，Leal W S，Clardy J. *Bombyx mori* pheromone-binding protein binding nonpheromone ligands: implications for pheromone recognition. Structure，2007，15：1148－1154.

［43］Leal W S. Odorant reception in insects: roles of receptors，binding proteins，and degrading enzymes. Annu Rev Entomol，2013，58：373－391.

［44］Leal W S，Chen A M，Erickson M L. Selective and pH-dependent binding of a moth pheromone to a pheromone-binding protein. J Chem Ecol，2005，31：2493－2499.

［45］Leary G P，Allen J E，Bunger P L，et al. Single mutation to a sex pheromone receptor provides adaptive specificity between closely related moth species. Proc Natl Acad Sci USA，2012，109：14081－14086.

［46］Li J L，Yuan T T，Cai X M，et al. CRISPR/Cas9-mediated tyrosine hydroxylase knockout in *Ectropis grisescens* results in defects in the melanization of the integument，excluding sclerotized appendages. Entomol Gen，2022.

［47］Li Z Q，Cai X M，Luo Z X，et al. Comparison of olfactory genes in two *Ectropis* species: emphasis on candidates involved in the detection of Type-II sex pheromones. Front Physiol，2018，9：1602.

［48］Li Z Q，Luo Z X，Cai X M，et al. Chemosensory gene families in *Ectropis grisescens* and candidates for detection of Type-II sex pheromones. Frontiers in Physiology，2017，8：953.

［49］Li Z Q，Cai X M，Luo Z X，et al. Geographical distribution of *Ectropis grisescens* (Lepidoptera: Geometridae) and *Ectropis obliqua* in China and description of an efficient identification method. J Econ Entomol，2019，112：277－283.

［50］Liu J，He K，Luo Z X，et al. Anatomical comparison of antennal lobes in two sibling *Ectropis* moths: emphasis on the macroglomerular complex. Front Physiol，2021，12.

［51］Liu J，Li Z Q，Luo Z X，et al. Comparison of male antennal morphology and sensilla physiology for sex pheromone olfactory sensing between sibling moth species: *Ectropis grisescens* and *Ectropis obliqua* (Geometridae). Arch Insect Biochem Physiol，2019，101. e21545

［52］Luo Z X，Li Z Q，Cai X M，et al. Evidence of premating isolation between two dibling moths: *Ectropis grisescens* and *Ectropis obliqua* (Lepidoptera: Geometridae). J Econ Entomol，2017，110：2364－2370.

［53］Ma L，Bian L，Li Z Q，et al. Ultrastructure of chemosensilla on antennae and tarsi of *Ectropis obliqua* (Lepidoptera:

Geometridae). Ann Entomol Soc Am，2016a，109：574－584.

［54］ Ma T，Xiao Q，Yu Y G，et al. Analysis of Tea Geometrid (*Ectropis grisescens*) Pheromone Gland Extracts Using GC-EAD and GCxGC/TOFMS. J Agric Food Chem，2016b，64：3161－3166.

［55］ Mohamed A A M，Retzke T，Das Chakraborty S，et al. Odor mixtures of opposing valence unveil inter-glomerular crosstalk in the *Drosophila* antennal lobe. Nat Commun，2019，10：1201.

［56］ Namiki S，Iwabuchi S，Kono P P，et al. Information flow through neural circuits for pheromone orientation. Nat Commun，2014，5：5919.

［57］ Namiki S，Kanzaki R. The neurobiological basis of orientation in insects：insights from the silkmoth mating dance. Current opinion in insect science，2016，15：16－26.

［58］ Pelosi P，Iovinella I，Felicioli A，et al. Soluble proteins of chemical communication：an overview across arthropods. Front Physiol，2014，5：320.

［59］ Pophof B，Stange G，Abrell L. Volatile organic compounds as signals in a plant-herbivore system：Electrophysiological responses in olfactory sensilla of the moth *Cactoblastis cactorum*. Chem Senses，2005，30：279－279.

［60］ Rutzler M，Zwiebel L J. Molecular biology of insect olfaction：recent progress and conceptual models. J Comp Physiol A Neuroethol Sens Neural Behav Physiol，2005，191：777－790.

［61］ Rytz R，Croset V，Benton R. Ionotropic receptors (IRs)：chemosensory ionotropic glutamate receptors in *Drosophila* and beyond. Insect Biochem Mol Biol，2013，43：888－897.

［62］ Sakurai T，Mitsuno H，Haupt S S，et al. A single sex pheromone receptor determines chemical response specificity of sexual behavior in the silkmoth *Bombyx mori*. PLoS Genet，2011，7.

［63］ Sánchez-Gracia A，Vieira F G，Rozas J. Molecular evolution of the major chemosensory gene families in insects. Heredity，2009，103：208－216.

［64］ Sandler B H，Nikonova L，Leal W S，et al. Sexual attraction in the silkworm moth：structure of the pheromone-binding-protein-bombykol complex. Chem Biol，2000，7：143－151.

［65］ Schachtner J，Schmidt M，Homberg U. Organization and evolutionary trends of primary olfactory brain centers in Tetraconata (*Crustacea plus* Hexapoda). Arthropod Struct Dev，2005，34：257－299.

［66］ Seki Y，Aonuma H，Kanzaki R. Pheromone processing center in the protocerebrum of *Bombyx mori* revealed by nitric oxide-induced anti-cGMP immunocytochemistry. J Comp Neurol，2005，481：340－351.

［67］ Shiota Y，Sakurai T，Daimon T，et al. In vivo functional characterisation of pheromone binding protein-1 in the silkmoth，*Bombyx mori*. Sci Rep，2018，8：13529.

［68］ Spehr M，Munger S D. Olfactory receptors：G protein-coupled receptors and beyond. J Neurochem，2009，109：1570－1583.

［69］ Sun L，Mao T F，Zhang Y X，et al. Characterization of candidate odorant-binding proteins and chemosensory proteins in the tea geometrid *Ectropis obliqua* Prout (Lepidoptera：Geometridae). Arch Insect Biochem Physiol，2017，94. e21383

［70］ Sun L，Wang Q，Zhang Y，et al. The sensilla trichodea-biased EoblPBP1 binds sex pheromones and green leaf volatiles in *Ectropis obliqua* Prout，a geometrid moth pest that uses Type-II sex pheromones. J Insect Physiol，2019，116：17－24.

［71］ Tang D，Wang C，Luo L，et al. Comparative study on the responses of maxillary sensilla styloconica of cotton bollworm *Helicoverpa armigera* and Oriental tobacco budworm *H. assulta* larvae to phytochemicals. Sci China C Life Sci，2000，43：606－612.

［72］ van der Goes van Naters W，Carlson J R. Receptors and neurons for fly odors in *Drosophila*. Curr Biol，2007，17：606－612.

［73］ Vosshall L B，Hansson B S. A unified nomenclature system for the insect olfactory coreceptor. Chem Senses，2011，36：497－498.

［74］ Wang C Z. Interpretation of the biological species concept from interspecific hybridization of two *Helicoverpa* species. Chin Sci Bull，2007，52：284－286.

［75］ Wang H L，Zhao C H，Wang C Z. Comparative study of sex pheromone composition and biosynthesis in *Helicoverpa armigera*，*H. assulta* and their hybrid. Insect Biochem Mol Biol，2005，35：575－583.

［76］ Wu H，Xu M，Hou C，et al. Specific olfactory neurons and glomeruli are associated to differences in behavioral responses to pheromone components between two *Helicoverpa* species. Front Behav Neurosci，2015，9：206.

［77］ Xu M，Guo H，Hou C，et al. Olfactory perception and behavioral effects of sex pheromone gland components in

Helicoverpa armigera and *Helicoverpa assulta*. Sci Rep，2016，6：22998.

[78] Yan Y，Zhang Y，Tu X，*et al*. Functional characterization of a binding protein for Type-II sex pheromones in the tea geometrid moth *Ectropis obliqua* Prout. Pestic Biochem Physiol，2020，165：104542.

[79] Yao C A，Ignell R，Carlson J R. Chemosensory coding by neurons in the coeloconic sensilla of the *Drosophila* antenna. J Neurosci，2005，25：8359 – 8367.

[80] Ye Z F，Liu X L，Han Q，*et al*. Functional characterization of PBP1 gene in *Helicoverpa armigera* (Lepidoptera：Noctuidae) by using the CRISPR/Cas9 system. Sci Rep，2017，7：8470.

[81] Zhang J，Bisch-Knaden S，Fandino R A，*et al*. The olfactory coreceptor IR8a governs larval feces-mediated competition avoidance in a hawkmoth. Proc Natl Acad Sci U S A，2019，116：21828 – 21833.

[82] Zhang Y F，van Loon J J A，Wang C Z. Tarsal taste neuron activity and proboscis extension reflex in response to sugars and amino acids in *Helicoverpa armigera* (Hubner). J Exp Biol，2010，213：2889 – 2895.

[83] Zhao X C，Dong J F，Tang Q B，*et al*. Hybridization between Helicoverpa armigera and *Helicoverpa assulta* (Lepidoptera：Noctuidae)：development and morphological characterization of F-1 hybrids. Bull Entomol Res，2005，95：409 – 416.

[84] Zhou J J. Odorant-binding proteins in insects. In Vitam Horm，2010，241 – 272.

[85] Zhu G H，Zheng M Y，Sun J B，*et al*. CRISPR/Cas9 mediated gene knockout reveals a more important role of PBP1 than PBP2 in the perception of female sex pheromone components in *Spodoptera litura*. Insect Biochem Mol Biol，2019，115.

李兆群

第六章
茶树吸汁类害虫的化学生态学

茶叶是重要的特色经济作物,茶产业是公认的富民产业、生态产业和健康产业。茶园害虫多发重发,长期依赖化学农药进行防治而引起的茶叶农药残留、环境污染、害虫抗药性与再猖獗等问题,严重影响了我国茶叶质量安全和茶园生态安全。近年来,小型吸汁类害虫逐步上升为茶树主要害虫,目前,我国茶园中常见的吸汁类害虫主要有茶小绿叶蝉、蓟马、茶蚜和绿盲蝽等,该类害虫通过吸食茶树嫩茎、嫩叶汁液使茶树的正常生长受到影响,进而影响到茶叶的品质和产量。由于此类害虫世代更替和繁殖快、隐蔽性强且极易产生抗药性,造成防治困难。研究"茶树—害虫—天敌"之间化学通信机制,可为茶树吸汁类害虫的化学生态调控提供坚实的理论依据和技术支撑。近年来,相继报道了多种茶树吸汁类害虫的引诱挥发物和信息素种类,与这些物质相关的调控、感受机制及田间应用也有一定进展。另外,在茶树吸汁类害虫产卵选择和取食行为及品种抗性方面的研究也取得了一定进展,但相较于大田作物、蔬菜和果树等研究水平相对落后。因此,在基础研究方面,后续仍需加快推进信息素的鉴定及其嗅觉感受机制研究;在应用技术方面,则需开发基于挥发物和信息素的监测和诱杀等绿色精准防控措施,最终实现茶树吸汁类害虫的综合治理。

6.1 茶蚜化学生态学研究进展

茶蚜 *Toxoptera aurantii* Boyer 属半翅目蚜科(Homoptera:Aphididae),又名茶二叉蚜、橘二叉蚜、可可蚜,俗名腻虫、蜜虫(图6-1)。茶蚜是我国茶园中的重要吸汁类害虫之一,在各茶区均有发生;国外主要分布在印度、日本、肯尼亚和斯里兰卡等(韩宝瑜和陈宗懋,2001;Hazarika *et al*,2001;Rao *et al*,2002)。茶蚜群聚于茶树芽头、叶背或嫩茎上刺吸汁液,导致芽叶卷曲萎缩;茶蚜排泄的蜜露会招致霉菌寄生,阻碍光合作用;危害严重的芽叶加工的茶叶汤色浊、香气低、滋味淡,对茶叶的产量和品质均有严重影响(韩宝瑜和周成松,2004;李慧玲等,2014)。目前,茶蚜的防治主要依赖化学农药,极易造成茶叶农药残留超标。探究茶蚜两性互作及"茶树—茶蚜—天敌昆虫"三重营养级化学通信机制,有利于推动茶蚜行为调控产品的研发及其绿色防控技术的发展。

有翅型成蚜　　　　　无翅型若蚜　　　　　　　　　被害茶梢

图 6 - 1　茶蚜的危害状及形态特征(中国茶叶)

(孙晓玲等,2019)

6.1.1　茶蚜性信息素

性信息素是昆虫种内化学通信的媒介,远距离的同种个体感知后聚集到释放者周围。随后,近距离作用的化合物会刺激所谓的求偶行为,诱导聚集在一起的两性昆虫完成交配(Subchev,2014;Rizvi et al,2021;罗宗秀等,2022)。昆虫性信息素具有种的专一性,特定的性信息素组分和比例仅对特定的昆虫起引诱作用,对其他益虫如天敌昆虫种群没有影响,以适量性信息素为诱饵,在田间条件下对相应害虫保持长达数月的吸引力,不易引起抗药性及环境污染问题,是害虫绿色防控手段的重要组成部分(陈宗懋,2005;Yan et al,2022)。昆虫性信息素来源于自然,属于小分子、挥发性有机化合物,用量微、毒性极低。在防治上不是直接杀死害虫,而是通过引诱靶标成虫或干扰两性间的交配,以降低交配概率,减少下一代种群数量,达到控制害虫种群数量的目的,从而减少化学农药用量(苏建伟等,2005;Rizvi et al,2021)。

大多数蚜虫常在冬寄主和夏寄主之间转换(图 6 - 2),通常在冬寄主上进行有性繁殖,交配的雌性成蚜会产下越冬卵,孵化出干母在冬寄主上进行孤雌生殖,产下无翅和有翅的雌蚜。有翅的雌蚜迁移扩散到夏寄主,继续孤雌生殖。随着秋天的邻近,夏寄主上的孤

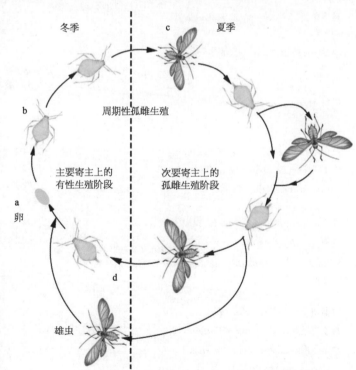

图 6 - 2　蚜虫在冬、夏寄主植物上转换的生活史

a:卵;b:干母;c:有翅雌蚜;d:有翅性蚜。

雌生殖蚜虫产生有翅性蚜,其中有翅雌蚜迁移到主要寄主产生无翅的雌性成蚜可以释放性信息素,引诱有翅雄蚜前来交配(Birkett & Pickett, 2003)。随着触角电位(electroantennograph, EAG)和单细胞记录(single-cell recordings, SCR)等技术手段的发展,蚜虫性信息素研究不断深入。截至目前,已有22种蚜虫的性信息素成分被成功分离和鉴定出来(表6-1)。

表6-1 已报道的蚜虫性信息素主要化学成分

名　　称	性信息素组分	比例（荆芥内酯∶荆芥醇）	参 考 文 献
豌豆蚜 Acyrthosiphon pisum Harris		1∶25(溶剂提取法)或1∶1(空气收集法)	Dawson et al, 1990
黑豆蚜 Aphis fabae Scopoli		1∶5(溶剂提取法)或1∶29(空气收集法)	Dawson et al, 1990
大豆蚜 Aphis glycines Matsumura		2∶1	Zhu et al, 2006
绣线菊蚜 Aphis spiraecola Patch		6∶1~8∶1	Jeon et al, 2003
莫达隐瘤蚜 Cryptomyzus maudamanti Guldemond		1∶25~1∶50	Guldemond et al, 1993
鼬瓣花隐瘤蚜 Cryptomyzus galeopsidis Kaltenbach		1∶25~1∶50	Guldemond et al, 1993
茶藨隐瘤蚜 Cryptomyzus ribis L.		1∶25~1∶50	Guldemond et al, 1993
车前圆尾蚜 Dysaphis plantaginea Passerini	(4aS,7S,7aR)-荆芥内酯(1)和(1R,4aS,7S,7aR)-荆芥醇(2)	1∶8	Pickett & Poppy, 2007; van et al, 2009
马铃薯长管 Macrosiphum euphorbiae Thomas		1∶2~1∶4	Goldansaz et al, 2004
巢菜修尾蚜 Megoura viciae Buckton		1∶1,5∶1(2~6日龄成蚜)~12∶1(7~8日龄成蚜)	Dawson et ul, 1987
桃蚜 Myxus persicae Sulzer		1∶1.5	Dawson et al, 1990; Fernandez-Grandon et al, 2013
莴苣蚜 Nasonovia ribisnigri Mosley		1.5∶1	Dewhirst et al, 2007
山楂圆疣蚜 Ovatus crataegarius Walker			董文霞等,2009
Ovatus insitus Walker		2∶1	Dewhirst et al, 2007
麦二叉 Schizaphis graminum Rondani	(4aS,7S,7aR)-荆芥内酯(1)和(1R,4aS,7S,7aR)-荆芥醇(2)	1∶8	Dawson et al, 1988
茶蚜 Toxoptera aurantii Boyer		4.3~4.9∶1	Han et al, 2014
桃瘤蚜 Tuberocephalus momonis Matsumura		4∶1	Boo et al, 2000
甘蓝蚜 Brevicoryne brassicae L.	(4aS,7S,7aR)-荆芥内酯(1)	1∶0	Gabrys et al, 1997
燕麦谷网蚜 Sitobion avenae Fabricius		1∶0	Lilley et al, 1995
草莓谷网蚜 Sitobion fragariae Walker		1∶0	Hardie et al, 1996
禾谷缢管蚜 Rhopalosiphum padi L.	(1R,4aS,7S,7aR)-荆芥醇(2)	0∶1	Campbell et al, 2003

名　　称	性信息素组分	比例 (荆芥内酯：荆芥醇)	参 考 文 献
忽布疣蚜 *Phorodon humuli* Schrank	($1R$,$4aR$,$7S$,$7aS$)-荆芥醇(3)($1S$,$4aR$,$7S$,$7aS$)-荆芥醇(4)		Campbell *et al*，2003； Campbell *et al*，2017

茶蚜多以无翅蚜存在，当虫口增长过甚，芽梢营养不足或因气候变化，芽梢生长停滞粗老时，则向下一轮新生芽梢转移，同时产生有翅蚜迁飞扩散。在生长季节，茶蚜主要行孤雌生殖，无翅成蚜产若蚜 35～45 头/只，有翅成蚜产若蚜 18～30 头/只。秋后末代出现两性蚜，有翅雄蚜飞寻无翅雌蚜交配产卵越冬。茶蚜性信息素成分于 2014 年被鉴定出，但尚未被开发为产品应用到茶园中（Han *et al*，2014）。

大多数蚜虫的雌性成蚜后足胫节上有类似触角感觉圈的结构，被称为雌信息腺（female sex pheromone gland）（曾仁光等，1992）。科研人员猜测这种结构的重要功能即释放性信息素引诱雄蚜，经试验证实阿氏二叉蚜 *Schizaphis arrhenatheri* 雌性蚜释放挥发性的性信息素吸引雄蚜（Pettersson，1970），这是蚜虫中存在性信息素的最早报道。随后，在二叉蚜属 *Schizaphis* spp.、蚕豆修尾蚜 *Megoura viciae* Buckton 和豌豆蚜 *Acyrthosiphon pisum* Harris、甘蓝蚜 *Brevicoryne brassicae* L.、麦二叉蚜 *Schizaphis graminum* Rondani 等蚜虫中相继发现性信息素，说明性信息素在蚜虫中是普遍存在的（Dawson *et al*，1987；Dawson *et al*，1990；向余劲攻等，2001）。1987 年，Dawson 等首次从蚕豆修尾蚜体内分离出性信息素，并鉴定出 2 种单萜烯化合物（$4aS$,$7S$,$7aR$)-荆芥内酯（1）和（$1R$,$4aS$,$7S$,$7aR$)-荆芥醇（2)为性信息素的主要成分（图 6 - 3）（Dawson *et al*，1987）。

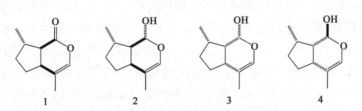

图 6 - 3　蚜虫性信息的主要成分
1：($1R$,$4aS$,$7S$,$7aR$)-荆芥内酯；2：($1R$,$4aS$,$7S$,$7aR$)-荆芥醇；3：($1R$,$4aR$,$7S$,$7aS$)-荆芥醇；4：($1S$,$4aR$,$7S$,$7aS$)-荆芥醇。

科研人员对 22 种蚜虫的性信息素进行了提取和鉴定。结果发现，忽布疣蚜 *Phorodon humuli* Schrank 性信息素的组成与其他蚜虫的完全不同，由（$1R$,$4aR$,$7S$,$7aS$)-荆芥醇和（$1S$,$4aR$,$7S$,$7aS$)-荆芥醇两种异构体组成（图 6 - 3）（Campbell *et al*，1990；Campbell *et al*，2003；Campbell *et al*，2017）。除忽布疣蚜外，目前鉴定的其他蚜虫性信息素主要组分均为（$4aS$,$7S$,$7aR$)-荆芥内酯和（$1R$,$4aS$,$7S$,$7aR$)-荆芥醇中的一种或两种，然而不同种类蚜虫性信息素组分的比例或含量不同。其中，近缘种蚜虫性信息素组分的比例一般比较相似，但其含量不同。比例或含量的差异保证了性信息素在不同种类蚜虫的种内通信中发挥特异性（Dewhirst *et al*，2010；秦耀果等，2019）。另外，释放性信息素的雌蚜体色的差异，求偶行为的差异,种群的空间隔离和季节分离,以及信息素释放节律的不同等多种因素均在蚜虫求偶通信隔离中发挥重要作用,从而实现蚜虫的种间交配隔离(Hardie et al,1996;向余劲攻等,2001;Dewhirst et al,2010)。例如,性信息素释放节律对隐瘤蚜属的交配隔离有重要意义。鼬瓣花隐瘤蚜(*C. maudamanti*)和莫达隐瘤蚜(*C. galeopsidis*)互为姐妹种,两者的性信息素组分相同,比例大约为(4aS,7S,7aR)-荆芥内酯∶(1R,4aS,7S,7aR)-荆芥醇=1∶30(Guldemond et al,1993)。在“Y”型嗅觉仪中,两种蚜虫的雄性蚜均趋向同种的雌性蚜,而不能被异种的雌性蚜吸引。进一步分析发现,鼬瓣花隐瘤蚜雌性蚜释放性信息素的高峰在7∶00—9∶00,而莫达隐瘤蚜雌性蚜的释放高峰在17∶00左右(Boo et al,1998)。因此,姐妹种蚜虫的交配隔离可能主要依靠雌性蚜释放性信息素时辰节律不同来实现(Guldemond et al,1994)。

长期的室内行为学试验和田间引诱试验表明,蚜虫两种主要性信息素组分(4aS,7S,7aR)-荆芥内酯(1)和(1R,4aS,7S,7aR)-荆芥醇混配物可显著吸引雄蚜(Gabrys et al,1997;Birkett & Pickett,2003;Han et al,2014)。研究发现,无论是在实验室内还是在田间,蚜虫性信息素仅在短距离内起作用,室内雄蚜对性信息素源反应的距离在40 cm以内(Pettersson,1971)。性信息素可引起雄蚜从不活动状态变成活动状态,或是引起雄蚜趋向性信息素气味源处(Marsh,1972)。在田间,忽布疣蚜雄蚜能检测到的性信息素源的距离是2~6 m,并能在风速小于0.7 m/s的情况下逆风飞向性信息素源(Hardie et al,1996)。另外,有研究表明,蚜虫性信息素组分还充当雄蚜的催情剂(aphrodisiac),诱导雄蚜产生交配行为(Pettersson,1971;Birkett & Pickett,2003)。

田间,放置蚜虫性信息素诱芯的诱捕器中,不仅能引诱到雄蚜,还能引诱到雌性母(gynoparae),诱捕到雌性母的数量显著多于对照诱捕器,但与诱捕到的雄蚜数量相比一般少很多。这一现象在草莓谷网蚜 *Sitobion fragariae* Fabricius、禾谷缢管蚜 *Rhopalosiphum padi* L.及忽布疣蚜等蚜虫中均有发现,表明蚜虫性信息素对蚜虫雌性母的引诱作用可能是普遍存在的(Birkett & Pickett,2003;Han et al,2014)。进一步分析发现,在嗅觉仪中,草莓谷网蚜、禾谷缢管蚜、麦长管蚜的雌性母仅对高浓度的荆芥内酯有明显的行为趋向性(Lilley & Hardie,1996;Park et al,2000)。触角电位试验表明黑豆蚜 *Aphis fabae* Scopoli 雌性母没有雄蚜对性信息素成分的电生理反应值大(Hardie et al,1994b)。这些差异表明,雌性母对性信息素的反应没有雄蚜强烈,雌性母可能仅是利用性信息素找到合适的产蚜寄主(Lösel et al,1996)。

田间试验发现,蚜虫性信息素能引诱到蚜虫的寄生蜂,说明寄生蜂可窃取寄主性信息素成分追踪定位蚜虫(Hardie et al,1991;Nakashima et al,2016)。目前报道的蚜虫性信息素引诱到的寄生蜂包括翼蚜外茧蜂 *Praon volucre* Haliday、背蚜外茧蜂 *P. dorsale*、蚜外茧蜂 *P. abjectum* Haliday 和菜少脉蚜茧蜂 *Diaeretiella rapae* McIntosh 的雌性蚜茧蜂,而没有引诱到雄性蚜茧蜂(Hardie et al,1991;Gabrys et al,1997)。放在高于植物顶端12 cm处的诱捕器比高于植物顶端110 cm的诱捕器引诱到了更多的蚜茧蜂,单独组分的荆芥醇引诱蚜茧蜂的效果最好(Hardie et al,1994a)。蚜虫性信息素对蚜虫的捕食性天敌也有引诱作用。“Y”型嗅觉仪行为测定结果显示当荆芥内酯用量在4 mg以上时对七点草蛉 *Chrysopa cognata* Wesmael 有引诱作用(Boo *et al*，1998)。田间,蚜虫性信息素诱捕器中能引诱到七点草蛉,荆芥内酯与荆芥醇之比为 1∶4 或 4∶1 时的引诱效果均佳(Boo *et al*，1998;Birkett & Pickett，2003)。

茶蚜虫体挥发物采用特异性 Tenax 吸附的方法收集。具体操作如下:将带有 20 头茶蚜成虫的茶树枝条置于干净的有进气口、出气口的玻璃容器中,空气通过活性炭过滤器来去除挥发性杂质,进气端通过气泵以 300 mL/min 的速度持续不间断地泵送气流,再由内置流量计来测定和调节;通过 Porapak Q(50/80 mesh; Supelco, Bellefonte, PA, USA)吸附收集茶蚜虫体挥发物 24 h。同时,收集不带茶蚜的茶树枝条挥发物作为对照。收集完毕,用 0.5 mL 二氯甲烷或正己烷等有机溶剂把挥发物从吸附剂中洗脱出来。

收集的挥发物通过 GC-MS 进行定性分析,比较带有茶蚜枝条与不带茶蚜枝条挥发物的异同,寻找带茶蚜枝条挥发物中的特有物质峰。结果发现,茶蚜性信息的主要组分为(4a*S*,7*S*,7a*R*)-荆芥内酯(Ⅰ)和(1*R*,4a*S*,7*S*,7a*R*)-荆芥醇(Ⅱ)两种单萜烯化合物(图 6-4),与目前已知的大多数蚜虫的性信息素主要成分种类一致,两种组分的比例Ⅰ∶Ⅱ=(4.3~4.9)∶1(表 6-1)(Han *et al*，2014)。

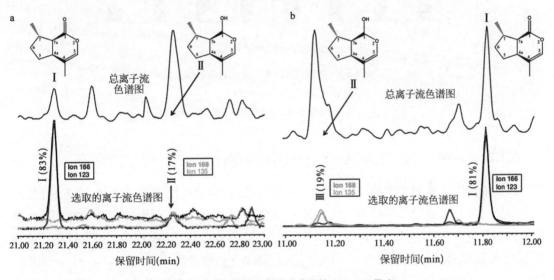

图 6-4　茶蚜性信息素两种成分的 GC-MS 鉴定

(Han *et al*，2014)

a:极性色谱柱;b:非极性色谱柱。

蚜虫性信息素具有高度专一性,对组分的纯度和比例要求很苛刻,些微的变化都可能使其引诱活性降低或丧失(秦耀果等,2019)。对于茶蚜性信息组分的生物活性,科研人员通过田间试验进行了较全面的研究,发现当组分荆芥内酯∶荆芥醇=1∶1 时,对雄蚜的引诱作用最强,其次是 3∶1,这两种比例的混配液均能诱捕到大量茶蚜雄蚜;另外,还能引诱到少量的有翅雌性母。然而,当比例为荆芥内酯∶荆芥醇=9∶1,1∶3,1∶9,或其中任一组分单独使用时,对雄蚜基本没有吸引作用(图 6-5)(Han *et al*，2014)。另外,茶蚜性信息素对其捕食性天敌有明显的引诱作用。以荆芥内酯和荆芥醇之比为 1∶9 时,对于中华草蛉和大草蛉的诱效最强(叶火香等,2015)。荆芥醇引诱效应显著。荆芥内酯和荆芥醇之比为 1:9 或 0:10 时对大草蛉的诱效显著,荆芥醇与植物挥发物组分混配(α-法尼烯:苯甲醛:荆芥醇=2:2:6)使用对大草蛉的诱效最佳,可作为大草蛉引诱剂(崔林等,2015)。

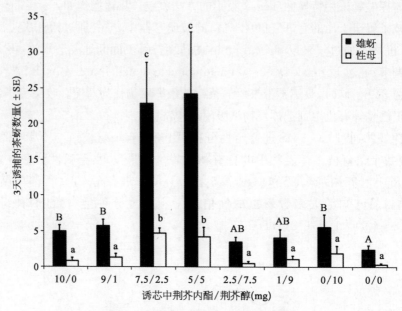

图 6-5　茶蚜性信息素的田间诱捕效果

(Han *et al*,2014)

图中不同小写字母表示差异显著,不同大写字母表示差异极显著。

6.1.2　"茶树—茶蚜—天敌昆虫"三重营养级互作

植物挥发物是植物产生的挥发性次生代谢物质,在植食性昆虫寄主选择、交配、寻找适宜产卵场所以及躲避天敌等行为过程中发挥重要作用,害虫能够利用植物挥发物远距离精准识别和定位寄主植物(Bruce *et al*. 2005;蔡晓明等,2008)。而当植物受到植食性昆虫或病原菌危害和侵袭后,会释放虫害诱导的植物挥发物(herbivore-induced plant volatiles,HIPVs)。HIPVs 是一种特殊的植物"语言",可以向植食性昆虫传递"警告"信号,亦可以向天敌昆虫发出"求救"信号,同时还可以"告诫"邻近植株危险的到来,是调控三重营养级关系的关键化学信息物质(Gasmi *et al*,2018;Turlings & Erb,2018;王冰等,2021)。目前,茶树与茶蚜,以及瓢虫、草蛉和寄生蜂等天敌昆虫之间的化学通信已有相关研究,主要体现为健康植物挥发物和虫害诱导挥发物在蚜虫定位茶树和天敌昆虫定位茶蚜过自中的调控作用,但挥发物在茶蚜绿色防控中的实际应用尚未见报道。

6.1.2.1　茶蚜对茶树的定位机制

茶蚜对茶树的定位是其与茶树相互依存关系中最重要的行为之一。有翅茶蚜和无翅蚜均对茶梢气味的行为反应显著高于空气对照,说明茶树挥发物可引起茶蚜的定向飞行,茶蚜能利用茶树挥发物进行寄主定位(林海清,2007)。采用顶空取样法,经 GC-MS 结合标准样品对茶梢挥发物组分进行鉴定,并开展了茶蚜对茶梢挥发物的室内行为试验。结果显示,茶梢挥发物重要组分(Z)-3-己烯-1-醇、(Z)-3-己烯乙酸酯、芳樟醇、(E)-4-己烯-1-醇、(E)-2-己烯醛、α-石竹烯、己醛、苯甲醛、正辛醇和水杨酸甲酯等引起有翅茶蚜的显著行为趋向性(陈宗懋等,2003;韩宝瑜和周成松,2004)。茶花主要香气组分橙花醇显著引诱有翅茶蚜(韩宝瑜和周成松,2004)。无翅茶蚜对嫩叶的 EAG 反应最强烈,其次是芽、嫩茎和成叶。四臂嗅觉仪生物测定结果表明,茶花挥发物主要组分(Z)-3-己烯乙酸酯、水杨酸甲酯、(E)-2-己烯-1-醇和(Z)-3-己烯-1-醇对无翅茶蚜有较强的引诱活性(韩宝瑜和韩宝红,2007)。由此可见,茶梢和茶花挥发物在有翅和无翅茶蚜定位茶树的过程中均发挥着关键作用。

植物组织中的化学组分可影响昆虫的取食行为,可溶性糖和氨基酸是昆虫必不可少的营养物质;此外,昆虫从植物体内获取的游离氨基酸以及吸收的蛋白质进行转化供自身利用(Karley $et\ al$,2002;Leroy $et\ al$,2011)。次生代谢物质(生物碱、酚类、黄酮和萜类)主要通过驱避、拒食、抑制生长发育、毒杀作用来防御昆虫的危害(覃伟权,2002)。昆虫取食行为可利用昆虫刺探电位图谱(electrical penetration graph,EPG)技术进行研究(金珊等,2012;刘伟娇等,2021)。通过比较茶蚜口针在茶树不同部位的分泌唾液和吸食的时间,发现茶蚜口针在芽下第1叶、芽、嫩茎和第4叶韧皮部中分泌(E1)和吸食(E2)的历时分别占总测试时间的 30.6%、22.8%、9.6%和 5.4%,差异显著($P<0.05$)。在第1叶上,多数供试茶蚜的口针第1次刺探就能够深入韧皮部,并分泌消化液而产生 E1 波,第1次在韧皮部中的分泌(E1)就能引发从韧皮部的吸食(E2)。但在嫩茎和第4叶上,只有少数供试茶蚜有这样的刺吸活动。证实茶蚜嗜好芽下第1叶,并提出这种嗜好与第1叶的营养成分显著相关。因为叶片越嫩,氨基酸含量越高,并且游离氨基酸的含量以第1叶最高,老叶和嫩茎中明显较低(韩宝瑜和陈宗懋,2001)。另外,茶树可溶性糖含量与茶蚜量比值呈显著正相关,茶多酚、咖啡碱含量与蚜量比值呈显著负相关(钟明跃,2018)。

6.1.2.2 天敌昆虫对茶树和茶蚜的嗅觉定向机制

大量研究结果表明,健康植物挥发物一般不吸引天敌,但在遭受植食性昆虫危害后释放的诱导挥发物一般对天敌具有引诱功能。植食性昆虫所分泌的信息化合物也常被天敌昆虫利用作为寄主选择的化学信号物质,但主要用于近距离定向。不同种类的天敌对昆虫利它素和植物互益素的感受能力和行为反应特征具有共性,不同的天敌昆虫可能对同一种互益素具有相同的趋向行为反应,但对同一信息化合物的感知能力和反应阈值存在差异。茶蚜的天敌种类众多,除蜘蛛外尚有 16 类 70 余种天敌昆虫。"Y"型嗅觉仪测定发现,蚜茧蜂 *Aphidius* sp.、中华草蛉 *Chrysopa sinica* Tjeder、七星瓢虫 *Coccinella septempunctata* L.、异色瓢虫显明变种 *Harmonia axyridis*(Pallas)var. *spectabilis* Faldermann、异色瓢虫显现变种 *H. axyridis*(Pallas)ab. *conspicua* Faldermann、异色瓢虫二斑变种 *H. axyridis*(Pallas)ab. *bimaculata* Hemmelmann 和异色瓢虫十九斑变种 *H. axyridis*(Pallas)var. *novemdecimpunctata* Faldermann 显著地趋向蚜害茶梢、茶蚜—茶梢复合体,而对正常茶梢的趋性很弱(韩宝瑜,1999)。另有研究结果显示,茶蚜—茶梢复合体显著引诱门氏食蚜蝇 *Sphaerophoria menthastri* L.和大草蛉 *Chrysopa septempunctata* Wesmael(韩宝瑜和周成松,2004)。在一定时空范围内,随着信息物质浓度的加大,天敌对利它素的反应也符合这个规律(韩宝瑜和陈宗懋,2000b)。

植株被植食性昆虫危害后能释放多种虫害诱导的植物挥发物(HIPVs),包括危害后释放量加大的挥发物和诱导产生的新挥发物(娄永根和程家安,2000;蔡晓明等,2008;Turlings & Erb,2018)。通过 GC-MS 测定从健康茶梢挥发物中鉴定出 16 种组分,以添加的内标(internal standard, IS)含量为参照,所有组分的总含量相当于内标的 2.4±0.41 倍;而蚜害茶梢挥发物种类较为丰富,分离鉴定得到 24 种组分,其中 3-己烯醛、2-庚酮、α-蒎烯、苯甲醛、癸烷、(E)-2-甲基-2-丁烯酸环丙烯酯、(E)-2-壬烯醇和长叶烯-(V4) 8 种组分为蚜害诱导茶梢的特有组分,且危害诱导的所有组分总含量相当于内标的 11.2±2.60 倍(图 6-6,表 6-2)(孙廷哲等,2021)。因此,茶蚜危害后的茶梢挥发物中鉴定出 8 种诱导产生的新组分,且危害诱导的茶梢挥发物所有组分总含量显著升高,为健康茶梢挥发物所有组分总含量的 4.7 倍。

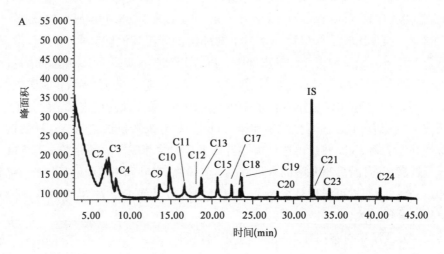

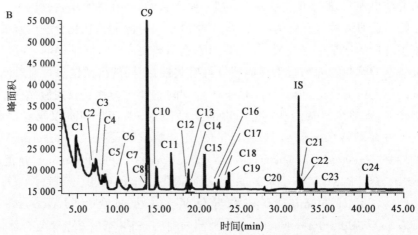

图 6-6 健康茶梢(A)和蚜害芽梢(B)挥发物的总离子流色谱图

(孙廷哲等,2021)

表 6-2 健康和蚜害茶梢挥发物组分(VOCs)和相对含量
(孙廷哲等,2021)

编号	保留时间	挥 发 物 种 类	相对含量(平均值±标准差)	
			健康茶梢	蚜害茶梢
C1	4.842	3-己烯醛	0	1.32±0.330**
C2	6.984	乙苯	0.32±0.090	0.81±0.255
C3	7.391	1,3-二甲基苯	0.70±0.088	1.53±0.537
C4	8.261	对二甲苯	0.16±0.038	0.59±0.153
C5	8.572	2-庚酮	0	0.66±0.250**
C6	10.057	α-蒎烯	0	0.35±0.067**
C7	11.485	苯甲醛	0	0.57±0.116**
C8	13.402	癸烷	0	0.16±0.072**
C9	13.658	辛醛	0.04±0.008	0.31±0.100
C10	14.796	异辛醇	0.44±0.163	1.12±0.283
C11	16.637	苯乙酮	0.10±0.024	0.47±0.144
C12	18.471	十一烷	0.08±0.017	0.18±0.054
C13	18.700	壬醛	0.12±0.038	0.56±0.206*
C14	19.071	(E)-2-甲基-2-丁烯酸环丙烯酯	0	0.03±0.012**
C15	20.682	樟脑	0.12±0.032	0.55±0.109**
C16	21.912	(E)-2-壬烯醇	0	0.14±0.080**
C17	22.387	萘	0.06±0.017	0.29±0.087*
C18	23.367	十二烷	0.03±0.009	0.14±0.035*
C19	23.666	癸醛	0.12±0.033	0.65±0.357*
C20	28.033	十三烷	0.02±0.004	0.04±0.014
C21	32.427	十四烷	0.04±0.009	0.19±0.069*
C22	32.612	长叶烯-(V4)	0	0.065±0.014**
C23	34.363	(E)-6,10-二甲基-5,9-十一烷二烯-2-酮	0.05±0.012	0.29±0.134*
C24	40.538	十六烷	0.04±0.013	0.23±0.101*

茶蚜危害后,茶梢挥发物的种类和释放量明显强于危害前茶梢,易于为远处的天敌所感知,是长距离定位茶蚜的信号(表 6-3)。研究发现,茶蚜加害后茶树芽梢释放的挥发物中苯甲醛含量明显增加,中华草岭、蚜茧蜂、七星瓢虫和异色瓢虫对苯甲醛的 EAG 响应值分别达

表 6-3　各种信息素对多种天敌昆虫寄主定位行为的影响

信息素类型	信息素来源	可探性	可靠性	信息素对天敌昆虫寄主定位行为的影响						
				中华草蛉 Chrysopa sinica	蚜茧蜂 Aphidius sp.	七星瓢虫 Coccinella septempunctata	异色瓢虫二斑变种 Harmonia axyridis (Pallas) ab. bimaculata	异色瓢虫显变种 Harmonia axyridis (Pallas) ab. conspicua	异色瓢虫显明变种 Harmonia axyridis (Pallas) var. spectabilis	异色瓢虫十九斑变种 Harmonia axyridis (Pallas) var. novemdecimpunctata
长距离线索	茶蚜和蚜害茶梢复合体	强	强	+++	+++	+++	+++	+++	+++	+++
	蚜害茶梢	强	弱	+++	+++	+++	+++	+++	+++	+++
	性信息素	弱	强	×	×	×	×	×	×	×
	报警信息素	×	×	×	×	×	×	×	×	×
	苯甲醛	强	强	+++	+++	+++	+++	+++	+++	+++
	(E)-2-己烯醛	强	强	++	++	++	+	+	++	+
	芳樟醇	强	强	+	+	+	+	+	+	+
	青叶醇	强	强	++	×	++	×	×	×	×
	水杨酸甲酯	强	强	++	+	+	+	+	+	×
	蚜害茶梢(凋萎)	强	弱	+	+	+	+	+	+	×
	茶蚜体色	×	×	×	×	×	×	×	×	×
短距离线索	茶蚜体表淋洗物	弱	强	+	++	++	++	++	++	++
	茶蚜体表淋洗物中的苯甲醛	强	强	+++	++	++	++	++	++	++
	茶蚜体表淋洗物各组分(除苯甲醛)	弱	强	+	+	+	+	+	+	+
接触性信息素	茶蚜蜕皮	弱	弱	×	++	×	×	×	×	×
	蜜露	弱	强	+	+++	+++	+++	+++	+++	+++
	茶蚜腹管分泌物	强	弱	×	×	×	×	×	×	×

注：+++表示引诱力强，++表示引诱力中等，+表示引诱力弱，×表示尚无报道。

0.54 mV、0.28 mV、1.26 mV 和 0.48 mV，"Y"型嗅觉仪中上述 4 种天敌显著趋向 10^{-6} g/mL 苯甲醛，表明苯甲醛对上述 4 种天敌具引诱活性（韩宝瑜等，2001）。茶蚜危害后，(E)-2-己烯醛含量也明显增加，七星瓢虫和中华草蛉对 10^{-6} g/mL 的 (E)-2-己烯醛 EAG 响应值分别达 1.2 mV 和 0.56 mV，强烈吸引七星瓢虫和中华草蛉（韩宝瑜等，2001）。在 10^{-4} μg/μL 浓度下，行为学试验表明，食蚜蝇对蚜虫危害茶树诱导产生的植物挥发物苯甲醛、(E)-2-己烯醛、罗勒烯、(E)-2-己烯-1-醇、芳樟醇、香叶醇、橙花醇、正辛醇、水杨酸甲酯有显著的趋性；大草蛉显著趋向于己醛和正辛醇（周成松，2003）。茶蚜危害茶梢挥发物的 α-法尼烯、苯甲醛和 (E)-2-戊烯醛引起大草蛉强烈的 EAG 反应，蚜害诱导茶树挥发物组分 α-法尼烯、苯甲醛和蚜虫性信息素组分荆芥醇混配，可在茶园中显著提高对大草蛉的诱集效果（崔林等，2015）。

茶树被害后，释放挥发性的互利素可以引诱天敌，从而间接防御了茶蚜；茶蚜自身也可以释放挥发性的利它素来招引天敌（表6-3）。在相同时空条件下，与虫害诱导植物挥发物相比，茶蚜蜜露和体表淋洗物的传播和扩散范围有限，是天敌对茶蚜的近距离定位线索。

茶蚜分泌的蜜露挥发性较弱，有效引诱距离较短，是一种重要的引诱多种天敌的接触性利它素。经高效液相色谱定性定量地分析出蜜露中含有茶氨酸、天冬氨酸、苏氨酸、丝氨酸、谷氨酸、甘氨酸、丙氨酸、缬氨酸、蛋氨酸、异亮氨酸、亮氨酸、络氨酸和苯丙氨酸等 13 种氨基酸，以及蔗糖、三聚糖、葡萄糖、果糖、甘露糖和 2 种未知糖分等 7 种糖分。茶蚜蜜露对蚜茧蜂、中华草蛉、大草蛉、门氏食蚜蝇、七星瓢虫、异色瓢虫二斑变型、异色瓢虫显现变种、异色瓢虫显明变种和异色瓢虫十九斑变种等多种天敌具有引诱效应。蜜露能极显著地延长捕食性天敌中华草蛉、七星瓢虫、异色瓢虫显明变种、显现变种、二斑变种和十九斑变种的搜索和滞留时间，能刺激觅食瓢虫的转动角度和频度增大、减慢搜索速度和缩小搜索范围，使搜索行为由广域型转变为地域集中型，以七星瓢虫和异色瓢虫显明变种最敏感（韩宝瑜和陈宗懋，2000a；韩宝瑜等，2001）。变种间的行为反应有差异，以显明变种最敏感。

蚜茧蜂是茶蚜的寄生性天敌之一。蜜露可供蚜茧蜂取食。蜜露也能极显著地延长蚜茧蜂的搜索时间，触角敲打率随着蜜露数量的增加而递增，而产卵管刺探行为却不同，除对数量大的有蜕皮的蜜露有刺探外，对其他处理均无刺探行为。蚜茧蜂在蚜害茶梢上粘有蜜露的芽、茎、叶上搜索和停留时间、触角敲打和产卵管刺探的次数显著增加，而非危害的茶树相应部位以及非寄主植物则无明显的引诱作用。

室内行为实验发现，以茶蚜和甘蓝蚜、茶蚜和萝卜蚜作为味源时，蚜茧蜂、中华草蛉、七星瓢虫、异色瓢虫显明变种、显现变种、二斑变种和十九斑变种显著地选择茶蚜，而对其他寄主蚜虫几乎无选择性。生物测定和触角电位反应都表明茶蚜体表的正己烷或乙醚漂洗物对中华草蛉、蚜茧蜂和七星瓢虫等天敌昆虫具有显著的引诱效应，七星瓢虫的 EAG 反应较强，中华草蛉稍弱，蚜茧蜂又弱于中华草蛉。EAG 反应值与行为反应的趋向率具有一致性。正己烷漂洗物的活性稍强（韩宝瑜，2001）。

化学分析结果表明，正己烷漂洗物中主要组分是苯甲醛、十一烷、2,5-己二酮、2,5-二氢噻吩、芳樟醇、萘、4-甲基-辛烷、1,2-苯二羧酸-双-(二丁基-邻苯二甲酸酯)、二丁基-邻苯二甲酸酯和二十烷，其中苯甲醛、2,5-己二酮和芳樟醇的含量稍大。乙醚漂洗物中主要组分为 (E)-2-己烯酸、正十七烷、2,6,10,14-四甲基十五烷、二十烷、四甲基四十烷、二丁基-邻苯二甲酸酯和十九烷,前两种组分含量较大。茶蚜体表漂洗物除了含有挥发性较强的苯甲醛和芳樟醇之外,大多数组分都是挥发性弱的 C11、C20、C17 和 C44 等烷烃和杂环化合物,它们对茶蚜也有吸引作用(韩宝瑜,1999;2001)。

6.2 绿盲蝽化学生态学研究进展

随着转基因棉花在我国的大面积应用,以及农药种类变化,盲蝽在黄河流域和长江流域棉区爆发成灾,其种群也不断扩张,成为农业生产上的主要害虫(陆宴辉和吴孔明,2008;Lu et al,2010)。绿盲蝽 *Apolygus lucorum* Meyer-Dür 属半翅目盲蝽科(图 6-7),是最常见的盲蝽类害虫,别名花叶虫、小臭虫,寄主植物十分广泛,危害棉花、枣、葡萄、苜蓿、桑、麻、茶、玉米、马铃薯等 54 科 288 种植物(姜玉英等,2015;Pan et al,2015)。目前,绿盲蝽已成为山东茶区和湖北茶区生产上的重要害虫,且发生面积逐年上升,对茶树危害程度也逐渐加重,严重影响茶叶的产量和品质(郭志明等,2020;毛迎新等,2020)。绿盲蝽发生和防治相关的研究主要集中在棉花、果树等作物(李林懋等,2012),对茶园绿盲蝽报道相对较少。本节介绍了绿盲蝽在茶树上的危害和发生规律,挥发物含量变化介导的绿盲蝽寄主转移行为,绿盲蝽性信息素鉴定及感受机制和绿盲蝽性信息素在茶园生产实践中的应用现状。

成虫   若虫   危害状

图 6-7　绿盲蝽形态特征及茶树受害状
(日照市农业科学研究院茶叶研究所段永春研究员提供)

6.2.1 绿盲蝽在茶树上的危害和发生规律

目前,绿盲蝽在山东茶区普遍发生,30%左右的茶园受害,尤以春茶受害最重,受害严重的茶园春茶减产 70%以上;在武汉、浠水、大悟等地局部茶园受害率高达 85%以上,绿盲蝽的危害对当地茶叶生产造成重大经济损失(李爱华等,2011;毛迎新等,2020)。绿盲蝽是典型的细胞取食者,是将口针插入植物细胞间隙和细胞内部,然后通过口针剧烈活动撕碎植物细胞,同时向外分泌唾液,将要取食的细胞变成一种泥浆状物质,然后将其吸入体内,因此会在植物组织的相应取食部位造成一个极小的孔洞,外在表现为黑色刺点(Labandeira & Phillips,1996;Rodriguez-Saona et al,2002;李林懋等,2014)。绿盲蝽若虫和成虫均具有明显的趋嫩性,主要危害茶芽和芽下第一叶,第二、第三、第四片叶则很少危害,幼嫩芽叶被害部位首先呈现小红点,随后逐渐变为黑色或褐色坏死斑点,随着叶片的生长,被害点成为孔洞,孔洞周边褪绿变黄、变厚。由于春茶芽叶生长缓慢,不会导致叶片破碎呈现"破叶疯"症状。如果茶芽边缘被害,展开的叶片边缘呈不规则锯齿状,皱缩不平(图6-7)。与正常茶芽相比,被害茶芽生长缓慢,新梢长度降低,叶质粗老,导致茶叶产量锐减。同时,茶叶品质也有明显变化,口感变浓涩,经济价值大大降低(李玉胜,2016;周波等,2017)。绿盲蝽危害茶叶的特点可总结为以下3点:隐蔽性强,不易发现;危害集中在春茶期,经济损失严重;危害芽头,且在茶芽间转移危害(门兴元等,2015)。

绿盲蝽1年发生5代,主要以卵在茶树枯腐的鸡爪枝或冬芽鳞片缝隙内越冬。在北方茶园,4月下旬绿盲蝽越冬卵开始孵化,初孵若虫取食幼嫩芽叶危害春茶,随着茶叶幼嫩组织的减少,5月下旬1代绿盲蝽成虫迁出茶园;在南方茶区,1代若虫的初孵时间较北方茶园早,一般在3月中下旬或4月上旬,1个月的集中危害期也正是春茶采摘期,造成重大的经济损失;9月中下旬,5代成虫陆续迁回茶园产卵越冬(图6-8)。

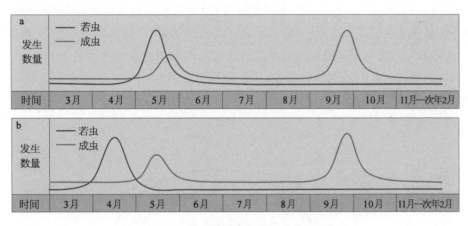

图6-8 不同地区茶园绿盲蝽的发生动态

a:北方茶园;b:南方茶园。

6.2.2 挥发物介导的绿盲蝽寄主转移行为

寄主转换是昆虫种群应对适宜气候环境变化和栖境破坏等环境干扰所引起不利影响的一种重要过程(Mazzi & Dorn,2012)。在气候温和以及生长季较长的地方,农田景观处在不断的变化中,大多数的植食性昆虫会有序地转换利用一系列作物和杂草寄主(Kennedy & Storer,2000)。多项研究表明,绿盲蝽各个代别在不同寄主植物之间转移危害(Lu et al,2010;Pan et al,2013,2015),灵敏的嗅觉系统在绿盲蝽完成季节性寄主转移中起着非常重要的作用,由挥发物含量介导的成虫趋向行为是导致绿盲蝽寄主转换的重要因子。

6.2.2.1 绿盲蝽的季节性寄主转移规律

绿盲蝽寄主植物范围相当广泛,多达54科288种,且表现出明显的季节性寄主转换习性,在一年中不同时间段利用不同的植物种类进行取食和产卵(陆宴辉和吴孔明,2008;Pan et al,2013,2015)。例如,在北方棉区,4月中旬越冬卵孵化后直到6月初,绿盲蝽主要危害枣树 *Ziziphus jujube* Mill.、葡萄 *Vitis vinifera* L.、蚕豆 *Vicia faba* L.和紫花苜蓿 *Medicago sativa* L.等主要寄主(Lu *et al*. 2012);6—9月,绿盲蝽主要危害绿豆 *Vigna radiata* L.、棉花 *Gossypium hirsutum* L.、蓖麻 *Ricinus communis* L.、凤仙花 *Impatiens balsamina* L.、向日葵 *Helianthus annuus* L.和菊科蒿类 *Artemisia* spp. 等陆续开花的寄主植物上(Pan *et al*, 2013);9月中下旬至10月上旬,5代成虫迁到枣树、葡萄、梨 *Pyrus bretschneideri* Rehd 和苹果 *Malus domestica* Borkh.等越冬寄主上危害并产卵越冬(Lu *et al*, 2010)(图6-9)。南方棉区,一代成虫的羽化高峰期在5月中下旬,羽化后即大量迁移到蚕豆、胡萝卜、紫花苜蓿、苕子、茼蒿等花期的蔬菜留种田,同时在蛇床子等杂草上产卵繁殖,并有小部分迁移到棉田进行危害;二代成虫羽化高峰期在6月下旬,羽化后全面迁入棉田;三四代若虫主要在棉田中危害,三代成虫在7月中下旬至8月上中旬羽化,四代成虫主要在9月中下旬羽化,随着棉田食物条件的恶化,大部分四代成虫便迁移到蔬菜及野菊花等寄主植物上;五代成虫在10月中下旬至11月羽化后迁到越冬寄主上危害并产卵越冬(陆宴辉和吴孔明,2008)。在新疆棉区,在玛纳斯县的调查结果显示,棉花花和嫩叶茂盛时期,绿盲蝽虫口密度高,而相邻田块中的复播向日葵幼苗上成虫仅零星可见。随后,随着棉花植株的老化,棉田绿盲蝽种群密度明显下降,此时周边处于花期的向日葵以及幼果期的葡萄上绿盲蝽种群密度明显上升。这表明,新疆地区绿盲蝽也有明显的寄主转移习性,但新疆地区绿盲蝽的年生活史和季节性寄主转换规律尚未厘清(陆宴辉等,2014)。

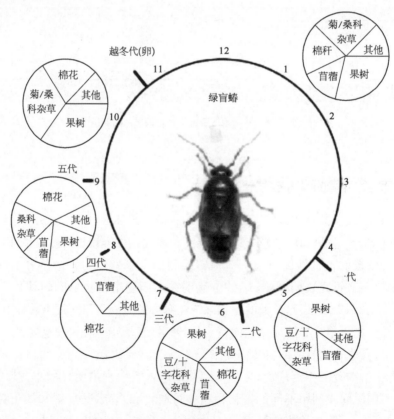

图6-9 黄河流域绿盲蝽季节性寄主转移规律
(中国农业科学院植物保护研究所陆宴辉研究员提供)

6.2.2.2 挥发物含量变化调控绿盲蝽的寄主转移

绿盲蝽具有较强的飞行扩散能力(Lu *et al*，2007)，甚至可以进行跨海迁飞(Fu *et al*，2014)，这是绿盲蝽在黄河流域和长江流域形成区域性、多作物种群灾变的主要因素(陆宴辉等，2014)。寄主植物生育期影响寄主的适合度以及植食性昆虫的活动分布，植食性昆虫对特定的植物种类、品种和植物生育期表现出了不同的偏好性。多项研究表明，绿盲蝽偏好开花阶段的寄主植物，在时间和空间上会跟随田间寄主植物开花顺序而有序地转换寄主(朱弘复和孟祥玲，1958；陆宴辉和吴孔明，2008)。如河南安阳地区，5月份绿盲蝽成虫开始向开花的豌豆和马铃薯等植物迁移；6月转向开花的草木樨等植物；7月份大麻、葎草等进入花期，成为绿盲蝽的危害寄主；8月份则趋向于向日葵、蓖麻、大麻和葎草等植物；9—10月份荞麦、艾蒿及一些其他菊科植物进入花期，成为绿盲蝽的集中危害场所(朱弘复和孟祥玲，1958)。

科研人员比较了绿盲蝽对18种寄主植物花期和苗期的行为反应，发现绿盲蝽成虫对花期寄主植物的偏好性显著高于苗期(表6-4)。随后收集了上述寄主植物2个生育期的挥发物，分别测试了绿盲蝽雌雄成虫对上述寄主植物花期挥发物的GC-EAD反应，发现7种花期寄主植物的挥发物组分[(*Z*)3-己烯醇，间二甲苯，丙烯酸丁酯，丙酸丁酯，丁酸丁酯，(*Z*)3-己烯酯和3-乙基苯甲醛]可引起绿盲蝽成虫的电生理反应(图6-10)。进一步通过室内行为测定，筛选出4种花期寄主植物的挥发物组分(间二甲苯，丙烯酸丁酯，丙酸丁酯，丁酸丁酯)可引起绿盲蝽雌雄成虫明显的行为趋向性(图6-11)。通过对比18种寄主植物花期和苗期挥发物释放量，发现花期寄主植物中4种活性组分(间二甲苯，丙烯酸丁酯，丙酸丁酯，丁酸丁酯)的总释放量升高，为苗期的2～8倍(图6-12)。

表6-4 绿盲蝽雌雄成虫对花期和苗期寄主植物的行为反应
(Pan *et al*，2015)

寄主植物种类	空白对照 vs. 花期寄主植物		苗期 vs. 花期寄主植物	
	雌 虫	雄 虫	雌 虫	雄 虫
藿香 *Agastache rugosus*	14/35(0.003)	14/37(0.001)	17/34(0.017)	14/35(0.003)
黄花蒿 *Artemisia annua*	18/36(0.014)	18/34(0.027)	14/37(0.001)	19/35(0.029)
艾蒿 *Artemisia argyi*	16/34(0.011)	13/39(<0.001)	15/34(0.007)	15/40(<0.001)
野艾蒿 *Artemisia lavandulaefolia*	18/38(0.008)	16/37(0.004)	16/36(0.006)	18/37(0.010)
猪毛蒿 *Artemisia scoparia*	18/38(0.008)	17/38(0.005)	16/32(0.021)	16/31(0.020)
大麻 *Cannabis sativa*	18/37(0.010)	17/34(0.017)	17/31(0.043)	18/33(0.036)
果香菊 *Chamaemelum nobile*	19/36(0.022)	19/35(0.029)	17/33(0.024)	16/32(0.021)
茼蒿 *Chrysanthemum coronarium*	18/37(0.010)	16/36(0.006)	15/38(0.002)	17/34(0.017)
芫荽 *Coriandrum sativum*	16/34(0.011)	18/33(0.036)	16/32(0.021)	17/31(0.043)
荞麦 *Fagopyrum esculentum*	17/35(0.013)	18/33(0.036)	19/34(0.039)	20/36(0.033)
棉花 *Gossypium hirsutum*	17/34(0.017)	18/37(0.010)	18/33(0.036)	19/34(0.039)
向日葵 *Helianthus annuus*	18/37(0.010)	19/35(0.029)	19/38(0.012)	18/37(0.010)

续 表

寄主植物种类	空白对照 vs. 花期寄主植物		苗期 vs. 花期寄主植物	
	雌 虫	雄 虫	雌 虫	雄 虫
葎草 *Humulus scandens*	16/36(0.006)	15/35(0.005)	17/32(0.032)	18/33(0.036)
凤仙花 *Impatiens balsamina*	18/34(0.027)	12/37(<0.001)	17/32(0.032)	17/32(0.032)
罗勒 *Ocimum basilicum*	19/37(0.016)	18/39(0.005)	16/38(0.003)	18/38(0.008)
红蓼 *Polygonum orientale*	19/35(0.029)	16/34(0.011)	17/33(0.024)	16/33(0.015)
蓖麻 *Ricinus communis*	15/38(0.002)	17/37(0.006)	17/33(0.024)	15/32(0.013)
绿豆 *Vigna radiata*	17/36(0.009)	15/37(0.002)	18/32(0.048)	17/34(0.017)

注:"/"前后数字表示选择空白对照/花期寄主植物、苗期/花期寄主植物的绿盲蝽成虫数量,括号中的数据表示 χ² 检验的 P 值。

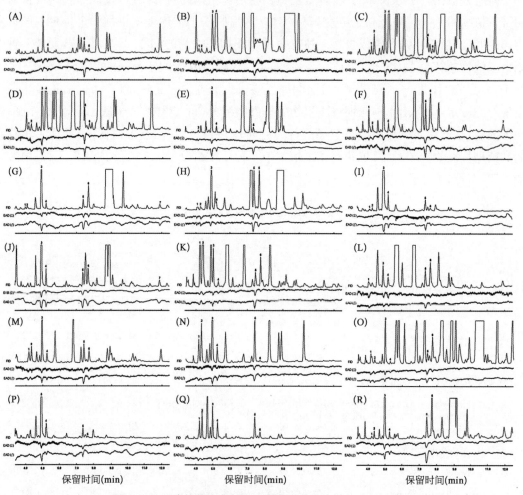

图 6-10 绿盲蝽雌雄成虫对 18 种寄主植物的 GC-EAD 反应

(Pan *et al*,2015)

A: 藿香;B: 黄花蒿;C: 艾蒿;D: 野艾蒿;E: 猪毛蒿;F: 大麻;G: 果香菊;H: 茼蒿;I: 芫荽;J: 荞麦;K: 棉花;L: 向日葵;M: 葎草;N: 凤仙花;O: 罗勒;P: 红蓼;Q: 蓖麻;R: 绿豆。1: (Z)3-己烯醇;2: 间二甲苯;3: 丙烯酸丁酯;4: 丙酸丁酯;5: 丁酸丁酯;6: (Z)3-己烯酯;7: 3-乙基苯甲醛。

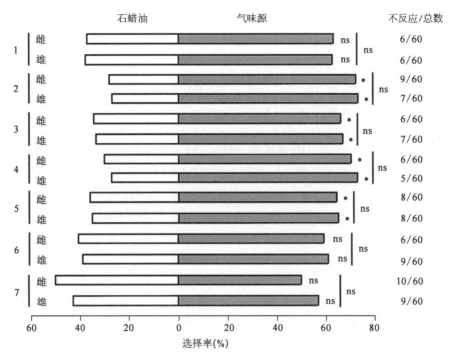

图 6 - 11　绿盲蝽雌雄成虫对 7 种 GC - EAD 活性组分的行为反应

（Pan *et al*，2015）

1：(*Z*)-3-己烯醇；2：间二甲苯；3：丙烯酸丁酯；4：丙酸丁酯；5：丁酸丁酯；6：(*Z*)-3-己烯酯；7：3-乙基苯甲醛。ns 表示没有显著差异，* 表示差异显著（$P<0.05$）。

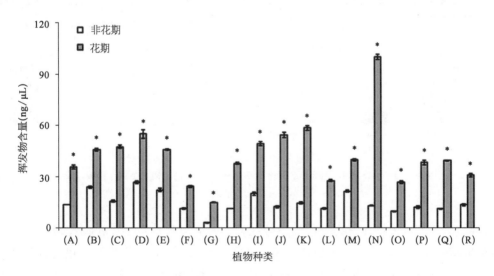

图 6 - 12　花期和非花期 4 种行为活性挥发物组分的总释放量

（Pan *et al*，2015）

A：藿香；B：黄花蒿；C：艾蒿；D：野艾蒿；E：猪毛蒿；F：大麻；G：果香菊；H：茼蒿；I：芫荽；J：荞麦；K：棉花；L：向日葵；M：薄草；N：凤仙花；O：罗勒；P：红蓼；Q：蓖麻；R：绿豆。* 表示差异显著（$P<0.05$）。

2015—2016 年期间,科研人员发现 8 月份棉花上的绿盲蝽成虫密度高于 9 月份,而在枣树和葡萄上则相反,9 月份的显著高于 8 月份(图 6 - 13)。9 月份棉田成虫扩散系数高于 8 月,而相邻枣园/葡萄园成虫扩散系数则相反。在"Y"型嗅觉仪试验中,8 月份,绿盲蝽成虫更喜欢棉花挥发物而不是枣树和葡萄气味,而在 9 月份发现了相反的模式。9 月份枣树处于盛果期,而葡萄处于落果期且叶片开始逐渐枯黄,枣树和葡萄树为绿盲蝽的主要越冬寄主。上述研究表明绿盲蝽选择产卵寄主时并未表现出之前报道的趋花习性。为了解释此现象,通过测定绿盲蝽雌雄成虫对 9 月份盛果期枣树和落果期葡萄树挥发物的 GC - EAD 反应,从中鉴定出 3 种电生理活性组分(丙烯酸丁酯、丙酸丁酯和丁酸丁酯),这与之前报道的花期寄主植物中吸引绿盲蝽雌雄成虫的挥发物组分一致。随后,进一步收集棉花、枣树和葡萄中不同时间段(具有吸引活性的阶段和不具有吸引活性的阶段)的挥发物,利用 GC - MS 比较发现,9 月份枣树和葡萄释放的 3 种对绿盲蝽具有引诱活性的挥发物总量(丙烯酸丁酯、丙酸丁酯和丁酸丁酯)明显高于 8 月份,而 9 月份棉花中的 3 种活性挥发物释放总量急剧下降(图 6 - 14)(Pan et al,2021)。

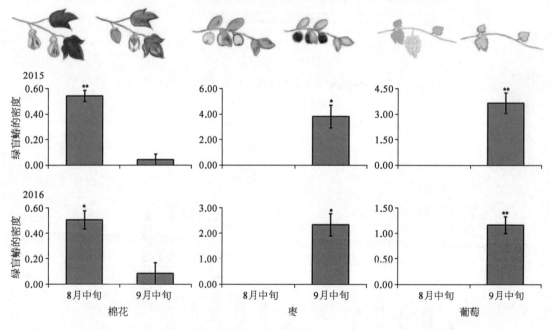

图 6 - 13　2015 年和 2016 年 8 月份和 9 月份棉花、枣树和葡萄上的绿盲蝽数量
(Pan et al,2021)

由此可见,寄主植物挥发物中活性组分在不同时间段释放量的变化调控绿盲蝽对寄主植物的选择和定位。夏季,从 18 种开花寄主植物中筛选出 4 种对绿盲蝽成虫具有强烈引诱作用的活性挥发物组分,通过比较花期与非花期活性组分的总释放量,发现花期寄主植物中间二甲苯,丙烯酸丁酯,丙酸丁酯和丁酸丁酯 4 种活性组分的总释放量高于非花期。因此,绿盲蝽表现为偏好开花阶段的寄主植物,跟随田间寄主植物开花顺序而有序地转换寄主;秋冬季,从 2 种越冬寄主植物(枣树和葡萄)上筛选出 3 种对绿盲蝽成虫具有强烈引诱作用的活性

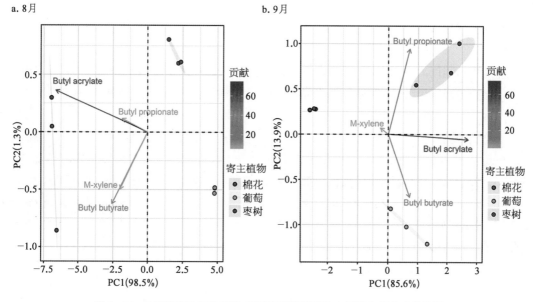

图 6-14　8 月份和 9 月份棉花、枣树和葡萄挥发物中活性物质主成分分析

（Pan *et al*，2021）

M-xylene：间二甲苯；Butyl acrylate：丙烯酸丁酯；Butyl propionate：丙酸丁酯；Butyl butyrate：丁酸丁酯。

挥发物组分（丙烯酸丁酯，丙酸丁酯和丁酸丁酯），通过比较越冬寄主和秋冬季棉花中 3 种活性组分的总释放量，发现越冬寄主植物中吸引绿盲蝽的活性组分总释放量显著升高，而此时棉花花期已过，3 种活性组分的总释放量骤降，所以绿盲蝽表现为从非花期的棉花转移到适宜产卵越冬的果树上。

6.2.3　绿盲蝽性信息素

6.2.3.1　绿盲蝽性信息素的鉴定

昆虫性信息素由特定的腺体分泌产生，一般由外分泌腺分泌（Farine *et al*，2007；Lopes *et al*，2020）。半翅目昆虫分泌性信息素的腺体主要是臭腺，包括后胸臭腺、布氏臭腺和腹臭腺（Luo *et al*，2017）。对于盲蝽类害虫，性信息素通常在后胸臭腺中分泌或储存，但不同种的盲蝽性信息素分泌部位并不完全相同。有研究发现显角微刺盲蝽 *Campylomma verbasci* Meyer、*Phytocoris californicus* Knight 和 *P. relativus* Knight 3 种盲蝽的性信息素分泌部位为后胸臭腺（McBrien，1999）。有的盲蝽科昆虫性信息素释放部位为足部，比如原丽盲蝽 *Lygocoris pabulinus* L.（Drijfhout，2003）。有证据表明草盲蝽 *Lygus hesperus* Knight 的性信息素可能来源于腹部（Graham，1988）。通过比较绿盲蝽雌虫不同部位的浸提物，发现虫体胸部的浸提物总量显著高于其他部位，因此推测绿盲蝽性信息素的分泌部位是胸部的腺体（苏建伟等，2010）。然而，后胸臭腺同时也被认为是一种防御性腺体，收集绿盲蝽性信息素时很有可能受防御性物质干扰，提取的难度更大。

绿盲蝽性信息素提取时选择 3 日龄未交配的绿盲蝽雌虫或雄虫为试虫，选取不能释放性信息素的 5 龄若虫为对照。采用全虫浸泡法对绿盲蝽挥发物进行提取。暗处理 1～2 h 后，分别将 1 头绿盲蝽雌虫、雄虫或若虫转移到 1.5 mL 样品瓶中,静置 10 min,待试虫稳定后将二氯甲烷迅速加入,杀死试虫。5 min 后迅速将试虫移出,所得样品封口,保存在−20℃条件下备用。

所得样品利用 GC−MS 分析鉴定,通过保留时间或保留指数和质谱图与 NIST 谱库进行比对以初步确定组分,随后通过标准品和性信息素提取液一起进样检测,如果色谱峰完全重合,即可确定。GC−MS 鉴定发现绿盲蝽雌成虫提取液 3 种主要组分为 4−氧代−反−2−己烯醛、丁酸己酯和反−2−丁酸己烯酯(图 6−15A);采用外标法进行定量分析,其中,丁酸−反−2−己烯酯比例占到接近 84%,3 种组分含量分别为 21.8±2.04 μg/头、1.4±0.56 μg/头和 23.7±1.89 μg/头。绿盲蝽雄成虫提取液中主要成分与雌成虫基本相同(图 6−15B),也包括 4−氧代−反−2−己烯醛、丁酸己酯和反−2−丁酸己烯酯,但其比例有所不同,具体含量分别为 13.7±3.32 μg/头、27.7±6.54 μg/头和 3.8±1.67 μg/头。另外,5 龄绿盲蝽若虫提取液中不含有上述 3 种组分(图 6−15C)(张涛,2011)。

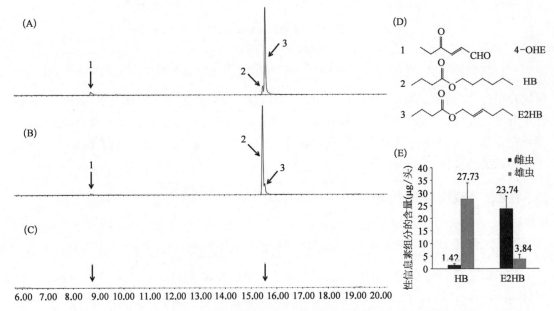

图 6−15 绿盲蝽成虫和若虫的提取液组分鉴定

(Zhang *et al*,2020)

A:雌成虫提取液总离子流;B:雄成虫提取液总离子流;C:5 龄若虫提取液总离子流;D:性信息素组分的结构式;E:雌、雄成虫中 2 种相反比例组分(HB 和 E2HB)的含量;4−OHE:4−氧代−反−2−己烯醛;HB:丁酸己酯;E2HB:反−2−丁酸己烯酯。

进一步分析绿盲蝽性信息素组分不同比例配方的田间引诱效果差异,最终发现,4−氧代−(E)−2−己烯醛和丁酸−(E)−2−己烯酯的比例为 3:2 时,田间诱捕效果最佳,平均诱捕数量高达 11.2 头/天(图 6−16)。根据上述性信息素有效组分和最佳混配比例的研究结果,中国农业科学院植物保护研究所科研人员研发了绿盲蝽性信息素产品,可用于田间监测和大量诱杀绿盲蝽成虫,降低其危害程度。

前期研究结果中特别需要注意的是,丁酸己酯和丁酸反−2−己烯酯在绿盲蝽雌雄成虫体

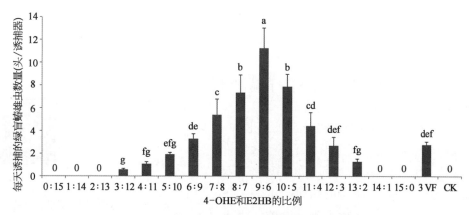

图 6 - 16 绿盲蝽性信息素组分不同比例配方的诱捕效果

(Zhang *et al*，2020)

4 - OHE：4 -氧代-(*E*)- 2 -己烯醛；E2HB：(*E*)- 2 -丁酸己烯酯；3VF：3 只未交配的绿盲蝽雌成虫。

内的比例完全相反(图 6 - 15E)，丁酸己酯在雄虫中含量极高，占全部组分的 86.7％。另外，田间诱捕试验中，添加了丁酸己酯的三元配方诱捕到的绿盲蝽雄虫数量与二元性信息素配方相比效果反而降低(图 6 - 17)，丁酸己酯的存在能够非常显著地降低了性信息素对雄虫的吸引力。另外，丁酸己酯也是一种防御性物质，雌虫在遇到危险的情况下也会微量释放，所以在绿盲蝽雌虫提取液中也少量存在。然而，丁酸己酯为雄虫提取液的最主要成分，交配后绿盲蝽雌虫体内的丁酸己酯含量高于未交配雌虫，且在交配后的不同时间段内含量不断变化，交配后的雄虫体内含量显著低于未交配雄虫。因此，推测丁酸己酯为绿盲蝽雄虫分泌的反性信息素。

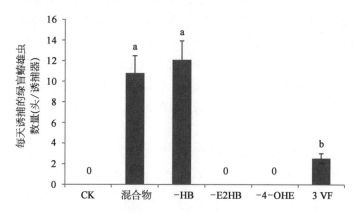

图 6 - 17 绿盲蝽性信息素组分不同比例配方的诱捕效果

(Zhang *et al*，2020)

混合物：3 种组分混配；- HB：没有丁酸己酯；- E2HB：没有反- 2 -丁酸己烯酯；- 4 - OHE：没有 4 -氧代-(*E*)- 2 -己烯醛；3VF：3 只未交配的绿盲蝽雌成虫。

反性信息素是一类由雄虫分泌和释放的性信息素。雄虫通过反性信息素来抑制雌虫释放性信息素或改变雌虫的性信息素组分，从而阻止或干扰其他雄虫对该雌虫的定位(Zhang & Aldrich，2003)。在绿盲蝽未交配雌虫腹部涂抹 25 μg 丁酸己酯，对所得交配率进行统计

分析,结果表明实验组的绿盲蝽交配率为(0.7±
0.04)%,对照组交配率为(0.9±0.04)%(图6-18)。
统计结果显示,对照组和实验组之间存在极显著
性差异,表明丁酸己酯可以显著抑制绿盲蝽的交
配(李彬,2020)。

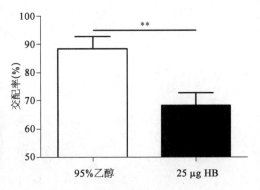

图6-18 丁酸己酯对绿盲蝽交配的影响
(李彬,2020)

HB: 丁酸己酯。

6.2.3.2 绿盲蝽性信息素感受的分子机制

在长期进化中,昆虫逐渐形成了高度灵敏和
特异的嗅觉系统,以便于捕捉和感知同种或异种
个体释放的信息素(刘伟,王桂荣,2020;Guo
et al,2021)。触角是昆虫的主要嗅觉器官,其上
着生着大量的感器。通过对绿盲蝽成虫触角的
扫描电镜观察发现,主要有毛形感器、刺形感器、
锥形感器、Böhm氏鬃毛4种类型的感器。其中,毛形感器又可分为长直毛形感器、长曲毛形
感器,刺形感器又可分为长直刺形感器、长曲刺形感器,锥形感器又可分为长锥形感器、短锥
形感器(陆宴辉等,2007)。另外,绿盲蝽足部也鉴定出与其触角上类型一致的4种感器(Li
et al,2020)。毛形感器是昆虫触角上分布最广、数量最多的感器,对于植食性昆虫,触角上
的毛形感器主要用以感受信息化合物,例如美国牧草盲蝽 Lygus lineolaris Palisot de
Beauvois触角上毛形感器的主要功能可能是感受异性个体信息素(Chinta et al,1997)。在
苜蓿盲蝽 Adelphocoris lineolatus Goeze 中,毛形感器参与了嗅觉刺激的感知(Sun et al,
2013)。绿盲蝽毛形感器主要分布于鞭节,推测与信息素的感受相关(陆宴辉等,2007)。

昆虫感受气味化合物的过程,需要多种化学感受蛋白共同参与(图6-19)。气味分子大
多为脂溶性化合物,气味分子进入昆虫嗅觉感器内,与对应的气味结合蛋白(odorant binding
proteins,OBPs)结合,穿过昆虫血淋巴到达感器内嗅觉受体神经元(olfactory receptor
neurons,ORNs)的树突膜,与相应的气味受体(odorant receptors,ORs)相互作用,从而
激活嗅觉受体神经元,产生膜电位,使气味化学信号转换为神经元电信号沿神经元轴
突传入脑。气味分子随后被气味降解酶(odorant degrading enzyme,ODE)降解(Leal,
2013)。

目前,已鉴定出35种绿盲蝽气味结合蛋白。其中,发现AlucOBP1、AlucOBP4、
AlucOBP7、AlucOBP14、AlucOBP18、AlucOBP22、AlucOBP26、AlucOBP27、Aluc OBP28、
Aluc OBP30、AlucOBP31、AlucOBP34和AlucOBP35这13个OBP蛋白的功能是结合性信
息素或性信息素类似物,推测为绿盲蝽性信息素结合蛋白(表6-5)(孙小洁,2019;张瑶
瑶,2021)。这13种性信息素或性信息素类似物OBP主要在触角上高表达。运用荧光竞争
结合试验发现,AlucOBP7、AIucOBP31和AIucOBP35与4-氧代-(E)-2-己烯醛的结合力
较强(图6-20),AlucOBP1、AlucOBP4、AlucOBP7、AlucOBP14、AlucOBP17、AlucOBP18、
AlucOBP22、AlucOBP27、AlucOBP28、AlucOBP30、AlucOBP34则可以与丁酸丁酯、乙酸辛
酯和乙酸己酯等性信息素类似物结合(纪萍等,2013;安兴奎,2019;李仔博,2020;Zhang
et al,2021)。

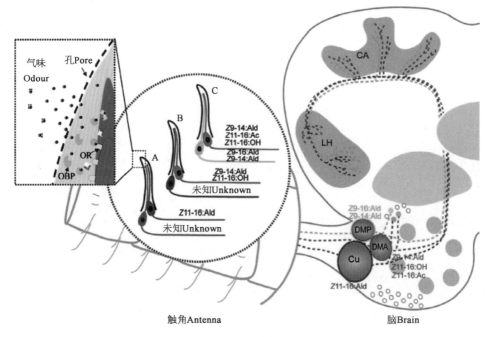

图 6-19 棉铃虫的嗅觉系统及神经通路

(Leal，2013)

A：A 类型毛形感器(Type-A trichoid sensillum)；B：B 类型毛形感器(Type-B trichoid sensillum)；C：C 类型毛形感器(Type-C trichoid sensillum)；CA：蕈形体冠(Mushroom body calyx)；Cu：云状体(Cumulus)；DMA：背中间前侧纤维球(Anterior dorsomedial glomerulus)；DMP：背中间后侧纤维球(Posterior dorsomedial glomerulus)；LH：侧角(Lateral horn)；OBP：气味结合蛋白(Odorant binding protein)；OR：嗅觉受体(Olfactory receptor)；彩色虚线代表气味信息在脑中枢传导的神经通路。

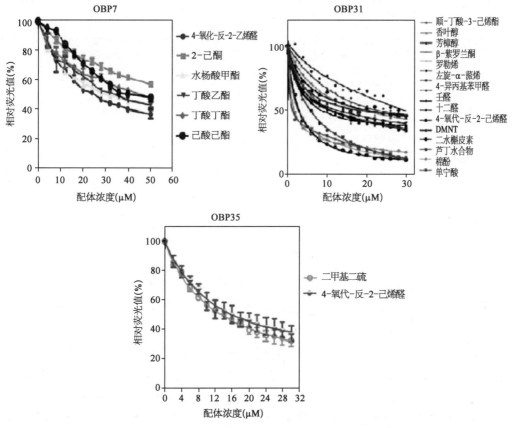

图 6-20 绿盲蝽 OBP7、OBP31、OBP35 与气味配体的竞争结合曲线

(纪萍等,2013;张瑶瑶,2021;李仔博,2020)

263

表 6-5 目前已鉴定的与绿盲蝽性信息素及类似物相关的气味
结合蛋白(OBPs)和气味受体(ORs 或 PRs)

性信息素及类似物 组分名称	OBPs	ORs 或 PRs	参 考 文 献
4-氧代-(E)-2- 己烯醛	AlucOBP7,AlucOBP31, AlucOBP35	*AlucOR2*,*AlucOR4*, *AlucOR7*,*AlucOR51*	纪萍 等,2013;安兴奎,2019;An *et al*,2020;李仔博,2020;Zhang *et al*, 2021;张瑶瑶,2021
(E)-2-己烯醇		*AlucOR4*	An *et al*,2020
(Z)-己酸-3-己 烯酯	AlucOBP26		张瑶瑶,2021
丁酸-(E)-2-己 烯酯		*AlucOR2*,*AlucOR4*, *AlucOR7*,*AlucOR40*, *AlucOR51*,*AlucOR59*	安兴奎,2019;An *et al*,2020;Zhang *et al*,2021
乙酸己酯	AlucOBP4,AlucOBP18, AlucOBP34	*AlucOR2*,*AlucOR4*, *AlucOR7*,*AlucOR51*	滑金峰,2012;安兴奎,2019;孙小洁, 2019;An *et al*,2020;Zhang *et al*, 2021;张瑶瑶,2021
乙酸辛酯	AlucOBP18,AlucOBP34	*AlucOR59*	安兴奎,2019;孙小洁,2019;张瑶 瑶,2021
丁酸乙酯	AlucOBP4,AlucOBP7, AlucOBP28,AlucOBP30		滑金峰,2012;纪萍等,2013;孙小 洁,2019
丁酸丁酯	AlucOBP1,AlucOBP7, AlucOBP18,AlucOBP28		武红珍,2012;纪萍等,2013;孙小 洁,2019;张瑶瑶,2021
丁酸戊酯	AlucOBP27	*AlucOR40*	安兴奎,2019;孙小洁,2019
丁酸己酯	AlucOBP1		武红珍,2012
丁酸辛酯	AlucOBP14,AlucOBP17, AlucOBP22	*AlucOR59*	刘航伟,2017;丁玉晓,2016;安兴 奎,2019
己酸己酯	AlucOBP7,AlucOBP14, AlucOBP22,AlucOBP27	*AlucOR40*	纪萍等,2013;丁玉晓,2016;刘航 伟,2017;安兴奎,2019
辛酸乙酯		*AlucOR40*,*AlucOR59*	安兴奎,2019

　　另外,通过触角转录组测序鉴定出110条绿盲蝽气味受体基因(*AlucORs*)(表6-5)。其中,2条*AlucORs*基因在雄触角特异表达,18条*AlucORs*在雄虫触角高表达;*AlucOR2*,*AlucOR4*,*AlucOR7*,*AlucOR40*,*AlucOR51*和*AlucOR59*这6个OR被推测为绿盲蝽性信息素受体(An *et al*,2020;Zhang *et al*,2021)。进一步从进化树分析预测的盲蝽科保守的性信息素亚支中选取了AlucOR4、AlucOR40、AlucOR59利用爪蟾卵母细胞双电极电压钳验证发现,AlucOR4仅对丁酸-反-2-己烯酯和丁酸己酯有反应,对丁酸-(E)-2-己烯酯的反应最大(图6-21A);AlucOR40对丁酸-(E)-2-己烯酯、己酸己酯、己酸叶醇酯、丁酸戊酯、辛酸乙酯有反应,对己酸己酯反应最大(图6-21B);AlucOR59对丁酸-(E)-2-己烯酯、辛酸

乙酯、乙酸辛酯、丁酸辛酯有反应,对丁酸-(E)-2-己烯酯反应最大(图6-21C),证实了3个基因 *AlucOR4*、*AlucOR40*、*AlucOR59* 均为绿盲蝽性信息素受体。进一步利用RNA干扰技术研究OR功能发现,对 *AlucOR4* 进行干扰,绿盲蝽雄虫触角EAG结果对两种信息素的反应下降了38%~44%,但行为实验结果表明绿盲蝽对性诱芯的趋向性没有明显降低,这说明绿盲蝽性信息素感受过程中多个OR受体协同作用(安兴奎,2019;An et al,2020)。

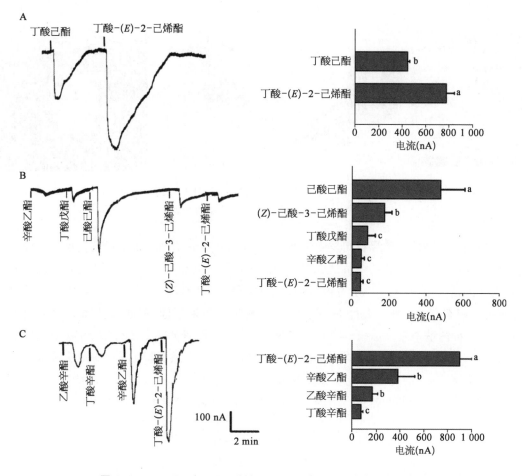

图6-21 AlucOR4/AlucOrco(A),AlucOR40/AlucOrco(B),AlucOR59/AlucOrco(C)的气味结合功能验证

(An et al,2020)

记录电压为-80 mV,使用的气味浓度为10^{-4} M;柱形图上不同字母表示处理间差异显著($P<0.05$)。

6.2.3.3 绿盲蝽性信息素在我国茶园的应用现状

随着绿盲蝽性信息素相关研究的不断深入和完善,基于性信息素的绿盲蝽绿色防控技术已经开始应用于作物保护。利用性信息素防治绿盲蝽具有高效、环保、专一性强等优点,从而减少化学农药的使用,保护环境和人类安全(张涛,2011)。目前,绿盲蝽性信息素主要应用于棉田、枣园、樱桃园、苹果园等的虫口监测和防治(邢茂德等,2014;杨洁等,2022)。茶园中,利用性信息素防治绿盲蝽的效果并不理想,不能有效降低春茶受害率;主要可利用性信息素监测 5 代绿盲蝽成虫入园时间，为秋季药剂防治提供指导，减少越冬卵量，从而压低第二年的虫口基数。

绿盲蝽体型小，通体绿色，若虫藏匿危害和成虫善于飞行，出现危害症状后进行防治，往往已经错过了最佳防治时机，因此制定合理预测预报方法对于防治该虫尤为重要。绿盲蝽性信息素具有省工、省力，安装方便，购买和使用成本低廉等优点，因此在北方茶园，性信息素已成功用于监测秋季绿盲蝽成虫的入园时间（图 6-22）。

图 6-22 绿盲蝽性信息素产品及茶园性诱技术
（中捷四方生物科技股份有限公司提供）

根据当地实际情况和绿盲蝽发生情况，可利用我国研制并商业化的性诱剂，结合桶形诱捕器在秋季诱杀迁入茶园的绿盲蝽成虫。中国农业科学院茶叶研究所科研人员在秋季加大放置密度的情况下，按照 120 套/hm² 的性诱剂诱杀茶园绿盲蝽成虫，2018 年相对于空白对照，茶梢受害率有一定比例的下降，但 2019 年的防治效果不佳，不能有效降低春茶受害率（表 6-6）。推测诱杀效果不稳定的原因有两个：有可能放置的时机不合适，没有把握住最佳时间；另外，绿盲蝽主要是以卵在茶园越冬，初孵若虫危害春茶，推测迁入茶园前绿盲蝽雌雄成虫已经完成交配，因此即使使用性诱剂大量诱杀雄虫，仍无法有效降低雌雄虫的交配率，也就无法减少迁入茶园的雌虫产下的越冬卵数量，故不能有效降低茶梢受害率。

表 6-6 使用性诱剂对绿盲蝽的防效及茶梢受害率

处　　理	2018 年		2019 年	
	茶梢受害率（%）	防效（%）	茶梢受害率（%）	防效（%）
性诱剂（120 套/hm²）	18.2	51.4	42.5	5.3
空白对照	38.7	/	44.9	/

6.3 茶棍蓟马化学生态学研究进展

蓟马（Thysanoptera：Thripidae）属缨翅目，是农业、林业和园艺多种作物的重要害虫（韩云等,2015)。除通过取食和产卵对植物造成直接危害外,蓟马还可传播植物病毒,造成大面积作物减产,造成的经济损失有时远超其本身的危害(杨帆等,2011;Keough *et al*,2018)。目前,已报道的茶园蓟马种类近28种,多数为植食性害虫(吕召云等,2013;农红艳等;2020)。其中,茶棍蓟马 *Dendrothrips minowai* Priesner 成若虫均锉吸危害幼嫩芽叶、老叶、叶柄和嫩茎,从而造成叶片卷曲、焦枯甚至脱落(图6-23),在我国茶园发生面积和危害程度不断增加,严重威胁茶叶品质和商品价值(Lyu *et al*,2016;Li *et al*,2020)。近年来,茶棍蓟马正逐步上升为茶园主要吸汁类害虫,全国大部分茶区均有发现且部分地区暴发成灾。由于体型微小、世代更替快、隐蔽性和繁殖能力强且极易产生抗药性,造成其防治难度大。因此,亟待开发可持续、对天敌和环境友好的治理方案,替代化学杀虫剂的大规模使用(陈宗懋,2022)。本节综述了植物挥发物和聚集信息素对茶园茶棍蓟马的化学生态调控策略,并分析了两种行为调控剂在茶棍蓟马治理中的应用前景。

图6-23 茶棍蓟马形态特征及危害状

6.3.1 植物挥发物对茶棍蓟马的行为调控

植物挥发物在植食性昆虫的寄主定位、产卵、聚集、传粉等行为中发挥着重要作用(戴建青等,2010;El-Ghany,2019;Gaffke *et al*,2021)。目前,全球已记录约1 500种蓟马具有访花习性(曹婧钰等,2022),花香作为嗅觉信号,远距离吸引访花蓟马,在访花蓟马寄主定位中发挥重要作用(Ren *et al*,2020)。花朵中释放的挥发性有机化合物(VOCs)成分复杂,包括3大类,即萜类、苯类和脂肪族衍生物(Muhlemann *et al*,2014),研究发现主要是苯类化合物对访花蓟马具有引诱活性(蔡晓明等,2018)。实际生产过程中,通过在诱捕器、诱虫板中添加多种对蓟马有引诱活性的苯类化合物、吡啶类化合物、醇酯等花香或果实挥发物制作的蓟马引诱剂（Nielsen et al，2015；Teulon et al，2018），可提高对蓟马的诱捕效果（蔡晓明等，2018；Kirk et al，2021）。目前，已开发出基于异烟酸甲酯的一元蓟马引诱剂产品（Lurem-TR），且已成功应用于玫瑰花温室和果园中的蓟马防治（Broughton et al，2012，2015）。基于此，中国农业科学院茶叶研究所科研人员以目前报道的具引诱作用的花香挥发物和寄主植物茶树挥发物作为供试物质，从室内电生理、室内行为学和田间诱捕效果3个方面评价这些物质对茶棍蓟马的引诱效果，并获得了茶棍蓟马高效引诱剂配方。

首先，利用触角电位仪（EAG）测定了茶棍蓟马对20种待测候选植物挥发物的电生理反应。EAG测定过程中，以（Z）-3-己烯醇作为标准溶液（CF），石蜡油作为对照溶液，带有触角的茶棍蓟马头部作为测试对象，记录响应值并计算相对反应值。结果发现，茶棍蓟马雌虫对10种植物挥发物组分：大茴香醛、异戊醛、（E）-β-罗勒烯、法尼烯、壬醛、丁香酚、右旋-α-蒎烯、柠檬烯、左旋-α-蒎烯和γ-松油烯有较强的触角电生理反应，平均相对反应值约为1。其中，对大茴香醛的电生理反应最高，相对反应值为1.48±0.046（图6-24）。

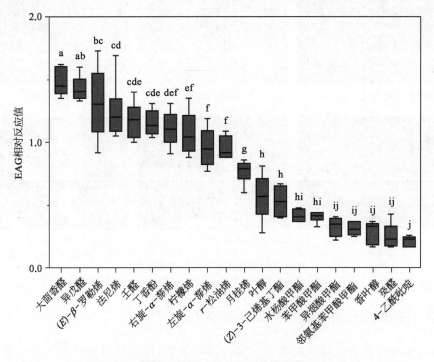

图6-24　茶棍蓟马对不同植物挥发物的触角电位反应
相同小写字母表示没有显著差异（$P>0.05$）；不同小写字母表示差异显著（$P<0.05$）

其次，室内利用"H"型嗅觉仪测定了茶棍蓟马对20种待测候选植物挥发物稀释液的行为反应。滴有挥发物稀释液的滤纸片和滴有石蜡油的滤纸片分别作为味源，记录茶棍蓟马在测试时间内的选择情况。结果发现，相对于正己烷对照，茶棍蓟马对大茴香醛、丁香酚、法尼烯、苯甲酸甲酯、异戊醛、(E)-β-罗勒烯、右旋-α-蒎烯和左旋-α-蒎烯这8种组分表现出强烈的偏好性(P<0.001)(图6-25)。

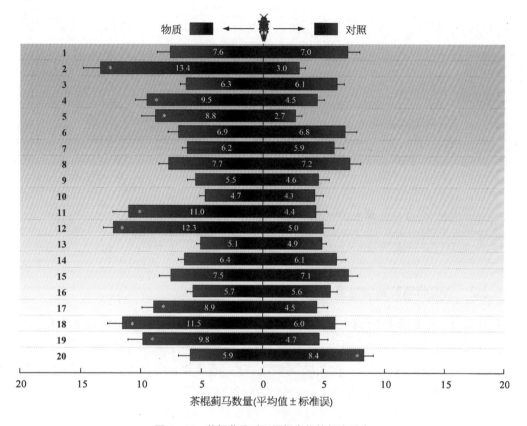

图6-25 茶棍蓟马对不同挥发物的行为反应

1：4-乙酰吡啶；2：大茴香醛；3：癸醛；4：丁香酚；5：法尼烯；6：香叶醇；7：叶醇；8：(Z)-3-己烯基丁酯；9：柠檬烯；10：邻氨基苯甲酸甲酯；11：苯甲酸甲酯；12：异戊醛；13：异烟酸甲酯；14：水杨酸甲酯；15：月桂烯；16：壬醛；17：(E)-β-罗勒烯；18：左旋-α-蒎烯；19：右旋-α-蒎烯；20：r-松油烯；*表示差异显著(P<0.05)。

最后，田间测试了7种电生理和行为反应共同活性组分对茶棍蓟马的引诱效果。将活性组分稀释液滴加到橡胶头诱芯中制作为诱芯，通过与蓝色诱虫板结合使用，对比茶园中活性组分诱芯和对照诱芯的诱虫板上诱集到的茶棍蓟马数量。结果发现，添加大茴香醛、丁香酚、法尼烯和异戊醛4种活性组分诱芯的诱虫板上诱捕到的茶棍蓟马数量显著高于对照诱虫板。其中，黏有大茴香醛诱芯的诱虫板上茶棍蓟马的数量最多，浙江杭州和浙江绍兴两地茶园前3天调查时的诱捕数量分别为189.0±9.12头和329.7±30.85头；第4至第6天的诱捕数量分别为131.0±11.93头和284.3±39.45头；第7至第9天的诱捕数量分别为116.8±10.67头和212.2±30.07头。总体而言，添加大茴香醛的诱芯可使诱虫板上的茶棍蓟马数量提高3.7~7.7倍(图6-26)(Xiu et al，2022)。因此，大茴香醛对茶棍蓟马的引诱效果最佳，具有广阔的应用前景。后续亟待评价活性组分混配配方的田间引诱效果，开发相应的使用技术，为茶棍蓟马引诱剂的应用提供参考。

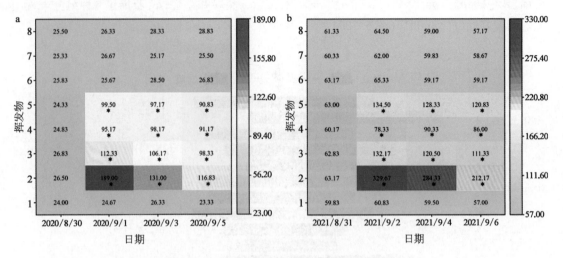

图6-26 不同挥发物对茶棍蓟马田间引诱效果

a：浙江杭州；b：浙江绍兴。1：正己烷(溶剂对照)；2：大茴香醛；3：丁香酚；4：法尼烯；5：异戊醛；6：(E)-β-罗勒烯；7：左旋-α-蒎烯；8：右旋-α-蒎烯；$*$表示不同物质对茶棍蓟马的引诱数量差异显著($P<0.05$)。

6.3.2 茶棍蓟马聚集信息素

蓟马可释放丰富多样的信息素，截至目前，已报道的蓟马信息素包括聚集信息素、报警信息素、接触信息素和抑性欲信息素4大类。其中，聚集信息素研究最广，聚集信息素是一种重要的信息传递物质，昆虫任一生长阶段例如若虫、雌成虫或雄成虫均可能释放聚集信息素，它能够在近距离内调节同种个体间的行为活动，使群体表现出聚集性，在昆虫争夺环境和食物资源、寻找配偶和防御天敌等过程中发挥重要作用(Niassy *et al*，2019；Kirk *et al*，2021)。目前已经鉴定出聚集信息素的蓟马种类包括西花蓟马 *Frankliniella occidentalis* Pergande，花蓟马 *Frankliniella intonsa* Trybom，瓜蓟马 *Thrips palmi* karny，丝大蓟马 *Megalurothrips sjostedti* Trybom 和普通大蓟马 *Megalurothrips usitatus* Bagnall(表6-7)(Hamilton *et al*，2005；Zhang *et al*，2011；Liu *et al*，2020)。本节综述了蓟马聚集信息素的收集、鉴定和功能，并梳理了茶棍蓟马聚集行为和聚集信息素研究进展，以期为利用信息素进行茶园蓟马种群治理提供理论依据和技术支持。

表6-7 已鉴定的蓟马聚集信息素

蓟 马 种 类	物 质	来 源	功 能	参 考 文 献
茶棍蓟马 *Dendrothrips minowai*	乙酸月桂酯 乙酸十四酯	若虫挥发物	聚集信息素	Xiu *et al*，2024
花蓟马 *Frankliniella intonsa*	苊肉基(S)-2-甲基丁酸酯 (R)-薰衣草乙酸酯	雄虫挥发物	聚集信息素	Zhang *et al*，2011；祝晓云等，2012

蓟 马 种 类	物 质	来 源	功 能	参 考 文 献
西花蓟马 *Frankliniella occidentalis*	苄肉基(*S*)-2-甲基丁酸酯 (*R*)-薰衣草乙酸酯	雄虫挥发物	聚集信息素	Hamilton *et al*,2005
普通大蓟马（豆大蓟马）*Megalurothrips usitatus*	(*E*,*E*)-金合欢醇乙酸酯 乙酸香叶酯 geranyl acetate	雄虫挥发物	聚集信息素	李晓维等,2019;Liu *et al*,2020
丝大蓟马 *Megalurothrips sjostedti*	(*R*)-3-丁烯酸薰衣草酯 (*R*)-薰衣草醇	雄虫挥发物	聚集信息素	Niassy *et al*,2019
瓜蓟马 *Thrips palmi*	(*R*)-3-甲基-3-丁烯酸薰衣草酯	雄虫挥发物	聚集信息素	Akella *et al*,2014

多数常见的蓟马均有聚集行为,但不同蓟马在寄主植物上的聚集部位有差异,聚集虫态也有一定差异。如花蓟马和普通大蓟马雄虫主要聚集在花冠上(Niassy *et al*,2019),且雄虫有早晨转移到花上聚集,下午离开的行为习性(Kiers *et al*,2000)。瓜蓟马雄虫明显聚集于心叶(孙士卿等,2010)。蓟马的聚集现象可能与聚集信息素的存在有关,且蓟马聚集的程度随着季节、时间和天气变化而变化(Niassy *et al*,2016)。聚集信息素的来源是多样化的,这是与昆虫性信息素的主要区别之一。不同昆虫的聚集信息素来源存在着很大差异,昆虫的若虫、幼虫、雌雄成虫均可产生聚集信息素(姜勇等,2002;祝晓云等,2012)。目前,已经报道的蓟马聚集信息素均由雄成虫释放(表6-7),与这些蓟马已报道的雄性聚集行为一致(祝晓云等,2012;Niassy *et al*,2019;Liu *et al*,2020)。西花蓟马雄成虫释放的聚集信息素最先被鉴定出(Hamilton *et al*,2005),西花蓟马体表有明显的孔板,特异性地分布在西花蓟马雄成虫腹部Ⅲ～Ⅶ节,雌成虫则未发现(El-Ghariani & Kirk,2008),因此推断西花蓟马聚集信息素由孔板产生和释放。后续许多研究也表明,蓟马的孔板与聚集信息素的产生和释放相关(El-Ghariani & Kirk,2008;Krüger *et al*,2015)。

蓟马聚集信息素的功能多样化。首先,蓟马聚集信息素具有种的特异性,最重要的功能是对同种雌雄个体的引诱作用,但对异种个体没有引诱作用。例如,基于西花蓟马聚集信息素组分开发的引诱剂对其他蓟马种类,如烟蓟马 *Thrips tabaci* Lindeman、澳洲疫蓟马 *T. imaginis* Bagnall、甘蓝蓟马 *T. angusticeps* Uzel 等没有引诱作用(Dublon,2009;Broughton & Harrison,2012)。蓟马的聚集信息素对两性成虫的吸引作用可以通过室内行为学和田间引诱效果来验证。其次,蓟马聚集信息素在雌雄两性互作中起重要作用。在室内生测试验中,西花蓟马聚集信息素次要组分(*R*)-乙酸薰衣草二酯在剂量低至 50 pg 的情况下,西花蓟马成虫个体的徘徊和起飞频率也会增加。由此推测,聚集信息素的存在会使蓟马成虫变得更加活跃,从而快速寻找到聚集群体进行交配,影响交配行为(Olaniran,2013)。另外,蓟马聚集信息素可作为利它素,引诱天敌昆虫。目前,有报道称西花蓟马聚集信息素两种主要组分(*R*)-薰衣草乙酸酯和苄肉基(*S*)-2-甲基丁酸酯以特定比例混合时,可以作为利它素,对无毛小花蝽具有引诱作用(Vaello *et al*,2017)。

| 雌虫 | 若虫 |

图 6-27 茶棍蓟马雌虫和若虫的田间聚集现象

通过长期的茶园调查,中国农业科学院茶叶研究所科研人员发现茶棍蓟马雌虫和若虫存在聚集行为,雄虫不存在聚集现象。聚集部位在茶树幼嫩叶片的叶脉周围,通常雌虫聚集在叶片正面,聚集数量一般 10~20 头;若虫主要聚集在叶片背面,聚集数量一般 20~30 头(图 6-27)。2019—2022 年,通过对浙江省杭州市和绍兴市的 4 块茶园的茶棍蓟马雌成虫和若虫的实地调查,分别将茶棍蓟马雌虫和若虫的平均密度(m)和方差(V)根据 Lloyd's patchiness index 计算出空间分布指标(表 6-8),结果显示:雌虫和若虫的扩散系数 $C>1$、扩散指数均 $Ca>0$,丛生指标均 $I>0$,聚块指标均 $M^*/m>1$,表明茶棍蓟马雌虫和若虫均为聚集分布。随后,按照 Taylor 幂法 $\lg(V)=\lg a+b\lg(m)$ 进行线性回归,得到茶棍蓟马雌虫和若虫的空间分布方程(图 6-28),其中雌虫:$R^2=0.92$,$P<0.000\,1$,$b=1.69>1$;若虫:$R^2=0.91$,$P<0.000\,1$,$b=2.29>1$,表明茶园中茶棍蓟马雌虫和若虫均为聚集分布,且 $b_若=2.29>b_雌=1.69$,表明若虫的聚集分布程度大于雌虫(Zhang *et al*,2023)。

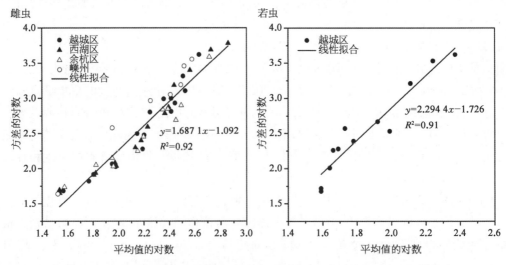

图 6-28 茶棍蓟马雌虫和若虫平均密度(m)和方差(V)的线性关系(Taylor 幂法)

表 6-8 茶棍蓟马雌虫和若虫在茶园叶片上的聚集分布指标

虫态	地点	日 期	平均密度(m)	方差(V)	扩散系数(C)	扩散指数(Ca)	负二项分布指标(K)	丛生指标(I)	聚集指标(M^*/m)
雌虫	绍兴越城区	2020/5/5	170.0±22.15	613.5	3.608 8	0.015 3	65.163 5	2.608 8	1.015 3
		2020/6/5	280.0±26.65	887.5	3.169 6	0.007 7	129.053 5	2.169 6	1.007 7
		2020/7/3	105.4±10.93	149.3	1.416 5	0.004 0	253.056 0	0.416 5	1.004 0
		2021/8/17	225.2±21.63	584.7	2.596 4	0.007 1	141.071 0	1.596 4	1.007 1

虫态	地点	日　期	平均密度(m)	方差(V)	扩散系数(C)	扩散指数(Ca)	负二项分布指标(K)	丛生指标(I)	聚集指标(M^*/m)
雌虫	绍兴越城区	2021/9/7	277.6±38.02	1 807.3	6.510 4	0.019 9	50.377 0	5.510 4	1.019 9
		2021/9/28	102.8±11.02	151.7	1.475 7	0.004 6	216.111 2	0.475 7	1.004 6
		2021/10/12	31.4±6.53	53.3	1.697 5	0.022 2	45.021 0	0.697 5	1.022 2
若虫	绍兴越城区	2021/4/10	39.3±6.46	52.2	1.327 7	0.008 3	120.034 5	0.327 7	1.008 3
		2021/5/15	38.7±6.18	47.8	1.235 6	0.006 1	164.097 0	0.235 6	1.006 1
		2021/6/23	48.7±12.40	192.2	3.949 8	0.060 6	16.498 5	2.949 8	1.060 6
		2022/5/27	236.7±57.46	4 127.8	17.441 3	0.069 5	14.394 6	16.441 3	1.069 5
		2022/6/10	44.0±9.04	102.2	2.323 2	0.030 1	33.251 9	1.323 2	1.030 1

　　鉴于茶棍蓟马若虫在茶园聚集分布程度大于雌虫,而雄虫不存在聚集行为,初步推测茶棍蓟马的聚集信息素释放对象不同于其他蓟马种类。因此,中国农业科学院茶叶研究所科研人员分别以具有聚集习性的茶棍蓟马若虫和雌虫作为气味源,利用“H”型嗅觉仪,室内测试了茶棍蓟马若虫、雌虫和雄虫对两种气味源的行为反应,分别在试验开始的 1 h 和 2 h 时进行观察和统计。结果发现,茶棍蓟马雌雄虫均可被若虫虫体挥发物显著吸引(雌虫:1 h 的 $F_{1,18}=81.85$、$P<0.001$,2 h 的 $F_{1,18}=80.00$、$P<0.001$;雄虫:1 h 的 $F_{1,18}=99.80$、$P<0.001$,2 h 的 $F_{1,18}=79.79$、$P<0.001$)(图 6-29a),而雌虫虫体没有显著的引诱作用(雌虫:1 h:$F_{1,18}=0.25$,$P=0.627$;2 h:$F_{1,18}=1.28$,$P=0.272$;雄虫:1 h:$F_{1,18}=1.39$,$P=0.254$;2 h:$F_{1,18}=2.75$,$P=0.114$)(图 6-29b)。

　　利用固相微萃取 SPME 收集茶棍蓟马若虫虫体挥发物,并对比分析了若虫与雌虫、雄虫及空白对照的挥发物差异,若虫释放的挥发物总离子流 TIC 图中两个明显的色谱峰,而雌雄虫和空白对照中均不存在(图 6-30),使用气相色谱-质谱联用仪 GC-MS 对茶棍蓟马若虫释放的两种特异性组分进行了鉴定,确定若虫聚集信息素组分为乙酸月桂酯和乙酸十四酯。

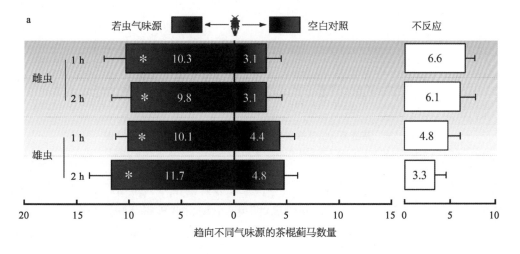

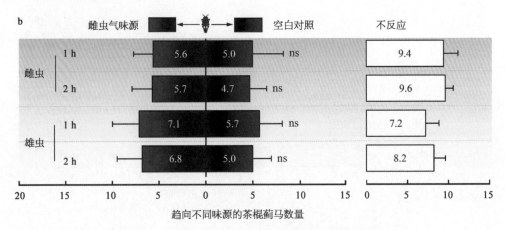

图 6-29　茶棍蓟马雌虫和雄虫对虫体挥发物的行为反应

　　a：若虫作为气味源；b：雌虫作为气味源。＊表示其对虫体和空白的选择数量差异显著（$P<0.05$），ns 表示其对虫体和空白的选择数量无显著差异（$P>0.05$）。

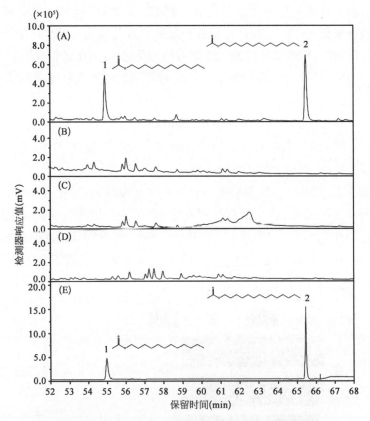

图 6-30　茶棍蓟马虫体挥发物、空白对照和标准品总离子流 TCI 图

　　A：若虫挥发物；B：雌虫挥发物；C：雄虫挥发物；D：空白对照；E：标准品混合物。

　　随后，分别以两种聚集信息素单一组分和混配组分分别作为气味源，利用"H"型嗅觉仪，室内测试了茶棍蓟马雌虫（图 6-31a）和雄虫（图 6-31b）对两种气味源的行为反应，分别在试验开始的 1 h 和 2 h 时进行观察和统计。结果发现，茶棍蓟马雌、雄成虫在乙酸月桂酯、乙酸十四酯和两种组分混配液一侧的数量显著多于对照(雌虫和雄虫:乙酸月桂酯的 $P<$ 0.001,乙酸十四酯的 $P<0.001$,混配液的 $P<0.001$)。最后,将聚集信息素稀释液添加到橡胶诱芯中,使得其可缓释到周围环境中,通过比较添加聚集信息素诱芯诱虫板与对照诱虫板诱捕到的茶棍蓟马数量差异评价其引诱活性(Hamilton $et\ al$,2005;Akella $et\ al$,2014)。结果发现,茶园中聚集信息素组分诱芯的诱虫板诱捕的茶棍蓟马数量高于溶剂对照诱芯的诱虫板,且两种组分混配液(乙酸月桂酯:乙酸十四酯=1:1.5)的诱芯诱捕数量最高,诱捕数量约为对照的1.6~2.5倍(图6-32)。由此推测,茶棍蓟马聚集信息素在茶园中可显著提高其诱捕数量,有较好的应用前景。

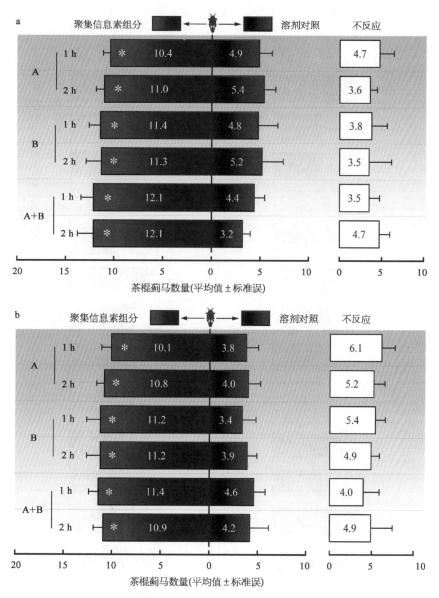

图 6-31 茶棍蓟马雌虫(a)和雄虫(b)对聚集信息素的行为反应
A: 乙酸月桂酯;B: 乙酸十四酯;A+B: 混配液

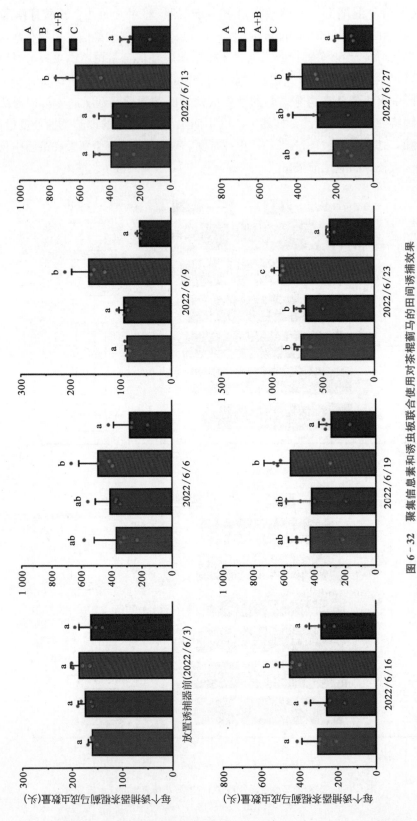

图 6-32 聚集信息素和诱虫板联合使用对茶棍蓟马的田间诱捕效果

A: 乙酸月桂酯；B: 乙酸十四酯；A+B: 混配液；C: 溶剂对照。每个处理共测试 200 头蓟马，不同字母表示同一日期内不同处理的茶棍蓟马诱捕数量差异显著（$P<0.05$），相同字母表示无显著差异（$P>0.05$）。

6.3.3 植物挥发物和聚集信息素在茶棍蓟马防治中的应用与展望

利用植物挥发物防控害虫是一种绿色的害虫防治新技术,但迄今很多相关研究多停留在理论阶段,真正做成产品应用到田间的则少之又少。越来越多的植物挥发物被用于调控小型害虫行为活动,基于挥发物的有效成分异烟酸甲酯成功研制出蓟马植物源引诱剂产品,即 Lurem - TR,科研人员通过将引诱剂诱芯与诱虫板结合使用,实现了蓟马类害虫的田间监测,并且能够大幅度提高蓟马成虫诱杀数量。目前,引诱剂 Lurem - TR 已在蔬菜、花卉、水果上对西花蓟马等多种蓟马的监测中发挥了重要作用;在玫瑰花温室、落叶果园中,Lurem - TR 可使诱虫板上西花蓟马、苹果蓟马的诱虫数量提高 4 倍,在北欧地区温室大棚中的大规模应用,实现了对蓟马类害虫的有效治理(Broughton *et al*,2012,2015;Davidson *et al*,2015)。

与传统化学农药相比,昆虫信息素的优势在于无毒、低量高效及专一性强,因而对环境更加安全,符合生态友好的需求。目前,仅聚集信息素实际应用到蓟马防治中,在生产上也有很多成功应用的案例。利用聚集信息素进行种群监测和大规模诱杀是蓟马绿色防控的重要手段,已经成功应用于设施栽培的草莓、葡萄和黄瓜上的西花蓟马监测和防控(Covaci *et al*,2012;Sampson ＆ Kirk,2013)。西花蓟马聚集信息素已经商品化,由 Bioline Agrosciences Ltd(前称 Syngenta Bioline Ltd)和 Biobest Belgium N.V.两大公司销售,产品名称分别为 ThripLine™ 和 ThriPher®。由于聚集信息素是特异性的,仅对同种蓟马个体有显著的吸引作用,因此它们适合在单一蓟马种群占主导地位的作物中推广使用,这样更容易发挥监测蓟马发生动态的优势,保证预测预报结果的精确性(Sampson *et al*,2012)。聚集信息素可诱杀雌雄两性成虫,降低当代虫口密度,从而显著降低后代数量。聚集信息素与黏板结合使用可大量诱捕蓟马,是目前蓟马绿色防控的有效措施之一(Hamilton *et al*,2005)。生产防治中最成功的事例是西花蓟马聚集信息素的应用,商业化的产品保障了大量诱捕西花蓟马的现实可行性。西花蓟马聚集信息素添加到蓝板使用后,与单独使用蓝板诱捕相比,发现草莓花上蓟马成虫数量由减少 61％增加到减少 73％,草莓果实上蓟马成虫数量由减少55％增加到减少 68％(Sampson ＆ Kirk,2013)。在罗马尼亚,利用聚集信息素和蓝板结合使用的试验表明,这种方法进行的大规模诱捕对温室黄瓜上的西花蓟马防治也有帮助(Covaci *et al*,2012)。

目前,茶棍蓟马的防治主要依赖化学农药(Ye *et al*,2014;Nakai ＆ Lacey,2017;刘惠芳等,2018),然而使用化学农药导致抗药性增加,还会影响天敌生存,引起生态环境破坏以及茶叶质量安全等一系列问题,阻碍茶产业的可持续发展。植物挥发物和昆虫信息素已成为害虫可持续治理的重要措施,对害虫的种群数量起到一定的控制作用。但与茶棍蓟马有关的植物挥发物和信息素研究基础相对薄弱,利用植物挥发物和信息素进行绿色精准防控的技术更是严重缺乏,因此需加快推进植物挥发物和聚集信息素在茶棍蓟马防治中的应用,未来可能在以下研究工作中取得一定突破。

引诱力强的引诱剂配方是昆虫引诱剂研发是否成功的关键所在。通常,多种化合物组合对昆虫的引诱作用优于单一化合物的引诱效果(Landolt *et al*,2006),不同类别植物挥发物混配可能会有协同增效作用（宋晓兵等，2019）。然而，目前茶棍蓟马引诱物质的筛选常常为某一种（类）化合物，缺乏对不同组分混配的效果评估。因此，后续可以通过将多种对茶棍蓟马具有引诱作用的化合物混合，获得强引诱力的配方。另外，有些天然挥发物可能存在稳定性差、易分解的弊端，可以通过改造天然植物挥发物结构合成植物挥发性类似物，提高稳定性和诱虫效果。在获得茶园吸汁类害虫最佳引诱配方后，就要思考如何将引诱剂应用到实际的防治中。在田间，化合物能否持续、稳定地释放是影响引诱剂效果的重要因素。引诱剂的释放速率和持效期受化合物自身的理化性质、载体材料、环境等因素的影响。因此，在研究植物源引诱剂的使用技术时，往往包括筛选合适的缓释材料、配套合适的诱捕器、设置合适的使用密度、抓住使用的最佳时期，从而建立高效诱杀技术（蔡晓明，2018）。

天敌昆虫在生物防治中的作用伴随着越来越多的天敌昆虫商品化生产和田间释放成功而日益受到重视。植物挥发物对天敌昆虫行为具有导向作用，从复杂挥发物中筛选出对天敌昆虫具有高效引诱作用的单一化合物或找到最佳混合配方是如今化学生态学上的热点。然而，在应用天敌昆虫的生物防治中经常遇到早期害虫与天敌发生时间欠同步性的现象。因此，可通过评价茶棍蓟马危害诱导的茶树挥发物组分对其常见天敌昆虫的引诱力，筛选出茶棍蓟马天敌昆虫的高效引诱剂，外源施用后引诱茶园天敌昆虫，则可帮助提高害虫与天敌发生的同步性，或使天敌在只有少量害虫的栖境内进行广泛的搜索。目前，已有大量学者研究出对天敌昆虫具有引诱作用的化合物，因此需明确茶棍蓟马优势天敌昆虫的种类，根据天敌昆虫种类有的放矢地选择引诱剂。另外，茶园吸引到更多的天敌昆虫后，需考虑为其提供产卵地和庇护所资源，保障其后代的成功繁衍。

为实现化学农药减施，还需加快鉴定茶棍蓟马其他种类的信息素成分，开发茶棍蓟马信息素产品，并发展多元化应用技术手段。聚集信息素在作物中广泛传播，会使蓟马成虫变得更活跃，在周围环境不断徘徊，因此很可能会阻碍雌虫快速找到雄虫，扰乱交配群体的形成。此外，抑性欲信息素在害虫交配过程中会产生一种昆虫抑制剂并作用于雌虫，以避免害虫多次交配。如果将这些信息素应用于吸汁类害虫的交配干扰方面，将有利于减少产卵及后代的数量，对吸汁类害虫的防治具有潜在的应用前景。然而茶棍蓟马可以孤雌生殖，受精卵产生雌性后代，未受精卵产生雄性后代，这意味着即使交配被阻止，雌虫仍然可以产生雄性后代，但雄虫多的下一代群体则产生很少的后代。因此，第一代后代的虫口密度不会显著下降，从第二代后代才能看出干扰交配的效果。

聚集信息素、报警信息素与杀虫剂混配，凭借加快害虫起飞、增强蓟马活动能力的特性，提高害虫与杀虫剂接触的可能性，从而可以提高杀虫效果（Macdonald et al，2002；Kirk，2017）。例如，据报道，在使用杀虫剂之前，将聚集信息素诱饵放置在温室的 CO_2 输出系统中，可激发蓟马活动性，从而增加化学杀虫剂的效力。当使用杀虫剂处理前 30 min 释放聚集信息素时，蓟马的数量比单独使用化学杀虫剂减少了 30%（GreatRex，2009）。此外，报警信息素与某些杀虫剂如马拉硫磷（malathion）配合使用时可显著增加蓟马幼虫的死亡率，具有增强杀虫剂效用的潜力（Cook et al，2002）。

在实际生产实践中，应综合利用多种防治措施，提高茶园生态系统调控能力，最终减少化学农药的投入。同时,还可将植物挥发物与昆虫信息素联合使用,提高引诱效率。利用害虫对颜色、信息素、寄主植物的行为反应特点,需筛选对茶棍蓟马有引诱效果的诱集植物,采用在茶园茶行空隙种植驱避植物、茶园外围种植引诱植物或增设带有引诱剂诱芯的诱虫色板等装置,组成茶棍蓟马“推—拉”治理体系或“引诱—杀死”治理策略。

6.4 茶小绿叶蝉的取食和产卵行为与茶树品种抗虫性

茶小绿叶蝉隶属于半翅目 Hemiptera,叶蝉科 Cicadellidae,广泛分布于中国、日本等各茶叶主产区。在我国,茶小绿叶蝉 *Empoasca onukii* Matsuda 为优势种(图 6-33),每年 3 月份至 11 月份在我国各茶区普遍发生危害,是我国茶园首要害虫(孟召娜等,2018;邬子惠等,2021;李金玉等,2022)。茶小绿叶蝉主要以成若虫刺吸茶树新梢汁液危害,导致叶脉红褐、叶缘卷曲、叶芽干枯等“叶蝉烧 Hopperburn”症状,每年可造成茶园 50% 以上的经济损失(Kosugi,2000;Backus *et al*,2005;王庆森等,2013)。

卵　　2龄若虫　　4龄若虫　　雌成虫背面　雌成虫腹面　雄成虫腹面

图 6-33　茶小绿叶蝉形态特征及危害状

6.4.1 基于 EPG 技术研究茶小绿叶蝉的取食行为

昆虫取食行为包括定位、寻找、辨认、接受、取食等一系列活动,涉及复杂的行为生理过程,如视觉、嗅觉、味觉感受及神经调控等(裴元慧等,2007)。昆虫取食行为受昆虫自身生理状态、寄主植物化学成分及外界物理环境等多种因素的影响(王政等,2014)。昆虫刺探电位图谱(electrical penetration graph，EPG)技术是近年来昆虫生理学研究的热点，是研究昆虫取食行为的主要技术手段(金珊等，2012；刘伟娇等，2021)。

迄今为止，蚜虫 EPG 波谱与刺探行为之间的关系研究开展得最早、最彻底，已经有 8 种波谱被赋予了一定的生物学意义(Prado et al，1994；于良斌等，2021)。图 6-34 展示了除口针在细胞内外穿刺过程受阻产生的机械障碍波(F 波)之外，每种波谱的生物学意义，并在图中作了简要的说明，这里不作详述。总之，EPG 的各种波谱分别代表了刺吸式口器昆虫的口针在植物组织内不同的刺探和取食行为。它使得口针在组织内部的活动成为"看得见"的信号，因而提供了许多关于刺吸式口器昆虫的刺探和取食过程的信息。EPG 最大的优越性在于，它能准确记录昆虫的口针在植物组织内的每一种行为的起止时间及发生频次，如细胞穿刺、唾液分泌、韧皮部吸食、木质部吸食和口针的机械运动等。这些刺探行为中的某些指标已被证实能很好地反映植物组织内的各种物理、化学因素对昆虫刺探和取食的影响。需要提醒的是，EPG 的方法和理论并不是完全通用的，对任何一类新的昆虫而言，有必要首先确立波谱与刺探行为之间的正确联系(雷宏等，1996)。

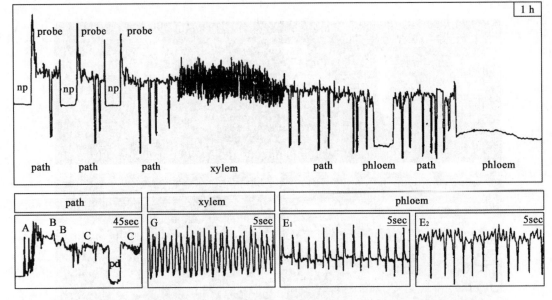

图 6-34　禾谷缢管蚜 *Rhopalosiphum padi* 无翅孤雌胎生成蚜 EPG 的主要典型波谱

(Prado et al，1994)

上图为 1 小时 EPG 记录的全貌图。Probe：口针的一次刺探；np 非刺探时期；path：口针在叶组织内的运动过程；xylem：木质部吸食时期；phloem：韧皮部吸食时期。

下图为某些特征波谱的细节图。A：口针开始刺探植物叶组织；B：分泌凝胶唾液形成唾液鞘；C：口针刺探过程中的其他行为；pd：电势落差，表明口针穿刺细胞膜；G：吸食木质部汁液的波谱；E_1：在筛管细胞内分泌唾液的波谱；E_2：吸食筛管液的波谱。

6.4.1.1　EPG 技术的基本原理和发展概述

（1）**EPG 的基本电路和组成部件**　EPG 的基本电路和组成部件如图 6-35。在整个线路中，昆虫与植物分别连入生物电流放大器的昆虫电极和植物电极。昆虫电极是一段长 2～3 cm、直径 10～20 μm 的金(银或铂)丝，末端用水溶性导电银胶粘在昆虫的前胸背板上，植物电极插在植物生长的土壤中。当昆虫口针刺入植物组织时，回路接通，回路电流经放大器放大后输出一系列电流波谱。形成 EPG 信号受 Vs 调节的成分（称之为电阻成分 R）和不受 Vs 调节的成分（称之为电动势成分 emf）影响。

影响 EPG 信号的电阻成分和电动势成分的因素有很多。一方面，食窦泵和唾液泵的活动改变了整个电路的电阻值；在口针的刺探过程中遇到导电程度不同的植物组织等；这些变化可以从 EPG 信号的电阻成分中得到反映。另一方面，当口针刺探活细胞时，膜内外的电势值不一致；肌肉活动，神经活动等也能改变电势；所有这些变化都能从

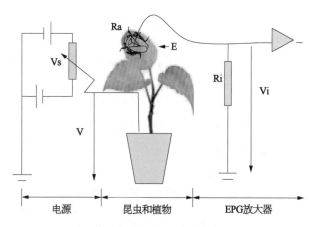

图 6 - 35　EPG 基本电路和组成部件图
（仿 Tjallingii，1988；雷宏和徐汝梅，1996）

E: 电极电位，即昆虫与植物的电动势；Vi: 输入电位，即 EPG 信号电动势；Vs: 补偿电势，即可调外源电压；V: 系统电位，即回路总电压；Ri: 输入电阻，即 EPG 放大器的输入阻抗；Ra: 昆虫体电阻。

EPG 信号的电动势成分中得到反映。在 EPG 信号中，这两种成分并不是截然分开的，而是相互叠加的。基于直流电路设计的称为 DC - EPG，DC - EPG 的 R 成分固定，输出电压的变化仅为 emf 成分，目前应用较多。

（2）**EPG 的发展历程**　EPG 的发展历程包括以下四个时期。

第一，初期阶段。1964 年首次发明的电子取食监测仪（electrical feeding monitor）是刺探电位图谱的原型，初步证明蚜虫的不同刺探行为和口针在植物组织位置的输出波形不同（Mclean & Kinsey，1964）。随后，建立了蚜虫的取食和分泌唾液的波形记录（McLean & Kinsey，1965），及豌豆蚜 *Acyrthosiphon pisum* 取食刺吸行为与电子记录波形的对应关系（McLean & Kinsey，1967）。1969 年，Hodges 和 Mclean 也用此方法分析了豌豆蚜在感抗甘蔗品种上刺探行为的差异（Hodges & McLean，1969）。

第二，电子取食行为监测技术的改进期和拓展期。采用直流回路系统和高值输入阻抗（$10^9 \Omega$）后使输出的波谱图更加准确、细致，重复性高，这就是目前大家熟知的 EPG 技术（Tjallingii，1978）。EPG 系统的研究对象也面向叶蝉等其他刺吸式口器昆虫；测试系统不再是简单记录波型与行为间的关系，而是感抗品种上的取食选择性（Kennedy et al，1978）、取食定位（Mentink et al，1984），作物品种的抗性机制（Luis & Corcuera，1984）、外因对取食行为的影响（Dreyer et al，1984）等方面进行了探索性研究。

第三，EPG 技术的快速发展阶段。由于计算机与 EPG 的联合，将电信号转化为数字型数值存入硬盘，通过软件进行数据的处理与分析（Caillaud et al，1995；Febvay et al，1996；Wilant et al，1998），明显提高效率。加之，EPG 与电镜技术、同位素示踪技术、口针切割技术，特别是与其他的生化方法相结合，使植物的抗虫研究更多地深入抗性品种细胞水平的评价（Klingler et al，1998）、抗虫机制（Van Helden & Tjallingii，1993）的探索和病毒传播（Collar et al，1997）等层面上。

第四,EPG技术与其他技术紧密结合、功能不断完善的时期。2000年至今,科研工作者利用高频摄像机同步记录整个取食过程,并鉴定出EPG波形的生物学意义(Houston *et al*,2006)。也有人将植物组织学与EPG结合,连续切片观察口针尖部在植物组织中的定位及其微观的危害状态(图6-36)(Wang *et al*,2008;于良斌等,2021)。近年来,还出现了AC-EPG和DC-EPG同时对比和相互借鉴研究昆虫行为(Backus *et al*,2019)。这一阶段EPG的研究内容已深入研究寄主专化性(Lu *et al*,2021),植物抗虫机制(Wang *et al*,2020)和病毒传播(Nachappa *et al*,2016;Jane *et al*,2022)等。

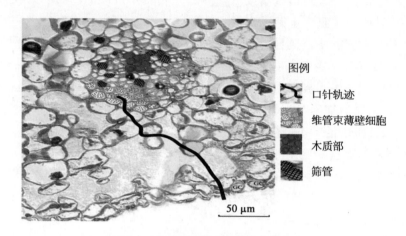

图6-36 叶蝉口针取食茶叶韧皮部路径
通过光学显微镜(×72)和透射电镜下观察和重构获得;GC:保护细胞。

6.4.1.2 应用EPG技术研究茶小绿叶蝉取食行为

刺吸式昆虫的取食行为是一个复杂的过程,并不是简单的开始和结束。而探究这一过程不仅能揭示刺吸式昆虫本身的取食策略和习性,更重要的是,可以通过昆虫的取食行为反映出大量的植物抗性信息,为害虫防治提供了科学依据。金珊等利用EPG、透射电子显微镜(transmission electronic microscope)和立体显微镜等手段(如图6-37所示),将小绿叶蝉在茶树上取食所产生的主要EPG波形与其口针的活动和所在叶片组织中的位置联系了起来(刘丽芳等,2011)。破译了茶树叶蝉取食茶叶的主要EPG波形的生物学意义(图6-38)。其过程可以总结为:① 叶蝉接触茶树叶片,通过足或口针鞘碰触叶表识别植物(图6-38A:np波)。② 口针刺破叶片表皮进入叶肉组织中开始取食前的路径探索,并分泌唾液,在叶片组织中形成唾液鞘围绕和保护口针的路径刺探。这个过程口针以胞间或胞内穿刺的方式进行(图6-38A:Pathway phase)。③ 口针在组织中朝不同方向和部位试探,最终定位在一个适宜地方取食(通常是叶肉薄壁细胞)。如果没有化学或物理的干扰因素,在某一位置取食一段时间后,口针会再进行一个短暂的路径探索,然后又选择一个新的地方继续吸取细胞汁液(图6-38B、C:E2,E3)。④ 取食完成之后拔出口针结束一次刺探。⑤ 叶蝉在叶片上静止、行走或休息、调整,然后选择一个部位开始一次新的刺探。其主要的取食步骤可简单地概括为图6-39所示内容。

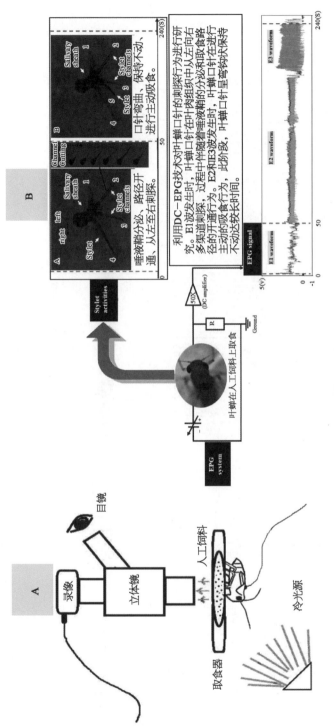

图 6 - 37 茶小绿叶蝉 EPG 波形生物学意义的解析方法

A：为建立的高频录像装置；B：为叶蝉口针行为与 EPG 波形发生的同步记录示意图。在 SZ61 体视显微镜（Olympus，Tokyo，Japan）上安装彩色 CCD 摄像机（Qimaging MP5.0 - RTV - CLR - 10，IEEE1394 PCI 卡，Canada），摄像机与电脑相连，叶蝉口针的画面被 Qcapture 软件记录。将 EPG 记录的叶蝉波形画面与 Qcapture 记录的叶蝉口针活动的画面放在同一界面上，便于同步比较昆虫口针活动与所生成的 EPG 波形。同时，开启天狼星星屏幕录像软件，记录电脑屏幕上的输出画面。X 轴（秒），Y 轴（电势）。Stylet：口针；Salivary sheath：唾液鞘；Stylet channels：口针路径；EPG signal：EPG 信号；EPG system：EPG 系统；E1 waveform：E1 波；E2 waveform：E2 波；E3 waveform：E3 波。

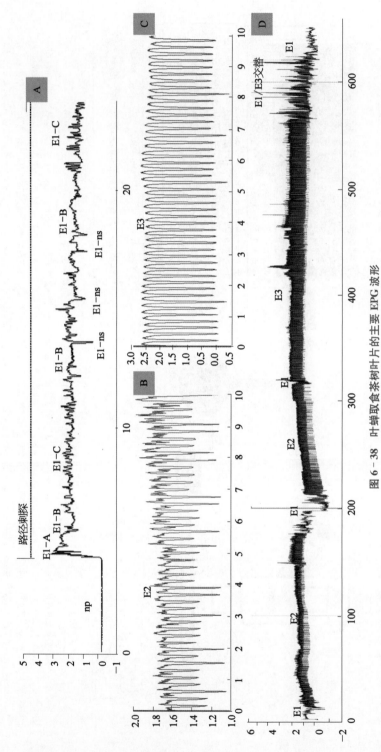

图 6 - 38 叶蝉取食茶树叶片的主要 EPG 波形

A: np 波和路径刺探波,路径刺探波由 E1 - A,E1 - B 和 E1 - C 三个亚波组成,E1 - ns 是 E1 - B 的组成部分;B: 叶肉薄壁细胞取食波 E2;C: 维管束薄壁细胞取食波 E3;
D: EPG 所记录的叶蝉在茶树叶片上一次完整的刺探过程;np: non-probing。

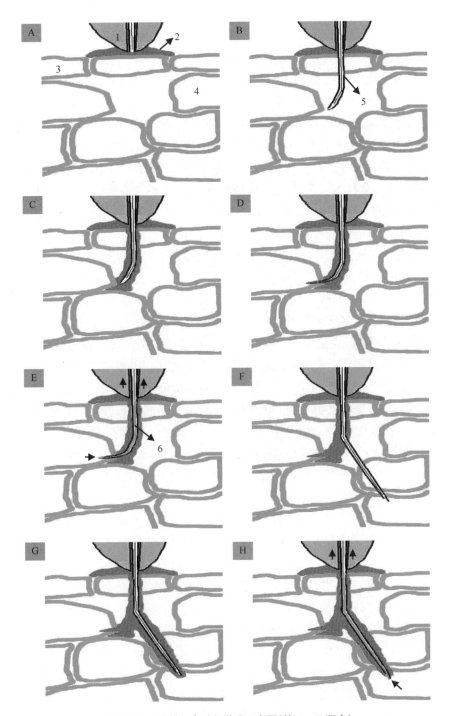

图 6 - 39　叶蝉取食过程微观示意图(按 A—H 顺序)

　　A：叶蝉口针鞘碰触叶表识别植物，并分泌少量唾液；B：口针刺破叶片表皮进入叶肉组织中开始取食前的路径探索，以胞间或胞内穿刺的方式进行；C：伴随唾液分泌，在叶片组织中形成唾液鞘；D、E：口针在路径刺探中，也会偶尔进行短暂的吸食行为；F、G：口针在组织中朝不同方向和部位试探，所到之处都会形成唾液鞘保护口针的伸缩运动；H：最终定位在一个适宜地方，口针保持不动，进行较长时间取食(通常是叶肉薄壁细胞)。1：下唇；2：唾液；3：叶片下表皮细胞；4：叶肉细胞；5：口针；6：细胞汁液。

6.4.2 EPG 在快速鉴定茶树品种抗茶小绿叶蝉水平中的应用

EPG 技术通过口针刺探行为引起的电信号变化特征来确定昆虫口针在寄主组织中的行为与定位,是涉及研究刺吸式口器昆虫的取食行为、对寄主植物的选择性和传毒机制,以及植物抗虫机制和内吸性农药的测定等行为生态学领域的重要手段,并已成为昆虫生理学研究的热点之一(姜永幸和郭予元,1994;罗晨等,2005;Lucini & Panizzi,2018)。通过比较茶小绿叶蝉在不同品种上的取食行为和持续时间,阐述茶小绿叶蝉在不同品种茶树上的取食选择特性,明确了茶小绿叶蝉取食行为和品种抗虫性间的关系。利用 EPG 技术测定叶蝉在不同茶树品种上的取食行为较之传统的行为学和生物学鉴定方法简便而有效,能够实现茶树品种抗叶蝉水平的快速检测。此外,EPG 技术可以有效地实现茶树抗性因子的定位,为茶树抗性机理的研究获取直观、可靠的信息。

EPG 技术在植物抗虫性研究中起着非常重要的作用。它作为鉴定品种对刺吸式口器昆虫的抗性和实现抗性因子定位的一种有效手段,广泛地参与到了水稻、棉花、小麦、玉米等作物的抗虫性研究中(Xue *et al*,2009;Yin *et al*,2010;于良斌等,2021)。人们通过比较昆虫取食寄主所产生的 EPG 参数来判断植物对此类昆虫抗性的强弱。与抗性相关的 EPG 参数有:刺探次数、路径刺探波持续时间、分泌唾液波持续时间、取食波持续时间、刺探时间总和、非刺探时间、取食波时间占总记录时间的百分比、第 1 次刺探出现的时间、第 1 次刺探持续时间、到达韧皮部前的刺探次数、第 1 次韧皮部取食持续时间、韧皮部取食持续时间等。这些参数大多是时间的概念,也有次数和比例的概念。昆虫在不同的植物或不同品种的寄主上取食行为的差异会表现在这些参数上。因此,我们可以通过分析 EPG 参数来比较昆虫在不同植物或不同寄主品种上的取食表现,从而推断植物的抗虫性水平。

6.4.2.1 应用 EPG 技术检测茶树品种对茶小绿叶蝉的抗性水平

前期的研究通过观测茶小绿叶蝉的生长历期、卵孵化率、田间虫口密度等方法在大量的茶树种质资源中筛选抗虫品种(朱俊庆,1992;曾莉等,2001;王庆森等,2006)。虽然这些传统的方法可靠可信,但工作量大,费时费力。近 20 年来,EPG 技术作为一种简单有效的手段,用于对比分析茶小绿叶蝉在不同茶树品种上的取食行为差异(苗进和韩宝瑜,2007;刘丽芳等,2011;杨春等,2021)。也有人研究了茶小绿叶蝉在 MeSA 诱导前后的茶树上的取食行为,证明 MeSA 诱导之后,茶树对茶小绿叶蝉的取食适合度明显下降(苗进和韩宝瑜,2008)。虽然,这些研究都是借鉴前人鉴定出来的波形,特别是参照其他寄主上蚜虫、叶蝉和粉虱的波形,但证明了 EPG 技术可以成功地应用于茶树抗性的研究。

在前期鉴定出的茶小绿叶蝉取食茶树 EPG 主要波形基础上,通过对 EPG 参数计算可以对不同茶树品种上茶小绿叶蝉的取食行为进行比较。中国农业科学院茶叶研究所科研人员深入分析了茶小绿叶蝉在 9 个浙江省茶树品种上取食行为的差异,发现茶小绿叶蝉在蓝天品种的刺探次数最少(24.25 次),而举岩和长兴紫笋的刺探次数均超过 40 次。结果表明,茶小绿叶蝉在不同茶树品种上取食行为存在很大差异,刺探次数越多表明茶树品种某些理化因子阻碍茶小绿叶蝉的取食,使其被迫拔出口针不断地进行尝试。另外,分析总取食时间发现,茶小绿叶蝉在竹山一号、恩标、蓝天和斑竹园上的总取食时间长于其在举岩、长兴紫笋、建德、德清和龙井 43 上

的取食时间(见表6-9)。随后,选取与植物抗虫性密切相关的参数,即茶小绿叶蝉在茶树品种
上的生命周期、每雌产若量、若虫存活率和总取食持续时间为指标,对9个茶树品种进行聚类分
析(图6-40),将其分为抗虫品种(举岩、长兴紫笋、建德、德清和龙井43)和感虫品种(竹山一
号、恩标、蓝天和斑竹园)两大类。其分级结果与生命表法测定结果基本一致(金珊等,
2012),也与前期卵孵化法和田间密度调查法研究结果基本一致(洪北边和楼云芬,1995)。

表6-9 5h记录叶蝉在茶树品种上的刺探次数和各波形的平均持续时间

茶树品种	刺探次数	各波形的平均持续时间(min)						
		路径刺探波	薄壁细胞取食波	韧皮部唾液分泌波	韧皮部取食波	其他波	总取食波	非刺探波
竹山一号(ZS)	36.80±4.41AB	18.15±5.06A	48.70±1.90AB	2.95±0.79AB	15.47±2.03AB	14.13	64.17±2.03A	200.61±3.35B
恩标(EB)	35.82±5.30AB	20.68±5.00A	51.63±2.44A	1.47±0.25AB	11.77±1.10BC	4.48	63.39±2.463A	209.97±6.91AB
蓝天(LT)	24.25±4.03B	29.56±9.52A	43.31±2.78AB	2.55±0.59AB	17.25±1.23A	10.53	60.57±2.82AB	196.79±6.19B
斑竹园(BZY)	35.82±5.25AB	18.69±5.00A	48.23±2.99AB	2.72±0.20AB	11.28±0.94BC	5.23	59.50±3.24AB	213.85±6.71AB
德清(DQ)	36.90±5.18AB	24.35±8.21A	43.85±3.89AB	2.91±0.80AB	4.43±0.82D	2.04	48.28±3.93C	223.43±5.43A
举岩(JY)	43.73±4.65A	19.83±2.79A	43.11±2.60AB	1.25±0.21B	7.86±1.26CD	12.08	50.97±3.29BC	215.86±5.26A
长兴紫笋(CX)	41.54±4.78A	27.64±5.40A	43.17±3.00AB	3.46±0.82A	6.62±0.67D	5.58	49.79±3.47BC	213.54±4.80AB
建德(JD)	28.67±4.80AB	19.62±4.13A	39.67±2.89BC	3.27±0.44AB	6.18±0.60D	8.12	45.85±3.09C	223.13±7.05A
龙井43(LJ)	34.75±5.36AB	24.96±7.26A	32.04±0.74C	1.18±0.03B	14.79±5.49AB	13.91	46.83±5.48C	213.11±5.39AB

注:数据(平均数±标准误)后不同的字母代表品种间差异达显著水平(P<0.05)。

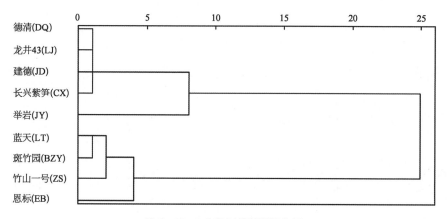

图6-40 9个茶树品种聚类分析

如果能将 EPG 作为茶树品种抗虫性水平测定的唯一检测手段,将大大提高寄主抗虫性水平鉴定工作的效率。这就需要以 EPG 为手段,对大量茶树品种进行茶小绿叶蝉或其他刺吸式害虫取食行为的监测,以生命表等传统方法开展的茶树抗虫水平鉴定结果为参考,筛选 EPG 参数进行建模,所构建的模型经过一定数量其他已知抗性水平的茶树品种进行检验后,可正式确定为检测茶树抗虫性的 EPG 模型。该方法建立后,才能从真正意义上证明 EPG 技术可作为检测茶树品种对叶蝉抗性的有效手段,方法简捷、可信度高。

6.4.2.2 应用 EPG 技术探索茶树抗虫机理

EPG 技术还可用于植物抗刺吸式害虫机理的研究(Gabrys *et al*,1997;Klingler *et al*,1998;Alvarez *et al*,2006)。在掌握昆虫取食过程和习性的基础上,通过分析 EPG 记录的连续性参数,可以由表及里地锁定植物抗性因子存在的部位及推测抗性水平的强弱,再借助其他化学或物理手段找到抗性因子。重要的是,可以通过昆虫的取食记录,找到使植物表现抗虫性的关键因素,这对于抗虫机理和培育抗性品种的研究意义重大。表 6-10 是 EPG 参数与植物组织抗性特征之间的对应关系,EPG 就是以这样的方法实现植物组织的抗性定位。金珊等(2012)分析了几个抗叶蝉茶树品种可能的抗性因子存在的部位(表 6-11),发现抗性品种中,不同品种的茶树抗性机制不同。为更深层次了解与抗性机制相关的信息,作者对不同茶树品种叶片的物理结构和化学成分进行了分析(表 6-12),发现叶片表面存在抗性的品

表 6-10　EPG 参数与植物组织抗性特征的对应关系

项　目	植物表面	表皮-叶肉	叶肉-韧皮部		韧　皮　部	
相关的 EPG 参数	从记录开始到第 1 次刺探的时间(min)	第 1 次取食波开始之前 < 3 min 的刺探次数	从记录开始到第 1 次韧皮部唾液分泌波出现的时间(min)	从记录开始到第 1 次韧皮部取食波出现的时间(min)	韧皮部取食持续时间/(韧皮部唾液分泌时间+韧皮部取食持续时间)(%)	韧皮部取食平均持续时间(min)
可能的抗性因子	茸毛长度和密度,表皮蜡质的厚度、含量和成分,气孔密度	表皮层厚度,叶肉细胞壁厚度等	叶肉细胞壁厚度,叶肉细胞排列的紧密程度,叶肉细胞排列的细胞层数,叶肉化学成分等		韧皮部汁液的化学成分等	

表 6-11　不同茶树品种对小贯小绿叶蝉的抗性分布

抗 性 定 位	抗 虫 品 种				感 虫 品 种			
	举岩 (JY)	德清 (DQ)	建德 (JD)	长兴紫笋 (CX)	蓝天 (LT)	斑竹园 (BZY)	竹山一号 (ZS)	恩标 (EB)
表面抗性		+++	+	++	-			
表皮-叶肉抗性	++	+	++					
叶肉抗性	++		+	++	-		-	-

注:"+"表示存在抗性,个数增加表示抗性程度增强;"-"表示存在明显的感虫性;空白表示不存在抗性,或抗性缺失。

种,叶片背面茸毛的密度较大,且蜡质层较厚;叶片表皮层存在抗性的品种,其下表皮的厚度显著较大;叶肉组织存在抗性的品种,其生化成分中含有比感虫品种较少的茶多酚和绿原酸、较多的 γ-氨基丁酸。证明刺探电位技术可以有效地实现茶树可能的抗性因子的定位,为茶树抗性机制的研究获取直观、可靠的信息。

表 6-12 抗、感茶树品种外观形态和理化特性比较

特 征 指 标		抗 虫 品 种①	感 虫 品 种②
外形	1 芽 3 叶色泽	深绿	黄绿、淡绿或绿色
	1 芽 3 叶长度	4.69～5.58 cm	6.92～7.70 cm
	叶片长	8.27～9.28 cm	10.90～12.00 cm
	叶片宽	3.11～3.79 cm	5.06～5.89 cm
	叶身	平或内折	稍背卷
	叶质	相对柔软	柔软度适中或偏硬
物理结构	茸毛长度	0.64～0.74 mm	0.46～0.53 mm
	茸毛密度	10.00～12.00 mm^{-2}	1.00～2.50 mm^{-2}
	蜡质含量	25.69～139.04 $\mu g/cm^2$	18.70～21.98 $\mu g/cm^2$
	下表皮厚度	51.02～65.76 μm	37.14～50.91 μm
化学成分	茶多酚	234.54～276.19 mg/g	306.13～327.09 mg/g
	绿原酸	73.96～91.22 $\mu g/g$	102.27～213.45 $\mu g/g$
	γ-氨基丁酸	0.36～0.42 mg/g	0.16～0.29 mg/g

注:① 举岩、德清、建德、长兴紫笋;② 蓝天、斑竹园、竹山一号、恩标。

接下来,为进一步确定抗虫茶树品种的抗性因子和相关机制,金珊等以前期筛选出的生化成分 γ-氨基丁酸、茶多酚、绿原酸,以及抗、感茶树品种间存在差异的天冬氨酸和茶氨酸为变量,配制叶蝉全纯人工饲料饲养叶蝉并测定叶蝉生命表,最终明确抗虫物质及其抗性作用的方式。根据茶树的实际含量,5 组人工饲料变量物质的浓度设置如表 6-13 所示。全纯人工饲料的基础配方和叶蝉饲养器(图 6-41)参照 Roger 和 Lian(Roger & Lian,1979)以及 Trebicki 等(Trebicki et al,2009)的方法改进。结果显示,随着饲料中天冬氨酸、茶氨酸和绿原酸由缺失到较高的浓度,叶蝉的成活率没有一致的变化趋势。但是,随着饲料中 γ-氨基丁酸和茶多酚从无到有,再到浓度逐步增加,叶蝉的成活率呈现逐步降低的趋势(表 6-14),说明 γ-氨基丁酸和茶多酚对叶蝉的生长具有一定的负面作用。作者又对叶蝉在不同浓度的 γ-氨基丁酸条件下的生长发育情况进行了调查,随着人工饲料中 γ-氨基丁酸的缺失到浓度逐渐增高,叶蝉前两龄历期逐渐延长,尤其当浓度增至 48 mg/100 mL 时,叶蝉 1 龄历期和 2 龄历期分别达到 4 天和 6.25 天(表 6-15),显著长于低浓度和无 γ-氨基丁酸饲料饲养的叶蝉。叶蝉这种随 γ-氨基丁酸浓度的递增呈现出的 1 龄、2 龄历期递增的现象,说明 γ-氨基丁酸对叶蝉早期若虫生长的抑制作用。

表 6‑13　5 组人工饲料控制因子变化的浓度梯度　　　　　（单位：mg/100 mL）

处　理	茶多酚	天冬氨酸	γ‑氨基丁酸	茶氨酸	绿原酸
1	0	0	0	0	0
2	500	20	4	200	2
3	1 000	40	8	350	4
4	2 000	80	16	500	8

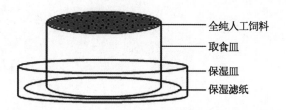

图 6‑41　茶小绿叶蝉饲养器

表 6‑14　不同人工饲料对茶小绿叶蝉若虫成活率的影响

处理	控制因子浓度 （mg/100 mL）	试虫 头数 （头）	3 天内 死亡数 （头）	8 天内 死亡数 （头）	8 天以上 成活数 （头）	3 天内 死亡率 （%）	8 天内 死亡率 （%）	8 天以上 成活率 （%）
1	茶多酚							
1‑1	0	31	11	19	12	35.48	61.29	38.71
1‑2	25	30	11	23	7	36.67	76.67	23.33
1‑3	50	80	14	26	4	46.67	86.67	13.33
1‑4	100	31	16	29	5	51.61	93.55	6.54
2	天冬氨酸							
2‑1	0	29	9	23	6	31.03	79.31	20.69
2‑2	20	32	13	24	8	40.63	75.00	25.00
2‑3	40	33	12	22	11	36.36	66.67	33.33
2‑4	80	37	8	27	10	21.62	72.97	27.03
3	γ‑氨基丁酸							
3‑1	0	29	4	13	16	13.79	44.83	55.17
3‑2	12	31	6	18	13	19.35	58.06	41.94
3‑3	24	37	8	24	13	21.62	64.86	35.14
3‑4	48	32	7	26	6	21.88	81.25	18.75
4	茶氨酸							
4‑1	0	34	16	23	11	47.06	67.65	32.35
4‑2	200	35	8	26	9	22.86	74.28	25.72
4‑3	350	32	10	23	9	31.25	71.88	28.12
4‑4	500	32	3	21	11	9.38	65.63	34.38

处理	控制因子浓度 (mg/100 mL)	试虫 头数 (头)	3 天内 死亡数 (头)	8 天内 死亡数 (头)	8 天以上 成活数 (头)	3 天内 死亡率 (%)	8 天内 死亡率 (%)	8 天以上 成活率 (%)
5	绿原酸							
5-1	0	36	16	25	11	44.44	69.44	30.56
5-2	6	40	15	31	9	37.50	77.50	22.50
5-3	12	31	15	23	8	48.39	74.19	25.81
5-4	24	35	13	29	6	37.14	82.86	17.14

表 6-15　γ-氨基丁酸对茶小绿叶蝉龄期的影响

控制因子	浓度 (mg/100 mL)	历　期	
		1 龄天数	2 龄天数
γ-氨基丁酸	0	2.93±0.12B	4.81±0.18B
	12	3.25±0.18B	4.88±0.12B
	24	3.44±0.18AB	5.83±0.31A
	48	4.00±0.45A	6.25±0.25A

以上研究人工饲料的生测实验仍然没有达到理想的效果。叶蝉在饲料上的最长生存天数在 10 天左右,不能完成 1 个生命周期,甚至只是停留在若虫阶段,无法考量繁殖情况。因此,人工饲料的研发就成为茶树生化抗性机制研究和叶蝉室内长期培养技术的瓶颈。EPG 技术可以借助人工饲料进行刺吸式口器昆虫取食行为的研究。在此基础上,筛选出对叶蝉取食有影响的具体成分。这种技术对人工饲料的要求不高,能供叶蝉在几个小时内持续取食即可。刘丽芳利用 EPG 技术记录了叶蝉在 9 类茶树次生物质上的取食行为,认为茶黄素能够促进叶蝉取食;茶氨酸、绿原酸、谷氨酸、没食子酸儿茶素、EGCG 和 ECG 抗叶蝉取食;茶多酚、儿茶素与叶蝉取食行为的相关性较小(刘丽芳,2011)。认为 EPG 技术可用于比较次生物质对于叶蝉的适口性,亦即抗叶蝉取食的活性,而茶树不同品种含有次生物质的质和量有明显差异,可在一定程度上解释茶树不同品种对叶蝉的抗性或感性。

6.4.3　茶小绿叶蝉产卵选择行为及其品种抗性

产卵行为作为昆虫生命周期中个体发育的起始阶段,也是昆虫完成正常生活史并实现种群繁衍的重要环节(彩万志等,2011)。产卵行为往往受到多种非生物与生物因素的影响。例如,自然环境条件,寄主种类丰富度、寄主植物生长发育状况以及寄主植物对昆虫产卵的防御方式,雌虫自身生理状态、雌虫卵道中卵粒的成熟状态以及可供雌虫搜寻的时长,同种种群密度、异种种群密度以及天敌活动状况等,均能影响雌成虫对某个潜在产卵位点的选择和判断,以及最终的产卵决定:接受或拒绝(Schoonhoven *et al*, 2005;Cury *et al*, 2019)。

6.4.3.1　茶小绿叶蝉产卵生物学特性及品种偏好性

(1) **卵粒快速检测方法**　过去常用的茶小绿叶蝉卵检测方法是在显微镜下,解剖茶梢逐一查找,不仅费时费力,还不能保证所有的叶蝉卵粒都被找到(李慧玲,2008)。根据 Herrmann & Böll(2004)报道的叶蝉卵自发荧光效应,中国农业科学院茶叶研究所科研人员明确了选用波长 460 nm、光强 200 W 的蓝光光源,结合 PTK 蓝光阻隔镜片,能清晰观察到茶小绿叶蝉怀卵雌虫腹部中的卵粒(图 6 - 42A),并且能够快速定位产于茶梢茎和叶脉幼嫩组织内的叶蝉卵粒(图 6 - 42B,C)。当对蓝光下观察到的绿点进行标记,在体视显微镜下解剖茶梢时,可以准确挑出卵粒(图 6 - 42D)。此方法实现了快速、准确统计完整茶梢茶小绿叶蝉的产卵量。

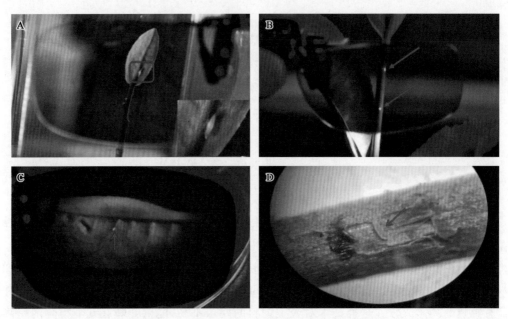

图 6 - 42　蓝光检测法观察到的茶小绿叶蝉的卵
A: 怀卵雌虫(右下角为叶蝉雌虫放大图);B: 嫩茎上的卵;C: 叶脉上的卵;D: 立体显微镜检测到的卵。

　　(2) **茶小绿叶蝉产卵生物学特性**　在产卵前期,茶小绿叶蝉怀卵雌虫首先通过在茶梢上搜寻和试探,确定合适的产卵位点;产卵开始时,叶蝉保持跗足不动,身体前倾、收腹,同时伸出产卵器,并将产卵器垂直插入腹部正下方(即前足和后足之间)的茶梢表皮内,然后慢慢将卵粒产下;待产卵结束后,将产卵器收回体内,身体回倾,匍匐稍作休息,即完成产卵。其中,从产卵器刺入茶梢表皮到收回体内的整个过程持续 2~3 min(Yao et al,2020)。进一步调查茶小绿叶蝉产卵习性发现,茶小绿叶蝉雌雄虫全天均可交配,交配成功之后 2 天左右雌虫即可完成孕卵,孕卵结束陆续开始产卵,产卵期约持续 20 天,日产卵量 2~4 粒,总产卵量最高可达 42.8 粒;产卵高峰集中在每天的下午到晚上(17:30—23:30)。茶小绿叶蝉雌成虫通常将卵粒散产于茶梢幼嫩组织内,其中 86.7% 的卵粒产于嫩茎,其他 13.3% 的卵粒则产于叶柄和叶脉(韩宝瑜等,2009;Yao et al,2020;Chang et al,2022)。

　　除此之外,茶小绿叶蝉产卵呈现较为明显的季节消长规律,在茶园,全年一般有两个产卵高峰期。其中,第一个高峰期主要在 5~6 月份,第二个高峰期出现在 9 月份(图 6 - 43)(姚其,2022)。茶小绿叶蝉的产卵行为与温度和光照有较大的关联性。调查发现 19~27℃ 是最适宜茶树叶蝉生活的温度范围,低温会抑制产卵(Kosugi,1996a,1996b,1997),而7~8月份盛夏时节温度过高,不利于叶蝉产卵(李慧玲和林乃铨,2012;乔利,2015)。白天阳光较为强烈,也不利于叶蝉产卵,而遮阳条件下,叶蝉雌虫的产卵意愿可能更为强烈(李慧玲等,2013)。

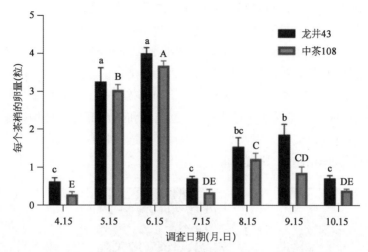

图6-43 田间茶小绿叶蝉不同季节的产卵量

(ANOVA,Tukey)

同一品种的不同小写字母表示不同调查日期的产卵量在0.05水平上存在显著性差异,不同大写字母表示差异达极显著水平。

(3) **茶小绿叶蝉在不同茶树品种的产卵偏好** 中国农业科学院茶叶研究所科研人员对比了茶小绿叶蝉在不同品种茶树上的产卵量,筛选出8种感茶小绿叶蝉产卵品种(福鼎大白茶、福云6号、毛蟹、铁观音、龙井43、斑竹园、举岩圆叶和黄金芽),以及13种抗茶小绿叶蝉产卵品种(金萱、恩标、德清圆叶、中茶108、黄棪、安吉白茶、乌牛早、建德圆叶、金观音、紫笋圆叶、肉桂、黄玫瑰和紫鹃)。然后,分别通过对比最高产卵量品种和最低产卵量品种,发现福鼎大白茶(5.4±1.1粒)、福云6号(5.4±1.0粒)和毛蟹(4.1±2.8粒)上的卵量均显著高于其他品种,为极感茶小绿叶蝉产卵品种;然而,在紫鹃(1.2±0.2粒)、黄玫瑰(1.4±0.4粒)、肉桂(1.4±0.6粒)和紫笋圆叶(1.7±0.7粒)的卵量均显著低于其他品种,表明紫笋圆叶、肉桂、黄玫瑰和紫鹃这4种茶树为极抗茶小绿叶蝉产卵品种(Yao et al,2022)。

6.4.3.2 影响茶小绿叶蝉产卵的茶梢理化性状

(1) **不同茶树品种物理性状的影响** 在茶梢外部形态方面,第1~5叶位茎节间长和茎厚度,以及第3叶位茎茸毛长度均可能影响茶小绿叶蝉雌虫产卵的选择偏好。茶树的树形、树姿、发芽期,以及叶片的大小、形状和着生状态均不影响叶蝉雌虫的产卵。节间较长(中茶108)和较短(黄玫瑰、紫鹃和金观音)的茶树品种均不利于叶蝉雌虫产卵;相反,节间中等的4个品种(龙井43、毛蟹、福云6号和福鼎大白茶)均为感叶蝉产卵品种(姚其,2022)。4种感叶蝉产卵的品种,茶梢第1~5叶位的茎秆厚度均较大,相对较为适合叶蝉雌虫产卵;而茎秆较薄的2个品种(中茶108和紫鹃)均为抗茶小绿叶蝉产卵的品种。茸毛较长的3种茶梢(毛蟹、福云6号和福鼎大白茶)均为感叶蝉产卵品种,而4种抗叶蝉产卵品种(中茶108、黄玫瑰、金观音和紫鹃)的茸毛长度均为中等或较短。

　　茶梢内部物理结构也影响茶小绿叶蝉产卵。茶梢茎横切面呈近圆形,其内部主要组织结构由外向内分别包括表皮、皮层、韧皮部、形成层、木质部和髓部等。茶小绿叶蝉卵粒在茶梢茎内部的着生状态可分别呈现水平、直立和斜立(图 6 - 44),表明叶蝉雌虫在产卵时能够随意调整产卵器刺入茶梢内的方位和角度,可将卵粒产于茶梢嫩茎内部任何组织结构(图 6 - 45)。比较 8 种茶梢第 1 叶位到第 5 叶位的茎皮层和韧皮部总厚度后,发现福鼎大白茶和福云 6 号在第 1～5 叶位皮层和韧皮部总厚度同为最高,分别为 1 781.83±34.14 μm 和 1 736.36±48.64 μm,均显著高于其他 6 种茶梢;相反,金观音最低,总厚度仅为 1 483.66± 46.42 μm,分别与黄玫瑰(1 536.32± 35.75 μm)和紫鹃(1 544.26±51.50 μm)差异不显著,但均显著低于其他 5 种茶梢。此外,毛蟹、龙井 43 和中茶 103 第 1～5 叶位皮层和韧皮部总厚度均处于中等水平。这表明茎皮层和韧皮部的厚度可能对茶小绿叶蝉的产卵选择具有决定性的作用,厚度越高,对叶蝉雌虫产卵的刺激作用越大(姚其,2022)。

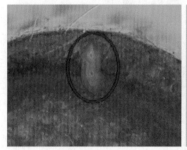  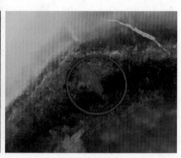

水平(Horizontal)　　　　　　直立(Erect)　　　　　　斜立(Oblique)

图 6 - 44　茶小绿叶蝉卵在茶梢嫩茎内部的着生状态

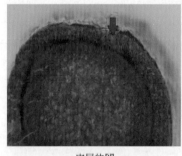 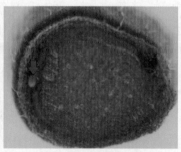 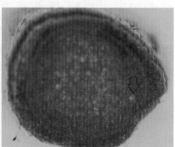

皮层的卵　　　　　　　　韧皮部的卵　　　　　　　木质部的卵

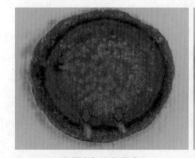  

皮层和韧皮部的卵　　　　　韧皮部和木质部的卵　　　　　髓部的卵

图 6 - 45　产于茶梢嫩茎内不同组织结构的茶小绿叶蝉卵粒

另外,值得一提的是,在茶小绿叶蝉产卵主要区域的第 2～5 叶位,主要产于第 2 (34.56％)和 3 叶位(图 6 - 46)。其产卵适宜区域为茶梢第 2～5 叶位茎段,产卵量占比为 72.26±1.52％(表 6 - 16)。通过测定剪切力评估茶梢的持嫩性,发现茶小绿叶蝉偏好持嫩性较强的茶梢。茶梢不同叶位叶蝉累积产卵量与剪切力大小均符合高斯累积分布,通过关系函数,分别进一步拟合茶梢在累积产卵量 25％、75％以及 90％相对应的剪切力数值,从而明确茶小绿叶蝉产卵适宜区所对应的茶梢剪切力范围为 3.82～13.21 N,产卵次适宜区所对应的剪切力范围包括 0～3.82 N 和 13.21～17.36 N,以及产卵非适宜区所对应的剪切力为大于 17.36 N(表 6 - 16)。

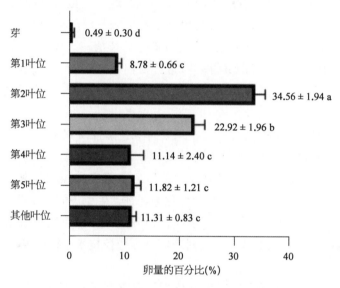

图 6 - 46　茶小绿叶蝉卵粒在茶梢不同叶位上的分布

表 6 - 16　茶小绿叶蝉在茶梢不同叶位上的产卵适宜性评价

产卵适宜性划分	茶梢产卵位点	区间产卵量	累积卵量	剪切力范围
适宜区	第 2～5 叶位茎段	72.26±1.52％	25％～75％	3.82～13.21 N
次适宜区	第 6～7 叶位茎段	13.45±1.26％	75％～90％	13.21～17.36 N
	第 1 叶位茎、叶脉和叶柄	12.12±1.38％	—	0～3.82 N
非适宜区	大于第 7 叶位所有的区域	2.17±0.66％	90％以上	大于 17.36 N

(2) **不同茶树品种茶梢化学特征的影响**　通过测定茶梢代谢物在不同茶树感、抗茶小绿叶蝉产卵品种茎段的含量,并结合叶蝉二元选择和非选择产卵生物学测定,探讨茶梢非挥发性内含物对茶小绿叶蝉产卵刺激或抑制的调控作用。代谢物含量测定结果显示,从茶梢第 1～5 叶位茎段,总体上,木质素、芥子醇和 γ -氨基丁酸这 3 种代谢物的含量逐渐升高,而苯丙氨酸、松柏醇、6 种儿茶素类(C、GC、EC、EGC、ECG 和 EGCG)和咖啡碱这 9 种代谢物的含量逐渐降低。在茶树感、抗茶小绿叶蝉产卵品种之间,木质素、6 种儿茶素类和咖啡碱在抗性

品种的含量普遍高于感性品种,苯丙氨酸和松柏醇则是在感性品种的含量高,而芥子醇和γ-氨基丁酸未发现较为明显的变化规律。此外,外源喷施不同浓度木质素、儿茶素和咖啡碱溶液的茶梢,茶小绿叶蝉的产卵量均显著减少;外源喷施不同浓度苯丙氨酸和松柏醇溶液的茶梢,产卵量均显著增加。因此,木质素、儿茶素类代谢物和咖啡碱在茶小绿叶蝉雌虫产卵决定过程中起到抑制作用,而苯丙氨酸和松柏醇则起到刺激作用(姚其,2022)。

（3）**不同茶树品种茶梢理化性状的综合调控作用**　茶小绿叶蝉雌虫从最初定位产卵茶梢,到最终在茶梢第2～5叶位嫩茎完成产卵,是一个不断试探、识别和感受的复杂过程。例如,茶小绿叶蝉雌虫降落茶梢之后,茶梢1芽3叶颜色首先为雌虫提供第一视觉感受,而茎节间长、茎厚度、茎茸毛长度将提供第一触觉感受。此后,雌虫在搜寻产卵位点的过程中,可不断通过口器、足部、产卵器等身体器官识别和感知茶梢嫩茎内部组织结构,特别是判断皮层和韧皮部的厚度。同时,雌虫还能够通过味觉系统感受茶梢一些代谢物的浓度变化,比如木质素、苯丙氨酸、松柏醇、儿茶素和咖啡碱等,最终做出综合判断,并决定是否接受在此茶梢位点上产卵。在整个过程中,相对而言,化学因素对叶蝉雌虫的最终产卵决定将起到主要调控作用。

6.4.3.3　基于产卵行为调控作用的茶小绿叶蝉绿色防控研究展望

在我国,茶园有害生物绿色防控技术的开发、推广和应用将是未来茶树害虫治理策略的发展趋势(陈宗懋,2022)。茶小绿叶蝉是我国茶树的重要害虫,然而,由于过度依赖化学防治,目前该虫在我国主要产茶区已对一些常用化学药剂产生了不同程度的抗药性(Wei et al,2015,2017)。因此,开发叶蝉产卵行为调控技术对发展茶园绿色防控策略具有重要的实践意义。结合茶小绿叶蝉产卵行为研究概况对产卵行为调控技术进行展望,未来可在以下3个方向做出努力。

首先,研发调控茶小绿叶蝉产卵行为的化学信息素是最直接有效的技术途径。植食性昆虫产卵化学信息素主要包括引诱剂、驱避剂、产卵刺激信息素(OSP)以及产卵抑制信息素(ODP)。目前,茶小绿叶蝉引诱剂和驱避剂已有较多的田间实践(Niu et al,2022),相对而言,叶蝉OSP和ODP应用方面仍未见报道。本文通过室内测定,明确一些对茶小绿叶蝉雌虫产卵存在刺激效应(如苯丙氨酸和松柏醇)以及存在抑制效应(如木质素、儿茶素和咖啡碱)的化合物。但这些叶蝉产卵潜在调控信息素仍需要后续进行更多的田间验证。

其次,选育和栽种茶树抗茶小绿叶蝉产卵品种。抗虫育种是茶树害虫治理的重要基础。培育和选栽抗主要害虫产卵品种是减轻寄主植物受产卵相关虫害威胁的可行性技术途径之一(Tamiru et al,2015)。在植食性昆虫与寄主植物长期互作进化过程中,寄主植物逐渐进化出能够识别和感受昆虫卵的机制,并在必要条件下提前启动直接或间接防御响应(Hilker & Fatouros,2015,2016)。例如,寄主植物能够通过在卵粒附近激活超敏反应以及产生赘生物等方式,创造不利于卵粒生长发育的内环境。寄主植物还能够释放特异性挥发物(如OIPVs)招引寄生天敌。因此,深入研究茶树与茶小绿叶蝉卵互作机制,对选育茶树抗叶蝉产卵品种具有重要的现实意义。

再次,创造有利于吸引茶小绿叶蝉卵寄生天敌的茶园环境。叶蝉三棒缨小蜂和微小裂骨缨小蜂是茶园中两种最为重要的茶小绿叶蝉卵寄生天敌(李慧玲和林乃铨,2008)。然而,目前关于这两种缨小蜂的寄主定位机制尚不清楚。例如,缨小蜂主要借助何种视觉、嗅觉、触角或味觉线索准确找到产于茶梢嫩茎内部的叶蝉卵粒,并成功在其卵内产卵寄生,这些问题仍有待深入探究。熟悉和掌握缨小蜂的定位和寄生机制,对在茶园田间引诱或释放缨小蜂,从而在调控产卵水平上践行茶小绿叶蝉绿色防控策略带来极大的促进作用,并具有重要的生产意义。

总而言之,茶小绿叶蝉产卵行为调控技术应与其他绿色防控技术相结合。目前在茶园中应用较为广泛的茶小绿叶蝉绿色防控技术主要包括挥发物信息素引诱技术、诱虫板和杀虫灯等物理诱杀技术以及一些生物防治技术等(邬子惠等,2021)。因此,开发叶蝉产卵相关调控信息素,并结合其他绿色防控技术手段,可对茶园田间实施茶小绿叶蝉绿色防控策略起到补充和增效作用。

参考文献

[1] 安兴奎.绿盲蝽气味受体的鉴定、表达及功能分析.博士学位论文.中国农业科学院,2019.
[2] 彩万志,庞雄飞,花保祯,等.普通昆虫学(第2版).北京:中国农业大学出版社,2011:210.
[3] 蔡晓明,李兆群,潘洪生,等.植食性害虫食诱剂的研究与应用.中国生物防治学报,2018,34(1):8-35.
[4] 蔡晓明,孙晓玲,董文霞,等.虫害诱导植物挥发物(HIPVs):从诱导到生态功能.生态学报,2008,28(8):3969-3980.
[5] 曹婧钰,刘艳秋,康一,等.访花蓟马物种多样性及传粉功能研究进展.应用昆虫学报,2022,59(6):1205-1214.
[6] 曾莉,王平盛,许玫.茶树对假眼小绿叶蝉的抗性研究.茶叶科学,2001,21(2):90-93.
[7] 曾仁光,刘秀琼,Schaefers GA.草莓毛管蚜性外激素腺体的形态及组织观察.昆虫学报,1992(3):290-293,390.
[8] 陈宗懋,许宁,韩宝瑜,等.茶树—害虫—天敌间的化学信息联系.茶叶科学,2003,23:38-45.
[9] 陈宗懋.茶树害虫防治的新途径——化学生态防治.茶叶,2005,31(2):71-74.
[10] 陈宗懋.茶园有害生物绿色防控技术发展与应用.中国茶叶,2022,44(1):1-6.
[11] 崔林,张新亭,周宁宁,等.茶互利素和蚜性信息素及其组合调控大草蛉行为的效应.生态学报,2015,35(5):1537-1546.
[12] 戴建青,韩诗畴,杜家纬.植物挥发性信息化学物质在昆虫寄主选择行为中的作用.环境昆虫学报,2010,32(3):407-414.
[13] 丁玉骁.绿盲蝽气味结合蛋白OBPs基因的鉴定及Auc OBP13、Aluc OBP17的气味结合特性.硕士学位论文.吉林农业大学,2016.
[14] 董文霞,张峰,阚炜.蚜虫雄蚜与雌性母对性信息素及植物挥发物的田间反应.生态学报,2009,29(1):178-184.
[15] 郭志明,程繁杨,马梦君,等.茶园绿盲蝽综合治理技术.湖北农业科学,2020,59:122-125.
[16] 韩宝瑜,陈宗懋.茶蚜在茶树不同部位上刺探行为的差异.植物保护学报,2001,28(1):7-11.
[17] 韩宝瑜,陈宗懋.七星瓢虫和异色瓢虫4变种成虫对茶蚜蜜露的搜索行为和蜜露的组合分析.生态学报,2000a,20(3):495-501.
[18] 韩宝瑜,陈宗懋.异色瓢虫4变种成虫对茶和茶蚜气味行为反应.应用生态学报,2000b,11(3):413-416.
[19] 韩宝瑜,韩云红.无翅茶蚜对茶树挥发物的触角电生理和行为反应.生态学报,2007,27(11):4485-4490.
[20] 韩宝瑜,林金丽,周孝贵,等.假眼小绿叶蝉卵及卵寄生蜂缨小蜂形态观察和寄生率考评.安徽农业大学学报,2009,36:13-17.
[21] 韩宝瑜,周成松.茶梢和茶花信息物引诱有翅蚜的效应研究.茶叶科学,2004,24(4):249-254.
[22] 韩宝瑜.茶树—茶蚜—捕食、寄生性天敌昆虫间定位取食的物理、化学通信机制.博士学位论文.中国农业科学院,1999.
[23] 韩宝瑜.茶蚜体表漂洗物对多种天敌引诱活性及组分分析.昆虫学报,2001,44(4):541-547.
[24] 韩云,唐良德,吴建辉.蓟马类害虫综合治理研究进展.中国农学通报,2015,31(22):163-174.
[25] 洪北边,楼云琴,吕文明,等.茶资源抗病虫鉴定研究.茶叶科学研究论文集(1991—1995).第1版.上海:上海科学技术出版社,1996:14-19.
[26] 洪北边,楼云芬.茶树种质资源对假眼小绿叶蝉的抗性鉴定.中国茶叶,1995(5):14-15.

[27] 滑金峰.绿盲蝽化学感觉分子机制的研究.硕士学位论文.河南大学,2012.

[28] 纪萍,刘靖涛,谷少华,等.绿盲蝽气味结合蛋白 AlucOBP7 的表达及气味结合特性.昆虫学报,2013,56(6):575-583.

[29] 姜永幸,郭予元.EPG 技术在刺吸式昆虫取食行为研究中的应用.植物保护,1994,2:33-35.

[30] 姜勇,雷朝亮,张钟宁.昆虫聚集信息素.昆虫学报,2002,06:822-832.

[31] 姜玉英,陆宴辉,曾娟.盲蝽分区监测与治理.北京:中国农业出版社,2015:36-42.

[32] 金珊,孙晓玲,陈宗懋,等.不同茶树品种对假眼小绿叶蝉抗性的研究.中国农业科学,2012,45(2):255-265.

[33] 金珊.不同茶树品种抗假眼小绿叶蝉机理研究.博士学位论文.西北农林科技大学,2012.

[34] 雷宏,徐汝梅.EPG——一种研究植食性刺吸式昆虫刺探行为的有效方法.昆虫知识,1996,33(2):116-120.

[35] 李爱华,张承安,王来平.山东茶区绿盲蝽综合防治技术.落叶果树,2011,(4):42-44.

[36] 李彬.抑性欲素对绿盲蝽交配行为的影响及机制研究.硕士学位论文.中国农业科学院,2020.

[37] 李慧玲,林乃铨.温、湿度对假眼小绿叶蝉种群数量及梢内着卵量的影响.福建农业学报,2012,27:55-59.

[38] 李慧玲,刘丰静,王定锋,等.遮荫对茶园小绿叶蝉种群动态的影响.福建农业学报,2013,28:1281-1284.

[39] 李慧玲,吴光远,王定锋,等.茶蚜生物学及综合防治研究进展.福建农业学报,2014,29(12):1265-1270.

[40] 李慧玲.假眼小绿叶蝉及其卵寄生蜂的生物学、生态学研究.硕士学位论文.福建农林大学,2008.

[41] 李金玉,王庆森,李良德,等.茶小绿叶蝉种名变更及其种群发生与生物生态环境关系的研究进展.福建农业学报,2022,37(1):123-130.

[42] 李林懋,门兴元,叶保华,等.果树盲蝽的发生与防控技术.应用昆虫学报,2012,49(3):793-801.

[43] 李林懋,门兴元,叶保华,等.绿盲蝽对不同生长期棉花的刺吸危害特性.昆虫学报,2014,57(4):449-459.

[44] 李晓维,章金明,张治军,等.蓟马信息素研究及应用进展.植物保护学报,2019,46(6):1163-1173.

[45] 李玉胜.早春茶园注意防控绿盲蝽.农业知识,2016,1508(11):30-32.

[46] 李仔博.绿盲蝽足部化学感受相关蛋白在近距离识别中的功能研究.硕士学位论文.中国农业科学院,2020.

[47] 林海清.假眼小绿叶蝉和茶蚜及其天敌草间小黑蛛生态行为特性的研究.硕士论文.福建农林大学,2007.

[48] 刘航伟.绿盲蝽四个触角特异气味结合蛋白配体结合特征研究.硕士学位论文.中国农业科学院,2017.

[49] 刘惠芳,杨文,陈瑶,等.4 种杀虫剂对茶棍蓟马的防效及其在茶树上的残留动态.贵州农业科学,2018,46(12):48-51.

[50] 刘丽芳,徐德良,穆丹,等.EPG 技术分析不同品种茶树抗假眼小绿叶蝉取食行为的差异.安徽农业大学学报,2011,38(2):146-150.

[51] 刘丽芳.茶树不同品种和次生代谢物质对叶蝉取食行为影响的 DC-EPG 研究.硕士学位论文.中国农业科学院,2011.

[52] 刘伟,王桂荣.昆虫嗅觉中枢系统对外周信号的整合编码研究进展.昆虫学报,2020,63(12):1536-1545.

[53] 刘伟娇,李玲玉,朱香镇,等.基于刺吸电位图谱技术的蚜虫研究进展.中国棉花,2021,48(7):1-8,13.

[54] 娄永根,程家安.虫害诱导的植物挥发物基本特性、生态学功能及释放机制.生态学报,2000,20(6):1097-1106.

[55] 陆宴辉,仝亚娟,吴孔明.绿盲蝽触角感器的扫描电镜观察.昆虫学报,2007,8:863-867.

[56] 陆宴辉,吴孔明.棉花盲椿象及其防治.北京:金盾出版社,2008.

[57] 陆宴辉,张建萍,王佩玲,等.新疆地区首次发现绿盲蝽严重危害农作物.植物保护,2014,40(6):189-192.

[58] 罗晨,岳梅,徐洪富,等.EPG 技术在昆虫学研究中的应用及进展.昆虫学报,2005,48(3):437-443.

[59] 罗宗秀,付楠霞,李兆群,等.茶树害虫性信息素防控原理与技术应用.中国茶叶,2022,44(3):1-9.

[60] 吕召云,周玉锋,孟泽洪.贵州省茶园蓟马类害虫的研究概况.贵州茶叶,2013,41(4):1-3.

[61] 毛迎新,谭荣荣,黄丹娟,等.茶园绿盲蝽种群消长动态.植物保护,2020,46(05):223-228.

[62] 门兴元,李丽莉,丁楠,等.北方茶区绿盲蝽的发生与绿色防控技术.山东农业科学,2015,47(06):109-112.

[63] 孟召娜,边磊,罗宗秀,等.全国主产茶区茶树小绿叶蝉种类鉴定及分析.应用昆虫学报,2018,55(3):514-526.

[64] 苗进,韩宝瑜.MeSA 诱导茶树抗叶蝉取食效应的 DC-EPG 分析.植物保护学报,2008,35(2):143-147.

[65] 苗进,韩宝瑜.假眼小绿叶蝉(*Empoasca vitis* Gothe)在不同品种茶树上的取食行为.生态学报,2007,27(10):3973-3982.

[66] 农红艳,黎书辉,黎健龙,等.茶园蓟马的绿色防控技术研究进展.广东茶业,2020,2:5-9.

[67] 裴元慧,孔锋,韩国华,等.昆虫取食行为研究进展.山东林业科技,2007,(6):97-101.

[68] 乔利.茶小绿叶蝉 *Empoasca onukii* Matsuda 对短期高低温的响应及分子机制研究.博士学位论文.西北农林科技大学,2015.

[69] 秦耀果,杨朝凯,凌云,等.蚜虫报警信息素(E)-β-farnesene 及其类似物的生物活性和作用机制研究进展.农药学学报,2019,21(5-6):643-659.

[70] 宋晓兵,彭埃天,崔一平.九里香挥发物对柑橘木虱的引诱效果及混配筛选试验.植物保护学报,2019,46(3):589-594.

[71] 苏建伟,陈展册,张广珠,等.绿盲蝽雌虫的浸提物分析.昆虫知识,2010,47(6):1113-1117.

［72］苏建伟,肖能文,戈峰.昆虫雌性信息素在害虫种群监测和大量诱捕中的应用与讨论.植物保护,2005,05：78-82.

［73］孙士卿,邓裕亮,李惠,等.棕榈蓟马研究综述.安徽农业科学,2010,38(23)：12538-12541,12587.

［74］孙廷哲,岂泽华,梁可欣,等.蚜害茶树挥发物组分变化的聚类分析.植物学报,2021,56(04)：422-432.

［75］孙小洁.绿盲蝽12个气味结合蛋白的表达、纯化、结构预测与功能研究.硕士学位论文.山东农业大学,2019.

［76］覃伟权,彭正强,刘济宁.植物次生物质研究进展.热带农业科学,2002,22(6)：60-68.

［77］王冰,李慧敏,操海群,等.挥发性化合物介导的植物—植食性昆虫—天敌三重营养级互作机制及应用.中国农业科学,2021,54(8)：1653-1672.

［78］王庆森,陈常颂,吴光远,等.黑刺粉虱对茶树品种的选择性.福建农林大学学报(自然科学版),2006,35(3)：251-253.

［79］王庆森,王定锋,吴光远.我国茶树假眼小绿叶蝉研究进展.福建农业学报,2013,28(6)：615-623.

［80］王政,孟倩倩,钟国华.植食性昆虫取食行为过程及机制研究.环境昆虫学报,2014,36(4)：612-619.

［81］邬子惠,王梦馨,潘铖,等.茶小绿叶蝉发生规律与绿色防控研究进展.茶叶通信,2021,48(2)：200-206,252.

［82］武红珍.绿盲蝽气味结合蛋白的分子识别功能.硕士学位论文.山西农业大学,2012.

［83］向余劲攻,张广学,张钟宁.蚜虫性信息素.昆虫学报,2001,44(2)：235-243.

［84］邢茂德,耿军,徐刚,等.绿盲蝽性信息素盒在棉田绿盲蝽测报与防治中的应用研究.中国植保导刊,2014,34(10)：51-54.

［85］杨春,孟泽洪,李帅,等.贵州茶园茶棍蓟马和小贯小绿叶蝉种群动态及主栽茶树品种寄主抗性.南方农业学报,2021,52(03)：671-681.

［86］杨帆,刘万学,张国安,等.西花蓟马传播番茄斑萎病毒研究进展.环境昆虫学报,2011,33(2)：241-249.

［87］杨洁,张小飞,徐进,等.樱桃园绿盲蝽的危害与性诱剂诱捕效果的研究.北方果树,2022,5：17-19.

［88］姚其.茶小绿叶蝉产卵行为生态学研究.博士学位论文.华中农业大学,2022.

［89］叶火香,韩善捷,郑颖梅,等.色板和茶蚜性信息素对茶园天敌草蛉的引诱效应.茶叶学报,2015,56(4)：254-258.

［90］于良斌,岳方,程通通,等.应用EPG技术分析不同品种苜蓿对苜蓿斑蚜的抗性.昆虫学报,2021,64(11)：1293-1304.

［91］张涛.绿盲蝽性信息素的提取鉴定及应用研究.博士学位论文.中国农业科学院,2011.

［92］张瑶瑶.绿盲蝽气味结合蛋白的结合特性与功能预测.硕士学位论文.河北农业大学,2021.

［93］钟明跃.不同茶树品种对茶蚜的抗性研究.硕士学位论文.贵州大学,2018.

［94］周波,陈美楠,曹德航,等.泰安茶园绿盲蝽在不同寄主上的发生情况调查.落叶果树,2017,49(5)：41-44.

［95］周成松.春季茶蚜种群动态及与茶树、食蚜蝇等天敌化学通信联系.硕士学位论文.安徽农业大学,2003.

［96］朱弘复,孟祥玲.三种棉盲蝽的研究.昆虫学报,1958,8(2)：97-117.

［97］朱俊庆.不同茶树品种对假眼小绿叶蝉抗性的初步研究.植物保护学报,1992,19(1)：29-32.

［98］祝晓云,张蓬军,吕要斌.花蓟马雄虫释放的聚集信息素的分离和鉴定.昆虫学报,2012,55(4)：376-385.

［99］Akella S V S, Kirk W D J, Lu Y B, et al. Walters KFA, Hamilton JGC. Identification of the aggregation pheromone of the melon thrips, *Thrips palmi*. PLoS One, 2014, 9(8)：e103315.

［100］Alvarez A E, Tjallingii W F, Garzo E, et al. Location of resistance factors in the leaves of potato and wild tuber-bearing *Solanum* species to the aphid *Myzus persicae*. Entomologia Experimentalis et Applicata, 2006, 121：145-157.

［101］An X K, Khashaveh A, Liu D F, et al. Functional characterization of one sex pheromone receptor (AlucOR4) in *Apolygus lucorum* (Meyer-Dür). Journal of Insect Physiology, 2020, 103986.

［102］Backus E A, Serrano M S, Ranger C M. Mechanisms of hopperburn：an overview of insect taxonomy, behavior, and physiology. Annual Review of Entomology, 2005, 50(1)：125-151.

［103］Backus E A, Cervantes F A, Guedes R N C, et al. AD-DC electropenetrography for in-depth studies of feeding and oviposition behaviors. Annals of the Entomological Society of America, 2019, 112：236-248.

［104］Birkett M A, Pickett J A. Aphid sex pheromones：from discovery to commercial production. Phytochemistry, 2003, 62(5)：651-656.

［105］Boo K S, Choi M Y, Chung I B, et al. Sex pheromone of the peach aphid, *Tuberocephalus momonis* and optimal blends for trapping males and females in the field. Journal of Chemical Ecology, 2000, 26(3)：601-609.

［106］Boo K S, Chung I B, Han K S, et al. Response of the lacewing *Chrysopa cognata* to pheromones of its aphid prey. Journal of Chemical Ecology, 1998, 24(4)：631-643.

［107］Broughton S, Cousins D A, Rahman T. Evaluation of semiochemicals for their potential application in mass trapping of *Frankliniella occidentalis*, (Pergande) in roses. Crop Protection, 2015, 67(1)：130-135.

［108］Broughton S, Harrison J. Evaluation of monitoring methods for thrips and the effect of trap colour and semiochemicals on sticky trap capture of thrips (Thysanoptera) and beneficial insects (Syrphidae, Hemerobiidae) in deciduous fruit trees in Western Australia. Crop Protection, 2012, 42：156-163.

[109] Bruce T J A, Wadhams L J, Woodcock C M. Insect host location: a volatile situation. Trends in Plant Science, 2005, 10(6): 269-274.

[110] Caillaud C M, Pierre J S, Chaubet B, et al. Analysis of wheat resistance to the cereal aphid Sitobion avenae using electrical penetration graphs and flow charts combined with correspondence analysis. Entomologia Experimentalis et Applicata, 1995, 75(1): 9-18.

[111] Campbell C A M, Cook F J, Pickett J A, et al. Responses of the aphids *Phorodon humuli* and *Rhopalosiphum padi* to sex pheromone stereochemistry in the field. Journal of Chemical Ecology, 2003, 29(10): 2225-2234.

[112] Campbell C A M, Dawson G W, Griffiths D C, et al. The sex attractant of the damson-hop aphid *Phorodon humuli* (Homoptera, Aphididae). Journal of Chemical Ecology, 1990, 16: 3455-3464.

[113] Campbell C A M, Hardie J, Wadhams L J. Attraction range of a sex pheromone trap for the damson-hop aphid *Phorodon humuli* (Hemiptera: Aphididae). Physiological Entomology, 2017, 42(4): 389-396.

[114] Chang Y, Xing Y, Dong Y, et al. Biological evidences for successive oogenesis and egg-laying of *Matsumurasca onukii*. PLoS One, 2022, 17(2): e0263933.

[115] Chinta S, Dickens J C, Baker G T. Morphology and distribution of antennal sensilla of the tarnished plant bug, *Lygus lineolaris* (Palisot de Beauvois) (Hemiptera: Miridae). International Journal of Insect Morphology & Embryology, 1997, 26(1): 21-26.

[116] Collar J L, Avilla C, Fereres A. New correlations between aphid stylet paths and nonpersistent virus transmission. Environmental Entomology, 1997, 26(3): 537-544.

[117] Cook D F, Dadour I R, Bailey W J. Addition of alarm pheromone to insecticides and the possible improvement of the control of the western flower thrips, *Frankliniella occidentalis* Pergande (Thysanoptera: Thripidae). International Journal of Pest Management, 2002, 48(4): 287-290.

[118] Corcuera L J. Effects of indole alkaloids from gramineae on aphids. Phytochemistry, 1984, 23(3): 539-541.

[119] Covaci A D, Oltean I, Pop A. Evaluation of pheromone lure as mass-trapping tools for western flower thrips. Bulletin of University of Agricultural Sciences and Veterinary Medicine Cluj-Napoca. Agriculture, 2012, 69(1): 333-334.

[120] Cruz-Miralles J, Cabedo-López M, Guzzo M, et al. Host plant scent mediates patterns of attraction/repellence among predatory mites. Entomologia Generalis, 2022, 42(2): 217-229.

[121] Cury K M, Prud'homme B, Gompel N. A short guide to insect oviposition: when, where and how to lay an egg. Journal of Neurogenetics, 2019, 33: 75-89.

[122] Davidson M M, Nielsen M C, Butler R C, et al. Can semiochemicals attract both western flower thrips and their anthocorid predators? Entomologia Experimentalis et Applicata, 2015, 155(1): 54-63.

[123] Dawson G W, Griffiths D C, Janes N F, et al. Identification of an aphid sex pheromone. Nature, 1987, 325: 614-616.

[124] Dawson G W, Griffiths D C, Merritt L A, et al. Aphid semiochemicals—A review, and recent advances on the sex pheromone. Journal of Chemical Ecology, 1990, 16(11): 3019-3030.

[125] Dawson G W, Griffiths D C, Merritt L A, et al. The sex pheromone of the green bug, *Schizaphis graminum*. Entomologia Experimentalis et Applicata, 1988, 48(1): 91-93.

[126] Dewhirst S Y, Pickett J A, Hardie J. Aphid Pheromones. Vitamins and Hormones, 2010, 83: 551-574.

[127] Dewhirst S Y. Aspects of aphid chemical ecology: Sex pheromones and induced plant defences. PhD Thesis, 2007, Imperial College, London, England.

[128] Dreyer D L, Campbell B C, Jones K C. Effect of bioregulator-treated sorghum on greenbug fecundity and feeding behavior: implications for host-plant resistance. Phytochemistry, 1984, 23(8): 1593-1596.

[129] Drijfhout F P, Groot A T, van Beek T A, et al. Mate location in the green capsid bug, *Lygocoris pabulinus*. Entomologia Experimentalis et Applicata, 2003, 106(2): 73-77.

[130] Dublon I A N. The aggregation pheromone of the western flower thrips. PhD Thesis. Keele, UK: Keele University, 2009.

[131] El-Ghany N M A. Semiochemicals for controlling insect pests. Journal of Plant Protection Research, 2019, 59(1): 1-11.

[132] Farine J P, Sirugue D, Abed-Vieillard D, et al. The male abdominal glands of *Leucophaea maderae*: chemical identification of the volatile secretion and sex pheromone function. Journal of Chemical Ecology, 2007, 33(2): 405-415.

［133］ Febvay G, Rahbe Y, Helden M. MacStylet, Software to analyse electrical penetration graph data on the Macintosh. Entomologia Experimentalis et Applicata, 1996, 80(1): 105 - 108.

［134］ Fernandez-Grandon G M, Woodcock C M, Poppy, et al. Do asexual morphs of the peach-potato aphid, *Myzus persicae*, utilise the aphid sex pheromone? Behavioural and electrophysiological responses of *M. persicae* virginoparae to (4aS, 7S, 7aR)-nepetalactone and its effect on aphid performance. Bulletin of Entomological Research, 2013, 103(4): 466 - 472.

［135］ Fu X W, Liu Y Q, Li C, et al. Seasonal migration of *Apolygus lucorum* (Hemiptera: Miridae) over the Bohai sea in northern China. Journal of Economic Entomology, 2014, 107(4): 1399 - 1410.

［136］ Gabrys B, Tjallingii W F, van Beek T A. Analysis of EPG recorded probing by cabbage aphid on host plant parts with different glucosinolate contents. Journal of Chemical Ecology, 1997, 23: 1661 - 1673.

［137］ Gaffke A M, Alborn H T, Dudley T L, et al. Using chemical ecology to enhance weed biological control. Insects, 2021, 12: 695.

［138］ Gasmi L, Martinez-Solis M, Frattini A, et al. Can herbivore-induced volatiles protect plants by increasing the herbivores' susceptibility to natural pathogens? Applied and Environmental Microbiology, 2018, 85: e01468 - 18.

［139］ Goldansaz S H, Dewhirst S, Birkett M A, et al. Identification of two sex pheromone components of the potato aphid, *Macrosiphum euphorbiae* (Thomas). Journal of Chemical Ecology, 2004, 30(4): 819 - 834.

［140］ Graham H M. Sexual attraction of *Lygus hesperus* Knight. Southwestern Entomologist, 1988, 13(1): 31 - 37.

［141］ GreatRex R. 30% better control of WFT using Dynamec with Thripline. Croptalk, 2009 (summer), 5.

［142］ Guldemond J A, Dixon A F G, Pickett J A, et al. Specificity of sex pheromones, the role of host plant odour in the olfactory attraction of males, and mate recognition in the aphid *Cryptomyzus*. Physiological Entomology, 1993, 18(2): 137 - 143.

［143］ Guldemond J A, Dixon A F G. Specificity and daily cycle of release of sex pheromones in aphids: A case of reinforcement? Biological Journal of the Linnean Society, 1994, 52(3): 287 - 303.

［144］ Guo M B, Du L X, Chen Q Y, et al. Odorant receptors for detecting flowering plant cues are functionally conserved across moths and butterflies. Molecular Biology and Evolution, 2021, 38(4): 1413 - 1427.

［145］ Hamilton J G C, Hall D R, Kirk W D J. Identification of a male-produced aggregation pheromone in the western flower thrips *Frankliniella occidentalis*. Journal of Chemical Ecology, 2005, 31(6): 1369 - 1379.

［146］ Han B Y, Wang M X, Zheng Y C, et al. Sex pheromone of the tea aphid, *Toxoptera aurantii* (Boyer de Fonscolombe) (Hemiptera: Aphididae). Chemoecology, 2014, 24(5): 179 - 187.

［147］ Hardie J, Hick J A, Hoeller C, et al. The responses of *Praon* spp.parasitoids to aphid sex pheromone components in the field. Entomologia Experimentalis et Applicata, 1994a, 71: 95 - 99.

［148］ Hardie J, Nottingham S F, Powell W, et al. Synthetic aphid sex pheromone lures female parasitoids. Entomologia Experimentalis et Applicata, 1991, 61: 97 - 99.

［149］ Hardie J, Storer J R, Cook F J, et al. Sex pheromone and visual trap interactions in mate location strategies and aggregation by host-alternating aphids in the field. Physiological Entomology, 1996, 21: 97 - 106.

［150］ Hardie J, Visser J H, Piron P G M. Perception of volatiles associated with sex and food by different adult forms of the black bean aphid, *Aphis fabae*. Physiological Entomology, 1994b, 19(4): 278 - 284.

［151］ Hazarika L K, Puzari K C, Wahab S. Biological control of tea pests.//Upadhyay R K, Mukerji K G, Chamola B P. Biocontrol potential and its exploitation in sustainable agriculture. New York: Kluwer Academic/Plenum Publishers, 2001, 159 - 180.

［152］ Herrmann J V, Böll S. A simplified method for monitoring eggs of the grape leafhopper (*Empoasca vitis*) in grapevine leaves. Journal of Plant Diseases and Protection, 2004, 111: 193 - 196.

［153］ Hilker M, Fatouros N E. Plant responses to insect egg deposition. Annual Review of Entomology, 2015, 60: 493 - 515.

［154］ Hilker M, Fatouros N E. Resisting the onset of herbivore attack: plants perceive and respond to insect eggs. Current Opinion in Plant Biology, 2016, 32: 9 - 16.

［155］ Hodges L R, McLean D L. Correlation of transmission of bean yellow mosaic virus with salivation activity of *Acyrthosiphon pisum* (Homoptera: Aphididae). Annals of the Entomologlcal Society Amer of America, 1969, 62: 1398 - 1401.

［156］ Houston J P, Elaine A B, David M, et al. Correlation of stylet activities by the glassy-winged sharpshooter, *Homalodisca coagulata* (Say), with electrical penetration graph (EPG) waveforms. Journal of Insect Physiology,

2006，52(2)：327－337.

[157] Jane C T，Lucy R S，Margaret G R，*et al*. Soybean Aphid (Hemiptera：Aphididae) feeding behavior is largely unchanged by soybean mosaic virus but significantly altered by the beetle-transmitted bean pod mottle virus. Journal of economic entomology，2022，115(4)：1059－1068.

[158] Jeon H，Han K S，Boo K S. Sex pheromone of *Aphis spiraecola* (Homoptera：Aphididae)：Composition and circadian rhythm in release. Journal of Asia-Pacifi Entomology，2003，6(2)：159－165.

[159] Karley A J，Douglas A E，Parker W E. Amino acid composition and nutritional quality of potato leaf phloem sap for aphids. Journal of Experimental Biology，2002，205(19)：3009－3018.

[160] Kennedy G G，Mclean D L，Kinsey M G. Probing behavior of *Aphis gossypii* on resistant and susceptible muskmelon. Journal of Economic Entomology，1978，71：13－16.

[161] Kennedy G G，Storer N P. Life systems of polyphagous arthropod pests in temporally unstable cropping systems. Annual Review of Entomology，2000，45：467－493.

[162] Keough S，Danielson J，Marshall J M，*et al*. Factors affecting population dynamics of thrips vectors of soybean vein necrosis virus. Environmental Entomology，2018，47(3)：734－740.

[163] Kiers E，Kogel W J D，Balkema-Boomstra A，*et al*. Flower visitation and oviposition behavior of *Frankliniella occidentalis* (Tysan. Thripidae) on cucumber plants. Journal of Applied Entomology，2000，124(1)：27－32.

[164] Kirk W D J，de Kogel W J，Koschier E H，*et al*. Semiochemicals for thrips and their use in pest management. Annual Review Entomology，2021，66：101－119.

[165] Kirk W D J. The aggregation pheromones of thrips (Thysanoptera) and their potential for pest management. International Journal of Tropical Insect Science，2017，37(2)：41－49.

[166] Klingler J，Powell G，Thompson G A，*et al*. Phloem specific aphid resistance in *Cucumis melo* line AR 5：effects on feeding behaviour and performance of *Aphis gossypii*. Entomologia Experimentalis et Applicata，1998，86：79－88.

[167] Kosugi Y. Influence of injury by tea green leafhopper，*Empoasca onukii* Matsuda on leaves in new shoots of tea plants. Tea Research Bulletin，2000，88：1－8. (in Japanese)

[168] Kosugi Y. Overwintering ecology of tea green leafhopper，*Empoasca onukii* Matsuda in tea field. (1) Final oviposition time before overwinter. Annual Report of The Kansai Plant Protection Society，1996a，38：47－48. (in Japanese)

[169] Kosugi Y. Overwintering ecology of tea green leafhopper，*Empoasca onukii* Matsuda in tea field. (2) First oviposition time of the overwintered female. Annual Report of The Kansai Plant Protection Society，1996b，38：49－50. (in Japanese)

[170] Krüger S，Subramanian S，Niassy S，*et al*. Sternal gland structures in males of bean flower thrips，*Megalurothrips sjostedti*，and poinsettia thrips，*Echinothrips americanus*，in comparison with those of western flower thrips，*Frankliniella occidentalis* (Thysanoptera：Thripidae). Arthropod Structure and Development，2015，44(5)：455－467.

[171] Labandeira C C，Phillips T L. Insect fluid-feeding on upper Pennsylvanian tree ferns (Palaeodictyoptera，Marattiales) and the early history of the piercing-and-sucking functional feeding group. Annual of the Entomogical Society of America，1996，89(2)：157－183.

[172] Landolt P J，Adams T，Zack R S. Field response of alfalfa looper and cabbage looper moths (Lepidoptera：Noctuidae，Plusiinae) to single and binary blends of floral odorants. Environmental Entomology，2006，35(2)：276－281.

[173] Leal W S. Odorant reception in insects：Roles of receptors，binding proteins，and degrading enzymes. Annual Review of Entomology，2013，58(1)：373－391.

[174] Leroy P D，Wathelet B，Sabri A，*et al*. Aphid-host plant interactions：does aphid honeydew exactly reflect the host plant amino acid composition? Arthropod-Plant Interactions，2011，5(3)：193－199.

[175] Li X Y，Qi P，Qi P Y，*et al*. Introduction of two predators to control *Dendrothrips minowai* (Thysanoptera：Thripidae) in tea (*Camellia sinensis*) plantations in China. Biocontrol Science and Technology，2020，30(5)：434－441.

[176] Li Z B，Zhang Y Y，An X K，*et al*. Identification of leg chemosensory genes and sensilla in the *Apolygus lucorum*. Frontiers in Physiology，2020，11：276.

[177] Lilley R，Hardie J，Merritt L A，*et al*. The sex pheromone of the grain aphid，*Sitobion avenae* (Fab.) (Homoptera，Aphididae). Chemoecology，1995，5/6(1)：43－46.

［178］ Lilley R, Hardie J. Cereal aphid responses to sex pheromones and host-plant odours in the laboratory. Physiological Entomology, 1996, 21(4): 304 – 308.

［179］ Liu P P, Qin Z, Feng M, et al. The male-produced aggregation pheromone of the bean flower thrips Megalurothrips usitatus in China: identification and attraction of conspecifics in the laboratory and field. Pest Management Science, 2020, 76: 2986 – 2993.

［180］ Lopes R L, Santos-Mallet J R, Barbosa C F, et al. Morphological and ultrastructural analysis of an important place of sexual communication of Rhodnius prolixus (Heteroptera: Reduviidae): the Metasternal Glands. Tissue and Cell, 2020, 67: 101416.

［181］ Lösel P M, Lindemann M, Scherkenbeck J, et al. Effect of primary-host kairomones on the attractiveness of the hop-aphid sex pheromone to Phorodon humuli males and gynoparae. Entomologia Experimentalis et Applicata, 1996, 80(1): 79 – 82.

［182］ Lu S H, Li J J, Bai R E, et al. EPG-recorded feeding behaviors reveal adaptability and competitiveness in two species of Bemisia tabaci (Hemiptera: Aleyrodidae). Journal of Insect Behavior, 2021, 34: 26 – 40.

［183］ Lu Y H, Jiao Z B, Wu K M. Early-season host plants of Apolygus lucorum (Heteroptera: Miridae) in northern China. Journal of Economic Entomology, 2012, 105(5): 1603 – 1611.

［184］ Lu Y H, Wu K M, Guo Y Y. Flight potential of Lygus lucorum (Meyer-Dür) (Heteroptera: Miridae). Environmental Entomology, 2007, 36(5): 1007 – 1013.

［185］ Lu Y H, Wu K M, Wyckhuys K A G, et al. Overwintering hosts of Apolygus lucorum (Hemiptera: Miridae) in northern China. Crop Protection, 2010, 29(9): 1026 – 1033.

［186］ Lucini T, Panizzi A R. Electropenetrography (EPG): a breakthrough tool unveiling stink bug (Pentatomidae) feeding on plants. Neotropical Entomology, 2018, 47(1): 6 – 18.

［187］ Luo J, Li Z, Ma C, et al. Knockdown of a metathoracic scent gland desaturase enhances the production of (E)-4-oxo-2-hexenal and suppresses female sexual attractiveness in the plant bug Adelphocoris suturalis. Insect Molecular Biology, 2017, 26(5): 642 – 653.

［188］ Lyu Z Y, Zhi J, Zhou Y R, et al. Genetic diversity and origin of Dendrothrips minowai (Thysanoptera: Thripidae) in Guizhou, China. Journal Asia-Pacific Entomology, 2016, 19(4): 1035 – 1042.

［189］ Macdonald K M, Hamilton J G C, Jacobson R, et al. Effects of alarm pheromone on landing and take-off by adult western flower thrips. Entomologia Experimentalis et Applicata, 2002, 103(3): 279 – 282.

［190］ Marsh D. Sex pheromone in the aphid Megoura viciae. Nature: New biology, 1972, 238(79): 31 – 32.

［191］ Mazzi D, Dorn S. Movement of insect pests in agricultural landscapes. Annals of Applied Biology, 2012, 160(2): 97 – 113.

［192］ McBrien H L, Millar J G, Minks A K, et al. Pheromones of non-Lepidopteran insects associated with agricultural plants. Oxford Univ. Press, London, 1999, 277 – 304.

［193］ Mclean D L, Kinsey M G. A technique for electronically recording of aphid feeding and salivation. Nature, 1964, 202: 1358 – 1359.

［194］ McLean D L, Kinsey M G. Identification of electrically recorded curve patterns associated with aphid salivation and ingestion. Nature, 1965, 205: 1130 – 1131.

［195］ McLean D L, Kinsey M G. Probing behaviour of the pea aphid, Acyrthosiphon pisum. Ⅰ. Definitive correlation of electronically recorded waveforms with aphid probing activities. Annals of the Entomologlcal Society Amer of America, 1967, 60: 400 – 406.

［196］ Mentink P J M, Kimmins F M, Harrewijn P, et al. Electrical penetration graphs combined with stylet cutting in the study of host plant resistance to aphids. Entomologia Experimentalis et Applicata, 1984, 36: 210 – 213.

［197］ Muhlemann J K, Klempien A, Dudareva N. Floral volatiles: From biosynthesis to function. Plant Cell & Environment, 2014, 37(8): 1936 – 1949.

［198］ Nachappa P, Culkin C T, Saya P M, et al. Water stress modulates soybean aphid performance, feeding behavior, and virus transmission in soybean. Frontiers in Plant Science, 2016, 7: 552.

［199］ Nakai M, Lacey L A. Microbial control of insect pests of tea and coffee. Microbial Control of Insect and Mite Pests: From Theory to Practice, 2017, 15: 223 – 235.

［200］ Nakashima Y, Ida T Y, Powell W, et al. Field evaluation of synthetic aphid sex pheromone in enhancing suppression of aphid abundance by their natural enemies. Biocontrol, 2016, 61(5): 485 – 496.

［201］ Niassy S, Ekesi S, Maniania N K, et al. Active aggregation among sexes in bean flower thrips (Megalurothrips *sjostedti*) on cowpea (*Vigna unguiculata*). Entomologia Experimentalis et Applicata, 2016, 158(1): 17 – 24.

[202] Niassy S, Tamiru A, Hamilton J G C, *et al*. Characterization of male-produced aggregation pheromone of the bean flower thrips *Megalurothrips sjostedti* (Thysanoptera: Thripidae). Journal of Chemical Ecology, 2019, 45(1): 348 – 355.

[203] Nielsen M C, Worner S P, Rostás M, *et al*. Olfactory responses of western flower thrips (*Frankliniella occidentalis*) populations to a non-pheromone lure. Entomologia Experimentalis Applicata, 2015, 156(3): 254 – 262.

[204] Niu Y, Han S, Wu Z, *et al*. A push-pull strategy for controlling the tea green leafhopper (*Empoasca flavescens* F.) using semiochemicals from *Tagetes erecta* and *Flemingia macrophylla*. Pest Management Science, 2022, 78(6): 2161 – 2172.

[205] Olaniran O A. The roles of pheromones of adult western flower thrips. PhD dissertation, Keele University, UK, 2013.

[206] Pan H S, Liu B, Lu Y, *et al*. Seasonal alterationsin host rangeand fidelity in the polyphagous mirid bug, *Apolygus lucorum* (Heteroptera: Miridae). PLos ONE, 2015, 10(2): e0117153.

[207] Pan H S, Lu Y H, Wyckhuys K A G, *et al*. Preference of a polyphagous mirid bug, *Apolygus lucorum* (Meyer-Dür) for flowering host plants. PLoS ONE, 2013, 8: e68980.

[208] Pan H S, Xiu C L, Williams L, *et al*. Plant volatiles modulate seasonal dynamics between hosts of the polyphagous mirid bug *Apolygus lucorum*. Journal of Chemical Ecology, 2021, 47(1): 87 – 98.

[209] Park K C, Elias D, Donato B, *et al*. Electroantennogram and behavioural responses of different forms of the bird cherry-oat aphid, *Rhopalosiphum padi*, to sex pheromone and a plant volatile. Journal of Insect Physiology, 2000, 46(4): 597 – 604.

[210] Pettersson J. An aphid sex attractant II. Histological, ethological and comparative studies. Entomologica Scandinavica, 1971, 2: 81 – 93.

[211] Pettersson J. An aphid sex attractant Ⅰ.Biological studies.Entomologica Scandinavica, 1970, 1: 63 – 73.

[212] Pickett J A, Poppy G M. Structure, ratios and patterns of release in the sex pheromone of an aphid, *Dysaphis plantaginea*. Journal of Experimental Biology, 2007, 210(24): 4335 – 4344.

[213] Prado E, Tjallingii W F. Aphid activities during sieve element punctures. Entomologia Experimentalis et Applicata, 1994, 72(2): 157 – 165.

[214] Rao K R, Pathak K A, Shylesha A N. Spatial dynamics of black aphid, *Toxoptera aurantii* Fon. on citrus at midhill altitudes of Meghalaya. Indian Journal of Citriculture, 2002, 1(1): 72 – 78.

[215] Ren X T, Wu S Y, Xing Z L, *et al*. Abundances of thrips on plants in vegetative and flowering stages are related to plant volatiles. Journal of Applied Entomology, 2020, 144(8): 732 – 742.

[216] Rizvi S A H, George J, Reddy G V P, *et al*. Latest developments in insect sex pheromone research and its application in agricultural pest management. Insects, 2021, 12(6): 484.

[217] Rodriguez-Saona C, Crafts-Brandner S J, Williams L, *et al*. *Lygus hesperus* feeding and salivary gland extracts induce volatile emissions in plants. Journal of Chemical Ecology, 2002, 28(9): 1733 – 1747.

[218] Roger F H, Lian C L. Artificial rearing of the rice green leafhopper, *Nephotettix cincticeps*, on a holidic diet. Entomologia Experimentalis et Applicata 1979,25: 158 – 164.

[219] Sampson C, Hamilton J G C, Kirk W D J. The effect of trap colour and aggregation pheromone on trap catch of *Frankliniella occidentalis* and associated predators in protected pepper in Spain. IOBC/WPRS Bulletin, 2012, 80: 313 – 318.

[220] Sampson C, Kirk W D J. Can mass trapping reduce thrips damage and is it economically viable? Management of the western flower thrips in strawberry. PLoS ONE, 2013, 8(11): e80787.

[221] Schoonhoven L M, van Loon J J A, Dicke M. Insect-Plant Biology. 2nd ed. Oxford: Oxford University Press, 2005, 135 – 208.

[222] Subchev M. Sex pheromone communication in the family *Zygaenidae* (Insecta: Lepidoptera): a review. Acta Zoologica Bulgarica, 2014, 66(2): 147 – 157.

[223] Sun L, Gu S H, Xiao H J, *et al*. The preferential binding of a sensory organ specific odorant binding protein of the alfalfa plant bug *Adelphocoris lineolatus* AlinOBP10 to biologically active host plant volatiles. Journal of Chemical Ecology, 2013, 39(9): 1221 – 1231.

[224] Tamiru A, Khan Z R, Bruce T J A. New directions for improving crop resistance to insects by breeding for egg

induced defence. Current Opinion in Insect Science, 2015, 9: 51 - 55.

[225] Teulon D A J, Davidson M M, Nielsen M, et al. Efficacy of a non-pheromone semiochemical for trapping of western flower thrips in the presence of competing plant volatiles in a nectarine orchard. Spanish Journal of Agricultural Research, 2018, 16(3): e10SC01.

[226] Tjallingii W F, Minks A K, Harrewijn P. Electrical recording of stylet penetration activities In Aphids, their Biology, Natural Enemies and Control. Amsterdam: Elsevier Science publishers, 1988, vol.B: 95 - 107.

[227] Tjallingii W F. Electronic recording of penetration behavior by aphids. Entomologia Experimentalis et Applicata, 1978, 24: 721 - 730.

[228] Trebicki P, Harding R M, Powell K S. Anti-metabolic effects of Galanthus nivalis agglutinin and wheat germ agglutinin on nymphal stages of the common brown leafhopper using a novel artificial diet system. Entomologia Experimentalis et Applicata, 2009, 131: 99 - 105.

[229] Turlings T C J, Erb M. Tritrophic interactions mediated by herbivore-induced plant volatiles: Mechanisms, ecological relevance, and application potential. Annual Review of Entomology, 2018, 63(1): 433 - 452.

[230] Vaello T, Casas J L, Pineda A, et al. Olfactory response of the predatory bug Orius laevigatus (Hemiptera: Anthocoridae) to the aggregation pheromone of its prey, Frankliniella occidentalis (Thysanoptera: Thripidae). Environmental Entomology, 2017, 46(5): 1115 - 1119

[231] Van Helden M, Tjallingii W F. Tissue localization of lettuce resistance to the aphid Nasonovia ribisnigri using electrical penetration graphs. Entomologia Experimentalis et Applicata, 1993, 68: 269 - 278.

[232] Wang L, Wang Q Q, Wang Q Y, et al. The feeding behaviour and life history changes in imidacloprid-resistant Aphis gossypii Glover (Homoptera: Aphididae). Pest Management Science, 2020, 76(4): 1402 - 1412.

[233] Wang Y C, Tang M, Hao P Y, et al. Penetration into rice tissues by brown planthopper and fine structure of the salivary sheaths. Entomologia Experimentalis et Applicata, 2008, 129: 295 - 307.

[234] Wei Q, Mu X C, Yu H Y, et al. Susceptibility of Empoasca vitis (Hemiptera: Cicadellidae) populations from the main tea-growing regions of China to thirteen insecticides. Crop Protection, 2017, 96: 204 - 210.

[235] Wei Q, Yu H Y, Niu C D, et al. Comparison of insecticide susceptibilities of Empoasca vitis (Hemiptera: Cicadellidae) from three main tea-growing regions in China. Journal of Economic Entomology, 2015, 108: 1251 - 1259.

[236] Wilant A, Van Giessen W A, Micheal J D. Rapid analysis of electronically monitored homopteran feeding behavior. Annals of the entomologigal society of America, 1998, 91(1): 146 - 154.

[237] Xiu C L, Pan H S, Zhang F G, et al. Identification of aggregation pheromones released by the stick tea thrips (Dendrothrips minowai) larvae and their application for controlling thrips in tea plantations. Pest Management Science, 2024, 10.1002/ps.7928.

[238] Xiu C L, Zhang F G, Pan H S, et al. Evaluation of selected plant volatiles as attractants for the stick tea thrip Dendrothrips minowai in the laboratory and tea plantation. Insects, 2022, 13(6): 509.

[239] Xue K, Wang X Y, Huang C H, et al. Stylet penetration behaviors of the cotton aphid Aphis gossypii on transgenic Bt cotton. Insect Science, 2009, 16: 137 - 146.

[240] Yan J J, Zhang M D, Ali A, et al. Optimization and field evaluation of sex-pheromone of potato tuber moth, Phthorimaea operculella Zeller (Lepidoptera: Gelechiidae). Pest Management Science, 2022, 78(9): 3903 - 3911.

[241] Yao Q, Wang M Q, Chen Z M. The relative preference of Empoasca onukii (Hemiptera: Cicadellidae) for oviposition on twenty-four tea cultivars. Journal of Economic Entomology, 2022, 115(5): 1521 - 1530.

[242] Yao Q, Zhang H N, Jiao L, et al. Identifying the biological characteristics associated with oviposition behavior of tea leafhopper Empoasca onukii Matsuda using the blue light detection method. Insects, 2020, 11: 707.

[243] Ye G Y, Xiao Q, Chen M, et al. Tea: Biological control of insect and mite pests in China. Biological Control, 2014, 68: 73 - 91.

[244] Yin H D, Wang X Y, Xue K, et al. Impacts of transgenic Bt cotton on the stylet penetration behaviors of Bemisia tabaci biotype B: Evidence from laboratory experiments. Insect science, 2010, 17(4): 344 - 352.

[245] Zhang F G, Cai X M, Jin L M, et al. Activities patterns, population dynamics and spatial distribution of the stick tea thrips, Dendrothrips minowai, in tea plantations. Insects, 2023, 14: 152.

[246] Zhang P J, Zhu X Y, Lu Y B. Behavioural and chemical evidence of a male-produced aggregation pheromone in the flower thrips Frankliniella intonsa. Physiological Entomology, 2011, 36: 317 - 320.

[247] Zhang Q H, Aldrich J R. Male-produced anti-sex pheromone in a plant bug. Naturwissenschaften, 2003, 90(11):

505 - 508.

[248] Zhang S, Yan W, Zhang Z X, et al. Identification and functional characterization of sex pheromone receptors in mirid bugs (Heteroptera: Miridae). Insect Biochemistry and Molecular Biology, 2021, 136, 103621.

[249] Zhu J W, Zhang A J, Park K C, et al. Sex pheromone of the soybean aphid, Aphis glycines Matsumura, and its potential use in semiochemical-based control. Environmental Entomology, 2006, 35(2): 249 - 257.

修春丽　金　珊　姚　其

第七章
外源化合物诱导的茶树抗虫性

在受到植食性昆虫危害后,植物能够在一定程度上对植食性昆虫产生诱导抗性。外源施用一些化合物至植物体,也可产生与昆虫危害相似的作用,激发植物的诱导抗虫反应。研究植物的诱导抗虫性,可为解析昆虫与植物相互关系、昆虫种间相互作用以及植食性昆虫种群动态机制提供理论支撑,并对抗虫外源激发子的开发和应用、害虫综合防控体系的补充和完善等方面具有重要意义。在漫长的"茶树—害虫—天敌"协同进化过程中,茶树也发展出了一套适于其生境的诱导抗虫防御系统。本章将重点讨论外源化合物诱导的茶树抗虫性研究进展,并对其在茶树害虫防控上的应用前景进行了展望。

7.1 植物诱导抗虫性及其激发子

7.1.1 植物抗虫性的 4 个概念

植物对植食性昆虫的抗性包括两个方面,即组成抗虫性(constitutive resistance)和诱导抗虫性(induced resistance)。组成抗虫性是指植物在遭受植食性昆虫危害前就已存在的、阻碍昆虫取食的物理和化学因子,多与植物体自身的形态结构和次生代谢物有关,可随进化时期甚至植物的成熟度而变(Hanley *et al*,2007;Mithofer and Boland,2012;War *et al*,2012)。诱导抗虫性是指植物在遭受外界信号刺激或植食性昆虫取食后,通过改变自身理化特性而表现出来的一种防御特性。与组成型抗虫性相比,诱导抗虫性使得植物可在维持生长发育和防御虫害间灵活高效地调用自身能量、碳源和氮源,是一种更高级的植物适应性体现(Pappas *et al*,2017)。

根据植物的防御反应是否直接对昆虫造成伤害,植物的防御策略还可分为直接防御(direct defense)和间接防御(indirect defense)两种类型。直接防御是指植物通过形成物理障碍(如植物表面的毛状体、木质化等),或者合成和分泌抗虫性化合物(如蛋白酶抑制剂、多酚氧化酶等),来干扰昆虫的取食和消化,直接对植食性昆虫产生负面影响的防御方式。间接防御是指植物通过释放挥发性有机化合物吸引寄生性和捕食性天敌来攻击植食性昆虫。植物组成抗性、诱导抗性、直接防御和间接防御的关系可以用下表(表 7-1)表示。

防御类型	组 成 抗 虫 性	诱 导 抗 虫 性
直接防御	植食性昆虫危害前就已存在,对植食性昆虫有负面影响	外界信号刺激或植食性昆虫取食后产生,对植食性昆虫有负面影响
间接防御	植食性昆虫危害前就已存在,对昆虫天敌的行为有正面作用	外界信号刺激或植食性昆虫取食后产生,对昆虫天敌的行为有正面作用

7.1.2　植物诱导抗虫性的防御类型

7.1.2.1　诱导抗虫性的直接防御

植物诱导抗虫性的直接防御主要表现为合成次生代谢物质或防御蛋白、降低自身的营养物质含量、释放可驱避植食性昆虫的挥发物组分、形成抗虫性组织结构等。次生代谢物质主要有生物碱、萜类、酚类、醌类、硫代葡萄糖苷、生氰葡萄糖苷、酰基蔗糖等(Baldwin and Hamilton,2000;Behmer *et al*,2005;Escobar-Bravo *et al*,2016;Moreira *et al*,2012)。这些次生代谢物经植食性昆虫取食进入虫体后,有的可扰乱其肠道的消化及吸收功能,干扰植食性昆虫对营养物质的摄入,造成虫体发育不良。有的可直接毒杀植食性昆虫,如十字花科作物的叶片中常同时独立存储有硫代葡萄糖苷(glucosinolates)和其对应的内源性水解酶芥子酶,硫代葡萄糖苷不具有生理毒性,但当十字花科作物叶片被植食性昆虫取食时,芥子酶会被释放,分解硫代葡萄糖苷中硫和葡萄糖之间的键,产生有毒的化合物异硫氰酸盐,从而影响植食性昆虫的生长发育和产卵行为,这种防御策略被称为"芥子酶-硫代葡萄糖苷"系统(Agnihotri *et al*,2018;Chhajed *et al*,2020;Shirakawa and Hara-Nishimura,2018)。

植物诱导合成的抗虫防御蛋白主要有多酚氧化酶(polyphenol oxidase)、蛋白酶抑制剂(protease inhibitor)、脂氧合酶(lipoxygenase)、过氧化物酶(peroxidase)及苯丙氨酸解氨酶(phenylalanine ammonia lyase)等多种抗生性酶。这些酶被植食性昆虫摄入后,可影响其肠道内胰蛋白酶、胰凝乳蛋白酶等消化酶的活性,扰乱其原有的肠道环境及其消化吸收功能,造成虫体发育减缓或死亡(陈宗懋,2013)。茶树经茶尺蠖(*Ectropis obliqua* Prout)和茶小绿叶蝉(*Empoasca onukii* Matsuda)危害、虫害诱导茶树挥发物(如:(*E*)-橙花叔醇、(*Z*)-3-己烯醇等)、植物激素(水杨酸、茉莉酸等)等诱导处理后,可以通过合成或提高叶片中多酚氧化酶、过氧化物酶等防御蛋白的活性,增强自身的抗虫性(Chen *et al*,2020)。

外界信号刺激或植食性昆虫取食也可以通过影响挥发物合成途径,使植物挥发物的组分和释放量发生改变。其中,某些新合成的萜烯类挥发物可起到驱避雌虫产卵的作用。如高浓度的芳樟醇及其氧化物对长须卷蛾(*Sparganothis sulfureana*)雌成虫具有驱避作用,当蔓越橘(*Vaccinium macrocarpon*)受到外源茉莉酸甲酯(methyl jasmonate)诱导后,植株所释放的芳樟醇及其氧化物的总量比对照增高 10 倍,使长须卷蛾雌成虫对处理植株的产卵选择性显著降低(Rodriguez-Saona *et al*,2013)。

外界信号刺激或植食性昆虫取食还可以诱导植物形成毛状体、创伤树脂管道及植物组织硬化等抗虫组织结构以增强植物抗虫性。茉莉酸甲酯处理可使番茄(*Solanum lycopersicum* L.)Ⅳ型腺毛密度增加 60％,且腺毛分泌的有毒次生代谢物酰基蔗糖与酚类总量也显著提升,这种同时提高机械阻碍与化学抗虫效应的作用,使烟粉虱(*Bemisia tabaci*)对处理植株的取食选择性显著下降,叶背面烟粉虱虫口数减少 60％(Escobar-Bravo *et al*,2016)。茉莉酸甲酯处理可以使挪威云杉(*Picea abies*)木质部创伤树脂道数量显著增多,树脂中萜类浓度升高1.3~2.9 倍,从而使危害挪威云杉的云杉八齿小蠹(*Ips typographus*)体重降低 16％,产卵量减少 30％,虫口数降低 32％(Erbilgin *et al*,2006)。茉莉酸甲酯处理还可以使小麦的叶肉组织结构发生变化,从而阻碍蚜虫(*Sitobion avenae*)的刺探行为,导致蚜虫第一次刺探的持续时间和总刺探时间明显更短,刺探数也显著增加(Cao *et al*,2014)。另外,外界信号刺激还可以改变植物自身的营养状况,导致植食性昆虫不能获得足够的营养。如使用外源的茉莉酸(jasmonic acid)、水杨酸(salicylic acid)等激素喷施处理,可诱导车前草(*Plantago lanceolata*)体内的氨基酸总量显著降低,以其为食的烟芽夜蛾(*Heliothis virescens*)幼虫、烟蚜(*Myzus persicae*)等植食性昆虫的生存率显著下降(Schweiger *et al*,2014)。

7.1.2.2　诱导抗虫性的间接防御

植物诱导抗虫性的间接防御主要表现为诱导植物释放挥发物、分泌花外蜜露等吸引害虫天敌。外界信号刺激或植食性昆虫取食可诱导植物的挥发性有机化合物在质与量上发生变化,诱导植物释放绿叶挥发物[如:(*Z*)-3-己烯醇、(*Z*)-3-己烯醛等]、萜烯类化合物(如:*α*-蒎烯、*β*-香叶烯、*β*-罗勒烯、*γ*-萜品烯及法尼烯等)及芳香族化合物(如:苯乙醇、苯甲醛、水杨酸甲酯及吲哚等)吸引虫害天敌(陈宗懋,2013)。野生烟草(*Nicotiana tabacum* L.)在被专食性昆虫烟草天蛾(*Manduca sexta*)取食后,会释放芳樟醇来吸引大眼长蝽属天敌来抵御其继续危害(He *et al*,2019;Kessler and Baldwin,2001)。当茶树被茶尺蠖取食或者外源茉莉酸甲酯处理后,茶树挥发物的释放种类和释放量发生改变,使得其对单白绵副绒茧蜂(*Parapanteles hyposidrae* Wilkinson)的吸引作用增强,从而显著提高了对茶尺蠖幼虫的寄生率(桂连友,2005)。同样,茶树通过释放虫害诱导挥发物来吸引植食性昆虫天敌的典型案例还有神泽氏叶螨(*Tetranychus kanzawai* Kishida)和茶小绿叶蝉取食后的茶树释放的挥发物对其捕食性天敌捕食螨和白斑猎蛛(*Evarcha albaria*)的吸引性也显著增强(赵冬香,2001;Ishiwari *et al*,2007)。

具花外蜜腺的植物经外界信号刺激或植食性昆虫取食诱导后,其体内的细胞壁转化酶被激活,催化花外蜜露(extrafloral nectaries,EFNs)的产生。关于 EFNs 生态作用的假说有多种,其中普遍接受的为"Delpino-Belt 保护假说"。该假说认为,EFNs 可吸引天敌,而天敌在访蜜的同时可捕食或寄生植物上的植食性昆虫,植物通过 EFNs 建立了与天敌之间的互惠关系,提高了自身对植食性昆虫的间接防御。例如,外源施用茉莉酸类化合物可增加多种植物 EFNs 的分泌量,并可吸引蚁类、蜘蛛、捕食性蜂、捕食性螨、捕食性蝽、寄生性蝇类、寄生蜂等昆虫天敌(Heil,2015b)。

7.1.2.3　诱导抗虫性的防御警备

通过诱导抗虫性,植物可在遇到植食性昆虫侵袭时才调用自身的资源和能量来抵御虫害的胁迫,在不必要的时候把尽可能多的资源用于生长发育和繁殖,这是植物在长期历史演变过程中形成的一种适生性(Zangerl,2003)。然而,在遭遇植食性昆虫取食和植物全面激活诱导防御前通常有一段时间延迟,在这段时间内,植物相对脆弱,与具备组成抗虫性机制的植物相比,采用诱导型防御的植物可能会遭受更大的损害(Dietrich et al,1999;Karban,2011;Zangerl,2003)。为了避免这种情况,植物逐渐演化出另一种更为灵活高效的诱导型防御机制——防御警备。

植物抗虫性的防御警备是指在受到某些生物或者非生物因子刺激后,植物犹如被注射了疫苗,会进入警备状态,提前做好抗虫防御准备,之后当遭遇植食性昆虫袭击时,会产生更加快速和强烈的抗虫防御反应,从而使自身的诱导抗虫性显著提高(Kim and Felton,2013;Martinez-Medina et al,2016;Mauch-Mani et al,2017)。如吲哚处理后的茶树再次遭遇茶尺蠖取食时,防御相关代谢产物黄酮类化合物,如柚皮素、圣草酚-7-O-葡萄糖苷、儿茶素、表儿茶素、酚酰胺 N-咖啡酰腐胺、N-p-香豆酰腐胺、阿魏酰胍、异夏佛塔苷和 N-阿魏酰腐胺等迅速累积,使得取食吲哚预处理茶树叶片的茶尺蠖体重增量和叶片消耗量显著低于以未经吲哚预处理茶树叶片为食的茶尺蠖(Ye et al,2021)。与直接诱导的抗虫防御相比,防御警备使得植物在面临虫害胁迫时防御反应更迅速、更强烈,且对自身生长发育或果实种子产量影响小。此外,这种类似于植物免疫记忆的信号不仅在植物的整个生命周期内有效,甚至可以遗传到子代(王杰等,2018;Martinez-Medina et al,2016;Mauch-Mani et al,2017a)。比如,猴面花(*Mimulus guttatus*)、野萝卜(*Raphanus raphnistrum*)、西洋蒲公英(*Taraxacum officinale*)、番茄和拟南芥(*Arabidopsis thaliana*)等多种植物受到植食性昆虫取食危害后,其子代的抗虫性均显著增强(Holeski,2007;Holeski et al,2012;Rasmann et al,2012;Verhoeven and van Gurp,2012)。基于以上优点,防御警备作为一种高效调控植物防御植食性昆虫的手段,是近年来诱导植物抗虫性研究的热点和重点,有望成为农作物害虫综合防治体系的重要组成部分。

7.1.3　诱导植物抗虫性的主要化学激发子类型

植物能够通过感受外界环境刺激信号来迅速调动自身的抗虫防御机制,抵御可能面临的外界环境的胁迫。这些本身对植食性昆虫没有毒害作用,但可以诱导植物产生抗虫防御反应或者抗虫防御警备的化合物统称为诱导植物抗虫性的化学激发子(elicitors)(Wiesel et al,2014)。化学激发子在植物诱导抗虫性中发挥着重要作用。合理地开发利用化学激发子,有望帮助植物建立天然的防御体系,从而降低植食性昆虫的种群密度、减轻植食性昆虫危害,减少化学农药使用量。目前已经鉴定的能够诱导植物抗虫性的化学激发子,主要包括植物激素及其类似物、植物挥发物、植食性昆虫口腔分泌物和植物激发子多肽等。

7.1.3.1　植物激素及类似物

植物激素不仅在植物生长发育中发挥着重要作用,还在植物抗虫防御中起到信号分子的作用(Verma et al,2016)。目前,研究最多的调控植物抗虫防御的植物激素类信号分子主要为茉莉酸类化合物(茉莉酸及其衍生物)和水杨酸类化合物(水杨酸及其衍生物)。

茉莉酸类化合物和水杨酸类化合物既可以诱导植物的直接防御,亦可诱导植物释放绿叶挥发物、萜烯类和芳香族化合物等挥发物吸引天敌来实现间接防御。马铃薯(*Solanum tuberosum* L.)经茉莉酮诱导后可释放(*E*)-*β*-法尼烯、(*E*3)-4,8-二甲基-1,3,7-壬三烯[(*E*3)-4,8-dimethyl-1,3,7-nonatriene,DMNT]、(*E*3,*E*7)-4,8,12-三甲基-1,3,7,11-三癸四烯[(*E*3,*E*7)-4,8,12-trimethyl-1,3,7,11-tri decatetraene,TMTT]等对马铃薯长管蚜(*Macrosiphum euphorbiae*)产卵具驱避性的挥发物组分来增强自身抗性(Sobhy *et al*,2017)。甘蓝(*Brassica oleracea*)经水杨酸类似物苯并噻二唑(benzothiadiazol,BTH)处理后,叶片中具抗虫活性的硫代葡萄糖苷含量明显提高,该物质可抑制粉纹夜蛾(*Trichoplusia ni*)幼虫体内重要的解毒酶谷胱甘肽-S-转移酶活性,进而导致其生长发育显著减缓(Scott *et al*,2017)。

茉莉酸类化合物和水杨酸类化合物诱导的植物挥发物种类不同,其对天敌的吸引能力也不同。茉莉酸类化合物诱导的挥发物主要由绿叶挥发物和萜烯类组成,其对茧蜂、姬蜂等寄生性天敌具备较强的吸引力,而水杨酸类化合物诱导的挥发物以芳香族化合物为主,主要吸引蜘蛛、捕食螨类等捕食性天敌(Divekar *et al*,2022;Hare,2011b;Hilker and Fatouros,2015;Ozawa *et al*,2000;Shimoda *et al*,2002)。例如,茉莉酸溶液处理后的甘蔗(*Saccharum officinarum*)通过释放多种倍半萜类化合物吸引寄生蜂螟黄足盘绒茧蜂(*Cotesia flavipes*),进而增强其对小蔗螟(*Diatraea saccharalis*)的抗性(Sanches *et al*,2017)。水杨酸甲酯熏蒸可诱导茶树茶梢释放更多的苯甲醛和苯甲醇,从而增强对蜘蛛、瓢虫、食蚜蝇等多种捕食性天敌的吸引力(苗进,2008)。

7.1.3.2　植物挥发物

植物挥发物可以作为植物与植物、植物不同组织间之间交流的信号物质,诱导相邻植物或者同一植物不同组织产生防御反应或者防御警备(Erb *et al*,2015;Li *et al*,2012;Rodriguez-Saona *et al*,2009a)。目前研究发现,植物绿叶挥发物如(*Z*)-3-己烯基醛、(*Z*)-3-己烯基醇和(*Z*)-3-己烯基乙酸酯,芳香族化合物水杨酸甲酯和吲哚,以及萜类化合物*β*-罗勒烯、DMNT、TMTT 等均在诱导植物抗虫性中起重要作用(Hu *et al*,2021)。其中,部分挥发物还可以激活多种植物的抗虫性防御警备。例如:吲哚可以作为诱导单子叶、双子叶和木本植物抗虫防御警备的激发子,经吲哚处理后的玉米、水稻(*Oryza sativa* L.)、拟南芥、蒺藜苜蓿(*Medicago truncatula*)和茶树对抵御后续植食性昆虫危害的能力显著增强(Erb *et al*,2015;Frey *et al*,2004;Ye *et al*,2019;Ye *et al*,2021)。经*β*-罗勒烯暴露处理后的白菜(*Brassica pekinensis*)、番茄、利马豆(*Phaseolus lunatus* Linn.)和玉米的抗虫性显著增强(Cascone *et al*,2015;Kang *et al*,2018;Muroi *et al*,2011)。(*E*)-橙花醇可以激活茶树对茶小绿叶蝉的防御警备(Chen *et al*,2020)。

7.1.3.3　植食性昆虫口腔分泌物

植食性昆虫的取食除了会给植物叶片造成机械损伤外,还会释放一些口腔分泌物到取食损伤的叶片周围,这些昆虫口腔分泌物是植物辨别机械损伤和植食性昆虫取食的重要信号分子(Mauch-Mani *et al*,2017)。脂肪酸-氨基酸复合物(fatty acid-amino acid conjugates,FACs)、含硫脂肪酸、多肽以及酶类是已鉴定昆虫口腔分泌物中重要的激发子。*β*-葡萄糖苷酶是人们发现的第一个能诱导植物产生防御反应的激发子(Mattiacci *et al*,1995)。随后陆续发现,甜菜夜蛾口腔分泌物 N-(17-羟基亚麻基)-L-谷氨酰胺(volicitin)可以诱导玉米植株释放挥发物吸引寄生蜂天敌(Alborn et al，1997)。FACs 类激发子 N-亚麻酰-L-谷氨酰胺(N-linolenoyl-L-glutamine，Gln18:3)能引起多种植物体内活性氧的暴发(Block et al，2018)。蝗素(caeliferins)作为最典型的含硫脂肪酸类激发子，目前已经成功地通过化学方法合成，并可以诱导拟南芥产生与美洲沙漠蝗(Schistocerca americana)唾液蝗素处理后一致的防御反应(Alborn et al，2007；O'Doherty et al，2011)。

7.1.3.4　植物激发子多肽

系统素(systemin)是最早被发现的植物多肽类激发子，能够诱导番茄对植食性昆虫的系统抗性(Huffaker，2015)。系统素不仅诱导植物挥发物的释放，促进番茄和第三重营养级(害虫天敌)之间的互作，还能影响受害植物和邻近植物间的信号交流(Cooper and Horton，2017)。除系统素外，近年来玉米的植物激发子多肽 ZmPep3 被证明可以调节玉米对甜菜夜蛾的抗性。外源施加 ZmPep3 既可诱导玉米提高植物防御相关蛋白的表达对甜菜夜蛾产生直接抗性，又可吸引寄生蜂增强对甜菜夜蛾间接抗性(Huffaker et al，2013)。同时施加外源水稻多肽 OsPeps 和昆虫口腔分泌物，能激活水稻细胞产生多种防御反应，包括促分裂活化蛋白激酶的激活以及防御相关激素和代谢物的产生(Shinya et al，2018)。

目前，茶树的诱导抗虫性研究多集中于茉莉酸、水杨酸及其类似物等植物激素和虫害诱导挥发物诱导的茶树直接和间接防御反应，以及它们在激活邻近茶树抗虫防御警备中的功能。此外，一些非挥发性物质如没食子酸和海带多糖诱导的茶树抗虫防御反应也略有涉及。本章第二节、第三节和第四节将重点围绕上述化学激发子诱导的茶树抗虫性以及茉莉酸和水杨酸信号转导途径互作展开阐述。

7.2　茉莉酸类和水杨酸类化合物诱导的茶树抗虫性

茉莉酸类和水杨酸类化合物是两类在自然界中广泛分布的植物激素，是植物对植食性昆虫危害及病原菌侵染做出反应并诱导抗性基因表达的信号分子。植物经外源茉莉酸类和水杨酸类化合物诱导或植食性昆虫危害后，体内的茉莉酸和水杨酸生物合成及信号转导途径被激活，并调控多种抗虫反应的产生(Browse，2009；Dempsey and Klessig，2017；Vlot et al，2009)。由于茉莉酸类和水杨酸类化合物对环境无害，且外源施用后可激活植物茉莉酸和水杨酸信号途径并提高植物抗性，因此这两类化合物在植物诱导抗性方面的研究近年来受到广泛重视(陈宗懋，2013)。

7.2.1　茉莉酸和水杨酸信号途径

植物通过膜蛋白受体感知到虫害胁迫或抗虫相关激发子后(数秒和数分钟内)，立即启动早期胁迫响应信号，如：Ca^{2+} 内流、丝裂原活化蛋白激酶(mitogen activated protein kinases，MAPK)级联响应或大量生产活性氧等(图 7-1)(Erb and Reymond，2019)。在茶树抗虫性诱导过程中，这些早期防御响应信号也发挥着重要的功能。如激发子(E)-橙花叔醇可以激活茶树的 MAPK 信号级联和 WRKY 转录因子，其中，茶树 MAPK 的 mRNA 含量在处理后 0.5 h 开始增加,并在处理后 1 h 达到峰值,WRKY3 的 mRNA 含量同样从 0.5 h 开始增加,并在 2 h 达到峰值。与基因表达结果一致,(E)-橙花叔醇预处理增加了 MAPK 和 WRKY3 的蛋白积累。茶尺蠖取食诱导的萜烯类化合物芳樟醇、α-法尼烯、己烯醇和 DMNT 可通过激活邻近茶树的 Ca^{2+} 信号和 MAPK 级联反应增强罗勒烯的释放量,而 Ca^{2+} 信号途径被 $LaCl_3$ 和 CAM(calmodulin)抑制后,芳樟醇、α-法尼烯、己烯醇和 DMNT 暴露处理的茶树也彻底失去释放罗勒烯的能力(Jing $et\ al$,2021b)。

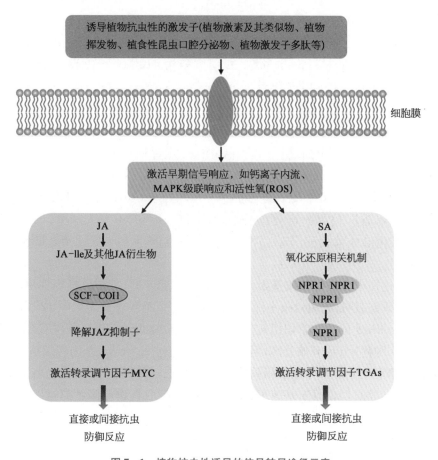

图 7-1 植物抗虫性诱导的信号转导途径示意

植物通过细胞膜上的膜蛋白受体感知外界生物或非生物相关的激发子后,立即启动早期胁迫相应信号,如 Ca^{2+} 内流、MAPK 级联相应或大量生产活性氧等。早期响应信号会进一步传递给下游的植物激素(茉莉酸和水杨酸)信号转导途径。MAPK:丝裂原活化蛋白激酶;ROS:活性氧;JA:茉莉酸;JA-Ile:茉莉酸-异亮氨酸复合物;COI1:cor-insensitive 1;SCF:泛素连接酶复合体;JAZ:茉莉酸 ZIM 结构域蛋白;MYC:bHLH 家族中转录因子;SA:水杨酸;NPR:水杨酸受体蛋白;TGA:TGACG motif-binding factor 转录因子。

早期的响应信号会通过进一步激活植物激素信号网络,调控下游相应防御代谢物的积累,从而产生抗虫性。茉莉酸和水杨酸信号转导通路是其中的核心通路,植物生长素、脱落酸、乙烯和赤霉素等其他植物激素通路则通过与茉莉酸和水杨酸信号转导通路的相互作用而发挥其调控功能(Shigenaga and Argueso,2016)。

7.2.1.1　茉莉酸的生物合成与信号转导

1984 年，Vick 和 Zimmerman 提出茉莉酸是由 α‑亚麻酸经脂肪氧合酶途径合成的（Vick and Zimmerman，1984）。后续大量的研究证实了他们的推断，并且对茉莉酸生物合成相关酶、酶促反应部位及调控机制进行了深入研究。茉莉酸生物合成部位位于叶绿体和质体上，当植物叶片受到外界刺激时，导致叶绿体膜破裂而释放出不饱和甘油酯和磷脂，其中含有二烯不饱和脂肪酸（18：2），在脂肪酸去饱和酶（fatty acid desaturase）的催化下生成三烯不饱和脂肪酸（18：3），进一步在磷酸酯酶 A1（phospholipase A1）或半乳糖酯酶（galactolipase DONGLE）的催化下水解为游离的 α‑亚麻酸（Hyun *et al*，2008；Ishiguro *et al*，2001）。游离的 α‑亚麻酸经由 13‑脂氧合酶（13‑lipoxygenase）氧化为 13‑氢过氧化亚麻酸［13（S）‑hydroperoxylinolenic acid］，然后被丙二烯氧化物合酶（allene oxide synthase，AOS）以及丙二烯氧化环化酶（allene oxide cyclase，AOC）催化成 12‑氧‑植物二烯酸（12‑oxo‑phytodienoic acid，OPDA）（Lee *et al*，2008；Ziegler *et al*，2000）。在转运蛋白的作用下，叶绿体合成的 OPDA 被运输至氧化物酶体，经由 12‑氧‑植物二烯酸还原酶 3（OPDA reductase 3，OPR3）还原为 3‑氧‑2［（Z）‑2′‑戊烯基］‑环戊烷‑1‑辛酸［3‑oxo‑2‑(cis‑2′‑pentenyl)‑cyclopentane‑1‑octanoic acid，OPC‑8：0］（Sanders *et al*，2000）。OPC‑8：0 又在 OPC‑8：0 辅酶 A 连接酶 1（OPC8：0‑Co A ligase 1）的催化下产生 3‑氧‑2［（Z）‑2′‑戊烯基］‑环戊烷‑1‑辛酸‑辅酶 A（OPC‑8：0‑CoA）。OPC‑8：0‑CoA 最终经过 3 次 β 氧化形成茉莉酸［（3R，7S）‑jasmonic acid，（＋）‑7‑iso‑JA］（Howe and Jander，2008）。

茉莉酸合成途径中的一些相关基因在茶树对茶小绿叶蝉、茶树尺蠖等害虫的抗性方面扮演重要角色。研究表明，茶树对茶小绿叶蝉的抗性与茉莉酸合成途径中 12‑氧‑植物二烯酸还原酶基因 *CsOPR3* 的表达密切相关。茶小绿叶蝉取食可显著提高茶树 *CsOPR3* 基因的表达量，表达量从取食 3 h 后开始升高，至 24 h 达最大值。*CsOPR3* 基因转录被激活后，茶树叶片中多酚氧化酶、几丁质酶等抗虫相关物质显著累积，茶树上茶小绿叶蝉雌虫的虫口数、产卵量显著降低。根据 *CsOPR3* 基因表达对茶小绿叶蝉取食诱导高敏感这一特性，陈升龙等利用 GUS 报告基因融合载体建立了 *OPR3p: GUS* 体系，将 *CsOPR3* 基因作为茶树抗茶小绿叶蝉的分子标记基因，用于快速筛选诱导茶树抗茶小绿叶蝉的外源激发子（Chen *et al*，2020）。此外，丙二烯氧化物合酶 *CsAOS*、丙二烯氧化物环化酶 *CsAOC* 等基因的表达还与茶树抗性挥发物罗勒烯的合成与释放有关（Jing *et al*，2021b）。

茉莉酸在植物体内合成后，通过代谢可以形成多种有生物活性的衍生物。如在细胞质中，茉莉酸可以被茉莉酸甲基转移酶（jasmonic acid carboxyl methyltransferase）催化生成挥发性物质茉莉酸甲酯（Farmer *et al*. 1990）；在茉莉酸‑氨基酸合酶（jasmonic acid‑amino acid synthase）的催化下，茉莉酸可以和异亮氨酸形成茉莉酸‑异亮氨酸连接体（jasmonoyl‑isoleucine，JA‑Ile）（Staswick and Tiryaki，2004）。JA‑Ile 是茉莉酸信号转导途径的活性分子，其可以进一步被甲基化形成 JA‑Ile‑Me。同时，由于 3R，7S 型的茉莉酸稳定性较差，较容易转变成其异构体 3R，7R 型（-）‑7‑iso‑JA。茉莉酸类化合物不仅可作为茶树体内的抗性信号分子，还可作为激发子通过外源施用来提高茶树对害虫的抗性。目前已被报道具备茶树诱抗活性的茉莉酸类化合物主要有茉莉酸、茉莉酸甲酯、JA-Ile、JA-Ile-大环内酯5b等。

茉莉酸作为重要的信号分子，可以调控植物的多种应激反应。20世纪90年代，研究人员对茉莉酸信号传导途径进行了深入的研究，证实了部分相关基因的功能，并阐述了各基因或转录因子在茉莉酸传导途径中的作用。静息状态下，植物体内茉莉酸水平较低，茉莉酸信号通路的抑制蛋白JAZ(jasmonate ZIM-domain protein, JAZ)与bHLH转录因子MYC2(myelocytomatosis 2, MYC2)、MYC3(myelocytomatosis 3, MYC3)、MYC4(myelocytomatosis 4, MYC4)结合在一起，使JAZ处于失活状态，不能启动基因转录。当植物受到环境胁迫刺激(比如植食性昆虫取食)，植物体内茉莉酸水平会急剧上升，在活性信号分子JA-Ile的作用下，COI1(cor-insensitive 1, COI1)与JAZ蛋白结合，在泛素连接酶复合体(Skip/Cullin/F-box-type E3 ubiquitin ligase, SCF^{COI1})的作用下使JAZ蛋白泛素化并通过26S蛋白酶体途径被降解。JAZ被降解后，MYC2、MYC3、MYC4等被自由释放并与中介复合物MED25(mediator 25, MED25)互作，进而激活茉莉酸途径相关基因的表达(图7-1)(An et al, 2017; Fernandez-Calvo et al, 2011; Zhang et al, 2015)。此外，静息状态下，JAZ还可通过接头蛋白NINJA(novel interactor of JAZ, NINJA)招募转录共抑制子TPL(topless, TPL)来抑制MYC2的转录和茉莉酸响应基因的表达。该过程中，乙酰转移酶GCN5(general control non-derepressible 5, GCN5)和去乙酰化酶HDA6(histone deacetylase 6, HDA6)充当了调控茉莉酸合成相关基因表达的分子开关：静息状态下，GCN5对TPL进行乙酰化修饰，增强TPL与NINJA互作，MYC2的活性被抑制，茉莉酸响应基因表达关闭；当植物体内茉莉酸积累时，HDA6对TPL进行去乙酰化修饰，削弱TPL与NINJA互作，促进TPL与MYC2解离，促使茉莉酸响应基因的表达(An et al, 2022)。茉莉酸途径防御基因的表达将进一步调控各种生理过程和抗性反应。

由此可见，MYC、JAZ是茉莉酸信号转导的枢纽。研究人员对茶树体内14个MYC家族基因进行了全基因组鉴定，并对其进化关系、基因结构、功能等进行了解析(Chen et al, 2021)。研究表明，茶树体内有4个定位于细胞核的MYC转录因子与拟南芥中MYC2的同源性最高。其中，CsMYC2.1和CsMYC2.2具有转录自激活活性，通过激活G-box启动子并与CsJAM1.1和CsJAM1.2相互作用，从而调控茉莉酸通路的信号转导。酵母双杂交和双分子荧光互补试验表明，CsMYC2.1还能与CsJAZ3/7/8蛋白相互作用，激活茉莉酸信号的表达。

7.2.1.2 水杨酸的生物合成与信号转导

为应对刺吸式口器害虫，植物常通过启动水杨酸信号转导途径调控下游的防御反应。研究表明，植食性昆虫诱导的植物水杨酸信号途径中，约90%的水杨酸通过异分支酸合酶(isochorismate synthase, ICS)途径合成(Garcion et al, 2008; Uppalapati et al, 2007; Wildermuth et al, 2001)。ICS途径中，分支酸在叶绿体中由ICS催化合成异分支酸，异分支酸经转运蛋白EDS5(enhanced disease susceptibility 5, EDS5)转运至细胞质基质，并在氨基转移酶PBS3(avrPphB susceptible 3, PBS3)和酰基转移酶EPS1(enhanced pseudomonas susceptibility 1, EPS1)的作用下转化为水杨酸(Rekhter et al, 2019; Torrens-Spence et al,

2019)。此外，余下约 10％的水杨酸此前被认为是以 L‐苯丙氨酸(L‐phenylalanine，Phe)为前体，经苯丙氨酸解氨酶(phenylalanine ammonia lyase，PAL)途径合成，但一直未有确凿的证据(Leon et al，1995；Vlot et al，2009；Zhang et al，2013)。然而，用稳定同位素标记苯环的$^{13}C_6$‐Phe 处理拟南芥后，仅在拟南芥体内检测到被标记的 PAL 同分异构体$^{13}C_6$‐4‐对羟基苯甲酸($^{13}C_6$‐4‐hydroxybenzoic acid，4‐HBA)，并未检测到$^{13}C_6$‐水杨酸。而用同位素标记的$^{13}C_6$‐苯甲酸($^{13}C_6$‐benzoic acid)处理拟南芥后，则可以检测到$^{13}C_6$‐水杨酸的生成(Wu et al，2022)。这意味着 Phe 在拟南芥中并不能生成水杨酸，而是合成其同分异构体4‐HBA，苯甲酸可能是拟南芥中合成水杨酸的前体物质(Wu et al，2022)。水杨酸合成后，在水杨酸甲基转移酶、水杨酸葡糖基转移酶的催化下，继续生成水杨酸甲酯、水杨酸邻‐β葡萄糖苷(salicylic acid O‐β‐glucoside)等多种衍生物。其中，水杨酸甲酯在植物体长距离防御信号运输、植物抗虫中均起重要作用(Vlot et al，2009)。研究表明，水杨酸的合成和累积与提高茶树对茶小绿叶蝉的抗性有关。茶小绿叶蝉取食可显著提高茶树体内异分支酸转运蛋白 CsEDS1 基因的表达与水杨酸的合成。茶树体内水杨酸的含量增高可进一步诱导茶树多酚氧化酶、几丁质酶等防御酶活性升高，降低茶树上茶小绿叶蝉的虫口数、产卵量和成活率(Xin et al，2019)。

　　NPR1(non‐expressor of pathogenesis‐related genes 1，NPR1)和 NPR3/NPR4 是植物识别水杨酸的受体，可调控水杨酸途径的信号转导(Ding et al，2018；Dong，2004；Wang et al，2020)，但 NPR1 与 NPR3/NPR4 的作用相反(Ding et al，2018)。NPR3/NPR4 是水杨酸信号响应的转录共抑制子，负责在植物静息状态下，抑制水杨酸防御基因表达，防止植物的自身免疫(Ding et al，2018)；NPR1 则是水杨酸信号的转录共激活因子。当 NPR1 存在于细胞核中时，其作用于水杨酸调控的防御基因转录；而当 NPR1 存在于细胞质基质中时，则作用于水杨酸和茉莉酸途径间的拮抗信号交流。NPR1 单体不稳定，一般通过二硫键以多聚体形式存在于细胞质基质中。当水杨酸浓度升高时，水杨酸会诱导细胞氧化还原态改变，从而使 NPR1 聚合体的半胱氨酸残基(Cys82 和 Cys216)被硫氧还蛋白 H5(Trx‐H5)和/或 Trx‐H3 还原，进而引起 NPR1 聚合体的单体化(Mou et al，2003；Tada et al，2008)。单体化的 NRP1 从细胞质被转移至细胞核，并在细胞核中激活 TGA(TGACGTCA cis‐element‐binding protein，TGA)等重要转录因子，最终调节防御相关基因的表达(图 7‐1)。研究表明，细胞核内的 NPR1、bZIP(basic leucine zipper，bZIP)转录因子 TGA 及 NIM1 互作蛋白 1(NIM1‐interacting 1，NIMIN1)三者间存在相互作用(Weigel 等 2001)。研究还表明，TGA 在水杨酸和 NPR1 的参与下也可激活防御基因转录，而 NIMIN1 可与 TGA、NPR1 和病程相关蛋白 1(pathogenesis related 1，PR1)启动子元件形成复合体，通过抑制 NPR1 进而削弱防御相关基因的表达(Weigel et al，2001)。此外，植物细胞核内的 WRKY 转录因子通过绑定 PR(pathogenesis related gene，PR)基因启动子区域的 W 盒子也可调节水杨酸相关防御基因的表达(Eulgem，2005)。多组学研究结果显示，茶树经茶小绿叶蝉取食后，叶片中的水杨酸含量提高约 2 倍，CsWRKY 等基因的表达量升高 2～5 倍，这意味着茶树体内水杨酸信号通路的转导或与该机制相关(Zhao et al，2020)。

　　茉莉酸信号途径和水杨酸信号途径是调控茶树诱导抗虫性的核心信号途径。茉莉酸类和水杨酸类化合物作为重要的激发子,可以激活茉莉酸和水杨酸的生物合成与信号转导,提高茶树的多种抗虫性。根据表现形式,可将茉莉酸类和水杨酸类化合物诱导的茶树抗虫反应分为直接和间接抗虫反应两类。

7.2.2 茉莉酸类和水杨酸类化合物诱导茶树的直接防御

外源茉莉酸类和水杨酸类化合物可诱导植物产生直接抗虫反应,对植食性昆虫的取食、产卵、生长发育等生命活动产生直接的不利影响。这些直接抗虫反应主要包括:① 诱导植物合成生物碱、醌类、硫代葡萄糖苷、皂苷等有毒次生代谢物,扰乱害虫生长发育或直接毒杀害虫。例如,用茉莉酸甲酯喷施烟草可使烟草的烟碱含量提高 2 倍,危害其上的烟草天蛾幼虫死亡率提高 50%~80%(Baldwin and Hamilton,2000)。用水杨酸类化合物 BTH 处理甘蓝可显著提高甘蓝植株的硫代葡萄糖苷含量,使得植株上的粉纹夜蛾幼虫的生长速率显著减缓。② 诱导植物体内多酚氧化酶、蛋白酶抑制剂等防御类酶的生物合成或使酶活性提高,进而影响害虫消化功能,造成虫体发育减缓或死亡(桂连友,2005;陈宗懋,2013;邓雅楠等,2018;Koramutla *et al*,2014)。如外源茉莉酸、茉莉酸甲酯等处理可提高兴安落叶松(*Larix gmelinii*)体内多酚氧化酶、蛋白酶抑制剂的活性,其上落叶松毛虫(*Dendrolimus superans*)体内消化酶活性降低 40%~60%,取食量及取食选择性显著降低;葡萄(*Vitis vinifera*)经水杨酸诱导后,根系中过氧化物酶和过氧化氢酶活性增高,其上葡萄根瘤蚜(*Daktulosphaira vitifoliae*)若蚜数减少 42.31%(杜远鹏等,2014)。③ 诱导植物释放驱避性挥发物,降低害虫对植株的选择度。如马铃薯经茉莉酮诱导后可释放 TMTT、(*E*)-β-法尼烯和 DMNT 等对马铃薯长管蚜具驱避性的挥发物组分,雌蚜对处理后植株的产卵趋性降低 30%(Sobhy *et al*,2017);番茄经水杨酸诱导后,可释放对烟粉虱具显著驱避作用的水杨酸甲酯和 δ-柠檬烯,烟粉虱对植株的偏好度可降低 33%~65%(Shi *et al*,2016)。④ 茉莉酸类和水杨酸类化合物还可诱导植物抗虫组织结构的形成,如毛状体、组织硬化及针叶类植物的创伤树脂道等(Bosch *et al*,2014;Falk *et al*,2014)。这些组织均对昆虫取食及产卵形成机械阻碍,而毛状体、树脂道分泌的酚类、萜类、酰基糖及甲基酮等有毒次生代谢物质还对昆虫具有毒害作用(Bleeker *et al*,2009;Hudgins and Franceschi,2004)。

儿茶素类(catechins)是茶叶多酚类化合物的主要成分,含量占茶叶干重的 12%~24%。其不仅对人类的健康有益,而且在茶树对灰茶尺蠖(*Ectropis grisescens*)的直接防御中也发挥了重要作用(Lin *et al*,2022)。研究发现,无论是用灰茶尺蠖取食或灰茶尺蠖口腔分泌物处理茶树叶片,或者人工饲料中添加(+)-儿茶素,灰茶尺蠖幼虫生长发育均受到抑制(图 7-2a)。这表明,灰茶尺蠖幼虫取食诱导茶树儿茶素、表儿茶素和表没食子儿茶素没食子酸酯含量显著积累,抑制灰茶尺蠖幼虫生长发育,最终产生直接防御反应。为探明植物激素信号途径在其中的调控作用,研究人员使用茉莉酸信号途径抑制剂异喹啉化合物ZINC71820901(lyn3)和 JA 同时处理茶树。结果发现,以其取食的灰茶尺蠖体重的增加量显著高于取食仅用 JA 处理的茶树,同时又显著低于空白对照组(图 7-2b)。进一步研究发现,lyn3 可通过抑制 JA 和 JA-Ile 的生成量来降低类黄酮途径相关代谢产物的合成,其中儿茶素类化合物的积累量显著降低,这使得茶树对灰茶尺蠖的抗性降低。这些结果表明,茉莉酸信号途径在茶树合成儿茶素类化合物抗灰茶尺蠖的过程中发挥着重要作用。外源茉莉酸处理可激活茶树的茉莉酸途径,诱导提高茶树的儿茶素类化合物的积累,抑制灰茶尺蠖幼虫的生长发育。

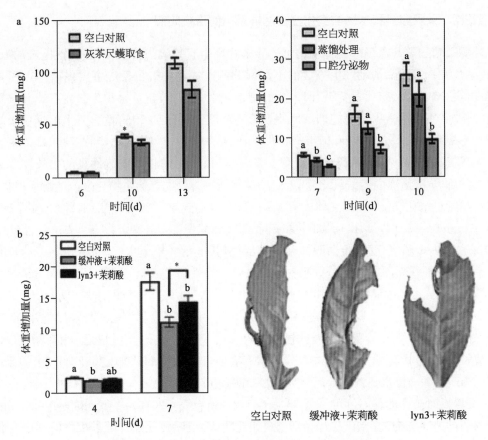

图 7 - 2　不同处理的茶树对灰茶尺蠖幼虫体重的影响

(Lin *et al.* 2022)

a: 灰茶尺蠖取食、蒸馏水和灰茶尺蠖口腔分泌物预处理茶树对灰茶尺蠖体重的影响; b: 茉莉酸及茉莉酸和 lyn3 混合物处理对灰茶尺蠖体重的影响。缓冲液为 0.15% 1M 盐酸,0.1% 乙醇和 0.1% 吐温 - 20 混合物,lyn3 指异喹啉化合物 ZINC71820901,JA 为茉莉酸。不同字母表示不同处理组间存在显著性差异(单因素方差分析 Tukey 多重检验,$P <$ 0.05); 星号表示处理组和对照组间存在显著性差异(T-test, * 表示 $P < 0.05$, ** 表示 $P < 0.01$, *** 表示 $P < 0.001$)。

除了诱导生成抗性物质外,外源茉莉酸类化合物还可诱导茶树叶片中营养物质含量的降低,通过减少害虫的营养摄入来抑制虫体生长。例如,使用激发子 JA - Ile -大环内酯 5b 外源处理茶树 24 h 后,茶树叶片中黄酮类物质圣草酚- 7 - O -葡萄糖醛酸苷(eriodictyol 7 - O - glucuronide,EDG)含量降低 26% (Lin *et al*, 2020)。将灰茶尺蠖幼虫接至 JA - Ile -大环内酯 5b 处理的茶树叶片上取食 8～10 天后,取食处理叶片的灰茶尺蠖幼虫的体重增量比对照组减少了 32%～47%。为了验证 EDG 对灰茶尺蠖幼虫生长发育的作用,分别向人工饲料中添加 400 ng/mL 和 2 000 ng/mL 的 EDG,尺蠖幼虫取食 10 天后,幼虫体重增量比取食对照饲料组的提高 20%～30%。这些结果表明,EDG 是灰茶尺蠖幼虫生长发育所需的重要营养成分,外源 JA - Ile -大环内酯 5b 处理可显著降低茶树叶片中 EDG 的含量,并显著减缓灰茶尺蠖幼虫的生长速率(Lin *et al*，2020)。

多酚氧化酶可与茶树叶片中的蛋白混合形成有毒的醌类化合物，在一定程度上对害虫产生毒害作用。此外，醌类化合物还能进一步形成酚类络合物，从而降低已摄入植物蛋白的营养价值(Felton *et al*，1992)。研究表明，茉莉酸甲酯处理茶树后不同时间，叶片中的多酚氧化酶、脂氧合酶的活性都有显著增强。其中，处理茶树 2～7 天后，多酚氧化酶的活性增加 16.8%～23.4%(图 7-3)。生测实验表明，茶尺蠖幼虫取食了外源茉莉酸甲酯处理后的茶树叶片后，昆虫体内蛋白酶抑制剂的数量也有明显增加，中肠总蛋白酶的活力显著降低，凝乳蛋白酶活力比对照降低了 50.1%～79.3%，胰蛋白酶活力下降了 10.0%～14.2%。在取食 5 天后茶尺蠖幼虫的平均体重有明显降低，其中取食对照叶片的茶尺蠖幼虫平均体重为 8.43 mg，取食茉莉酸甲酯

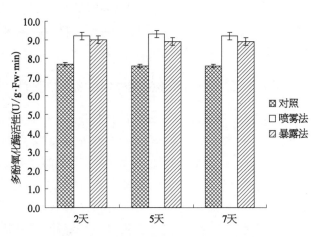

图 7-3　茉莉酸甲酯处理后茶树叶片多酚氧化酶活性变化的时间动态

喷雾处理和熏蒸处理叶片的幼虫平均体重为 6.98 mg 和 6.74 mg，分别减轻 17.21% 和 20.05%。这表明用茉莉酸甲酯诱导的叶片抑制茶尺蠖取食，同时由于蛋白酶抑制剂的增加影响了消化，结果体重下降，生长受到抑制(表 7-2)。外源水杨酸类化合物也可诱导茶树防御酶活性提高，从而提高茶树的抗虫性。与茉莉酸类化合物报道不同的是，水杨酸类化合物的抗虫靶标以刺吸式口器的茶小绿叶蝉为主。例如，外源水杨酸、水杨酸甲酯等处理可使茶树叶片内超氧化物歧化酶和过氧化物酶等抗虫性酶的活性提升 20%～50%(周璇等，2015；魏吉鹏等，2018)。茶小绿叶蝉对外源水杨酸甲酯处理后的茶树取食刺探次数增加，非取食刺探时间延长，韧皮部取食时长缩短(苗进，2008)。这意味着水杨酸甲酯处理降低了茶小绿叶蝉的取食适合度，一定程度上抑制了茶小绿叶蝉取食。

表 7-2　不同剂量茉莉酸甲酯处理茶树后对茶尺蠖幼虫的拒食效应

处　　理	幼虫平均增加体重(mg)	幼虫平均体重减退率(%)
25 μL/株	1.93	41.62
50 μL/株	2.37	28.42
100 μL/株	2.38	27.96
对照(CK)	3.31	

此外，水杨酸类化合物还可诱导茶树释放对植食性昆虫具有驱避活性的挥发物组分。茶树经 20 mmol/L 水杨酸外源诱导后，释放的挥发物可使灰茶尺蠖雌蛾的产卵趋性降低

85％～87％，灰茶尺蠖雄蛾的觅偶趋性(指雄蛾对雌蛾的趋性)降低 53％～68％。GC-EAD 试验显示，水杨酸诱导的茶树挥发物中仅水杨酸甲酯一种组分具备对灰茶尺蠖雌蛾、雄蛾的触角电生理活性，且该组分可占水杨酸诱导茶树挥发物总体的 85％以上。行为试验证实，水杨酸甲酯气味对灰茶尺蠖雌雄蛾均具强烈的驱避作用。与单独茶树背景气味相比，增加水杨酸甲酯气味后，雌蛾对茶树的产卵趋性、雄蛾对雌蛾的觅偶趋性均显著降低。另有研究表明，茶园中茶树经 0.2 mmol/L、0.4 mmol/L 的水杨酸甲酯喷施后，色板诱捕到的茶小绿叶蝉数比对照小区约少 20％，这也可能与水杨酸甲酯处理诱导茶树释放了叶蝉驱避性组分有关(苗进，2008)。

7.2.3　茉莉酸类和水杨酸类化合物诱导茶树的间接防御反应

外源茉莉酸类和水杨酸类化合物还可诱导植物释放对寄生蜂、线虫、捕食螨、蜘蛛等昆虫天敌具有吸引活性的挥发物，提高植物对植食性昆虫的间接防御(Biere and Goverse，2016；Pearse et al，2020)。研究表明，茉莉酸类和水杨酸类化合物诱导的植物挥发物组成及功能均具有较高的途径特异性。茉莉酸类化合物诱导的植物挥发物主要由绿叶挥发物和萜类组成，且对茧蜂、姬蜂等寄生性天敌具备较强的吸引力；而水杨酸类化合物诱导的植物挥发物以芳香族化合物为主，主要吸引蜘蛛、肉食螨类等捕食性天敌(De Boer and Dicke，2004；Hare，2011a；Hilker and Fatouros，2015；Jansen et al，2011；Ozawa et al，2000；Shimoda et al，2002)。如茉莉酸溶液处理甘蓝后，(E)-4-侧柏醇、DMNT 等对粉蝶盘绒茧蜂(Cotesia glomerate)具引诱活性的物质释放量显著增加，处理后甘蓝上欧洲粉蝶二龄幼虫的被寄生率提高 0.5 倍(Bruinsma et al，2009；Qiu et al，2012)。使用外源水杨酸甲酯熏蒸可诱导利马豆释放 DMNT、TMTT 等挥发物组分，引诱二斑叶螨(Tetranychus urticae)的捕食性天敌塔六点蓟马(Scolothrips takahashii)。此外，茉莉酸类化合物还被报道可激活大戟科、豆科及杨柳科等植物的细胞壁转化酶，增加植物花外蜜露的分泌量，吸引天敌访蜜来抵御害虫(Heil，2015a；Heil et al，2001)。

茉莉酸类和水杨酸类外源激发子均可使茶树挥发物释放总量显著增加，并可诱导茶树释放新的挥发物组分。两类激发子诱导的茶树挥发物图谱差异较大，但同类的激发子诱导的茶树挥发物相似，同种激发子高浓度下所诱导的茶树挥发物的种类较多或总释放量较高。4 种激发子诱导的茶树挥发物总量由大到小依次为水杨酸甲酯、水杨酸、茉莉酸甲酯、茉莉酸，挥发物组分数由多到少依次为茉莉酸甲酯、茉莉酸、水杨酸、水杨酸甲酯(表 7-3，图 7-4)(焦龙等，2020)。水杨酸与水杨酸甲酯诱导的挥发物种类较单一，主要为芳香族组分；水杨酸可诱导茶树新释放水杨酸甲酯、苯甲醚、苯酚 3 种芳香族化合物，其中 90％以上为水杨酸甲酯；水杨酸甲酯仅可诱导茶树新释放水杨酸甲酯 1 种组分。茉莉酸和茉莉酸甲酯诱导的茶树挥发物中包含绿叶挥发物、萜类及芳香族等挥发物，其中 80％以上为(E)-β-罗勒烯、DMNT、(E,E)-α-法尼烯、芳樟醇、苯乙腈、苯乙醛等组分。其中茉莉酸可诱导茶树新释放 6 种组分，茉莉酸甲酯可诱导茶树新释放 20 种组分。绿叶挥发物、萜类及芳香族化合物分别由脂氧合酶途径、莽草酸途径及异戊二烯途径等挥发物合成途径合成(Laothawornkitkul et al，2008)。由此可见，水杨酸类化合物激发子主要调控莽草酸途径的表达，而茉莉酸类化合物激发子可诱导脂氧合酶途径、莽草酸途径及异戊二烯途径的表达。

表 7 - 3 四种外源激发子诱导 24 h 的茶树挥发物
（焦龙苹，2020）

化合物释放量[ng/(h·g)]

化合物名称	保留时间(min)	丙酮	茉莉酸处理 2 mol/L	茉莉酸处理 10 mol/L	茉莉酸甲酯处理 2 mol/L	茉莉酸甲酯处理 10 mol/L	水杨酸处理 4 mol/L	水杨酸处理 20 mol/L	水杨酸甲酯处理 4 mol/L	水杨酸甲酯处理 20 mol/L
绿叶挥发物		1	1	1	1	3	1	1	1	1
(Z)-3-己烯基乙酸酯	10.15	ND	ND	ND	ND	0.1±0.02	ND	ND	ND	ND
壬醛	13.12	T	0.06±0.01	0.28±0.04*	0.11±0.02	0.48±0.16	T	T	T	T
(Z)-3-己烯基己酸酯	20.98	ND	ND	ND	ND	T	ND	ND	ND	ND
萜烯类化合物		0	2	3	7	13	0	0	0	0
α-蒎烯	7.9	ND	ND	ND	0.11±0.02	0.39±0.08*	ND	ND	ND	ND
β-香叶烯	9.63	ND	ND	ND	ND	0.34±0.09	ND	ND	ND	ND
对伞花烃	10.64	ND	0.09±0.03	ND	0.05±0.01	0.11±0.04	ND	ND	ND	ND
柠檬烯	10.78	ND	ND	ND	0.32±0.01*	0.16±0.03	ND	ND	ND	ND
(Z)-β-罗勒烯	11.05	ND	ND	0.69±0.04	ND	0.43±0.14	ND	ND	ND	ND
(E)-β-罗勒烯	11.41	ND	ND	ND	1.01±0.11	46.01±4.36*	ND	ND	ND	ND
芳樟醇	12.97	ND	ND	ND	T	4.16±1.18*	ND	ND	ND	ND
DMNT	13.48	ND	0.2±0.05	1.74±0.79*	1.48±0.69	34.18±13.56*	ND	ND	ND	ND
1,3,8-p-雪松烯	13.88	ND	ND	ND	ND	1.06±0.22	ND	ND	ND	ND
石竹烯	22.12	ND	ND	0.29±0.06	0.89±0.03	3.67±0.42*	ND	ND	ND	ND
(Z,Z)-α-法尼烯	24.25	ND	ND	ND	ND	0.11±0.02	ND	ND	ND	ND
橙花叔醇	25.61	ND	ND	ND	ND	0.11±0.02	ND	ND	ND	ND
TMTT	25.97	ND	ND	ND	ND	0.06±0.01	ND	ND	ND	ND
芳香族化合物		2	3	4	3	4	4	4	2	2
苯甲醚	7.43	T	ND	ND	ND	ND	1.09±0.14	2.09±0.69	ND	ND
苯甲醛	8.72	T	0.08±0.01	T	ND	T	T	T	ND	ND
苯酚	9.31	ND	ND	ND	ND	ND	0.45±0.06	1.91±0.76	T	T
苯乙醛	11.26	ND	0.75±0.15	0.33±0.08	0.82±0.11*	0.37±0.08	ND	ND	ND	ND
苯乙腈	14.16	ND	0.1±0.01	0.87±0.55*	0.15±0.01	1.03±0.39*	ND	ND	ND	ND
水杨酸甲酯	15.79	ND	ND	ND	ND	ND	25.05±6.82	111.11±15.2*	181.32±35.47	468.49±100.52*
吲哚	18.62	ND	ND	T	0.18±0.01	0.83±0.28	ND	ND	ND	ND
挥发物总组分数		3	6	8	11	20	5	5	3	3
总量		T	1.27±0.17	4.38±0.65*A	5.14±0.76	94.14±18.84*A	26.58±6.93	115.11±15.98*A	181.32±35.47	4688.49±100.52*B

注：所有组分均通过比对标准品的质谱图与保留时间进行定性。ND 为未检出（检出限：信噪比为 3），T 表示释放量低于 0.01 ng/（h·g）。数据为平均数±标准误（n=4）。* 表示该组分的释放量在同种激发子不同浓度的处理间差异显著（P<0.05）。发物释放总量在 4 种处理间差异显著（P<0.05）。上标不同大写字母表示茶树发物释放量在同种激发子不同浓度的处理间差异显著（P<0.05）。

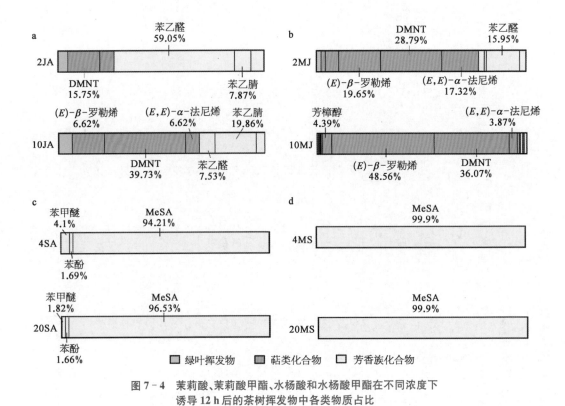

图 7-4 茉莉酸、茉莉酸甲酯、水杨酸和水杨酸甲酯在不同浓度下
诱导 12 h 后的茶树挥发物中各类物质占比

a：2 mol/L 和 10 mol/L 茉莉酸处理 12 h 后诱导的茶树挥发物种类及占比；b：2 mol/L 和 10 mol/L 茉莉酸甲酯处理 12 h 后
诱导的茶树挥发物种类及占比；c：4 mol/L 和 20 mol/L 水杨酸处理 12 h 后诱导的茶树挥发物种类及占比；d：4 mol/L 和
20 mol/L 水杨酸甲酯处理 12 h 后诱导的茶树挥发物种类及占比；图中百分数表示各类物质在挥发物中所占比例。2JA：2 mol/L
茉莉酸处理；10JA：10 mol/L 茉莉酸处理；2MJ：2 mol/L 茉莉酸甲酯处理；10MJ：10 mol/L 茉莉酸甲酯处理；4SA：4 mol/L 水
杨酸处理；20SA：20 mol/L 水杨酸处理；4MS：4 mol/L 水杨酸甲酯处理；20MS：20 mol/L 水杨酸甲酯处理。

　　此外，尽管两类激发子均可诱导芳香族组分的释放，但互不重叠。水杨酸类化合物诱导
释放的苯甲醚、苯酚和水杨酸甲酯等 3 种芳香族组分均未在茉莉酸类化合物诱导茶树挥发物
中检出；而茉莉酸类化合物诱导的苯乙醛、苯乙腈等同样未在水杨酸类化合物诱导茶树植物
挥发物中检出。这表明两类激发子在诱导茶树植物挥发物合成途径及途径的表达节点上均
存有差异。同类激发子诱导的茶树植物挥发物较相似。茉莉酸诱导的茶树植物挥发物中
80% 以上为萜类及芳香族组分，而茉莉酸甲酯诱导的茶树植物挥发物中仅萜类占比就可达
85%～90%。水杨酸可诱导茶树释放苯甲醚和苯酚，而水杨酸甲酯却不能。这可能是同类
激发子在诱导挥发物合成时，各激素信号途径及其调控的下游挥发物合成途径的关键基因
表达程度不同所导致。植物对各激发子的利用率不同也可能导致诱导挥发物的差异。由于
茉莉酸甲酯的极性较茉莉酸弱，更易跨膜扩散至植物细胞内。因此，相同浓度下，植物对茉
莉酸甲酯的吸收利用率高于茉莉酸(Stitz et al，2011；Wasternack and Feussner，2018；
Wasternack and Strnad，2016)；而水杨酸中包含非极性的苯环结构，与水杨酸甲酯的极性差
异相对较小，植物对二者的吸收利用率相差不大，因此二者诱导的挥发物虽有差异，但相似
度可达 90% 以上(Maeda and Dudareva，2012)。

　　外源茉莉酸类化合物和水杨酸类化合物诱导均可提高茶树植物的间接抗虫性，但二者

诱导的挥发物不同使两类激发子诱导的抗虫功能及靶标存在差异(Thaler *et al*, 2012)。茉莉酸类激发子可诱导植物释放罗勒烯、芳樟醇等大量萜类,而这些物质对姬蜂科、瓢甲科、肉食性螨类等多种天敌具广泛的引诱作用,因而茉莉酸类可诱导植物对咀嚼式、刺吸式等多类害虫的抗性。而水杨酸类诱导的植物挥发物多为水杨酸甲酯,对蚜科、叶蝉科等半翅目昆虫具驱避作用,并可引诱某些捕食性螨类,因而主要抵御刺吸式害虫(陈宗懋,2013;焦龙等,2020;Bruinsma *et al*, 2009;Thaler *et al*, 2012)。

茶树经两类激发子诱导后,所释放的挥发物组成及包含的抗性组分与上述相吻合,两类激发子诱导的茶树抗虫靶标也与上述研究相似。研究表明,无论是用100 mL茉莉酸甲酯溶液(含200 μL茉莉酸甲酯)喷施或是用200 μL茉莉酸甲酯熏蒸,均可诱导茶树显著引诱茶尺蠖的寄生性天敌单白绵副绒茧蜂。在"Y"型嗅觉仪试验中,选择茉莉酸甲酯喷施或熏蒸处理茶树的单白绵副绒茧蜂成虫比选择对照茶树的多3~4倍。同时,单白绵副绒茧蜂成虫在茉莉酸甲酯处理茶树的侧臂前活动的时长占总观察时间的百分比也显著高于在对照茶树前的活动时长占比。四臂嗅觉仪试验中,选择茉莉酸甲酯处理茶树粗提物的单白绵副绒茧蜂数与选择茶尺蠖幼虫取食诱导茶树粗提物的蜂数相近,且均显著高于选择对照茶树粗提物的蜂数(桂连友,2005)。单组分试验表明,茉莉酸甲酯诱导的茶树挥发物中反-罗勒烯、2-乙基-1-己醇在10^{-5}、10^{-6}、10^{-7}(体积比)等浓度下对单白绵副绒茧蜂有显著的吸引作用。2002—2007年的田间试验表明,用50 mg/L的茉莉酸甲酯喷雾或暴露处理茶树后,可使茶园中单白绵副绒茧蜂对茶尺蠖幼虫的寄生率增加48.6%~104.4%(表7-4)。水杨酸类化合物诱导的茶树挥发物则以引诱捕食性天敌为主。将100 mL 0.1 mmol/L、0.2 mmol/L、0.4 mmol/L和0.8 mmol/L的水杨酸甲酯水溶液,分别喷施于50 cm×50 cm茶丛上。48 h后,0.2 mmol/L、0.4 mmol/L和0.8 mmol/L水杨酸甲酯处理茶丛下黄板上的蜘蛛捕获量显著高于清水对照茶丛,0.2 mmol/L水杨酸甲酯处理茶丛黄板上食虫虻的捕获量显著高于对照茶丛。此外,各浓度水杨酸甲酯处理茶丛诱集的刀角瓢虫、龟纹瓢虫、寄生蝇、食蚜蝇等天敌的量也高于对照,但未达显著水平(苗进,2008)。

表7-4 茉莉酸甲酯在田间条件下处理茶树后对单白绵副绒茧蜂寄生率提高比率

年 份	单白绵副绒茧蜂寄生率提高比率(%)	
	茉莉酸甲酯喷施	茉莉酸甲酯熏蒸
2002	76.0	72.5
2003	104.4	101.5
2006	78.6	84.2
2007	48.6	62.9

茉莉酸类和水杨酸类激发子诱导植物抗虫的方法有多种,如喷雾、暴露、涂抹、土壤注射及浸泡等(表7-5)。此外,两类激发子在诱导不同植物时,所使用的浓度范围也不同,有的甚至可相差近万倍。总结发现,茶树等木本植物上的使用浓度较高,可达1~100 mmol/L不

等;而利马豆、番茄、甘蓝等草本植物上使用的激发子浓度较低,为 $10^{-3} \sim 10^{-1}$ mmol/L。外源诱导时,若用量过小或浓度过低会导致植物诱抗效果不显著,而用量过大或浓度过高则会导致植物组织坏死,产生药害(Ozawa et al,2000)。在实际操作时,激发子的用量及浓度范围需参阅大量文献并结合诱导植物的方法、防治对象、所处环境以及植物的年龄、生长周期等植物生理状况而定。

表7-5 水杨酸类和茉莉酸类激发子外源诱导植物抗虫性的使用方法比较

方　法	操　作　方　式	特　　点
喷雾法	将激发子先溶于丙酮、乙醇等有机溶剂,再添加乳化剂乳化,制成一定浓度的乳浊液喷洒植物	操作简便,诱导效果显著,但激发子用量较大,成本较高
暴露法	先将激发子溶于可挥发的有机溶剂,而后倒入装有脱脂棉的培养皿等容器中并用体积一定的玻璃罩笼密封,待激发子充分挥发后,用注射器抽取罩笼内气体并分析其中激发子的浓度,当激发子浓度达到所需值时,将植物转移至罩笼内密封进行诱导	诱导均匀,节省试剂。但由于其操作难度较大、实验条件严苛,且只适用于挥发性的水杨酸类和茉莉酸类化合物(如茉莉酸甲酯、水杨酸甲酯等)
涂抹法	将激发子溶于羊毛脂等膏状物,配成一定浓度的软膏,然后将其均匀涂抹于植物组织表面	可定向诱导植物的局部组织,且节省试剂,但膏状物具有封闭性,涂于植物表面会堵塞气孔,对蒸腾、呼吸等植物生理活动影响较大
土壤注射法	将激发子制成一定浓度的水溶液,而后将其沿植物根茎交界处缓慢注入土壤	适用于处理植物的地下部分,但激发子利用率较低
浸泡法	将激发子配置成一定浓度的水溶液后浸泡植物的根部、种子及离体组织	诱导均匀、激发子的吸收利用率高,且通过分析处理前后水溶液中激发子浓度的变化,可对植物吸收的激发子进行定量,较适用于对植物种子和幼苗的诱抗

7.3　茉莉酸—水杨酸信号途径互作及其对茶树抗灰茶尺蠖的影响

　　茉莉酸、水杨酸途径并非两条独立的信号转导通路。在信号转导与基因表达过程中,茉莉酸与水杨酸途径中的分子节点间存在广泛的信号交流反应(crosstalk)。这些上游的信号交流可进一步影响到茉莉酸、水杨酸信号途径调控的下游代谢和生态功能(Berens et al,2017a;Zust and Agrawal,2017b)。两途径间这一系列由上至下的相互作用统称为茉莉酸—水杨酸信号途径互作。研究茉莉酸—水杨酸信号途径互作不仅有助于理解两途径调控的植物抗虫功能及生理机制,还对指导开发和利用两途径外源激发子具有重要意义。本节从分子、代谢及抗虫功能等不同层面上总结了茶树茉莉酸—水杨酸信号途径的互作机制及其对下游产物和生态功能的影响。

7.3.1 茉莉酸—水杨酸途径的互作机制

茉莉酸—水杨酸信号途径互作已在 40 余种植物的分子、代谢及生态功能等层面被发现。多数研究集中于模式植物体内茉莉酸—水杨酸信号途径在信号转导、基因表达过程中互作机制的解析。目前，人们对拟南芥中茉莉酸—水杨酸信号互作的分子模式已有了较详细的了解。研究表明，在拟南芥中茉莉酸途径与水杨酸途径以相互拮抗为主，且水杨酸途径在茉莉酸—水杨酸拮抗中起主导作用（图 7-5）。水杨酸途径中的 NPR1、TGA、EDS1（enhanced disease susceptible1）、WRKY、谷氧还蛋白 GRX480（glutaredoxin 480）等多个信号节点可参与对茉莉酸信号通路的抑制（Meyer，2008；Ndamukong *et al*，2007；Van der Does *et al*，2013；Zander *et al*，2012）。如水杨酸通路中 NPR1 可通过抑制茉莉酸通路中 MYC2、MYC3、MYC4 与转录中介体亚基 MED25 互作，进而抑制脂氧合酶 2（lipoxygenase 2，LOX2）、营养贮藏蛋白 2（vegetative storage protein 2，VSP2）等茉莉酸途径响应基因的表达（Nomoto *et al*，2021）。NPR1 还可激活 GRX480 并与 TGA 转录因子结合，从而抑制茉莉酸途径植物防御素 1.2（*plant defensin 1.2*，*PDF1.2*）和 *VSP2* 等基因的表达（Ndamukong *et al*，2007）；EDS1 与其互作因子 PAD4（phytoalexin defient 4）参与水杨酸的积累及水杨酸途径的转导，并抑制茉莉酸途径 *PDF1.2* 的表达（Wiermer *et al*，2005）；WRKY70 和 WRKY62 可抑制 *PDF1.2*、*LOX2* 和 *VSP2* 等多个茉莉酸途径响应基因的表达（Mao *et al*，2007；Shim *et al*，2013）。茉莉酸途径的一些关键节点也可拮抗水杨酸途径的信号转导。如拟南芥体内丝裂原活化蛋白激酶 MPK4（mitogen-activated protein kinase 4）可正向调控茉莉酸途径中 *PDF1.2* 等基因的表达，且抑制水杨酸途径中 EDS1/PAD4 调控的水杨酸积累（Pieterse *et al*，2012）。Zhang 等通过对 NCBI 的 SRA 数据库中 257 份公开的拟南芥数

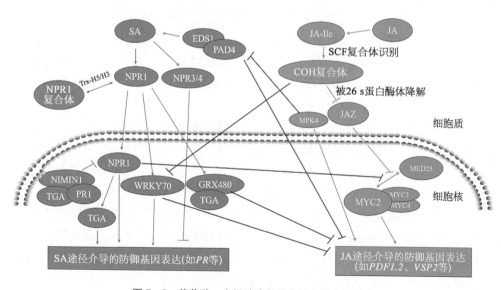

图 7-5　茉莉酸—水杨酸途径信号互作的分子模式

图中蓝色部分为 SA 信号途径，绿色部分为 JA 信号途径，红色部分为 JA 与 SA 途径的互作模式；箭头表示协同或促进，终止符号表示抑制或拮抗。

据进行 Meta 分析，系统分析了拟南芥体内茉莉酸—水杨酸拮抗引发的两途径调控的下游基因表达谱变化（Zhang *et al*，2020）。结果表明，拟南芥体内约有 330 条茉莉酸途径调控的下游基因受到水杨酸信号的拮抗，主要包括延迟瓣裂 2（*delayed dehiscence 2*，*DDE2*）、*AOC1*、*AOC4*、*VSP1*、*VSP2* 等与茉莉酸调控的防御响应、硫代糖苷合成及其次生代谢产物合成相关的基因；而水杨酸途径调控的基因中有 1 316 条受到茉莉酸信号的拮抗，主要包括 *PAD4*、*EDS16*、*ICS1* 等与水杨酸调控的防御响应、程序性细胞凋亡、MAPK 级联反应相关基因。

茉莉酸信号途径和水杨酸信号途径间的分子互作可影响两途径各自调控的下游代谢通路和代谢物合成。目前，代谢层面上相关研究多通过某种或某几种代谢化合物含量、酶活或植物体内茉莉酸及水杨酸类激素的含量变化来判断茉莉酸—水杨酸途径的互作关系（Schweiger *et al*，2014），研究结果也以茉莉酸途径与水杨酸途径相互拮抗为主。如，Yang 等使用浓度为 10 μmol/L 的茉莉酸溶液处理豌豆后，豌豆植株体内多酚氧化酶活性和茉莉酸含量提高；而用浓度均为 10 μmol/L 茉莉酸和水杨酸组合处理后，则这些提高效应会降低，表明水杨酸对茉莉酸调控的多酚氧化酶活性具拮抗作用（Yang *et al*，2011）。水杨酸处理可诱导甜橙（*Citrus sinensis*）释放水杨酸甲酯，而茉莉酸甲酯与水杨酸组合诱导后，甜橙的水杨酸甲酯释放量降低，意味着茉莉酸途径对水杨酸途径同样存在抑制作用（Patt *et al*，2018）。然而，植物拥有庞大的代谢图谱，植物激素途径之间的互作往往会"牵一发而动全身"，从而引发代谢途径的复杂变化。仅通过单一或某几种化合物作为指标对研究茉莉酸—水杨酸两途径间的关系指导意义有限。若利用内源代谢物、挥发物图谱等组学方法进行茉莉酸—水杨酸互作的研究则需将大规模的化合物组分变化进行指标的归一化。因此，建立一套简洁的用于分析代谢物的理论模型方法至关重要。Schweiger 等提出的理论模型可通过筛选特征物组分来缩减需要分析的化合物数量（Schweiger *et al*，2014）。该模型中，用外源茉莉酸类化合物、水杨酸类化合物处理植物，并分析两类激发子各自诱导的代谢组图谱，从代谢组中筛选、定义几类特征物分别作为评价茉莉酸、水杨酸途径表达程度的指标。将此理论模型运用到车前草（*Plantago lanceolata*）后发现，43 种茉莉酸特征物中有 24 种的变化趋势可被水杨酸抑制，而 42 种水杨酸特征物中有 34 种的变化趋势可被茉莉酸抑制，表明车前草体内茉莉酸—水杨酸途径间存在相互拮抗关系。

茉莉酸—水杨酸互作引发的代谢变化可进一步影响两途径调控的下游抗虫功能。例如，用 0.5 mmol/L 茉莉酸处理车前草可诱导其体内酚类等代谢物含量提高，以诱导后车前草为食的烟芽夜蛾幼虫生长显著减缓；用 0.5 mmol/L 水杨酸处理则可诱导提高车前草对烟蚜的抗性，降低烟蚜的存活周期；然而，用 0.5 mmol/L 茉莉酸和水杨酸同时处理车前草后，由于茉莉酸—水杨酸途径的相互拮抗效应，处理后车前草对烟芽夜蛾和烟蚜的抗性均显著低于单激素处理植株（Schweiger *et al*，2014）。有趣的是，一些害虫可利用植物茉莉酸—水杨酸途径拮抗来削弱寄主植物的抗性。如欧洲粉蝶通过聚集型产卵的方式激发寄主植物的水杨酸途径，提前抑制植物的茉莉酸途径，以提高其后代对寄主的适食性（Bruessow *et al*，2010；Griese *et al*，2017）；棉铃虫可利用唾液中的葡萄糖氧化酶来激活寄主植物的水杨酸途径，从而削弱寄主茉莉酸途径调控的抗虫反应（Musser *et al*，2002）。一些害虫还可利用口器中携带的病原微生物来实现这一过程：马铃薯甲虫(*Leptinotarsa decemlineata*)幼虫可以利用其唾液中携带的寡养单胞菌属(*Stenotrophomonas*)、假单胞菌属(*Pseudomonas*)及肠杆菌属(*Enterobacter*)的细菌来激活寄主植物的水杨酸途径并拮抗茉莉酸途径(Chung *et al*，2013)；西花蓟马(*Frankliniella occidentalis*)可以利用其携带的番茄斑萎病毒(tomato spotted wilt virus，TSWV)感染寄主植物，激活水杨酸途径并拮抗茉莉酸途径的抗虫反应，从而渔翁得利(Abe *et al*，2012)。由此可见，在生态功能层面上的茉莉酸—水杨酸互作研究可用于揭示植物生态系统中"植物—植食性昆虫—天敌"等不同营养级间的生态机制，这对于害虫防治至关重要(Thaler *et al*，2012)。

7.3.2 茶树茉莉酸—水杨酸途径的互作效应

茉莉酸类化合物、水杨酸类化合物已被证实可诱导提高茶树对灰茶尺蠖、茶小绿叶蝉等多种害虫的抗性。进一步研究茶树的茉莉酸—水杨酸途径互作效应，不仅有助于揭示两途径调控的抗虫机制和功能，还对开发外源诱抗剂等方面具有重要意义。

7.3.2.1 基于挥发物分析研究茶树茉莉酸—水杨酸互作的理论模型建立

为研究茶树的茉莉酸—水杨酸途径互作效应，焦龙等在Schweiger等(2014)建立的模型基础上进行改造和简化，形成了一套基于挥发物分析研究茶树茉莉酸—水杨酸互作的理论模型(Jiao *et al*，2022)。

模型中，用外源茉莉酸类化合物、水杨酸类化合物处理茶树后，分析两类激发子各自诱导的挥发物图谱，将仅由茉莉酸途径激发子诱导释放的化合物定义为茉莉酸途径特征物(jasmonic acid pathway features，JF)，仅由水杨酸途径激发子诱导释放的化合物定义为水杨酸途径特征物(salicylic acid pathway features，SF)。由于途径的表达水平与激活该途径的激发子浓度呈正相关(Jiang *et al*，2017)，将JF和SF中释放量分别与茉莉酸和水杨酸途径激发子浓度呈正相关的化合物定义为茉莉酸正向特征物(jasmonic acid pathway positive features，JPF)和水杨酸正向特征物(salicylic acid pathway positive features，SPF)，负相关的化合物则分别定义为茉莉酸负向特征物(jasmonic acid pathway negative features，JNF)和水杨酸负向特征物(salicylic acid pathway negative features，SNF)。因此，JPF和SPF、JNF和SNF的释放量和化合物数目可以作为两途径表达程度的特异性正向和负向指标(图7-6)。与茉莉酸或水杨酸途径单激发处理相比，茉莉酸—水杨酸途径双激发处理中JNF、JPF、SNF和SPF的释放量及组分数变化可用于反映茉莉酸—水杨酸途径的互作关系。若JNF的释放(包括释放量、组分数)减少，或JPF的释放增加，则水杨酸途径对茉莉酸途径增效。相反，若JNF的释放增加，或JPF的释放减少，则水杨酸途径对茉莉酸途径拮抗。若JNF和JPF的释放均无显著变化，则水杨酸途径对茉莉酸途径无明显作用。同理，可判断茉莉酸对水杨酸途径的作用(图7-6)。利用此模型，可将茉莉酸类化合物、水杨酸类化合物诱导的复杂挥发物图谱精简为两途径的几种特征性化合物，从而较大程度上节省了工作量，同时能较准确地反映两途径互作关系。与Schweiger等报道的模型(2014)相比，该模型不仅可定性茉莉酸—水杨酸途径间的互作关系，还可通过四类特征物的释放量、组分数等对茉莉酸—水杨酸途径的互作程度进行定量。

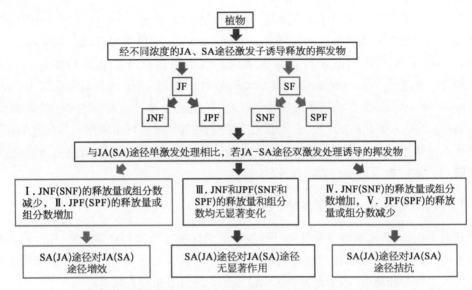

图 7-6 基于挥发物分析研究茶树茉莉酸—水杨酸互作理论模型

研究发现,不同浓度的茉莉酸、茉莉酸甲酯、水杨酸、水杨酸甲酯诱导的茶树挥发物中共包含 23 种组分(图 7-7)。通过上述理论模型,共定义了 JNF、JPF 和 SPF 三类物质。茉莉酸、茉莉酸甲酯共可诱导茶树新释放 18 种组分,其中柠檬烯和苯乙醛的释放量与茉莉酸或茉莉酸甲酯的浓度呈负相关,被定义为 JNF;α-蒎烯、β-香叶烯、(Z)-3-己烯乙酸酯等 15 种组分的释放量与茉莉酸或茉莉酸甲酯的浓度呈正相关,被定义为 JPF。水杨酸、水杨酸甲酯共诱导新释放苯甲醚、苯酚、水杨酸甲酯等 3 种组分,这些组分的释放量均与水杨酸或水杨酸甲酯的浓度呈正相关,被定义为 SPF;由于未检测到与水杨酸或水杨酸甲酯的浓度呈负相关的组分,因而未定义 SNF(图 7-7)。

7.3.2.2 三种因素影响下茶树茉莉酸—水杨酸途径的互作效应

虽然各个层面上的相关报道均以茉莉酸—水杨酸途径相互拮抗为主,但也有研究表明,拮抗并非是植物体内茉莉酸—水杨酸途径互作的唯一形式。在两途径激发子的种类、浓度及两途径的激发时序等因素影响下,两途径还可表现为增效或互不影响(Thaler et al,2012)。如 Moreira 等用荟萃分析(meta-analysis)总结 108 篇文献后发现,植物茉莉酸和水杨酸途径激发子的类型与二者互作关系有显著关联。在先茉莉酸后水杨酸途径的激活顺序下,使用植食性昆虫取食来激活茉莉酸途径会抑制水杨酸途径,而使用病原菌激活茉莉酸途径则对水杨酸途径无作用(Moreira et al,2018)。Thaler 等发现激发子浓度与激发时序可影响茉莉酸—水杨酸途径互作(Thaler et al,2002a)。当茉莉酸与水杨酸途径均用高浓度激发子激活时,两途径的拮抗比用低浓度激发子激活时更显著;两途径同时激活时,拮抗效应比两途径分开激活时更显著。然而,目前对于影响茉莉酸—水杨酸途径互作因素的研究十分匮乏。多数研究仅在单因素条件下研究定义某植物体内的茉莉酸—水杨酸途径互作关系,这无疑会给人们对茉莉酸—水杨酸互作的认识带来较大的片面性。深入、全面地研究多种因素影响下茉莉酸—水杨酸途径互作效应,不仅有助于理解两途径的互作机制,且对筛选两途径互作的最佳条件,促进外源激发子的开发利用具有重要作用。

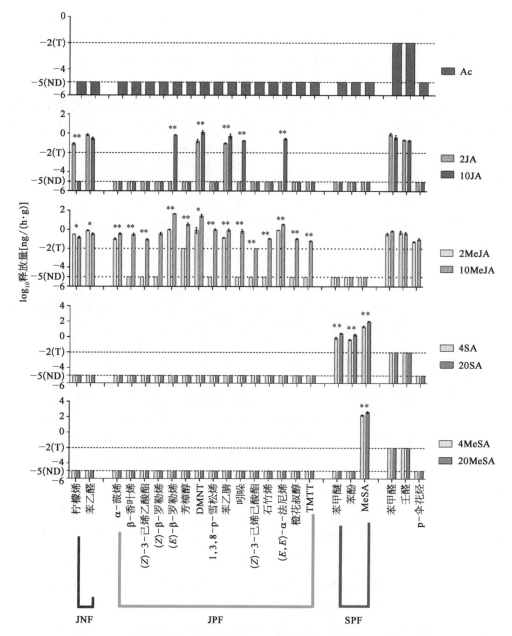

图 7-7 不同浓度的茉莉酸、茉莉酸甲酯、水杨酸、水杨酸甲酯诱导的茶树挥发物

Ac：丙酮处理；2JA：2 mol/L 茉莉酸处理；10JA：10 mol/L 茉莉酸处理；2MeJA：2 mol/L 茉莉酸甲酯处理；10MeJA：10 mol/L 茉莉酸甲酯处理。4SA：4 mol/L 水杨酸处理；20SA：20 mol/L 水杨酸处理；4MeSA：4 mol/L 水杨酸甲酯处理；20MeSA：20 mmol/L 水杨酸甲酯处理；JNF：茉莉酸负向特征物；JPF：茉莉酸正向特征物；SPF：水杨酸正向特征物。星号表示不同处理挥发物的释放量差异显著（ * $P<0.05$，** $P<0.01$）。

通过上一节（7.3.2.1）中建立的理论模型及定义的三类物质，焦龙等研究了在茉莉酸和水杨酸两途径的激发时序、激发子种类、激发子浓度等三种诱导因素影响下的茶树茉莉酸—水杨酸互作效应及挥发物变化（Jiao et al, 2022）。试验共分为3组（表7-6）：试验♯1用于研究两途径激发时序，包括茉莉酸和水杨酸途径同时激发、先茉莉酸后水杨酸的间隔激发、先水杨酸后茉莉酸的间隔激发；试验♯2用于研究激发子种类，包括茉莉酸途径的激发子茉莉酸和茉莉酸甲酯，水杨酸途径的激发子水杨酸和水杨酸甲酯，激活时序为先激活茉莉酸途径，后激活水杨酸途径；试验♯3用于研究激发子浓度，用 0.5 mmol/L、1.5 mmol/L、4 mmol/L、10 mmol/L 的茉莉酸甲酯和 1 mmol/L、3 mmol/L、8 mmol/L、20 mmol/L 的水杨酸交叉组合来激活两途径，激活时序为先激活茉莉酸途径，后激活水杨酸途径。为适用于理论模型分析，各组均包含 3 类处理，分别为茉莉酸—水杨酸途径双激发处理、茉莉酸或水杨酸途径单激发处理及对照处理（在表 7-6 中三类处理分别标记为 3 种颜色）。

表 7-6 用于研究茉莉酸—水杨酸互作的茶树处理

试验	诱导因素	不同浓度激发子处理(mmol/L)				
♯1	激发时序	Ac	20 SA	Ac~20 SA		20 SA~Ac
		1.5 MJ	1.5MJ & 20SA			
		1.5 MJ~Ac		1.5MJ~20SA		
		Ac~1.5 MJ				20SA~1.5MJ
♯2	激发子种类	Ac		Ac~20 SA	Ac~20 MS	
		1.5 MJ~Ac		1.5 MJ~20 SA	1.5 MJ~20 MS	
		1.5 JA~Ac		1.5 JA~20 SA	1.5 JA~20 MS	
♯3	激发子浓度	Ac	Ac~1 SA	Ac~3 SA	Ac~8 SA	Ac~20 SA
		0.5 MJ~Ac	0.5 MJ~1 SA	0.5 MJ~3 SA	0.5 MJ~8 SA	0.5 MJ~20 SA
		1.5 MJ~Ac	1.5 MJ~1 SA	1.5 MJ~3 SA	1.5 MJ~8 SA	1.5 MJ~20 SA
		4 MJ~Ac	4 MJ~1 SA	4 MJ~3 SA	4 MJ~8 SA	4 MJ~20 SA
		10 MJ~Ac	10 MJ~1 SA	10 MJ~3 SA	10 MJ~8 SA	10 MJ~·20 SA

注：黑色字体的处理缩写是茉莉酸和水杨酸途径双激发处理，蓝色字体的是与该行中双激发处理所对应的茉莉酸途径单激发处理，橙色字体的是与该列中双激发处理所对应的水杨酸途径单激发处理。处理缩写中，数字表示激发子溶液的浓度(mmol/L)，数字之后为激发子的种类。Ac、MJ、JA、MS 和 SA 分别代表 2% 丙酮、茉莉酸甲酯、茉莉酸、水杨酸甲酯和水杨酸溶液。处理缩写中的"&"或"~"分别表示两种溶液的同时喷雾或间隔喷雾(间隔时间为 12 h)，在"~"之前、之后的两种溶液分别用于间隔喷雾中的先喷雾、后喷雾。

结果表明，茉莉酸和水杨酸两途径的激发时序可影响茶树茉莉酸—水杨酸途径的互作性质和强度。1.5 MJ~20 SA 处理（先用 1.5 mmol/L 的茉莉酸甲酯处理茶树，间隔 12 h 后再用 20 mmol/L 的水杨酸处理）与其对应的单激发处理相比，诱导的 JNF 释放量显著降低，JPF 和 SPF 的释放量显著增高（图 7-8a），且多释放 7 种 JPF 组分。20 SA~1.5 MJ 处理（先用 20 mmol/L 的水杨酸处理茶树，间隔 12 h 后再用 1.5 mmol/L 的茉莉酸甲酯处理）诱导的 JNF、JPF 和 SPF 变化与 1.5 MJ~20 SA 处理相似（图 7-8a）。据模型判断可得，茉莉酸和水杨酸两途径在间隔 12 h 激发时，无论先后顺序，两途径均相互增效。但由于 1.5 MJ~20 SA 处理诱导的 JNF、JPF 和 SPF 的释放变化比 20 SA~1.5 MJ 处理更显著（图 7-8a），因而先茉莉酸后水杨酸处理诱导的茉莉酸—水杨酸途径间的增效作用强于先水杨酸后茉莉酸处理。然而，1.5 MJ & 20 SA 处理（用 1.5 mmol/L 的茉莉酸甲酯和 20 mmol/L 的水杨酸同时处理）与其对应的单激发相比，其处理诱导的 JNF、JPF 的释放量和组分数均无显著改变，但诱导的

SPF 的释放量和组分数明显减少(图 7 - 8a)。这表明,当茉莉酸和水杨酸两途径同时激发时,水杨酸对茉莉酸途径无显著影响,但茉莉酸对水杨酸途径具有拮抗作用。

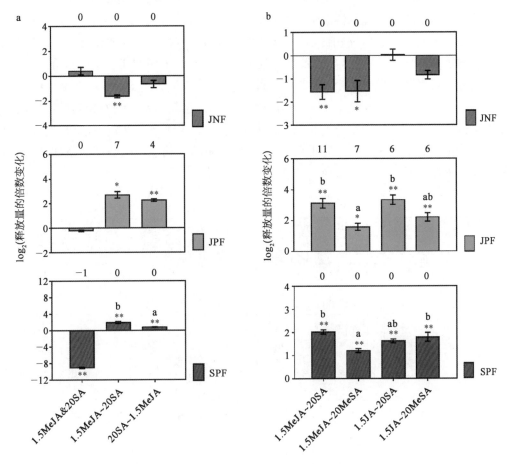

图 7 - 8　茉莉酸和水杨酸途径激发子的激发时序、种类对两途径特征物释放的影响

　　a:茉莉酸和水杨酸途径激发子的激发时序对两途径特征物释放的影响;b:茉莉酸和水杨酸途径激发子的种类对两途径特征物释放的影响;数据为平均数±标准误(n=4)。JNF:茉莉酸负向特征物;JPF:茉莉酸正向特征物;SPF:水杨酸正向特征物;JA、MeJA、SA 和 MeSA 分别代表茉莉酸、茉莉酸甲酯、水杨酸和水杨酸甲酯溶液。图顶端的数字表示双激发与单激发之间 JNF、JPF、SPF 化合物数目的差值。星号表示双激发和单激发处理间 JNF、JPF、SPF 的释放量差异显著($*\ P<0.05$,$**\ P<0.01$),不同小写字母表示双激发的柱值间差异显著($P<0.05$)。图中处理的缩写见表 7 - 6。

　　茉莉酸和水杨酸两途径激发子的种类影响茶树茉莉酸—水杨酸途径的互作强度。使用茉莉酸或茉莉酸甲酯先激活茉莉酸途径后,再使用水杨酸或水杨酸甲酯激活水杨酸途径的时序下,与各自对应的单激发处理相比,4 个不同激发子组合处理 1.5 MJ～20 SA、1.5 MJ～20 MS(先用 1.5 mmol/L 的茉莉酸甲酯处理茶树,间隔 12 h 后再用 20 mmol/L 的水杨酸甲酯处理)、1.5 JA～20 SA(先用 1.5 mmol/L 的茉莉酸处理茶树,间隔 12 h 后再用 20 mmol/L 的水杨酸处理)和 1.5 JA～20 MS(先用 1.5 mmol/L 的茉莉酸处理茶树,间隔 12 h 后再用 20 mmol/L 的水杨酸甲酯处理)均使诱导的 JNF 释放量下降或 JPF 释放量和种类上升,以及 SPF 释放量上升(图 7 - 8b)。这表明,在先激活茉莉酸途径后激活水杨酸途径的时序下,茉莉酸和水杨酸途径在不同种类激发子的组合诱导下均相互增效。该 4 个双激发处理中，1.5 MJ～20 SA 处理诱导的 JNF、JPF 和 SPF 的释放量变化较其他双激发处理更显著（图 7-8b），表明 1.5 MJ～20 SA 诱导的茉莉酸—水杨酸途径增效作用最强。

茉莉酸和水杨酸两途径的激发子浓度可影响茶树茉莉酸—水杨酸途径的互作性质和强度。与各自对应的单激发处理相比，15 个双激发处理可诱导 JNF 释放量降低、JPF 和 SPF 的释放量增加（图 7-9a）。这表明在所研究的茉莉酸甲酯和水杨酸所有浓度组合下，水杨酸均对茉莉酸途径增效。此外，相同茉莉酸甲酯浓度下的双激发处理中，随着水杨酸浓度增加，诱导的 JNF、JPF 的释放量变化逐渐加剧（图 7-9a），这表明水杨酸对茉莉酸途径的增效作用随水杨酸浓度的增加而增强。而相同水杨酸浓度下的双激发处理中，SPF 的释放量随茉莉酸甲酯浓度的增加先增高后降低（图 7-9b），表明随茉莉酸甲酯浓度的增加，茉莉酸对水杨酸途径先增效后拮抗。

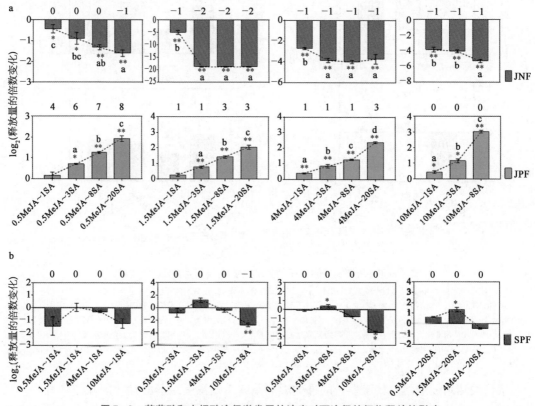

图 7-9　茉莉酸和水杨酸途径激发子的浓度对两途径特征物释放的影响

a：水杨酸途径激发子的浓度对茉莉酸途径特征物释放的影响；b：茉莉酸途径激发子的浓度对水杨酸途径特征物释放的影响；JNF：茉莉酸负向特征物；JPF：茉莉酸正向特征物；SPF：水杨酸正向特征物；JA、MeJA 和 SA 分别代表茉莉酸、茉莉酸甲酯和水杨酸溶液；数据为平均数±标准误(n=4)。图顶端的数字表示双激发与单激发之间 SPF 化合物数目的差值；星号表示双激发和单激发处理间 SPF 的释放量差异显著(＊P＜0.05，＊＊P＜0.01)，不同小写字母表示双激发的柱值间差异显著(P＜0.05)。图中处理的缩写见表 7-6。

总体来看，茉莉酸和水杨酸两途径的激发时序、激发子浓度可对茶树茉莉酸—水杨酸途径互作性质和强度均可产生影响，而激发子种类仅影响茉莉酸—水杨酸途径的互作强度。在大多数茉莉酸、水杨酸两途径间隔 12 h 的双激发处理中，JNF 的释放量或组分数较茉莉酸途径单激发处理低,而 JPF、SPF 的释放量或组分数较茉莉酸、水杨酸途径单激发处理高,表明茶树茉莉酸—水杨酸途径互作效应以增效为主。鉴于此前在其他植物上约 80％的研究称茉莉酸—水杨酸途径互作效应为相互拮抗(Thaler *et al*,2012),而茶树上二者主要表现为协同。为阐明该差异,焦龙等总结了近 20 年共 17 篇相关文献,并与上述茶树的研究进行了比较。结果表明,两途径激发子的激发时序、浓度等因素对茉莉酸—水杨酸途径互作效应有质的影响。该 17 篇文献中有 14 篇文献采用了同时激发的方式来激活茉莉酸和水杨酸途径,且这些例子中的两途径互作关系均为拮抗(表 7-7)。茉莉酸—水杨酸途径拮抗同样也出现于一些两途径间隔激发的报道中,但这些拮抗作用大多发生于先施用的激发子浓度较高时(Engelberth *et al*,2011;Thaler *et al*,2002a;Wei *et al*,2014)。当两途径间隔激发,且先施用的激发子浓度较低时,茉莉酸与水杨酸途径间出现增效作用(Engelberth *et al*,2011)。可见,这可能是由于先前研究中多采用同时激活的方式来研究两途径互作,从而引发了大量的茉莉酸—水杨酸途径拮抗报道。而上述茶树的研究多使用先后处理的方式激活,因此得到了与前人相异的结果。此外,茉莉酸和水杨酸两途径间上游信号交流也可受这些诱导因素的影响而发生质变(Koornneef *et al*,2008;Mur *et al*,2006;Thaler *et al*,2002a)。然而,之前多数对两途径信号交流的研究中,也是在同时激发的处理方式下研究的,且通常也为相互拮抗(Thaler *et al*,2012)。因此,将来无论在分子或功能层面研究茉莉酸—水杨酸途径互作时,均应更加注重诱导时序、激发子浓度等因素的影响。

表 7-7　近年来代谢与生态功能层面的茉莉酸—水杨酸互作研究结果

植 物 种 类	两途径激发时序	浓度(mmol/L)		水杨酸对茉莉酸途径的作用	茉莉酸对水杨酸途径的作用	参 考 文 献
		水杨酸类	茉莉酸类			
拟南芥 *Arabidopsis thaliana*	茉莉酸—水杨酸两途径同时激发	1	0.1	拮抗		Proietti *et al*,2013
	先激发水杨酸途径,间隔 1 h 后再激发茉莉酸途径	0.5	0.45	拮抗		Cipollini *et al*,2004
	茉莉酸—水杨酸两途径同时激发	0.01	0.05	拮抗		Ji *et al*,2016
	先激发茉莉酸途径,间隔 24 h 后再激发水杨酸途径	0.1	0.06	增效	增效	Shang *et al*,2011
番茄 *S. lycopersicum*	茉莉酸—水杨酸两途径同时激发	1.2	1.5	拮抗		Thaler *et al*,2002a
	茉莉酸—水杨酸两途径同时激发	0.3	0.5	拮抗		
	先激发茉莉酸途径,间隔 48 h 后再激发水杨酸途径	1.2	1.5	拮抗		
	先激发茉莉酸途径,间隔 48 h 后再激发水杨酸途径	0.3	0.5	无影响	无影响	
	先激发水杨酸途径,间隔 2 d 后再激发茉莉酸途径	1.2	1.5	拮抗		
	先激发水杨酸途径,间隔 48 h 后再激发茉莉酸途径	0.3	0.5	拮抗		
	先激发茉莉酸途径,间隔 24 h 后再激发水杨酸途径	0.1	0.06	增效	增效	Shang *et al*,2011

植 物 种 类	两途径激发时序	浓度（mmol/L）		水杨酸类对茉莉酸途径的作用	茉莉酸类对水杨酸途径的作用	参 考 文 献
		水杨酸类	茉莉酸类			
番茄 *Solanum lycopersicum*	茉莉酸—水杨酸两途径同时激发	1.2	1.5	拮抗		Thaler *et al*，2002b
黄瓜 *Cucumis sativus*	茉莉酸—水杨酸两途径同时激发	0.5	0.25		拮抗	Liu *et al*，2008
豌豆 *Pisum sativum*	茉莉酸—水杨酸两途径同时激发	0.01	0.01	拮抗		Yang *et al*，2011
玉米 *Zea mays*	先激发水杨酸途径，间隔 15 h 后再激发茉莉酸途径	0.05	0.1	增效		Engelberth *et al*，2011
	先激发水杨酸途径，间隔 15 h 后再激发茉莉酸途径	0.5	0.1	拮抗		
草莓 *Fragaria ananassa*（cv. Sabrosa）	茉莉酸—水杨酸两途径同时激发	1	0.008	拮抗		Asghari and Hasanlooe，2015
	茉莉酸—水杨酸两途径同时激发	2	0.008	拮抗		
	茉莉酸—水杨酸两途径同时激发	1	0.016	拮抗		
	茉莉酸—水杨酸两途径同时激发	2	0.016	拮抗		
车前草 *Plantago lanceolata*	茉莉酸—水杨酸两途径同时激发	0.25	0.25	拮抗		Schweiger *et al*，2014
	茉莉酸—水杨酸两途径同时激发	0.5	0.5	拮抗	拮抗	
利马豆 *Phaseolus lunatus*	茉莉酸—水杨酸两途径同时激发	0.001	1	拮抗		Wei *et al*，2014
	茉莉酸—水杨酸两途径同时激发	0.01	1	拮抗		
	茉莉酸—水杨酸两途径同时激发	0.1	1	拮抗		
	茉莉酸—水杨酸两途径同时激发	1	1	拮抗		
	先激发水杨酸途径，间隔 24 h 后再激发茉莉酸途径	1	0.001		拮抗	
	先激发水杨酸途径，间隔 24 h 后再激发茉莉酸途径	1	0.01		拮抗	
	先激发水杨酸途径，间隔 24 h 后再激发茉莉酸途径	1	0.1		拮抗	
	先激发水杨酸途径，间隔 24 h 后再激发茉莉酸途径	1	1		拮抗	
	先激发茉莉酸途径，间隔 24 h 后再激发水杨酸途径	0.001	1	拮抗		
烟草 *Nicotiana tabacum*	先激发茉莉酸途径，间隔 24 h 后再激发水杨酸途径	0.1	0.06	增效	增效	Shang *et al*，2011
辣椒 *Capsicum annuum*	先激发茉莉酸途径，间隔 24 h 后再激发水杨酸途径	0.1	0.06	增效	增效	Shang *et al*，2011
	茉莉酸—水杨酸两途径同时激发	0.25	0.05	拮抗	拮抗	Seo *et al*，2020
黄花夹竹桃 *Thevetia peruviana*	茉莉酸—水杨酸两途径同时激发	0.3	0.003	拮抗		Mendoza *et al*，2020
葡萄 *Vitis vinifera*	茉莉酸—水杨酸两途径同时激发	0.2、1、5、25	0.04、0.125、1、5	拮抗		Considine *et al*，2009
莱茵衣藻 *Chlamydomonas reinhardtii*	茉莉酸—水杨酸两途径同时激发	1	0.5	拮抗	拮抗	Lee *et al*，2016
地钱 *Marchantia polymorpha*	茉莉酸—水杨酸两途径同时激发	0.5	0.001		拮抗	Matsui *et al*，2020

目前,关于茉莉酸、水杨酸途径激发子的激发时序、浓度等因素对两途径互作效应的影响机制不甚明确,或与植物的防御警备反应及资源分配有关。研究表明,较低浓度的茉莉酸或水杨酸激发子预处理可引发植物的防御警备反应,对后续激发子处理诱导的信号转导和防御表达产生协同作用(De Vos et al,2006;Mauch-Mani et al,2017b)。而茉莉酸—水杨酸途径同时激发所诱导的拮抗效应或与两途径的资源竞争有关。研究表明,植物在长期进化中,形成一套应对主要胁迫的特异性防御途径。当在资源有限但两途径被同时激活时,植物会倾向于优先表达一种防御途径而抑制另一种防御途径(Berens et al,2017b;Rayapuram and Baldwin,2007;Zust and Agrawal,2017a)。今后,利用同位素示踪技术来探究茉莉酸、水杨酸两途径的底物来源、去向及底物竞争关系,可直接对茉莉酸—水杨酸途径间的资源竞争进行解释(Baldwin and Hamilton,2000;Thaler et al,2012)。

7.3.3 茉莉酸—水杨酸途径相互增效介导的茶树抗灰茶尺蠖功能

前文所述,外源茉莉酸甲酯诱导的茶树挥发物可显著吸引单白绵副绒茧蜂,提升其对灰茶尺蠖的田间寄生率,而外源水杨酸诱导茶树释放挥发物显著降低灰茶尺蠖的雌蛾产卵趋性和雄蛾觅偶趋性。由于茉莉酸、水杨酸两激发子先后使用可诱导茶树茉莉酸—水杨酸途径增效,显著增加挥发物释放量和组分数量,这或可进一步影响两激发子诱导的对灰茶尺蠖的直接防御和间接防御。

焦龙等通过研究茉莉酸、水杨酸及茉莉酸—水杨酸途径增效介导的茶树挥发物对灰茶尺蠖雌蛾产卵趋性和雄蛾觅偶趋性,以及对单白绵副绒茧蜂趋性的影响,明确了茉莉酸—水杨酸增效介导的茶树挥发物对灰茶尺蠖直接防御和间接防御的影响(Jiao et al,2022)。结果表明,茉莉酸途径、水杨酸途径、茉莉酸—水杨酸途径增效三种情况下,茶树释放的挥发物对灰茶尺蠖雌蛾产卵趋性存在差异显著:茉莉酸途径调控的茶树挥发物显著吸引灰茶尺蠖雌蛾产卵,雌蛾在茉莉酸甲酯处理茶树上的产卵量比在对照茶树上高43%;而雌蛾在水杨酸和茉莉酸甲酯+水杨酸(先用1.5 mmol/L的茉莉酸甲酯处理茶树,间隔12 h后再用20 mmol/L的水杨酸处理)两种处理茶树上的产卵量,比在对照茶树低85%～90%(图7-10a);水杨酸、茉莉酸甲酯+水杨酸两处理对雌蛾产卵的驱避性间无显著差异(图7-10b)。与之相似,茉莉酸甲酯处理诱导的茶树挥发物对灰茶尺蠖雄蛾觅偶趋性无显著影响;但水杨酸、茉莉酸甲酯+水杨酸两个处理诱导的茶树挥发物可使灰茶尺蠖雄蛾对雌蛾的选择率降低54%～68%;水杨酸、茉莉酸甲酯+水杨酸两处理对雄蛾觅偶趋性的影响无显著差异(图7-10c)。间接防御方面,水杨酸处理诱导的茶树挥发物对单白绵副绒茧蜂的趋性无显著影响;茉莉酸甲酯、茉莉酸甲酯+水杨酸处理诱导的茶树挥发物均显著吸引单白绵副绒茧蜂,但单白绵副绒茧蜂对茉莉酸甲酯+水杨酸处理诱导的茶树挥发物的偏好度显著高于茉莉酸甲酯诱导的茶树挥发物(图7-10d)。

因此,茉莉酸途径单独诱导的茶树挥发物可吸引单白绵副绒茧蜂,提升对灰茶尺蠖的间接防御,但由于也可吸引灰茶尺蠖雌蛾产卵,又降低了对灰茶尺蠖的直接防御;水杨酸途径单独诱导的茶树挥发物可降低灰茶尺蠖雌蛾产卵趋性和雄蛾觅偶趋性,但对单白绵副绒茧蜂无引诱作用,因而仅提升对灰茶尺蠖的直接防御(表7-8)。相比之下,茉莉酸—水

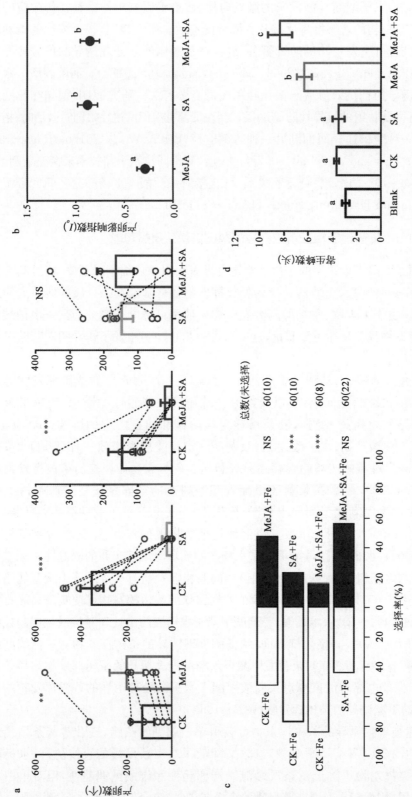

图 7 - 10　茉莉酸、水杨酸途径及两增效介导的茶树择发物对灰茶尺蠖雌蛾产卵、雄蛾觅偶及单白绵副绒茧蜂趋性的影响

a: 灰茶尺蠖雌蛾在不同处理茶树上的落卵量,数据为平均数±标准误(n=6);b: 不同处理茶树对灰茶尺蠖雌蛾的产卵影响系数(I。),数据为平均数±标准误(n=6);c: 茉莉酸、水杨酸途径及两途径增效介导的茶树择发物对单白绵副绒茧蜂趋性的影响;d: 茉莉酸、水杨酸途径及两途径增效介导的茶树择发物对灰茶尺蠖雄蛾觅偶趋性的影响。Blank: 空白;CK: 对照茶树;MeJA: 1.5 mmol/L 的茉莉酸甲酯处理茶树;SA: 1.5 mmol/L 的水杨酸处理茶树;MeJA+SA: 先用 1.5 mmol/L 的茉莉酸甲酯处理茶树,间隔 12 h 后再用20 mmol/L 的水杨酸处理;Fe: 灰茶尺蠖雌蛾;数据为平均数±标准误(n=6)。不同小写字母表示不同处理间差异显著(P<0.05)。呈号表示两处理间差异显著(* P<0.01, ** P<0.001),NS 表示两处理间无显著差异。

杨酸增效诱导的茶树挥发物不仅比单独茉莉酸途径有更强的引诱单白绵副绒茧蜂的作用，同时还具备与水杨酸途径同等强度的降低灰茶尺蠖雌蛾产卵趋性和雄蛾觅偶趋性的作用（表7-8）。可见，茉莉酸—水杨酸增效介导的茶树挥发物兼具了两途径诱导的不同类型的抗虫表现，且在此基础上进一步提升了茉莉酸诱导的间接防御强度、弥补了茉莉酸在直接防御上的负面效应。

表7-8 茉莉酸—水杨酸途径增效介导的茶树挥发物变化对茶树抗灰茶尺蠖反应的影响

处 理	降低雌蛾产卵趋性（直接防御）	降低雄蛾觅偶趋性（直接防御）	吸引单白绵副绒茧蜂（间接防御）
MeJA	−	/	+
SA	+	+	/
MeJA+SA	+	+	++

注：+表示正反应，++表示正反应增强，−表示负反应，/表示无反应。

如前文所述，水杨酸甲酯是水杨酸处理诱导的茶树挥发物中降低灰茶尺蠖雌蛾产卵趋性和雄蛾觅偶趋性的主要有效组分，茉莉酸甲酯则可诱导茶树释放(Z)-3-己烯乙酸酯、(Z)-3-己烯己酸酯等组分吸引灰茶尺蠖雌蛾(Sun et al, 2014)。茉莉酸甲酯＋水杨酸处理诱导的茶树挥发物中虽包含这些引诱灰茶尺蠖的组分，但茉莉酸甲酯＋水杨酸处理诱导的茶树挥发物中水杨酸甲酯的含量是水杨酸处理诱导的6倍以上，且水杨酸诱导的茶树对尺蠖的驱避效应显著强于茉莉酸甲酯诱导的吸引作用(图7-10c)。这些或是茉莉酸甲酯＋水杨酸诱导挥发物中虽含有对灰茶尺蠖具引诱活性的物质，但仍可保持与水杨酸处理同等强度的直接防御的原因。

在间接防御方面，茉莉酸甲酯＋水杨酸处理诱导的茶树挥发物中苯甲醛、苯酚、β-香叶烯、(Z)-3-己烯乙酸酯、苯乙醛、(E)-β-罗勒烯、芳樟醇、壬醛、DMNT、水杨酸甲酯、吲哚、(Z)-3-己烯己酸酯、石竹烯、(Z,Z)-α-法尼烯、橙花叔醇、茉莉酸甲酯等16种化合物可引起单白绵副绒茧蜂雌蜂的触角电位反应。其中，(Z)-3-己烯乙酸酯、芳樟醇、DMNT、吲哚、(Z,Z)-α-法尼烯等5种化合物可显著吸引单白绵副绒茧蜂(图7-11b)。与单独茉莉酸甲酯诱导的茶树挥发物相比，茉莉酸甲酯＋水杨酸处理诱导的茶树挥发物中(Z)-3-己烯乙酸酯、芳樟醇、DMNT、(Z,Z)-α-法尼烯等4种行为活性组分的释放量显著增加，并新增了吲哚的释放。按照茉莉酸甲酯＋水杨酸和茉莉酸甲酯诱导的茶树挥发物间的差异，向茉莉酸甲酯诱导茶树挥发物中逐一添加上述5种差异组分后发现，当茉莉酸甲酯诱导的茶树挥发物中加入DMNT或吲哚时，挥发物对单白绵副绒茧蜂的吸引力进一步增强(图7-11a)。这意味着DMNT和吲哚释放量的增加是导致茉莉酸甲酯＋水杨酸处理诱导的茶树挥发物对单白绵副绒茧蜂的引诱力比单独茉莉酸途径更强的关键因素。

茉莉酸、水杨酸两途径作为植物抵御生物胁迫的最主要的两条激素信号途径，一直以来是人们的研究热点。近20年来，人们对于拟南芥、番茄等模式植物体内茉莉酸—水杨酸信号途径互作的分子机制已有了较清晰的认识，NPR1、EDS1、WRKY等两途径中的主要互作节

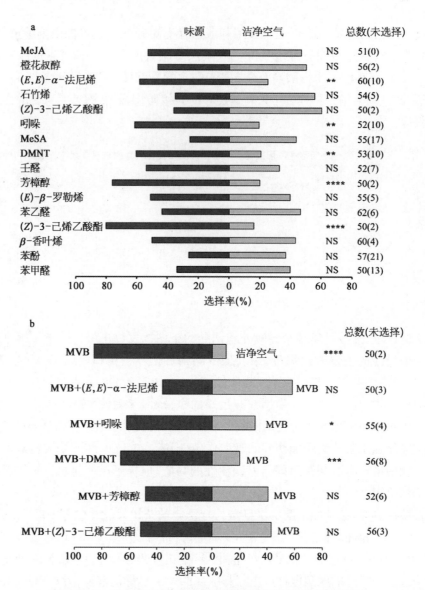

图 7-11　茉莉酸、水杨酸途径及两途径增效介导的茶树挥发物
对单白绵副绒茧蜂趋性的影响

注：茉莉酸—水杨酸途径挥发物增效介导单白绵副绒茧蜂引诱性提高的嗅觉机制；b：单白绵副绒茧蜂对各触角电生理活性组分的趋性。MVB：茉莉酸甲酯诱导的茶树挥发物。星号表示选择两味源的茧蜂数间差异显著（＊P＜0.05，＊＊P＜0.01，＊＊＊P＜0.001，＊＊＊＊P＜0.000 1）。"NS"表示选择两味源的茧蜂数间差异不显著。

点相关基因及其功能也被克隆和验证。对于茶树，由于其自交不亲和性的限制以及茶树转基因体系构建尚未完善，茶树的茉莉酸、水杨酸途径分子节点及信号转导过程等尚了解较少。同时，目前对茶树茉莉酸—水杨酸途径互作的研究仍处于较初始阶段。将来，应进一步从以下几方面进行研究。① 影响植物茉莉酸—水杨酸互作关系的因素还有多种，如植物年龄、生物钟、气候条件等（Thaler *et al*，2012）。茶树在不同的生理状态、外界环境下，如何通过调节茉莉酸—水杨酸途径间的关系来促进自身的生长发育还需进一步研究。② 茶树体内还有乙烯、脱落酸等防御类激素,生长素、细胞分裂素、赤霉素等生长类激素。这些激素与茉莉酸、水杨酸途径之间存在广泛的信号交流,共同构成激素信号互作网。激素信号互作网调控着初级代谢物(如碳源、ATP 等)在合成生长与防御相关次生代谢间的分配,实现植物在生长—防御间的权衡(trade-offs)(Berens *et al*,2017a;Schuman and Baldwin,2016;Zust *et al*,2015)。深入研究茉莉酸、水杨酸与各激素途径间的互作关系网对于解释茶树的抗虫抗逆机理,发掘茶树最佳的生长—防御平衡点等方面意义重大。③ 茉莉酸途径还被报道可诱导茶树合成抗生性次级代谢物、提高防御类酶活,影响害虫的取食和生长发育;水杨酸途径还被报道可诱导茶树抵御茶小绿叶蝉等刺吸式口器害虫或与茶树抗病相关(桂连友,2004;苗进,2008;卢秦华,2019;施云龙,2020)。后期,应对茶树茉莉酸—水杨酸途径增效介导的对更多靶标害虫的抗性反应作进一步评价和研究。④ 由于茉莉酸类化合物价格昂贵,单次诱导单株茶苗的成本就达十余元。如此高昂的成本限制了其在田间的大面积使用。与之相比,水杨酸类化合物的价格低廉,仅为茉莉酸类化合物的千分之一至十万分之一。茉莉酸—水杨酸增效可介导茶树抗虫强度提高且抗性表现类型更加多样化。这或许意味着水杨酸类化合物或可作为茉莉酸类化合物的廉价抗虫增效剂。今后应对茶树茉莉酸—水杨酸增效介导的田间抗虫性、持效性作进一步评价,以推动两类激发子的开发和利用。

7.4 虫害诱导茶树挥发物和非挥发性物质诱导的茶树抗虫性

7.4.1 虫害诱导茶树挥发物诱导的茶树抗虫性

植物在受到植食性昆虫取食后会诱导释放一些小分子挥发物,统称为虫害诱导的植物挥发物(herbivore-inducible plant volatiles,HIPVs)。研究表明,HIPVs 不仅可驱避植食性昆虫取食和产卵、吸引植食性昆虫的天敌,还可作为植物与植物、植物不同组织之间交流的信号物质,诱导相邻植物或者同一植物不同组织产生防御警备(Erb *et al*,2015;Li *et al*,2012;Rodriguez-Saona *et al*,2009b)。

根据合成路径的不同,HIPVs 可分为绿叶挥发物、萜类化合物、苯丙类化合物、氨基酸源的醇醛酯及含氮含硫的化合物等(Baldwin,2010;Dudareva *et al*,2006;War *et al*,2011)。绿叶挥发物(*Z*)-3-己烯基醛、(*Z*)-3-己烯基醇和(*Z*)-3-己烯基乙酸酯,芳香族化合物水杨酸甲酯和吲哚,以及萜类化合物 β-罗勒烯、DMNT、TMTT 等均已被证实在诱导植物抗虫性中起重要作用(Hu *et al*,2021)。水杨酸甲酯可以通过空气或维管组织在相邻的植株或同一植株的不同部位间传播,进而诱导或激活植物的抗虫性(Maruri-Lopez *et al*,2019;Rowen *et al*,2017)。绿叶挥发物可以激活玉米、小麦、利马豆、杨树(*Populus simonii*)和拟南芥等多种植物抗虫性的防御警备(Ameye *et al*,2015;Engelberth *et al*,2004;Engelberth *et al*,2013;Fatouros *et al*,2008;Freundlich *et al*,2021;Kishimoto *et al*,2005)。芳香族化合物吲哚可以作为诱导单子叶、双子叶和木本植物抗虫防御警备的激发子,玉米、水稻、拟南芥、蒺藜苜蓿和茶树经吲哚处理后,其抵御后续害虫危害的能力显著增强(Erb *et al*,

2015；Frey *et al*，2004；Ye *et al*，2019；Ye *et al*，2021）。萜类挥发物 β-罗勒烯等可激发邻近植株的防御警备。经 β-罗勒烯暴露处理可以显著增强白菜、番茄、利马豆和玉米的抗虫性（Cascone *et al*，2015；Kang *et al*，2018；Muroi *et al*，2011）。

茶树在受到植食性昆虫取食时也会释放绿叶挥发物、萜烯类化合物和芳香族化合物等多种 HIPVs。这些虫害诱导挥发物即可通过诱导茶树产生有毒的次生代谢产物或者抗消化的酶类对茶树害虫进行直接防御，也可通过吸引茶树害虫的天敌进行间接防御。除此之外，茶树挥发物（E）-橙花叔醇、（Z）-3-己烯醇、DMNT 和吲哚等还可以作为诱导茶树抗虫性的激发子，通过激活茶树自身或者邻近茶树的防御相关基因的表达来调控茶树的直接抗虫性、间接抗虫性和防御警备。本节将对重点论述这些虫害诱导的挥发物诱导的茶树抗虫性。

7.4.1.1 萜烯类挥发物诱导的茶树抗虫性

萜烯类化合物广泛存在于自然界，是一类以异戊二烯（C_5）为基本结构单元的化合物及其含氧衍生物（如醇、醛、酮、羧酸、酯等）。萜烯类化合物是植物挥发物的主要成分之一，茶树在遭遇害虫取食时会释放如 α-蒎烯、香叶烯、芳樟醇、罗勒烯、法尼烯等多种萜烯类化合物（Cai *et al*，2014）。萜烯类化合物可以作为植物间的交流信号，触发邻近植物防御警备，提前做好抗虫防御准备。如北美山艾修剪后释放的挥发物可以诱导邻近烟草防御基因表达，而不是直接防御物质的积累，但当植物遭到烟草天蛾幼虫危害，蛋白酶抑制剂增加速度更快。同样，邻近玉米被草地贪夜蛾（*Spodoptera littoralis*）诱导的玉米挥发物暴露处理后，当玉米遭遇草地贪夜蛾取食时，其防御基因诱导表达的速度和表达量均显著增加，并且可以抑制草地贪夜蛾幼虫的发育。

（1）（E）-橙花叔醇诱导的茶树对茶小绿叶蝉的抗性　（E）-橙花叔醇是存在于多种植物体内的一种具有芳香气味的倍半萜醇，在植物防御害虫侵袭方面也发挥着重要作用。茶树被茶小绿叶蝉和茶尺蠖取食危害后均会释放（E）-橙花叔醇，且释放量随着虫口密度的增加而增大。（E）-橙花叔醇可以激活茶树早期防御信号 MAPK 和 WRKY 途径，从而激活茉莉酸信号途径（图 7-12），促进茉莉酸和 JA-Ile 的生物合成，并在 0.5 h 后达到高峰（图 7-12b，c）。此外，（E）-橙花叔醇处理后的茶树叶片还在短时间内促进了脱落酸和早期活性氧防御信号物质过氧化氢的积累。脱落酸的含量在处理后 1 h 开始增加，2 h 达到高峰；过氧化氢的含量也迅速增加，在 0.5 h 后达到高峰（图 7-12a，d）。但（E）-橙花叔醇处理后，茶树中水杨酸含量无显著变化，说明其不激活茶树水杨酸信号途径（图 7-12e）（Chen *et al*，2020）。

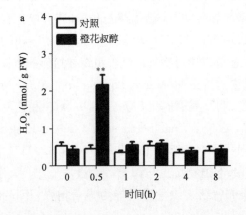

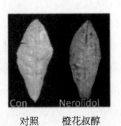

对照　　　橙花叔醇

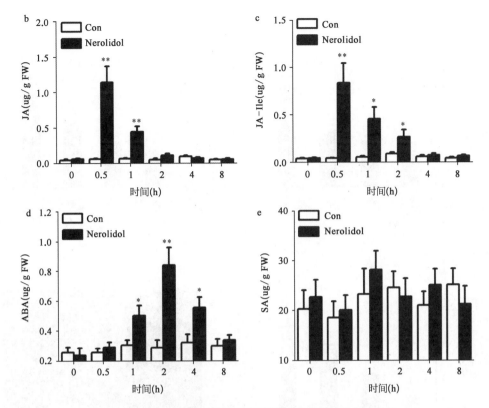

图7-12 （*E*)-橙花叔醇熏蒸处理对茶树诱导防御信号分子 H_2O_2、
茉莉酸、JA-Ile、脱落酸(ABA)和水杨酸含量的影响

(Chen *et al*，2020a)

a：（*E*)-橙花叔醇熏蒸处理后不同时间内活性氧信号分子 H_2O_2 含量的变化；b：（*E*)-橙花叔醇熏蒸处理后不同时间内茉莉酸途径信号分子茉莉酸含量的变化；c：（*E*)-橙花叔醇熏蒸处理后不同时间内茉莉酸途径信号分子 JA-Ile 含量的变化；d：（*E*)-橙花叔醇熏蒸处理后不同时间内脱落酸含量的变化；e：（*E*)-橙花叔醇熏蒸处理后不同时间内水杨酸含量的变化。

（*E*)-橙花叔醇激活茶树茉莉酸、脱落酸等防御类激素信号途径后，可通过调控下游防御相关次生代谢产物和防御蛋白的生物合成，提高茶树对茶小绿叶蝉的直接防御反应(Chen *et al*，2020)。（*E*)-橙花叔醇熏蒸处理的茶树叶片中多酚氧化酶、几丁质酶的活性比未处理叶片分别提高了1.48倍、1.24倍，诱导茶树叶片中的胼胝质含量提高1.76倍(图7-13a,b,c,d)。与对照茶树相比，经过（*E*)-橙花叔醇处理后的茶枝上，茶小绿叶蝉的虫口数量显著降低(图7-13e)；茶小绿叶蝉在（*E*)-橙花叔醇处理后茶枝上的产卵量显著低于未做处理的茶树枝条(图7-12e)；茶小绿叶蝉若虫在（*E*)-橙花叔醇处理后茶枝上的存活率仅为未做处理茶树枝条的66.2%(图7-13f)。茶小绿叶蝉成虫蜜露含量测试结果显示，相比未做处理的对照组，取食（*E*)-橙花叔醇处理后茶枝的茶小绿叶蝉蜜露分泌量降低了42.9%(图7-13g)，说明（*E*)-橙花叔醇处理对茶小绿叶蝉的取食有直接的抑制效应。此外，外源（*E*)-橙花叔醇熏蒸预处理还激发了茶树的防御警备反应，在受到叶蝉危害时，茶树表现出了更强的抗性。"外源（*E*)-橙花叔醇熏蒸预处理＋茶小绿叶蝉取食"处理组的叶片中，多酚氧化酶活性是"茶小绿叶蝉取食"处理的1.77倍(图7-13a,b)，且"外源（*E*)-橙花叔醇熏蒸预处理＋茶小绿叶蝉取食"处理组茶树叶片中胼胝质的含量也显著高于"茶小绿叶蝉取食"处理(图7-13c)。

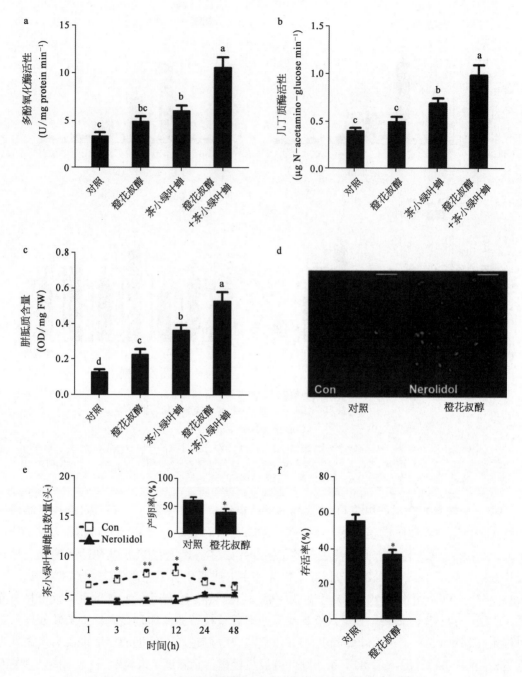

图 7‑13　(E)‑橙花叔醇诱导的茶树对茶小绿叶蝉的直接防御反应

(Chen *et al*, 2020a)

　　a～c: 未做处理、反‑橙花叔醇熏蒸处理、茶小绿叶蝉取食处理及(E)‑橙花叔醇熏蒸和茶小绿叶蝉取食同时处理的茶枝中，多酚氧化酶的活性(a)、几丁质酶活性(b)和胼胝质含量(c); d: 未做处理和(E)‑橙花叔醇熏蒸处理茶树叶片表面胼胝质的沉积量，使用苯胺蓝染色以检测茶叶表面胼胝质沉积量，标尺为 50 μm。e: 未做处理和(E)‑橙花叔醇熏蒸处理茶树上茶小绿叶蝉雌虫的数量及产卵量(m±SEs, 6 个生物学重复); f: 在未做处理和(E)‑橙花叔醇熏蒸处理茶树上取食 3 天后茶小绿叶蝉若虫的成活率(m±SEs, 6 个生物学重复)。不同小写字母表示 4 个不同的处理间存在显著性差异(ANOVA, $P < 0.05$)，星号表示不同的处理与对照间存在显著性差异(t test, $*$ $P < 0.05$; $**$ $P < 0.01$)。

（2）DMNT 和法尼烯诱导的茶树对茶尺蠖的抗性　罗勒烯、DMNT、α-法尼烯等是茶尺蠖取食诱导茶树挥发物中重要萜烯类成分。而健康茶树经茶尺蠖取食诱导挥发物暴露处理后，可显著地降低交配后茶尺蠖雌蛾对其选择趋性和茶尺蠖幼虫对其取食量（Jing et al，2021b）。与健康茶树相比，经茶尺蠖取食诱导挥发物暴露处理后的茶树释放更多的 α-蒎烯、(Z)-3-己烯基乙酸酯、罗勒烯、芳樟醇等组分。这些组分中，以 β-罗勒烯对交配后茶尺蠖雌蛾的驱避活性最强（70.75％，$P=0.049$）。采用茶尺蠖取食诱导茶树挥发物的各挥发物单组分暴露处理茶树后发现，仅 DMNT、芳樟醇、α-法尼烯、己烯醇可显著诱导茶树释放 β-罗勒烯，且 4 种挥发物处理后的茶树 Ca^{2+} 信号途径相关基因 CAM1、CML42 和 CDPK1 基因，MAPK 信号途径相关基因 MPK2、MYC2a 和 WRKY3，JA 信号途径相关基因 LOX1、AOC 和 AOS 基因的表达量均显著上调。由此可见，DMNT、芳樟醇、α-法尼烯、(Z)-3-己烯醇等组分可诱导邻近的茶树释放 β-罗勒烯来降低交配后茶尺蠖的选择偏好性，增强茶树对茶尺蠖的抗性（图 7-14）。

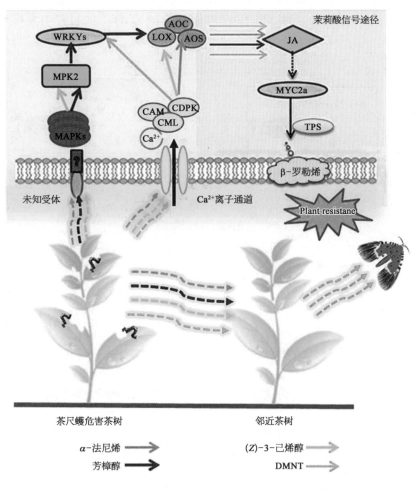

图 7-14　茶尺蠖诱导茶树挥发物在茶树间的交流示意

（Jing et al，2021b）

茶尺蠖幼虫危害后的茶树可以释放 α-法尼烯、芳樟醇、(Z)-3-己烯醇和DMNT，这些挥发物可以激活邻近茶树的 Ca^{2+} 和茉莉酸信号途径，诱导茶树释放 β-罗勒烯来驱避茶尺蠖雌虫产卵，从而提高自身的抗性。

除了诱导邻近茶树释放挥发物驱避尺蠖以外,茶尺蠖取食诱导 HIPV 暴露处理的茶树上,茶尺蠖幼虫取食叶片的量也显著低于对照(Jing *et al*,2021a)。对茶树中防御相关激素水平测试发现,与对照组相比,茶尺蠖取食诱导 HIPV 暴露处理可以显著提高茶树叶片中茉莉酸、JA - Ile 和水杨酸等激素的含量;茉莉酸生物合成相关基因 *LOX1* 和 *LOX3* 的表达量,以及直接防御相关的蛋白酶抑制剂基因的表达量也显著上调。将茶尺蠖取食诱导茶树挥发物中的 6 种挥发物单组分分别暴露处理茶树,只有 DMNT 可同时激活邻近茶树茉莉酸、JA - Ile、LOX2 和 LOX3 在茶树叶片中的积累。进一步的取食行为实验表明,茶尺蠖对 DMNT 暴露处理后茶树的叶片取食量显著低于对照组;且茶尺蠖取食诱导的 DMNT 的浓度约为 0.05 μmol/L,用该浓度的 DMNT 处理茶树可以达到与茶尺蠖取食诱导 HIPV 暴露处理类似的抗虫效果。研究还发现,茶树中的细胞色素氧化酶 CsCYP82D47 可催化底物(*E*)-橙花叔醇生成 DMNT,抑制 CsCYP82D47 的活性,使得茶树在遭遇茶尺蠖取食时 DMNT 的释放量明显降低。综上表明,DMNT 是茶尺蠖取食诱导的 HIPV 中诱导邻近茶树对茶尺蠖取食抗性的主要有效组分,CsCYP82D47 在茶树合成 DMNT 的过程中发挥着重要作用(图 7 - 15)。

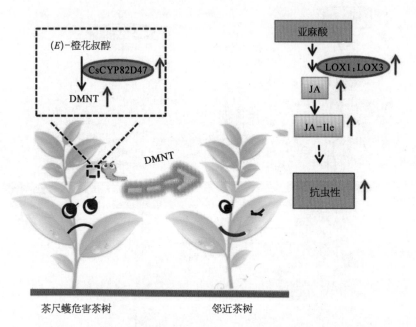

图 7 - 15　茶尺蠖诱导茶树挥发物 DMNT 介导茶树间信息交流示意

(Jing *et al*,2021b)

茶尺蠖幼虫危害可以诱导的茶树 *CsCYP82D47* 基因的上调,而 *CsCYP82D47* 可催化底物(*E*)-橙花叔醇生成 DMNT,并释放到环境中;DMNT 可以激活茶树 *LOX1* 和 *LOX3* 基因的上调表达,进而诱导茶树积累更多的 JA 和 JA - Ile 从而提高其对茶尺蠖的抗性。

与 DMNT 相似,α-法尼烯也可以作为茶树间的信号交流分子,提高邻近茶树的抗虫性(Wang *et al*,2019)。茶树品种英红九号经 6 μmol/L 的 α-法尼烯标准品处理后,其水杨酸的含量显著增加,但茉莉酸和脱落酸的含量不变,且乙烯合成关键基因 1-氨基环丙烷-1-羧酸合酶(1 - aminocyclopropane - 1 - carboxylate synthase)和 EIN 转录因子(ethylene-insensitive)的表达量也不受影响,说明 α-法尼烯可以激活茶树的水杨酸信号途径。α-法尼烯诱导处理还可以激活茶树抗性基因 β-1,3 葡聚糖酶(β-1,3 - glucanase)的表达,同时诱导茶树合成没食子酸甲酯(methyl gallate)。

7.4.1.2 绿叶挥发物(Z)-3-己烯醇诱导茶树抗虫性

茶树在受到害虫取食后的几分钟内会释放一系列绿叶挥发物,如(Z)-3-己烯醛、(E)-2-己烯醛、(Z)-3-己烯醇、(Z)-3-己烯醇醋酸酯等,这些绿叶挥发物在调控茶树抗虫性中发挥着重要的作用。其中(Z)-3-己烯醇诱导的茶树对茶尺蠖抗性研究最为引人关注。辛肇军等对茶树分别进行外源喷施(Z)-3-己烯醇和清水(对照)处理,然后在(Z)-3-己烯醇处理组和清水对照组茶苗的第二片叶子上接种 2~4 龄茶尺蠖幼虫各 30 头,并使它们持续取食 6 天(Xin et al,2019c)。6 天后对不同龄期茶尺蠖幼虫体重进行测定,结果发现取食(Z)-3-己烯醇处理组茶树的 2~3 龄茶尺蠖幼虫的体重显著低于对照组,死亡率显著高于对照组(图 7-16)。此外,取食(Z)-3-己烯醇处理组茶树的茶尺蠖幼虫期显著延长,而蛹的重量和宽度也显著低于对照组(表 7-9)。代谢分析表明,(Z)-3-己烯醇预处理可以显著提高茶树叶片中茉莉酸和多酚氧化酶的含量(Chhajed et al,2020)。以上结果说明,(Z)-3-己烯醇是调节茶树抗虫性的激发子,它可激活茉莉酸信号转导途径并增强茶树对茶尺蠖的直接防御。

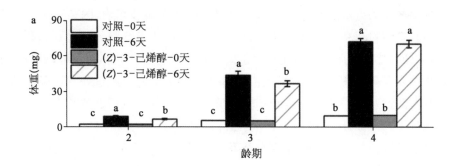

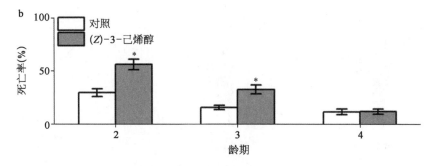

图 7-16 (Z)-3-己烯醇处理的茶树对茶尺蠖(*Ectropis obliqua*)幼虫的影响

(Xin *et al*,2019)

a:(Z)-3-己烯醇处理组和清水处理组在第 0 天和第 6 天对 2~4 龄茶尺蠖幼虫体重的影响;
b:(Z)-3-己烯醇处理组和清水处理组对 2~4 龄茶尺蠖幼虫死亡率的影响。

表 7-9 (Z)-3-己烯醇处理对茶尺蠖幼虫期和蛹的大小、重量及蛹期的影响
(Xin *et al*，2019a)

不同处理	幼虫期天数 （天）	蛹的长度 （mm）	蛹的宽度 （mm）	蛹的重量 （mg）	蛹期天数 （天）
清水（对照）	13.53±0.36	13.58±0.07	4.73±0.06	125.38±4.05	8.30±0.13
(Z)-3-己烯醇	15.07±0.36 **	13.45±0.06	4.43±0.06 **	108.85±3.62 **	8.45±0.11

注：** 表示清水对照组和(Z)-3-己烯醇处理组间存在着显著性差异($P<0.01$；student's t test)。

(Z)-3-己烯醇除了诱导茶树对茶尺蠖的直接防御外，还可以诱导茶树的防御警备(Liao *et al*，2021)。对茶树进行(Z)-3-己烯醇熏蒸处理后，(Z)-3-己烯基葡萄糖苷的含量在处理后 6 h 达到峰值，随后在 12 h 迅速降低；而(Z)-3-己烯基樱草糖苷和(Z)-3-己烯基-紫锥花苷两种化合物在处理后的 6 h 和 12 h 的含量显著高于对照组。三种(Z)-3-己烯醇的糖苷化合物均能显著抑制灰茶尺蠖幼虫体重的增长，其中在取食 48 h 后，(Z)-3-己烯基-紫锥花苷对灰茶尺蠖幼虫体重增加的抑制效果最为显著。进一步的同位素标记示踪实验证明，(Z)-3-己烯醇可以被茶树吸收并转化为(Z)-3-己烯基葡萄糖苷、(Z)-3-己烯基樱草糖苷和(Z)-3-己烯基-紫锥花苷，进而增强邻近茶树的抗虫防御警备。

为了探明己烯醇诱导茶树防御警备的分子机制，廖茵茵等测定了茶树叶片中茉莉酸和水杨酸的含量(Liao *et al*，2021)。结果显示，己烯醇处理可显著提高茶树的茉莉酸含量，但对茉莉酸合成路径中关键基因 *CsLOX2* 和 *CsAOS2* 表达无显著影响（图 7-17）。由于己烯醇和茉莉酸生物合成过程中均以脂肪酸氧化物为底物，推测己烯醇处理是通过降低对共同底物的竞争性，使得更多的脂肪酸氧化物用于茉莉酸的生物合成，而非上调茉莉酸合成相关基因的表达来诱导茶树累积茉莉酸，进而激活基于茉莉酸信号途径的防御体系。进一步研究发现，光照是邻近健康茶树吸收己烯醇并将其转化成具有抗虫活性的糖苷的主要调节因子。在光照条件下，茶树对己烯醇的吸收量、己烯醇糖苷化相关基因 *CsGT1* 和 *CsGT2* 的表达量以及 3 种己烯醇糖苷化产物的含量均显著高于黑暗处理的对照组。这表明，(Z)-乙烯

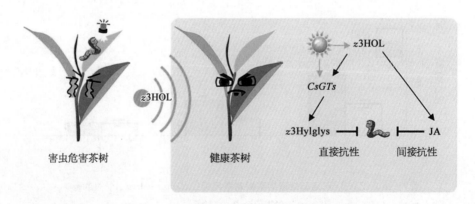

图 7-17 (Z)-3-己烯醇介导茶树启动防御示意

z3HOL：(Z)-3-己烯醇；Cs：茶树(*Camellia sinensis*)；GT：糖基转移酶；JA：茉莉酸；z3Hylglys：(Z)-3-己烯醇糖苷类化合物。

醇是诱导茶树防御警备的重要激发子。一方面,它可使茶树将更多的脂肪酸氧化物转化为茉莉酸,从而激活茉莉酸信号途径来防御灰茶尺蠖的危害;另一方面,在光照条件下,乙烯醇可被邻近健康茶树吸收并转化为有毒的糖苷类化合物,以增强茶树对灰茶尺蠖的直接抗虫性。

7.4.1.3 芳香族挥发物吲哚诱导茶树抗虫性

芳香族挥发物吲哚能够引发水稻、玉米、拟南芥和藜蓿苜蓿等植物的防御警备,提高植物对植食性昆虫的抗性(Erb *et al*,2015;Hu *et al*,2019;Ye *et al*,2019)。吲哚作为茶尺蠖取食危害诱导的茶树挥发物之一,同样可以诱导茶树的抗虫防御警备(Ye *et al*,2021)。在遭受茶尺蠖取食时,茶树会以 450 ng/h 的速率释放吲哚。以同样浓度的吲哚处理茶树后,当茶树再次遭遇茶尺蠖取食时,在防御相关激素水平方面,吲哚预处理可直接诱导水杨酸的积累,同时对 OPDA、茉莉酸、JA-Ile 和赤霉素起到防御警备调控的作用(图 7-18)。在基因表达水平方面,吲哚预处理茶树遭到茶尺蠖取食危害时,其 Ca^{2+} 信号、MAPK 信号等早期防御信号相关基因及茉莉酸生物合成相关基因的表达量显著高于对照组。在防御相关代谢产物水平方面,吲哚预处理可通过茉莉酸途径调控下游防御相关次级代谢产物黄酮类化合物,如柚皮素、圣草酚-7-O-葡萄糖苷、儿茶素、表儿茶素、咖啡酰丁二胺、N-p-香豆酰腐胺和 N-阿魏酰基-1,4-丁二胺的积累,并直接诱导异夏佛塔苷、N-阿魏酰腐胺、阿魏酰胺和咖啡因的累积。在对茶尺蠖取食行为的影响方面,取食吲哚预处理茶树叶片茶尺蠖体重的增量和取食量显著低于对照组。当用 Ca^{2+} 信号抑制剂 $LaCl_3$ 及 CAM 拮抗剂 W7 抑制

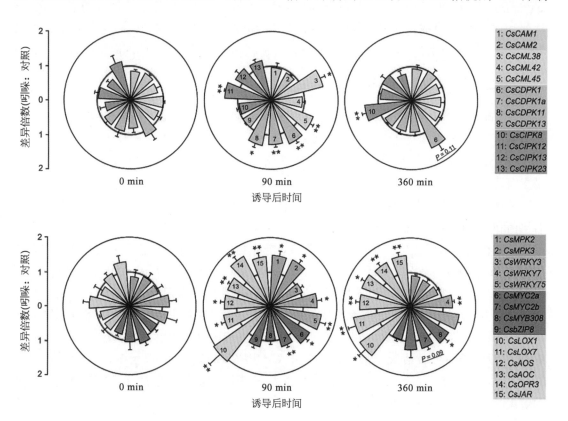

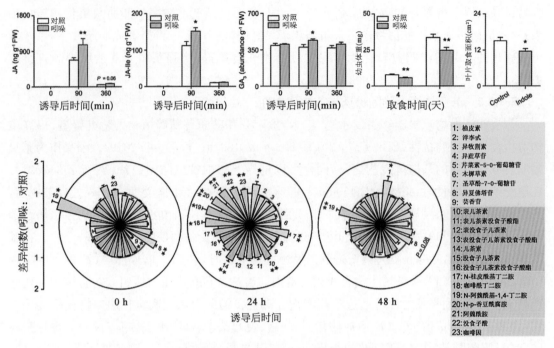

图 7 - 18　吲哚处理后的茶树在基因、激素和次生代谢物方面的变化

(Ye *et al*，2021)

Ca^{2+} 信号时，茶树叶片中上述抗性物质的积累量显著降低，对茶尺蠖的抗性也相应减弱。同样地，施用茉莉酸合成抑制剂 DIECA 和 SHAM 抑制茉莉酸的生物合成，也得到类似的效果。这表明吲哚是通过 Ca^{2+} 信号和茉莉酸信号途径调控茶树对茶尺蠖的防御警备。

7.4.2　非挥发性物质诱导的茶树抗虫性

除了植物激素和虫害诱导挥发物外，一些非挥发性物质如植食性昆虫口腔分泌物、根际有益微生物、化学元素及环境中 CO_2 浓度等也可诱导植物的抗虫性。相较于其他植物，非挥发性物质诱导茶树抗虫性方面的研究相对较为薄弱。目前的研究主要集中于没食子酸和海带多糖诱导的茶树抗虫性。

没食子酸是茶树中一种重要的多酚类化合物，它不仅是调节茶叶风味的重要因子，还具有抗菌和杀虫活性（Zeng *et al*，2021；Zhou *et al*，2020）。在调节植物抗性方面，研究发现没食子酸在诱导水稻、大豆、玉米和番茄等应对非生物因子胁迫抗性过程中也发挥着重要作用（Farghaly *et al*，2021；Ozfidan-Konakci *et al*，2019；Singh *et al*，2017；Yetissin and Kurt，2020）。没食子酸也可以诱导茶树对茶尺蠖的抗虫性。采用外源喷施没食子酸处理后的茶树饲养茶尺蠖，以处理组为食的茶尺蠖第 9 天和第 13 天的体重比对照组分别减轻了 14.8% 和 26.8%（Zhang *et al*，2022）。进一步的抗虫相关基因表达模式和抗虫物质分析结果显示，没食子酸可激活茉莉酸信号途径中 *CsOPR3* 和 *CsJAZ1* 以及苯丙烷代谢途径中 *CsPAL1*、*CsPAL2* 和 *CsSDH1* 的显著上调表达，这表明没食子酸通过茉莉酸信号途径和苯丙烷代谢途径介导下游抗虫防御相关物质的合成（Zhang *et al*，2022）。没食子酸处理茶树代谢产物分析和饲喂试验显示,外源施用没食子酸促进了茶树中黄芪苷、柚皮素-7-O-葡萄糖苷、柚皮素、咖啡因、儿茶素没食子酸酯、表没食子儿茶素没食子酸酯在叶片中的累积,其中黄芪苷、柚皮素、表没食子儿茶素没食子酸酯是对茶尺蠖具有显著取食驱避活性的物质(Zhang *et al*,2022)。

海带多糖是存在于褐藻(*Laminaria digitata*)中的水溶性 β-葡聚糖,是诱导苜蓿、水稻、烟草和葡萄抵御病害侵袭的激发子(Aziz *et al*,2003;Inui *et al*,1997;Klarzynski *et al*,2000;Kobayashi *et al*,1993)。辛肇军等研究发现,外源施用海带多糖的茶树上,茶小绿叶蝉雌性成虫的数量、产卵量和成活率都显著降低(Xin *et al*,2019b)。对茶树信号转导途径中关键基因表达模式和激素含量分析显示,在海带多糖处理后的 1 h 和 2 h,茶树中 MAPK 级联信号中 CsMAPK 和 WRKY 级联信号中 *CsWRKY3* 基因的表达量分别达到峰值;水杨酸和脱落酸在处理后的 2~24 h 的含量均显著高于对照组,且均在 8 h 达到峰值,而茉莉酸的含量与对照组无显著差异(Xin *et al*,2019b)。进一步研究防御相关化合物及其合成相关基因发现,海带多糖处理后茶树的抗虫化合物多酚氧化酶、几丁质酶、苯丙氨酸解氨酶、胼胝质及其合成相关基因均显著高于对照茶树。以上结果表明,海带多糖可通过激活水杨酸和脱落酸信号转导途径诱导茶树防御相关次生代谢产物酚氧化酶、几丁质酶、苯丙氨酸解氨酶、胼胝质来增强茶树对茶小绿叶蝉的抗性(Xin *et al*,2019b)。

7.5 外源诱导抗虫性在茶树害虫防治中的应用展望

7.5.1 诱导抗虫性的代价与权衡

植物体内及其所处的生态环境中可利用的资源有限,生长与防御二者会竞争消耗这些有限资源。同时,植物生长所积累的资源可用于防御,防御所挽回的资源又可用于植物生长,二者在相互竞争的同时又相互促进。因此,自然条件下植物体为更好地适应外部环境,须在生长—防御二者间进行权衡,使二者保持平衡状态(Zust and Agrawal,2017b)。不当地施用防御激发子甚至会打破生长与防御间的平衡关系,使植物在生长防御之间产生偏颇,降低植物的生态效益。如虽然外源茉莉酸甲酯诱导可使海岸松(*Pinus pinaster* Ait.)对松树皮象(*Hylobitelus haroldi*)的抗性增加,但却造成植株发育不良,植株矮小(Sampedro *et al*,2011)。油菜(*Brassica rapa*)体内防御信号途径被激活后,虽然硫代葡萄糖苷等抗生性次生代谢物的含量增加,但植株开花数减少、花瓣变小,蜜蜂、食蚜蝇等传粉者的访花数减少,使植株结籽率显著降低(Pinon *et al*,2013)。因此,掌握植物体内生长—防御的权衡机制,是合理使用激发子的前提。

植物生长—防御的权衡反应与其体内调控生长和防御相关激素信号通路之间的信号交流反应(cross-talk)息息相关。外源激发子刺激可引起植物体内激素信号通路之间的信号交流,带动各激素水平变化,实现碳源、ATP、NADPH 等资源在合成生长和防御相关物质之间的再分配。而茉莉酸、水杨酸等防御类激素信号途径中包含诸多信号交流节点,可与生长素

(auxin)、赤霉素(gibberellins)、油菜素内酯(brassinosteroids)等多种生长类激素信号途径产生复杂的信号交流(Huot *et al*,2014)。这些信号交流反应共同构建了植物体的激素信号途径互作关系网络,通过此网络可调控植物体内资源的重新分配,调控植物在生长—防御之间做出权衡(Havko *et al*,2016)(图7-19)。

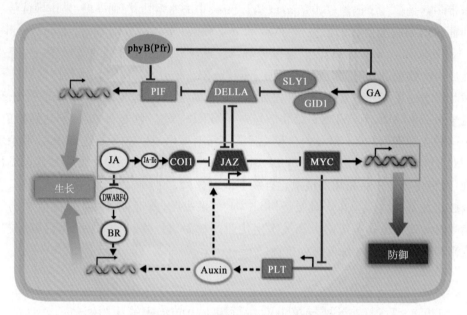

图 7-19 植物体内与 JA 通路相关的生长防御权衡反应机理

粉色框内为 JA 信号途径节点。COI1：冠毒素不敏感型蛋白 1;JAZ：茉莉酸 ZIM 结构域;MYC：髓细胞组织
增生蛋白;SLY1：sleepy 1;GID1：GA 不敏感矮秆蛋白 1;PIF：光敏色素互作因子;PLT：plethora。

以茉莉酸途径为例,茉莉酸途径的转录因子 MYC2 可下调植物根部生长素合成转录因子 PLT(plethora)的表达(Pinon *et al*,2013);而生长素可诱导茉莉酸途径负调控因子 JAZ 蛋白的合成,从而抑制茉莉酸信号途径(Grunewald *et al*,2009)。高浓度的赤霉素可使 DELLA 蛋白被泛素连接酶 SLY1(sleepy 1)/GID1(GA insensitive dwarf 1)复合体泛素化并降解,而后 JAZ 被活化并抑制 MYC2 活性,茉莉酸防御基因表达被抑制(Robert-Seilaniantz *et al*,2011)。茉莉酸也可通过 COI1(coronatine insensitive 1)- JAZ - DELLA - PIF (phytochrome interacting factor)信号组件来干扰赤霉素信号通路,使植物暂缓生长而增强防御反应(Yang *et al*,2012)。此外,茉莉酸与赤霉素途径间的互作还与光敏色素 B (phytochrome B,phyB)介导的光信号通路有关(Campos *et al*,2016)。Pfr 型的 phyB 可抑制 PIF 转录因子,进而抑制与赤霉素相关的生长反应,增强与茉莉酸相关的防御反应 (Campos *et al*,2016)。茉莉酸与油菜素内酯间的信号交流较为复杂,机理目前尚不清楚。但已有研究表明,拟南芥体内的茉莉酸可通过抑制油菜素内酯合成酶编码基因 *DWARF4* 的转录来抑制油菜素内酯的合成(Ren *et al*,2009)。

操纵茉莉酸信号节点可以调控植物生长—防御平衡。茉莉酸途径中包含 COI1、JAZ、MYC 等多个可与其他激素信号途径互作的节点。而操纵不同的节点可调控植物的性状表达(Zust and Agrawal,2017b)。例如,由于拟南芥 JAZ 缺陷型突变体植株(*jaz*Q)无法合成茉莉酸途径的阻遏节点 JAZ，使得 *jaz*Q 体内的茉莉酸相关防御基因高水平表达。经茉莉酸处理后，*jaz*Q 表现出高防御低生长的特点，饲于其上的粉纹夜蛾幼虫体重比对照低 40％，但其叶面积比对照低 25％；与之相反，由于拟南芥 MYC 缺陷型突变体植株（*myc*T）无法合成 MYC 系列转录因子，突变体的茉莉酸相关防御基因无法正常表达，因而经茉莉酸处理后 *myc*T 表现出高生长低防御的特点，其叶面积比对照高 37.5％，饲于其上的粉纹夜蛾幼虫体重也比对照高 83.3％（Major *et al*，2017）。由此可见，操纵不同节点可调控植物在生长—防御两者之间权衡。而若要使植物同时表现出高水平的生长和防御状态，还需进一步明确各节点作用，平衡调节生长与防御相关的节点。如上文所述，拟南芥 *jaz*Q 突变体表现为高防御低生长，而拟南芥 *phy*B 突变体由于无法合成赤霉素途径负调控因子 *phy*B，因而表现出高生长低防御性状。而拟南芥 *jaz*Q *phy*B 双突变体中 JAZ 与 phyB 均无法合成，其体内茉莉酸与赤霉素途径相关基因可同时高水平表达，植株可同时表现出较高的生长与防御水平，植株干重与对照相比提升 95％，同时饲于其上的粉纹夜蛾幼虫体重降低 62％（Campos *et al*，2016）。

有关使用外源激发子定向调控节点的技术还未有报道，但化学遗传学研究方法为此提供了启示。如通过选取某信号通路中某节点的相关基因，进而克隆该基因启动子区域并与 GUS 报告基因融合，从而构建 promoter：GUS 植物突变体。由于该突变体中的 GUS 蛋白活性可被激活目的节点相关基因的外源诱导物所激活，因此利用 GUS 染色分数即可实现该外源诱导物对目的节点相关基因的活性进行判定（辛肇军，2011）。此外，使用靶标性物质标记代谢物，跟踪诱导后的植物体在代谢层面上所发生的变化，可更直观地了解植物体的生长防御权衡反应。如 Baldwin 等使用[15]N 标记烟草，观测外源使用茉莉酸甲酯后其体内由生长防御权衡反应所介导的烟碱含量及分配的变化（Baldwin *et al*，1998）。

7.5.2　诱导抗虫性在茶树害虫防控中的应用展望

利用化学激发子诱导植物产生抗虫性来防控作物害虫，将来或可成为传统农药防治害虫的替代物。这种害虫管理方式相比于传统农药可较大程度的降低对环境的污染，减少害虫抗药性产生的风险，并促进自然天敌对害虫的控制作用（Holopainen *et al*，2009）。至今，有关化学激发子诱导植物抗虫性的研究已经取得了重要进展，并且高通量筛选方法的建立，加快了人工合成化学激发子的开发和利用（Xin *et al*，2012）。一些化学激发子在室内和田间均能有效诱导植物产生抗虫反应，如芳樟醇（Cooper and Horton，2017）。此外，在植物与病原菌互作关系研究中鉴定的部分化学激发子也被证实在植物抵御害虫中发挥着重要作用，揭示了植物诱导防御反应的兼容性，如商品化应用的防控作物病害的化学激发子水杨酸类似物 BTH 已被广泛证实能显著诱导植物产生抗虫反应（Scott *et al*，2017）。同时，化学激发子种类的多样性为害虫防控提供了更多的选择，展示了利用化学激发子防控作物害虫的巨大潜力。

茶树是多年生的木本经济作物，复杂的生态环境和长期演化选择形成了丰富多样的茶树种质资源，尤其是野生资源丰富，这些资源中富含具有重要育种价值的抗虫基因和主效数量抗性位点，有利于重要抗虫基因的鉴定分离、防御信号通路网络的建立、抗虫性与生长发育平衡调控机理的解析以及茶树害虫互作机理的深入研究。目前,科研人员在室内与田间环境下针对各类外源激发子诱导茶树的抗虫反应进行了大量的研究,验证了外源激发子可激活茶树体内的茉莉酸、水杨酸等抗虫信号途径,使茶树产生抗生性次生代谢物质、提高防御类酶的活性等对害虫产生直接抗性,也可以改变茶树挥发物的释放量及组成,从而吸引天敌进行间接抗虫。此外,外用激发子还会引发茶树的茉莉酸和水杨酸激素途径之间的互作交流,进一步影响两途径调控的茶树挥发物变化及抗虫表现。通过使用 1.5 mmol/L 的茉莉酸甲酯与 20 mmol/L 的水杨酸间隔 12 h 联合诱导茶树,可引发茶树的茉莉酸和水杨酸途径相互增效,增效后的茶树挥发物兼具了两途径介导的不同类型的抗虫表现,且在此基础上进一步提升了茉莉酸介导的间接防御强度、弥补了茉莉酸在直接防御上的负面效应。

目前,大部分化学激发子诱导的茶树抗虫性研究仍处于实验室阶段。为充分发挥化学激发子在防控害虫中的价值,需从以下几个方面加强研究,推进外源激发子在茶叶生产上的应用。

第一,对于激发子的理论研究尚不足。目前关于外源激发子诱导茶树抗虫的研究大多只停留在单个基因型或不可控的混合表型层面上,而看似相同的防御表型变化,其转录及代谢层面可能千变万化。因此,深入研究激发子诱抗的分子机理、茶树的激素信号通路组成以及各激素间的信号交流反应,将对精准调控茶树的防御性状具有重要的意义。

第二,外源激发子的诱导效果可受植物品种及生理状态、激发子种类和浓度、外源诱导方法及环境、防治对象与天敌等多种因素的影响。在田间环境下,茶树会同时遭受多种生物或非生物胁迫,此时茶树所产生的防御反应不同于单一胁迫危害下的免疫反应,并且不同的胁迫会导致免疫应答的高复杂性,不同的信号反应之间会相互影响,甚至相互抑制。已有一些研究揭示了在室内能显著提高植物抗虫性的激发子,并不能有效降低田间害虫的种群密度(von Merey et al, 2012; Williams et al, 2017),所以应该对茶树与害虫互作进行更深入的研究,并考虑多种外界因素影响下茶树的诱导抗虫反应。

第三,外源激发子的多样性还需进一步发掘。利用搭建的茶树抗虫激发子高通量筛选模型,可从自然界中筛选具有潜在诱导活性的小分子化合物;进一步发掘其他对茶树抗虫性具有诱导活性的激发子,如茶树根际有益微生物和植食性昆虫口腔分泌物等,或可为外源激发子在虫害防控中的应用提供新思路和方法。

第四,利用化学激发子防控害虫还可能存在一定的负面影响。已经有研究证实化学激发子会影响植物的化学物质合成,诱导植物产生更多次生代谢物质,这可能会影响碳元素的分配并抑制植物的生长,影响田间作物的产量甚至品质。如何高效利用茶树生长发育和防御之间的权衡是今后研究需要突破问题之一。

第五,一些激发子的成本过于高昂。例如,植物体内天然茉莉酸类化合物含量极低,人工合成茉莉酸类化合物又存在原料稀少、反应路线长、出产率低、提纯工艺不成熟等限制,使得茉莉酸类化合物的市场价格居高不下。如何改善这些激发子的提炼与合成技术、降低诱导成本也是今后需要研究的重点。只有从这些方面加强研究工作,才能有望让化学激发子成为绿色的防控害虫新技术,进而减轻传统农药带来的诸多问题。

参考文献

[1] 邓雅楠,严俊鑫,杨慧颖,等.水杨酸甲酯对东北玉簪单宁含量和抗虫相关酶活性的影响[J].草业科学,2018,35(09)：2087 - 2094.

[2] 杜远鹏,季兴龙,蒋恩顺,等.外源水杨酸和茉莉酸诱导巨峰葡萄抗根瘤蚜[J].昆虫学报,2014,57(04)：443 - 448.

[3] 桂连友.外源茉莉酸甲酯对茶树抗虫作用的诱导及其机理[D].浙江大学,2005.

[4] 卢秦华.茶树—炭疽菌互作机制初步研究[D].华中农业大学,2019.

[5] 苗进.外源 MeSA 诱导茶树防御假眼小绿叶蝉机理的研究[D].中国农业科学院,2008.

[6] 焦龙,边磊,罗宗秀,等.茉莉酸、水杨酸类激发子外源诱导的茶树挥发物比较[J].园艺学报,2020,47(05)：927 - 938.

[7] 施云龙.茶树抗炭疽病和抗冻机制及评价研究[D].浙江大学,2020.

[8] 魏吉鹏,李鑫,王朝阳,等.外源水杨酸甲酯对高温胁迫下茶树光合作用和抗氧化酶的影响[J].茶叶科学,2018,38(04)：353 - 362.

[9] 辛肇军.诱导水稻抗虫性的活性分子筛选及相关分子 2,4 - D 的诱导机理研究[D].浙江大学,2011.

[10] 王杰,宋圆圆,胡林,等.植物抗虫"防御警备"：概念、机理与应用[J].应用生态学报,2018,29(06)：2068 - 2078.

[11] 赵冬香.茶树—假眼小绿叶蝉—蜘蛛间化学、物理通信机制的研究[D].浙江大学,2001.

[12] 周旋,申璐,金媛,等.外源水杨酸对盐胁迫下茶树生长及主要生理特性的影响[J].西北农林科技大学学报(自然科学版),2015,43(07)：161 - 167.

[13] Abe H, Tomitaka Y, Shimoda T, *et al*. Antagonistic plant defense system regulated by phytohormones assists interactions among vector insect, thrips and a tospovirus. Plant Cell Physiol, 2012, 53：204 - 212.

[14] Agnihotri A R, Hulagabali C V, Adhav A S, *et al*. Mechanistic insight in potential dual role of sinigrin against *Helicoverpa armigera*. Phytochemistry, 2018, 145：121 - 127.

[15] Alborn H T, Hansen, T V, Jones, T H, *et al*. Disulfooxy fatty acids from the American bird grasshopper *Schistocerca americana*, elicitors of plant volatiles. Proc Natl Acad Sci U S A, 2007, 104：12976 - 12981.

[16] Alborn H T, Turlings T C J, Jones T H, *et al*. An elicitor of plant volatiles from beet armyworm oral secretion. Science, 1997, 276：945 - 949.

[17] Ameye M, Audenaert K, De Zutter N, *et al*. Priming of wheat with the green leaf volatile Z-3-hexenyl acetate enhances defense against *Fusarium graminearum* but boosts deoxynivalenol production. Plant Physiol, 2015, 167：1671 - 1684.

[18] An C P, Deng L, Zhai H W, *et al*. Regulation of jasmonate signaling by reversible acetylation of TOPLESS in *Arabidopsis*. Mol Plant, 2022, 15：1329 - 1346.

[19] An C P, Li L, Zhai Q Z, *et al*. Mediator subunit MED25 links the jasmonate receptor to transcriptionally active chromatin. Proc Natl Acad Sci U S A, 2017, 114：8930 - 8939.

[20] Asghari M & Hasanlooe A R. Interaction effects of salicylic acid and methyl jasmonate on total antioxidant content, catalase and peroxidase enzymes activity in "Sabrosa" strawberry fruit during storage. Sci Hortic-Amsterdam, 2015, 197：490 - 495.

[21] Aziz A, Poinssot B, Daire X, *et al*. Laminarin elicits defense responses in grapevine and induces protection against *Botrytis cinerea* and *Plasmopara viticola*. Mol Plant-Microbe Interact, 2003, 16：1118 - 1128.

[22] Baldwin I T. Plant volatiles. Curr Biol, 2010, 20：R392 - R397.

[23] Baldwin I T, Gorham D, Schmelz E A, *et al*. Allocation of nitrogen to an inducible defense and seed production in *Nicotiana attenuata*. Oecologia, 1998, 115：541 - 552.

[24] Baldwin I T & Hamilton W. Jasmonate-induced responses of *Nicotiana sylvestris* results in fitness costs due to impaired competitive ability for nitrogen. J Chem Ecol, 2000, 26：915 - 952.

[25] Behmer S T, Lloyd C M, Raubenheimer D, *et al*. Metal hyperaccumulation in plants：mechanisms of defence against insect herbivores. Funct Ecol, 2005, 19：55 - 66.

[26] Berens M L, Berry H M, Mine A, *et al*. Evolution of hormone signaling networks in plant defense. Annu Rev Phytopathol, 2017, 55：401 - 425.

[27] Biere A & Goverse A. Plant-mediated systemic interactions between pathogens, parasitic nematodes, and herbivores above- and belowground. Annu Rev Phytopathol, 2016, 54：499 - 527.

[28] Bleeker P M, Diergaarde P J, Ament K, *et al*. The role of specific tomato volatiles in tomato-whitefly interaction. Plant Physiol, 2009, 151：925 - 935.

［29］ Block A, Christensen S A, Hunter C T, et al. Herbivore-derived fatty-acid amides elicit reactive oxygen species burst in plants. J Exp Bot, 2018, 69: 1235 - 1245.

［30］ Bosch M, Berger S, Schaller A, et al. Jasmonate-dependent induction of polyphenol oxidase activity in tomato foliage is important for defense against Spodoptera exigua but not against Manduca sexta. BMC Plant Biol, 2014, 14: 257.

［31］ Browse J. Jasmonate passes muster: a receptor and targets for the defense hormone. Annu Rev Plant Biol, 2009, 60: 183 - 205.

［32］ Bruessow F, Gouhier-Darimont C, Buchala A, et al. Insect eggs suppress plant defence against chewing herbivores. Plant J, 2010, 62: 876 - 885.

［33］ Bruinsma M, Posthumus M A, Mumm R, et al. Jasmonic acid-induced volatiles of Brassica oleracea attract parasitoids: effects of time and dose, and comparison with induction by herbivores. J Exp Bot, 2009, 60: 2575 - 2587.

［34］ Cai X M, Sun X L, Dong W X, et al. Herbivore species, infestation time, and herbivore density affect induced volatiles in tea plants. Chemoecology, 2014, 24: 1 - 14.

［35］ Campos M L, Yoshida Y, Major I T, et al. Rewiring of jasmonate and phytochrome B signalling uncouples plant growth-defense tradeoffs. Nat commun, 2016, 7: 12570.

［36］ Cao H H, Wang S H, Liu T X. Jasmonate- and salicylate-induced defenses in wheat affect host preference and probing behavior but not performance of the grain aphid, Sitobion avenae. Insect Sci, 2014, 21: 47 - 55.

［37］ Cascone P, Iodice L, Maffei M E, et al. Tobacco overexpressing beta-ocimene induces direct and indirect responses against aphids in receiver tomato plants. J Plant Physiol, 2015, 173: 28 - 32.

［38］ Chen S L, Zhang L P, Cai X M, et al. (E)-Nerolidol is a volatile signal that induces defenses against insects and pathogens in tea plants. Hortic Res-England, 2020, 7: 52.

［39］ Chen S T, Kong Y Z, Zhang X Y, et al. Structural and functional organization of the MYC transcriptional factors in Camellia sinensis. Planta, 2021, 253: 93.

［40］ Chhajed S, Mostafa I, He Y, et al. Glucosinolate biosynthesis and the glucosinolate-myrosinase system in plant defense. Agronomy, 2020, 10: 1786.

［41］ Chung S H, Rosa C, Scully E D, et al. Herbivore exploits orally secreted bacteria to suppress plant defenses. Proc Natl Acad Sci U S A, 2013, 110: 15728 - 15733.

［42］ Cipollini D, Enright S, Traw M B, et al. Salicylic acid inhibits jasmonic acid-induced resistance of Arabidopsis thaliana to Spodoptera exigua. Mol Ecol, 2004, 13: 1643 - 1653.

［43］ Considine M, Gordon C, Croft K, et al. Salicylic acid overrides the effect of methyl jasmonate on the total antioxidant capacity of table grapes. Acta Hortic, 2009, 811: 495 - 498.

［44］ Cooper W R & Horton D R. Elicitors of host plant defenses partially suppress Cacopsylla pyricola (Hemiptera: Psyllidae) populations under field conditions. J Insect Sci, 2017, 17: 49.

［45］ De Boer J G & Dicke M. The role of methyl salicylate in prey searching behavior of the predatory mite Phytoseiulus persimilis. J Chem Ecol, 2004, 30: 255 - 271.

［46］ De Vos M, Van Zaanen W, Koornneef A, et al. Herbivore-induced resistance against microbial pathogens in Arabidopsis. Plant Physiol, 2006, 142: 352 - 363.

［47］ Dempsey D A & Klessig D F. How does the multifaceted plant hormone salicylic acid combat disease in plants and are similar mechanisms utilized in humans? BMC Biol, 2017, 15: 23.

［48］ Dietrich R A, Lawton K, Friedrich L, et al. Induced plant defence responses: scientific and commercial development possibilities. Novartis Found Symp, 1999, 223: 205 - 216; discussion 216 - 222.

［49］ Ding Y L, Sun T J, Ao K, et al. Opposite roles of salicylic asid receptors NPR1 and NPR3/NPR4 in transcriptional regulation of plant immunity. Cell, 2018, 173: 1454 - 1467.

［50］ Divekar P A, Narayana S, Divekar B A, et al. Plant secondary metabolites as defense tools against herbivores for sustainable crop protection. Int J Mol Sci, 2022, 23: 2690.

［51］ Dong X N. NPR1, all things considered. Curr Opin Plant Biol, 2004, 7: 547 - 552.

［52］ Dudareva N, Negre F, Nagegowda D A, et al. Plant volatiles: Recent advances and future perspectives. Crit Rev Plant Sci, 2004, 25: 417 - 440.

［53］ Engelberth J, Contreras C F, Dalvi C, et al. Early transcriptome analyses of Z-3-hexenol-treated Zea mays revealed distinct transcriptional networks and anti-herbivore defense potential of green leaf volatiles. PLoS One, 2013, 8: e77465.

[54] Engelberth J, Viswanathan S, Engelberth M J. Low concentrations of salicylic acid stimulate insect elicitor responses in *Zea mays* seedlings. J Chem Ecol, 2011, 37: 263 - 266.

[55] Erb M & Reymond P. Molecular interactions between plants and insect herbivores. Annu Rev Plant Biol, 2019, 70: 527 - 557.

[56] Erb M, Veyrat N, Robert C A M, *et al*. Indole is an essential herbivore-induced volatile priming signal in maize. Nat commun, 2015, 6: 6273.

[57] Erbilgin N, Krokene P, Christiansen E, *et al*. Exogenous application of methyl jasmonate elicits defenses in *Norway spruce* (Picea abies) and reduces host colonization by the bark beetle *Ips typographus*. Oecologia, 2006, 148: 426 - 436.

[58] Escobar-Bravo R, Alba J M, Pons C, *et al*. A jasmonate-inducible defense trait transferred from wild into cultivated tomato establishes increased whitefly resistance and reduced viral disease incidence. Front Plant Sci, 2016, 7: 1732.

[59] Eulgem T. Regulation of the *Arabidopsis* defense transcriptome. Trends Plant Sci, 2005, 10: 71 - 78.

[60] Falk K L, Kastner J, Bodenhausen N, *et al*. The role of glucosinolates and the jasmonic acid pathway in resistance of *Arabidopsis thaliana* against molluscan herbivores. Mol Ecol, 2014, 23: 1188 - 1203.

[61] Farghaly F A, Salam H K, Hamada A M, *et al*. The role of benzoic acid, gallic acid and salicylic acid in protecting tomato callus cells from excessive boron stress. Sci Hortic-Amsterdam, 2021, 278: 109827.

[62] Fatouros N E, Broekgaarden C, Bukovinszkine'Kiss G, *et al*. Male-derived butterfly anti-aphrodisiac mediates induced indirect plant defense. Proc Natl Acad Sci U S A, 2008, 105: 10033 - 10038.

[63] Felton G W, Workman J, Duffey S S. Avoidance of antinutritive plant defense: Role of midgut pH in Colorado potato beetle. J Chem Ecol, 1992, 18: 571 - 583.

[64] Fernandez-Calvo P, Chini A, Fernandez-Barbero G, *et al*. The arabidopsis bHLH transcription factors MYC3 and MYC4 are targets of JAZ repressors and act additively with MYC2 in the activation of jasmonate responses. Plant Cell, 2011, 23: 701 - 715.

[65] Freundlich G E, Shields M, Frost C J. Dispensing a synthetic green leaf volatile to two plant species in a common garden differentially alters physiological responses and herbivory. Agronomy, 2021, 11: 958.

[66] Frey M, Spiteller D, Boland W, *et al*. Transcriptional activation of Igl, the gene for indole formation in *Zea mays*: a structure-activity study with elicitor-active N-acyl glutamines from insects. Phytochemistry, 2004, 65: 1047 - 1055.

[67] Garcion C, Lohmann A, Lamodiere E, *et al*. Characterization and biological function of the ISOCHORISMATE SYNTHASE2 gene of *Arabidopsis*. Plant Physiol, 2008, 147: 1279 - 1287.

[68] Griese E, Dicke M, Hilker M, *et al*. Plant response to butterfly eggs: inducibility, severity and success of egg-killing leaf necrosis depends on plant genotype and egg clustering. Sci Rep, 2017, 7: 7316.

[69] Grunewald W, Vanholme B, Pauwels L, *et al*. Expression of the *Arabidopsis* jasmonate signalling repressor JAZ1/TIFY10A is stimulated by auxin. EMBO Rep, 2009, 10: 923 - 928.

[70] Hanley M E, Lamont B B, Fairbanks M M, *et al*. Plant structural traits and their role in anti-herbivore defence. Perspect Plant Ecol Evol Syst, 2007, 8: 157 - 178.

[71] Hare J D. Ecological role of volatiles produced by plants in response to damage by herbivorous insects. Annu Rev Entomol, 2011, 56: 161 - 180.

[72] Havko N E, Major I T, Jewell J B, *et al*. Control of carbon assimilation and partitioning by jasmonate: an accounting of growth-defense tradeoffs. Plants, 2016, 5: 7.

[73] He J, Fandino R A, Halitschke R, *et al*. An unbiased approach elucidates variation in (S)-(+)-linalool, a context-specific mediator of a tri-trophic interaction in wild tobacco. Proc Natl Acad Sci U S A, 2019, 116: 14651 - 14660.

[74] Heil M. Extrafloral nectar at the plant-insect interface: a spotlight on chemical ecology, phenotypic plasticity, and food webs. Annu Rev Entomol, 2015, 60: 213 - 232.

[75] Heil M, Koch T, Hilpert A, *et al*. Extrafloral nectar production of the ant-associated plant, *Macaranga tanarius*, is an induced, indirect, defensive response elicited by jasmonic acid. Proc Natl Acad Sci U S A, 2001, 98: 1083 - 1088.

[76] Hilker M & Fatouros N E. Plant responses to insect egg deposition. Annu Rev Entomol, 2015, 60: 493 - 515.

[77] Holeski L M. Within and between generation phenotypic plasticity in trichome density of *Mimulus guttatus*. J Evol Biol, 2007, 20: 2092 - 2100.

[78] Holeski L M, Jander G, Agrawal A A. Transgenerational defense induction and epigenetic inheritance in plants. Trends Ecol Evol, 2012, 27: 618 - 626.

[79] Holopainen J K, Heijari J, Nerg A M, *et al*. Potential for the use of exogenous chemical elicitors in disease and insect pest management of conifer seedling production. Open Forest Science Journal, 2009, 2: 17 - 24.

［80］ Howe G A & Jander G. Plant immunity to insect herbivores. Annu Rev Plant Biol, 2008, 59：41-66.

［81］ Hu L, Ye M, Erb M. Integration of two herbivore-induced plant volatiles results in synergistic effects on plant defence and resistance. Plant Cell Environ, 2019, 42：959-971.

［82］ Hu L F, Zhang K D, Wu Z W, et al. Plant volatiles as regulators of plant defense and herbivore immunity：molecular mechanisms and unanswered questions. Curr Opin Insect Sci, 2021, 44：82-88.

［83］ Hudgins J W & Franceschi V R. Methyl jasmonate-induced ethylene production is responsible for conifer phloem defense responses and reprogramming of stem cambial zone for traumatic resin duct formation. Plant Physiol, 2004, 135：2134-2149.

［84］ Huffaker A. Plant elicitor peptides in induced defense against insects. Curr Opin Insect Sci, 2015, 9：44-50.

［85］ Huffaker A, Pearce G, Veyrat N, et al. Plant elicitor peptides are conserved signals regulating direct and indirect antiherbivore defense. Proc Natl Acad Sci U S A, 2013, 110：5707-5712.

［86］ Huot B, Yao J, Montgomery B L, et al. Growth-defense tradeoffs in plants：a balancing act to optimize fitness. Mol plant, 2014, 7：1267-1287.

［87］ Hyun Y, Choi S, Hwang H J, et al. Cooperation and functional diversification of two closely related galactolipase genes for jasmonate biosynthesis. Dev Cell, 2008, 14：183-192.

［88］ Inui H, Yamaguchi Y, Hirano S. Elicitor actions of N-acetylchitooligosaccharides and laminarioligosaccharides for chitinase and L-phenylalanine ammonia-lyase induction in rice suspension culture. Biosci Biotechnol Biochem, 1997, 61：975-978.

［89］ Ishiguro S, Kawai-Oda A, Ueda J, et al. The DEFECTIVE IN ANTHER DEHISCIENCE gene encodes a novel phospholipase A1 catalyzing the initial step of jasmonic acid biosynthesis, which synchronizes pollen maturation, anther dehiscence, and flower opening in Arabidopsis. Plant Cell, 2001, 13：2191-2209.

［90］ Ishiwari H, Suzuki T, Maeda T. Essential compounds in herbivore-induced plant volatiles that attract the predatory mite Neoseiulus womersleyi. J Chem Ecol, 2007, 33：1670-1681.

［91］ Jansen R M C, Wildt J, Kappers I F, et al. Detection of diseased plants by analysis of volatile organic compound emission. Annu Rev Phytopathol, 2011, 49：157-174.

［92］ Ji Y B, Liu J, Xing D. Low concentrations of salicylic acid delay methyl jasmonate-induced leaf senescence by up-regulating nitric oxide synthase activity. J Exp Bot, 2016, 67：5233-5245.

［93］ Jiang Y F, Ye J Y, Li S, et al. Methyl jasmonate-induced emission of biogenic volatiles is biphasic in cucumber：a high-resolution analysis of dose dependence. J Exp Bot, 2017, 68：4679-4694.

［94］ Jiao L, Bian L, Luo Z, et al. Enhanced volatile emissions and anti-herbivore functions mediated by the synergism between jasmonic acid and salicylic acid pathways in tea plants. Hortic Res, 2022, 9：uhac144.

［95］ Jing T, Du W, Gao T, et al. Herbivore-induced DMNT catalyzed by CYP82D47 plays an important role in the induction of JA-dependent herbivore resistance of neighboring tea plants. Plant Cell Environ, 2021a, 44：1178-1191.

［96］ Jing T T, Qian X N, Du W K, et al. Herbivore-induced volatiles influence moth preference by increasing the beta-Ocimene emission of neighbouring tea plants. Plant Cell Environ, 2021b, 44：3667-3680.

［97］ Kang Z W, Liu F H, Zhang Z F, et al. Volatile β-Ocimene can regulate developmental performance of peach aphid Myzus persicae through activation of defense responses in Chinese cabbage Brassica pekinensis. Front Plant Sci, 2018, 9：708.

［98］ Karban R. The ecology and evolution of induced resistance against herbivores. Funct Ecol, 2011, 25：339-347.

［99］ Kessler A & Baldwin I T. Defensive function of herbivore-induced plant volatile emissions in nature. Science, 2001, 291：2141-2144.

［100］ Kim J & Felton G W. Priming of antiherbivore defensive responses in plants. Insect Sci, 2013, 20：273-285.

［101］ Kishimoto K, Matsui K, Ozawa R, et al. Volatile C6-aldehydes and allo-ocimene activate defense genes and induce resistance against Botrytis cinerea in Arabidopsis thaliana. Plant Cell Physiol, 2005, 46：1093-1102.

［102］ Klarzynski O, Plesse B, Joubert J M, et al. Linear beta-1,3 glucans are elicitors of defense responses in tobacco. Plant Physiol, 2000, 124：1027-1037.

［103］ Kobayashi A, Tai A, Kanzaki H, et al. Elicitor-active oligosaccharides from algal laminaran stimulate the production of antifungal compounds in alfalfa. Z Naturforsch［C］, 1993, 48：575-579.

［104］ Koornneef A, Leon-Reyes A, Ritsema T, et al. Kinetics of salicylate-mediated suppression of jasmonate signaling reveal a role for redox modulation. Plant Physiol, 2008, 147：1358-1368.

[105] Koramutla M K, Kaur A, Negi M, et al. Elicitation of jasmonate-mediated host defense in *Brassica juncea* (L.) attenuates population growth of mustard aphid *Lipaphis erysimi* (Kalt.). Planta, 2014, 240: 177 – 194.

[106] Laothawornkitkul J, Paul N D, Vickers C E, et al. Isoprene emissions influence herbivore feeding decisions. Plant Cell Environ, 2008, 31: 1410 – 1415.

[107] Lee D S, Nioche P, Hamberg M, et al. Structural insights into the evolutionary paths of oxylipin biosynthetic enzymes. Nature, 2008, 455: 363 – 327.

[108] Lee J E, Cho Y U, Kim K H, et al. Distinctive metabolomic responses of *Chlamydomonas reinhardtii* to the chemical elicitation by methyl jasmonate and salicylic acid. Process Biochem, 2016, 51: 1147 – 1154.

[109] Leon J, Shulaev V, Yalpani N, et al. Benzoic-acid 2-hydroxylase, a soluble oxygenase from tobacco, catalyzes salicylic-acid biosynthesis. Proc Natl Acad Sci U S A, 1995, 92: 10413 – 10417.

[110] Li T, Holopainen J K, Kokko H, et al. Herbivore-induced aspen volatiles temporally regulate two different indirect defences in neighbouring plants. Funct Ecol, 2012, 26: 1176 – 1185.

[111] Liao Y Y, Tan H B, Jian G T, et al. Herbivore-induced (*Z*)-3-hexen-1-ol is an airborne signal that promotes direct and indirect defenses in tea (*Camellia sinensis*) under light. J Agric Food Chem, 2021, 69: 12608 – 12620.

[112] Lin S B, Dong Y N, Li X W, et al. JA-Ile-macrolactone 5b induces tea plant (*Camellia sinensis*) resistance to both herbivore *Ectropis obliqua* and pathogen *Colletotrichum camelliae*. Int J Mol Sci, 2020, 21: 1828.

[113] Lin S B, Ye M, Li X W, et al. A novel inhibitor of the jasmonic acid signaling pathway represses herbivore resistance in tea plants. Hortic Res, 2022, 9uhab038.

[114] Liu C L, Ruan Y, Lin Z J, et al. Antagonism between acibenzolar-S-methyl-induced systemic acquired resistance and jasmonic acid-induced systemic acquired susceptibility to *Colletotrichum orbiculare* infection in cucumber. Physiol Mol Plant Pathol, 2008, 72: 141 – 145.

[115] Maeda H & Dudareva N. The shikimate pathway and aromatic amino acid biosynthesis in plants. Annu Rev Plant Biol, 2012, 63: 73 – 105.

[116] Major I T, Yoshida Y, Campos M L, et al. Regulation of growth-defense balance by the JASMONATE ZIM-DOMAIN (JAZ)-MYC transcriptional module. New Phytol, 2017, 215: 1533 – 1547.

[117] Mao P, Duan M R, Wei C H, et al. WRKY62 transcription factor acts downstream of cytosolic NPR1 and negatively regulates jasmonate-responsive gene expression. Plant Cell Physiol, 2007, 48: 833 – 842.

[118] Martinez-Medina A, Flors V, Heil M, et al. Recognizing plant defense priming. Trends Plant Sci, 2016, 21: 818 – 822.

[119] Maruri-Lopez I, Aviles-Baltazar N Y, Buchala A, et al. Intra and extracellular journey of the phytohormone salicylic acid. Front Plant Sci, 2019, 10: 423.

[120] Matsui H, Iwakawa H, Hyon G S, et al. Isolation of natural fungal pathogens from *Marchantia polymorpha* reveals antagonism between salicylic acid and jasmonate during liverwort-fungus interactions. Plant Cell Physiol, 2020, 61: 442 – 442.

[121] Mattiacci L, Dicke M, Posthumus M A. Beta-glucosidase — an elicitor of herbivore-induced plant odor that attracts host-searching parasitic wasps. Proc Natl Acad Sci U S A, 1995, 92: 2036 – 2040.

[122] Mauch-Mani B, Baccelli I, Luna E, et al. Defense priming: An adaptive part of induced resistance. Annu Rev Plant Biol, 2017, 68: 485 – 512.

[123] Mendoza D, Arias J P, Cuaspud O, et al. FT-NIR spectroscopy and RP-HPLC combined with multivariate analysis reveals differences in plant cell suspension cultures of *Thevetia peruviana* treated with salicylic acid and methyl jasmonate. Biotechnol Rep (Amst), 2020, 27: e00519.

[124] Meyer A J. The integration of glutathione homeostasis and redox signaling. J Plant Physiol, 2008, 165: 1390 – 1403.

[125] Mithofer A & Boland W. Plant defense against herbivores: chemical aspects. Annu Rev Plant Biol, 2012, 63: 431 – 450.

[126] Moreira X, Abdala-Roberts L, Castagneyrol B. Interactions between plant defence signalling pathways: evidence from bioassays with insect herbivores and plant pathogens. J Ecol, 2018, 106: 2353 – 2364.

[127] Moreira X, Zas R, Sampedro L. Methyl jasmonate as chemical elicitor of induced responses and anti-Herbivory resistance in young conifer trees. Prog Biol Control, 2012, 12: 345 – 362.

[128] Mou Z, Fan W H, Dong X N. Inducers of plant systemic acquired resistance regulate NPR1 function through redox changes. Cell, 2003, 113: 935 – 944.

[129] Mur L A J, Kenton P, Atzorn R, et al. The outcomes of concentration-specific interactions between salicylate and

jasmonate signaling include synergy, antagonism, and oxidative stress leading to cell death. Plant Physiol, 2006, 140: 249 - 262.

[130] Muroi A, Ramadan A, Nishihara M, et al. The composite effect of transgenic plant volatiles for acquired immunity to herbivory caused by inter-plant communications. PLoS One, 2011, 6.

[131] Musser R O, Hum-Musser S M, Eichenseer H, et al. Herbivory: Caterpillar saliva beats plant defences — A new weapon emerges in the evolutionary arms race between plants and herbivores. Nature, 2002, 416: 599 - 600.

[132] Ndamukong I, Al Abdallat A, Thurow C, et al. SA-inducible Arabidopsis glutaredoxin interacts with TGA factors and suppresses JA-responsive PDF1.2 transcription. Plant J, 2007, 50: 128 - 139.

[133] Nomoto M, Skelly M J, Itaya T, et al. Suppression of MYC transcription activators by the immune cofactor NPR1 fine-tunes plant immune responses. Cell Rep, 2021, 37: 110125.

[134] O'Doherty I, Yim J J, Schmelz E A, et al. Synthesis of caeliferins, elicitors of plant Immune responses: accessing lipophilic natural products via cross metathesis. Org Lett, 2011, 13: 5900 - 5903.

[135] Ozawa R, Arimura G, Takabayashi J, et al. Involvement of jasmonate- and salicylate-related signaling pathways for the production of specific herbivore-induced volatiles in plants. Plant Cell Physiol, 2000, 41: 391 - 398.

[136] Ozfidan-Konakci C, Yildiztugay E, Yildiztugay A, et al. Cold stress in soybean (Glycine max L.) roots: Exogenous gallic acid promotes water status and increases antioxidant activities. Bot Serb, 2019, 43: 59 - 71.

[137] Pappas M L, Broekgaarden C, Broufas G D, et al. Induced plant defences in biological control of arthropod pests: a double-edged sword. Pest Manag Sci, 2017, 73: 1780 - 1788.

[138] Patt J M, Robbins P S, Niedz R, et al. Exogenous application of the plant signalers methyl jasmonate and salicylic acid induces changes in volatile emissions from citrus foliage and influences the aggregation behavior of Asian citrus psyllid (Diaphorina citri), vector of Huanglongbing. PLoS One, 2018, 13: e0193724.

[139] Pearse I S, LoPresti E, Schaeffer R N, et al. Generalising indirect defence and resistance of plants. Ecol Lett, 2020, 23: 1137 - 1152.

[140] Pieterse C M J, Van der Does D, Zamioudis C, et al. Hormonal modulation of plant immunity. Annu Rev Cell Dev Biol, 2012, 28: 489 - 521.

[141] Pinon V, Prasad K, Grigg S P, et al. Local auxin biosynthesis regulation by PLETHORA transcription factors controls phyllotaxis in Arabidopsis. Proc Natl Acad Sci U S A, 2013, 110: 1107 - 1112.

[142] Proietti S, Bertini L, Timperio A M, et al. Crosstalk between salicylic acid and jasmonate in Arabidopsis investigated by an integrated proteomic and transcriptomic approach. Mol BioSyst, 2013, 9: 1169 - 1187.

[143] Qiu B L, van Dam N M, Harvey J A, et al. Root and shoot jasmonic acid induction differently affects the foraging behavior of Cotesia glomerata under semi-field conditions. Biocontrol, 2012, 57: 387 - 395.

[144] Rasmann S, De Vos M, Casteel C L, et al. Herbivory in the previous generation primes plants for enhanced insect resistance. Plant Physiol, 2012, 158: 854 - 863.

[145] Rayapuram C & Baldwin I T. Increased SA in NPR1-silenced plants antagonizes JA and JA-dependent direct and indirect defenses in herbivore-attacked Nicotiana attenuata in nature. Plant J, 2007, 52: 700 - 715.

[146] Rekhter D, Ludke D, Ding Y L, et al. Isochorismate-derived biosynthesis of the plant stress hormone salicylic acid. Science, 2019, 365: 498 - 502.

[147] Ren C M, Han C Y, Peng W, et al. A leaky mutation in DWARF4 reveals an antagonistic role of brassinosteroid in the inhibition of root growth by jasmonate in Arabidopsis. Plant Physiol, 2009, 151: 1412 - 1420.

[148] Robert-Seilaniantz A, Grant M, Jones J D G. Hormone crosstalk in plant disease and defense: more than just JASMONATE-SALICYLATE antagonism. Annu Rev Phytopathol, 2011, 49: 317 - 343.

[149] Rodriguez-Saona C R, Polashock J, Malo E A. Jasmonate-mediated induced volatiles in the American cranberry, Vaccinium macrocarpon: from gene expression to organismal interactions. Front Plant Sci, 2013, 4: 115.

[150] Rodriguez-Saona C R, Rodriguez-Saona L E, Frost C J. Herbivore-induced volatiles in the perennial shrub, Vaccinium corymbosum, and their role in inter-branch signaling. J Chem Ecol, 2009, 35: 163 - 175.

[151] Rowen E, Gutensohn M, Dudareva N, et al. Carnivore attractant or plant elicitor? Multifunctional roles of methyl salicylate lures in tomato defense. J Chem Ecol, 2017, 43: 573 - 585.

[152] Sampedro L, Moreira X, Zas R. Resistance and response of Pinus pinaster seedlings to Hylobius abietis after induction with methyl jasmonate. Plant Ecol, 2011, 212: 397 - 401.

[153] Sanches P A, Santos F, Penaflor M F G V, et al. Direct and indirect resistance of sugarcane to Diatraea saccharalis induced by jasmonic acid. Bull Entomol Res, 2017, 107: 828 - 838.

[154] Sanders P M, Lee P Y, Biesgen C, et al. The Arabidopsis DELAYED DEHISCENCE1 gene encodes an enzyme in the jasmonic acid synthesis pathway. Plant Cell, 2000, 12: 1041 – 1061.

[155] Schuman M C & Baldwin I T. The layers of plant responses to insect herbivores. Annu Rev Entomol, 2016, 61: 373 – 394.

[156] Schweiger R, Heise A M, Persicke M, et al. Interactions between the jasmonic and salicylic acid pathway modulate the plant metabolome and affect herbivores of different feeding types. Plant Cell Environ, 2014, 37: 1574 – 1585.

[157] Scott I M, Samara R, Renaud J B, et al. Plant growth regulator-mediated anti-herbivore responses of cabbage (Brassica oleracea) against cabbage looper Trichoplusia ni Hubner (Lepidoptera: Noctuidae). Pestic Biochem Physiol, 2017, 141: 9 – 17.

[158] Seo J, Yi G, Lee J G, et al. Seed browning in pepper (Capsicum annuum L.) fruit during cold storage is inhibited by methyl jasmonate or induced by methyl salicylate. Postharvest Biol Tec, 2020, 166: 111210.

[159] Shang J, Xi D H, Xu F, et al. A broad-spectrum, efficient and nontransgenic approach to control plant viruses by application of salicylic acid and jasmonic acid. Planta, 2011, 233: 299 – 308.

[160] Shi X B, Chen G, Tian L X, et al. The salicylic acid-mediated release of plant volatiles affects the host choice of Bemisia tabaci. Int J Mol Sci, 2016, 17: 1084.

[161] Shigenaga A M & Argueso C T. No hormone to rule them all: Interactions of plant hormones during the responses of plants to pathogens. Semin Cell Dev Biol, 2016, 56: 174 – 189.

[162] Shim J S, Jung C, Lee S, et al. AtMYB44 regulates WRKY70 expression and modulates antagonistic interaction between salicylic acid and jasmonic acid signaling. Plant J, 2013, 73: 483 – 495.

[163] Shimoda T, Ozawa R, Arimura G, et al. Olfactory responses of two specialist insect predators of spider mites toward plant volatiles from lima bean leaves induced by jasmonic acid and/or methyl salicylate. Appl Entomol Zool, 2002, 37: 535 – 541.

[164] Shinya T, Yasuda S, Hyodo K, et al. Integration of danger peptide signals with herbivore-associated molecular pattern signaling amplifies anti-herbivore defense responses in rice. Plant J, 2018, 94: 626 – 637.

[165] Shirakawa M & Hara-Nishimura I. Specialized vacuoles of myrosin cells: chemical defense strategy in brassicales plants. Plant Cell Physiol, 2018, 59: 1309 – 1316.

[166] Singh A, Gupta R, Pandey R. Exogenous application of rutin and gallic acid regulate antioxidants and alleviate reactive oxygen generation in Oryza sativa L. Physiol Mol Biol Plants, 2017, 23: 301 – 309.

[167] Sobhy I S, Woodcock C M, Powers S J, et al. cis-Jasmone elicits aphid-induced stress signalling in potatoes. J Chem Ecol, 2017, 43: 39 – 52.

[168] Staswick P E & Tiryaki I. The oxylipin signal jasmonic acid is activated by an enzyme that conjugates it to isoleucine in Arabidopsis. Plant Cell, 2004, 16: 2117 – 2127.

[169] Stitz M, Gase K, Baldwin I T, et al. Ectopic expression of AtJMT in Nicotiana attenuata: creating a metabolic sink has tissue-specific consequences for the jasmonate metabolic network and silences downstream gene expression. Plant Physiol, 2011, 157: 341 – 354.

[170] Sun X L, Wang G C, Gao Y, et al. Volatiles emitted from tea plants infested by Ectropis obliqua larvae are attractive to conspecific moths. J Chem Ecol, 2014, 40: 1080 – 1089.

[171] Tada Y, Spoel S H, Pajerowska-Mukhtar K, et al. Plant immunity requires conformational changes of NPR1 via S-nitrosylation and thioredoxins. Science, 2008, 321: 952 – 956.

[172] Thaler J S, Fidantsef A L, Bostock R M. Antagonism between jasmonate- and salicylate-mediated induced plant resistance: Effects of concentration and timing of elicitation on defense-related proteins, herbivore, and pathogen performance in tomato. J Chem Ecol, 2022a, 28: 1131 – 1159.

[173] Thaler J S, Humphrey P T, Whiteman N K. Evolution of jasmonate and salicylate signal crosstalk. Trends Plant Sci, 2012, 17: 260 – 270.

[174] Thaler J S, Karban R, Ullman D E, et al. Cross-talk between jasmonate and salicylate plant defense pathways: effects on several plant parasites. Oecologia, 2002b, 131: 227 – 235.

[175] Torrens-Spence M P, Bobokalonova A, Carballo V, et al. PBS3 and EPS1 complete salicylic acid biosynthesis from isochorismate in Arabidopsis. Mol Plant, 2019, 12: 1577 – 1586.

[176] Uppalapati S R, Ishiga Y, Wangdi T, et al. The phytotoxin coronatine contributes to pathogen fitness and is required for suppression of salicylic acid accumulation in tomato inoculated with Pseudomonas syringae pv. tomato DC3000. Mol Plant-Microbe Interact, 2007, 20: 955 – 965.

[177] Van der Does D, Leon-Reyes A, Koornneef A, et al. Salicylic acid suppresses jasmonic acid signaling downstream of SCFCOI1-JAZ by targeting GCC promoter motifs via transcription factor ORA59. Plant Cell, 2013, 25: 744 – 761.

[178] Verhoeven K J F & van Gurp T P. Transgenerational effects of stress exposure on offspring phenotypes in apomictic dandelion. PLoS One, 2012, 7: e38605.

[179] Verma V, Ravindran P, Kumar P P. Plant hormone-mediated regulation of stress responses. BMC Plant Biol, 2016, 16: 86.

[180] Vick B A, Zimmerman D C. Biosynthesis of jasmonic acid by several plant species. Plant Physiol, 1984, 75: 458 – 461.

[181] Vlot A C, Dempsey D A, Klessig D F. Salicylic acid, a multifaceted hormone to combat disease. Annu Rev Phytopathol, 2009, 47: 177 – 206.

[182] von Merey G E, Veyrat N, de Lange E, et al. Minor effects of two elicitors of insect and pathogen resistance on volatile emissions and parasitism of Spodoptera frugiperda in Mexican maize fields. Biol Control, 2012, 60: 7 – 15.

[183] Wang W, Withers J, Li H, et al. Structural basis of salicylic acid perception by Arabidopsis NPR proteins. Nature, 2020, 586: 311 – 316.

[184] Wang X W, Zeng L T, Liao Y Y, et al. Formation of alpha-farnesene in tea (Camellia sinensis) leaves induced by herbivore-derived wounding and its effect on neighboring tea plants. Int J Mol Sci, 2019, 20: 4151.

[185] War A R, Paulraj M G, Ahmad T, et al. Mechanisms of plant defense against insect herbivores. Plant Signaling & Behavior, 2012, 7: 1306 – 1320.

[186] War A R, Sharma H C, Paulraj M G, et al. Herbivore induced plant volatiles their role in plant defense for pest management. Plant Signal Behav, 2011, 6: 1973 – 1978.

[187] Wasternack C & Feussner I. The oxylipin pathways: Biochemistry and function. Ann Re Plant Bio, 2018, 69: 363 – 386.

[188] Wasternack C & Strnad M. Jasmonate signaling in plant stress responses and development — active and inactive compounds. New Biotechnol, 2016, 33: 604 – 613.

[189] Wei J N, van Loon J J A, Gols R, et al. Reciprocal crosstalk between jasmonate and salicylate defence-signalling pathways modulates plant volatile emission and herbivore host-selection behaviour. J Exp Bot, 2014, 65: 3289 – 3298.

[190] Weigel R R, Bauscher C, Pfitzner A J P, et al. NIMIN-1, NIMIN-2 and NIMIN-3, members of a novel family of proteins from Arabidopsis that interact with NPR1/NIM1, a key regulator of systemic acquired resistance in plants. Plant Mol Biol, 2001, 46: 143 – 160.

[191] Wiermer M, Feys B J, Parker J E. Plant immunity: the EDS1 regulatory node. Curr Opin Plant Biol, 2005, 8: 383 – 389.

[192] Wiesel L, Newton A C, Elliott I, et al. Molecular effects of resistance elicitors from biological origin and their potential for crop protection. Front Plant Sci, 2014, 5: 655.

[193] Wildermuth M C, Dewdney J, Wu G, et al. Isochorismate synthase is required to synthesize salicylic acid for plant defence. Nature, 2001, 414: 562 – 565.

[194] Williams L, Rodriguez-Saona C, del Conte S C C. Methyl jasmonate induction of cotton: a field test of the 'attract and reward' strategy of conservation biological control. Aob Plants, 2019, 9, plz032.

[195] Wu J, Zhu W, Zhao Q. Salicylic acid biosynthesis is not from phenylalanine in Arabidopsis. J Integr Plant Biol, 2022.

[196] Xin Z J, Cai X M, Chen S L, et al. A disease resistance elicitor laminarin enhances tea defense against a piercing herbivore Empoasca (Matsumurasca) onukii Matsuda. Sci Rep-Uk, 2019b, 9: 814.

[197] Xin Z J, Ge L G, Chen S L, et al. Enhanced transcriptome responses in herbivore-infested tea plants by the green leaf volatile (Z)-3-hexenol. J Plant Res, 2019, 132: 285 – 293.

[198] Xin Z J, Yu Z N, Erb M, et al. The broad-leaf herbicide 2,4-dichlorophenoxyacetic acid turns rice into a living trap for a major insect pest and a parasitic wasp. New Phytol, 2012, 194: 498 – 510.

[199] Yang D L, Yao J, Mei C S, et al. Plant hormone jasmonate prioritizes defense over growth by interfering with gibberellin signaling cascade. Proc Natl Acad Sci U S A, 2012, 109: E1192 – E1200.

[200] Yang H R, Tang K, Liu H T, et al. Effect of salicylic acid on jasmonic acid-related defense response of pea seedlings to wounding. Sci Hortic, 2011, 128: 166 – 173.

[201] Ye M, Glauser G, Lou Y G, et al. Molecular dissection of early defense signaling underlying volatile-mediated

defense regulation and herbivore resistance in rice. Plant Cell, 2019, 31: 687 - 698.

[202] Ye M, Liu M, Erb M, et al. Indole primes defence signalling and increases herbivore resistance in tea plants. Plant Cell Environ, 2021, 44: 1165 - 1177.

[203] Yetissin F & Kurt F. Gallic acid (GA) alleviating copper (Cu) toxicity in maize (*Zea mays* L.) seedlings. Int J Phytoremediat, 2020, 22: 420 - 426.

[204] Zander M, Chen S X, Imkampe J, et al. Repression of the *Arabidopsis thaliana* jasmonic acid/ethylene-induced defense pathway by TGA-interacting glutaredoxins depends on their C-terminal ALWL motif. Mol Plant, 2012, 5: 831 - 840.

[205] Zangerl A R. Evolution of induced plant responses to herbivores. Basic Appl Ecol, 2003, 4: 91 - 103.

[206] Zeng L T, Zhou X C, Liao Y Y, et al. Roles of specialized metabolites in biological function and environmental adaptability of tea plant (*Camellia sinensis*) as a metabolite studying model. J Adv Res, 2021, 34: 159 - 171.

[207] Zhang F, Yao J, Ke J Y, et al. Structural basis of JAZ repression of MYC transcription factors in jasmonate signalling. Nature, 2015, 525: 269 - 273.

[208] Zhang K W, Halitschke R, Yin C X, et al. Salicylic acid 3-hydroxylase regulates *Arabidopsis* leaf longevity by mediating salicylic acid catabolism. Proc Natl Acad Sci U S A, 2013, 110: 14807 - 14812.

[209] Zhang N L, Zhou S, Yang D Y, et al. Revealing shared and distinct genes responding to JA and SA signaling in *Arabidopsis* by meta-analysis. Front Plant Sci, 2020, 11.

[210] Zhang X, Ran W, Li X W, et al. Exogenous application of gallic acid induces the direct defense of tea plant against *Ectropis obliqua* caterpillars. Front Plant Sci, 2022, 13: 833489.

[211] Zhao X M, Chen S, Wang S S, et al. Defensive responses of tea plants (*Camellia sinensis*) against tea green leafhopper attack: a multi-omics study. Front Plant Sci, 2020, 10: 1705.

[212] Zhou X C, Zeng L T, Chen Y J, et al. Metabolism of gallic acid and its distributions in tea (*Camellia sinensis*) plants at the tissue and subcellular levels. Int J Mol Sci, 2020, 21: 5684.

[213] Ziegler J, Stenzel I, Hause B, et al. Molecular cloning of allene oxide cyclase — The enzyme establishing the stereochemistry of octadecanoids and jasmonates. J Biol Chem, 2000, 275: 19132 - 19138.

[214] Zust T & Agrawal A A. Trade-offs between plant growth and defense against insect herbivory: an emerging mechanistic synthesis. Annu Rev Plant Biol, 2017b, 68: 513 - 534.

[215] Zust T, Rasmann S, Agrawal A A. Growth-defense tradeoffs for two major anti-herbivore traits of the common milkweed *Asclepias syriaca*. Oikos, 2015, 124: 1404 - 1415.

付楠霞　李兆群　焦　龙

第八章
视觉在茶树主要害虫寄主
定位中的作用与应用

昆虫视觉的研究要早于昆虫化学生态学,然而直到 20 世纪末,英国的 J. Lythgoe 和美国的 B. M. McFarland 等研究人员才首次使用"视觉生态学"一词来描述自然界动物视觉系统的研究。1979 年,Lythgoe 出版了《The Ecology of Vision》一书,提出了动物视觉研究的新思路,将视觉系统的进化多样性与特定动物所居住的环境联系起来,形成一些统一的概念,这些概念涉及视觉光学、环境辐射测量、视网膜生理学、视觉行为学以及许多其他领域。2014 年,T. W. Cronin 等科学家出版了《Visual Ecology》一书,以更高的水平探讨了当今视觉生态学中的前沿问题。

在过去的 60 年里,视觉在昆虫与寄主植物相互作用的研究中缺乏关注,其中一个重要的原因是昆虫化学生态学的快速发展,大量的研究认为化学线索是昆虫定位寄主的主导感官因素。事实上,许多植食性昆虫都会利用视觉线索来定位寄主植物,对于某些昆虫而言,视觉线索比嗅觉线索更重要,甚至一些昆虫可以直接通过视觉线索区分寄主。所以,在昆虫寄主定位的研究中,要结合研究对象的栖息环境和生活习性,综合考虑视觉和嗅觉的主次地位及协同作用。此外,昆虫对外界环境中的视觉刺激会呈现出不同的生理和行为反应,在明确这些生理和行为机制的基础上,还可加以利用并研发农业害虫的防治技术。

8.1 茶树害虫的视觉能力

视觉感器是昆虫复杂的器官之一,在发育和信号感知过程中需要消耗大量的精力。在漫长的进化过程中,当外界光环境需要昆虫具备快速、精准的视觉分辨力来维持自身的生存需要时,昆虫会进化出复杂视觉系统。反之,昆虫的视觉能力会逐步退化甚至丧失。生物的光敏性(photosensitivity)发生在进化的早期阶段。目前已知三叶虫的复眼(compound eyes)是最早的实像成像系统,复眼也是昆虫唯一的实像成像器官。

与复眼相比,昆虫的单眼和侧单眼属于非成像光感受器,成像效果较差,其功能可能仅限于探测光明和黑暗的区域(如地平线)或探测光强或偏振光的变化,在本章中不作讨论。复眼具备独特的光学结构,应对外界的光环境具有强大的适应性和灵活性。昆虫的复眼在形态和生理上具备多样性,从外观上看,不同昆虫复眼的大小、形状、颜色、小眼数量、表面纹理甚至位置都存在差异。在内部,神经系统的结构和光感受器生理功能上也存在差异,这些差异是昆虫视觉能力存在差异的根本原因。例如,复眼的大小在一定程度上会影响其感知视野的敏锐度(acuity),一些昆虫在各个方向的视觉敏锐度可以达到近360°。尽管有大量的文献报道了昆虫对光的接收机制,但对其视觉感知和成像的机制知之甚少。在某种程度上,这种机制无法详细解释的原因是我们尚无法透彻地理解自己的视觉感知机制。

与任何视觉系统一样,昆虫的视觉系统在任何距离下探测物体的能力可以模拟为物体尺寸、背景的对比度、介质的光学特性和照明强度的函数。对比度来自于强度或光谱差异、图案差异或运动差异。昆虫可以最大化利用这些视觉差异来探测目标。在寄主植物的探测过程中,非视觉信号发挥的作用可能与视觉信号同等重要,甚至更为重要。

8.1.1 昆虫的视觉敏锐度

昆虫复眼的视力由小眼间角(interommatidial angles)、光学质量(optical quality)和感杆束(rhabdom)直径决定,还受到环境中背景光线水平和昆虫移动速度的影响。小眼间角越小,昆虫能够分辨的猎物、捕食者或植物组织的距离就越大。昆虫的小眼间角从无翅亚纲昆虫的数十度到蜻蜓的0.24度,随着昆虫种类的变化而变化。在已知的复眼中,蜻蜓复眼的分辨率最高(Land,1997)。不同生活方式的昆虫有不同的小眼间角分布模式,这些模式与昆虫向前飞行、在飞行中捕食以及在平面捕食的行为方式息息相关。

8.1.1.1 理论背景

昆虫视敏度(visual acuity)的定义:空间频率敏锐度(spatial frequency acuity),在人的视觉中被定义为最小可分辨角度的倒数,以弧分(cycles per degree,cpd)为单位(Exton,Houghton *et al*,1983)。通常,这个角度指的是由等宽度明暗条纹组成的光栅中的两条条纹相向于眼睛的角度。昆虫的最大视觉敏锐度有时也用来描述眼睛所能探测到的最小的单个物体。精细的光栅和最小单个物体的物理特征是有差异的,单个条纹或单个物体通常会产生较低的角度阈值。在Land(1997)对昆虫视力的研究中,采用的是"single object threshold"来描述光栅和单物体的分辨阈值,分辨率(resolution)被用来描述解析视觉图案细微细节的能力。

一般来说,像树叶这样具有复杂细节的物体可以被认为是众多栅线的组合体,而昆虫所能看到的最佳细节是由其视觉敏锐度决定的。敏锐度越好,昆虫在定位和运动过程中可使用环境结构的距离就越大。良好的分辨率意味着小的目标可以在更远的距离被探测到,因此昆虫在空中看到的异性或猎物,都是分析昆虫单物体分辨阈值的合适目标。

8.1.1.2 视觉敏锐度的影响因素

前文已经提到,昆虫复眼的性能主要受3个结构特征和2个环境特征的影响。

3个结构特征包括:① 光受体的夹角,它决定了复眼对图像的分辨率;② 光学质量(如果图像本身是模糊的,视网膜成像再细致也是徒劳的);③ 光感受器的直径(在宽直径的感受器或感杆束中,小于其宽度的图像细节会丢失,在窄直径的感受器中,波导效应影响显著)。

2个环境特征包括:① 感受器可获得的光子量(在低光强水平下,没有足够数量的光子来提供可靠的信号,会导致对比度探测能力的下降);② 运动(在高速运动的情况下,映射至眼睛内的图像会模糊)。

以上分析方法适用于昼行性昆虫的联立眼(apposition eyes),如蜜蜂、蝴蝶和蜻蜓等,其他类型的复眼[神经重叠眼(neural superposition)、无焦联立眼(afocal apposition)和光学重叠眼(optical superposition)]也可以借鉴,但要注意不同类型的复眼间差异很大,一些特殊结构会影响小眼的性能。

(1) **小眼间角** 复眼的小眼阵列中两个小眼之间的角度是灵敏度的基本决定因素之一(图8-1a)。在类照相机型的眼睛中,是位于"节点"(nodal point)的两个感受器对应的角度。在联立眼中,复眼上的小眼是光信号采样的基本单位。光感受器(photodetector)内的感杆束由来自多个光受体细胞的微绒毛组成(通常为8个),是小眼内单一的光导结构,能够快速探测任何到达感杆束末端的图像(图8-1b)。感杆束具备光谱和偏振分辨能力,但没有空间分辨能力。如图8-1a所示,两个光探测器/感受器之间的角度($\Delta\phi$)为s/f(rad),其中s为光感受器的间距,f为焦距。在昆虫的联立眼中,等效值为相邻小眼光轴之间的角度D/R(rad),其中D为小眼角膜的直径,R为复眼局部的曲率半径。

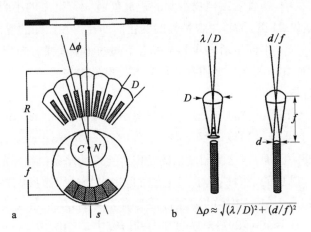

图8-1 联立眼内的小眼间角和小眼接受角

(Land,1997)

a:联立眼(上)和类相机型眼(下)在视觉敏锐度上的关系。$\Delta\phi$:光受体单元之间的夹角;D:复眼角膜直径;R:复眼曲率半径;f:焦距;s:光感受器的间距;C:复眼曲率中心;N:眼睛的结点。b:复眼小眼的接受角($\Delta\rho$)组合了光学图像的质量,用点扩散函数(point-spread function,左)和感杆束接受角(右)表示,这种组合的方式通常很复杂,可用图示的方程给出近似的值。λ:光的波长;d:感杆束直径;f:小眼光学结构的焦距。

当眼睛观察一个光栅时,如果有两个光探测器(感受器或小眼)可以清晰观察光栅的每个周期,一个观察暗条纹,一个观察亮条纹,它的图案就会被分辨出来。如果更细的光栅可以探测到但不能准确地呈现,这种现象称为混叠。因此,视敏度可由产生混叠时的采样频率(ν_s)设定,即:

$$\nu_s = 1/(2\Delta\phi) \tag{1}$$

(2) **光学质量** 当目标的细节特征变得更小时,目标图像细节之间的对比度就会减小,直到某一点时变为零(图 8-2)。在这个空间频率以上,细节无法探测。所有的光学系统都存在这样的截止频率,造成这一问题的根本原因是光的衍射现象。截止频率的存在意味着图像混叠时的采样频率(ν_s)存在有效上限。如果截止频率为 ν_{co},那么图像邻近混叠但依旧可以被光学系统提供出可分辨的图像时,即达到了光学系统的最大分辨率,即:

$$\nu_{co} = \nu_s = 1/(2\Delta\phi) \tag{2}$$

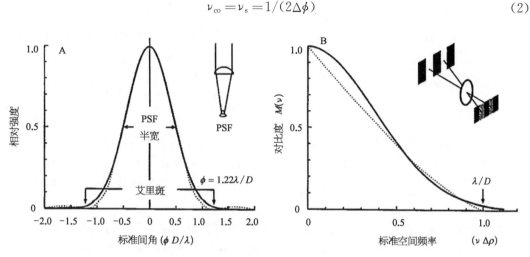

图 8-2 点光源输出像的光场分布及其调制传递函数

(Land,1997)

A: 视觉输入物为一点光源时,其输出像的光场(亮度)分布(符合点扩散函数 PSF)。虚线为艾里衍射图案(艾里斑,Airy diffraction pattern)第一个暗环的位置,实线为高斯近似分布。ϕ: 图像空间的角度;其他缩写如图 8-1 所示。B: 对比度符合调制传递函数 $M(\nu)$(MTF, modulation transfer function),对应于图中所示的点扩散函数,嵌入的图像表示由透镜形成的图像对比度降低。ν: 目标的角空间频率;$\Delta\rho$: 接受角(见图 8-1b)。

(3)**感杆束直径的影响** 在昆虫识别环境中目标的图像(栅栏)时,每个感杆束都会从整个图像中截取一小部分(图 8-1)。如果感杆束比单个条纹窄,则能够准确地探测图像上条纹的光强度。然而,如果感杆束比单个条纹更宽,则会接收许多适合它直径的条纹。在类相机型和光学重叠眼中,感杆束直径过宽不会造成任何问题,因为感受器是连续相邻的。在联立眼中,受体的宽度可能并没有真正的限制,为了捕捉更多的光量子,在黑暗适应的复眼中感杆束会膨胀到白天的 2 倍或更多(Williams,2004),说明在白天联立眼中的感杆束之间是不连续的,这不可避免地会影响复眼的分辨率。即使是非常窄的感杆束($<2~\mu m$)也难以达到完美的"点探测器",根据窄感杆束性能上的表现推导出的理论直径总是大于其实际宽度。光在狭窄的光导结构中形成干涉图案,这些图案被称为波导模式。在光的传导过程中,会有一部分能量可能溢出结构的边界之外。在联立眼中,这意味着狭窄感杆束的直径总是比它们的实际直径大得多,从而略微影响分辨率,因此在复眼中会存在屏蔽色素来吸收溢出的光量子,避免其对相邻感受器的影响。

直径较宽的感杆束可以支持更多的波导模式。当波导结构的宽度为 $5\sim10~\mu m$ 时,所有的模式与几何光学和简单解剖学的预测结果将变得难以区分:感杆束只接受其实际横截面上的光,并将光保存在感杆束内。

(4)**小眼的角灵敏度和接受角** 透镜的光学模糊、感杆束的宽度和其中包含的波导模式的综合效应虽然不容易估算，但是相关的学者已经完成了模型的构建，并准确地预测了视网膜受体的角灵敏度（Smakman，Hateren，*et al*，2004）。假设点扩散函数和感杆束接受函数在剖面上都符合高斯分布，那么他们的半宽（*hw*）之和为：

$$hw_{comb}^2 = hw_{lens}^2 + hw_{rhab}^2 \tag{3}$$

其中，*comb*、*lens* 和 *rhab* 分别为组合、透镜的点扩散函数（PSF）和感杆束的接受函数。对于宽度超过几微米的感杆束，可取接受函数的半宽度等于感杆束直径，其值由 d/f 计算（图 8-1b）。艾里斑的半宽值由 λ/D 计算，其中 D 为透镜直径。因此，感杆束角灵敏度的半宽度，通常称为小眼接受角 $\Delta\rho$，可由以下公式得到：

$$\Delta\rho = \sqrt{(d/f)^2 + (\lambda/D)^2} \tag{4}$$

公式 4 适用于较宽的感杆束，但对于狭窄感杆束或只支持一种或两种模式的感杆束，往往 $\Delta\rho$ 的值会被高估约 30%。如在红头丽蝇（*Calliphora erythrocephala*）中，采用公式 4 预测的 $\Delta\rho$ 值为 1.83°，将透镜衍射模式与感杆束波导模式进行光学耦合后的预测值为 1.24°（Hateren，2004）。

（5）**光子数量的影响**　在低光强度水平下，光子以极低的通量进入受体，人类每个受体平均每 40 min 接收 1 个光子，昆虫的情况也类似。虽然低通量意味着统计学上存在较大误差，但幸运的是光学研究中统计分析通常符合固定的分布模型。上述事件在统计学上服从泊松分布，即方差等于平均值，因此低对比度需要大量的光子才能被感器探测到。在不同的光照条件下，明确可用于受体的光子数量 N 非常重要，可由以下公式计算：

$$N = 0.62ID^2d^2/f^2 \tag{5}$$

其中，d，D 和 f 的含义见图 8-1，I 是被成像目标的亮度，表示每单位面积每球面度每秒的光了（如果面积的单位是平方米，D 也必须以米为单位）。d/f 是几何接受角（公式 4 中的 $\Delta\rho$，此情况需忽略衍射影响），因此在公式 5 中 $\Delta\rho^2$ 可以取代 d^2/f^2。

在明亮的阳光照射下，白色卡片反射光子量约 10^{20}，在室内人造光源照射下反射光子量约 10^{17}，在月光下约 10^{14}，在星光下约 10^{10}——这也是人类视力可感知的绝对阈值。若昼行性昆虫的小眼尺寸（$D=25\ \mu m$，$d=2\ \mu m$，$f=60\ \mu m$），每个受体每秒的可用光子数：阳光下为 4×10^7，室内光下为 4×10^4，月光下为 40，星光下为 0.004（每 4 min 1 个光子）。若考虑到受体的积分时间（10~50 ms），以及传输损耗和能量转换的量子效率时，可能又会降低 2 个数量级。很明显，环境中的照明条件比室内光线更暗的情况下，分辨率会受到显著的影响，而昼行性昆虫不会在低于这个亮度的环境中飞行。

在自然界中存在许多弱光性昆虫，即活动的高峰期处在黎明或者黄昏，如一些金龟和叶蝉。还有一些昆虫属于夜行性昆虫，如多数蛾类、部分脉翅目和鞘翅目昆虫在夜间进行活动。如果昆虫的复眼属于联立眼，直径更宽的角膜和更宽的感杆束可增加 1~2 个数量级的灵敏度，受体的积分时间在黑暗环境中可能增加 5 倍（Howard，Dubs，*et al*，2005）。蛾类、一些甲虫复眼的光学结构（optical superposition）和双翅目蝇类复眼的光学结构（neural superposition）也可以在昏暗光环境下增加可用的光子数量（图 8-3）。

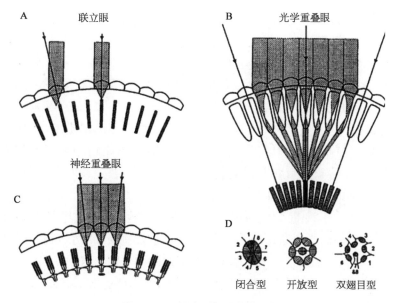

图 8 - 3   不同类型复眼成像示意

（Land，1997）

灰色的光束表示来自远处图像反射出的对神经信号有作用的光。A：联立眼中来自同一图像的反射光，包括对神经信号有贡献和无贡献两种情况；B：光学重叠眼中被反射光照射的感杆束；C：神经重叠眼中被反射光照射的感杆束或感杆；D：闭合型感杆束（蜜蜂、叶蝉）、开放型感杆束（一些半翅目昆虫）和双翅目昆虫感杆束的受体结构模式。数字表示受体的编号，箭头线表示单个小眼的轴向。

8.1.1.3   如何测定昆虫复眼的视觉敏锐度

（1）小眼间角   原理上 $\Delta\phi$ 的测量应该非常简单。如果 45 个小眼排成 1 排占据 90°的采样空间，那么小眼间角的平均值是 2°。但是小眼的光轴很少与角膜表面完全垂直，因此基于复眼表面测量的数据往往会遗漏一些重要特征，如复眼上的敏锐区。

整体测量得到的平均结果可以有其他用途，如一个昆虫的复眼若覆盖 180°的空间，其总视野可覆盖 20 626 平方度（高 1°，宽 1°的立体角）。一个六边形的视场可覆盖 $0.866\Delta\phi^2$ 平方度，其中 $\Delta\phi°$ 是六边形中心的角距。因此，能够覆盖一个半球且不重叠的小眼的数量（n）为 $23\,818/\Delta\phi^2$ 或 $\Delta\phi=(23\,818/n)^{1/2}$。据此估算，家蝇 *Musca domestica*（3 000 个小眼）的 $\Delta\phi$ 是 2.8°，黑腹果蝇（700 个小眼）的 $\Delta\phi$ 是 5.8°，两个估算值都非常接近实测值（Land，1997）。

在 20 世纪 60 年代以前，$\Delta\phi$ 通常采用组织学切片进行测量，可以得出大致准确的结果。最早蜜蜂和蝴蝶复眼的 $\Delta\phi$ 及其在复眼上不同区域的变化，以及垂直和水平角度的差异，均采用组织学方法测定。然而，组织学方法中，样本在前处理（固定）过程中会收缩，从而造成不可避免的误差。电子扫描显微镜的样本处理过程同样存在形变的情况，前处理过程中的脱水会导致复眼整体发生收缩。值得关注的是，近年来超景深显微镜技术能避免这一情况的发生，因为超景深显微镜可以活体测定昆虫复眼的表面结构，并通过软件准确地分析复眼上不同区域的小眼间角。

利用昆虫的视动反应（optokinetic response），采用行为学实验同样可以明确复眼的 $\Delta\phi$。利用一些昆虫对明暗条带或彩色目标的趋性，可以设定特定大小的光栅来测定昆虫复眼的视敏度。在甲虫 *Chlorophanus viridis* 和黑腹果蝇 *D. melanogaster* 的研究中,行为测试的结果与从解剖测量中得到的 $\Delta\phi$ 进行比较,结果高度吻合;通过对蜜蜂使用不同的行为测试方法,训练蜜蜂在不同距离上区分垂直和水平条纹的光栅,蜜蜂可分辨的最高空间频率为 0.26 个周期/度,水平和垂直光栅之间的灵敏度不存在显著差异。该光栅的半周期为 1.9°,大大小于水平小眼间角 $(2\Delta\phi_h)$,后者的最小值为 2.8°(Land,1990)。茶小绿叶蝉对黄色具有明显的趋性,利用其对黄色条纹的趋性,同样可以测定叶蝉复眼的视敏度,但是和组织学测定的结果相比,行为学实验测得的结果(0.14 cpd)会偏小,这是由于叶蝉复眼存在"敏锐区(0.28 cpd)"的缘故,为了确保叶蝉复眼具备一定的分辨率,在生长发育过程中,叶蝉对复眼的结构进行了分化上的平衡(Tan *et al*,2023)。

(2) **小眼接受角**　自 20 世纪 60 年代以来,人们就对昆虫的单个视觉受体进行过电生理记录。当一束闪光产生的光子穿过光受体细胞时,通过控制光子数量,就可以建立受体细胞的角度接受函数。$\Delta\rho$ 是函数在最大灵敏度一半时的宽度。使用这种方法对 $\Delta\rho$ 的估算值会偏大。直到 20 世纪 70 年代,视觉电生理技术得到完善,$\Delta\rho$ 的理论值(公式 4)和测量值在一些昆虫中才达到了一致(Smakman,Hateren *et al*,2004)。

通常可以使用光学方法使角度接收函数作为眼外可见的强度场。该技术包括照亮复眼,使光线从感杆束的远端出现,或者使用视网膜后面的反向照明,或者利用复眼内的绒毡层(某些昆虫复眼内的特殊结构)反射从角膜入射的光,复眼内溢出的光可以被特制的光学系统收集和成像,并测量其分布(Land,1997)。光的可逆性原理意味着感杆束发出的光应该与被接受的光具有相同的分布,因此发出光的半宽度应该等于 $\Delta\rho$。采用该方法测定红头丽蝇 *Calliphora erythrocephala* 的 $\Delta\rho$ 最小值为 1.24°(Hateren,2004),基本上与电生理学的测量值相同(Smakman,Hateren *et al*,2004),并且与使用波导理论的计算值完全一致。

8.1.2　昆虫的彩色视觉

色觉在昆虫中非常普遍,在不同种类之间有所差异,这取决于昆虫复眼内光感受器的光谱敏感性(spectral sensitivities)。光谱敏感性主要是由表达的视觉色素的吸收光谱决定,但它可以被各种光学和电生理技术等因素所影响。例如,屏蔽色素和滤波色素(screening and filtering pigments)、感杆束波导特性、视网膜结构和神经处理都会影响颜色信号的感知。本节综述了昆虫复眼结构、视觉色素、感光生理和视觉生态学的多样性,在众多昆虫光感受器光谱灵敏性研究现状的基础上,探讨了昆虫色觉的演化过程。

光感受器的光谱灵敏度主要取决于内部表达的视觉色素的吸收光谱,但可以受到屏蔽和滤波色素修正,感杆束的波导特性,即视觉色素载体的结构,以及电生理学的交互作用的影响(图 8-4),来自不同类型的光感受器的信号可以在第一个突触相互作用,但大多数颜色处理过程发生在髓质(medulla)和更高级的脑区域。

8.1.2.1　昆虫视觉色素的进化

光感受器的光谱灵敏度是指被光感受器内的视觉色素吸收并随后产生电信号入射光的(相对)分数。昆虫的视觉色素被称为 r-视蛋白,它有一个视黄醛(retinene)或 3-羟基视黄醛发色团(3-hydroxyretinal chromophore)。大多数无脊椎动物光感受器内的视觉色素有

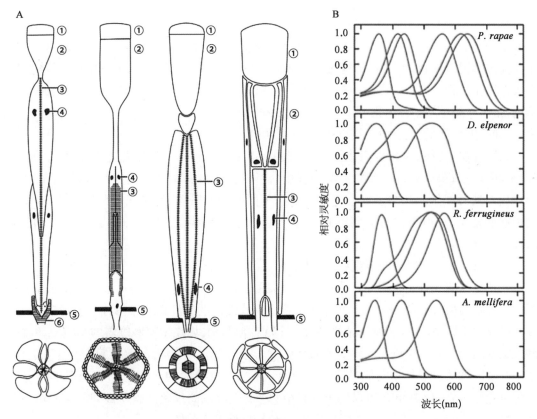

图 8‑4　几种典型的昆虫光感受器剖面示意及其光谱灵敏度

（van der Kooi，Stavenga *et al*，2020）

A：菜粉蝶（*Pieris rapae*）、红天蛾（*Deilephila elpenor*）、红棕象甲（*Rynchophorus ferrugineus*）和欧洲蜜蜂（*Apis mellifera*）的光感受器剖面示意，包括纵切面（上）和横切面；① 角膜，② 晶体，③ 感杆束，④ 细胞核，⑤ 基膜，⑥ 绒毡层；B：菜粉蝶、红天蛾、红棕象甲和欧洲蜜蜂小眼的光谱敏感曲线。

两种热稳定的光敏互转换状态，基态视紫红质（ground state rhodopsin）和光激活的变视紫红质（metarhodopsin），光会触发色素转换过程直到与抑制蛋白结合后中止（Stavenga and Hardie，2011）。变视紫红质的降解和视紫红质的再生过程进一步维持视觉色素的动态平衡，两种状态的平衡比例由它们的吸收光谱和光源有效光谱分布决定。如白天果蝇感光细胞中变视紫红质的水平保持在 35% 以下。

果蝇的 Rh1 是首个被描述的昆虫视蛋白（O'Tousa，Baehr *et al*，1985），节肢动物视觉视蛋白包括 5 个家族：长波光敏感视蛋白（long‑wavelength‑sensitive，LW1 和 LW2）、中波光敏感（middle‑wavelength‑sensitive，MW1 和 MW2）和短波敏感视蛋白（short‑wavelength‑sensitive，SW），这些视蛋白是有爪亚门 Onycophora r‑视蛋白的姐妹群。原始的泛甲壳动物（pancrustaceans）可能只有 4 种（节肢动物的 LW2、MW1、MW2 和 SW），它们通过复制而变得多样化，有翅亚纲昆虫（pterygota）所有的 r‑视蛋白都源于 LW2 和 SW 三个亚分支之一的复制。LW2 编码 LW 视蛋白的时间比六足目昆虫的祖先还早，而 SW 在有翅亚纲昆虫中产生了两个分支，即 UV 敏感视蛋白（UV‑sensitive opsins）和蓝光敏感视蛋白（blue‑sensitive opsins）（Henze & Oakley，2015），这是有翅昆虫祖先三色视觉系统理论的基础。

根据已发表的关于昆虫视蛋白的详细研究，可发现基因复制和丢失的情况非常普遍。在蜻蜓目 Odonata 昆虫中，已经鉴定出 30 多个视蛋白基因，其中包括 1 个 UV 敏感视蛋白，8 个蓝光敏感视蛋白和 21 个 LW 视蛋白。然而，只有其中的一部分在复眼的同一区域表达。甲虫在进化过程中失去了祖先的蓝光敏感视蛋白，但通过对 UV 和 LW 视蛋白基因的 12 次倍增，重新获得了第三种色素（Sharkey，Fujimoto et al，2017）。在鳞翅目 Lepidoptera 昆虫中，不同基因的倍增也已经被证实（Briscoe，2008）。

大量的视蛋白基因甚至高水平的视蛋白 mRNA 并不一定意味着光谱受体的类型多（McCulloch，Yuan et al，2017）。两种视蛋白可以构建具有相似光谱灵敏性的色素（如苍蝇体内对紫外线敏感的视蛋白），它们可能在不同的发育阶段、性别或复眼区域表达；表达量可能非常小，也可能在同一个光感受器中共同表达，如蝴蝶、苍蝇和蝗虫（van der Kooi，Stavenga et al，2020）。

8.1.2.2 光感受器的非视蛋白调节机制

光感受器的视觉色素集中在它的感杆中，感杆是由视网膜细胞的膜形成的特殊细胞器折叠成管状的微绒毛（图 8-4）。单个小眼内视网膜细胞的感杆组合结构称为感杆束。在大多数昆虫的小眼中，感杆被紧密地排列成一个圆柱形结构，如在蜜蜂和蝴蝶的小眼中，9 个视网膜细胞的感杆共同组成了光感受器的感杆束。感杆束会承接屈光层（角膜和晶锥）传递环境中有限区域的入射光并发挥光学波导功能。基于视觉色素的多样性，不同小眼内视蛋白的种类差异构成的小眼异质性是昆虫复眼结构上普遍存在的现象。膜翅目 Hymenoptera 和鳞翅目 Lepidoptera 有 3 种类型的小眼，分别包括 2 种蓝光受体、2 种 UV 受体、1 种蓝光和 1 种 UV 受体（Land，1997；Qiu，Vanhoutte et al，2002；Arikawa 2003），在膜翅目昆虫的小眼中，其余的 6 个受体对绿光敏感（Wakakuwa，Stavenga et al，2007）。3 种类型的小眼会在复眼上似乎随机分布，但是在腹侧和背侧上的分布却有显著的差异（Awata，Wakakuwa et al，2009）。

果蝇的小眼内含有 8 个视网膜细胞，感杆束呈圆柱形结构，每一个感杆在空间上被细胞外空间隔开，所以苍蝇的感杆束属于开放型结构，其中每个感杆均可作为一个单独的光波导结构。6 个外周光感受器 R1～6 的感杆在纵向上覆盖光感受器的整个长度，而中央视网膜细胞 R7 和 R8 的感杆则排列在一起，它们的长度与 R1～6 感杆相似（图 8-4）。因此，在 R7 远端感杆内引导的光可以传播到 R8 近端的感杆。R7 和 R8 光感受器的采光空间区域是一致的，该空间区域被同一小眼内 R1～6 的采光空间斑块所包围。R1～6 与相邻小眼 R7、8 的采光区域相同，R1～6 细胞的光感受器信号在神经节层（lamina）中合并。因此，苍蝇的复眼属于典型的神经重叠眼。

光波传导的效率取决于感杆束的直径、内部介质和周围环境的折射率。值得注意的是，在波导过程中部分光会溢出至波导载体的边界之外，这部分光不能被视觉色素吸收，因此在视觉感知过程中是无效的。感杆束直径越小，波导外的光分数越高。由于受体感光介质的折射率对比度较小，且可见光的波长约为 500 nm 的量级，所以理论上昆虫感杆束直径的下限约为 1 μm（Stavenga，2003）。

（1）**角膜的色素沉积与多层结构**　光感受器光谱敏感性的主要决定因素是其视觉色素的吸收光谱。电生理记录的结果通常根据视觉色素的感光模型绘制（McCulloch *et al*，2016）。然而上文已经提到过，有几种光学机制可以影响光感受器的灵敏度。角膜是入射光通过复眼的第一个光学元件，通常除了远紫外光，角膜对其他范围的光均是透明的，所以入射光在接近 300 nm 时，昆虫光感受器的光谱灵敏度会变得较小（图 8-4B）（Ilić，Pirih *et al*，2015）。

角膜属于多层几丁质结构，其透光率会受到折射率交替变化的几丁质层的影响。如双翅目虻科 Tabanidae 和长足虻科 Dolichopodidae，这两类昆虫的角膜呈现优美的颜色图案（Stavenga，2002）。说明角膜多层结构的反射光光谱范围狭窄，同时降低了角膜在该波长范围内的透光率，并相应地调节了内部光感受器的光谱敏感性。只不过，模型估算和电生理直接记录的敏感曲线表明，角膜对光谱的调制程度较小。

（2）**屏蔽、荧光和光敏色素**（screening，fluorescent，and sensitizing pigments）　光感受器的细胞周围被充满屏蔽色素的色素细胞包围，构成屏蔽离轴光子的屏障，从而优化眼睛的空间分辨率。色素细胞的吸光光谱在可见光范围内通常较高，但会随着波长的增加而降低，吸收光谱的范围大概与视觉色素的光谱敏感范围密切相关。如与蜜蜂的屏蔽色素相比，袖蝶属 *Heliconius* 蝴蝶复眼内屏蔽色素的吸收光谱向红光范围延伸得更远，这与该蝴蝶绿光受体的光谱敏感范围相对应（Zaccardi，Kelber *et al*，2006）。

单个光感受器的感杆通常只含有一种特定类型的视觉色素，当它们在闭合型的感杆束中表达时，不同的视觉色素会充当相互的光谱过滤器，从而产生不同于单一视觉色素敏感光谱的光谱曲线，这取决于感杆在感杆束中的排列方式。如在蝴蝶 *Pieris rapae* 中，光感受器 R1~4、R5~8 和 R9 的感杆分别形成感杆束的远端、近端和基部，小眼内感杆束的远端被四簇红色的屏蔽色素包围（Qiu，Vanhoutte *et al*，2002）。红色的色素可以显著地改变光感受器的有效吸收光谱，形成不同的红峰光谱敏感性（Blake，Pirih *et al*，2019）。此外，雄虫复眼的Ⅱ型小眼的感杆束中含有一种吸收紫光的荧光色素，可以将含有紫光敏感视紫红质的光感受器的敏感光谱范围转移到蓝色光谱范围（Arikawa，Wakakuwa *et al*，2005）。

在果蝇中，R1~6 光感受器中的视觉色素及其发色团 3-羟基视黄醛在约 490 nm 处有一个明显的光谱吸收区，其转化为 3-羟基视黄醇后会成为一种敏化剂（光敏色素）吸收紫外线并形成吸收光谱（Hardie，1986）。光敏色素也存在于一种 R7 光感受器及其对应的 R8 中，这些 R7 光感受器中存在的类胡萝卜素色素可充当蓝光的过滤器（Hamdorf，Hochstrate *et al*，2004）。在具有长感杆的物种中（如鳞翅目、双翅目昆虫），由于色素的滤波作用，光感受器的敏感光谱相对于视觉色素自身的吸收光谱会显得略宽（Warrant and Nilsson，1998）。

8.1.2.3　彩色视觉的视网膜和视神经基础

昆虫对外界视觉信息的处理是一个非常复杂的过程，本节只作简要的介绍。视觉世界中包含了色彩、亮度对比、运动和图案的异常复杂组合。视觉信息如何在大脑中产生图像长期以来一直是一个谜，直到 20 世纪初，科学家才在脊椎动物和无脊椎动物视网膜的研究基础上，开始研究视觉图案处理的可能机制。尽管大多数昆虫的研究都集中在神经解剖学或行为学上，与视蛋白进化和光感受器的光谱敏感性相比，构成昆虫彩色视觉基础的光感受器信号间，或者说是不同受体或神经元之间的相互作用，几乎不为人所知。近年来通过对模式生物果蝇 *Drosophila melanogaster* 的研究，已经解决了许多视觉问题并获得让人惊喜的结果，包括对基因、分子、神经元的发展、神经通路和行为的观测(Paulk，Millard *et al*，2013)。

昆虫的视觉系统具备模块化的组织，每一个小眼内的光感受器神经都会连接到下游的三种神经纤维网：神经节层、髓质和小叶(lobula)复合体。果蝇 *D. melanogaster* 的复眼同样由不同的模块组成，这种结构影响视觉处理的各个方面(图 8-5)。模块化从视网膜开始，果蝇的复眼由 750 个独立的小眼组成，每个小眼在物理上与相邻的小眼相分离，内含 8 个不同的感光细胞 R1~8。

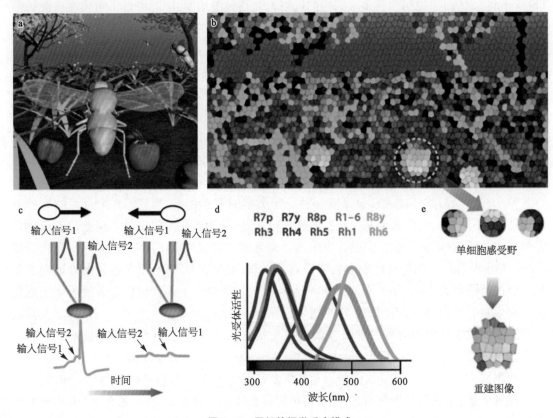

图 8-5 果蝇的视觉反应模式

(van der Kooi，Stavenga *et al*，2021)

果蝇的 3 种视觉模式。a：在环境中移动的果蝇，复眼会接收到各种视觉信号输入；b：果蝇的视觉分辨率较低，对颜色的敏感度与脊椎动物的眼睛不同；c：果蝇在运动中可采用基本运动探测方式将视野模块化。受体电位的变化(红色)会随着物体的移动(箭头)而触发，在间隔时间内累计(蓝色，左)或不累计(蓝色，右)来指示运动的方向；d：果蝇具有真色觉，不同类型的视紫红蛋白(Rh1,Rh3,Rh4,Rh5,Rh6)用来探测进入不同感光受体(R1~6,R7y,R8y,R7p,R8p)的光。通过对这些感光受体敏感度曲线的比较，果蝇可以探测到自然界中特定波长的光；e：图案视觉是指通过比较个体神经元重叠的感受野来重建图像。单个神经元可能会对图案的边缘、明暗或其他参数做出反应。

视网膜对采集图像的模块化组织首先发生在第一个视觉神经纤维网——神经节层，R1~6 细胞的神经元在此形成第一层连接(突触)，并与下游神经元共同处理运动信息(Rister，Pauls *et al*，2007)。第二个神经纤维网——髓质，约 750 列神经在该区域组装第一个颜色视觉突触(视网膜细胞 R7 和 R8)和第二个运动突触(Fischbach & Dittrich，2004)。

光感受器的投射信号和视叶中大部分神经元的投射信号会形成视网膜拓扑投射图（retinotopic），这意味着神经元在视网膜上被视觉刺激激活后，它们之间的空间关系被映射到视叶上时会被保留下来。来自髓质的神经元投射信号到小叶和小叶板后，视网膜拓扑投射图会在这些大脑区域松散地维持着（Rister，Pauls et al，2007）。果蝇的视觉系统在模块组织方面的主要问题是神经单元内的连接存在专一性，即使附近有兼容的神经元可用，但为了图像模块化过程中保持视觉信息的高效处理，相邻列神经元的连接也是被阻止的。

那么果蝇如何处理视觉信息？复眼中的小眼与照片中的像素点类似，每一个像素都包含独特的信息，虽然这些信息本身并没有什么意义，但是庞大的像素点集合后会构成完整的图片。为了唤起视觉行为，每个像素都必须经过过滤、选录和整合。接收视网膜拓扑投射图的神经元被有效连接起来以检测彩色像素、深色或浅色像素的组合模式，或者像素随时间的变化特征。因此，果蝇的视觉反应可以分为3种不同的模式，即运动检测、颜色感知和图案识别（图8-5）。尽管这些模式可以整合在一起形成视觉感知系统，但研究人员通常是分别研究它们，以便更好地揭示支持其功能的基因和神经。总的来说，运动和颜色感知的问题没有图案识别那么复杂，因为图案的识别需要建立在前两者的机制上。

果蝇的复眼中R7～8窄带光谱受体和R1～6宽带光谱受体都是色觉的基础（Moericke 1969，Schnaitmann，Garbers et al，2013）。对于每一种受体类型，其几个突触后的髓质神经元已经被鉴定，但它们对颜色互补的具体功能仍不确定（Behnia & Desplan，2015）。特异性跨髓质神经元延伸至小叶的第5层和第6层，而其他神经元延伸至视觉小叶复合体的第1层和小叶板。色彩互补神经元从髓质和小叶再延伸至中央脑的多个区域：前视结节（anterior optic tubercle，AOTu）（Melnattur，Pursley et al，2014），前脑（protocerebrum）的前侧和内侧，以及蕈状体。在双翅目和鳞翅目昆虫中，视觉信息会特异性传递至蕈状体的腹侧副蕈（Vogt，Aso et al，2016）。中央脑中接收色彩信息的区域通常也会接收到额外的感官信息。例如，AOTu可以将颜色与强度和偏振信息结合起来（Pegel，Pfeiffer et al，2014），并将天空定向信息发送到控制飞行方向的大脑区域。膜翅目和鳞翅目昆虫的蕈状体能够结合光强信息和嗅觉线索来引导昆虫对花的选择（Vogt，Aso et al，2016）。色彩编码神经元的复杂时空视野表明，昆虫脑中的色彩信息是由不同的平行多感器通路采集的，每条通路都以稳定的方式控制着特定的行为反应。

色彩互补（chromatic opponency）从光感受器阶段开始，在蝴蝶、果蝇、蝗虫和蜜蜂的光感受器中记录的色彩互补反应最有可能是由光感受器终端之间的组胺抑制突触造成的（van der Kooi，Stavenga et al，2021）。部分果蝇和蝴蝶的这种突触已经被研究过，互补处理降低了不同光感受器光谱敏感性之间的重叠，使视觉信号在光谱通道之间去混淆（Heath，Christenson et al，2020）。作为长视觉纤维末梢，髓质通常被视为主要的色彩处理阶段。蜜蜂（Apis mellifera和Bombus terrestris）的髓质近端和小叶第5层和第6层的色彩互补神经元，会接受所有来自三种光受体的输入信号，并具有不同的感受野和时间响应特征（Hempel de Ibarra，Vorobyev et al，2014）。Vasas等（2019）基于突触连接的随机加权模型巧妙地再现了蜜蜂中色彩编码神经元的光谱敏感性，但该研究没有考虑到神经节层和髓质神经元的突触连接可能对每种小眼类型都是特定的。

8.1.2.4 物体颜色和视觉的匹配

昆虫(大约 106 个神经元)等大脑相对较小动物的感觉系统,有时被认为是生物学上重要刺激的匹配过滤器(Wehner,2004)。虽然难以证明,但是在某些情况下自然色彩和视觉系统可能是协同进化的。在蝴蝶的一类群体中,特别是那些复杂和具有雌雄二型视觉系统的蝴蝶,翅膀的颜色和视觉系统可能是协同进化的。例如,袖蝶属 *Heliconius* 和灰蝶属 *Lycaena* 蝴蝶,它们翅膀颜色的变化与视觉系统的变化会同时发生(Finkbeiner, Fishman *et al*,2017)。在 3 种萤火虫中,生物性发光光谱的微小变化与屏蔽和视觉色素的变化同时发生,从而在光谱特征上产生对生物发光刺激的最佳种内匹配(Cronin, Järvilehto *et al*,2000)。相比之下,为了避免被捕食者发现,动物的伪装颜色是单方面进化的。

花是许多昆虫重要的食物来源。当下主流观点认为花朵的颜色是主动调谐与授粉昆虫的视觉系统相匹配,而不是昆虫去匹配花朵。首先,花朵颜色的进化主要是为了吸引传粉者,而彩色视觉还有其他的重要功能,如发现配偶和捕食者。其次,系统发育证据表明早期膜翅目传粉昆虫的三色视觉比花的起源早了数亿年(van der Kooi & Ollerton,2020),在传粉昆虫中也发现了先天的或自发的颜色偏好性,可能是为了响应特定的花或花粉颜色而进化得来的。第三,自然界中花朵颜色千变万化,相对于昆虫色彩视觉系统相对有限的变化,进一步表明花朵的颜色是根据传者的视觉能力调整的。在世界上的不同地区,植物若由具有相似视觉系统的昆虫授粉,花朵颜色对它们各自的传粉者最明显,这也说明植物的花朵颜色与传粉者的视觉系统存在趋同进化(van der Kooi, Stavenga *et al*,2020)。当然,上述内容也只是推论,多数匹配结果通常是基于相关性分析,植物的颜色和视觉系统如果不匹配,也很难构成系统的结论进行发表。

昼行性昆虫和夜行性昆虫都具备色觉(Kelber, Balkenius *et al*,2002;Warrant & Dacke,2011)。在雨林、沙漠或高山草甸等不同生境中,昆虫的视觉系统没有发现明显的差异。昆虫色觉系统几个方面(光感受器生理、神经元构架和视蛋白)的工作原理似乎都类似于匹配过滤器,为可能执行的视觉任务提取相关的信息。然而,昆虫视觉系统作为一个整体如何与自然界中观察到的色彩刺激相匹配,要详细阐明这一过程的内在机制,仍然存在太多问题需要解决。

8.1.3 茶小绿叶蝉的视觉能力

茶小绿叶蝉属于弱光性昆虫,活动高峰期集中在每天的黎明和傍晚(边磊,孙晓玲等,2014)。如图 8-6 所示,茶小绿叶蝉的复眼属于典型的联立眼(Bian, Cai *et al*,2020),每个小眼有两个不同的结构:由角膜、晶体和初级色素细胞组成的屈光层,以及由视网膜细胞及其感杆束组成的感光层。与 *Callitettix versicolor*(Jia & Liang,2015)和 *Empoasca vitis*(Zhang, Pengsakul *et al*,2017)相似,茶小绿叶蝉成虫小眼内的晶体直接连接到感杆束,没有发现透明区。每个小眼内包含的 8 个视网膜细胞衍生出的微绒毛,形成中心闭合的感杆束(图 8-6IJ)。感杆束周围的视网膜细胞也含有大量的屏蔽色素颗粒。在小眼中相邻的视网膜细胞由桥粒连接,每个感杆束的 4 个桥粒附近有 4 个管状结构(图 8-6J)。根据 4 个管状结构的空间位置,两侧各有 2 个管状结构的视网膜细胞编号为 R1,两侧均无管状结构的细胞编号为 R3,其余视网膜细胞编号依次为 R2 和 R4~R8(图 8-6J)(Wakakuwa, Stewart *et al*,2014)。

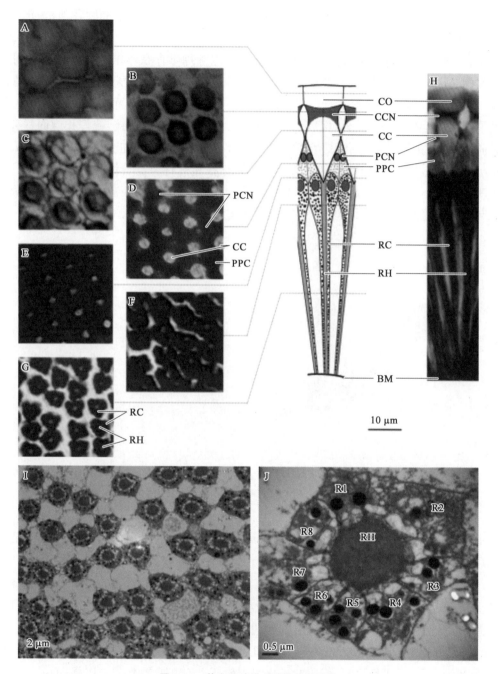

图 8‑6 茶小绿叶蝉小眼的超微结构

小眼横向(A～G)和纵向(H)的光学切片,图 I 和 J 为小眼横向透射电镜切片。小眼的屈光层由角膜(A)和晶体(B,C)组成,晶体被初级色素细胞包围,彼此隔离(D),感杆束由 8 个视网膜细胞(F,J)衍生的微绒毛形成,远端与晶体直接相连(E),小眼中段(G,I)的感杆束彼此分离,小眼内的 8 个视网膜细胞,R1～8(J)。CO:角膜;CC:晶锥;CCN:晶锥细胞核;PPC:初级色素细胞;PCN:初级色素细胞核;RC:视网膜细胞(光受体细胞╱视网膜细胞);RH:感杆束;R1～R8:1～8 视网膜细胞;BM:基膜。标尺为 10 μm(A～H),2 μm(I),0.5 μm(J)。

前文已经提到过,许多昆虫为了适应周围视觉刺激的多样性和变化性,会选择在复眼上部分小眼区域进化出"视觉敏感区"。茶小绿叶蝉复眼的外部形态呈椭圆肾型,一定会造成复眼小眼区域的异质性,以满足对自身各个方位视觉信息的采集和分析。雌雄虫复眼的小眼间角和小眼直径均无显著性差异,即视力上茶小绿叶蝉不存在雌雄二型。但是,茶小绿叶蝉复眼的前、中、后、背、腹 5 个区域的小眼间度和小眼直径存在显著性差异。其中,背部($\Delta\phi=3.71°\pm0.56$)的小眼角度最小,与其他区域存在显著性差异;背部的小眼直径也最小,与其他区域也存在显著性差异(图 8-7)。感杆束与晶状体紧密连接,视杆长度同样存在小眼异质性,其中复眼中部、腹部和背部区域最短($L=71\ \mu m$)且弯曲程度很小,前部($L_{max}=104\ \mu m$)和后部($L_{max}=110\ \mu m$)区域与其他区域存在显著性差异。谭畅(2023)等通过行为实验测定了茶小绿叶蝉的成虫对黄黑光栅的反应,进一步证实了茶小绿叶蝉对近距离目标的识别敏锐度约为 0.14 cpd,这与依靠组织学结构测定的小眼间角结果相匹配。

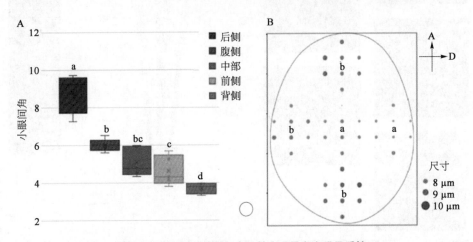

图 8-7 茶小绿叶蝉复眼在视敏度上具有小眼异质性

A:不同区域小眼间角箱型图,不同颜色代表 5 个不同区域,纵坐标为小眼间角测量值;B:同一复眼不同区域小眼直径分布,每个区域测量 8 个小眼。不同小写字母表示小眼间角或尺寸存在显著性差异($P<0.05$)。

茶小绿叶蝉的 $\Delta\phi$ 和小眼直径在复眼不同区域存在差异,即叶蝉成虫复眼在视觉敏锐度上存在小眼异质性,与小眼排列方式密切相关。异质性现象可能与茶小绿叶蝉的行为习惯有关,当茶小绿叶蝉栖息在茶枝或叶片时,可以使用背侧小眼观察上方环境,便于发现捕食者;后侧小眼更偏向于结合其他区域小眼提供整个视野的光强差异而不是分辨能力,便于调整行进方向。异质性对昆虫具有重要意义,通常情况下,体积越大的昆虫,视力越好(Taylor,Tichit *et al*,2019),但复眼特化形成的"敏锐区"权衡视觉分辨率与光敏感性在复眼不同区域中的分配,保证小体型昆虫实现更复杂的视觉行为,如捕食类昆虫盗蝇(*Holcocephala fusca*)($\Delta\phi=0.28°$),复眼前部近似平面的特化区域提供高分辨率以便识别飞行中的猎物,在有限的体型中,特化区域的视力可以媲美复眼体积更大的蜻蜓(*Anax junius*)。

与 *E. vitis* 一致(Zhang,Pengsakul *et al*,2017),茶小绿叶蝉的复眼内包含 3 种视觉视蛋白(Bian,Cai *et al*,2020),系统发育分析和视觉电生理(ERG)的结果均显示(图 8-8,图 8-9),这三种视蛋白分别为 UV、蓝光和长波光敏感视蛋白。三种视蛋白基因表达的

RPKM 值也有很大差异,其中雌虫复眼为 0.13∶1∶7.73(UV∶B∶LW),雄虫为 0.13∶1∶7.85。这说明长波光视蛋白的表达量要远远高于 UV 和蓝光视蛋白的表达量。茶小绿叶蝉复眼的光谱敏感曲线有 2 个峰,主峰在 540 nm 处,次峰在 355 nm 处(图 8 - 9)。由于茶小绿叶蝉的虫体较小,所以很难对每个视网膜细胞进行单细胞记录,视觉色素模型拟合的结果显示茶小绿叶蝉三种视觉色素的吸收光谱峰值波长分别为 356 nm、435 nm 和 542 nm,即 UV、蓝光和绿光受体,并且雌雄叶蝉的光谱敏感特征无显著性差异。

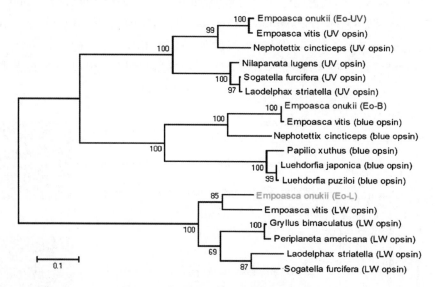

图 8 - 8　茶小绿叶蝉视蛋白基因的进化树

茶小绿叶蝉复眼内含有 3 种视觉视蛋白基因,对应颜色为紫色(Eo - UV,紫外光)、蓝色(Eo - B,蓝光)和绿色(Eo - L,长波光)。

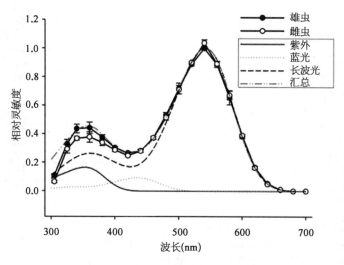

图 8 - 9　茶小绿叶蝉复眼的光谱敏感曲线

空心圈表示雌虫的光谱敏感曲线,实心圈表示雄虫的光谱敏感曲线。红框中 3 条模型推测的蓝色拟合曲线为峰值波长 356 nm(UV)、435 nm(蓝色)和 542 nm(绿光)的视觉色素吸收光谱。红框中"汇总"虚线表示 UV/蓝/绿以 1∶0.6∶6.4 的比例叠加的吸收光谱,峰值波长为 542 nm。

8.1.4　灰茶尺蠖的视觉能力

　　和茶小绿叶蝉不同,灰茶尺蠖属于夜行性昆虫,复眼的结构要复杂得多。其头部两侧的复眼呈规则的半球形,绝大多数小眼呈规则的正六边形,少数呈五边形(许曼飞等,2022)。灰茶尺蠖复眼具备透明区结构,属于重叠眼,这是夜行性昆虫常见的复眼结构,能提高昆虫对外界黑暗环境的适应性(Warrant & Dacke,2011)。雌雄蛾复眼在整体结构上的组成并无差异,单个小眼结构从远端到近端依次为角膜(cornea,Co)、晶锥(crystalline cone,CC)、核区(nuclear zone,NZ)、感杆(rhabdomere,Rh)、基部视网膜细胞(basal retinula cell,BRC)以及基膜(basement membrane,BM),小眼的外围包括初级色素细胞(primary pigment cell,PPC)和次级色素细胞(secondary pigment cell,SPC)(图8-10)。雌雄蛾复眼的光学

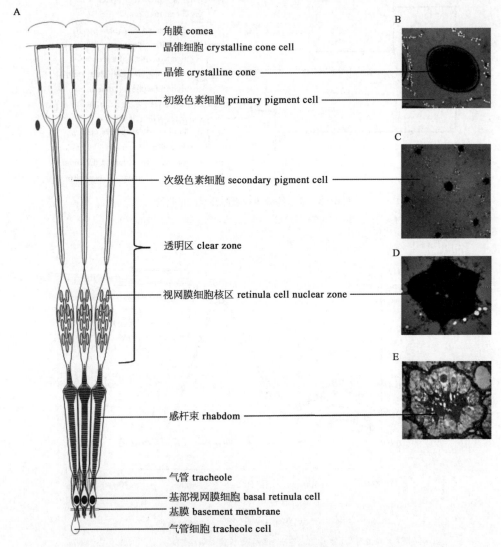

图 8-10　灰茶尺蠖蛾复眼纵切结构示意

A:小眼纵切结构示意;B~E:小眼晶锥、次级色素细胞、视网膜细胞核区及感杆束区域的横切透射电镜图。

参数间存在显著差异，即复眼存在雌雄异型现象。首先是小眼数量之间有显著差异，雄虫数量为 3 123±78，远多于雌虫的小眼数量(2 502±105)。其次，小眼间角、小眼直径和曲率半径也均存在极显著差异，雄蛾的复眼要比雌蛾大，曲率半径可达到 534.91±6.42 μm，雌虫只有 430.46±7.49 μm；雄蛾复眼的小眼间角 $\Delta\phi$ 为 2.41±0.94°，雌蛾 $\Delta\phi$ 为 1.17±0.17°，但是这并不能直接说明雌蛾复眼的视力(视觉敏锐度)要强于雄蛾，因为重叠眼的结构中存在透明区，单一感杆束可接收到多个角膜采集的视觉信息(Land，2004)。最后，复眼的内部结构也存在差异，雌蛾复眼长度(从角膜远端到基膜)为 359.66±19.99 μm，雄蛾复眼长度则为 457.86±35.33 μm。

尺蛾复眼角膜由约 20 层纤维层叠合而成，外表面着生微小锥状凸起，称为角膜锥突(corneal nipple，CN)，高 0.31±0.01 μm，角膜锥突属于纳米级结构，能够增强角膜对光的透射率。透明区厚度为 130.76±4.71 μm(图 8-10A)，这是夜行性昆虫特有复眼的结构，常由次级色素细胞的透明胞质组成，借助该区色素颗粒的移动可以调节进入小眼的光量。因此，重叠眼具有更高的光能利用率和视觉灵敏度，提高了复眼的夜视能力(兰英，魏琼，2020)。如 Lau 等(2007)报道水生草螟 *Acentria ephemerella* 复眼在明适应时色素颗粒从晶锥远心端移入透明区，暗适应时色素颗粒则在晶锥周围聚集，使更多的光线进入小眼；美国白蛾 *Hyphantria cunea* 复眼中的次级细胞色素颗粒在明暗条件下会发生纵向位移，以调节透明区的受光面积，从而适应环境中的光强变化(陆苗，范凡等，2013)。

让人惊奇的是灰茶尺蠖的感光层结构，每个小眼内含有 15 个视网膜细胞，其中 14 个视网膜细胞的感杆聚集在一起，形成感杆束，感杆束末端与第 15 个视网膜细胞衔接，呈 14+1 模式，第 15 个视网膜细胞为基部视网膜细胞(basal retinula cell)。小眼感杆束末端和基膜之间，存在一个由基部视网膜细胞、基膜下方延伸来的气管和次级色素细胞共同组成得特殊区域，宽度为 25.17±1.67 μm。由于鳞翅目尺蛾科复眼结构的研究资料较少，同样具有这种 14+1 视网膜结构的还有冬尺蠖蛾 *Operophtera brumata* (Meyer-Rochow & Lau，2008)。在夜蛾科中，视网膜细胞多呈"7+1"式排列(高慰曾，郭炳群，1983)，如亲土苔夜蛾 *Manulea affineola*(陈庆霄，2020)和非洲黏虫 *Spodoptera exempta* (Meinecke，2004)。草螟科昆虫 *A. ephemerella* 9 个视网膜细胞，呈"8+1"式排列(Lau，Gross *et al*，2007)。这些结构特征说明小眼视网膜细胞的排列模式与其种属存在相关性，同种属昆虫的排列结构大概率保持一致，不同种属昆虫的排列方式呈多样性变化。

灰茶尺蠖在外界光强度较高的条件下，会呈静息状态，待到夜间才会活动，其复眼也具备适应光强度变化的能力。一方面是通过调节晶锥的开闭状态，另一方面是通过复眼内色素的移动来调节复眼的进光量。明适应时，复眼大部分晶锥细胞完全闭合，暗适应后晶锥细胞间出现开裂，多数开裂为 4 部分，少数开裂为 2 部分；明适应时，次级细胞色素颗粒会集中分布在视网膜细胞束远端至晶锥近端，基膜处色素颗粒集中在基膜周围，起保护神经节层的作用，而在黑暗条件下次级色素细胞颗粒向晶锥远端移动，聚集在晶锥周围，包裹初级色素细胞，基膜处色素颗粒则向感杆远端和神经节层扩散。

灰茶尺蠖有色彩视觉能力吗？Warrant 和 Dacke(2011)认为凭借高度敏感的视觉系统，夜行性昆虫已经进化出非凡的颜色辨别能力，利用微弱的天体线索来确定自己的方向，在复杂的生境中畅通无阻地飞行，一些昆虫甚至可以利用习得的视觉地标来进出巢穴。灰茶尺蠖的复眼中共表达3种不同类型的视觉视蛋白,系统进化树分析显示灰茶尺蠖3种视蛋白分别属于 UV 波、蓝光和长波光敏感视蛋白(图8-11)。但是视网膜电生理测试结果(暗适应条件下的灰茶尺蠖)显示,灰茶尺蠖复眼的光谱敏感峰值分别位于 370 nm、390 nm、480 nm、530 nm、550 nm 和 580 nm(图8-12)。尺蛾科视觉电生理的研究非常少,目前仅知枝尺蠖蛾 *Arichanna gaschkevitchii* 的光谱敏感峰值为 380 nm、500 nm 和 540 nm(van der Kooi, Stavenga *et al*, 2020),灰茶尺蠖的光谱敏感曲线呈现出多峰、窄峰的现象非常复杂,类似于菜粉蝶 *Pieris rapae* 中紫光受体(violet receptor)的光谱灵敏度,不能像叶蝉一样,简单地用视觉色素吸收光谱模型来分析(Wakakuwa, Stavenga *et al*, 2007),受屏蔽色素和荧光色素的影响,光谱敏感曲线需要综合复眼的小眼结构和各个受体内的色素类型及其光谱敏感度(Stavenga & Arikawa, 2010)。

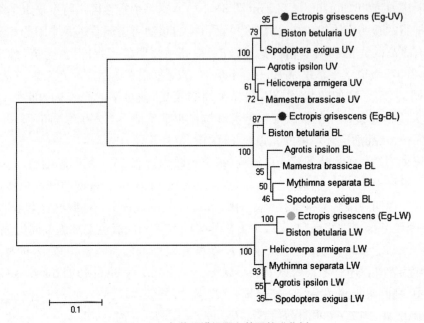

图8-11 灰茶尺蠖视蛋白基因的进化树

灰茶尺蠖复眼内含有3种视觉视蛋白基因,对应波长范围分别为紫外光(EgBL-UV)、蓝光(EgBL-BL)和长波光(EgBL-LW)。

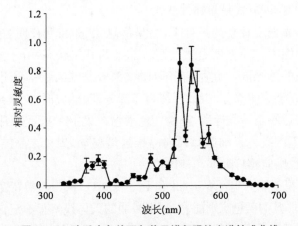

图8-12 暗适应条件下灰茶尺蠖复眼的光谱敏感曲线

夜间自然环境和白天一样丰富多彩,昆虫对目标颜色的识别不会随光强度的下降而受影响 (Kelber,Balkenius et al,2003)。以红天蛾 Deilephila elpenor 为例,红天蛾同样具有 3 种类型 的光感受器(紫外、紫色和绿光敏感),在夜间星光下采食花蜜时可以识别花朵的颜色(Kelber, Balkenius et al,2002),虽然 D. elpenor 复眼和大脑的体积很小,但是它在低于人类颜色识别极 限亮度 100 倍的条件下依然具有灵敏的色觉系统。D. elpenor 的颜色视觉能力不会受光源光 谱变化的影响,这是所有高级颜色视觉系统共有的特征(Kelber,Balkenius et al,2003)。

8.2 视觉在茶树害虫寄主定位中的作用

8.2.1 昆虫对寄主的视觉探测过程

通常,昆虫选择寄主植物的过程包括寄主栖息地的寻找、寄主的发现、寄主的识别和接 受,以及寄主的适宜性。部分学者认为植食性昆虫按照不同等级的斑块水平(patch level,森 林、树木、树枝、树叶等)对寄主植物进行分辨,根据觅食者的行为可以界定斑块和边界水平, 随着斑块在空间尺度上的缩小,昆虫觅食活动的范围也逐步缩小。

植食性昆虫对寄主植物的定位可以以距离作为标尺来分阶段分析,分别是远距离、近距 离和寄主冠层内。在分析之前首先要强调的是,要谨慎地以人类的标准来推测昆虫的视觉 感知能力,因为人类的视距、体型和活动范围和昆虫有巨大的差异。例如,一些叶蝉在视觉 上被植物的斑块(约 900 cm²)吸引的相对距离大概是叶蝉体长(约 6 mm,感知距离约 3.6 m) 的 600 倍(Saxena & Saxena,1975)。相当于身高 1.8 m 的人被 1.1 km 外高达 90 m 的物体 所吸引。这一比较也充分说明了昆虫通过视觉感知目标物体的固有困难,尤其是对目标视 觉线索细节的观测。

8.2.1.1 植物的样貌

植物的视觉信息能够反映出自身的种属特征和生理状态,可作为植食性昆虫判断是否 可作为合适栖息地的重要线索。单株植物及其组织的三个主要特性可以作为昆虫觅食的视 觉线索:光谱质量(spectral quality)、尺寸(dimensions)和图案(pattern),植物这些视觉特性 的变化会受各种因素的影响。

在漫射光照条件下,植物叶片的反射—透射光谱曲线在很大范围内具有显著的一致性 (Gates,1980)。这种一致性源于叶绿素对光的吸收特性,叶绿素会导致叶片的反射和透射 光谱集中在 500~580 nm 范围内,光谱的峰值在 550 nm 左右,约 20% 的峰值在 350 nm,60% 的峰值在 650 nm。叶片若以叶绿素作为光合作用的主导色素,其色调(hue)很少发生显著变 化,但由于叶片中其他色素如胡萝卜素、叶黄素和花青素也能吸收光能,会导致叶片颜色 的饱和度(saturation)略有变化。胡萝卜素的吸收光谱主要集中在蓝光范围,当植物受到外 界胁迫或者衰老时,胡萝卜素相对含量的增加会导致叶片变成黄色或者红色。当叶片萌发 处于高速发育阶段时,叶片的有效氮含量会高于平均水平,与成熟的叶片相比,叶片看起来 呈现出黄色(图 8-13)(Mooney & Gulmon,1982)。

图 8-13　自然界中植物的样貌

a：植物由近及远,视觉图案的细节逐渐模糊;b：茶树冠层嫩叶(A)与中下层成熟叶(B)在视觉上呈现出的差异性。

不同物种之间植物的尺寸和形态间差异比叶片漫反射光谱间的差异要大得多。即使在同一个物种内,从小的幼苗到具有生殖结构的成熟植物,连续生长使得植物的特征发生持续的变化,基因的表达会无时无刻改变着植物的表征以适应环境的胁迫。此外,植物学家根据生境类型对植物的结构进行了粗略的分类。例如,基于水、二氧化碳、光和温度因素的影响,Harper(1972)预测在开放空间早期持续生长的树木应该是高、瘦、圆锥形的,且具有多层叶片分布;对于阴凉条件下的后期持续生长乔木,应有利于叶片单层分布。在潮湿或营养丰富的生境中,植物叶片会向大尺寸生长,而在干燥或营养贫乏的地区则会倾向于小尺寸。在北温带或潮湿地区叶具齿缘,而在热带地区或干燥地区边缘饱满,如季节干旱区或早演替生境中的复叶与较湿润或较晚演替生境中的单叶。然而,植物学家对栖息地相关的植物生长的这种模式化识别,并不一定适用于植食性昆虫的视觉识别研究。

植物种群的分布特征对于依靠视觉搜索的植食性昆虫来说,可能与单株植物的形态特征一样重要。植被斑块的大小、斑块边缘或边界与周围或地平线背景的对比、斑块内寄主的密度和分散模式、寄主与非寄主之间的形态差异程度、寄主在时空上的整体"可见性"(在农业种植园中尤其重要)对于植食性昆虫的分布和定位都可能产生影响(Feeny,1976)。在漫长的植被演替中,地理分布上相对广泛、数量相对较多、特征相对明显的植物,往往会积累数量最多的植食性昆虫(Lawton & Schroder,1977)。

8.2.1.2　远距离视觉探测

假设白天飞行中的昆虫对远距离的植物群落(数米甚至更远)进行观测,类似于人类在白天驾驶汽车时对远处孤立的树木进行观测。在汽车上直视前方,首先会看到地平线。地平线呈现出天与地光强度的强烈差异,可以对生物构成强烈的视觉刺激。许多昆虫在飞行过程中方向和稳定性受到水平线特性的强烈影响,物体的边缘所呈现的光强度差异会被昆虫和人类视觉系统的神经机制增强(Stavenga,1979)。人们从车内看向车外,视野内的视觉线索是由不均匀的明暗图案组成,不同物体的反射光谱及其强度与天空呈现出显著差异,视野内图案的快速移动会提供关于汽车运动速度和方向的线索。昆虫也通过复眼腹侧的小眼探测地面图案来感知自身的相对移动速度,维持飞行的速度和稳定性。为了优化对地面运动图案的探测,昆虫腹侧的小眼对长波光(＞500 nm,地面反射光的强光谱区域)最敏感,而对短波光(＜500 nm,天空漫射光的强光谱区域)最不敏感。从汽车上看天空,云层比地面移动的速度要慢得多。虽然多数情况下人类会忽略天体的图案来确定方向,但许多昆虫具备利用这些图案的能力,偏振光呈现的图案、太阳以及地平线可以为飞行中的昆虫提供最稳定的定向信号。如在晴朗的天空下,金龟子成虫可以利用太阳的位置来确定产卵地点的方位,某些种类的爬行昆虫可以利用头顶的图案来进行地面导航(Hölldobler,1980)。昆虫主要通过位于复眼背侧的小眼感知天空的图案,天空图案相对于昆虫的移动速度相对恒定,地面图案的移动速度随着昆虫飞行高度的降低而增大,这就可以为昆虫提供其运动速度、与目标的间距(动态视差,motion parallax)等重要信息。由于昆虫只能在相当近的距离内分辨目标的视觉细节线索,所以远距离植物的图案细节昆虫无法识别。

8.2.1.3 近距离视觉探测

继续以人类在白天驾驶汽车作为参照,当汽车靠近树木时,树木种类的一些视觉线索可以被肉眼探测到,包括树木的数量、树干的形态和树冠的图案特征。其中,一些绿色色调参数的存在可以说明树木上存在绿叶且生长状态良好。类似地,当昆虫距离植物较近时,复眼可以感知到一系列额外的视觉刺激,叶片的光谱反射特征有助于昆虫区分植物和其他物体。对于许多植食性昆虫,植物的光谱特征(特别是色调和强度)是引导其降落在植物上的主要刺激因素。上文已经提到过,物体反射光或透射光的强度是比光谱组成更具备变化性的参数,环境胁迫、叶片成熟度、营养状态、叶片密度、光照角度和背景对植物反射/透射光强度的影响要远远大于对光谱组成的影响。

许多植食性昆虫在行为实验中会选择优先落在绿色叶片或黄色物体上,但是这并不能证明其具备彩色视觉能力。叶片颜色对昆虫的吸引行为在半翅目昆虫中拥有大量的文献资料,但是相关的视觉生理学研究却非常缺乏,可能是由于绝大多数半翅目昆虫的体型较小。尽管如此,光谱行为确实表明半翅目昆虫的光谱敏感范围是从 350～600 nm,在约 550 nm 处达到峰值(对应叶片反射—透射光的光谱峰值)(van der Kooi,Stavenga et al,2020),这表明半翅目昆虫的光谱敏感特征具备探测叶片色调的能力。某些蚜虫区分寄主和非寄主植物或植物的不同组织(Kennedy,Booth et al,1959),在视觉线索上可能依据的是反射光的饱和度或强度间的差异。如蚜虫 Hyalopterous pruni 在夏季定位芦苇时,绝大多数会选择落在饱和度相对较低的黄色叶片上,并且在定位芦苇和其他植物的过程中,叶片颜色的饱和度同样是影响该蚜虫行为反应的重要因素(Moericke,1969)。在光强度差异上,一些蚜虫更偏爱光反射率较高的嫩叶(叶片的黄色外观与有效含氮量高度相关),而不是光反射率较低的成熟绿叶。类似于蚜虫,某些实蝇最容易被绿色和黄色的色调所吸引,因为这些色调接近植物叶片的色调;有些实蝇更喜欢颜色饱和度较高的人造模拟叶片,并更喜欢反射率更强的人造叶片。然而,由于绝大多数植物叶片的光谱特征具有高度的相似性,所以叶片的光谱质量不太可能代表昆虫寄主植物的特异性特征。大量的文献证实,许多植食性昆虫对黄色有积极的行为反应,Prokopy(1983)推测黄色构成了一种超越常规叶片的视觉刺激,其释放的峰值能量与叶片释放的峰值能量位于昆虫可见光谱的相同范围内,但是光强度更高。尽管存在一些例外的情况,但他认为大多数寻叶昆虫均会对黄色呈现出积极反应,也就是说,昆虫对黄色的偏好性可能是基于觅食的目的。

近距离情况下,在汽车内肉眼不仅能分辨出某棵树的树干和冠层,而且还能凭借树木在接近时覆盖视野的速度及其与环境中其他物体的体积比估算出树木的尺寸大小。为了对焦目标树木,眼睛的晶状体会无意识地感知到肉眼与树的距离,但是这对于昆虫来说却很难。由于复眼的光学结构限制了昆虫的视觉能力,区域性小眼精细细节的分辨率范围只有几厘米,所以大多数昆虫更容易发现远处的大型植物,并且只能分辨植物的轮廓却不能识别植物图案的细节。利用物体—背景的轮廓和对比差异,昆虫对表面积较大的物体边缘更容易做出行为反应(Stavenga,1979)。昆虫的复眼具有一定的视野,当物体进入视野后,复眼可以感知物体的角度大小。与人类不同,昆虫不具备通过改变焦距来判断距离的能力,但是可以通过"凝视"(peering)行为提供的运动视差来估计自身与目标的距离。

对人类和昆虫来说,近距离内树木或植物的探测会受到视觉背景的强烈影响,但是多数研究昆虫对植物的定位分析中很少有人去定量分析这一因素。目标可以通过背景增强或减弱颜色对比,增加或减少整体亮度差异,提供或消除差异性光学图案来影响特定视觉刺激的质量。描述背景纹理特征对植食性昆虫视觉搜索行为的影响,首先要描述清楚寄主的特异性视觉定向角度并确定其有效距离,如部分凤蝶的雌虫在盛发早期,更容易探测到没有植被包围的寄主植物,到后期寄主植物被其他植被包围后,产卵量下降;同样地,相较于周围布满杂草的寄主植物,蚜虫、粉虱和菜粉蝶更偏好于降落在周围土壤裸露的寄主植物上(Smith,1976)。

8.2.1.4 寄主冠层内视觉探测

到达寄主植物的冠层后,飞行中的昆虫需要定位特定的植物组织以获取基本的资源。对于探测冠层内部的植物结构,光强和颜色对比度、形状和运动参数以及背景图案的干扰,对昆虫来说可能与从冠层外部探测植物一样重要。

实蝇对潜在的取食、交配、产卵和遮蔽地点的视觉搜索行为,可以充分地说明其具备植物内部结构的视觉辨别能力。如浆果实蝇的交配和产卵多发生在生长中的寄主果实上,成虫可以根据果实的形状、反射光强度和大小来定位;叶片提供了食物和庇护所,主要根据颜色和反射强度来定位。在一些实蝇科和菊科昆虫也发现了相似的现象,这些菊科昆虫主要通过花蕾的形状定位交配和产卵地点(Prokopy & Owens,1978)。除了提供昆虫生存基本的资源,昆虫还可以通过视觉空间记忆将单个植物的结构作为自己的"家园"。就像对整个植物的视觉探测过程一样,植物内部结构的定位也和视觉背景密切相关。例如背景的色调和光强度会影响某些实蝇对不同颜色的叶片或水果模拟物的偏好顺序。

8.2.2 视觉和嗅觉在害虫寄主定位中的作用

对于生理状态可以被描述为"有食欲"的昆虫,虽然不同模型对应的昆虫已经进化出不同的寄主定位方法,但是大多数模型至少涉及化学刺激和视觉刺激之间某种程度的相互作用。如拟甘蓝地种蝇(*Delia brassicae*)在寄主定位过程中会在数米远的距离对植物挥发物产生反应,待距离接近后(<2 m)视觉刺激开始发挥主要的作用;反之,温室白粉虱(*Trialeurodes vaporariorum*)在较远距离首先通过视觉线索辨别寄主和非寄主植物,寄主植

物的嗅觉线索只有在非常近的距离内才会发挥作用(Prokopy & Owens，1983)。许多昆虫在寄主定位过程中,视觉线索和化学线索是依次或同时发挥作用的,二者存在时间和空间上的内在联系。

找到合适的寄主是昆虫—植物相互作用的第一步,由于昆虫化学生态学近年来的飞速发展(Bruce，Wadhams *et al*，2005),鉴于昆虫视觉能力的局限性(Land，1997),很多学者一直认为视觉对昆虫的寄主定位不太重要。因此,与昆虫—植物相互作用的化学生态学相比,植食性昆虫的视觉生态学在很大程度上一直被忽视。"寄主"是植食性昆虫用来取食或产卵的植物,若不涉及授粉昆虫对花朵的定位,也不涉及昆虫在寄主定位中的学习行为,则不能笼统地认为视觉在昆虫寄主定位过程中发挥主导作用,但也不能认定化学线索比视觉线索更重要,视觉和化学线索的整合对于寄主定位行为是必不可少的(Harris，Foster *et al*，1995)。研究昆虫的搜索行为若只考虑单一的搜索模式,只会低估了昆虫对环境中多样化信息的利用能力(Bell，1990),因此视觉线索应该作为重要的信号类型,整合到植食性昆虫寄主定位的整个过程当中(Reeves，2011)。

无论是寡食性还是多食性昆虫,寄主定位都是一项复杂而又精细的过程,并存在种间差异。植食性昆虫的寄主定位可以看做是多个连续的过程,远距离时昆虫可能首先通过视觉和嗅觉信息进行"粗选",接触植物后再通过视觉、嗅觉和味觉进行"精选"(Visser，1986；Bruce，Wadhams *et al*，2005)。整个过程由昆虫的中枢神经系统调节,当不同的外界刺激信息,包括视觉、嗅觉和味觉信息,以特定的刺激组合传导至中枢神经系统后,能够激发昆虫对寄主的识别进而向寄主移动;相反地,当错误的信息被感知后,昆虫则不会发生反应甚至回避。

8.2.2.1 依靠视觉完成寄主定位

与化学线索相比,视觉一直被认为只在飞行、着陆等运动方面很重要(Bernays & Chapman，1994)。部分植食性昆虫可以在没有任何化学线索的情况下通过视觉来区分植物种类并选择合适的寄主(Reeves & Lorch，2009)。至少有一种蝴蝶可以从视觉上识别出同种的卵簇,并避免在植物上重复产卵(Vasconcellos-Neto & Monteiro，2004),如菜粉蝶(*Pieris rapae*)由于具有较强的视力,在寻找寄主植物时可不受植物挥发物的影响(Broad，Schellhorn *et al*，2008)。耆草象甲 *Euhrychiopsis lecontei* 会被甘油和尿嘧啶所吸引,这两种物质不仅是其宿主植物的分泌物,也是水生植物的分泌物(Marko，Newman *et al*，2005)。然而后来的研究表明,在完全没有化学线索的情况下,视觉线索不仅对耆草象甲定位植物很重要,而且仅凭视觉耆草象甲就可以区分宿主植物和至少一种非宿主植物(Reeves & Lorch，2009)。该例子表明,对于任何一种昆虫的寄主定位研究,视觉线索应该整合到这个行为过程的研究中。Stenberg 和 Ericson(2007)发现跳甲 *Altica engstroemi* 在嗅觉测试中不会被寄主植物的挥发物吸引,而是被寄主植物的视觉特征吸引,他们认为在植物群落多样性低但生态系统稳定的栖息环境中,以优势植物为食的昆虫可能会进化出以视觉作为主导的(甚至是唯一的)寄主植物定位机制。另一个单靠视觉线索定位寄主的植食性昆虫是蒿小长管蚜,这种蚜虫对寄主植物挥发物无反应,但仅凭视觉就能区分寄主和非寄主目标(Gish & Inbar，2005)。

反之,植物会进化出许多视觉特征为自己谋利。一些植物的杂色被认为是模仿植食性昆虫的危害,从而拒避潜在的植食性昆虫,如贝母 *Caladium steudneriifolium* 可以模仿潜叶蝇的危害状,巢蛾察觉到寄主上隐晦的杂色后会选择回避(Soltau, Dötterl *et al*, 2008)。有些植物还能通过调节视觉表征来隐藏自己,如沙丘植物会将沙粒黏附在腺毛上使自己看起来是白色的,使植食性昆虫难以发现,这些植物甚至可以利用沙子来模仿真菌感染(Lev-Yadun, 2007)。与降低被探测概率的进化相反,猪笼草(Nepenthaceae 和 Sarraceniaceae)在视觉上会呈现出吸引昆虫的颜色,Schaefer 和 Ruxton(2008)发现红色猪笼草比绿色猪笼草会捕获更多的昆虫(双翅目、同翅目、膜翅目)。植物还可以调整叶片的颜色呈警戒色来拒避害虫的侵扰,Hamilton 和 Brown(2001)认为化学防御严密的树木会分泌类胡萝卜素,这些类胡萝卜素使叶片呈现出鲜艳的颜色(红色、橙色,类似于秋天的落叶颜色)来拒避蚜虫。

8.2.2.2　依靠视觉和嗅觉协同作用完成寄主定位

许多植食性昆虫在远程寄主定位的过程中视觉和嗅觉都会发挥作用,并且呈现出协同关系(Campbell & Borden, 2006; Machial, Lindgren *et al*, 2012)。Bernays 和 Chapman(1994)认为在植食性昆虫的寄主定位过程中,视觉反应通常只在适当的嗅觉刺激下才会发生,这一观点在许多情况下是正确的。如化学线索会增强昆虫对寄主植物的视觉探测能力,Patt 和 Sétamou(2007)发现玻璃叶蝉 *Homalodisca speciata* 在化学线索的刺激下会增强它们对视觉线索的反应。Finch 和 Collier(2000)认为,十字花科作物的害虫只有被化学物质刺激后才会降落在绿色物体上。但是也有相反的情况,Aluja 和 Prokopy(1993)认为,只有在视觉刺激不足的情况下嗅觉反应才会发生,如苹绕实蝇 *Rhagoletis pomonella* 在缺少必要视觉线索的情况下,才会使用化学线索来确定宿主植物的位置。黑森瘿蚊 *Mayetiola destructor* 似乎首先使用视觉线索而不是化学线索来确定宿主植物的位置(Withers & Harris, 1996)。柑橘木虱 *Diaphorina citri* 只有在存在特定视觉线索的情况下才对化学线索有反应(Wenninger, Stelinski *et al*, 2009)。

不难发现,视觉和嗅觉在寄主定位中的主次关系受很多因素的影响。不同种类昆虫为适应自己的栖息环境,会进化出与环境匹配的视觉和嗅觉能力,昆虫的身体上不会有毫无作用的器官(Land, 1997),视觉在多数植食性昆虫的寄主定位中或多或少都发挥了作用。在研究过程中,要充分考虑研究对象及其寄主的生存环境,植物在生长过程中离不开阳光,所以首先要将视觉反应纳入目标的寄主寻找研究中,并在添加或不添加化学线索的析因实验设计中测试不同因素的反应,并尽可能地考虑多种线索的协同作用。有些植食性昆虫的活动范围小,可能整个生活史都在同一株植物上,一些农业害虫可以在小范围内获得充足的食物,周围的环境中充斥着寄主释放的植物挥发物,因此只需要在冠层水平定位合适的栖息地,如后文提到的茶小绿叶蝉(Bian, Cai *et al*, 2020)。有些昆虫活动范围较大,甚至迁飞上百千米来寻找合适的栖息地,这些昆虫则需要具备远距离寄主定位的能力,如东亚飞蝗、褐飞虱、白背飞虱等害虫。在远距离情况下,视觉发达的昆虫可能优先通过复眼来分辨环境中的绿色斑块(Prokopy, J *et al*, 1983),嗅觉发达的昆虫可能优先根据寄主植物释放的挥发物来选择飞行方向,待到达寄主的一定范围内,视觉和嗅觉则可能发挥协同作用并由敏感的感官主导。

视觉线索是昆虫栖息环境中信息的重要组成部分,寄主定位研究中会经常使用人工视觉刺激。例如,彩色的聚苯乙烯球(Drew,Dorji et al,2006)被用来代表水果,彩纸被用作植物叶片的模仿品(Jönsson,Rosdahl et al,2007;Wenninger,Stelinski et al,2009)。若采用灯光(人造光源)作为植物的视觉线索(Wenninger,Stelinski et al,2009),要充分考虑光的强度和辐照几何面积,以防止趋光性对测试结果的影响。如果研究目标是确定昆虫如何找到寄主植物,那么使用实际的寄主植物作为视觉刺激可能是最有成效的,如果要剔除挥发物的影响,可将植物密封在容器中,并尽可能避免容器的镜面反射对试虫造成影响。若要使用仿制品,要保证仿制品在视觉上看起来与寄主植物高度相似,但是这是非常难实现的。在使用彩色塑料、纸或人造光源的过程中,可能会遗漏植物的一些关键的视觉特征,如植物的叶片在正反两面光的透射和反射、纹理和细微结构特征上有显著的差异,这些特征单独或一起都会吸引植食性昆虫。所以,使用真正的植物能更可靠地确定昆虫是否使用了视觉线索。在 Reeves 等人(2009)研究象甲 *Euhrychiopsis lecontei* 寄主定位的实验中,使用白色复印纸覆盖在光源上形成漫射光环境,可以避免容器的定向光反射和趋光性等影响。使用人工模拟物开展视觉刺激的研究是有必要的,因为有利于开展视觉线索各种变量影响效应的分析。Roessingh 和 Stadler(1990)的研究表明,有茎的模拟叶片比没有茎的能吸引更多的苍蝇产卵,所以模拟品需要尽可能地贴近真实的寄主植物,这或许可以为田间诱捕器的改进提供一种思路。另外,在选择性测试中可以首先测试真实植物与模拟植物之间是否存在差异,倘若任何一方均能引发更强的行为反应,说明实验中有未考虑到的因素在选择测试中发挥了重要的作用。

在寄主植物定位机制的研究中,视觉因素不应被忽视,纵然化学物质在一些昆虫的寄主定位和选择过程中占据主导地位,但是也要考虑时空、背景因素对整个过程的影响,考虑到化学物质和视觉线索可以在昆虫寄主定位中发挥协同作用。

8.2.3　茶小绿叶蝉对茶树的定位过程

茶小绿叶蝉自卵孵化以来,基本整个生活史都栖息在茶园范围内,成虫在茶树、豆科植物及杂草上越冬(张世平,2010),且雌虫多将卵产于芽下的第 2～4 节。因此,茶小绿叶蝉的寄主定位距离可认定为近距离或者茶树的冠层范围内。茶园中的茶树在人为栽培和管理下,视觉上会呈现出典型的分层图案(图 8-13),嫩叶因含氮量高而呈现出偏黄的色调,反射和透射光谱的强度最大(图 8-14A),成熟叶则呈现出绿色或墨绿色。随着叶龄的增加,茶树叶片颜色的色调值从 63 变化到 83(图 8-14B),表明叶片的色调由黄变绿。叶片的亮度和饱和度随叶龄的增加而减小,且亮度值与饱和度值与叶片的叶龄之间线性关系显著。

当采用不同叶龄叶片的颜色,测试茶小绿叶蝉对这些颜色的反应,茶小绿叶蝉会对低龄叶片呈现出显著的偏好性,即茶小绿叶蝉在近距离或冠层内会优先选择色调偏黄,亮度和饱和度较高的叶片。这一结果和前文中提到的茶小绿叶蝉会对"super-normal foliage-type stimulus"呈现出偏好性的现象高度契合,茶小绿叶蝉的这种颜色偏好特征对于诱捕器颜色的筛选有重要的指导意义。除了叶子的颜色,视觉线索还包括叶子的形状、相对大小、纹理和背景颜色。茶小绿叶蝉能否识别寄主植物与非寄主植物的视觉特征呢?边磊(2014)曾测

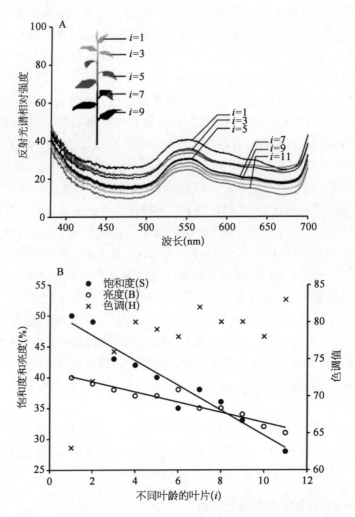

图 8-14　茶树生产枝不同叶片的标准反射光谱及颜色参数(HSB)变化

　　枝条上不同叶龄的叶片从上到下用 $i(i=1\sim11)$ 编号。A：在叶片的同一侧，每个叶片选取 4 个采样点，总计测定了 6 条生产枝的叶片，因此每个叶片的反射光谱为 24 个采样点的平均值；B：H、S、B 分别为叶色色调(0～359)、饱和度(0～100)和亮度(0～100)，以 i 为自变量，对参数 S 和 B 进行回归分析，阐明两个参数随叶龄的变化趋势。

试了 20 cm 距离下，排除气味因素后茶小绿叶蝉对茶树枝条和牛筋草(非寄主)两种植物外形特征的选择行为实验，结果显示叶蝉在此距离下并不能区分两种植物的视觉特征。模拟叶蝉 0.14 cpd 的视觉敏锐度显示，叶蝉成虫在 30 cm 的范围内才能分辨 5 cm×5 cm 的黄色斑块，超过 1 cm 后叶片的纹理将无法识别。

　　那么茶树释放的挥发性物质(植物挥发物)在寄主定位中有没有作用呢？茶树冠层充斥着寄主释放的挥发物，但是受生理活性的影响，不同叶龄叶片释放的挥发物在成分和浓度上同样存在差异(表 8-1)，生长旺盛的枝条上嫩叶居多，嫩枝与成熟叶居多的枝条在挥发物的成分上没有差别，但是老叶居多的枝条没有检测到芳樟醇(Linalool)和吲哚(Indole)，并且挥发物的释放总量显著低于嫩枝和成熟枝条(Bian，Cai *et al*，2018)。

表 8-1　不同生长状态茶树枝条释放的挥发物组分

挥发物成分	相对含量(%)[a]			
	FS	MS	MB	P[b]
(Z)-3-hexen-1-ol	0.6±0.02	1.30±0.02	2.59±0.04	*
Unknown	3.67±1.73	1.03±0.88	5.65±3.44	
Octanal	0.42±0.14	0.94±0.53	1.21±0.69	
(Z)-3-hexenyl acetate	22.98±2.41	42.13±4.75	38.03±4.8	*
(Z)-β-ocimene	9.71±2.64	5.44±1.9	7.00±2.65	
Linalool	12.57±2.66	2.11±0.04	—	*
Nonanal	2.74±1.19	4.90±2.3	6.73±2.63	
DMNT	27.77±4.05	17.28±2.41	25.43±6.55	*
Decanal	1.32±0.69	4.58±2.34	4.47±2.67	*
Indole	7.38±1.48	10.05±3.69	—	*
(E,E)-α-farnesene	3.64±0.08	2.98±0.11	1.98±0.02	
(E)-nerolidol	6.15±2.49	5.61±1.97	2.77±0.04	
Cedrol	1.06±0.3	1.63±0.55	4.12±1.61	

注：FS 为茶树嫩枝(多数叶片的叶龄小于 3 天),MS 为茶树成熟枝(多数叶片的叶龄大于 3 天但小于 1 个月),MB 为茶树老枝(多数叶片的叶龄大于 1 个月);a: 相对含量＝单一成分质量/挥发物成分总质量×100%。

　　虽然茶小绿叶蝉触角上嗅觉感器的种类和数量较少,但是茶小绿叶蝉头部内气味结合蛋白(OBP)和化感蛋白 mRNA 的种类却非常丰富,其中气味结合蛋白多达 40 种,化感蛋白多达 11 种(Bian,Li et al,2017),这说明叶蝉具备灵敏的嗅觉能力,并且嗅觉感器可能在触角外的其他组织上也有分布。茶小绿叶蝉多在嫩叶或成熟叶片上取食,茶树的嫩枝、成熟枝和老枝在许多挥发物的浓度上有显著差异,主要包括绿叶挥发物[(Z)-3-hexen-1-ol 和 (Z)-3-hexenyl acetate]和绝大多数的萜烯类挥发物。通过测试茶小绿叶蝉对挥发物混合物的反应,结果显示(Z)-3-hexen-1-ol、(Z)-3-hexenyl acetate 和 Linalool 三种挥发物是茶树嫩枝吸引茶小绿叶蝉成虫的关键组分。

　　综上所述,茶小绿叶蝉在近距离或冠层水平对寄主或栖息地的定位中,视觉线索和嗅觉线索均发挥了重要的作用。在没有挥发物的情况下,茶小绿叶蝉能够识别绿色、黄绿色、黄色的斑块或者茶树组织的斑块,快速地定位并表现出趋向运动。然而在黑暗条件下,双向选择实验中茶小绿叶蝉不会向寄主味源一侧移动,也就是说无光条件下茶小绿叶蝉对茶树挥发物无显著反应,而在有光条件下茶小绿叶蝉才会对茶树挥发物表现出显著趋性;相较于寄主挥发物的嗅觉刺激,茶小绿叶蝉对茶树的视觉外观刺激表现出极显著的趋性,说明视觉因素在茶小绿叶蝉的寄主定位中起主导作用。在同样的实验条件下,对比非寄主植物视觉与嗅觉的协同刺激,茶树视觉与嗅觉的协同刺激可以强烈地吸引茶小绿叶蝉成虫;然而,当把视觉与嗅觉刺激组合互换之后,茶小绿叶蝉却对非寄主植物视觉刺激结合寄主植物的嗅觉刺激表现出显著趋性,说明茶小绿叶蝉在不能识别两种植物外部特征的情况下,视觉线索虽然起主导作用,但是嗅觉能够决定叶蝉能否正确地区分寄主植物与非寄主植物,是影响茶小绿叶蝉定位准确性的重要线索。相比之下,在假眼小绿叶蝉 $E.\ vitis$ 寄主定位的研究中,来自寄主(茶树)的挥发物在远距离无法吸引 $E.\ vitis$,只有当寄主与叶蝉足够接近时($<20\ cm$)才会被检测到,而寄主的颜色则可以在 $50\ cm$ 处依旧对叶蝉成虫有吸引力,即假眼小绿叶蝉对茶树的定位在远距离以视觉为主,当与寄主间隔 $20\ cm$ 以内时视觉和嗅觉线索会发挥协同作用(Broad, Schellhorn et al, 2008)。

外界的视觉刺激同样可以影响叶蝉对植物挥发物味源的选择行为,如在绿色背景下,"Y"型选择实验中,叶蝉对挥发物刺激的响应显著提高。

8.2.4 灰茶尺蠖对茶树的定位过程

灰茶尺蠖幼虫对嫩叶的定位过程(多数鳞翅目幼虫的寄主定位与趋光性和负趋地性相关,并受到环境中光强度和环境温度的影响),以及成虫的寄主定位过程还未有过详细的研究。灰茶尺蠖蛹羽化后,雌雄成虫不再危害茶树,而是以完成交配为第一要务。雌蛾通常是在茶树上静栖并释放性信息素,等待雄蛾的到来,雄蛾凭借嗅觉线索(性信息素)进行大范围的飞行搜寻雌虫,成功交配后,雌蛾对产卵位置的选择,属于灰茶尺蠖成虫的寄主定位过程。

虽然夜间环境中光强度水平比白天至少低 8 个数量级,夜行性昆虫依然表现出出色的夜视能力,除了对颜色的分辨,还可以在复杂环境中利用天空线索或地标进行导航(Warrant & Dacke, 2011)。在夜晚,天空中最明亮、最容易辨别的视觉线索无疑是月亮。由于月亮的升降时间和形状一直在变化,因此比利用太阳作为定位线索更复杂(Wehner, 1984)。许多夜行性昆虫利用月亮进行定位和导航,包括蚂蚁、蟑螂、飞蛾和甲虫(Warrant & Dacke, 2011)。利用月亮定位或导航的过程中,一个容易被忽视的重要线索是月球的偏振光图案,这种以月球为中心的偏振图案,会随着月球轨迹的变化而发生规律性的变化。如夜行蜣螂($Scarabaeus\ zambesianus$)在移动粪球时为了保持直线运动,会依靠昏暗的月光偏振图案提供的定向信息,倘若在它的上方放置一个巨大的线性偏振滤光片,蜣螂就会根据滤光片的偏振轴调整自己的方向(Dacke, Nilsson et al, 2003)。

从视觉生理到光反应行为一直是夜行性昆虫研究的缺失环节。鳞翅目昆虫以红天蛾 $D.\ elpenor$ 为例,它能在星光下从各种灰色的圆盘中分辨出蓝色的圆盘。尽管具备敏感的重叠眼,但飞蛾在完成这项任务时光感受器在每次视觉整合时间内吸收的光子数量不超过 16 个,理论上这么低的光子数量不足以完成颜色的识别(Kelber, Balkenius et al, 2002)。不仅如此,有些昆虫甚至能在更低的光强度下,完成巢穴的精准定位,这足以说明夜行性昆虫的视觉能力远远超过人类的预测。灰茶尺蠖雌蛾通常将卵产在茶树的树干缝隙内,由于茶园中充斥着寄主释放的植物挥发物,所以雌蛾在产卵位置的定位过程中,视觉因素可能包括树干的几何形状和颜色,还可能依赖化学物质来判断产卵位置是否合适。室内寄主选择实验中,银尺蠖能够在黑暗条件下准确地在 16 种植物中分辨出茶树并在树杈上产卵,说明银尺蠖在产卵位置的定位过程中,化学线索可能发挥了重要的作用。

8.3 视觉在茶树害虫防治中的应用

在本章的前几节内容中,我们知道复眼是昆虫主要的视觉信息感知器官,复眼的表面积、小眼间角和接受角会影响昆虫的空间分辨率、视野以及运动物体的感知。光感受器的光谱敏感性决定了昆虫的光谱识别范围,昆虫的光谱识别范围可扩展到人类看不见的紫外线区,可能许多昆虫都能将紫外光感知为一种独特的颜色(Koshitaka, Kinoshita *et al*, 2008)。

昆虫对视觉信息的行为反应非常复杂,涉及趋光性和图像的识别、分析和应对策略。前者属于条件反射行为,即昆虫在运动过程中受到特定光谱范围和强度的光胁迫后,身体会向光源产生趋性运动;后者则属于主观行为,即昆虫在观测到生境中的视觉信息后,由中枢神经系统进行分析,结合自身的生理需求作出相应的行为。尽管目前视觉在大多数植食性昆虫的寄主探测过程中所起作用还未彻底明确,但对一些农业害虫视觉刺激下的行为反应研究,可以有效地利用在害虫的防治技术中。主要包括两个方面:① 利用昆虫的趋光性或颜色偏好性,将害虫诱集入诱捕器内进行种群监测或直接控制;② 利用视觉刺激干扰害虫正常的生理活动,抑制其生长发育、寄主定位、求偶或产卵等过程。

8.3.1 视觉在农业害虫防治中的应用

8.3.1.1 光对昆虫行为和发育的影响

除了趋光性外(图 8-15A、B),昆虫对光的反应还包括多种类型。光适应是指夜行性昆虫暴露在光下几分钟内会适应人造光环境(Walcott, 1969),并表现出典型的日间行为,停止运动并平静下来(图 8-15C)。有些昆虫(如灰茶尺蠖)在远距离内会呈现出趋光性,但是到达光源附近后,会聚集在光源周围,表现出光适应的行为,并且光适应过程所消耗的时间会受到光波长和强度的影响。夜行性昆虫夜间暴露在强光下时,飞行和交配等行为均会受到抑制。昼夜节律是指昆虫每天的行为节律,包括飞行、运动、进食、求偶、交配等(图 8-15D)(Bateman, 1972)。夜间持续一定时间的人工照明可以改变昆虫昼夜行为的时间,这种反应在生物钟学中被称为"相位转移(phase shift)"(Pittendrigh, 1993)。光周期是昆虫对光照时间表的生理反应,如昆虫的滞育可以通过将昆虫反复暴露在光照下数天来打断。不进入休眠的昆虫是无法越冬的(图 8-15E)。光照毒性是指,当暴露在紫外线和蓝光辐射下的昆虫,复眼受损和结构退化时就会发生光毒性,从而造成一些昆虫无法正常发育或生存(图 8-15F)(Ghanem & Shamma, 2007)。这种光致辐照(photoirradiation)也可用于作物收获后的处理。昆虫不会主动飞向它们看不见的东西,所以通过在温室上覆盖一层阻挡紫外线的薄膜,昆虫可能看不见里面的植物从而不会进入温室(图 8-15G)(Legarrea, Karnieli *et al*, 2010)。一些自由飞行的昆虫表现出背光反应(dorsal light reaction),它们是通过背侧小眼感知的光来稳定自己的水平姿态,就像在飞行过程中利用太阳一样(Jander, 1963)。许多飞行昆虫,如蜻蜓和沙漠蝗,都可以通过背光反应控制身体翻转的能力(Neville,1960)。通过在地面上覆盖高度反光的覆盖物,从地面反射的光会干扰昆虫飞行的正常定向(图8-15H)。光对昆虫的这两种影响有助于阻碍昆虫进入作物的种植区域。

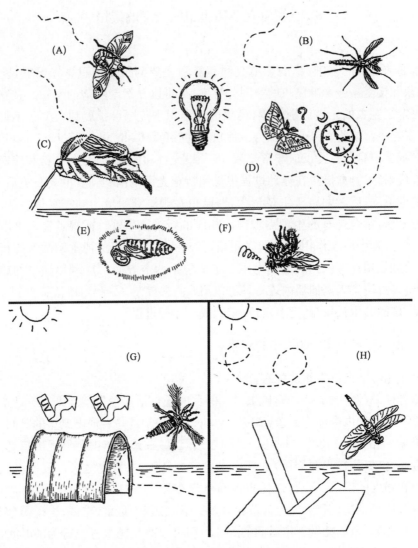

图8-15 昆虫对光的行为反应类型

(Shimoda & Honda,2013)

A:正趋光性;B:负趋光性;C:光适应性;D:昼夜节律紊乱;E:光周期性;F:紫外线对昆虫生长发育的毒性;G:阻隔紫外线控制昆虫能见度;H:背部光反应。

昆虫对光的反应会受到多种因素的影响,包括光强度和波长、波长的组合、曝光时间、光源方向、光的偏振以及光源强度和颜色与环境背景光的对比。此外,受光源和反光材料的影响,光对昆虫行为的影响在定性和定量上都有所不同(Shimoda,Honda,2013)。

8.3.1.2 光对害虫的诱集

Prokopy(1978)早先提出了一种用于确定植物视觉引诱技术的综合方法,该方法类似于植物嗅觉引诱剂的鉴定和应用过程。首先,是在自然界中对单个昆虫的运动进行定量观测,明确其对各种植物结构的访问频率,以及每种结构提供的食物资源、交配场所、产卵场所、庇护所等类型特征;其次,分析访问频率较高的结构的光反射率和图案特征;然后,采用与植物结构在形状和大小上相似的物体,在不同程度上使用颜料来模仿结构的图案,定量评估目标昆虫对这些模型的行为反应;最后,在自然条件下采用具吸引力的模型来吸引目标昆虫,评估具体的变量对引诱效果的影响。不过值得注意的是,在某些情况下最具吸引力的模型可能并非是最精确地模仿自然视觉刺激的物体,而是可以体现出"超常"刺激的模型(Prokopy,J et al,1983),如前文提到过的"黄色"模型。

在叶片的反射光刺激下有积极反应的植食性昆虫,通常均会对特殊颜色表现出偏爱性,利用彩色的装置可以诱集、捕捉这些害虫,如黄色诱捕器或黄色诱虫板。目前,已知黄色可以吸引的农作物害虫包括飞虱、叶蝉、蚜虫、粉虱、蓟马、潜叶蝇以及一些蜂类和叶甲类害虫(Shimoda & Honda,2013),黄色诱虫板或黏虫带已成为设施农业中防治这些害虫的重要技术。对寄主植物其他结构(如芽、花或树皮)的图案刺激有积极反应的害虫,同样可以通过适当的着色、模拟图案的陷阱有效地监测和诱集(Prokopy & Owens,1978)。对于被寄主植物的形态或结构所吸引的害虫,如部分实蝇主要根据球形形状来定位寄主果实,一些甲虫对树干形状有积极反应,采用适当的形状、大小和颜色制造模仿陷阱(如球形诱捕器),结合嗅觉刺激,也能构成种群监测或直接诱杀的高效技术(Prokopy,1975)。部分诱杀技术需要考虑到应用环境中背景的影响(Smith,1976),即诱捕器的使用位置或高度(Prokopy & Hauschild,1979),以获得最佳的诱杀效果。

昆虫在夜间飞行会飞向路灯或其他户外明亮的地方,这种固有的趋光性是害虫杀虫灯的设计基础。前文已提到过,不同波长的单色光对昆虫的吸引力具有种间差异,通常可以发出高强度紫外线光的光源(蓝色荧光灯、黑光灯和汞灯)具有最强的吸引力(Shimoda & Honda,2013)。诱虫光源是杀虫灯的核心组成部件,可以有效地吸引飞蛾、甲虫和叶蝉等昆虫,很大程度上决定了杀虫灯诱集昆虫的种类和数量。杀虫灯可以防止趋光性害虫进入夜间开放的温室或人类活动场所,是农作物物理防控的重要技术之一(Kim,Huang et al,2019)。20世纪50年代,日本曾使用蓝色荧光灯诱捕器在全国各地的稻田中控制二化螟 Chilo suppressalis 和三化螟 Tryporyza incertulas。目前,荧光灯诱捕器也是各个国家进行害虫种群监测的常见技术之一(Shimoda & Honda,2013)。近年来,发光二极管(LED)在灯诱设备中的应用,提高了杀虫灯对目标害虫的精准性,可以显著降低虫害防治中对环境的负面影响(Cohnstaedt,Gillen et al,2008;Kim,Huang et al,2019)。

8.3.1.3 光对害虫的干扰

相较于具有诱集功能的视觉刺激,对植食性昆虫寄主探测过程具有干扰作用的视觉刺激研究确实很少,目前已经应用于实践的主要有4种技术。

第一种,用滤除近紫外线辐射的薄膜覆盖栽培设施,可减少白粉虱和蓟马等害虫的侵入,在耕地上放置反光材料可拒避蚜虫。

在温室中使用吸收紫外线的塑料薄膜,可以阻挡近紫外光辐射(300~400 nm),有效防止不同类型的害虫进入温室(Raviv & Antignus,2004)。绝大多数昆虫对近紫外光高度敏感,紫外光对一些昆虫的定位行为非常重要(Prokopy,J et al,1983)。覆盖紫外线吸收膜的温室对这些昆虫来说不适合生存。研究表明,覆盖紫外线吸收膜的设施中,蚜虫、粉虱和蓟马等害虫的发生率显著降低(Shimoda & Honda,2013)。除了氯乙烯薄膜,高耐用聚烯烃薄膜制成的产品也可以阻挡近紫外线辐射,抑制温室内的虫害(Vincent,Hallman et al,2003)。不过蜜蜂在覆盖有近紫外线吸收膜的设施中行为也会受到抑制,所以在温室中若需要使用授粉昆虫时需要谨慎。

在大面积农田中使用反射光的地膜可以抑制有翅蚜虫的入侵。在成行作物之间放置反射紫外线的材料,如铝箔、聚乙烯或云母颗粒,可控制一些半翅目昆虫、蓟马和白粉虱的入侵或爆发(Shimoda & Honda,2013)。反射光控制这些害虫入侵的机制尚不完全清楚,可能和昆虫飞行中表现的背光反应有关(Jander,1963)。一些昆虫飞行时靠背侧的光线稳定水平方向,但当来自地面的光线足够强时飞行会受到影响。

第二种,使用人造光源干扰夜间活动的害虫在寄主上的降落,或干扰一些害虫的生理活动,如产卵或交配等。

光可以通过多种方式影响昆虫的行为和发育,例如黄光可以有效地控制夜间飞蛾的活动,从而减少这些害虫对水果、蔬菜和花卉的损害。该策略利用了一些昆虫对光的适应性,这些昆虫在夜晚遇到超过一定亮度的光时,复眼会像在白天一样适应光线,从而抑制了害虫的夜间行为,如飞行、取食和交配。黄光干扰技术被广泛用于菊花和康乃馨上棉铃虫 *Helicoverpa armigera*、绿紫苏上斜纹夜蛾 *Spodoptera litura*、卷心菜上菜心野螟 *Hellula undalis*,以及果园中枯叶夜蛾 *Eudocima tyrannu* 和壶嘴夜蛾 *Oraesia emarginata* 的防治(Shimoda & Honda,2013)。最近,绿色荧光灯也被开发用来控制夜间活动的害虫,与黄色荧光灯相比,对植物生长的影响则小。此外,由于 LED 价格便宜、使用寿命长,可以发出从紫外到红色的高强度单色光(即窄波光),LED 已经开始逐步代替荧光灯被广泛应用于害虫行为的控制。

第三种,在育种、栽培层面选择叶片的色素明显不同于正常品种的植物品种。

已有研究表明,叶片颜色选育也是一种有效的害虫预防策略,如与绿叶棉相比,红叶棉不太受象甲的青睐(Maxwell,1977);某些银叶葫芦反射的紫外线和蓝光比正常情况下要高得多,基本上可以避免蚜虫的侵染。我国已经选育出很多叶片紫化(如紫娟和紫嫣品种)、黄化(如中黄 1 号、中黄 2 号、中黄 3 号品种)的茶树品种,并投入到实际生产当中,但是这些品种对茶树害虫的抗性是否也因叶片颜色的变化而发生变化,还需要深入的研究。

第四种,在成行作物之间种植特定的植物,形成视觉拒避斑块,以减少寄主在裸露土壤背景下的对比度或边缘的可见性,同样可以减少一些害虫的入侵。

随着人们对环境保护意识的提高,生态茶园的理念近年来已深入人心,在茶园景观建设过程中,可以考虑引入具有拒避作用的间作植物,提高茶园对害虫的抗性。

8.3.2 视觉在茶树害虫防治中的应用

8.3.2.1 基于视觉刺激的茶园常见害虫防治技术

（1）**诱虫板** 这是茶园最常见的物理防治技术之一,主要利用了一些害虫对特定颜色的偏爱性,结合黏虫胶将诱集的害虫杀死。许多茶树害虫对黄色表现出强烈的偏爱性,包括茶小绿叶蝉、粉虱、茶蚜、蜡蝉、网蝽、叶甲和蓟马,因此茶园中黄色诱虫板的使用数量最大。其他颜色也对部分害虫有显著的诱集作用,如蓝色诱虫板对茶园绿盲蝽的防效可达到86.5%(姚元涛,宋鲁彬等,2015),蓟马对紫色、蓝色和绿色诱虫板均具有显著的偏爱性(Bian,Yang et al,2016;田新湖,胡启镔等,2021),采用诱虫板防治,蓟马的虫口减退率可达73%(Hazarika,Bhuyan et al,2009),可采用诱虫板防治的常见茶树害虫见表8-2。

表8-2 可用诱虫板和杀虫灯防治的主要茶树害虫

防治技术	靶 标 害 虫
诱虫板	茶小绿叶蝉、黑刺粉虱、茶棍蓟马、茶黄蓟马、角胸叶甲、茶网蝽、广翅蜡蝉
杀虫灯	茶小绿叶蝉、茶尺蠖、灰茶尺蠖、茶银尺蠖、油桐尺蠖、木橑尺蠖、茶卷叶蛾、茶小卷叶蛾、茶细蛾、茶蚕、铜绿丽金龟、黑绒鳃金龟

(2)**杀虫灯** 该灯是茶园另一种常见的物理防治技术,主要利用了部分害虫的趋光性,结合水盆、电网或者风扇将诱集的害虫杀死。理论上,只要具有趋光性并产生扑灯行为的夜行性茶树害虫,均可以采用杀虫灯进行诱杀、防控,包括许多鳞翅目害虫和一些重要的半翅目、鞘翅目害虫。如2019年上犹县通过杀虫灯防治茶园害虫,诱杀害虫总计6目14科22种,以茶小绿叶蝉、茶尺蠖、金龟子和茶毛虫为主,茶园虫口减退率最高达75.3%(涂海华,余玉华等,2020);2005年横县采用频振式杀虫灯防治茶园害虫,灯区的毒蛾、叶甲和尺蠖比无灯区分别减少68.34%、64.64%和60.47%,控制作用显著(文兆明,韦静峰等,2009)。适宜采用杀虫灯诱杀的常见茶树害虫见表8-2。

(3)**技术缺陷** 诱虫板和杀虫灯在长期的应用、推广过程中,逐渐暴露出技术上的一些缺陷,加上市场混乱,各植保公司之间竞争激烈,压低价格,以次充好现象严重(边磊,2019),部分地区甚至出台政策禁止诱虫板在茶园中使用。

① 污染环境。过去很长一段时间,物理防控技术由于不涉及化学制剂,一直被认为对环境无污染,并被列入有机茶生产种植的国家标准(GB/T 19630)中进行推广。随着人们环保意识的提升,发现一些物理防控技术在田间应用时也会对生态环境造成负面影响。诱虫板、杀虫灯会大量地诱杀天敌昆虫和中性昆虫,对茶园的生态平衡存在潜在的影响(Bian,Cai et al,2018;Kim,Huang et al,2019);劣质的诱虫板多由降解期较长的PP塑料制作,使用完之后随意丢弃,会造成茶园塑料污染(边磊,苏亮等,2018);一些杀虫灯的诱虫光源功率较大、安装密度高,还会造成茶园的光污染(Grunsven,Donners et al,2014)。

② 成本高。人工成本的攀升是整个茶产业面临的最严峻的问题之一(杨亚军,2017)。在我国茶园的害虫防治工作中,绝大多数茶园植保的机械化、智能化程度依然较低,很多物理防控技术需要靠人工辅助作业完成。诱虫板需要投入大量的人力去安装、投放和回收;杀虫灯除了自身成本较高外,设备维护、诱捕害虫的回收和处理都需要人们去定期实施。

③ 防治效果。无论何种植保技术,其最终目的是控制有害生物的种群数量,保障农作物

的产量。部分害虫采用单一的技术就可以达到很好的防治效果,保障害虫发生期内不再爆发,如采用诱虫灯控制金龟子(涂海华,余玉华等,2020)。但是,有些害虫若不使用化学农药,仅凭诱虫板、杀虫灯等单一技术仍难以控制,如茶小绿叶蝉、蓟马等小体型、繁殖能力极强的害虫。这类害虫需要考虑采用多种技术协同防治(技术集成)。

8.3.2.2　已有技术的改进

如果说技术的研发是0到1的过程,那么技术的优化和应用则是1到100的过程。诱虫板和杀虫灯是农业害虫重要的诱杀、监测技术,已在茶园中进行了多年大面积的推广应用,这两种技术及其应用方法近些年也在不断优化。自2010年以来,中国农业科学院茶叶研究所茶树病虫害防控团队针对茶园中常见诱虫板和杀虫灯存在的技术问题,以目标害虫的视觉和行为学基础为依据,对两种技术进行了改进,研发出双色诱虫板和LED杀虫灯,并完成研发技术的成果转化和大面积示范推广。

（1）**双色诱虫板**　诱虫板主要针对茶园具有颜色偏爱性的茶树害虫。诱虫板技术的改进中,绝大多数研究集中在诱集颜色的筛选上,旨在诱杀更多的目标害虫。近些年,植保工作者开始关注诱虫板对天敌的诱杀和对作物种植园的污染问题,益害比成为评估诱虫板效果的重要指标,如张潇引等比较了茶园现阶段常用的三种诱虫色板,强调诱虫板对有益昆虫的不利影响应受到高度重视(张潇引,王彬力等,2021);刘朝红等筛选果园叶蝉的诱虫板颜色,也充分考虑了颜色对害虫、天敌诱捕的生态效益(刘朝红,胡增丽等);刘彬等在蔬菜害虫的防治中,响应上海市农委发布的《关于做好废旧农膜和黄板集中回收处理工作的通知》,开展了诱虫板降解程度的研究(刘彬,赵卫中等,2020)。

黄色诱虫板是茶园中常用的针对茶小绿叶蝉的监测与防治技术。黄色在光学上虽然可以由580 nm左右的反射光呈现,但是和人类的色觉一样,昆虫对于三原色系统呈现的颜色和漫射窄波光呈现的颜色所表现的行为反应是一致的。日常生活中,"黄色"是一种非常主观的概念,其实它涵盖了非常广泛的颜色范围。长久以来,茶园中诱虫板的颜色虽然同属于黄色色系,如纯黄色、黄绿色、素馨黄、麦芽黄等,但这些颜色的诱虫板对于茶小绿叶蝉的诱集效果差异非常大(Ping, Min et al,2010),有些"黄色"甚至对叶蝉无吸引作用,如小麦色(HSB：69,21,87)和金麒麟色(HSB：43,85,85)。所以,诱虫板颜色的描述方式可参考印刷行业参数化、数字化,既方便交流研究,又方便标准化生产。边磊等(2014)针对这些问题,采用RGB和HSB颜色模式将诱虫板的颜色进行数字化描述,并采用了考虑各个颜色参数间交互作用的正交试验设计,筛选出茶小绿叶蝉的最佳诱捕色为金色(RGB：255,215,0,图8-16A),相较于普通黄色诱虫板,金色诱虫板对茶小绿叶蝉的诱杀量提高了50%左右。

金色诱虫板自2012年在茶园推广应用以来,虽然对叶蝉的诱杀效果非常稳定,但是也逐步暴露出上述提及的诱虫板技术缺陷,即其对天敌昆虫和中性昆虫的误杀,以及茶园塑料污染问题。黄色可以吸引许多种类的昆虫(高宇,韩琪等,2016),很难保障黄色诱虫板在大量诱杀目标害虫的同时,减少其他昆虫的诱杀量。通过前文叙述,已知昆虫的视觉器官随着进化逐渐显现出色觉和分辨率上的种间差异(van der Kooi, Stavenga et al,2020)。而昆虫对不同图案识别能力和行为上的差异,长期以来研究较少。

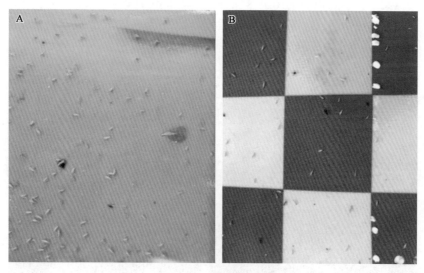

图 8-16　诱虫板对茶小绿叶蝉的诱杀

A：为金色诱虫板；B：为双色诱虫板。

颜色识别是昆虫产生相关行为反应的前提条件（Briscoe & Chittka，2001；van der Kooi，Stavenga et al，2020），作为诱虫板的关键特征，颜色会影响诱虫板诱集昆虫的种类。例如，当颜色由金色变为草绿色时，诱虫板吸引叶蝉的效果会受到影响，但诱集的黄茶蓟马数量会增加（Bian，Sun et al，2014；Bian，Yang et al，2016）。单色诱虫板的使用由来已久，但是昆虫对复杂彩色图案的辨别能力和反应特征却一直被忽略。昆虫对不同颜色或图案的行为反应存在种间差异，包括偏好、厌恶或无反应（Heisenberg，1995；Shimoda & Honda，2013）。例如，斑马的条纹图案可以驱避牛虻（Caro，Argueta et al，2019；Caro，2020），蜜蜂可以识别花朵的彩色图案（Ronacher，1998），苍蝇可以根据尺寸、颜色或轮廓等图案参数选择合适的生境（Liu，Seiler et al，2006）。倘若目标害虫和天敌昆虫的色觉或视力存在种间差异，则可以设计包含两种颜色的图案，其中一种颜色可以吸引目标害虫，另一种颜色或图案可以拒避一些天敌昆虫，同时不影响吸引色对目标害虫的诱集作用。如果新设计的双色图案与单一吸引色进行比较后，目标害虫的诱集量没有显著下降，天敌昆虫的诱集量显著降低，就可以说明这种设想是可行的。

茶小绿叶蝉的最佳诱捕色是金色，通过在茶园开展单色诱集试验，结果确实与预想一致：单一颜色难以满足技术要求，要么叶蝉和天敌的数量均显著降低，要么叶蝉的数量降低但天敌数量不会显著减少，不过部分颜色却表现出对一些天敌的拒避作用，如红色（HSB：0，100，100）、天蓝色（HSB：210，100，100）和紫红色（HSB：300，100，100）。将这些颜色分别与金色等比例拼成棋盘式图案（图 8-16B），制成诱虫板后显示红色和金色形成的棋盘式图案可以达到预期的技术要求。图案中两种颜色的斑块形状对诱虫板的效果都没有显著的影响，但是红色斑块的面积比例若大于 50%，叶蝉的诱杀量会显著降低。

诱虫板胶层的黏度同样会影响诱虫板的效果。如果黏度太低，目标害虫会逃逸；反之，如果太强，一些大体型的捕食性天敌也会被误杀。很多时候一些捕食性天敌并非是被诱虫板的颜色吸引,而是在捕食被诱捕昆虫时被黏住,如胡蜂(图 8 - 17)。所以,诱虫板的黏度并非越强越好,当胶层的厚度低于 0.5 mm 后,板上天敌的数量会显著降低,但是若低于 0.2 mm,叶蝉的诱捕量也会下降。

图 8 - 17　胡蜂捕食诱虫板上的昆虫

挥发物同样可以影响叶蝉对颜色诱集的效果(Bian, Cai *et al*, 2018),本著作的其他章节已叙述过昆虫对不同挥发物的反应存在种间差异。类似于视觉刺激,如果能找到一种气味,既不会影响叶蝉对诱虫板的聚集,同时还可以驱避一些天敌,那么诱捕器结合这种气味协同使用,将会进一步减少天敌的误杀量。遗憾的是,昆虫对挥发物的行为反应灵敏且复杂,目前还未找到这种气味,期待未来昆虫化学生态学的研究中有所突破。

采用可降解材料制成的双色诱虫板,在全国 22 个产茶区的使用效果评估显示,相较于金色诱虫板,双色诱虫板对茶小绿叶蝉的诱杀效果没有影响,天敌的诱杀量则减少 30%(边磊,2019)。不过双色诱虫板并非在所有的茶区都能达到预期的效果,一些地区如山东日照和云南普洱,叶蝉的诱捕量显著下降。一方面可能是环境气候的影响,如云南部分茶区海拔高,紫外光强度大,影响昆虫对特定颜色的行为反应。另一方面可能是不同地区生物群落差异的影响,如山东日照茶园中主要害虫以绿盲蝽和叶蝉为主,常见的天敌昆虫与南方茶园存在很大差别。

叶蝉复眼的分辨率非常有限,仅可以分辨与背景对比鲜明的特定图案。但是在远距离情况下,金色诱虫板的面积(20 cm×25 cm)比双色诱虫板中单个金色斑块的面积(5 cm×5 cm)要大得多。红色为什么没有影响诱虫板对叶蝉的诱集效果呢? 由于叶蝉只有一种长波敏感视蛋白,无法区分红色和黄色的色调,只能辨别这两种颜色的强度。双色诱虫板依旧可以诱杀叶蝉的原因,可能是相对较远距离的情况下,叶蝉将双色板中的两种颜色混合成了新的图案(图 8 - 18),且吸引力不受影响。至于天敌诱杀量的减少,一方面是由于加入驱避色的同时减少了吸引色的面积,还有一个重要的原因是许多天敌的视力(视敏度)远高于叶蝉(Land, 1997),在较远的距离就能分辨出诱虫板图案上的拒避色。部分双色图案甚至能增加目标害虫的诱杀数量,如双色图案(黄绿色和黄色)比单一颜色更容易捕获南瓜实蝇(Li, Ma *et al*, 2017)。

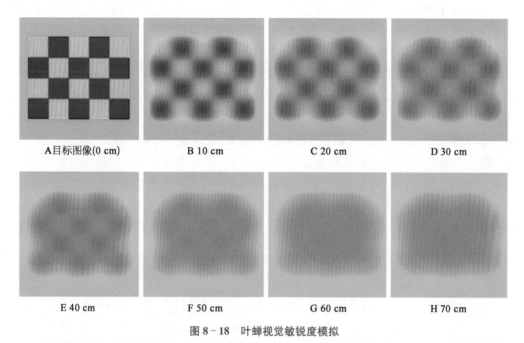

图 8－18 叶蝉视觉敏锐度模拟

A:分辨率为256×256的目标图;B～H:在视觉敏锐度为0.14 cpd时,叶蝉在不同距离观察20 cm×25 cm黏虫板的视觉模拟图。

(2)**茶园LED杀虫灯** 该灯主要针对茶园具有趋光性的害虫,是我国农业植保中重要的农机设备。随着技术的发展,杀虫灯国家标准(GB/T 24689.2)在2019年进行了更新,充分体现了杀虫灯的迭代和变化情况(盛建立,华克达等,2015)。杀虫灯由诱虫光源和杀虫设备按照一定的设计结构组成,茶园杀虫灯技术的改进中,诱虫光源参考了很多昆虫趋光性特征的研究,从早先的多多益善(郭华伟,唐美君等,2015),到现在的精准诱杀,旨在诱杀更多的目标害虫,减少天敌昆虫和中性昆虫的诱杀量(Kim, Huang *et al*, 2019)。除了诱虫光源,杀虫灯中杀虫设备的重要性常常被忽略,因为不同昆虫除了趋光波长上存在差异,其趋光行为也具备多样性,如扑灯行为和光适应后的聚集性行为(Shimoda & Honda, 2013),这些都是害虫灯诱技术研发中需要关注的问题。

① 诱虫光源。常见杀虫灯的诱虫光源多为荧光灯,其发光光谱范围可涵盖365～750 nm甚至更宽,对绝大多数的趋光昆虫均具有强吸引力。已知昆虫对光的趋性存在种间差异,例如,华山松木蠹象 *Pissodes punctatus* 可以被紫外线(UV,340 nm)、紫色(415 nm)和绿光(504 nm)所吸引(Chen, Luo *et al*, 2013);马铃薯瓢虫 *Henosepilachna vigintioctomaculata* 更喜欢紫外线(340 nm)和红光(649 nm)(Zhou, Rui *et al*, 2015);管氏肿腿蜂 *Scleroderma guani* 则被蓝光(450 nm)和绿光(549 nm)强烈吸引(Luo & Chen, 2016);丽蚜小蜂 *Encarsia formosa* 在峰波长340 nm、414 nm、450 nm和504 nm处表现出正向趋光(Chen, Xu *et al*, 2016)。若目标害虫和主要天敌之间的趋光波长有显著差异,假设使用具备特殊光

谱范围的诱虫光源,发出的窄波光会强烈吸引目标害虫,而对天敌吸引力则较弱,那么诱虫光源则可能会诱集大量的目标害虫,但天敌昆虫的诱杀量会明显少于荧光灯。发光二极管(LED)可以发射各种波长范围的窄波光,受自身化学成分的影响(曾明森,刘丰静等,2010),发光范围可从 UV(350 nm)到红外(700 nm)。作为固态发光材料,LED 具有低能耗、寿命长的优点,并且可以依托材料的载体控制发光方向及有效范围。

由于绝大多数的趋光昆虫均对紫外光有趋性,并且紫外光对生物有一定的辐照危害,所以诱虫光源的光谱范围尽量选择可见光范围(波长>400 nm)。已知茶小绿叶蝉的光谱敏感峰值为 435 nm 和 542 nm,灰茶尺蠖为 390 nm、450 nm、530 nm 和 550 nm,室内的趋光行为实验显示叶蝉对 385 nm 和 420 nm 光源的趋性最强,尺蠖对 375 nm 和 385 nm 光源的趋性最强,茶园 10 种具有趋光性的优势天敌对 370~380 nm 范围的光源趋性最强(图 8-19),所以诱虫光源的光谱范围要避开 370~380 nm,针对两种主要害虫选择 385 nm 和 420 nm 作为发光光谱峰值。绿光和黄光相较于蓝光、紫外光,对害虫的吸引效果明显降低,说明昆虫的趋光性和对颜色(波长)的趋性存在区别,紫外光强度的变化并不会影响灯诱昆虫的趋光性,高强度的黄光则会丧失对叶蝉的吸引力。

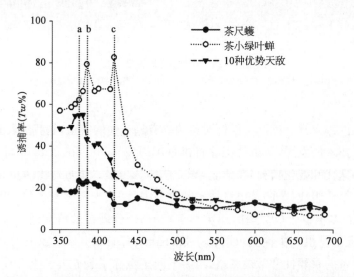

图 8-19 不同波长窄波光对茶小绿叶蝉、茶尺蠖和茶园优势天敌的诱捕率
垂直虚线用于标记 x 轴上的具体波长,其中 a(375 nm)和 b(385 nm)为茶尺蠖趋光反应最强的两个峰值,b 和 c(420 nm)为茶小绿叶蝉趋光反应最强的两个峰值。

光照方向会影响光源的有效辐照范围,所以光源的形状也需要进行优选。管状灯垂直安装可以辐照 360°周边范围,适合与电网杀虫设备搭配;球泡灯的辐照范围最小,只能辐照灯体下方的区域,适合高空应用;"玉米灯"的辐照范围既可以辐照四周,也可以辐照灯体下方,并且还能和水盆、风吸设备搭配,最适合作为 LED 光源载体设计的形状,其中"玉米灯"搭配风吸杀虫设备后诱杀的茶树害虫数量远远高于另外两种形状的光源。

② 杀虫设备。杀虫灯诱设备的选择,需要充分考虑害虫的趋光行为、飞行行为和害虫的体型,如金龟子体型较大且笨重,水盆或者电网即可有效地灭杀诱集的金龟子;而灰茶尺蠖、

银尺蠖多聚集在杀虫灯周围,飞行能力较强,电网的有效致死率则显著高于水盆;茶小绿叶蝉等小型害虫由于体型较小,能够穿过电网,故风吸式杀虫设备的致死率更好。值得注意的是,一部分叶蝉被诱捕至杀虫设备后依然存活,在风扇停止工作后会从设备中逃逸。

LED 杀虫灯主体包括玉米型诱虫光源和风吸式杀虫设备,将杀虫设备放置于光源的下方,害虫被风吸负压吸入风道后被风扇绞杀或在设备内互相拥挤致死(图 8-20)。相较于频振式电网型杀虫灯,LED 杀虫灯对叶蝉诱杀量提高 321%~415%、对茶树主要害虫提高 54.62%~84.58%,对茶园天敌昆虫的诱杀量降低了 88%(边磊,苏亮等,2018)。LED 杀虫灯诱捕的茶园昆虫中,害虫以茶小绿叶蝉为主,其余包括尺蠖、茶毛虫、金龟子等,天敌总量虽然有所减少,但仍旧占据灯诱昆虫总量的 6%~12%,且以隐翅虫和膜翅目天敌为主。在茶小绿叶蝉成虫的高峰期,LED 杀虫灯有效辐照范围内成虫的相对数量仅为空白对照区域的 49.5%~64.4%。类似于双色诱虫板,受环境条件和区域群落结构的影响,LED 杀虫灯在不同地区的效果差异很大。由于杀虫灯对趋光害虫的诱集效果较强,所以生态环境良好、周边植被茂密的茶园中,杀虫灯要谨慎使用。

图 8-20 茶园 LED 杀虫灯

A: 研发样机在茶园进行评估测试;B: 2016—2019 年的茶园 LED 杀虫灯;C: 2020 年之后的 LED 杀虫灯。

灯诱、色诱的茶小绿叶蝉中雄虫数量占比显著高于雌虫,由于诱杀雄性对于害虫防治的效果通常低于诱杀雌性的效果(Ridgway, Silverstein *et al*, 1990),原则上"雄虫诱杀"策略要实现对害虫种群的有效控制,需要短时间内从害虫种群中移除极高比例的雄性才能实现,那么仅依靠单一的杀虫灯有没有可能控制住茶小绿叶蝉的种群呢? 由于 LED 杀虫灯中依旧有一部分叶蝉会逃逸,为了进一步提高杀虫灯对叶蝉的致死率和防效,边磊等对 LED 杀虫灯的结构重新进行了设计(图 8-21),除了将诱虫光源的发光光谱调整在 420 nm 处,进一步减少非目标昆虫的诱集数量,还将杀虫设备选择放置在光源的上方,一方面增大光源的辐照范围,另一方面则利用茶小绿叶蝉的负趋地性,以提高叶蝉进入风道的数量,通过改进风道的结构和自封闭系统,提升风力并避免诱捕叶蝉的逃逸。新设计的茶小绿叶蝉杀虫灯在叶蝉成虫的高峰期时,叶蝉的诱杀量达到了 1 064 头/天,比 LED 杀虫灯内叶蝉的诱杀量提高了 3 倍。

图 8 - 21　新设计的茶小绿叶蝉 LED 杀虫灯

A: 在茶园对研发样机进行评估测试; B: 杀虫灯对叶蝉的单夜诱集效果(鳞翅目害虫为茶尺蠖)。

昆虫对光的生理反应不仅仅局限于趋光行为,有些昆虫暴露在特定波长范围的光照下,交配、产卵、生物节律等会受到显著的影响。茶小绿叶蝉的寄主定位中视觉线索占主导地位,虽然叶蝉对绿光、黄光不会呈现出趋光反应,但是在夜间黄光、绿光的持续照射下,叶蝉的运动、自洁和搜索活动会受到显著的抑制,并且昼夜节律会发生改变,如通过绿光辐照胁迫,同样可以影响茶园叶蝉的种群增长(Shi, Zeng *et al*, 2015)。紫光连续处理会影响灰茶尺蠖幼虫的生长发育,黄光和绿光的持续照射会导致雌虫的产卵量显著下降、产卵期缩短(乔利,洪枫等,2021)。需要注意的是,光照强度增加虽然会增大诱虫光源的辐照面积,但是茶树上的叶蝉在强光照射下会出现避光反应,光强度增大会引起灰茶尺蠖更快地进入光适应状态,导致尺蠖的扑灯率下降并聚集在杀虫灯周围,所以光源的强度并非越大越好。光强度对趋光行为的影响同样存在种间差异,一些昆虫的趋光反应率随着光强的增加而增加,例如 *Exolontha castanea*(Shang *et al*, 2022)和 *Mayetiola destructor*(Schmid *et al*, 2017);一些害虫在不同光强下的趋光反应则不同,如 *Serica orientalis* 的趋光反应率在低光强下较高,随光强增加而降低,在强光下却略有增加(Lu *et al*, 2016)。因此,采用杀虫灯诱杀害虫,光源光强度的设定需建立在目标害虫的光胁迫反应基础上,采用可激发害虫产生扑灯行为的光强度范围。

8.4　展　望

8.4.1　技术的科学应用

害虫防控技术规范、科学地选择与应用,不仅有利于显著提升技术对目标害虫的防效,还能有效减少技术对周围生态环境的负面影响。

8.4.1.1 技术的选择

茶园诱虫板产品颜色的多样化,除了生产技术上的因素,还结合了各种昆虫对不同颜色行为反应上的差异性,如在烟台市开展不同颜色诱虫板的诱集效果试验,黑刺粉虱偏爱黄色,蓟马偏爱蓝色,绿盲蝽偏爱绿色;不同的气候、地理位置也会对同种害虫的颜色偏爱特征产生影响,如在云南昆明开展的诱虫板试验中,蓝色诱虫板诱杀的黑刺粉虱数量最高,黄色则是蓟马的最佳诱集颜色(王薛婷,韩宝瑜 2016;李炜,李姣等,2018);双色诱虫板在全国不同地区的效果也显示,地理位置会对诱虫板的效果产生影响(Bian, Cai et al,2021)。昆虫不同的龄期和性别对颜色偏好性也存在影响,如王薛婷等观测交尾前后的茶小绿叶蝉成虫对不同颜色的行为反应,雄虫偏嗜绿色,雌虫偏嗜黄色,而交尾增强了雌虫对黄色的嗜好,降低了雄虫对于绿色的嗜好(王薛婷,韩宝瑜,2016)。所以,选择诱虫板需要综合分析本地目标害虫以及天敌昆虫对颜色的反应特征,并且还要充分考虑诱虫板的降解特征,避免对茶园造成污染。

杀虫灯的选择依据在上文已经提及,设备的选择需要基于害虫、优势天敌的趋光行为和生理特征,选择合适的光源波谱范围和杀虫设备。如黑刺粉虱虽然也具有趋光性,但是在夜间黑刺粉虱并不飞行,所以杀虫灯在茶园不能用来诱杀黑刺粉虱;光源光强度的设定需采用可激发害虫产生扑灯行为的光强度范围。

8.4.1.2 技术的应用

害虫的飞行高度、搜索范围和活动高峰是物理防控技术实施时期、实施方法的重要参考依据,是制定精准应用技术的理论基础。不同的昆虫在飞行能力、视距范围和活动节律上存在种间差异,诱虫板的高度、朝向方式和密度(曹士先,徐鹍鸰等,2020;郭灿,皮发娟等,2021),以及杀虫灯高度均对技术的防控效果有显著影响。如诱虫板的悬挂高度在茶篷面上方 20 cm 处时,叶蝉的诱杀量最高,而瓢虫的诱集高度则是蓬面下方 20 cm 处(Bian, Sun et al,2014);并且这种影响还会随着季节的变化而发生改变(王庆森,李慧玲等,2015)。采用诱虫板诱杀柑橘园中的蓟马时,朝南虫板上蓟马的诱捕数量最多,高度为 120 cm 的诱虫板上蓟马数量显著高于 60 cm、180 cm 和 240 cm(于法辉,夏长秀等,2010)。杀虫灯的诱虫光源高度对诱虫量有显著影响(边磊,蔡晓明等,2019),在距离地面 130 cm 处,对叶蝉和尺蠖的诱杀效果,要优于 110 cm、150 cm 和 170 cm 处(谢小群,叶德萍等,2018)。程长松等采用风吸式杀虫灯调查了不同时段茶园昆虫的诱杀量,结果显示诱虫最高峰时段在每天的 19:00~20:00,占总诱杀量的 18.73%,随着时间推移,诱虫量也逐渐减少(程长松,马梦君等,2021)。而物联网杀虫灯通过远程控制设备的运行状态,可依据害虫的活动高峰实施精准诱杀(李凯亮,舒磊等,2019)。

物理防控技术的使用可针对茶园目标害虫的飞行范围和活动高峰,在时间和空间上避开天敌昆虫的活动高峰以减少技术对茶园生态的负面影响,这也是现阶段物理防控技术在茶园使用最需要注意的方面。"十三五"期间,许多省份、学会相继发布了茶园绿色防控技术的技术规程、标准,规范了物理防控技术在茶园的正确使用方法。但前文已经提到,人工成本已经成为茶园植保的重要负担,诱虫板的及时回收和杀虫灯的定期维护,在绝大多数茶园都很难实现,诱虫板的使用期过长,往往会覆盖天敌的盛发期;杀虫灯杀虫设备的损坏,会导致诱虫光源周围害虫虫口的激增。

8.4.2　技术的发展趋势

视觉刺激在茶树害虫防治中的大面积应用目前仅局限于诱虫板和杀虫灯上,前文已经总结过昆虫在光胁迫下会产生不同的行为或生理反应,所以未来的研究一方面应聚焦"光刺激—植物—昆虫"的互作关系研究,明确光刺激下寄主上昆虫行为和生理反应的内在机制;另一方面依靠学科交叉,克服原有技术的缺陷,取长补短,研发新的害虫防控技术。

8.4.2.1　依托基础研究作为理论依据

有害生物综合治理有 3 个特点:① 考虑生态的平衡和种群的多样性;② 强调农业、化学和生物等各措施的协调和互补;③ 强调生态调控,以达到长期抑制有害生物种群的目的(陈宗懋和陈雪芬,1999)。基于昆虫视觉的物理防控技术的改进,需要集中提高目标害虫的精准防治效果,并减少对其他生物的负面影响。技术的研发和改进需要建立在基础理论上,如鳞翅目害虫的性诱杀作为天敌友好、精准高效的典型技术,其原理是基于害虫的性信息素通信和种间隔离机制。光刺激除了可以用来诱集害虫,还可以影响害虫的生理代谢(光周期、行为节律等),并且以往的研究忽视了人造光对植物的辐照是否会间接影响植物对害虫的抗性,这些都是值得深入研究的问题。

基于视觉的害虫防治技术,受限于光的有效辐照范围,很多寄主上栖息的昆虫在强光辐照时会产生避光反应,导致光刺激失去作用。例如诱虫板和杀虫灯等"诱杀"策略,会受限于目标害虫是否具备"积极搜索"的行为(Polajnar, J *et al*, 2015),即昆虫只有在飞行或搜索过程中受到光刺激,才有可能触发趋性行为。因此,激发昆虫的飞行或搜索行为,也可以大幅度提高诱杀技术的效果。在第九章我们将描述许多依靠基质振动传递求偶信号的昆虫,其中叶蝉科昆虫在求偶过程中雄虫会搜索和定位雌虫,倘若定位阶段受外部因素影响而中断,会激发叶蝉雄虫重新进入搜索阶段,在不同的茶枝上移动。同时,这类昆虫求偶的振动信号具有高度的特异性和稳定性,利用人工模拟的特异性振动信号可以干扰叶蝉的求偶通信,研发新型物理防控技术(Krugner & Gordon, 2018)。目前,这种新型物理防控技术在国外已有研发,目标害虫的交配抑制率可达到 90%,并且对其他天敌昆虫的影响大幅度降低,实现了物理防控技术的天敌友好和精准高效(Polajnar, Eriksson *et al*, 2016)。如果将叶蝉的振动干扰技术和灯诱技术相结合,防治效果可能会进一步提升。

8.4.2.2　依靠学科交叉研发新技术

对非目标生物的负面影响是诱虫板、杀虫灯等"诱杀"技术的缺陷。但通过结合其他的技术可以实现技术的改善,如日本筑波大学将光诱集技术和生物防治技术相结合,通过辐照紫光将周围环境中的小花蝽吸引到种植园中控制茄子上的蓟马(图 8-22),每天仅照射 3 h 的紫光(405 nm),田间小花蝽的数量则增加 10 倍,天敌数量增加后蓟马的数量降低了 50%(Ogino, Uehara *et al*, 2016)。

大数据、云计算、物联网和人工智能等现代信息技术可显著促进植物病虫害的监测预警和精准防控技术的发展(吴孔明,2018)。采用诱虫板、杀虫灯来诱集区域内的目标害虫,结合物联网、AI 识别技术而研发的害虫远程智能监测平台(封洪强和姚青,2018;李广阵,韩俊丽等,2020),可以节约时间和人力投入,并且消除害虫统计因调查人员的变动而产生的误差。基于昆

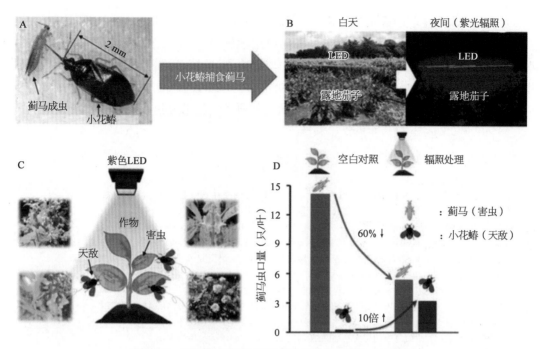

图 8-22　利用紫光吸引环境中的小花蝽控制作物上的蓟马

A：小花蝽是捕食蓟马的重要天敌；B：在茄子种植园开展效果评估试验；C：利用紫光吸引天敌捕食害虫示意；D：紫光辐照对茄子上蓟马的防治效果。

虫视觉的茶树害虫物理防控技术，同样可以依靠学科交叉研发害虫的远程监控技术，如利用诱虫板诱杀茶园区域内的叶蝉，结合物联网和 AI 识别技术，能够实现茶小绿叶蝉的远程智能监控（图 8-23），实时反馈茶园叶蝉的种群动态（边磊等，2022）。茶园中具有颜色偏爱性和具有扑灯行为的害虫，均可以通过诱虫板、杀虫灯结合智能识别技术，实现种群的远程监测。

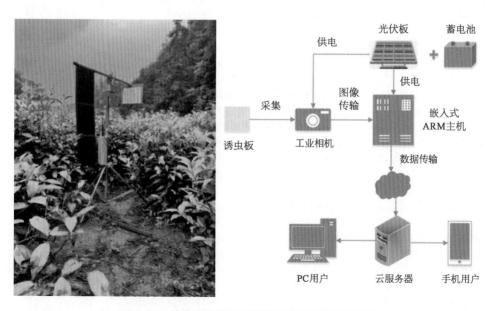

图 8-23　茶小绿叶蝉远程监测设备及其系统结构示意

为了解决农业生产中人工成本高、人力资源短缺的问题,机械化、数字化和智能化是当下农业技术发展的趋势。植物保护学是一门应用学科,现代生命科学和信息科学等基础学科的新理论与新技术正不断融入植物有害生物的检测、监测、预警与控制的各个阶段(吴孔明,2018)。相较于其他绿色防控技术,基于视觉的物理防控技术(如诱虫板和杀虫灯)在装备、应用上的智能化及与其他学科进行交叉研究并研发新技术上具有更大的优势和潜力。

参考文献

[1] 边磊.基于远程寄主定位机理的假眼小绿叶蝉化学生态和物理调控.中国农业科学院,博士论文,2014.

[2] 边磊.茶小绿叶蝉天敌友好型黏虫色板的研发及应用技术.中国茶叶,2019,41:39-42.

[3] 边磊,苏亮,蔡顶晓.天敌友好型LED杀虫灯应用技术.中国茶叶,2018,40:5-8.

[4] 边磊,孙晓玲,陈宗懋.假眼小绿叶蝉的日飞行活动性及成虫飞行能力的研究.茶叶科学,2014,34:248-252.

[5] 曹士先,徐鹍鸿,冯卫虎,等.不同密度黄板对茶小绿叶蝉的诱集效果研究.茶业通报,2020,42:65-67.

[6] 陈庆霄.亲土苔蛾成虫复眼超微结构.昆虫学报,2010,63:11-21.

[7] 陈宗懋,陈雪芬.茶业可持续发展中的植保问题.茶叶科学,1999,19:3-8.

[8] 程长松,马梦君,丁坤明,等.风吸式太阳能杀虫灯不同时段诱杀茶树害虫研究.湖北植保,2021,34-37.

[9] 封洪强,姚青.农业害虫自动识别与监测技术.植物保护,2018,44:127-133+198.

[10] 高慰曾,郭炳群.棉铃虫蛾复眼的形态及显微结构.昆虫学报,1983,375-378+481.

[11] 高宇,韩琪,刘杰,等(2016).色板诱杀技术的防治对象和常用颜色谱.北方园艺,2016,120-124.

[12] 郭灿,皮发娟,王校常,等.黄色粘虫板摆放方式对茶小贯小绿叶蝉诱集效果的影响.中国植保导刊,2021,41:54-57+80.

[13] 郭华伟,唐美君,周孝贵,等.五种诱集光源对茶园昆虫的诱集效果评价.中国茶叶,2015,37:20-21.

[14] 兰英,魏琮.蒙古寒蝉末龄若虫与成虫复眼的形态、组织结构和超微结构.昆虫学报,2020,63:1441-1451.

[15] 李广阵,韩俊丽,唐爽,等.区段式灯诱害虫智能识别技术研究与应用.农业开发与装备,2020,158-160.

[16] 李凯亮,舒磊,黄凯,等.太阳能杀虫灯物联网研究现状与展望.智慧农业,2019,1:13-28.

[17] 李炜,李姣,周新孝,等.不同材质、颜色粘虫板春季茶园绿色防控效果试验.云南农业科技,2018,29-31.

[18] 刘彬,赵卫中,王桂英,等.全降解诱虫板资源化利用初报及推广应用对策.上海蔬菜,2020,73-75.

[19] 刘朝红,胡增丽,张未仲,等.不同颜色黏虫板对小绿叶蝉的诱集效果评价.植物医生,2021,34:62-65.

[20] 陆苗,范凡,耿硕,等.美国白蛾成虫复眼的外部形态及显微结构观察.林业科学,2013,49:85-89+165-166.

[21] 乔利,洪枫,金银利,等.黄光和绿光对灰茶尺蠖成虫生物学习性的影响.西北农林科技大学学报(自然科学版),2012,49:69-75.

[22] 田新湖,胡启镔,谢锦秀,等.不同色板和信息素选择性诱杀茶棍蓟马试验.中国茶叶,2021,43:45-48+55.

[23] 涂海华,余玉华,蔡荟,等.上犹茶园新型太阳能杀虫灯防控效果初报.中国茶叶,2020,42:48-51.

[24] 王庆森,李慧玲,张辉,等.不同季节茶园黄板悬挂高度对假眼小绿叶蝉诱集量的影响.茶叶学报,2015,56:121-125.

[25] 王薛婷,韩宝瑜.交尾致雌雄叶蝉搜寻叶片和色彩行为差异的视频轨迹分析.茶叶科学,2016,36:544-550.

[26] 文兆明,韦静峰,彭有兵.佳多频振式杀虫灯在有机茶园害虫防治中的应用效果.中国农学通报,2009,25:189-192.

[27] 吴孔明.中国农作物病虫害防控科技的发展方向.农学学报,2018,8:35-38.

[28] 谢小群,叶德萍,杨普香,等.风吸式新型LED杀虫灯在茶园中应用技术研究.蚕桑茶叶通信,2018,20-22.

[29] 许曼飞,李孟园,姜岩,等.灰茶尺蠖成虫复眼的超微结构及其明暗适应中的变化.昆虫学报,2022,65:1277-1286.

[30] 杨亚军.茶产业面临的问题及对策措施.农家致富,2017,16.

[31] 姚元涛,宋鲁彬,田丽丽,等.蓝色防虫板防治北方茶园绿盲蝽效果研究.安徽农业科学,2015,43:84-85.

[32] 于法辉,夏长秀,李春玲,等.不同色板对柑橘园蓟马的诱集效果及蓝板的诱捕效果.昆虫知识,2010,47:945-949.

[33] 张世平.茶假眼小绿叶蝉的生物学特性及综合防治研究.中国农村小康科技,2010,69-72.

[34] 张潇引,王彬力,刘超,等.不同颜色粘虫板对茶园小贯小绿叶蝉等昆虫的诱集效果比较研究.茶叶通信,2012,48:663-670.

[35] Aluja M. and R J Prokopy. Host odor and visual stimulus interaction during intratree host finding behavior of *Rhagoletis pomonella* flies. Journal of Chemical Ecology, 1993, 19: 2671-2696.

[36] Arikawa K. Spectral organization of the eye of a butterfly, Papilio. Journal of Comparative Physiology A, 2003, 189:

791 - 800.

[37] Arikawa K M, X Wakakuwa, M Qiu, et al. Sexual dimorphism of short-wavelength photoreceptors in the small white butterfly, *Pieris rapae crucivora*. The Journal of neuroscience: the official journal of the Society for Neuroscience, 2005, 25: 5935 - 5942.

[38] Awata H, M Wakakuwa, K Arikawa. Evolution of color vision in pierid butterflies: blue opsin duplication, ommatidial heterogeneity and eye regionalization in *Colias erate*. Journal of Comparative Physiology A, 2009, 195: 401 - 408.

[39] Bateman M A. The ecology of fruit flies. Annual Review of Entomology, 1972, 17: 493 - 518.

[40] Behnia R, C Desplan. Visual circuits in flies: beginning to see the whole picture. Current Opinion in Neurobiology, 2005, 34: 125 - 132.

[41] Bell W J S. Searching behavior patterns in insects. Annual Review of Entomology, 1990, 35: 447 - 467.

[42] Bernays E A, R E Chapman. Host-plant selection by phytophagous insects. Contemporary Topics in Entomology, 1994, 32: xiii+312.

[43] Bian L, X M Cai, Z X Luo, et al. Decreased capture of natural enemies of pests in light traps with light-emitting diode technology. Annals of Applied Biology, 2018, 173: 251 - 260.

[44] Bian L, X M Cai, Z X Luo, et al. Foliage intensity is an important cue of habitat location for *Empoasca onukii*. Insects, 2020, 11: 426.

[45] Bian L, X M Cai, Z X Luo, et al. Sticky card for *Empoasca onukii* with bicolor patterns captures less beneficial arthropods in tea gardens. Crop Protection, 2021, 149, 105761.

[46] Bian L, X M Cai, Z X Luo, et al. Design of an attractant for *Empoasca onukii* (Hemiptera: Cicadellidae) based on the volatile components of fresh tea leaves. Journal of Economic Entomology, 2018, 111: 629 - 636.

[47] Bian L, Z Q Li, L Ma, et al. Identification of the genes in tea leafhopper, *Empoasca onukii* (Hemiptera: Cicadellidae), that encode odorant-binding proteins and chemosensory proteins using transcriptome analyses of insect heads. Applied Entomology and Zoology, 2017, 53: 93 - 105.

[48] Bian L, X L Sun, Z X Luo, et al. Design and selection of trap color for capture of the tea leafhopper, *Empoasca vitis*, by orthogonal optimization. Entomologia Experimentalis Et Applicata, 2014, 151: 247 - 258.

[49] Bian L, P Yang, Y J Yao, et al. Effect of trap color, height, and orientation on the capture of yellow and stick tea thrips (Thysanoptera: Thripidae) and nontarget insects in tea gardens. Journal of Economic Entomology, 2016, 109: 1241 - 1248.

[50] Blake A J, P Pirih, X Qiu, et al. Compound eyes of the small white butterfly *Pieris rapae* have three distinct classes of red photoreceptors. Journal of Comparative Physiology A, 2019, 205: 553 - 565.

[51] Briscoe A D. Reconstructing the ancestral butterfly eye: focus on the opsins. Journal of Experimental Biology, 2008, 211: 1805 - 1813.

[52] Briscoe A D, L Chittk. The evolution of color vision in insects. Annual Review of Entomology, 2001, 46: 471 - 510.

[53] Broad S A, N A Schellhorn, S Lisson, et al. Host location and oviposition of Lepidopteran herbivores in diversified broccoli cropping systems. Agricultural and Forest Entomology, 2008, 10: 157 - 165.

[54] Bruce T J A, L J Wadhams, C Woodcock. Insect host location: a volatile situation. Trends in Plant Science, 2005, 10: 269 - 274.

[55] Campbell S A, J H Borden. Close-range, in-flight integration of olfactory and visual information by a host-seeking bark beetle. Entomologia Experimentalis et Applicata, 2006 120: 91 - 98.

[56] Caro T. Zebra stripes. Current Biology, 2020, 30: 973 - 974.

[57] Caro T, Y Argueta, E S Briolat, et al. Benefits of zebra stripes: Behaviour of tabanid flies around zebras and horses. PLoS ONE, 2019, 14: e0210831.

[58] Chen Y, C W Luo, R Kuang, et al. Phototactic behavior of the armand pine bark weevil, Pissodes punctatus. Journal of Insect Science, 2013, 13: 1 - 10.

[59] Chen Z, R Xu, R Kuang, et al. Phototactic behaviour of the parasitoid *Encarsia formosa* (Hymenoptera: Aphelinidae). Biocontrol Science and Technology, 2016, 26: 250 - 262.

[60] Cohnstaedt L W, J I Gillen, L E Munstermann. Light-emitting diode technology improves insect trapping. Journal of the American Mosquito Control Association, 2008, 24: 331 - 334.

[61] Cronin T W, M Järvilehto, M Weckström, et al. Tuning of photoreceptor spectral sensitivity in fireflies (Coleoptera: Lampyridae). Journal of Comparative Physiology A, 2000, 186: 1 - 12.

[62] Dacke M, D E Nilsson, C H Scholtz, et al. Animal behaviour: Insect orientation to polarized moonlight. Nature, 2003, 424: 33 – 33.

[63] Drew R A I, C Dorji, M C Romig, et al. Attractiveness of various combinations of colors and shapes to females and males of Bactrocera minax (Diptera: Tephritidae) in a commercial mandarin grove in Bhutan. Journal of Economic Entomology, 2006, 99(5): 1651 – 1656.

[64] Eacock A, H M Rowland, A E van't Hof, et al. Adaptive colour change and background choice behaviour in peppered moth caterpillars is mediated by extraocular photoreception. Communications Biology, 2009, 2: 286.

[65] Pegel U, K Pfeiffer, U Homberg. Integration of polarization and chromatic cues in the insect sky compass. Journal of Comparative Physiology A, 2004, 200: 575 – 589.

[66] Exton R J, W M Houghton, W E Esaias, et al. Spectral differences and temporal stability of phycoerythrin fluorescence in estuarine and coastal waters due to the domination of labile cryptophytes and stabile cyanobacteria. Limnology and Oceanography, 1983, 28: 1225 – 1231.

[67] Feeny P P. Plant apparency and chemical defense. Recent Advances in Phytochemistry, 1976, 10: 1 – 40.

[68] Finch S F, R Collier. Host-plant selection by insects — a theory based on 'appropriate/inappropriate landings' by pest insects of cruciferous plants. Entomologia Experimentalis et Applicata, 2000, 96: 91 – 102.

[69] Finkbeiner S D, D A Fishman, D C Osorio, et al. Ultraviolet and yellow reflectance but not fluorescence is important for visual discrimination of conspecifics by Heliconius erato. Journal of Experimental Biology, 2017, 220: 1267 – 1276.

[70] Fischbach K F, A P M Dittrich. The optic lobe of Drosophila melanogaster. I. A Golgi analysis of wild-type structure. Cell and Tissue Research, 2004, 258: 441 – 475.

[71] Gates D M. Photosynthesis. Biophysical Ecology. D M Gates. New York, NY, Springer New York, 1980, 490 – 526.

[72] Ghanem I, M Shamma. Effect of non-ionizing radiation (UVC) on the development of Trogoderma granarium Everts. Journal of Stored Products Research, 2007, 43: 362 – 366.

[73] Gish M, M Inbar. Host location by apterous aphids after escape dropping from the plant. Journal of Insect Behavior, 2005, 19: 143 – 153.

[74] Grunsven R H A, M Donners, K Boekee, et al. Spectral composition of light sources and insect phototaxis, with an evaluation of existing spectral response models. Journal of Insect Conservation, 2014, 18: 225 – 231.

[75] Hamdorf K, P Hochstrate, G Höglund, et al. Ultra-violet sensitizing pigment in blowfly photoreceptors R1 – 6: probable nature and binding sites. Journal of Comparative Physiology A, 2004, 171: 601 – 615.

[76] Hardie R C. The photoreceptor array of the dipteran retina. Trends in Neurosciences, 1986, 9: 419 – 423.

[77] Harper J L. The adaptive geometry of trees. Henry S. Horn. Princeton University Press, Princeton, N J, 1971. xii, 144 pp, illus. Cloth; paper. Monographs in Population Biology, vol. 3. Science, 1972, 176: 660 – 661.

[78] Harris M O, S P Foster, T E Bittar, et al. Visual behaviour of neonate larvae of the light brown apple moth. Entomologia Experimentalis et Applicata, 1995, 77: 323 – 334.

[79] Van Hateren J H. Waveguide theory applied to optically measured angular sensitivities of fly photoreceptors. Journal of Comparative Physiology A, 2004, 154: 761 – 771.

[80] Hazarika L K, M Bhuyan, B N Hazarika. Insect pests of tea and their management. Annual Review of Entomology, 2009, 54: 267 – 284.

[81] Heath S L, M P Christenson, E Oriol, et al. Circuit mechanisms underlying chromatic encoding in Drosophila photoreceptors. Current Biology, 2020, 30: 264 – 275.

[82] Heisenberg M. Pattern recognition in insects. Current Opinion in Neurobiology, 1995, 5: 475 – 481.

[83] Hempel de Ibarra N, M Vorobyev, R Menzel. Mechanisms, functions and ecology of colour vision in the honeybee. Journal of Comparative Physiology A, 2014, 200: 411 – 433.

[84] Henze M J, T H Oakley. The dynamic evolutionary history of pancrustacean eyes and opsins. Integrative and Comparative Biology, 2015, 55: 830 – 842.

[85] Hiraga S. Two different sensory mechanisms for the control of pupal protective coloration in butterflies. Journal of Insect Physiology, 2005, 51: 1033 – 1040.

[86] Hölldobler B. Canopy orientation: a new kind of orientation in ants. Science, 1980, 210: 86 – 88.

[87] Howard J, A Dubs, R Payne. The dynamics of phototransduction in insects. Journal of Comparative Physiology A, 2005, 154: 707 – 718.

[88] Ilić M, P Pirih, G Belušič. Four photoreceptor classes in the open rhabdom eye of the red palm weevil, Rynchophorus ferrugineus Olivier. Journal of Comparative Physiology A, 2015, 202: 203 – 213.

［89］ Jander R. Insect Orientation. Annual Review of Entomology,1963，8(1)：95－114.

［90］ Jia L P，A Liang. Fine structure of the compound eyes of *Callitettix versicolor* (Insecta：Hemiptera). Annals of the Entomological Society of America，2015，108：316－324.

［91］ Zhou J X，R Xu，Z Zhen，*et al*. Phototactic behavior of henosepilachna *Vigintioctomaculata motschulsky* (Coleoptera：Coccinellidae). The Coleopterists Bulletin，2015，69：806－812.

［92］ Jönsson M，K Rosdahl，P Anderson. Responses to olfactory and visual cues by over-wintered and summer generations of the pollen beetle，*Meligethes aeneus*. Physiological Entomology，2007，32：188－193.

［93］ Kelber A，A Balkenius，E J Warrant. Scotopic colour vision in nocturnal hawkmoths. Nature，2002，419：922－925.

［94］ Kelber A，A Balkenius，E J Warrant. Colour vision in diurnal and nocturnal hawkmoths. Integrative and Comparative Biology，2003，4：571－579.

［95］ Kennedy J S，C O Booth，W J S Kershaw. Host finding by aphids in the field：Gynoparae of *Myzus persicae* (Sulzer). Annals of Applied Biology，1959，47：410－423.

［96］ Kim K N，Q Y Huang，C L Lei. Advances in insect phototaxis and application to pest management：a review. Pest Management Science，2019，75：3135－3143.

［97］ Koshitaka H，M Kinoshita，M Vorobyev，*et al*. Tetrachromacy in a butterfly that has eight varieties of spectral receptors. Proceedings of the Royal Society B：Biological Sciences，2008，275：947－954.

［98］ Krugner R，S D Gordon. Mating disruption of *Homalodisca vitripennis* (Germar) (Hemiptera：Cicadellidae) by playback of vibrational signals in vineyard trellis. Pest management science，2008，74(9)：2013－2019.

［99］ Land M F. Direct observation of receptors and images in simple and compound eyes. Vision Research，1990，30：1721－1734.

［100］ Land M F. The functions of eye movements in animals remote from man. Studies in Visual Information Processing，1995，6：63－76.

［101］ Land M F. Visual acuity in insects. Annual Review of Entomology，1997，42：147－177.

［102］ Land M F. The resolving power of diurnal superposition eyes measured with an ophthalmoscope. Journal of Comparative Physiology A，2004，154：515－533.

［103］ Lau T F，E M Gross，V B Meyer-Rochow. Sexual dimorphism and light/dark adaptation in the compound eyes of male and female *Acentria ephemerella* (Lepidoptera：Pyraloidea：Crambidae). European Journal of Endocrinology，2007，104：459－470.

［104］ Lawton J H，D Schroder. Effects of plant type，size of geographical range and taxonomic isolation on number of insect species associated with British plants. Nature,1997，265：137－140.

［105］ Legarrea S，A Karnieli，A Fereres，*et al*. Comparison of UV-absorbing nets in pepper crops：spectral properties，effects on plants and pest control. Photochemistry and Photobiology，2010，86：324－330.

［106］ Lev-Yadun S. Defensive functions of white coloration in coastal and dune plants. Israel Journal of Plant Sciences，2007，54：317－325.

［107］ Li L，H Ma，L m，*et al*. Evaluation of chromatic cues for trapping *Bactrocera tau*. Pest Management Science，2017，73：217－222.

［108］ Liu G，H Seiler，A L Wen，*et al*. Distinct memory traces for two visual features in the Drosophila brain. Nature，2006，439：551－556.

［109］ Luo C W，Y Chen. Phototactic behavior of *Scleroderma guani* (Hymenoptera：Bethylidae) — parasitoid of *Pissodes punctatus* (Coleoptera：Curculionidae). Journal of Insect Behavior，2016，29：605－614.

［110］ Machial L A，B S Lindgren，B H Aukema. The role of vision in the host orientation behaviour of *Hylobius warreni*. Agricultural and Forest Entomology，2012，14：286－294.

［111］ Marko M D，R M Newman，F K Gleason. Chemically mediated host-plant selection by the milfoil weevil：a freshwater insect-plant interaction. Journal of Chemical Ecology，2005，31：2857－2876.

［112］ Maxwell F G. Plant resistance to cotton insects. Bulletin of the Entomological Society of America，1977，23：199－203.

［113］ McCulloch K J，D C Osorio，A D Briscoe. Determination of photoreceptor cell spectral sensitivity in an insect model from in vivo intracellular recordings. Journal of Visualized Experiments：JoVE，2016，108：53829.

［114］ McCulloch K J，F Yuan，Y Zhen，*et al*. Sexual dimorphism and retinal mosaic diversification following the evolution of a violet receptor in butterflies. Molecular Biology and Evolution，2017，34：2271－2284.

［115］ Meinecke C C. The fine structure of the compound eye of the African armyworm moth，*Spodoptera exempta walk*.

(Lepidoptera, Noctuidae). Cell and Tissue Research, 2004, 216: 333 – 347.

[116] Melnattur K, R Pursley, T Y Lin, *et al*. Multiple redundant medulla projection neurons mediate color vision in Drosophila. Journal of Neurogenetics, 2014, 28: 374 – 388.

[117] Moericke V. Hostplant specific colour behaviour by *Hyalopterus pruni* (Aphididae). Entomologia Experimentalis et Applicata, 1969, 12: 524 – 534.

[118] Mooney H, S L Gulmon. Constraints on leaf structure and function in reference to herbivory. BioScience, 1982, 32: 198 – 206.

[119] Mulroy T W. Spectral properties of heavily glaucous and non-glaucous leaves of a succulent rosette-plant. Oecologia, 2004, 38: 349 – 357.

[120] Neville A C. Aspects of flight mechanics in anisopterous dragonflies. The Journal of Experimental Biology, 1960, 37: 631 – 656.

[121] O'Tousa J E, W Baehr, R L Martin, *et al*. The Drosophila ninaE gene encodes an opsin. Cell, 1985, 40: 839 – 850.

[122] Ogino T, T Uehara, M Muraji, *et al*. Violet LED light enhances the recruitment of a thrip predator in open fields. Scientific Reports, 2016, 6: 32302.

[123] Paulk A, S Millard, B van Swinderen. Vision in Drosophila: seeing the world through a model's eyes. Annual Review of Entomology, 2011, 58: 313 – 332.

[124] Patt J M, M Sétamou. Olfactory and visual stimuli affecting host plant detection in *Homalodisca coagulata* (Hemiptera: Cicadellidae). Environmental Entomology, 2007, 36(1): 142 – 150.

[125] Ping P, T Min, H Yu-jia, *et al*. Study on the effect and characters of yellow sticky trap sticking *Aleurocanthus spiniferus* and *Empoasca vitis* Gothe in tea garden. Southwest China Journal of Agricultural Sciences, 2010, 23: 87 – 90.

[126] Pittendrigh C S. Temporal organization: reflections of a Darwinian clock-watcher. Annual Review of Physiology, 1993, 55: 16 – 54.

[127] Polajnar J, A Eriksson, A Lucchi, *et al*. Manipulating behaviour with substrate-borne vibrations—potential for insect pest control. Pest Management Science, 2015, 71: 15 – 23.

[128] Polajnar J, A Eriksson, M Virant-Doberle, *et al*. Developing a bioacoustic method for mating disruption of a leafhopper pest in grapevine. In: Horowitz, A., Ishaaya, I. (eds) Advances in Insect Control and Resistance Management. Springer, Cham, 2016, 165 – 190.

[129] Prokopy R J, E D Owens. Visual detection of plants by herbivorous insects. Annual Review of Entomology, 1983, 28: 337 – 364.

[130] Prokopy R J. Selective new trap for *Rhagoletis cingulata* and *R. pomonella* flies. Environmental Entomology, 1975, 4: 420 – 424.

[131] Prokopy R J, K I Hauschild. Comparative effectiveness of sticky red spheres and Pherocon® Am standard traps for monitoring apple maggot flies in commercial orchards. Environmental Entomology, 1979, 8: 696 – 700.

[132] Prokopy R J, E D Owens. Visual generalist with visual specialist phytophagous insects: Host selection behaviour and application to management. Entomologia Experimentalis et Applicata, 1978, 24: 609 – 620.

[133] Qiu X, K J A Vanhoutte, D G Stavenga, *et al*. Ommatidial heterogeneity in the compound eye of the male small white butterfly, *Pieris rapae crucivora*. Cell and Tissue Research, 2002, 307: 371 – 379.

[134] Raviv M, Y Antignus. UV radiation effects on pathogens and insect pests of greenhouse-grown crops. Photochemistry and Photobiology, 2004, 79: 219 – 226.

[135] Reeves J L. Vision should not be overlooked as an important sensory modality for finding host plants. Environmental Entomology, 2011, 40: 855 – 863.

[136] Reeves J L, P D Lorch. Visual plant differentiation by the milfoil weevil, *Euhrychiopsis lecontei* Dietz (Coleoptera: Curculionidae). Journal of Insect Behavior, 2009, 22: 473 – 476.

[137] Rister J, D Pauls, B Schnell, *et al*. Dissection of the peripheral motion channel in the visual system of *Drosophila melanogaster*. Neuron, 2007, 56: 155 – 170.

[138] Roessingh P, E Städler. Foliar form, colour and surface characteristics influence oviposition behaviour in the cabbage root fly *Delia radicum*. Entomologia Experimentalis et Applicata, 1990, 57: 93 – 100.

[139] Ronacher B. How do bees learn and recognize visual patterns? Biological Cybernetics, 1998, 79: 477 – 485.

[140] Saxena K N, R C Saxena. Patterns of relationships between certain leafhoppers and plants, Part iii. Range and interaction of sensory stimuli. Entomologia Experimentalis et Applicata, 1975, 18: 194 – 206.

[141] Schaefer H M, G D Ruxton. Fatal attraction: carnivorous plants roll out the red carpet to lure insects. Biology Letters, 2008, 4: 153 - 155.

[142] Schmid R B, D Snyder, L Cohnstaedt, et al. Hessian fly (Diptera: Cecidomyiidae) attraction to different wavelengths and intensities of light-emitting diodes in the laboratory. Environmental Entomology, 2017, 46, 895 - 900.

[143] Schnaitmann C, C Garbers, T Wachtler, et al. Color discrimination with broadband photoreceptors. Current Biology, 2013, 23: 2375 - 2382.

[144] Shang X K, X H Pan, W Liu, et al. Effect of spectral sensitivity and light intensity response on the phototactic behaviour of Exolontha castanea Chang (Coleoptera: Melolonthidae), a pest of sugarcane in China. Agronomy, 2022, 12: 481.

[145] Sharkey C R, M S Fujimoto, N P Lord, et al. Overcoming the loss of blue sensitivity through opsin duplication in the largest animal group, beetles. Scientific Reports, 2017, 7: 8.

[146] Shi L, Z Zeng, H Huang, et al. Identification of Empoasca onukii (Hemiptera: Cicadellidae) and monitoring of its populations in the tea plantations of south China. Journal of Economic Entomology, 2015, 108: 1025 - 1033.

[147] Shimoda M, K I Honda. Insect reactions to light and its applications to pest management. Applied Entomology and Zoology, 2013, 48(4): 413 - 421.

[148] Smakman J G J, J H van Hateren, D G Stavenga. Angular sensitivity of blowfly photoreceptors: intracellular measurements and wave-optical predictions. Journal of Comparative Physiology A, 2004, 155: 239 - 247.

[149] Smith J G. Influence of crop background on aphids and other phytophagous insects on Brussels sprouts. Annals of Applied Biology, 1976, 83: 1 - 13.

[150] Soltau U, S Dötterl, S Liede-Schumann. Leaf variegation in Caladium steudneriifolium (Araceae): a case of mimicry? Evolutionary Ecology, 2008, 23: 503 - 512.

[151] Stavenga D G. Pseudopupils of compound eyes. Comparative Physiology and Evolution of Vision in Invertebrates: A: Invertebrate Photoreceptors. H. Autrum, M. F. Bennett, B. Diehn et al. Berlin, Heidelberg, Springer Berlin Heidelberg, 1979, 357 - 439.

[152] Stavenga D G. Colour in the eyes of insects. Journal of Comparative Physiology A, 2002, 188: 337 - 348.

[153] Stavenga D G. Angular and spectral sensitivity of fly photoreceptors. II. Dependence on facet lens F-number and rhabdomere type in Drosophila. Journal of Comparative Physiology A, 2003, 189: 189 - 202.

[154] Stavenga D G, K Arikawa. Photoreceptor spectral sensitivities of the small white butterfly Pieris rapae crucivora interpreted with optical modeling. Journal of Comparative Physiology A, 2010, 197: 37 - 385.

[155] Stavenga D G, R C Hardie. Metarhodopsin control by arrestin, light-filtering screening pigments, and visual pigment turnover in invertebrate microvillar photoreceptors. Journal of Comparative Physiology A, 2011, 197: 227 - 241.

[156] Stenberg J A, L Ericson. Visual cues override olfactory cues in the host-finding process of the monophagous leaf beetle Altica engstroemi. Entomologia Experimentalis et Applicata, 2007, 125: 81 - 88.

[157] Tan C, X M Cai, Z X Luo, et al. Visual acuity of Empoasca onukii (Hemiptera, Cicadellidae). Insects, 2023, 14: 370.

[158] Taylor G J, P Tichit, M D Schmidt, et al. (Bumblebee visual allometry results in locally improved resolution and globally improved sensitivity. Elife, 2019, 8: e40613.

[159] van der Kooi C J, J Ollerton. The origins of flowering plants and pollinators. Science, 2020, 368: 1306 - 1308.

[160] van der Kooi C J, D G Stavenga, K Arikawa, et al. Evolution of insect color vision: from spectral sensitivity to visual ecology. Annual Review of Entomology, 2012, 66: 435 - 461.

[161] Vasas V, F Peng, H Maboudi, et al. Randomly weighted receptor inputs can explain the large diversity of colour-coding neurons in the bee visual system. Scientific Reports, 2019, 9: 8330.

[162] Vasconcellos-Neto J, R F Monteiro. Inspection and evaluation of host plant by the butterfly Mechanitis lysimnia (Nymph., Ithomiinae) before laying eggs: a mechanism to reduce intraspecific competition. Oecologia, 2004, 95: 431 - 438.

[163] Vincent C, G Hallman, B Panneton, et al. Management of agricultural insects with physical control methods. Annual Review of Entomology, 2003, 48: 261 - 281.

[164] Visser J H. Host odor perception in phytophagous insects. Annual Review of Entomology, 1986, 31: 121 - 144.

[165] Vogt K, Y Aso, T Hige, et al. Direct neural pathways convey distinct visual information to Drosophila mushroom

bodies. eLife，2016，5：e14009.

[166] Wakakuwa M，D G Stavenga，K Arikawa. Spectral organization of ommatidia in flower-visiting insects. Photochemistry and Photobiology，2007，83：27 - 34.

[167] Wakakuwa M，F J Stewart，Y Matsumoto，*et al*. Physiological basis of phototaxis to near-infrared light in *Nephotettix cincticeps*. Journal of Comparative Physiology A，2014，200：527 - 536.

[168] Walcott B. Movement of retinula cells in insect eyes on light adaptation. Nature，1969，223：971 - 972.

[169] Warrant E J，M Dacke. Vision and visual navigation in nocturnal insects. Annual Review of Entomology，2011，56：239 - 254.

[170] Warrant E J，D E Nilsson. Absorption of white light in photoreceptors. Vision Research，1998，38：195 - 207.

[171] Wehner R. Astronavigation in insects. Annual Review of Entomology，1984，29：277 - 298.

[172] Wehner R. 'Matched filters'—neural models of the external world. Journal of Comparative Physiology A，2004，161：511 - 531.

[173] Wenninger E J，L L Stelinski，D G Hall. Roles of olfactory cues，visual cues，and mating status in orientation of *Diaphorina citri* Kuwayama（Hemiptera：Psyllidae）to four different host plants. Environmental Entomology，2009，38：225 - 234.

[174] Williams D S. Changes of photoreceptor performance associated with the daily turnover of photoreceptor membrane in locusts. Journal of Comparative Physiology，2004，150：509 - 519.

[175] Withers T M，M O Harris. Foraging for oviposition sites in the Hessian fly：random and non-random aspects of movement. Ecological Entomology，1996，21：382 - 395.

[176] Zaccardi G，A Kelber，M P Sison-Mangus，*et al*. Color discrimination in the red range with only one long-wavelength sensitive opsin. Journal of Experimental Biology，2006，209：1944 - 1955.

[177] Zhang X，T Pengsakul，M Tukayo，*et al*. Host-location behavior of the tea green leafhopper *Empoasca vitis* Göthe（Hemiptera：Cicadellidae）：olfactory and visual effects on their orientation. Bulletin of Entomological Research，2007，108：423 - 433.

[178] Lu F，X X Hai，F Fan，*et al*. The phototactic behaviour of oriental brown chafer *Serica orientalis* to different monochromatic lights and light intensities. Acta Phytophylacica Sinica，2016，43：656 - 661.

边 磊

第九章
振动通信在茶园小绿叶蝉上的
研究与应用前景

本著作多数章节致力于总结茶树害虫的化学生态学研究,详细描述了昆虫化学生态中主要的信息载体——嗅觉信号的结构和功能。在自然环境中,生物信号的类型具有多样性,除了嗅觉信号,视觉信号(第八章)和振动信号(第九章)在动物的种间、种内信息通信中也发挥了重要的作用。这些信号的传递媒介包括气体、液体和固体,并且具备有效性、多样性和复杂性。在这些信号类型中,有一种古老、原始且普遍存在的信号一直被人们忽视,直到1949年,瑞士昆虫学家 F. Ossiannilsson 才第一次明确提出叶蝉是通过植物基质来传递通信信号,而不是空气(Ossiannilsson,1950)。20世纪末,人们发现许多昆虫间的通信讯号并不是通过空气传递的昆虫信息素或声音,而是通过基质表面传递的振动波(vibrational wave)(Hill *et al*,2016)。据统计,目前依靠基质表面进行振动信号传递的昆虫约有20万种。此外,蜘蛛类、蟹类、蝎类和线虫类动物同样可以依靠这种方式进行信息通信。

在依靠振动信号进行信息通信的动物中,目前研究资料最为丰富的是半翅目昆虫的求偶通信。小贯小绿叶蝉是茶树上重要的半翅目害虫,除此之外,茶网蝽、茶角盲蝽和茶绿盲蝽等半翅目害虫对茶树的危害面积和程度也呈现出逐年扩大的趋势。因此,研究此类茶树害虫的振动通信行为及其内在的生理机制,对于模拟生物信号阻断害虫求偶过程和研发新型害虫振动防治技术具有重要的指导意义。

9.1 生物震颤学简介

2016年,Hill 和 Wessel 将该类信息通信研究定义为一门新的学科:生物震颤学(Biotremology),这是一门研究利用基质边界、表面的机械波(mechanical waves)进行信息通信的学科(Hill *et al*,2016)。在信息通信中,信号发出者(sender)要求信号接收者(receiver)能够察觉信号并对其进行解码,然后信号接收者再做出回应,既可以是做出相应的行为,也可以是发出回应信号传递给信号发出者。至今一些研究人员依然习惯于将生物震颤学划分在生物声学(Bioacoustics)的研究范畴之中。从某种角度来说,这样做似乎问题也不大。生物声学是一门被归类于研究声音的生物学和物理学的交叉学科,主要研究机械波通过空气或水传递至信号接收者,并被接收者的声波感器(如耳朵或其他听觉器官)察觉、识别的过程。在这一过程中,声波感器负责将机械波中的信息进行转换并传递至神经系统。因为声音和基质表面振动具备太多的共同点，二者同属于机械波，所以研究人员习惯于用基质振动"substrate-borne vibrations"来描述生物震颤学中的表面波，并以此区分依靠空气或者水传递的声波，其中基质通常被认定为生物栖息的固体基质表面，可以是植物的表面（植物与空气的交界面），也可以是水面（水与空气的交界面），或水下地表与水的交界面。更确切地说，生物震颤学研究的是生物依靠基质表面传播振动信号，并以此进行信息交流的过程。

9.1.1 生物震颤学与生物声学的区别

生物震颤学与生物声学既有共性又存在区别（表9-1）。声音是以纵波的形式进行传播，即压力波（P波，pressure waves），最终由压力感受器（耳朵）或压差感受器察觉到。无论机械波传递的基质是气体还是液体，动物耳朵的察觉原理是相同的。在物理学中，相同振源激发的机械波会同时在空气和固体基质中传播并具备特定的结构，空气是一种相对均匀的基质（homogenous medium），但绝大多数自然界中的固体基质通常具有不确定性和异质性（heterogeneity），会影响机械波传递的有效范围及其物理属性。相较于固体基质的异质性，抛开风、气压和湿度等因素，质地均匀的空气通常不会显著改变机械波的属性，容易进行精确的录制和回放。而振动信号经固体基质传递时，会因滤波而发生表面波属性的变化，因此通过植物去回放采集的振动信号，必须要考虑传递基质的滤波特征对其进行"调制"，即解码因基质过滤而导致信号的变化，这在生物声学（空气）的研究中是不需要的。

表9-1 生物声学和生物震颤学的一些区别

机　械　波	区　　　别
声波	均匀基质中传递的纵波，基质粒子的振动方向与波/能量的传递方向一致
表面波	异相基质边界上的瑞利波或弯曲波，基质粒子的振动方向与波的传递方向垂直

机　械　通　信	区　　　别
声通信	信号接收者通过均匀基质传递声波进行通信
表面振动通信	信号接收者通过基质表面传递表面波进行通信

许多昆虫在远距离情况下可以通过体表的感受器察觉声音，同时也可以通过腿上的振动感受器来检测基质表面的振动信号（Lakes-Harlan et al，2014），但这两类信号在不同的神经中枢进行处理（Strauss et al，2015）。有观点认为，昆虫的听觉器官是从对振动敏感的膝下器（subgenual organ）进化而来（Shaw，1994），因为很多情况下声音和振动信号是共存并被接收者同时"听"和"感受"到。Brownell和Farley（1979）在研究沙漠蝎捕食猎物的行为中发现，沙漠蝎依靠瑞利波（R波，rayleigh waves）判断猎物的方向，同时也依据P波来判断猎物与自身的距离，这两种信息的察觉依靠的是不同的感器，R波依靠的是基跗复合狭缝感受器（basitarsal compound slit sensilla），而P波依靠的是跗节毛形感器（tarsal hair receptors）。Matija Gogala研究团队发现土椿象（*Tritomegas bicolor*）在进行种内信息通信时，既会产生

特定的声音又会产生基质振动信号,并发现其振动信号具有特异性的频谱结构(Gogala et al,1990)。

9.1.2 生物震颤学的研究范围

生物震颤学致力于研究所有与表面波相关的信息通信和行为,这里既包括生物的种内信息交流和定位行为,也包括不同物种间捕食者对猎物的定位和捕食行为(图9-1)。在过去的40年间,生物震颤学中的绝大多数研究致力于信号激发、信号分析、基质属性、信号网络、信号回放,以及发现一些行为学中的新现象。研究对象集中在有限的种类,包括哺乳动物、蜘蛛、蛙类,以及半翅目和双翅目昆虫,其中半翅目昆虫是研究的核心种类,这类昆虫普遍依靠基质表面传递振动信号来完成种内和种间信息通信,甚至有些种类的昆虫只依靠基质振动信号完成特定行为的通信。其中,农业领域中害虫的生物震颤学研究具有巨大的应用前景,利用特异性的振动信号对一些害虫的求偶通信进行干扰或阻断,或许会开启害虫综合治理的一个新的天地——利用振动信号防治农业害虫。

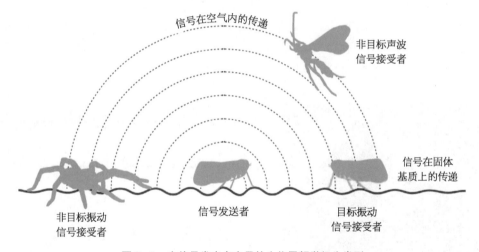

图9-1 由信号发出者主导的生物震颤学行为类型

(Hill & Wessel,2016)

作为信号发出者,飞虱通过自身的鼓室产生振动,并依靠腿(也包括其身体与植物表面之间的空气)传递至其栖息的植物表面,使植物表面产生振动(同时也会产生非常微弱的声波)。当飞虱与其同种的信号接收者建立种内振动通信时,信号也可能会被依靠基质振动信号定位的捕食者(如狼蛛)和依靠声信号定位的寄生者(如茧蜂)所窃听,由此建立出一个复杂的通信网络。

9.1.2.1 种内求偶通信

目前,生物震颤学大量的文献集中在昆虫种内求偶行为的研究,且绝大多数致力于研究求偶通信的早期阶段,即对潜在交配对象的识别、定位直至开始交尾。以叶蝉 *Aphrodes makarovi*(*Hemiptera*,*Cicadellidae*)为例,该昆虫主要分布在荨麻和豆科植物上,求偶过程中雌雄之间的信息交流只依靠以基质为载体传递的振动信号。该虫求偶过程均始于雄虫发出召唤信号(Male call),性成熟的雌虫接收到信号后作出回应(Female response),触发雄虫识别和定位自己在寄主植物上的位置,然后雌雄之间会形成一个该物种特有的精准协调的二重奏信号(Duet),其中蕴含着雌雄虫完成交配的关键信息。雄虫如果提高召唤信号的发出频次,有助于提高自身找到雌虫的概率,但同时也会增加自身能量的消耗以及被捕食者发现的可能,由于能量的消耗与自身寿命呈负相关,所以过早地消耗大量能量去求偶的雄虫寿命均较短。该物种的雌雄二重奏具备复杂的互动性,不仅体现在时序上的协调,而且雄虫针对雌虫回应信号的持续时间,以及对自身信号的调整表现出高度的可塑性。当环境中存在多只雄虫竞争配偶的情况下,决定哪只雄虫可以获得雌虫青睐的关键在于抢在其他竞争者之前快速定位雌虫的能力。在有竞争者的情况下,最终获得交配权的雄虫会在竞争行为上投入更多的精力,如通过发出特殊信号掩盖对手的信号来干扰对手定位,同时窃听对手的二重奏悄悄地接近雌虫,完成率先交尾(Kuhelj *et al*,2015a,2015b,2016,2017)。

许多文献中振动信号的采集和分析多止于雌雄开始交尾,事实上,在交尾过程中以及完成交尾后的阶段,有些昆虫依旧会发出特异性的振动信号。也就是说,振动信号不仅在交尾之前的配偶识别、定位中普遍存在,在交尾期间和交尾后也依旧发挥着重要作用,如日本金龟虫甲 *Popillia japonica* 在交尾过程中和交尾之后均会发出振动信号,当雄虫尝试爬到雌虫的背上时会发出振动信号,并且会用腿轻抚雌虫的鞘翅,随后进行交尾,其间雄虫会留在雌虫的背上并保护雌虫(图9-2)。昆虫在交尾过程中发出信号,可能是为了使求偶对象保持兴奋,除了 *P. japonica* 外,*Ozophora baranowskii* 和 *Ozophora maculata*(Lygaeidae)也会通过该方式保持交配对象的兴奋(Rodriguez,1999)。

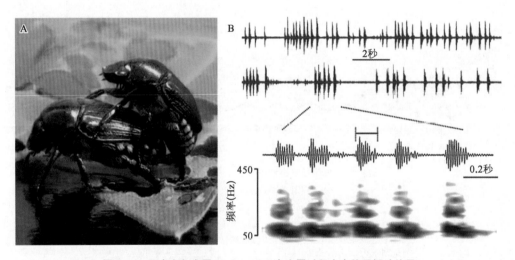

图9-2 日本金龟虫甲 *P. japonica* 在交尾过程中会使用振动信号

(Rodríguez *et al*,2015)

A: 金龟的交配姿势,雄金龟骑在雌金龟背上,并将生殖器插入;B: 雄虫在试图爬到雌虫背上时发出的振动信号。

9.1.2.2 种间捕食或躲避

生物通信交流发出的信号既包括种内的社交信号(合作或者竞争),也包括猎物和捕食者之间的信号(O'Hanlon *et al*,2018)。振动信号作为重要的信息形式之一,种内的求偶通信通常会构成闭环系统,而种间的捕食或信号窃听通常是开环系统,捕食者不会主动给信号的发送者反馈任何信息。许多动物,尤其是节肢动物会利用振动信号去保卫自己的领域、捕食猎物或者躲避捕食者(Cocroft *et al*,2014)。

无论是信号被发送还是接收,昆虫在运动过程中均会产生振动信号,如弹跳、舞蹈是一种视觉信号(Bradbury *et al*,1998),但同时肢体对地面的撞击可能会产生声音或者振动,并且这些(视觉、声音和振动)信号也会被同种个体和潜在的捕食者察觉。如蚂蚁(*Crematogaster mimosae*)可以区分由风或食草动物造成的植物上的振动信号,从而触发自身的防御行为,避免被捕食、误伤的风险(Hager *et al*,2019a)。

9.2 昆虫的振动求偶通信机制

9.2.1 昆虫的触觉敏感性

类似于视觉和嗅觉敏感性,昆虫的触觉敏感性可以通过行为实验和神经电生理实验来研究。振动电生理实验测定的结果会受到刺激方向、刺激位置和依附方式等各种因素的影响,这些因素会影响机械波的能量传导至受体系统的效率。不同分辨率的记录技术和刺激校正也会影响技术的灵敏度。目前,以直翅目昆虫的触觉电生理研究最为详细。

信号传播的效率取决于振源强度、传播过程中的失真情况、环境扰动(噪声)以及信号接收者提取信息的能力。许多昆虫对低频信号(<100 Hz,主要受体为低频受体神经元、钟形感受器、腿关节的弦音器和江氏器)和中频信号(<500 Hz)敏感,因此在植物上传播的振动信号通常是能耗较低的低频弯曲波,并且波在植物的根和顶端之间反射,还会形成驻波(Michelsen *et al*,1982)。

9.2.1.1 昆虫的感触器

昆虫的感触器是指能够感受机械力刺激的器官,能够因感受器某一部分感受机械变形过程而引起神经兴奋。机械感受器依据结构主要分 4 种类型:感觉毛、钟形感受器、橛形感受器(弦音器或剑鞘感器)和多极伸长受器(战新梅,2002)。

9.2.1.2 昆虫的触觉电生理

腿部振动感受器的研究迄今主要集中在直翅目昆虫上,其中对蝗虫和蟋蟀的研究最为详细。神经元的活动可以通过不同的技术来测量,既可以在单个轴突中记录神经元活动(单细胞胞外或胞内记录),又可以从包含多个轴突的神经中记录神经元活动(胞外汇总或复合电位记录),但是这两种记录方式得到的结果有显著差异。如在灌木蟋蟀(*Gampsocleis gratiosae*)的研究中,汇总记录显示的最低感知阈值比单细胞记录确定的阈值高 10~15 dB(Kalmring *et al*,1994a)。通过使用两种记录方式,在一个物种的听觉受体神经元中也发现了相同的敏感性差异(Kalmring *et al*,1994b;Kalmring *et al*,1996)。值得注意的是,从感觉神经记录的汇总电位缺乏清晰的频率调谐,在单细胞记录中频率调谐会变得显著(Kalmring *et al*,1994b)。

触觉电生理研究中,通常将腿部远端与频率和振幅强度可调的激振器接触,将静息动物的腿衔接振动平台或者单独的腿衔接微激振器(Mini-shaker),抑或通过激振器连接一个附加的杆或棒接触昆虫的腿(图9-3)。触觉受体神经元通过振动刺激后产生电位变化,再通过微电极从腿近端连接感觉神经记录电位变化,或通过微电极从近端附近神经的单个轴突记录电位变化。

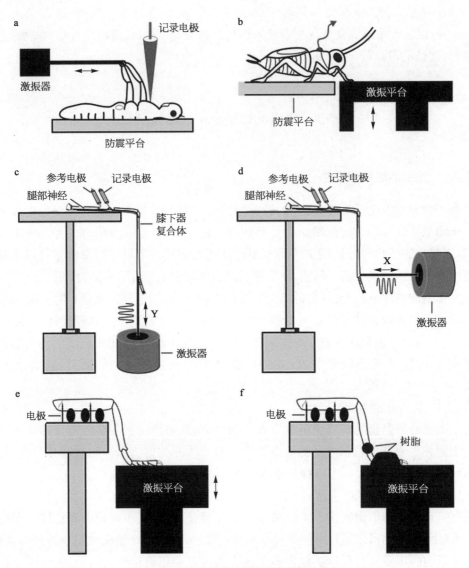

图9-3 电生理记录中腿的刺激姿势和方向

(Strauss *et al*,2019)

双箭头表示激振器的刺激方向,激振器以黑色表示。a:后腿移除,刺激试虫腹侧的前腿和中腿,同时记录腹神经节;b:蟋蟀的前腿通过振动平台选择性地接受刺激,其他腿放在固定的平台上,通过颈部连接电极进行记录;c,d:对离体竹节虫的腿进行不同方向上的刺激;e,f:刺激离体带附带物的蟑螂中腿。

櫛形感器和钟形感器含有初级感觉神经元,这些感觉神经中的轴突直接与中枢神经系统的神经节相连(Field *et al*,1998)。对基质振动最敏感的器官通常是位于足胫近端的膝下器。目前,膝下器在双翅目(Diptera)和鞘翅目(Coleoptera)昆虫中还未被发现(Takanashi *et al*,2016),在其他的昆虫种类中,这一器官会和其他弦音器形成复合体(Strauß *et al*,

2013)。综合腿部触觉感器的结构,腿部神经元的电生理记录其实包涵了所有对振动刺激作出反应的弦音器总电位之和。

电生理记录使我们能够测定触觉感知器官的位移变化(位移分量)所引起的神经电位变化。此外,激振器如果输出正弦振动,所测触觉反应曲线可以在一个频率范围内测定,强度通常用加速度值来表示,少数研究以位移(Čokl,1983)或者速度(Zorović et al,2008)来表示。反应曲线可以揭示感器在特殊的频率及其范围内的灵敏度,这对于感知系统的生理特征研究至关重要。通过对昆虫振动受体生理数据的比较,发现不同的研究中感器的灵敏度因实验方法上的变化存在显著差异,所以在实验设置上要综合考虑各个参数的影响,如昆虫腿的姿势、腿的刺激方向、激振器与腿的连接方式等(Peljhan et al,2018)。

9.2.2 振动信号的有效空间

9.2.2.1 振动信号特征

生理状态、性别和由生物、非生物环境因素引起的选择压力都可影响物种的信号特征(Rendall et al,2009)。振动信号在植物上传输的有效性很大程度上取决于基质和信号的结合特性。振动信号的结构有 3 个主要参数表征:频率、振幅和时间模式(Cocroft et al,2005)。其中,信号的时间结构对于信息的传递则至关重要(Oberst et al,2016)。

振动信号在时间模式上呈现出一系列的脉冲,单一脉冲的重要参数主要包括载波频率、脉冲时长、脉冲间隔和脉冲数。多数振动信号的接收者通过分析频率、振幅和时间模式来判断发送者的物种、性别和质量。在研究中为了分析振动信号的时间模式和频率特征,通常需要测量如下参数:脉冲数、脉冲重复时间、延迟期、潜伏期、间隔期、持续时间和时长等时域参数,以及主频率和基频等频域参数(Nieri et al,2018)。

基质的属性及其与环境之间的交互作用对于研究振动—声学信号、配偶选择以及雄性竞争行为至关重要,并且一直被低估(Mortimer,2017)。即使不考虑物种内个体之间的差异,同样的信号依旧会受传递基质的影响呈现出多样化(Joyce et al,2008),尤其是在寄主植物上,同一植物的不同部位因年龄、发育程度、含水量之间的差异,会造成振动信号的复杂化和多样化(Bell,1980)。由于植物的一些组织不断生长变化,相关昆虫也会随之改变栖息点以适应环境,这其中也包含了昆虫对植物组织是否更有利于传递振动信号的判断、选择甚至进化(Cocroft et al,2006;Virant-Doberlet et al,2006)。一些适应性强的多食性物种,可能会调整自身的生理机能,适应各种基质环境传递信号,而一些专食性物种,则只能通过不停地转移自身的栖息点,来适应寄主植物的生长变化。

9.2.2.2 振动信号在固体基质上的传播特征

昆虫交配行为的起始阶段通常发生在信号接收者和信号发出者距离较远的情况下,因此对可远距离传送的信号类型更有利。对于很多物种来说,起始阶段采用振动信号效果不如信息素、视觉或者声音信号,因为后者的传递距离更远一些。远距离的振动信号传导,容易受到噪声和失真对信号质量以及信息内容的限制,所以振动信号的结构更倾向于简单重复的形式(Ord et al,2008),且信息量往往非常有限。环境、距离以及传递基质的属性会决定交配起始信号或其他信号最适合的类型。无论何种类型的信号,其效能均会随着信号发出者和接收者之间距离的增大而降低,影响信号传递效果的因素主要包括传递基质在时空上的异质性以及信号自身的属性。

在信号的接收和发出者距离较近的情况下,振动信号具备独特的优势。相较于视觉或者嗅觉信号,振动信号可在黑暗且相对较远的距离条件下,不受强气流的影响而顺利地传递信息(Bell,1980)。待到交尾阶段,身体上的接触导致触觉信号成为了最有效的感官方式,如振动、拍打或接触信息素。

一个通信系统的有效空间由 4 个部分构成(图 9 - 4):① 信号发生者(T)在振源(S)处发出信号 $X(f,T)$;② 信号通过基质(包括液体和固体)进行传递,传递方程为 $H_{xy}(f,T)$;③ 背景噪声水平(N);④ 信号接收者(R)接收到的信号 $Y(f,T)$。

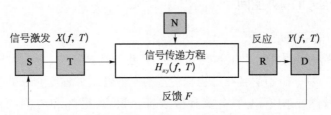

图 9 - 4　噪声控制工程(engineering noise control)原理示意

(Shannon,1949)

f:信号频率,周期 $T=1/t(s-1)$,$X(f,T)$;$Y(f,T)$:振源信号 x(t)和接收信号 y(t)的傅里叶转换;S:振源,T 为信号发生者;R:信号接收者;D:信号目的地;N:噪声。

信号接收者本身的信号感知阈值决定了 Y 的范围(Brenowitz,1982)。不过在分析信号的过程中,振源处信号的物理特征必须首先被量化,因为在信号终点采集、接收到的振动信号,已经受到了噪声和传递基质的影响。机械设备虽然不会因为传递基质的变化而改变自己,但是生物则完全有可能依据信号的传递基质去改变自身的信号激发方式,如降低信号的强度形成被动防御机制或者增强信号的部分特征以完成远距离种内、种间的信息通信。

与均匀材料相比,天然材料上振动信号的传播是非线性的(Pamel et al,2017)。如图 9 - 5 所示,两个相同形状的薄圆盘(直径 60 mm,厚度 0.9 mm),左边是铝盘,右边为薄木片。通过外平面振型分析,圆盘通过电激振器进行激振(X)后再通过非线性周期性扫描,振速反应(Y)显示铝板呈现出清晰的外平面三级节径的模态,但是薄木片上的振动模态因材料的异质性以及表面纹理的影响呈现出非常不规则的梯度变化(Fletcher et al,1998)。

对于植物上的振动通信,信号的发出者和接收者应该在同一株植物上,或者至少在物理距离上足够的接近,以便信号进行振动—声音—振动的传递(Eriksson et al,2011)。植物上的振动信号空间是一个包括主干、主枝、次枝、细枝和叶片在内的一维或二维空间网络(见9.4.2),在每个分叉点振动振幅都会有所变化。随着传递基质的变化,振动信号受到边界反射还会造成额外的影响,即使高质量的信号也会受共振的影响而导致振幅周期性的变化,甚至植物上部分区域的振幅趋于零或局部达到最小值形成节点(nodes),特别是叶子、花、水果和一些茎上分支点。由于多数的自然固体传递基质在空间上都是异质性的,基质的几何形

(a) 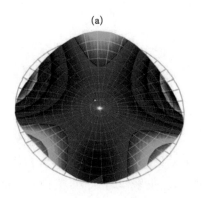 (b)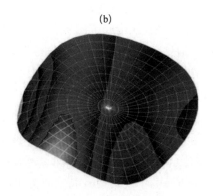

图 9 - 5　铝盘和薄木片的振动模态对比

(Fletcher *et al*，1998)

扫描点 361 个,两种模态均为三级节径的面外模态,振动频率分别为 851 Hz 和 1 641 Hz；(a) 铝盘,
(b) 薄木片。

状、属性的动态变化和基质内的噪声均会影响信号的传递,所以振动信号在这些基质上的传递和在植物上类似,复杂且难以预测。

植物茎的机械位移(运动)相较于人造的均匀基质(杆)的弯曲运动要复杂得多,这是由振动波运动类型的多样性和茎主轴的非连续性导致的(McNett *et al*，2006)。振动信号在植物茎上的传播速度为 10～100 m/s,相较于木质化的茎,肉质茎在滤波特征上的频带更窄。振动信号在植物上远距离传播,经植物滤波后信号接收者只能感知到某些特定的信息,如果信号以弯曲波传递,波的频率会受基质结构的影响发生快速改变,环境噪声的频率多介于 1～3 kHz,高频振动波的完整性不易受到影响,但是弥散波则容易受到噪声的干扰(Michelsen *et al*，1982)。Velilla 等(2020)记录了甜菜夜蛾幼虫在四种差异很大的植物叶片(卷心菜、甜菜根、向日葵和玉米)上觅食产生的振动波特征,叶片性状可以影响振动波的传递和内在的物理属性,其中在叶片较厚的植物上振动波衰减速度快。

9.2.2.3　信号有效空间

信号的目的是传递信息,信息的目的是触发信号接收者的行为反应,即使信号在传播的过程中面临不断的变化,但是只要信号的关键组分没有受到影响,它的目的就能实现。以求偶通信为例,昆虫首先要消耗充足的能量发出强有力的交配信号,交配信号必须对信号接收者具备吸引力,吸引至少 1 个潜在的伴侣(Sullivan-Beckers *et al*，2010);信号的强度越大,传递距离越远,空间范围越宽,就越能有效地到达潜在的伴侣,也就是说,信号有效空间的最大化是增加繁殖成功率的一个关键因素。只不过这种增大信号有效空间范围的方式是存在缺陷的,因为高强度的信号可以被竞争的雄虫或者利用振动信号进行定位的捕食者、寄生者所窃听(Virant-Doberlet *et al*，2011)。

在生物声学中,信号有效空间被定义为声波信号的振幅高于潜在信号接收者的感知阈值,从而引起其行为反应的三维空间区域。影响有效空间的重要因素包括:① 信号源处信号的振幅,② 通过基质传输时的衰减速率,③ 背景噪声的幅值,④ 信号接收者的信号感知阈值(Brenowitz，1982)。除此之外,还有一个重要的因素是信号在一天中发生的时间段,当信

号受外界环境影响或者生物自身生理属性影响而限定在一天中的某个窗口期,从某种意义上来讲,"时间"因素就构成了信号有效空间的关键因素。

在化学信息交流中,信号有效空间的概念通常会和嗅觉联系在一起,如害虫防治中使用人工合成的信息素作为害虫交配的干扰信号(Ioriatti et al,2011)。虽然空气传播(包括植物挥发物、昆虫信息素和声音)和固体基质传播(振动信号)之间有很多的相似之处,但是二者之间的差异却更加显著。植物上的振动信号是在一维(茎和杆)或二维(叶)空间传播的,而空气中信号则是在三维空间传播的。振动信号以弯曲波的形式传播,其频率模式会受到基质结构的影响迅速变化(Michelsen et al,1982),振动信号形成的有效空间内,信号的振幅具有不单调下降的不规则模式特征(Čokl et al,2007)。很多学者认为,植物上可能不会存在两个具有相同频率和振幅的点(Baurecht et al,1992),在寄主植物上传播,尽管振动信号的结构发生了显著的变化,但其仍然可以实现数米远连续性的传播,并且保证信号接收者能够察觉、识别并追踪到信号的源头(Čokl et al,2003)。

9.2.2.4　有效空间网络(active space networks, ASN)

空气和固体基质内信号之间的差异导致了各自有效空间的大小和形状上的差异。从理论上讲,释放出来的气味或声音会在 3D 空间中传播,其强度会逐渐降低。在连续的固体基质上振动信号的传播范围会受到基质自身界限的限制,假设振动信号在一个简单的茎上传播,没有分枝和叶子,那么信号的活动空间则局限于信号源到茎的两端。在小型植物中(比如草本植物),振动信号可以同时传递至植物的根部和顶部,由于内部阻尼小,振动信号的反射波可以在茎秆上下传播几次,这种反射会改变输入信号的模式,使振动信号的强度不会随传播距离单调降低(Miklas et al,2001)。具备繁多分枝的大型植物(如大多数灌木和乔木),信号传递会呈现一个复杂的系统,其中每个分支为信号打开一个新的传播路径,并形成有效空间网络(ASN)。ASN 可以定义为由振动源传播的有效信号覆盖的植物基质分支树网络。

在定义 ASN 时,应充分考虑相关植物各个部分的异质性,如树干、茎、叶柄、叶、根和生殖器官,以及它们如何导致信号的衰减。即使是相同的叶片,鉴于叶脉具备的低通滤波属性,ASN 也可以通过信号幅度和频率的相关差异来表征,特别是由叶脉分隔的叶片不同区域之间(Magal et al,2000)。ASN 的形状和有效范围具备高度的变异性,其界限范围也难以预测。由于信号的振幅振荡因素(非单调降低),有效信号会与低于昆虫感器灵敏度阈值的信号交替出现,从而在 ASN 中形成一个不连续的框架。ASN 也可能包括植物的地下部分(Čokl et al,2003)和其他直接与叶或茎接触的植物(Ichikawa et al,1974)(图 9-6)。这意味着在浓密的草地,以及被藤蔓植物缠绕的植被,信号的传播

图 9-6　振动信号有效空间网络示意

(Mazzoni et al,2014)

个体发出的振动信号在复杂几何结构的植物上形成有效空间网络(ASN),不同信号强度的区域(红色>橙色>棕色)可以相互交替,或者与低于物种灵敏度阈值的区域(不活跃的信号,白色)交替。ASN 同样包括植物的地下组织(A),与其接触的其他植物组织(B)以及没有接触但是足够接近的其他植物组织表面(C)。

基质可能不止一株植物，ASN 可能比预期的范围要大得多。

通过空气传播的声波信号在接触到植物组织后转换的振动信号依旧属于 ASN，例如在较短的范围内即使没有基质连续性，葡萄带叶蝉（*Scaphoideus titanus*）释放的求偶信号也能有效地从一片叶子传递到另一片叶子（Eriksson *et al*，2011）。当生物个体通过声波向邻近植物的叶片发出信号时，可能也利用了这种信号转换形势，向潜在的信号接收者发送信息。因此，叶片重叠、相距几厘米的植物，即使没有连续的基质连接，也可能是同一 ASN 的组成部分。

9.2.3 昆虫对振源的察觉与定位

昆虫在不同的环境下可通过振动线索或信号进行定位，寻找配偶、食物或躲避捕食者。其中，在进化机制上，躲避捕食者可对昆虫精准定位潜在配偶和食物造成很高的选择压力，因为猎物若不能发现、定位和精准地避开捕食者，那么它的生存概率将大大降低。

昆虫求偶、行走或者进食产生的振动线索，会诱导基质产生不同频率和振幅的振动（Hill，2008）。材料的属性，如阻抗、密度、质量和内部阻尼，以及其几何形状和边界条件会导致传播后的振动波具有非常不同的特征（Mortimer，2017）。当振动波在基质上传播一段距离后，被信号接收者察觉、感知、分析并作出定向反应。定向的策略分为两种：一种策略是随着时间变化比较感知的信号（klinotaxis），另一种策略是比较至少两个受体的感知信号（tropotaxis）。昆虫的体型大小至关重要，因为两条腿之间的距离决定了受体的距离，直接影响感知信号差异的大小。理论上，振动波到达每个感受器的时间和强度应该是不同的。因此，昆虫定位最明显的方向线索是振动波的到达时间（Δt）和振幅（Δd）的差异。在不同的感受器之间，昆虫可以比较振动波的起始时间、某些频率成分的起始时间或峰值振幅等其他特征，从而获得方向性信息。很长一段时间以来，人们认为由于振动波的传播速度快，Δt 可能太小而无法在自然基质上检测到（Virant-Doberlet *et al*，2006）。较早可以清楚地证明 Δt 用于固体基质上进行猎物定向的节肢动物是沙蝎（*Parurocto nusmesaensis*）和游猎蜘蛛（*Cupiennius salei*）。沙蝎可以分辨 0.2 ms 的 Δt（Brownell *et al*，1979），蜘蛛可以分辨 4 ms 的 Δt（Hergenröder *et al*，1983a）。在生理水平上，Čokl 等人（1985）研究了飞蝗 *Locusta migratoria* 感知振动方向的时间分辨率，飞蝗不同腿上感受器之间的距离为 5 cm，可产生 0.4～4 ms 的时间差，通过整合来自几条腿的振动感受器的输入信号，其腹索神经元可依赖振动刺激的方向和 Δt，对信号源进行定位。Prešern 等（2018）也证明了蝽类依靠 Δt 在寄主植物上进行定向，而不是 Δd，因为在远离雌虫的茎上，分支点上信号的振幅通常更高。对于小体型节肢动物来说，由于植物组织物理性质上的异质性，振动信号的传输效率和扩散速度会受到影响，在这种情况下信号的识别和定位是一项非常复杂的过程。本节以叶蝉和飞虱作为案例，综述振动信号在寄主植物上的传导特征和振幅线索对这两类昆虫信号识别和定位的影响。

依赖植物传播振动信号的节肢动物中，信号的激发和接收是一个长期的、持续性的行为，节肢动物能够最优化地利用从环境中收集到的信息。若要明确这个过程中的信号察觉和定位机制，需要准确地测定环境中相关的生态参数。除了交配繁殖，寄主植物的某些组织是一些生物重要的食物来源，它们会根据基质的物理特征对振动信号的激发进行调整，因此生物的行为会受到寄主植物的物理和生理特征的影响(Cocroft et al，2005；Hill，2008)。在通信系统中，个体对信息的提取主要涉及 3 个主要问题(Pollack，2000)：① 信号是谁发出的？② 信号包括什么内容？③ 信号源在什么位置？在种内和种间生物的信息通信中，排除环境噪声和非目标生物的干扰，振动信号必然包括那些允许信号接收者正确识别信号发送者的特征信息，如在交配信息交换过程中，信号可以传递的线索包括信号发送者的年龄、身体状态、体型等信息，有些信息甚至进行了特殊修饰以求得异性的青睐而促进后续的交配(Dawkins et al，1978)；也包括信号的方向、距离和位置等定位线索，使得信号的接收者和发出者判断彼此是否位于同一株植物、组织或者叶片。

9.2.3.1　信号强度

昆虫在充斥着多样化信号形式的环境中，神经系统可以交互地接收和分析信号中包含的信息，但是会根据情景选择最重要的一种感官形式。假设振动信号的频率、振幅和时间模式对于提供其内在的信息都很重要，这三种因素中的每一种都可能发挥特定的作用。Čokl 等(2003)认为，频率主要用于传输基质的最佳调谐，以便通过最低的衰减效果来最大化有效空间；信号的时间模式可能是种内信息识别的重要参数，提供了节奏和重复时间等方面的匹配信息，如通过异源雌虫信号或者改变同种内信号的时间参数后刺激稻绿蝽($N.\ viridula$)雄虫，其反应灵敏性会显著降低(de Groot et al，2010)；振幅在振动通信中的作用目前还存在较大的争议，相较于频率和时间模式，振幅没有特定的属性，可能不包含必要的识别信息(Baurecht et al，1992)，有时候它可以反映出昆虫体型的大小(Ulyshen et al，2011)，除非两个个体之间非常接近，振幅很难承载一些关键的信息，因为信号在植物上传播时，振幅本身就呈现出非线性的变化(McVean et al，1996)。

Michelsen 等人(1982)首先提出，昆虫通过振动信号进行交流，可能根据振幅线索能够判断信号发生者的距离和方向：昆虫在定位振源的过程中速度越快越好，一方面能够减少自身能量的消耗，另一方面可以降低信号被种间或种内窃听的概率，正确地判断方向对于节省定位的时间至关重要，倘若让信号搜索者在 ASN 的路径上随机移动，如果每个分岔点都没有准确的定位信息，那么正确选择的概率就会降低到 50%，而在一个有 n 个分岔的分支中意外选择正确路径的概率是 $1/2^n$，这将使搜索变得极其困难。如果昆虫能够通过振幅线索感知到自身与振源之间的距离，那就有利于其将搜索区域限制在 ASN 的某个部分，并且根据距离调整自己的交配行为。

9.2.3.2　定向

由固体基质上的振动信号驱动的定向搜索，被称为振动驱性(Meyhöfer et al，1999)，这种定向方式存在于多种节肢动物(Virant-Doberlet et al，2006)。前文已经提到过，振源线索可以通过评估在空间上分离的受体接收信号的到达时间或振幅差异来实现，或者通过连续比较基质上的振幅梯度来实现。Cocroft 等人(2000)提出了一个额外的假设，认为昆虫的身体对振动信号的特殊机械响应可以被用作方向线索，个体接收到定向信息是因为昆虫的身体会根据信号的方向产生不同的振动。然而，这一假设目前仅适用于角蝉($Umbonia\ crassicornis$)，所以还需要更多的研究来验证这一假设对其他物种的适用性。

在信号传达至空间上分离的受体之间，使用时间差异线索可以简化定向过程，然而，这在神经生物学上会存在一个分界线。例如，*N. viridula* 的大腿长 1 cm，其振动信号在豆科植物上的传播速度介于 40～80 m/s 之间，因此振动受体上信号到达的时间差在 0.125～0.250 ms 范围，这也是蝎子的最低感受阈值 0.2 ms(Brownell *et al*，1979)；并且行为观测显示，*N. viridula* 在植物上的分支点两条大腿伸展后超过 2 cm 的距离，这使得时间差能够达到 0.25～0.50 ms(Virant-Doberlet *et al*，2006)；另一方面，对于体型较小的昆虫(如头喙亚目昆虫中许多体长小于 0.5 cm)和大多数寄生蜂类昆虫，它们的受体之间没有足够的距离让神经系统来处理和分析方向性线索，这些昆虫的定位机制还有待深入研究。Saxena 和 Kumar(1984)发现叶蝉(*Amrascadevastans*)的雄虫定位雌虫的过程中，会不规则地朝着不同的方向快速移动，并且会经常更改路径且有时会有短暂的停顿，他们称该行为为"Vibroklinotaxis"。由于在一些植物上，振动信号的振幅强度随传输距离的变化呈现出不规则的减弱，所以依靠振幅定位可能会呈现出奇特的行为。Tishechkin(2007)观察到木虱雄虫定位雌虫并非是最短、最近的路径，而是在植物上对不同的方向进行试探，最终与雌虫进行接触，因此他认为木虱因为缺乏适当的振幅梯度无法直接定位振动信号的来源。所以说"Vibroklinotaxis"应该是一种非常低效的定位策略，其特点是"反复尝试"，许多错误的路径选择是由于目标角度和转弯角度之间的低相关性造成的(Oldfield，1980)。这种"随机"的搜索行为在其他几种飞虱和叶蝉中也观察到了(Mazzoni *et al*，2010)，然而这并不意味着这些昆虫在定位过程中利用的是振幅梯度。尽管如此，相较于纯粹的随机性定位搜索，"Vibroklinotaxis"至少能够更好地定位振源。Legendre 等(2012)通过观测角蝉雄虫定位发情雌虫的实验，证实了这一观点，雄角蝉定位雌虫消耗的时间要比直接到达的最短时间长 4～5 倍；在 Swatek 等(2013)的研究中，当振幅强度随着距离的降低而增加时，雄虫能够准确地定位振源的位置，但是当这种梯度变化不明确或者相反后，雄虫会作出错误的判断。Mazzoni 在研究 *H. obsoletus* 定位的二选一实验中，当播放雌虫振动信号时，*H. obsoletus* 雄虫会对含有高频成分的特定信号类型表现出明显的偏好，而高频成分又恰恰和信号的传递基质和距离相关，这种行为说明雄虫在搜索雌虫的过程中并非是随机的，它是由振动信号驱使的主观判断行为。

在寄生蜂寻找寄主的过程中，振动信号被认为是一种搜索行为依赖的重要线索模式，尤其是对那些利用产卵器寻找藏在植物中的寄主的物种。如潜叶蝇幼虫移动时发出的微弱振动信号，并不会传播至比叶脉所划定的区域更远的地方，导致搜寻的寄生蜂可能通过信号的强度差异线索来发现猎物的确切位置，倘若同一叶片上存在几只幼虫，幼虫通常会交替地发出振动，寄生蜂则会被幼虫发出的振动信号所"干扰"(Kocarek，2009)。

9.2.3.3 距离判断

有效信号触发的不一定是方向性的行为反应。如果行为反应与信号强度相关，那么这种行为则属于"Kinetic"类别，如果是源自振动信号刺激，那么该行为反应就属于"Vibrokinesis"(Meyhöfer *et al*，1999)。从广义上讲，这一定义可以包括不同的行为反应类型，如蜘蛛(*Cupieniussalei*)在接近或远离振源的过程中，可以通过增加自身的反应速度，从特定频率的振幅线索中区分振源是猎物还是危险(Hergenröder *et al*，1983b)。蛾子(*Semiothisa aemulataria*)的幼虫通过产生不同长度的丝线，对猎蝽和黄蜂产生的基质振动的高频成分振幅差异做出反应（Castellanos *et al*，2006）。马铃薯甲虫（*Leptinotarsa decemlineata*）从休眠中恢复所需要的时间，主要取决于风险刺激所引起的基质位移强度（Acheampong *et al*，1997）。

还有另一种类型的行为反应，即感知到的信号强度会影响个体行为反应的"质量"，个体会根据信号的强度在不同的、离散的反应类型中进行选择。这一类型的反应在部分半翅目昆虫的交配行为中尤为突出，通常会由振动信号介导并引发：潜在交配对象的识别和定位两个阶段。个体（通常是雄虫）一旦识别潜在的交配对象，则开始进行定位，定位完成之后，其定位信号会被具备更鲜明物理特征的求偶信号取代，这些信号将决定求偶是否能够成功。识别阶段的信号通常是呼叫、召唤信号，产生的速度快，信号的物理结构也较为简单，而求偶信号必须是雌虫和雄虫的物理距离在一定范围内才会触发（Čokl *et al*，2003），如在多数被研究的蝽类昆虫中，雄虫求偶信号的脉冲序列来源于单个雄虫的呼叫脉冲，雌雄距离的缩短会使得雄虫将这些脉冲的重复频率增加，最终融合成一个具有物种特异性的求偶脉冲序列。*Acrosternum hilare* 雄虫会发出两种不同的振动信号，每一种信号都与交配行为的不同阶段相关（Čokl *et al*，2001），信号在不同阶段的差异性也普遍存在于角蝉和叶蝉类昆虫中。除了典型的宽频脉冲外，求偶信号通常还具有显著的谐波元素特征，该现象在陆生昆虫物种（Gogala *et al*，1974a）和叶蝉中均有描述（Mazzoni *et al*，2009a）。

这种随着交配行为阶段变换而改变信号类型的策略，具有重要的生物学进化意义。由于在交配行为的早期阶段，首要的任务是物种性别之间的迅速识别（Bell，1990），当潜在的交配对象距离较远时，消费大量的精力发出呼叫或召唤信号非常耗能，冗长而复杂的信号会使实际的搜索速度变慢，除了高能耗的缺陷，被捕食者或者寄生者窃听的风险也会增加。因此，只有可靠地定位到求偶对象之后，才能集中最大的精力去发出高质量的特异性求偶信号，获得交配选择的最终结果。此外，由于 50～500 Hz 范围以外的高频信号组分在传递过程中会衰减得相当快，而求偶信号的附加成分，尤其是频率高于 500 Hz 的谐波（Mazzoni *et al*，2009b），只有在近距离（几厘米甚至毫米）范围内发出才会被信号接收者高质量地感知、分析（Čokl *et al*，2003），所以不同交配行为阶段的信号变换与雌雄虫之间的物理距离存在高度的相关性。综上所述，很多研究者推测个体可以通过振动信号的振幅来判断自身和信号接收者之间的距离并作出"质量"性的行为反应。也就是说，只有当雄性在一定程度上意识到它们与雌性的距离时，这种策略才能实现自身的意义，雄虫有足够的信心判断出雌虫在附近时，它们才会调整自己的行为，发出最具诱惑力和活力的高质量求偶信号，以最低的能耗、最小的风险来最大限度地提高繁殖成功的机会。

昆虫是如何判断自身与信号接收者的距离呢？有学者认为由于弯曲波在分散传播过程中不同频率的信号到达感器、受体时会产生时间间隔，即信号的频率会随着传播距离逐渐发生变化，尤其是信号的主频（Cocroft *et al*，2006）；也有学者认为距离的判断是通过比较茎秆周围的二维阵列信号的振幅来完成的（Virant-Doberlet *et al*，2006）。无论如何，种种现象均显示信号的振幅和行为反应类型之间存在显著的相关性，以下两个案例可以证明。

（1）**葡萄带叶蝉**（*S. titanu*）　Mazzoni 等（2009a）在葡萄的单一叶片范围内研究了 *S. titanu* 的交配策略，雄虫的召唤信号是由规律重复的脉冲组成（1 型脉冲，MP1），当雌虫首次作出回应后,雄虫的振动信号立刻转变为求偶信号,相较于 MP1,求偶信号会包括额外的振动元素,如雄性 2 型脉冲(MP2)和一种谐波(嗡嗡信号),主频为 560 Hz,基频为 280 Hz。

当雄虫和雌虫位于同一株葡萄藤茎的两片不同的叶子上时会发生什么呢? Polajnar 等将 1 对叶蝉放置在同一葡萄藤茎上(图 9 - 7a,图 9 - 8),雄虫会发出召唤信号,雌虫回应后,雄虫则马上调整了自己信号的类型,但这一信号并非是求偶信号,而是通过调整脉冲的重复

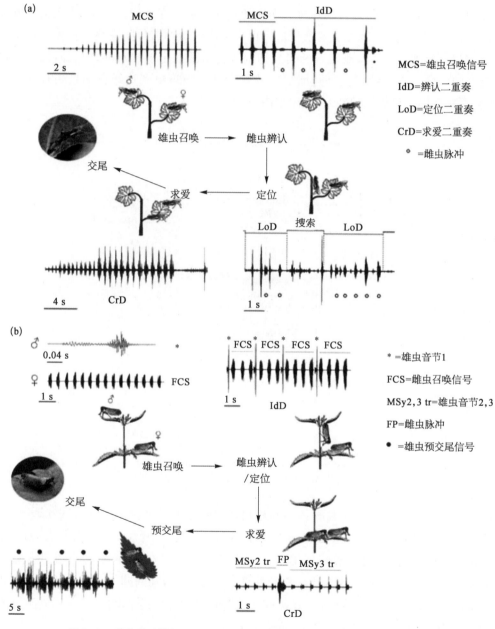

图 9 - 7　葡萄带叶蝉(*S. stitanus*)和田旋花麦蜡蝉(*H. obsoletus*)的交配行为示意

(Mazzoni *et al*,2014)

不同的行为阶段由特定的雌雄间距离和特定的振动信号表征。

时间,将信号的持续时间延长 2 倍,这种最初的二重奏称为识别二重奏,特点是节奏上缺乏规律性。在识别阶段,雄虫会在不离开叶片的情况下随机地进行小范围的运动,然后雄虫会突然转换自己的行为模式,要么是 call-fly 行为,要么进行振源(雌虫)的定向搜索行为。call-fly 行为的特点是雄虫释放召唤信号(通常是 1 个或 2 个快速连续的召唤信号)和短距离飞行到植物其他部分(或实验场地的笼壁上)的交替。该阶段可能会持续几分钟,直到雄虫再次感知到雌虫的回应信号或直接放弃求偶。振源的定向搜索是雄虫靠近发情雌虫的过程,雌雄会交替发出短促的振动信号,促使雄虫进行快速的定向运动。在搜索过程中,雄虫会有规律地重复释放短的 MP1 信号,雌虫在首次回应后再次发出的脉冲信号间隔会明显短于识别二重奏,但是略长于求偶二重奏,雌雄虫的信号即构成的所谓的定位二重奏,定位阶段自雄虫从起始叶片的叶柄一直持续到其到达雌虫叶片的叶柄。当雄虫到达雌虫栖息的叶片上之后,雄虫会再次调整自身信号的类型,发出求偶信号。

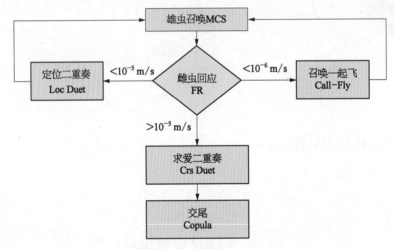

图 9 - 8　葡萄带叶蝉(*S. stitanus*)交配行为的各阶段示意

(Mazzoni *et al*,2014)

葡萄带叶蝉的交配行为与雌雄信号的强度密切相关。当察觉到的信号强度低于 10^{-6} m/s时,雄虫通常选择 call-fly 行为,而察觉到的信号强度高于该值时,雄虫则与雌虫进行信号交流和定位。只有当信号强度达到 10^{-5} m/s 以上时,才能观测到求偶二重奏。求偶信号强度通常是雌雄虫在同一片叶子上通信时的水平。MCS:雄虫召唤信号;FR:雌虫的回应信号;Call-Fly:雄虫召唤—飞行;Loc Duet:定位二重奏;Crs Duet:求偶二重奏;Copula:交尾。

当雄虫和雌虫位于不同株葡萄藤茎的两片相邻的叶子上时又会发生什么呢? Eriksson 等(2011)将 1 只叶蝉雄虫和 1 只雌虫放置在两个不同的枝条上,叶片平行相邻但存在间隙,间隙在 0.5~1 cm 之间时,可以观测到雄虫频繁地定向搜索和 call-fly 行为,雄虫识别雌虫后,开始建立定位二重奏,雄虫会向叶缘移动并到达雌虫叶片,随后建立求偶二重奏和交配行为。当间隙在 2~6 cm 范围内时,只能观察到雄虫的求偶行为;当间隙大于 7 cm 后,未观测到雌雄的交流行为。

葡萄带叶蝉的三个行为实验充分证明了叶蝉的行为模式和雌雄间的距离存在显著的相关性,那么叶蝉雄虫是如何判定自身与雌虫距离的呢? 通过分析信号的强度(信号的主频在基质上的振动速度),Mazzoni 研究团队发现 2 片平行间隔的叶片间隙低于 1 cm 时,雌虫信号强度通常高于 $1×10^{-6}$ m/s,在同一枝条的不同叶片上测定经枝条传递后的振动信号的强度,结果显示雌虫的信号强度也位于该范围内,在这两种情况下雌雄都会建立定位二重奏。当叶片间隙在 2~6 cm 的范围内,信号强度会下降到 $5×10^{-7}$~$1×10^{-6}$ m/s 之间。当振动信号来自振源叶片时,信号的强度值始终在 $1×10^{-5}$ m/s 以上。这说明,$S. titanu$ 的交配行为和信号类型,很大程度上是由感知到的潜在配偶的信号强度来决定,并选择 call-fly、定向搜索或求偶行为。行为的选择可能取决于感知到的信号强度的特定阈值,当信号强度达到一定的阈值时,雄虫就能提取到信号中的关键信息,如强度高于 $1×10^{-6}$ m/s,葡萄带叶蝉的雄虫就能提取到足够的定向线索,感受到信号的强度进一步提高并达到求偶阈值后,雄虫则具备足够的信心确保雌虫就在附近。由此可见,振动通信中昆虫特定的行为反应与特定的强度范围密切相关。

(2) **田旋花麦蜡蝉**($H. obsoletus$)　该虫成虫(体长 4~5 mm)以植物的地上部分为食,也是传染病原菌、危害葡萄的重要害虫。$H. obsoletus$ 的交配行为与 $S. titanus$ 有一些相似之处,但也有一些明显的区别。Mazzoni 等(2010)发现,雌雄蜡蝉均可以发出召唤信号并引发后续的识别二重奏,只要个体在植物的不同部位均会涉及雌雄的识别过程。在识别阶段,通常雄虫会通过发出一种特定的信号(MSy1)来刺激雌虫发出脉冲信号回应。当雄虫接近雌虫栖息的叶片时,雌虫会停止发出信号,雄虫开始发出求偶信号,信号由另外两种脉冲(MSy2 和 MSy3)组成,而雌虫随后发出的单脉冲信号也不同于之前的回应信号。当雌雄虫的间隔在 2~3 cm 范围内时,雄虫再次调整信号的结构,由 MSy1 和另一个脉冲 MSy4 组成,此刻雌虫不再发出信号,直至二者开始交尾。

和 $S. titanu$ 一样,$H. obsoletus$ 的求偶交配行为具有显著的流程特征:识别—定位—求偶—交尾前—交尾。那么 $H. obsoletus$ 振动通信中的行为反应与振动信号的强度范围是否存在相关性呢? 在实验过程中(图 9-7b),当雄虫抵达两个叶片叶柄(寄主植物为对生叶序)和茎的交叉点时,叶蝉选择错误的叶柄或者雌虫所在叶片的叶柄的概率是一样的,这种现象同样存在于角顶叶蝉($Graminella nigrifrons$)的求偶定位过程中(Hunt et al,1991)。但即使雄虫选择错误的叶柄后,它总是能够在接触叶片之前调转运动方向,去选择对向的叶柄并找到雌虫,这足以说明叶蝉雄虫可以利用振动信号完成对雌虫的定位搜索,并且不依赖于视觉或嗅觉信号的辅助。叶蝉对振源位置的定向是否取决于信号的振幅梯度仍需要更多的研究去解决,现阶段已知即使是错误的叶柄,信号的振动强度依然是高于主茎的,说明雌虫的信号中具备某种方向线索,能够使得雄虫及时地选择正确的方向。由于雌虫信号在叶片上的强度相较于叶柄会有 15 dB 的显著提升,所以当叶蝉到达雌虫栖息的叶片后,会马上开始求偶行为并发出相应的信号。

9.2.4　昆虫的振动求偶通信

9.2.4.1　求偶时序

求偶通信是生物为了繁殖而聚集在一起的种内交流方式,相较于其他信息交流行为,交配行为在次序和过程上会消耗更长的时间。Endler(2019)总结了生物在交配过程中所有的有利于信息通信的情况(图9-9),他认为成功的交配过程由辨认、选择和刺激等多种行为阶段按照一定的次序构成。这一过程的发生也涉及不同的感官方式,并受到信号发生、接收以及环境的影响。

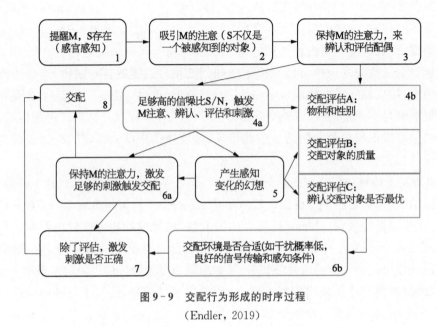

图9-9　交配行为形成的时序过程

(Endler，2019)

M: 潜在的交配者(potential mate);S: 信号的发出者(signaler);箭头表示行为在功能和进化上存在联系。框架颜色表示过程内的影响要素:内在要素(黑色)、环境要素(绿色)和感官要素(蓝色)。编号为过程中的阶段编号。

阶段1 该阶段是主动求偶的一方发出提示信号(alerting signals)或者召唤信号(call signals),提醒潜在的信号接收者(被求偶者)自己到场了。在交配行为形成的时序过程中,提示信号通常是信号时序的首要部分。在这一阶段,信号发出者会通过一些手段尽可能减少自己被发现的可能性,以降低自己被攻击的风险,如前文提到的 Call-fly 行为。

阶段2 提示信号吸引信号接收者的注意力,这一阶段信号接收者只是从背景中分辨出这是一种生物信号,但未必会做出回应。该阶段信号发出者和信号接收者都要尽可能降低自身的信号强度,防止被一些信号的窃听者(Eavesdroppers)、捕食者或寄生者发现。

阶段3 求偶者要保持信号接收者对信号持续的关注力,彼此进行鉴别和评估。振动信号的物理结构和信息成分是其通信的重要内容(Endler,1993),其中物理结构会影响信号的效能(efficacy)。目前,对于昆虫求偶过程中该阶段研究的深度依旧很浅,尤其是对于信号的物理结构和信息成分,许多研究并没有很好地区分信号的接收、察觉、关注和分辨环节,导致很多行为被忽视。受到信号的物理结构和内含信息的影响,阶段3会导致两种平行的行为阶段(图9-9,4a和4b)。

阶段4 保持对信号的关注首先需要高的信噪比(S/N),继而满足信号接收者对信号进一步评估并获得兴奋感(图9-9,4a);要有足够长的关注时间,满足信号的内含信息被完全感知并进行评估(图9-9,4b):① 确定信号发出者是同种个体,② 确定潜在对象是否值得交配,③ 确定信号的发出者比其他潜在的个体更好。信号的评估过程中,信号的接收或察觉是一个被动的感官过程(速度快),但信号的感知、识别和分析需依赖大脑(中枢神经系统)处理(速度慢),包括与记忆或先前的经验进行对比。总之,本阶段信号接收者需要足够的信息量来对信号进行感知和分析,并针对信号的发出者做出下一步决定。

阶段 5 事实上,信号评估和感知的过程中,后续形成的幻想(illusions)和行为都会受到自然因素的影响,而幻想是影响信号感知和分析,形成交配行为的一种内在机制,会影响交配行为的时序过程。

阶段 6 本阶段建立在交配感知完成的基础上,需要额外的保持激励并避免外界干扰,同样由两个组成部分:依托清晰的感知和高信噪比,持续的维持交配者长时间的激励(图 9 - 9,6a);满足交配场所所需的环境因素(低噪、高通且舒适)(图 9 - 9,6b)。有一些节肢动物、鱼类和爬行动物会使用体刺(spines)作为额外手段,来保持交配者肢体上的接触,保证有足够的时间来完成受精(zygote formation),这或许是一种减少评估后还需要持续保持交配者感官或激素上兴奋的方式。合适的交配环境同样会影响交配者的行为决定,包括配对、交尾和受精过程。

阶段 7 感官上的刺激必须要起到激励作用,并且持续足够长的时间才能促成交尾和受精。受精完成后,交配行为的时序过程才算真正结束(**阶段 8**)。成功的交配以及后续的行为均建立在自然选择的基础上,因此环境因素会影响交配行为次序的每一个阶段,也包括通信中信号的效能(物理结构设计)和传递策略(信号的内在信息)。作为通信信号的一种方式,振动信号在交配过程中可以被应用在任何一个阶段,当其他感知方式受限或者信号类型传递受限时,振动信号会具有独特的优势。

因此,生物的交配过程会涉及很多阶段、信号类型和多样化的影响因素,这些因素既包括信号的激发、察觉和感知分析,又包括交配的微环境(microhabitat)和时机选择。在振动信号的属性方面,一个是信号的物理结构会影响信号察觉和感知的质量,另一个是信号的内在信息会影响信号的内容、解码、感知和后续的选择。在某些阶段会同时发生两个平行的过程,这些过程会相互作用,其相对的重要性、地位也会不断变化、调整。关于交尾前和交尾后(pre-copulation、post-copulation phenomena)的行为研究,以及不同类型的信号感知模式间的协同作用目前也非常匮乏,都是需要深入研究的问题。

9.2.4.2 蟒类的振动求偶通信

在自然界中,我们经常可以看到一些昆虫聚集在一起,发生群体交配的现象。通常群体交配的行为模式中,首先远距离通过空气传播化学信号来完成区域聚集,随后在近距离的情况下完成提示(召唤)和求偶阶段,近距离的信息交换既可以通过基质振动和空气声音,也可以通过化学信号、接触信息素和视觉信号进行,我们将这种存在多种信号模式的求偶通信称作"多模式通信(multimodal communication)"。蟒亚科昆虫(后文统称为蟒)的求偶通信即属于多模式通信(图 9 - 10),近年来茶园生态系统中,蟒类害虫日益猖獗,尤其以绿盲蟒、角盲蟒和茶网蟒最为严重,本节内容将简述蟒的求偶通信以及一些蟒类在求偶行为中的特殊性,为茶树上蟒类的无公害防治技术研发提供理论依据。

(1)**聚集阶段** 化学信息通信是蟒类求偶交配的重要信号形式,一些蟒类会使用化学信

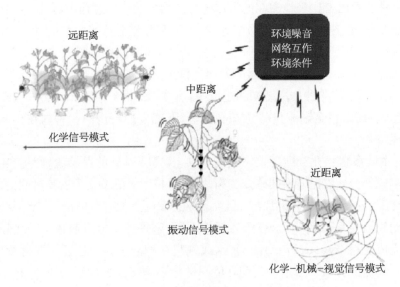

图 9-10 蝽求偶交配行为的时序特征

(Čokl *et al*, 2019)

注: 蝽类求偶通信中的信号类型、属性、传播途径和相互作用。

息素进行种内和种间通信,信息素物质通常是易挥发且结构相对稳定的小分子。蝽类的化学信息素有两类: 防御信息素(defensive compounds)和性信息素(sex pheromones)。成虫和若虫的防御信息素有很大的差别,若虫的防御信息素中主要的化合物由 C6、C8 和 C10 的链式小分子组成,包括(E)-2-烯烃、4-氧-(E)-2-烯烃、醇类和乙酸类,成虫虽然也释放这些化合物,但是主要成分是链式的烃类化合物,主要是十三烷和十一烷。若虫通过腹背部的腺体释放防御信息素,而成虫则通过后胸的腺体释放(Borges *et al*, 2017)。

蝽类雄虫性信息素的分子呈现出多样性,大部分是非极性或低极性挥发物。热带地区蝽类的性信息素在田间和实验室仅能吸引雌虫,而新北区蝽类的信息素,功能上像是聚集信息素,对雌雄均具有吸引能力,某些情况下甚至对于若虫也有吸引力(Borges *et al*, 2017)。性信息素具备物种特异性,并且这种特异性不仅存在于不同的物种间,甚至存在于同种的不同种群内,如 *N. viridula* 雄虫释放的性信息素有 2 种组分,反式-Z-甜没药烯环氧化物及其顺式异构体,但有研究显示来自 6 个不同地区的种群所释放的 2 种组分的比例差异显著(Moraes *et al*, 2008)。生物通过气味(化学物质)进行求偶通信的行为和识别机制可参考本书其他章节,本章不再做详细叙述。

Borges 等(2017)首先发现蝽类在信息通信中化学信号和振动信号会在不同的环境条件下发挥作用,并且这种双模式通信行为非常保守。首先是雄虫发出信息素,吸引潜在的配偶聚集在田间的同一株植物上,然后触发雌虫发出振动信号去吸引雄虫,雄虫则采用振动信号回应雌虫并且通过定位,与之接触。随着距离的接近,通信方式将更加多元化,包括振动、声音、视觉舞蹈和接触信息素。这种在不同阶段变换通信信号方式的多模式通信,种内特异性极强的雄性信息素构成了种间隔离的第一道屏障。当蝽类完成聚集阶段后,振动通信占据主导地位,雌雄虫会通过腹部振动产生召唤(calling)、求偶(courtship)、交尾(copulation)和拒避(repelling)等振动信号(Amon,1990)。相较于单信号模式,多信号模式能够提供更多、更完善的信息,尤其是在多种选择和外界因素的胁迫下,更有利于昆虫间信息的传递和种内的繁殖(Hebets *et al*,2005)。

(2)召唤阶段 该阶段是指蝽由信息素吸引,聚集在同一株植物上后的求偶阶段。通过对比 36 种蝽类的行为与通信信号,结果显示不同物种间的召唤阶段有显著的差异(Čokl *et al*,2017a)。人们曾普遍认为雄性的信息素是触发振动通信的关键因素(触发雌虫的召唤信号),但是也有例外情况,如 *N. viridula* 雌雄均会自发地发出召唤信号,只是雄虫较雌虫更频繁。雌虫发出的视觉信号也会刺激雄虫发出振动信号,通常是雌虫旋转自己的触角会诱发雄虫发出振动信号,因此白天雌雄同株的情况下,雄虫首先发出呼叫的比例是 77%,晚上则下降至 14%(Zgonik *et al*,2014)。

(3)振动信号传播 蝽类腹部发出信号会依据草本植物的谐振属性进行调谐来增加信噪比,可以远距离高效地传递 50~400 Hz 的振动信号。窄频振动信号和调谐到频率低于400 Hz(锁相响应在 100 Hz 左右或以下)的感受系统呈现出高效的外围带通滤波功能,提高了信噪比,消除了风和雨滴产生的低频噪声的影响(Čokl *et al*,2017b)。

许多蝽类属于杂食性昆虫,会在不同的植物上进行转移,前文已经提到过,植物的变化势必会影响信号的激发、传导和感知,即使在同一株植物上,不同的部位和组织变化都会影响信号的产生、传导、察觉和感知。McNett 和 Cocroft(2008)也发现寄主植物的选择和信号的频谱结构之间存在强烈的相关性(昆虫会根据基质的变化调整信号的激发,以适应基质进行信号的高效传播)。信号和基质的匹配,尤其是调谐,在蝽类中是非常普遍的现象。蝽的窄频信号通常主频在 100 Hz 左右,通过寄主植物的共振属性进行调谐,伴随着低于 50 Hz 高于 400 Hz 的噪声被过滤掉,使得信号在 1 m 范围内都可以高品质地传递。如草本植物(大豆)的低通属性可以显著改变齿栗叶盾蝽(*Scaptocoris castanea*)靠摩擦发出的宽频信号,即宽频信号自起点(根)传导到地上的茎后,主频 500Hz 左右的信号消失了,取而代之的是主频为 100 Hz 左右的基波(Mazzoni *et al*,2014)。

(4)求偶定位阶段 昆虫定位振动源的能力在蝽类配偶定位行为中得到大量的研究,这在前文已经进行过阐述(见 9.2.2)。在 *N.viridula* 雄虫的求偶定位中,当遇到分叉点时,雄虫会停下来把腿跨在分叉上,比较两个分支振动信号的差异(图 9-11)(Čokl *et al*,1999)。对植物茎干振动信号的测量显示,两个不同分支之间振动信号的振幅和到达时间存在显著差异(Δd 和 Δt)。已知振幅和频率的差异会导致不同的神经元反应并可作为振源定向线索(Čokl,1983)。在寄主豆科植物上,弯曲波的传播速度在 40~80 m/s 之间(Michelsen *et al*,1982;Čokl *et al*,2003)。当昆虫的腿部跨度为 1 cm 时,可具备 0.12 ms 和 0.25 ms 之间的信号到达时差。当雄虫栖息在植物分叉上比较振动寻找雌性时,两腿之间的距离可以达到2 cm,信号到达时差将增加 0.5 ms(Virant-Doberlet *et al*,2006;Čokl *et al*,2003)。

N. viridula 是否利用 Δd 和 Δt 来找到雌性,很难在自然植物上开展实验验证。振动信号在植物上传递,强度通常会随着距离的增大而发生非线性的衰减,这会妨碍昆虫依靠腿部感受不同位点的信号强度,来判断振源的位置。Hager 等(2016)设计的振动桥装置,能够独立地振动蝽一侧的腿,从而测定身体两侧存在 Δd 和 Δt 的情况下蝽类的行为反应,结果显示

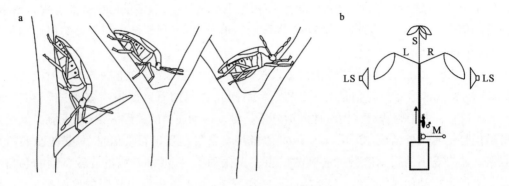

图 9–11　*N. viridula* 雄虫在叶柄上的定位行为

(Hager *et al*，2019b)

a：雄虫用前腿跨立在分叉上，或者把触角放在对面的茎上；b：在豆类植物上进行定向实验时使用的实验装置；L：左分支，R：右分支；M：用来监测虫子反应的麦克风；S：中间杆；LS：扬声器。

0.1 ms 的 Δt 能够引发其身体向振动一侧的桥发生转向，这也证明了 *N. viridula* 的时间分辨率与发生在自然基质中的时间延迟差相匹配；两侧的振幅差异达到 3 dB，也能够引发 *N. viridula* 身体的转向反应。上文已经提到过，振动信号在植物上传递，强度的变化是非线性的，所以 Δd 是否可以为昆虫提供可靠的定向信息，仍在讨论中（Mazzoni *et al*，2014）。不过已有研究证实，对于豆科植物来说只有 Δt 是可靠的定向线索（Prešern *et al*，2018），*N. viridula* 雄虫在主茎和叶柄的连接处，将腿放在分枝的两侧进行定向，由于植物基质的异质性，分支点的信号振幅经常在远离雌性的柄上更高。

（5）**振动信号特征**　无论是召唤信号还是求偶、交尾或者拒避信号，这些信号的主频为 100 Hz 左右，由于植物引起的频率调谐使得信号的衰减速度较慢，所以这些信号可以在植物上 1 m 之内得到很好的传递（Čokl *et al*，2004，2006）。

近些年研究发现，蝽类振动信号的激发不局限于腹部，也可以通过振翅、腿部敲击基质或抖动身体产生（Kavčič *et al*，2013）。也就是说，除了特异性较强的求偶振动信号，蝽类还可以发出颤抖（tremulatory）和蜂鸣（buzzing）信号，这两种振动信号和腹部发出的信号在频谱特征上明显不同，在时域特征上信号的种属特异性低但振幅高，并且在植物之间还可通过声音实现传递，但是最大距离局限于 7 cm 左右（Kavčič *et al*，2013）。无论是蜂鸣信号还是颤抖信号，相似的频谱结构在不同的蝽类中被记录到，说明这类信号具有普遍性和非特异性，其功能可能是在较大区域内提示自己的存在，以此用来吸引同类或拒避竞争者。低频振动信号在环境中容易受到风引发的噪声的影响，如苹果树叶在风的驱动下会产生 7 Hz 和 14 Hz 的振动，最大加速度可达到130 mm/s^2（Casas *et al*，1998）。

蝽类振动信号的物种特异性主要体现在它的时频特征上，但是时频特征同样会被植物的传播属性影响，例如在非谐振基质上，*N. viridula* 的雄虫能够区分雌虫释放的两种信号：非脉冲 FS1－np 和具脉冲的 FS1－p。FS1－p 脉冲在植物上传递会被延长和融合到一定程度，使雄虫将 FS1－p 信号识别为具有相似持续时间和重复时间特征的 FS1－np 型信号（Miklas *et al*，2001）。

9.3 小贯小绿叶蝉的振动通信

茶小绿叶蝉是我国茶树的重大害虫,其中以小贯小绿叶蝉 *Empoasca onukii* 为主。本节将总结叶蝉科昆虫的求偶通信行为和特异性的振动信号,并比较小贯小绿叶蝉和假眼小绿叶蝉求偶振动信号的差别,证明我国茶园中的叶蝉在分类学上与假眼小绿叶蝉属于不同的种。

9.3.1 叶蝉求偶通信的研究现状

叶蝉科(半翅目头喙亚目)的昆虫是最早被证实使用振动信号进行两性通信的类群之一,叶蝉的信号依靠植物的基质进行传播。目前已开展过振动求偶通信行为研究的叶蝉有 5 种,包括葡萄带叶蝉(*S. titanus*)、草地脊冠叶蝉(*Aphrodes makarovi*)、葡萄翅叶蝉(*H. vitripennis*)、异沙叶蝉(*Psammotettix alienus*)和假眼小绿叶蝉(*Empoasca vitis*)。

这 5 种叶蝉中 *A. makarovi* 求偶振动信号的种类最少,雌雄各有一种求偶振动信号(de Groot *et al*,2012)(图 9 - 12):雄性信号(male signal)、雌性信号(female signal),雄性无竞争交配的特异性干扰信号,其余 4 种叶蝉的雄性均可以发出可以干扰雌雄交配的信号。*E. vitis*、*S. titanus* 和 *P. alienus* 可以发出 3 种求偶振动信号:雄性召唤信号、雌性信号以及雄性的干扰信号。其中 *P. alienus* 两性都会自发地发出信号,而 *A. makarovi*、*E. vitis* 和 *S. titanus* 的雌性信号不能自主发送,只能由雄性的召唤信号触发产生。

图 9 - 12 *A. makarovi* 求偶振动信号
(de Groot *et al*,2012)

葡萄翅叶蝉 *H. vitripennis* 在求偶过程中,发出振动信号的种类最多,Nieri 等(2017)共鉴定出 7 种 *H. vitripennis* 求偶振动信号(图 9 - 13),包括 2 种雄虫信号(male signal 1 和 male signal 2)、2 种雌虫信号(female signal 1 和 female signal 2)以及 3 种雄虫竞争信号(male rival signal 1、male rival signal 2 和 male rival signal 3)。*H. vitripennis* 的竞争信号中,有 2 种信号类似于雌虫信号,竞争者会在雌雄二重奏中替换雌虫的信号,另一种振动信号虽然近似于雄虫信号,但用于吸引求偶通信中的雌虫,雄虫竞争者主要依靠 3 种竞争信号来打断正在进行的雌雄二重奏,并获得与雌虫交配的机会。

叶蝉的求偶信号与求偶的行为阶段具有高度的相关性,求偶模式通常为:雄虫呼叫(雄虫随机发送召唤信号)→雌虫识别(雌虫接收到雄虫信号后,识别同种雄虫信号)→雌虫回应(雌虫发送回复信号)→雄虫定位(雄虫接收雌虫回音信号后,建立雌雄定位二重奏,雄虫开始定位雌虫位置)→求偶(在近距离范围内,雄虫发送的求偶信号与雌虫发送的回复信号形成二重奏)。求偶过程涉及的信号包括:雄虫召唤信号、雌虫回复信号、干扰信号、识别二重奏、定位二重奏和求偶二重奏(Mazzoni *et al*,2009a,2009b)。

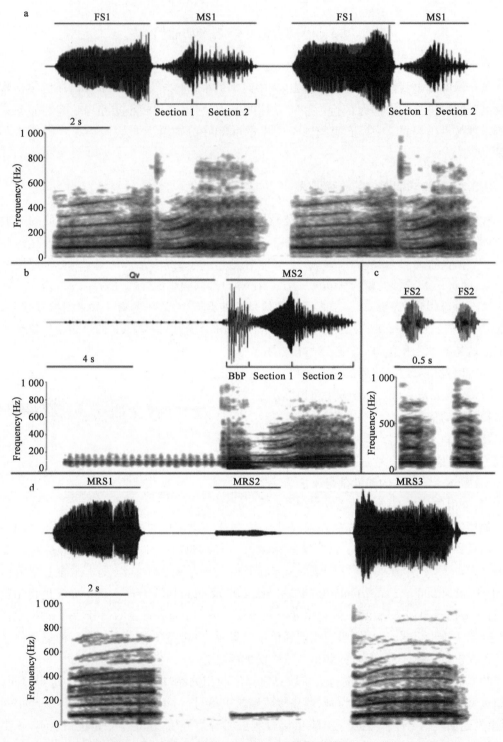

图 9 - 13　*H. vitripennis* 求偶振动信号

（Nieri *et al*，2017）

FS：雌虫信号；MS：雄虫信号。

9.3.2 小贯小绿叶蝉的求偶振动通信

9.3.2.1 求偶行为及其振动信号

赵冬香(2004)等采用自行设计的微音监控系统,研究了小贯小绿叶蝉的振动信号产生情况以及信号的部分特征。结果显示,小贯小绿叶蝉若虫不发声,雌虫单独时不发出振动信号,而雄虫能够发出由寄主植物传递的振动信号用于个体间通信,并且鉴定了雄虫的普通声(Df 为 385 Hz)、干扰声(Df 为 420 Hz)和雌雄虫交配前求偶的 3 种振动信号(Df 为 700 Hz)。实验中信号采集使用的是接触式的压电传感器,基质使用的是剔除叶片的一段茶枝。由于压电式传感器自身质量的影响,采集信号的部分参数会偏离真实值。张惠宁等(2023)采用激光测振仪,重新鉴定了小贯小绿叶蝉在单一叶片上的求偶信号,并观测了叶蝉的求偶行为,主要包括以下 5 个阶段。

(1) **召唤—飞行阶段**(call-fly) 雄虫使用召唤—飞行策略来寻找雌虫,雄虫会发出召唤信号(male calling signal,MCaS),雌虫偶尔也会发出振动信号(female signal,FS)。

(2) **识别二重奏阶段**(identification duet stage) 雌虫探测到并识别出同种雄虫的召唤信号后,发送雌虫信号回应雄虫召唤,形成识别二重奏(identification duet,IdD)(图 9 - 14C):识别二重奏的持续时间为 0.860~2.559 s,雌虫信号的潜伏期为 0.676~2.280 s,相比之下,雌虫信号的延迟期范围更小,持续 0.093~0.965 s。

(3) **定位二重奏阶段**(location duet stage) 雄虫接收到雌虫信号后,发送雄虫求偶信号,雌虫再次响应雌虫信号,形成定位二重奏(location duet,LoD)(图 9 - 14D),雄虫通过雌虫信号,判断雌虫的大致方位,不断靠近雌虫,最终到达距离雌虫约半个体长的位置。如果雄虫在一系列定位二重奏之后没有到达雌虫附近,则将再重复一系列定位二重奏或返回召唤阶段或识别二重奏阶段。在此阶段,雄虫可以在两个信号的间隔时间内移动,而在两个定位二重奏的间隔时间内,雌虫会静止不动。定位二重奏的持续时间、雌虫信号的延迟期和雌虫信号的潜伏期都显著短于识别二重奏。

(4) **求偶阶段**(courtship phase) 雄虫到达距离雌虫约半个体长的位置后,有的雄虫不再发出信号,有的雄虫则不给雌虫回复的时间就会连续发出两三个雄虫的求偶信号。当雄虫调整到与雌虫近距离平行时,它会跳起来并将雄虫外生殖器插入雌虫生殖瓣内。

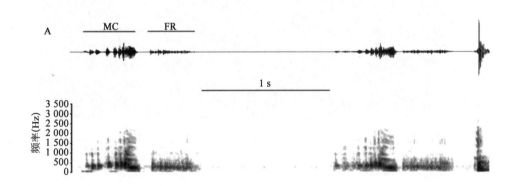

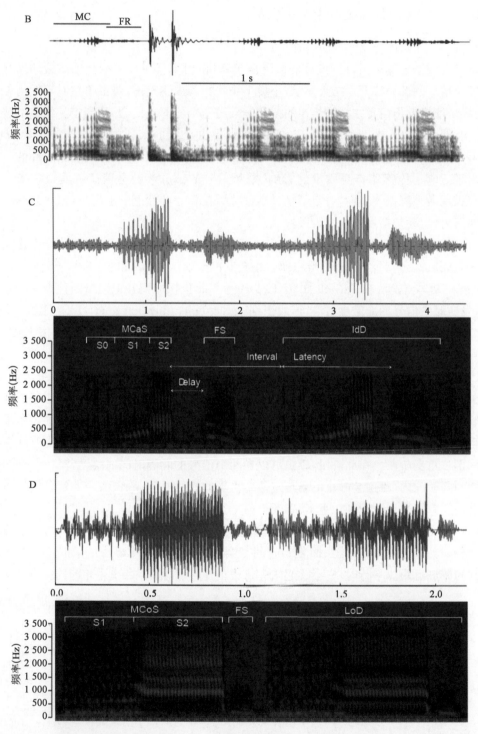

图 9‑14　假眼小绿叶蝉及小贯小绿叶蝉求偶信号的波形图（上）和频谱图（下）

（Nieri *et al*，2018；Zhang *et al*，2023）

A：定位阶段的假眼小绿叶蝉二重奏；B：求偶阶段的假眼小绿叶蝉二重奏；C：小贯小绿叶蝉识别二重奏；D：小贯小绿叶蝉定位二重奏。

（5）**交配阶段**（copulation stage）　如果雌虫接受雄虫求偶，雄虫和雌虫开始交配，平均交配时间范围为 47～130 min。如果雌虫拒绝雄虫的求偶并离开，那么雄虫和雌虫的配对失败，雄虫会重新定位雌虫。如果雌虫拒绝但没有离开，雄虫会再次跳起来尝试交配而不发出信号，直到交配成功或雌虫离开。

小贯小绿叶蝉在求偶过程中涉及的振动信号包括（图 9 - 14）：雌虫信号（female signal，FS）、雄虫召唤信号（male calling signal，MCaS）、雄虫求偶信号（male courtship signal，MCoS）和雄虫竞争信号。雌虫、雄虫在静止和运动过程中，还被记录到大量的单脉冲信号，可能是由自洁或运动引起，因其未表现出特定的生物学意义，所以暂不归为特异性信号。与 MCaS、MCoS 相比，FS 信号结构简单、主频低、时长短。

FS（图 9 - 14C～D）可由雌虫自发产生，也可以由 MCaS 和 MCoS 两种雄虫信号触发产生。FS 的特点是具有一个清晰谐波结构的低频信号，并且该信号的主频会逐渐降低，构成信号参数：频率调制率（modulation rate）。雌虫信号还可细分为识别阶段回应雄虫 MCaS 的 FS1，和定位阶段回应雄虫 MCoS 的 FS2。FS1 时长为 0.23 ± 0.04 s，频率调制率为 -1.44 ± 0.44 Hz/ms，FS1 时长缩短至 0.14 ± 0.03 s，频率调制率为 -1.55 ± 0.85 Hz/ms。定位阶段 FS2 的强度也显著低于 FS1，这样可以降低能耗和被捕食者发现的概率。

MCaS（图 9 - 14C）由一系列不同调制频率的、振幅逐渐升高的脉冲信号组成。根据脉冲的调制特征，其信号结构可分为 3 节：初始节（section 0，S0）、1 节（section 1，S1）和 2 节（section 2，S2）。与 FS 相比，MCaS 信号结构更复杂，时长更长，中后段的脉冲主频更高。在识别二重奏中，S0 在 3 个节段中参数变化最大，S0 的脉冲数量范围为 2～14，脉冲重复时间的变化范围为 0.038～0.361 s，时长的变化范围 0.236～2.247 s，主频从最低 156.25 Hz 到最高 625 Hz，S1 和 S2 均由一系列相对密集的、高频率的脉冲组成，两节之和（S1＋S2）的时长和脉冲重复时间的均值略小于 S0，S1 与 S2 的主频和脉冲数的均值均大于 S0，其中 S2 的脉冲重复时间最短，主频最高，时长最短，S1 与 S2 之间的脉冲数相近。

MCoS（图 9 - 14D）是雄虫在定位阶段发送的求偶信号，由一系列不同调制频率的、振幅始终保持高位的脉冲信号组成。根据脉冲的调制特征，MCoS 的信号结构与 MCaS 类似，但不包含结构松散的 S0 部分，仅由结构紧密的 S1 和 S2 组成。与 FS 相比，MCoS 信号时长更长，后半段的脉冲主频显著高于 FS。MCoS 的 S1 时长和 S1 主频与 MCaS 相近，但 MCoS 信号中的 S1 和 S2 脉冲重复时间短于 MCaS，且 S2 的主频、S2 的时长、S2 的脉冲数量以及 S1 的脉冲数量这四个参数大于 MCaS。

9.3.2.2　小贯小绿叶蝉与假眼小绿叶蝉求偶行为的差异

在分类学中，近似种之间由于外形特征相似而难以区分，通常会采用分子生物学技术进行鉴定。由于不同物种之间存在生殖隔离，所以通过鉴定求偶信号是否一致也能判断是否同种。如茶尺蠖和灰茶尺蠖外形相似难以区分，但在自然状态下二者因性信息素的成分有差别而存在生殖隔离，即种内求偶通信的化学信号存在差异。小贯小绿叶蝉长期以来被认为是假眼小绿叶蝉，通过对比叶蝉求偶过程中的行为、信号种类和结构，可以充分说明二者是两种叶蝉。

（1）**行为差异**　两种叶蝉的雌虫信号发生行为不同。假眼小绿叶蝉的雌虫不会主动发出求偶振动信号,只能由雄虫的召唤信号触发,故其雌虫的信号被称为雌虫回复信号(female reply,FR);但小贯小绿叶蝉的雌虫在无雄虫的情况下可自主发出振动信号。

(2) **信号种类差异** 两种叶蝉雄虫求偶振动信号的种类不同。假眼小绿叶蝉雄虫信号除单脉冲信号外,只发送一种雄虫召唤信号(MC)用于召唤、定位和求偶;而小贯小绿叶蝉雄虫可以发送雄虫召唤信号(MCaS)和雄虫求偶信号(MCoS)。

(3) **信号结构差异** 两种叶蝉求偶振动信号的结构不同。假眼小绿叶蝉雄虫的 MC 信号分为 2 节：S1 和 S2,其中 S2 由一个谐波结构构成(图 9-14A～B);而小贯小绿叶蝉雄虫的 MCaS 信号可分为 3 节：S0、S1 和 S2,且各节均由一系列不同调制频率的、振幅逐渐升高的脉冲信号组成(图 9-14C～D);假眼小绿叶蝉雌虫的 FR 是由 1 个宽条带单元(broadband unit)构成(图 9-14A～B),而小贯小绿叶蝉的 FS 是由 1 个谐波结构构成(图 9-14C～D)。

在分类上,小绿叶蝉属(Empoasca)是半翅目(Hemiptera)叶蝉科(Cicadellidae)小绿叶蝉亚科(Typhlocybinae)小绿叶蝉族(*Empoascini*)的模式属,全世界已报道 800 多个有效种(Southern *et al*,2010)。该属内种间外部形态特征很相似,必须根据雄性外生殖器特征才能加以区分,但由于早期叶蝉分类学家主要依靠外部形态特征进行物种的鉴定和分类,直到 20 世纪初才开始以雄性外生殖器特征进行分类(张雅林,1990),因此该属很多早期报道的种类缺乏模式标本的雄性外生殖器特征图,为该属的种类鉴定增添了难度。

我国茶树上小绿叶蝉优势种的归属长期存在争议,种名发生多次变更,最早被认定为 *Empoasca flavescens*(Fabricius)。成虫连翅体长约 3 mm(赵冬香等,2000),个体纤弱,新鲜标本整体黄绿色,陈旧标本黄至黄褐色,由于外形特征与近似种假眼小绿叶蝉(*E. vitis*)非常相似,故无法根据外部形态特征进行区分,20 世纪 80 年代末由葛钟麟和张汉鹄(1988)鉴定为假眼小绿叶蝉(*E. vitis*),所以很长一段时间我国茶小绿叶蝉的研究中拉丁学名均为 *Empoasca vitis*。2015 年,秦道正等通过分子生物学和形态学(下生殖板的形状和尾节突的腹缘等特征存在差别)方法分析了日本和中国茶园小绿叶蝉的样品特征,认为我国茶区的叶蝉为小贯小绿叶蝉(*Empoasca onukii*)(Qin *et al*,2015)。

小贯小绿叶蝉和假眼小绿叶雄求偶振动信号间存在显著差异,进一步论证了茶树上小绿叶蝉的种类鉴定问题,也充分证明生物震颤学可以作为昆虫分类学的一种重要手段。

9.3.3 小贯小绿叶蝉求偶过程中的竞争行为

前文已提到过,当环境中存在多只叶蝉雄虫的情况下,雄虫之间会产生求偶竞争行为。决定哪只雄虫可以获得雌虫青睐的关键是抢在其他竞争者之前快速定位雌虫的能力。

当茶树上存在多头处于求偶期小贯小绿叶蝉雄虫的情况下,雄虫之间也会存在竞争行为。小贯小绿叶蝉雄虫之间的竞争策略同样分为 2 种：一种是竞争雄虫释放特异性的“求偶竞争信号(MDS)”直接干扰求偶叶蝉的识别二重奏(图 9-15A),导致二重奏立即中断,竞争雄虫则伺机释放自己的 MCaS,尝试与雌虫建立二重奏;另一种是释放主频与求偶雄虫信号重叠的“竞争脉冲(DP)”(图 9-15B),该信号对求偶雄虫的通信过程不会造成影响,类似于竞争者的一种“挑衅”信号,竞争者搜索并定位求偶雄虫后,会尝试通过肢体冲突驱离求偶的雄虫。

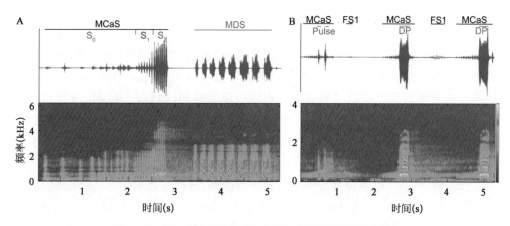

图 9-15 茶小绿叶蝉竞争行为中振动信号的波形图和频谱图

A：MCaS 和竞争雄虫释放的求偶竞争信号(MDS)组成的竞争二重奏；B：竞争雄虫释放脉冲(DPs)去重叠识别二重奏中的 MCaSs。

小贯小绿叶蝉的 MDS 由一系列重复脉冲组成，每个脉冲的主频会逐渐降低，频率调制率为 -1.18 ± 0.52 Hz/ms，脉冲的 PRT 不一致，第一脉冲较短，并且个体之间存在差异。与单脉冲 FS 相比，MDS 的脉冲数量可从若干上升至一百多个。MDS 策略只发生在小贯小绿叶蝉的识别阶段，竞争者可与求偶雄虫之间形成 MCaS-MDS-MCaS-MDS 序列的竞争二重奏。

其他种类的叶蝉，如 *H. vitirpennis* 会在求偶通信的识别和求爱阶段释放类似雌虫信号的干扰信号(Nieri *et al*，2017)，*Aphrodes makarovi* 的雄性竞争者通常在定位阶段发出干扰信号，掩盖雌虫的信号(Kuhelj *et al*，2017)。*S. titanus* 采取的竞争策略和茶小绿叶蝉类似，雄性 *S. titanus* 可通过发出干扰噪声来破坏正在进行的二重奏，阻止叶蝉进入适当的求偶阶段。小贯小绿叶蝉的另一种竞争策略中，竞争者会释放与雄虫信号重叠的干扰脉冲，这一现象在 *E. vitis* (Nieri & Mazzoni，2019)和 *Tylopelta gibbera* (Legendre *et al*，2012)中也有发现，但是小贯小绿叶蝉的 DP 对正在进行的二重奏或雌性对雄性信号响应的比例没有任何影响。相比之下，*E. vitis* 的 DP 可以影响正在进行的求偶二重奏，*E. vitis* 的 DP 无谐波结构，持续时间极短(0.03 ± 0.01 s)，主频($Df=125.98\pm61.89$ Hz)也低于 *E. onukii*。所有的竞争信号，只能在竞争条件下由雄性信号触发，即在雄虫的第二次信号发出之后出现。

9.4　展　望

9.4.1　田间的背景振动噪声

声音景观(soundscape)被用来描述"在一定情境下所有声音的集合"并且被用于描述"不同环境下的声音通信"(Haver *et al*，2017)，以及深入了解声音对环境的影响。而振动景观(vibroscape)是在特定景观内生物、地球物理和人为振动在各种空间和时间尺度上创造独特的振动模式的集合(图9-16)。生物振动信号的主要来源是动物释放的振动信号,但是不仅仅局限于种内的信号通信,同样也包括其行为过程中的一些附带信号,比如行走、取食或清洁过程中产生的振动信号。此外,许多通过声音进行通信的动物,同样也会伴随产生振动信号。植物的生理代谢过程产生的振动信号同样属于振动景观的范围(Schöner *et al*,2016)。地球物理振动主要源于地质活动和非生物现象引起的振动,如地震、风、雨、水流,以及固液沉积引起的振动。人为振动主要是由人类活动引起的振动,如汽车、火车、飞机、轮船、汽轮机、工业或建筑行为引起的振动,以及其发出的声音附带的物体响应振动(Roberts *et al*,2017)。也就是说,振动景观中除了有价值的信息,也包括影响信号传导、感知的噪声(Forrest,1994)。其中,生物源的噪声既可以来自同种、异种生物的信号,也可以来自环境中的声音。声音景观中的一个重要概念是信号有效范围或信号有效空间(见9.2.3),即区域内信号的振幅高于潜在的信号接收者的感知阈值且能激发出这些接收者的行为反应(Mazzoni *et al*,2014)。然而,在振动景观中,有些信号或许不能激发接收者的行为,但是却能抑制其信号活性,例如一些信号被异种生物察觉并被认定为噪声的时候。通常认为振动信号会局限于生物栖息的单一植物上,但是研究发现,这些信号也一样会通过根、土壤或者接触的叶片延伸至邻近的植物(Tishechkin,2011),甚至是邻近的并未接触的叶片,通过振动—声音—振动的方式进行传导(Eriksson *et al*,2011)。

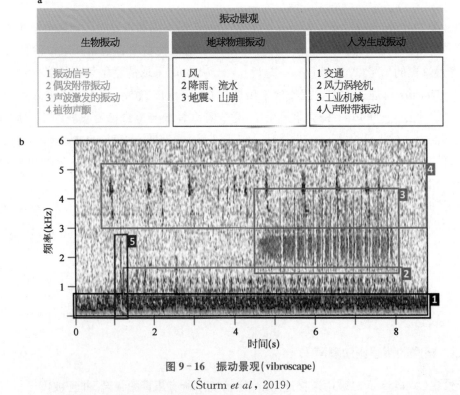

图9-16 振动景观(vibroscape)

(Šturm *et al*,2019)

　　a:振动景观组成成分和振源示意图;b:振动景观以光谱图的形式可视化,包括风引起的连续低频振动(1棕色),两种未知昆虫发出的两个不同频段的重叠振动信号(2、3绿色),麻雀空中鸣叫的振动信号(4绿色)和人为活动引起的随机振动(5紫色)。光谱图由Seewave生成,Hanning窗口1024,重叠率为80%。

9.4.2 振动干扰技术与信息素干扰技术的比较

昆虫化学生态学起源于 19 世纪末,Fabre 和 Lintner 首次证明昆虫使用化学化合物进行交流(Mazzoni *et al*,2019)。到了 20 世纪 60 年代,通过田间试验才为信息素交配干扰技术(pheromone mating disruption,PMD)的应用铺平了道路。又过了 10 年,科学家才证明昆虫利用基质传播的振动作为种内交流的信号(Ichikawa *et al*,1974;Gogala *et al*,1974b),同样是过了 60 年,生物震颤学才被正式列为一门学科。

交配干扰的理念一直以信息素交配干扰技术(pheromone mating disruption,PMD)减少害虫的种群密度为主要研究对象。21 世纪初以来,科学界提出了一种新的方法:振动交配干扰(vibrational mating disruption,VMD),它的新奇之处在于利用振动信号(噪声)来干扰通过基质振动进行信息交流的害虫的交配行为。2017 年,VMD 在意大利北部的有机葡萄园中得到应用,用来控制叶蝉害虫的种群密度,实现了 VMD 从理论到实际的野外试验。目前,可采用振动干扰技术防治的害虫包括柑橘木虱(*D. citri*)(Mankin *et al*,2013)、葡萄带叶蝉(*S. titanus*)和葡萄翅叶蝉(*H. vitripennis*)(Eriksson *et al*,2012;Polajnar *et al*,2016a)。所以,生物震颤学是未来农业植保中推动半翅目害虫防控技术创新、改进的重要基础之一。

在化学生态学研究的支持下,PMD 在 20 世纪末已经在世界范围内用于控制飞蛾、甲虫、半翅目害虫。PMD 已被证明足以抑制目标害虫的繁殖,减少害虫的产卵量和对作物的危害程度,是当下农业生态系统害虫无害化防治的优选技术,它对大多数非目标生物都是安全的,并与现代 IPM 理念高度契合(Pertot *et al*,2017)。PMD 中的信息素迷向技术除了干扰交配对象的定位外,还会延迟目标害虫的交配,从而显著降低雌性的繁殖力(Torres-Vila *et al*,2002)。雌虫交配、孕卵和找到合适产卵寄主的时间是有限的,交配延迟同样可被认定为一种防治手段(Jones *et al*,2014)。本书第四章已经详细阐述了 PMD 的优点和潜力:① 对目标害虫的特异性强,② 技术安全,③ 不干扰其他生物防治技术,④ 环境兼容性高。PMD 的成功应用取决于许多因素,从 VMD 的改进和应用角度来看,这些因素都值得 VMD 借鉴,Mazzoni(2019)列出了 8 个应用交配干扰(MD)技术时须考虑的因素,并简单讨论了 PMD 和 VMD 之间的异同,同时评估了在葡萄栽培中使用 VMD 的优点和缺点(表 9 - 2)。

表 9 - 2 葡萄栽培中害虫振动干扰技术的优缺点

	优　　点	缺　　点
信号特异性	已应用的 VMD 不需要高特异性信号,设备可以同时干扰多个目标害虫的求偶通信	可能会对非目标物种产生负面影响。寄生类和捕食类天敌如果受到噪声的干扰,可能会离开技术辐射区
定位行为	在定位二重奏阶段,雌雄虫都会受到干扰;当干扰信号包含关键的定位线索时,VMD 效果最好	如果信号没有达到干扰效果,甚至会增加交配动机,缩短雌雄虫的定位时间
雄虫竞争行为	与 PMD 相反,VMD 在自然界中普遍存在且竞争信号具备特异性	一些昆虫已经进化出替代策略来克服其他雄虫的干扰(如卫星行为),这可能会降低 VMD 的效率

	优 点	缺 点
昆虫空间分布	对于 *S. titanus* 等单食性物种来说,因为害虫的迁移能力有限,非技术覆盖区不会受到侵扰	对于 *E. vitis* 等多食性物种,在技术停止后害虫会重新侵扰葡萄。环境中其他寄主的存在会对 VMD 的效果产生负面影响
昆虫物候特征	VMD 可以根据目标害虫的年度种群变化趋势进行运行。通过监控系统打开葡萄园中的设备,就可以实现对害虫的及时干预,并实现节能	长期危害作物的害虫(如世代重叠)需要长时间进行干扰,使装置长时间保持工作,设备寿命、能耗会成为限制因素
信号有效空间	VMD 的有效覆盖范围不受葡萄园的地理位置、地形、品种和特定的天气条件(如风)的影响	VMD 性能会随着棚架系统、植物年龄和植被生长季节的差异而变化;每个葡萄架必须使用至少一个激振器,以确保干扰信号的有效和连续性
干扰机制	当下使用的干扰噪声并非模拟信号,可以作为 MD 作用机制的一些重要案例,促进 VMD 的进一步发展	对于模拟信号(如 MC 或者求偶信号)的作用机制以及实践中应用,仍然缺乏相关的理论基础
防效评估	监测目标害虫的种群密度和作物产量是评估防治阈值的常用技术	有些害虫体型小,很难鉴定是否交配

单模式交配通信系统(unimodal mating communication system)是 MD 方法成功应用的前提,生物合成并释放挥发物本质上也是一种信息通信方式,蛾类害虫的求偶通信对性信息素的高度依赖是 PMD 技术成功应用的前提,其原理即是通过在作物中释放足够量的性信息素的合成类似物来干扰配偶的定位(Miller *et al*,2006)。同样,叶蝉在求偶通信过程中几乎完全依赖振动信号,振动信号引导了交尾之前的关键步骤(Mazzoni *et al*,2009a;Polajnar *et al*,2014)。因此,只需要干扰这一支信息交流通道就足以阻断叶蝉的交配过程。由于化学信号和振动信号的特异性有很大的不同,PMD 策略主要基于性信息素分子的特定化学结构,以至于合成混合物中各个异构体的纯度可以影响昆虫的行为反应(Cardé,2007)。VMD 是基于低频振动信号(即干扰噪声)的回放(Eriksson *et al*,2012),一些振动信号在光谱结构(频率和振幅)上的特异性相对较低,但在信号发射的时间模式上的特异性较高(Derlink *et al*,2014)。由于干扰噪声必须连续传递才能有效,因此只有保持干扰噪声的频谱特征,噪声才能被感知并干扰目标物种的行为。本节将从以下 5 个方面简要论述 VMD 和 PMD 的差异。

9.4.2.1 定位行为

以飞蛾和叶蝉为例,即使二者的搜索行为相似,但驱动雄虫定位的机制是不同的。在鳞翅目中,配偶的定位通常是由雌虫释放性信息素介导,雌虫释放少量特异性信息素,雄虫则通过高度敏感的气味感觉器官来定位性信息素来源(Bengtsson *et al*,2007),属于开环系统。对于叶蝉来说,雌雄都会发出召唤信号,但大多数情况下雄虫是主动方,并且定位二重奏依赖于雌雄之间振动信号的持续交换,属于闭环系统;二重奏具有严格的时间模式,信号的发射是根据彼此对信号的感知进行实时调整的(Kuhelj *et al*,2015a)。

在开阔的田野中,自然空气湍流将雌蛾的性信息素变成无数携带信息素的气缕丝,载量从 0 到极低的浓度,当雄虫逆风飞行时需要对浓度迅速变化的性信息素气缕丝进行快速分析,这要求雄虫触角内的受体具备实时快速重置的能力,以感知下一个信息素分子。目前,在叶蝉的求偶定位过程中,雄虫通过追踪振动信号找到雌虫的机制尚未明确,但可以肯定的是,振动信号形成的有效空间网络并不是单调的,而是受植物组织的类型、形状等属性的影响,信号的振幅和频率变化极容易在植物组织中发生(Mazzoni *et al*,2014)。前文已经提到过,Mazzoni 和 Polajnar 认为振幅梯度是叶蝉(*S. titanus*)和蜡蝉(*H. obsoletus*)定位雌虫的主要线索(Mazzoni *et al*,2014;Polajnar *et al*,2014)。

9.4.2.2　信号有效空间范围

性信息素是挥发性有机小分子,可以向各个方向传播数百米(图 9 - 17),其扩散主要受环境和景观因素的影响,其中温度、风和景观形态起主要作用,如果这些因素阻碍了性信息素在处理区域的分布或弥散,则会在一定程度上降低 PMD 的效果,甚至受到破坏。除此之外,作物的管理、栽培方式是另一个重要的影响因素。如在葡萄园的棚架系统中,尽管所使用的缓释载体和信息素配方决定了信号的有效传递范围,但是作物的冠层也会调节信息素的浓度(Karg *et al*,1997),如早春时节作物的叶子很少,那么点源诱芯释放的挥发物会以相对分散的羽状随风输送(Ioriatti *et al*,2009),部分可能被土壤吸附,但是当叶片大面积覆盖后,会分裂和搅动气缕,导致信息素源头的区域浓度均匀且延伸距离缩短。

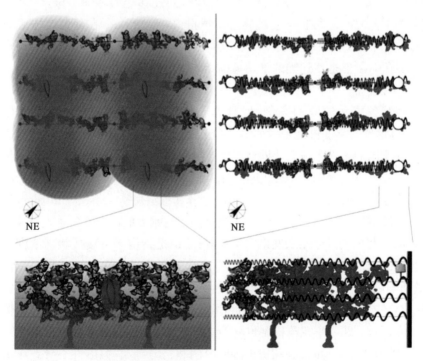

图 9 - 17　葡萄园中 PMD(左)和 VMD(右)的信号弥散模式

(Mazzoni *et al*,2019)

注:左图中颜色的深浅表示性信息素的浓度大小,右图中葡萄园内的波形图代表了振源附近振动信号的振幅更高;颜色深浅并不代表现场实测信息素/干扰噪声的真实浓度/强度。

在 VMD 中,振动信号通过葡萄棚架扩散,传播距离受环境和景观的影响不大,几乎完全取决于葡萄棚架和植物特征(Polajnar et al,2016a)。植物在夏季的连续生长,由于振动能量的耗散增加,将强烈影响干扰信号在植物之间的分散,其中植物(在表面积、体积和重量方面)与棚架相互作用的方式发挥了主要作用。然而,这方面的研究还非常少,需要更多的田间试验来形成完善的理论体系,从而有助于最大限度地传播干扰噪声。

9.4.2.3 雄虫竞争行为

性信息素会引发雄蛾争夺雌蛾的竞争行为(Cardé et al,1984)。雄蛾虽然不发出任何竞争信号,但它们会在交配时争夺位置。相比之下,雄叶蝉可以通过发出特定的竞争信号来干扰已经建立的二重奏,用踢腿和腹部扫击等身体对抗方式驱逐竞争者(Mazzoni et al,2009a)。竞争对手利用竞争信号可以延迟或误导雄虫接近雌虫。

9.4.2.4 害虫空间分布

PMD 对某些种类飞蛾的防治已经取得了巨大的成功,即使是对高密度的种群也依然具有良好的防效,因此这项技术很快被纳入多种害虫的 IPM 计划。同样,VMD 对于高密度的害虫种群也能成功,叶蝉可以构成高密度种群,因此两个或更多的个体可能会在短距离内出现在同一组织中(即相同的叶或茎)(Maixner,2003)。在这种情况下,所有植物都应该覆盖超过有效阈值的干扰信号,以最大限度地提高 VMD 的有效性。对于某些蛾类,PMD 失败的原因是因为这些蛾类具备很强的迁移能力,受精的雌虫可以从技术覆盖区以外进入葡萄园产卵(Cardé et al,2003)。相反,人们普遍认为叶蝉的迁移能力相对有限,认为这类昆虫只是偶尔飞行,大部分时间停留在寄主植物上。据报道,*S. titanus* 在葡萄园的活动范围小于30 m(Lessio et al,2004)。那些可以从寄主植物迁移到越冬地点的物种(如 *E. vitis*)可以进行更长距离的迁移,虽然这些迁徙的确切范围尚未确定(Mazzoni et al,2001)。

9.4.2.5 干扰机制

PMD 已经具备成功的应用案例,但是其干扰机制至今也未能完美的解释(Witzgall et al,2008)。PMD 的干扰机制是多种生理和生物行为互相作用的结果,这些作用不是相互排斥的,而是在不同的条件下彼此协同或以时空顺序作用于同一种昆虫。Miller 等人(2006)总结了 PMD 的分析程序和标准,根据这些分析程序和标准,PMD 的机制可以分为两大类:非竞争机制(掩盖 camouflage、脱敏 desensitization 和感觉失衡 sensory imbalance)与竞争机制(迷惑气缕追踪 false-plume-following)。掩盖是指当雌虫的信息素气缕丝被合成的信息素掩盖,雄虫无法从背景中区分雌虫发出的信息素;脱敏是指由于持续接触高浓度信息素造成雄虫无法对自然化合物的正常排放作出反应;感觉失衡是指雄性感知(即识别)特定性信息素的能力受到了影响,只使用信息素混合物中的一种成分(例如,主要成分)或使用了"外信息素"(拮抗化合物、激动剂、信息素类似物和增效剂),这些成分会影响昆虫的通信系统的生理机能(Renou et al,2000);竞争机制也称为迷惑气缕丝追踪,源于释放性信息素的雌虫和合成诱芯之间的直接竞争,雄虫会花费更多的时间和精力寻找"假雌性",导致雌虫交配比例下降或交配延迟(Anfora et al,2008)。

目前,生物震颤学的应用研究总体上依然很少,并且缺乏对其作用机制的具体研究,但已经很清楚的是,干扰信号通过植物组织的传播,可以有效地掩盖个体在植物上自然发出的交配信号,阻止信号的感知。Eriksson 等(2012)采用的干扰噪声并非是模拟叶蝉的交配信号,而是振幅范围和频率跨度可以覆盖个体交配信号的非特异性噪声,这是已有的 VMD 和 PMD 技术最大的差别。倘若 VMD 使用模拟交配信号的干扰信号时,原理上就会与 PMD 一致。Gordon 等(2017)在半野外条件下,通过回放雌虫鸣叫信号成功地干扰了葡萄翅叶蝉(*H. vitripennis*)的交配;Mazzoni 等(2017a)通过在诱捕器中释放雌虫的呼叫振动信号,成功吸引了雄性褐纹蝽(*Halyomorpha halys*)。后者可以认定为假跟踪机制,类似于性信息素诱捕策略,而前者目前的干扰机制还未能定义。不同的物种,其交配干扰的策略要依托其行为进行变化,如 *S. titanus* 交配二重奏的时间模式极其复杂,人为地在适当的时间窗口释放模拟的雌虫信号来诱集雄虫的策略就难以实现(Mazzoni *et al*,2009a);反之,当雄虫可以被雌虫的信号驱动并发生定位行为,并且定位可在非二重奏的情况下完成时,可以优先选择竞争策略(Mazzoni *et al*,2017a)。因此,明确目标物种的求偶行为对确定最佳防治策略至关重要。

9.4.3 害虫振动防治技术的研发

9.4.3.1 葡萄带叶蝉(*S. titanus*)

前文中已详细描述过葡萄带叶蝉求偶通信行为的众多特征(见 9.2.3),本节将主要叙述该害虫的振动防治技术在研发过程中需要解决的具体问题,以及技术应用后需要持续关注的一些问题。2017 年夏天,世界上第一个通过振动交配干扰(VMD)进行害虫防治的试验在意大利圣米凯莱亚拉迪杰的葡萄园启动。每一行的几根架杆上都安装了微型振动器,用来将干扰用的振动噪声传递到葡萄藤上,干扰叶蝉 *S. titanus* 的交配行为(图 9-18)。

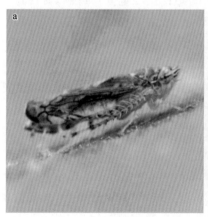

图 9-18 振动干扰装置及其目标害虫

(Mazzoni *et al*,2019)

a: *S. titanus* 葡萄带叶蝉;b: 干扰信号的激振装置。

VMD 的关键是建立在对 *S. titanus* 交配行为的深入了解上。*S. titanus* 几乎完全依赖振动信号来进行交配,其雄性和雌性会交替发出振动信号组成二重奏,直至发生交尾(Mazzoni *et al*,2009a)。最重要的是,雄性竞争对手可以发出干扰噪声(disturbance noise)来中断一对正在进行的雌雄二重奏,这是研发该害虫 VMD 技术的必要条件(Mazzoni *et al*,2009b)。

S. *titanus* 雌雄成虫通常处于静栖状态,不会在植物周围频繁移动,大部分时间都在取食、自洁和分泌刺体(Rakitov,2002)。如果雄虫察觉到另一只雄虫和雌虫正在进行交配二重奏,这些雄性会突然暴躁、变得好斗。交配是成年叶蝉生命中最重要的事情,当有限的雌虫被另外的雄虫求爱,雄虫就会采取策略进行竞争。策略 1 是所谓的卫星策略或沉默策略(Virant-Doberlet *et al*,2014),具体过程是一只雄性聆听二重唱时雌性发出的脉冲,但不发出任何信号,它通过利用竞争对手的求偶信号,默默地寻找雌虫,试图比鸣叫的雄虫更快地接近雌虫;策略 2 是竞争雄虫针对求偶雄虫发出的特定干扰噪声(DN),发出与雌虫脉冲信号完全对应的 DN 来挑战对手,DN 与雌虫的应答信号重叠,导致另一只雄性的定位过程立即中断(Mazzoni *et al*,2009a)。

由于 S. *titanus* 的交配过程是单向性的,雄虫是二重奏的发起者,寻找静止不动、发出包含方向线索脉冲信号的雌虫,如果雄虫没有察觉到雌虫的回应信号,就不可能定位雌虫。有一些昆虫的雄虫和雌虫都可以启动交配交流(Mazzoni *et al*,2010;Nieri *et al*,2017)。但是,目前确定的昆虫物种中,雄虫均为主动寻找雌虫的一方,而雌虫的回应信号是向雄虫指明自己位置的关键线索(Mazzoni *et al*,2009a)。在整个交配过程中,S. *titanus* 雌虫遵循一个精准的时间模式(temporal pattern),彼此交换的信息中包含着评估、鉴定所需的信息(Polajnar *et al*,2014)。这一过程中的任何影响、挫折都可能对交配率产生负面影响,甚至中断求偶过程,这也是为什么在回放实验中模拟雌虫极其困难的主要原因:雌雄二重奏需要毫秒级别的同步,这使得手动应答雄虫的召唤、定位信号极难实现(Mankin *et al*,2013;Korinšek *et al*,2016)。

在自然界中,S. *titanus* 雄虫寻找雌虫采用的是定位二重奏,雄性和雌性连续交替地发出特异性脉冲信号,触发雄虫周期性地定位运动,当雌虫停止发出应答信号时,雄性的搜索会受到阻断(Mazzoni *et al*,2009a)。当雌虫被移出实验场所,雄性也不会停止鸣叫,而且可能会保持位置不变的情况下继续鸣叫好几分钟,最终从寄主叶片上飞走,重新进行"鸣叫-飞行"行为(call-fly behavior)来搜索潜在的求偶对象,"鸣叫-飞行"行为通常表现为雄虫在附近的叶片上频繁移动,每次鸣叫 1～3 次,试图与雌虫建立新的二重唱。这些行为通常还具有节律性,考虑到未来设备的节能因素,还需要测定目标害虫的求偶节律,如 S. *titanus* 雄虫的"鸣叫-飞行"行为主要集中在 18:00～22:00 之间。

大量实验显示,当雄虫对雌性信号的感知受影响时,雄虫将停止搜索。那么接下来的问题就是:在植物组织中传输干扰性信号(噪声)来掩盖雌雄虫的通信信号从而阻断二者的交配是否可行?通过 10 年持续的研究,Mazzoni 等(2019)通过实验室—半田间条件—田间场景的试验验证了这一问题的可行性(图 9-18)。

任何基础理论向应用技术的转变,都需要经过细致和漫长的过程。在物理防治技术的研发中,基础理论弄清楚后,还需要解决的包括生物学和机械技术上的多个问题:① 研发出信号的激发设备,② 设备在田间的工作时间,③ 干扰噪声的有效振幅阈值,④ 信号激发设备的能耗以及能源供应,⑤ 信号传递依托的基质,⑥ 设备的寿命以及稳定性。这些问题的核心主要围绕能源能耗和设备功效两个方面,需要继续开展目标害虫的生理研究。一方面明确有效的干扰时间阶段,避免设备持续工作带来的负荷和折损;另一方面明确有效的振幅阈值,以满足设备制造过程中功率的设定和有效的管控范围。

Polajnar 等(2016a)通过将 S. titanus 成对放在套筒网中饲养,并以干扰噪声进行胁迫。结果显示,即使 10:00~18:00 期间关闭干扰噪声,干扰效果和全天干扰无显著差异。但是这并不能排除昆虫种群会调整它们的行为以应对外界胁迫压力的可能,因为已经有研究发现一些物种可以在调整求偶的时间段来克服可预测的风险(Tishechkin,2013)或减少捕食者信号的窃听(Vélez et al,2006),有可能在干扰停止后,个体可以利用安静的窗口期,甚至在优选的交配活动时间之外完成求偶(Polajnar et al,2016a)。未来可设想的策略是根据测量的气候参数(如温度、湿度、风和雨)明确害虫活动的精确时间,从而使干扰噪声最大限度地覆盖其求偶活动期。

振幅阈值的测定有助于优化设备的设计和技术的实施,干扰噪声(DN)的最小有效振幅是设计设备覆盖空间的先决条件。通过测定作物任意一处的 DN 振幅,就能判断它是否有效,以此为依据设置设备的数量和间距。在葡萄园 S. titanus 的干扰研究中,当 DN 振幅达到 2×10^{-2} mm/s(安全阈值)时,雌雄的求偶行为则会受到有效的干扰,这与 S. titanu 在自然条件下叶片上记录的信号振幅范围大致相同(Polajnar et al,2016a)。Polajnar 根据安全阈值明确了直接挂在葡萄金属架上激振器的有效干扰范围为 10 m。在室内实验中,如果从试虫栖息的叶子之外(茎或另一片叶子)测定信号强度,雄虫求偶信号的振幅可下降 5~10 dB。Polajnar 推测,如果雄虫察觉到雌虫的回应信号强度高于 10^{-5} m/s,它就开始发出求偶信号,如果信号在 $10^{-6} \sim 10^{-5}$ m/s 的范围内,雄虫则认定雌虫在另一片叶子上,会与雌虫建立定位二重奏,并开始寻找雌虫;如果信号低于 10^{-6} m/s,雄虫则认定雌虫的距离过远,雌雄的定位二重奏不成立,雄性则选择 call-fly 行为,因此他认为 $10^{-6} \sim 10^{-5}$ m/s 之间的 DN 振幅可以有效地阻断雄性和雌性在独立叶片上的交流,并定义了安全阈值应为当雄性和雌性发生在同一片叶子上时中断交配通信所需的 DN 振幅(图 9-8)(Polajnar et al,2014)。Polajnar 等将激振设备从金属线转移到支架杆上,进一步提高了激振器的工作距离(图 9-19,从 10 m 增加至 50 m)。

评估 VMD 方法的有效性需要可靠的方法,Polajnar 选择的方法包括调查葡萄园 S. titanus 的种群密度和雌虫的交配状况,试验选择邻近的葡萄园作为空白对照(品种相同,管理方式相同,规模大致相同),处理葡萄园的其他区域(品种不同,管理方式相同,规模大致相同)作为次级对照,以监测其他节肢动物的分布和迁移情况(图 9-19)。目标害虫种群和天敌的调查方法包括:① 统计叶片上的个体数量,② 盆拍法,③ 黄色黏性诱捕器。该试验从 2017 年开始并持久观测,为后续技术的改进及评估 VMD 对作物种植环境、生态环境的影响提供数据支撑。毕竟,部分节肢动物依靠低频振动信号来求偶通信或定位猎物,其中许多天敌可能会受到干扰噪声的负面影响(Wu et al,2014;Gemeno et al,2015)。

S. titanus 振动防治技术的研发是生物震颤学应用领域的一个里程碑,成功将理论设想转化为商业产品。尽管如此,仍有一些问题需要深入研究,以优化该技术的防治效果和成本,并获得与 PMD 相媲美的通用性技术积累,包括 VMD 对人类健康有没有风险,会不会导致作物产生残留物,会不会对其他生物体产生一些副作用等。振动通信在节肢动物中广泛

图 9-19　开展振动干扰技术试验的葡萄园

（Mazzoni *et al*，2019）

a：葡萄园的航拍图，"葡萄园1"为技术处理区，"葡萄园2"为空白对照1，"葡萄园3"为空白对照2；
b：场地实景图，其中激振器安置在金属架杆的顶端。

存在，许多天敌昆虫依托振动和声波信号进行求偶和捕食，如草蛉（*Chrysopidae*）的交配交流（Henry *et al*，2013）和蜘蛛对猎物的定位（Wu *et al*，2014），也有许多寄生类天敌也依赖振动信号进行定位（Meyhöfer *et al*，1999；Wäckers *et al*，1998）。因此，除了靶标害虫，生物震颤学的应用技术在未来也需要深入研究振动噪声对非靶标物种和植物生理的影响，以揭示和解决潜在的环境和生产风险。

9.4.3.2　葡萄翅叶蝉（*H. vitripennis*）

葡萄翅叶蝉是一种多食性昆虫（图 9-20），也是葡萄、桃、杏仁和柑橘等果树的主要害虫。葡萄翅叶蝉具有很强的迁移能力（Blackmer *et al*，2004），取食过程中刺针插入植物的

图 9-20　葡萄翅叶蝉（*H. vitripennis*）取食

木质部导管，许多微生物会在该过程进入木质部中（Bextine *et al*，2005），如皮尔斯病（Pierce's disease）的病原体苛养木杆菌（*Xylella fastidiosa*），导致葡萄藤在感染后几年内死亡，控制葡萄翅叶蝉对减少 *X. fastidiosa* 的传播至关重要。在美国加利福尼亚州的葡萄藤上，葡萄翅叶蝉从春季开始繁殖可以持续到秋季，每年至少产生 2 代。雌虫个体的最高寿命和产卵量分别为 296 天和 967 枚（Krugner，2010），交配的雌虫会耗尽精子储备来受精，一些个体可能还会重新交配。目前，该害虫主要采用吡虫啉进行防治（Redak *et al*，2017）。

研发葡萄翅叶蝉的振动防治技术，同样需要先详细了解害虫的行为和生物学特征，同时要考虑研发的技术应避免对环境中有益昆虫的影响，并在应用过程中尽可能地降低能耗。在研发 *H. vitripennis* 振动防治技术的过程中，Gordon 和 Krugner（2019）提出了 3 阶段设计流程，以确保必要的影响因素得到充分的考虑，分别为昆虫行为的描述（description）、干扰信号的鉴定（identify）和野外条件下技术的实施（execution），简称 D.I.E.。

（1）**描述阶段** 描述害虫的生物学特性及通信方式，以决定选择哪种类型的方式来干扰其种内通信。有些昆虫能够采用多种类型的方式进行信息通信，或者种内通信会涉及若干种通信类型，所以该阶段要深入了解研究对象的通信行为，决定振动防治技术是否可行，采用哪种类型的方法实施干扰最有效。第一步是确定目标害虫是否使用振动信号作为通信模式，可以将野外采集到的目标害虫放在同一株寄主上，并使用非接触式激光测量系统记录植物上是否存在特异性的振动信号。不过这种方法可能不适用于一生中只交配1次的物种，或那些依赖于虫龄等相关因素发出信号的物种，上述情况下，就应使用实验室种群中未交配的昆虫进行记录。

通过对单独放置在寄主植物上的试虫进行记录，观察者可以测定在没有潜在配偶或竞争对手的情况下信号的类型、信号强度和信号参数，未交配的昆虫单独在植物上发出的信号可能是用于物种识别、召唤或确定潜在的配偶是否具有繁殖活性。单独鉴定出未交配个体的振动信号后，下一步是对成对的雌雄虫进行测定，最好是虫龄相同的个体，用于识别单个昆虫的信号。信号模式的分析方法也适用于成对或成群的昆虫，不过当植物上有2个以上的试虫时，很难确定究竟是哪一个昆虫发出了信号。最后，在寄主上放置多个个体与1个异性个体，测定研究对象是否利用竞争信号来获得配偶。在整个过程中，需要重复地观察和测定，以充分了解研究对象的振动通信过程。

在葡萄翅叶蝉的求偶通信中主要包括3个阶段（图9-21）：物种识别（identification）、远场求偶（far-field courtship）和近场求偶（near-field courtship），最后完成交配。在识别阶段，葡萄翅叶蝉雌虫通常会投入更多的能量，比雄虫更频繁地发出长时间的信号，超过75％的雌虫单独在植物上发出信号，只有25％的雄虫在试验中发出信号，并且活跃的雌虫通常发出不止1个信号，而大多数雄虫在整个试验中只发出1次信号。此阶段若两个个体在同一株植物上时，雌虫和雄虫以接近1∶1的信号数量比进行对唱。然后在远场求偶阶段则角色互换，雄虫开始对雌虫的位置进行定位，雄虫通常先鸣叫，而且频率比雌虫高得多。当二者身体距离很近的时候开始近场求偶，彼此之间开始出现新的信号类型，此阶段雌虫有时会拒绝雄虫，阻止雄虫与其交配。在交配（交尾）过程中，二者依旧会发出振动交流信号。

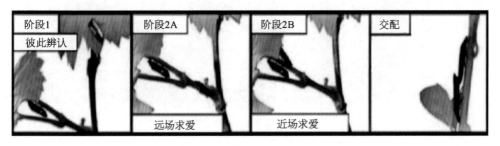

图 9 - 21 葡萄翅叶蝉求偶通信的不同阶段示意

（Gordon *et al*, 2019）

阶段1：为识别阶段，由雌虫首先发出信号；阶段2A：为远场求偶阶段，雄虫在植物上定位雌虫的位置；阶段2B：为近场交流阶段，雌雄虫相距1～2个体长的距离并产生求偶二重奏；交配：交尾成功建立在雌雄虫信息交流成功的基础上。

葡萄翅叶蝉在通信过程中有一个特点,其求偶的两个阶段会不停地循环,可能是受寄主植物本身的信号传递影响,雄虫很难找到雌虫,或信号失真导致雌虫的吸引力降低。因此,其求偶过程有时候只需要几分钟,有时候则需要几个小时。

前文已经提到过葡萄翅叶蝉在求偶通信中存在 7 种振动信号:MS1、MS2、FS1、FS2 和 3 种竞争信号(见 9.3.1),葡萄翅叶蝉雌雄虫的求偶振动信号具有显著的特异性(图 9-22)。雌虫信号主要由一系列强烈的谐波组成,基频从 80 Hz 开始,在 1～4 s 的过程中逐渐增加到 120 Hz,大约每 100 Hz 出现 1 次额外的谐波或泛音(图 9-22A)。这种雌虫信号(FS1)在求偶通信的所有阶段都存在,但时长在阶段 1 明显长于阶段 2。与 FS1 相比,葡萄翅叶蝉雌虫发出的第二个信号(FS2)则相对较短,平均不到 0.5 s,频率范围更宽,但主频低于 FS1(图 9-22B)。雄虫信号 MS1 可以分为两部分(图 9-22A),第一部分由一系列谐波组成,主频略低于雌虫,从 75 Hz 左右开始,最后急剧增加到 110 Hz,该信号大约每 100 Hz 会出现 1 个谐波,信号的第二部分由宽频信号组成,主频位于信号前半部分的近似上端。从求偶期开始,雄虫有时候会快速地背腹运动和张开翅膀,由此产生的振动信号为 MS2。在近场求偶阶段,雄虫会通过腹部的搏动产生"颤动"(quivering)的信号(图 9-22B),颤动信号最终会触发雌性在交配前发出 FS2 信号(Nieri et al,2017)。随着另一只雄虫的加入,雄性竞争行为就会发生。在行为上,当两头雄性在交换竞争信号时,雌性通常会停止回应雄性的信号,基于竞争信号的几个组成部分,包括频率组成和持续时间,雄性竞争信号(MRS)与 MS 不同,但竞争信号的三分之二却与 FS 的一些特征相似。

了解交配行为及其相关的信号结构对于开展 D.I.E.方法第二阶段的研究至关重要,从描述阶段发现葡萄翅叶蝉交配行为的关键因素是:① 雌性在通信开始阶段发出的信号明显多

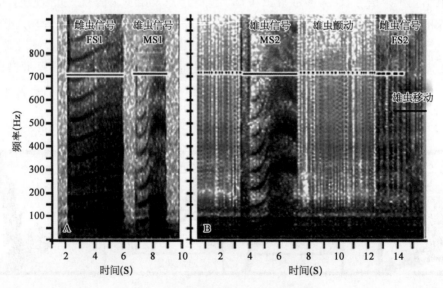

图 9-22 葡萄翅叶蝉雌雄二重奏信号

(Gordon et al,2019)

A:雄虫信号 MS1 和雌虫信号 FS1 二重奏;B:雄虫的颤动(quivering)信号紧随 MS2,导致雌虫发出 FS2
信号,MS2 除了信号起始阶段的宽频信号外,其余结构看起来与 MS1 相同。

于雄性,② 雌性引领了通信系统的第 1 阶段,③ 当植株上有 1 头以上的雄性存在时,存在 2 个模仿雌性信号的雄性竞争信号。

(2) **鉴定阶段** 干扰葡萄翅叶蝉交配行为,选择的并非是雄虫发出的干扰信号。首先尝试采用宽带白噪声来干扰葡萄翅叶蝉的求偶通信(Gordon *et al*,2017),白噪声的强度足以掩盖雌虫信号的频率范围。然而,结果显示白噪声反而会增加雌虫的信号活动,超过 55% 的雌虫在噪声停止后 10 s 内会作出反应,这种行为属于间隙检测,即动物在噪声结束后会发出更多的信号(McNett *et al*,2010)。所以说,白噪声似乎是一种可以抑制目标害虫信号活动的方法,但如果回放系统失败,它可能会引发相反的效果,最重要的是非靶标物种的交配和觅食行为可能会受到更加显著的影响。

其次,采用窄频竞争信号干扰葡萄翅叶蝉的求偶通信(Mazzoni *et al*,2017b),通过回放自然雌虫信号,该信号是由连续播放的一个 80 Hz 的纯音信号组成,是雌虫第一次释放的谐波信号,结果显示该信号完全抑制了雄性对回放雌性信号的反应。这种方法属于非竞争性干扰,是利用自然昆虫信号的回放来干扰昆虫的信号活动。在整个研究过程中,Gordon 等(2017)将预先录制的自然雌性信号播放给雌性个体,以评估该信号对雌虫行为的影响。与空白对照相比,在信号回放期间和之后雌虫信号的释放速度显著提升,在连续播放的情况下,葡萄翅叶蝉雌虫可能没有足够的能量进行竞争,因此将停止发送信号或寻找更安静的寄主植物。有一种假说认为,雌虫与雌虫的竞争,目的是在潜在配偶到来之前在植物上建立雌虫的等级制度,虽然葡萄翅叶蝉中雌虫竞争的机制和进化尚不清楚,但自然雌虫信号作为候选的干扰回放信号也是最合适的。

(3) **实施阶段** 一旦确定了候选干扰信号,下一步就是评估候选信号对昆虫交配活动的影响。对候选信号的现场测试需要消耗大量的劳动量和设备,并受到许多潜在因素的影响,如气候因素、生物因素、人为管理和环境噪声。所以,在田间试验之前,需要在实验室更可控的条件下测试信号的有效性。对于葡萄翅叶蝉,鉴定阶段的竞争性和非竞争性方法都要在实验室先进行初步评估。

在实验室中,采用激振器向植物传递葡萄翅叶蝉的振动信号,发射器通过金属针接触到植物,模仿昆虫在植物上发出振动信号(图 9 - 23A),或者将发射器牢牢地架在与植物接触的导线上(图 9 - 23B)。然而,实验室用的电磁激振器因价格昂贵,不适合在野外条件下长期使用,对于大规模葡萄园操作来说是不现实的。使用竞争信号(白噪声和频率调谐的雌性噪声)以及非竞争信号(自然雌性信号)均可以干扰葡萄翅叶蝉的交配(Gordon *et al*,2017)。在这些试验中,空白对照中约 20% 的叶蝉进行了交配,而雌性自然信号干扰下的 31 对叶蝉中只有 1 对进行了交配,而在白噪声或雌性噪声(人造模拟信号)处理下没有交配。在噪声关闭后持续观察雌虫的行为,其中雌性噪声处理的雌虫会以类似于空白对照组的速度继续进行求偶交配。由于雌性噪声的频率组成范围与白噪声相似,所以它依旧可能对非靶标生物造成影响。

在田间,Nieri 等人(2017)使用的干扰信号是人为修饰后室内采集的葡萄翅叶蝉雌虫信号,共计 6 种且信号之间的平均间隔为 2.20 s。干扰信号通过定制的电子激振器传输到葡萄棚架的金属线上,该系统包括一个控制单元和调谐发射器(图 9 - 23C)。在这些试验中,共有

图 9‑23　室内和田间回放干扰信号实验

（Gordon *et al*，2019）

A: 科研级电磁激振器,通过金属尖刺向葡萄藤发送干扰信号,金属尖刺的末端采用螺钉固定在激振器上;B: 采用电磁激振器将干扰信号经金属丝传递至植物上;C: 定制的商用激振器固定在葡萄架金属丝上激发干扰信号。

28 对(总计 134 对)在对照中交配,只有 1 对(总计 134 对)在干扰信号回放处理中交配。振动信号在葡萄架上的有效范围与信号源距离的影响,频率组成和相对振幅在信号源处最高,且随距离增大而降低,分析频率的相对振幅呈线性下降(Krugner *et al*,2018)。

9.4.3.3　茶翅蝽(*Halyomorpha halys*)

前文已经提到过,不同于叶蝉类害虫,蝽类的求偶通信属于多模式通信机制,涉及化学信号、振动信号和视觉信号。本节将介绍基于振动通信的茶翅蝽(*H. halys*)诱杀技术的研发。茶翅蝽(图 9‑24)为蝽科茶翅蝽属的入侵害虫,寄主范围广泛,是危害蔬菜和水果的重要害虫。该昆虫在中国、朝鲜、韩国和日本作为本土种大量繁殖,近年入侵至北美和欧洲,2017 年入侵南美(Haye *et al*,2017)。

(1) **描述阶段**　Kawada 和 Kitamura(1983)最早开展了茶翅蝽近距离的求偶研究,通过观察描述了从实际身体接触到交配的 7 种不同行为,但当时研究人员都忽视了振动信号的存在,并表述为“雄性四处走动,随机寻找配偶”。而现在重新对这些行为进行仔细分析则可以看出,雄虫的这种行为并非是随机的,茶翅蝽的近距离求偶始于雄虫追逐雌虫,随后雄虫的头会轻拍基质和雌虫的身体,然后雄虫将自己定位到生殖器交配的

图 9‑24　茶翅蝽危害梨树果实

位置,向雌虫的腹部侧身移动,用头抬起雌虫的腹部,最后转身开始生殖器交配。尽管Kawada 和 Kitamura 没有记录或描述任何振动信号,但从行为上分析雄虫在基片上的"敲击"可以被理解为产生振动信号的一种行为。

Elias 和 Mason(2014)使用记录基质振动的标准载体,采用激光测振仪从实验对象附近采集振动信号。结果表明,雄虫在被放置在任何基质上都会很快发出振动信号,并引起雌虫的反应。和多数蝽类相似,在求偶阶段茶翅蝽雄虫更为活跃并主动定位雌虫的位置。近距离的求偶行为始于雄虫发出的初始振动信号(MS1),该信号由 1 个长、稳定、几乎纯音调的振动脉冲组成,峰值频率约 60 Hz,谐波突出。Polajnar等(2016b)在实验中记录了长达30 s 的脉冲,有交配意愿的雌虫会发出信号回应 MS1,开启定位二重奏。二重奏信号在持续时间、信号激发窗口上有很高的变异性,MS1 之后通常是雌虫的回应信号FS1,随后是一系列大约时长 1 s的 FS2,并呈规律性地重复且频率逐步下降(图 9 - 25)。

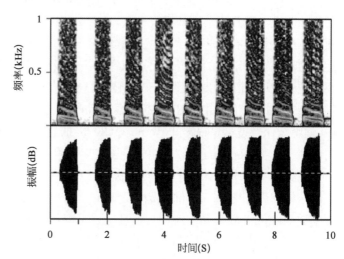

图 9 - 25 茶翅蝽雌虫脉冲振动信号(FS2)的时频
(Polajnar et al, 2016b)

注:FS2 脉冲序列可能包含数百个脉冲,持续数分钟。

FS2 可以有效地引导雄性的搜索行为,雄虫会以典型的趋性运动接近信号源,在连续的脉冲间隔期进行移动,在信号感知期间保持静止。FS2 脉冲序列可长达几分钟,包含数百个脉冲,使雄虫能够从较远距离定位。在定位阶段还存在一种短而有规律的雄性脉冲重复信号(MS2),MS2 有时会与 FS2 部分重叠(Polajnar et al, 2016b)。当雄虫接触到雌虫后,会发出最后的求偶信号 MCrS(male courtship song),该阶段雄虫腹部的振动模式与 MS2 相似,发出一连串的短脉冲信号并伴随短暂的全身震颤,这可能就是 Kawada 和 Kitamura(1983)所描述的头部撞击基质和雌虫身体的现象,这种行为并不一定涉及基质的撞击,而是真正的身体震颤并伴有快速的侧摇(Claridge,2006)。雄虫在进行交配时继续发出 MCrS,同时还会将头插入雌虫与地面之间来强迫雌性抬起腹部。如果雌性不接受则会轻微地移开,雄性可能会爬到雌虫身上,重新开始振动交流或完全放弃交配尝试(Kawada et al,1983;Polajnar et al,2016b)。

(2)**鉴定阶段** 在描述阶段采集到的茶翅蝽振动信号主要有 2 种:雄虫信号(MS1)和脉冲雌虫信号(FS2)。其中,FS2 最有潜力作为茶翅蝽引诱策略的振动信号,但是若想开发求偶干扰/阻断技术是不可行的,因为现有的研究中还未发现茶翅蝽存在任何振动干扰信号和相关的行为,Polajnar 和 Čokl(2008)发现蝽类能够通过调整自身振动信号的频率来避免干扰,所以恒定的白噪声或宽频噪声是无效的。即使采集到特异性的种内干扰信号,该技术也很难应用在这种多食性和广泛分布的害虫上,因为茶翅蝽的分布过于广泛且不一定集中在一棵寄主植物上,这对于技术的区域覆盖要求太高。所以,"引诱—击杀"是优先选择的防治策略。由于蝽类的求偶通信涉及多种信号模式,所以以往的单纯依靠信息素的诱捕器效果都较差,振动信号的加入会弥补现有信息素诱捕器中近距离精准诱集的缺陷。

Mazzoni 等(2017a)设计了4组实验来测试茶翅蝽振动信号的吸引力,结果显示大约3/4的雄虫表现活跃且主动离开了释放点,还有1/2~2/3的雄性到达了振源。在对照试验中,活跃雄虫的数量没有显著差异,但大多数情况下只有不到1/10的雄虫到达了振源,并且雄虫的运动轨迹完全是随机的。当采用点源释放振动吸引信号时,也有几乎一半的雄性到达振源。在定位过程中,雄虫在感知到 FS2 信号后,会表现出持续的趋性运动。在振源附近,茶翅蝽雄虫会长时间地徘徊并驻留;在抵达振源后,雄虫会因为缺乏关键刺激切换到最后的求偶阶段,而继续保持搜索。根据 Toyama 等(2006)的感器切除实验和虫体模拟实验,茶翅蝽表皮的碳氢化合物(接触信息素)可能是阶段转换的重要原因。

在行为实验中,测试空间内信号的振幅变化模式相当复杂,从最远点到刺激点并非是线性的振幅梯度变化(Mazzoni *et al*,2017a)。窄频信号由于共振,容易随着距离的变化发生振幅波动(Polajnar *et al*,2012),不过这并不会影响雄虫对振源的定位过程,前文已经提到过,雄蝽主要利用信号到达腿部受体的时间差(Δt)来判断振源的位置。复杂的、面积更大的基质表面会影响雄虫定位振源的消耗时长(Mazzoni *et al*,2017a)。因此,诱捕器的设置,要充分考虑基质的形状和面积,方便信息素诱集到的雄虫准确定位振源的位置。

图 9 - 26　茶翅蝽 *Halyomorpha halys* 振动信号/聚集信息素诱捕器

(3) **实施阶段**　Zapponi 等(2023)在梨园测试了研发的振动诱捕器(图 9 - 26),诱捕器上包含 2 个振动信号发射器和 1 个聚集信息素缓释诱芯。振动信号采用 FS2,灭杀装置为每 1 min 放电 1 次的高压电板,诱捕器为高 1 m 金字塔形,底部为宽 40 cm 的正方形,对照采用 2 个透明的黏胶诱捕器和 2 个信息素诱捕器。

聚集信息素和振动吸引信号均在诱捕器的顶部产生,茶翅蝽雄虫被聚集信息素远程吸引到诱捕器的外部表面,然后被振动信号吸引到诱捕器顶部的空腔中,在腔内被高压击毙,死亡的雄虫再掉入底部的收集盒内。按照试验设想,如果振动信号 FS2 持续播放能够有效地诱集雄虫进入空腔,那么捕获的茶翅蝽总数量及其雄雌比则会显著高于对照。表 9 - 3 统计了 3 种诱捕器中茶翅蝽的捕获量,验证了设想中振动信号的聚集作用,且效果显著。

表 9 - 3　3 种不同诱捕器中茶翅蝽的诱捕数量

	振动/信息素诱捕器	黏胶诱捕器	信息素诱捕器
平均诱捕量(头/天)	8.3	0.8	9.75
雄雌比	11.5	0.6	1

搭载振动信号发射器的诱捕器中,雄雌虫捕获比为 11.5,大大高于市售的信息素诱捕器和黏胶诱捕器的雄雌捕获比,说明 FS2 信号对茶翅蝽雄虫具备显著的吸引力。诱捕器中非靶标害虫的数量极少,也论证了振动信号具备的种属特异性,能够实现精准诱杀。另一方面,纯信息素诱捕器中茶翅蝽的诱捕量高于振动/信息素诱捕器,可能是由于 FS2 信号会将雌虫从振动陷阱中驱离。

在茶翅蝽诱捕器的设计过程中,除了上述的信号类型,还要考虑诱捕器的材质、几何形状和颜色。蝽类振动感器对信号感知的频率范围较大(Čokl,1983),且对时频特征的中位值表现出显著的行为特征(Žunič et al,2011)。基质的变化会引起振动信号参数的变化,进而影响害虫的响应能力(Miklas et al,2001)。诱捕器的材质也要充分考虑摩擦力的因素,方便害虫顺利地爬行并接触到高压电板。信号传播过程中,主频和高谐波谱峰的相对振幅会随着传播距离的增大而发生变化(Čokl et al,2007),所以振动信号的高频成分在一些昆虫的求偶定位过程中不太可能发挥主要作用。就几何形状而言,将装有诱芯的容器放置在诱捕器的顶部,是利用了蝽类运动中的负地趋向性(negative geotaxis exhibited),这是很多昆虫具有的运动特征,尤其是在非寄主环境中,昆虫会倾向于爬向栖息地的最高点。用更有利于茶翅蝽雄虫爬行的结构(如网状结构)来取代诱捕器中的光滑平面可能更有利于提高诱杀效果,但是这可能会降低视觉线索(颜色)的吸引效果,所以在距离杀虫设备 10～20 cm 的区域,可以使用有利于振动信号传导效果较好的棒状结构来引导害虫进入空腔,棒状材料需要考虑的是自身的厚度、刚度属性,以满足 60 Hz 振动信号的传播速度在 300 m/s 的范围内,使相隔 15 mm 的腿接触到基质表面振动信号的时间延迟为 0.5 ms,实现茶翅蝽对振源的准确定位(Prešern et al,2018)。诱捕器的有效辐射范围受聚集信息素挥发性特征的影响,被限制在周围 2.5 m 的半径内(Morrison et al,2016),这是目前茶翅蝽聚集信息素诱捕器的理论极限。

茶翅蝽诱捕器的研发,是生物震颤学在农业害虫防治技术的另一种应用途径。对于部分害虫,聚集信息素能够引发种内正向的趋性反应,但是聚集效应的精度可能难以实现杀虫设备对聚集群体的有效灭杀。也就是说,虽然聚集信息素能够远距离将目标害虫诱集,但是集中区域的面积相对较大,部分害虫无法直接接触杀虫设备,反而会引起局部种群密度增大。当引入振动信号后,近距离的二次精准诱集则会发挥作用,从而进一步引诱目标害虫与杀虫设备接触,实现对害虫的灭杀。诱杀策略的缺陷是没有能够诱集雌虫的振动信号,由于诱杀雄性对于害虫防治的效果通常低于诱杀雌性(Lanier,1990),原则上"诱杀"策略若要实现对害虫种群的有效控制,需要短时间内从害虫种群中移除非常高比例的雄性才能实现。茶翅蝽的雌雄虫可以快速地完成交配(Kawada et al,1983),所以如果诱捕器中捕获的雄蝽能存活一段时间,其释放的多种类型的信号或许可以辅助诱捕器捕获一些雌虫。总之,利用多类型的信号线索来提升诱捕策略的效果,如视觉刺激、嗅觉刺激、振动刺激相结合是诱捕器效果进一步提升的重要途径。

9.4.4　振动防治技术在小贯小绿叶蝉上的应用前景

前文中已详细描述过小贯小绿叶蝉 $E.\ onukii$ 求偶通信行为以及振动信号的众多特征(见 9.3),和其他叶蝉一致,我们已经证实 $E.\ onuki$ 完全依赖振动信号来进行交配,雌雄虫通过交替发出振动信号组成闭环通信系统,直至发生交尾。最重要的是,雄性小贯小绿叶蝉可以发出干扰信号(MDS)来阻断一对正在进行的雌雄二重奏,这是研发茶小绿叶蝉振动干扰的必要条件之一。然而,小贯小绿叶蝉振动防治技术研发中涉及的关键问题远远不止特异性信号的构造这一项。

9.4.4.1　描述阶段

茶树属于人为干预频繁的栽培作物,具有鲜明的层次结构(图 8 - 13)。茶小绿叶蝉在茶树灌木结构中的求偶行为非常复杂,信号的鉴定和筛选可以在实验室中单一叶片上开展,然而在自然条件下,叶蝉的求偶行为是在茶枝、茶树上进行的,巨大的空间对于 $E.\ onuki$ 雄虫定位雌虫是一项艰巨的任务,为了避免被捕食性天敌发现,雄虫需要快速定位雌虫的位置,花费最少的时间和精力完成交尾。但是小贯小绿叶蝉的信号在茶树上如何传递? 传递范围有多远? 以及信号传递涉及的有效空间网络还尚未有研究报道。

通过大量的行为观测和分析,我们现在可以明确无论是雌虫还是雄虫,绝大多数 $E.\ onuki$ 成虫偏好在成熟叶片上释放求偶信号,通常位于茶树生产枝芽下的第 6~8 叶。在小贯小绿叶蝉的求偶定位过程中,雄虫在得到雌虫的回应后,会花费大量的精力和时间对雌虫进行定位,并且容易受到外界干扰,雄虫在茶枝上会按照"鸣叫—移动"交替进行的方式向雌虫所在的叶片移动,其间偶尔会发生移动方向上的错误,但是雄虫会及时更正;到达雌虫所在的叶片后,雄虫有很大概率移动到雌虫所在位置的另一面,这说明在定位过程中视觉信息未发挥作用;小贯小绿叶蝉"定位—求爱—交尾"阶段的转变,很大程度上与信号的强度相关,当二者间隔 2~3 头叶蝉身位时,叶蝉会释放出高强度的求爱信号,并尝试与雌虫进行交尾。

当茶枝上存在多只雄虫的情况下,会发生求偶竞争行为。前文已经叙述过,小绿叶蝉竞争雄虫的 DP 信号不会对求偶通信产生影响;但是雄虫的 MDS 信号可以有效地阻断正在通信的雌雄二重奏,因此可以作为防治技术研发的基础信号。

9.4.4.2　鉴定阶段

参考葡萄带叶蝉(McNett $et\ al$,2010),当采用白噪声(声波信号)干扰小贯小绿叶蝉的求偶通信,成虫会快速适应噪声的干扰,雌雄叶蝉的求偶通信将不受任何影响,因此采用白噪声干扰 $E.\ onuki$ 成虫并不可取。当采用仿生的 MDS 信号去干扰 $E.\ onuki$ 成虫的求偶通信时,MDS 可以有效地阻断雌雄叶蝉的识别和定位过程,所有回放试验中小贯小绿叶蝉均未能实现交尾。

这是不是意味着 MDS 可以直接用来干扰田间叶蝉的求偶过程呢? 杀虫灯、诱虫板或者性诱剂等害虫的"诱杀"策略中,技术的效果会受限于目标害虫是否具备"积极搜索"的行为,而性信息素迷向、振动干扰等害虫的"干扰或惊吓"策略中,技术的干扰信号容易造成目标害虫对重复刺激产生适应性而失去效果(Polajnar et al,2015)。因此,如何避免目标害虫对重复干扰信号产生适应性,可能是小贯小绿叶蝉和其他害虫振动干扰技术研发的核心问题。目前,在葡萄上成熟应用的 VMD 技术,主要是通过高强度的干扰信号在关键的频率范围内覆盖求偶信号,实现对靶标害虫求偶通信的干扰,所以在 S. titanus 的干扰研究中,Polajnar花费了大量的精力去研究 S. titanus 求偶信号的振幅和有效范围,并定义了 S. titanus 雌雄成虫在同一片叶子上时中断交配通信的安全阈值(图 9-8)(Polajnar et al,2014)。

9.4.4.3 实施阶段

在田间实施小贯小绿叶蝉求偶干扰的最大问题是信号传递介质的局限性。葡萄害虫之所以能够在振动通信防治上率先实现突破,是因为葡萄架可以作为干扰信号高效传递的固体基质。金属葡萄架不仅可以定向传递干扰信号,并且可以避免信号对葡萄架之外的空间产生未知的影响。相比之下,茶园回放干扰信号则不具备这样"良好"的基础,只能通过空气传递干扰信号,信号经过叶片响应后转换为振动信号。空气传递干扰信号,一方面干扰信号的强度会随着距离增大而快速衰减,并且叶片上响应信号的强度会进一步下降,影响干扰信号的有效范围;另一方面是空气传递干扰信号极易造成噪声污染,对生态环境产生不良影响。

实现茶树上小贯小绿叶蝉振动干扰技术的研发,是一项极具挑战的难题。首先,要详细明确小贯小绿叶蝉的求偶通信机制,包括求偶过程中的行为和特异性信号、求偶的昼夜节律、影响干扰信号效果的因素,这是构建田间干扰信号的理论基础;其次,是研究信号在茶树上的有效空间网络和传递特征,以及叶蝉对信号强度的响应阈值,这是评估田间干扰信号有效范围的前提条件;最后,是研发干扰信号的回放装置,该装置既需要保障信号的高保真回放,又需要实现信号的声场范围可控,不会造成噪声污染。

研发智能高效的害虫振动防控装备替代传统的化学农药,是保障我国作物种植绿色高质量发展的重大需求。小贯小绿叶蝉振动防治技术的研发建立在特异性信号定向、精准干扰靶标害虫求偶通信的基础上,保障高效且避免对环境造成负面影响。装备可以通过物联网技术进行远程智能控制,相信茶园小绿叶蝉的振动防治技术未来能够在植保学科中大放异彩,并为其他作物相关害虫防治技术的研发提供经验。

参考文献

[1] 葛钟麟,张汉鹄.中国茶叶蝉种类研究(一).茶业通报,1988,15-18.

[2] 战新梅.斑灶马足部胫节机械感受器的比较形态学研究.博士,山东师范大学,2002.

[3] 张雅林.中国叶蝉分类研究(同翅目:叶蝉科).陕西:天则出版社,1990,218.

[4] 赵冬香,陈宗懋,程家安.茶小绿叶蝉优势种的归属.茶叶科学,2000,20:101-104.

[5] 赵冬香,高景林,陈宗懋,等.假眼小绿叶蝉鸣声的初步研究.茶叶科学,2004,24:235-239.

[6] Acheampong S, B K Mitchell. Quiescence in the Colorado potato beetle, *Leptinotarsa decemlineata*. Entomologia Experimentalis Et Applicata, 1997, 82: 83-89.

[7] Amon T. Electrical brain stimulation elicits singing in the bug *Nezara viridula*. The Science of Nature, 1990, 77: 291-292.

[8] Anfora G, M Baldessari, A De Cristofaro, *et al*. Control of *Lobesia botrana* (Lepidoptera: Tortricidae) by biodegradable ecodian sex pheromone dispensers. Journal of Economic Entomology, 2008, 101: 444 – 450.

[9] Baurecht D, F G Barth. Vibratory communication in spiders.1. Representation of male courtship signals by female vibration receptor. Journal of Comparative Physiology A, 1992, 171: 231 – 243.

[10] Bell P D. Transmission of vibrations along plant stems: implications for insect communication. Journal of the New York Entomological Society, 1980, 88: 210 – 216.

[11] Bell W J. Searching behaviour patterns in insects. Annual Review of Entomology, 1990, 35: 447 – 467.

[12] Bengtsson B O, C Löfstedt. Direct and indirect selection in moth pheromone evolution: population genetical simulations of asymmetric sexual interactions. Biological Journal of the Linnean Society, 2007, 90: 117 – 123.

[13] Bextine B, D Lampe, C Lauzon, *et al*. Establishment of a genetically marked insect-derived symbiont in multiple host plants. Current Microbiology, 2005, 50: 1 – 7.

[14] Bradbury J W, S L Vehrencamp. Principles of Animal Communication, 1998, 83: 865 – 866.

[15] Brenowitz E A. The active space of red-winged blackbird song. Journal of Comparative Physiology, 1982, 147: 511 – 522.

[16] Blackmer J L, J R Hagler, G S Simmons, *et al*. Comparative dispersal of *Homalodisca coagulata* and *Homalodisca liturata* (Homoptera: Cicadellidae). Environmental Entomology, 2004, 33: 88 – 99.

[17] Brownell P, R D Farley. Orientation to vibrations in sand by the nocturnal scorpion *Paruroctonus mesaensis*: mechanism of target localization. Journal of Comparative Physiology, 1979, 131: 31 – 38.

[18] Borges M, M C Blassioli-Moraes. The semiochemistry of Pentatomidae. Stink Bugs, 2017: 95 – 124.

[19] Cardé R T, T C Baker. Sexual communication with pheromones. Bell W J, Cardé R T, editor, Chemical Ecology of Insects, Boston, MA: Springer US, 1984, 355 – 383.

[20] Cardé R, A Minks. Control of moth pests by mating disruption: successes and constraints. Annual Review of Entomology, 2003, 40: 559 – 585.

[21] Cardé R T. Using pheromones to disrupt mating of moth pests. Perspectives in Ecological Theory and Integrated Pest Management, Cambridge University Press, 2007, 122 – 169.

[22] Casas J, S Bacher, J Tautz, *et al*. Leaf vibrations and air movements in a leafminer-parasitoid system. Biological Control, 1998, 11: 147 – 153.

[23] Castellanos I, P Barbosa. Evaluation of predation risk by a caterpillar using substrate-borne vibrations. Animal Behaviour, 2006, 72: 461 – 469.

[24] Claridge M. Insect sounds and communication-an introduction. Insect sounds and communication: physiology, behavior, ecology and evolution. CRC Press Taylor & Francis Group, Boca Raton, 2006, 3 – 9.

[25] Cocroft R B, T D Tieu, R R Hoy, *et al*. Directionality in the mechanical response to substrate vibration in a treehopper (Hemiptera: Membracidae: Umbonia crassicornis). Journal of Comparative Physiology A, 2000, 186: 695 – 705.

[26] Cocroft R B, R L Rodriguez. The behavioral ecology of insect vibrational communication. Bioscience, 2005, 55: 323 – 334.

[27] Cocroft R B, H J Shugart, K T Konrad, *et al*. Variation in plant substrates and its consequences for insect vibrational communication. Ethology, 2006, 112: 779 – 789.

[28] Cocroft R B, M Gogala, P S M Hill, *et al*. Studying vibrational communication. Berlin, Heidelberg: Springer Berlin Heidelberg, 2014.

[29] Čokl A. Functional properties of vibroreceptors in the legs of *Nezara viridula* (L.) (Heteroptera, Pentatomidae). Journal of Comparative Physiology, 1983, 150: 261 – 269.

[30] Čokl A, C Otto, K Kalmring. The processing of directional vibratory signals in the ventral nerve cord of *Locusta migratoria*. Journal of Comparative Physiology A, 1985, 156: 45 – 52.

[31] Čokl A, M Virant-Doberlet, A McDowell. Vibrational directionality in the southern green stink bug, *Nezara viridula* (L.), is mediated by female song. Animal Behaviour, 1999, 58: 1277 – 1283.

[32] Čokl A, H L McBrien, J G Millar. Comparison of substrate-borne vibrational signals of two stink bug species, *Acrosternum hilare* and *Nezara viridula* (Heteroptera: Pentatomidae). Annals of the Entomological Society of America, 2001, 94: 471 – 479.

[33] Čokl A, M V Doberlet. Communication with substrate-borne signals in small plant-dwelling insects. Annual Review of Entomology, 2003, 48: 29 – 50.

［34］ Čokl A, J Presern, M Virant-Doberlet, *et al*. Vibratory signals of the harlequin bug and their transmission through plants. Physiological Entomology, 2004, 29: 372 – 380.

［35］ Čokl A J, C Nardi, J M S Bento, *et al*. Transmission of stridulatory signals of the burrower bugs, *Scaptocoris castanea* and *Scaptocoris carvalhoi* (Heteroptera: Cydnidae) through the soil and soybean. Physiological Entomology, 2006, 31: 371 – 381.

［36］ Čokl A, M Zorović, J G Millar. Vibrational communication along plants by the stink bugs *Nezara viridula* and *Murgantia histrionica*. Behavioural Processes, 2007, 75: 40 – 54.

［37］ Čokl A, M Borges. Stinkbugs: biorational control based on communication processes. CRC press, 2017a, 276.

［38］ Čokl A, R A Laumam, N Stritih. Substrate-borne vibratory communication, stink bugs. CRC Press, 2017b, 125 – 164.

［39］ Čokl A, M C Blassioli-Moraes, R A Laumann, *et al*. Stinkbugs: multisensory communication with chemical and vibratory signals transmitted through different media. Hill P S M, R Lakes-Harlan, V Mazzoni, *et al*, editor, Biotremology: studying vibrational behavior, Cham: Springer International Publishing, 2019: 91 – 122.

［40］ Dawkins R, J R Krebs. Animal signals: information or manipulation. Behavioural ecology: An evolutionary approach. 1978, 2: 282 – 309.

［41］ de Groot M, A Čokl, M Virant-Doberlet. Effects of heterospecific and conspecific vibrational signal overlap and signal-to-noise ratio on male responsiveness in *Nezara viridula* (L.). Journal of Experimental Biology, 2010, 213: 3213 – 3222.

［42］ de Groot M, M Derlink, P Pavlovčič, *et al*. Duetting behaviour in the leafhopper *Aphrodes makarovi* (Hemiptera: Cicadellidae). Journal of Insect Behavior, 2012, 25: 419 – 440.

［43］ Derlink M, P Pavlovčič, A J A Stewart, *et al*. Mate recognition in duetting species: the role of male and female vibrational signals. Animal Behaviour, 2014, 90: 181 – 193.

［44］ Elias D O, A C Mason. The role of wave and substrate heterogeneity in vibratory communication: Practical issues in studying the effect of vibratory environments in communication. Cocroft R B, M Gogala, P S M Hill, *et al*, editor, Studying Vibrational Communication, Berlin, Heidelberg: Springer Berlin Heidelberg, 2014, 215 – 247.

［45］ Endler J A. Some general comments on the evolution and design of animal communication systems. Philosophical Transactions of the Royal Society B-Biological Sciences, 1993, 340: 215 – 225.

［46］ Endler J A. Biotremology and Sensory Ecology. P S M Hill, R Lakes-Harlan, V Mazzoni, *et al*, editor, Biotremology: Studying Vibrational Behavior, Cham: Springer International Publishing, 2019: 27 – 41.

［47］ Eriksson A, G Anfora, A Lucchi, *et al*. Inter-plant vibrational communication in a leafhopper insect. Plos One, 2011, 6: e19692.

［48］ Eriksson A, G Anfora, A Lucchi, *et al*. Exploitation of insect vibrational signals reveals a new method of pest management. Plos One, 2012, 7: e100029.

［49］ Field L H, T Matheson. Chordotonal organs of insects. P D Evans, editor, Advances in insect physiology: Academic Press, 1998, 1 – 228.

［50］ Fletcher N, T Rossing. The Physics of Musical Instruments[M]. Springer New York, NY, 1998.

［51］ Forrest T G. From sender to receiver: propagation and environmental effects on acoustic signals. American Zoologist, 1994, 34: 644 – 654.

［52］ Gemeno C, G Baldo, R Nieri, *et al*. Substrate- borne vibrational signals in mating communication of Macrolophus bugs. Journal of Insect Behavior, 2015, 28: 482 – 498.

［53］ Gogala M, Razpotnik R. An oscillographic-sonagraphic method in bioacoustical research. Biol Vestn, 1974, 22: 209 – 216.

［54］ Gogala M, A Čokl, K Drašlar, *et al*. Substrate-borne sound communication in Cydnidae (Heteroptera). Journal of Comparative Physiology, 1974b, 94: 25 – 31.

［55］ Gogala M, I Hočevar. Vibrational songs in three sympatric species of Tritomegas. Prirodoslovni muzej Slovenije, 1990, 117 – 123.

［56］ Gordon S D, N Sandoval, V Mazzoni, *et al*. Mating interference of glassy-winged sharpshooters, *Homalodisca vitripennis*. Entomologia Experimentalis et Applicata, 2017, 164: 27 – 34.

［57］ Gordon S D, R Krugner. Mating disruption by vibrational signals: applications for management of the glassy-winged sharpshooter. Hill P S M, R Lakes-Harlan, V Mazzoni, *et al*, editor, Biotremology: Studying Vibrational Behavior, Cham: Springer International Publishing, 2019, 355 – 373.

［58］ Hager F, F Glinka, W Kirchner. Feel the women's vibes: cues used for directional vibration sensing in *Nezara viridula*. Book of abstracts, 1st international symposium on biotremology, San Michele all'Adige, Italy, 2016, 5 – 7.

[59] Hager F A, W H Kirchner. Directionality in insect vibration sensing: behavioral studies of vibrational orientation. Hill P S M, R Lakes-Harlan, V Mazzoni, *et al*, editor, Biotremology: Studying Vibrational Behavior, Cham: Springer International Publishing, 2019b, 235 – 255.

[60] Haver S M, H Klinck, S L Nieukirk, *et al*. The not-so-silent world: measuring arctic, equatorial, and antarctic soundscapes in the atlantic ocean. Deep-Sea Research Part I-Oceanographic Research Papers, 2017, 122: 95 – 104.

[61] Haye T, D C Weber. Special issue on the brown marmorated stink bug, *Halyomorpha halys*: an emerging pest of global concern. Journal of Pest Science, 2017, 90: 987 – 988.

[62] Hebets E A, D R Papaj. Complex signal function: developing a framework of testable hypotheses. Behavioral Ecology and Sociobiology, 2005, 57: 197 – 214.

[63] Hager F A, K Krausa. Acacia ants respond to plant-borne vibrations caused by *Mammalian browsers*. Current Biology, 2019, 29: 717 – 725.

[64] Henry C S, S J Brooks, P Duelli, *et al*. Obligatory duetting behaviour in the Chrysoperla carnea-group of cryptic species (Neuroptera: Chrysopidae): its role in shaping evolutionary history. Biological Reviews, 2013, 88: 787 – 808.

[65] Hergenröder R, F G Barth. Vibratory signals and spider behavior: how do the sensory inputs from the eight legs interact in orientation. Journal of Comparative Physiology, 1983a, 152: 361 – 371.

[66] Hergenröder R, F G Barth. The release of attack and escape behavior by vibratory stimuli in a wandering spider (Cupiennius salei Keys). Journal of Comparative Physiology, 1983b, 152: 347 – 358.

[67] Hill P S M. Vibrational communication in animals. Harvard University Press, 2008.

[68] Hill P S M, A Wessel. Biotremology. Current Biology, 2016, 26: 187 – 191.

[69] Hunt R E, L R Nault. Roles of interplant movement, acoustic communication, and phototaxis in mate-location behavior of the leafhopper *Graminella nigrifrons*. Behavioral Ecology and Sociobiology, 1991, 28: 315 – 320.

[70] Ichikawa T, S Ishii. Mating signal of the brown planthopper, *Nilaparvata lugens* STL (Homoptera: Delphacidae): vibration of the substrate. Applied Entomology and Zoology, 1974, 9: 196 – 198.

[71] Ioriatti C, G Anfora, M Tasin, *et al*. Chemical ecology and management of *Lobesia botrana* (Lepidoptera: Tortricidae). Journal of Economic Entomology, 2011, 104: 1125 – 1137.

[72] Ioriatti C, B Bagnoli, L Andrea, *et al*. Vine moths control by mating disruption in Italy: results and future prospects. Redia, 2009, 87: 117 – 128.

[73] Lessio F, A Alma. Dispersal patterns and chromatic response of *Scaphoideus titanus* Ball (Homoptera Cicadellidae), vector of the phytoplasma agent of grapevine flavescence dorée. Agricultural and Forest Entomology, 2004, 6(2): 121 – 128.

[74] Jones V P, N G Wiman, J F Brunner. Comparison of delayed female mating on reproductive biology of codling moth and obliquebanded leafroller. Environmental Entomology, 2014, 37: 679 – 685.

[75] Joyce A L, R F Hunt, J S Bernal, *et al*. Substrate influences mating success and transmission of courtship vibrations for the parasitoid *Cotesia marginiventris*. Entomologia Experimentalis Et Applicata, 2008, 127: 39 – 47.

[76] Kalmring K, W Rössler, C Unrast. Complex tibial organs in the forelegs, midlegs and hindlegs of the bushcricket *Gampsocleis gratiosa* (Tettigoniidae): Comparison of the physiology of the organs. Journal of Experimental Zoology, 1994a, 270: 155 – 161.

[77] Kalmring K, M Jatho. The effect of blocking inputs of the acoustic trachea on the frequency tuning of primary auditory receptors in two species of tettigoniids. Journal of Experimental Zoology, 1994b, 270: 360 – 371.

[78] Kalmring K, E Hoffmann, M Jatho, *et al*. The auditory-vibratory sensory system of the bushcricket *Polysarcus denticauda* (Phaneropterinae, Tettigoniidae). II. Physiology of receptor cells. Journal of Experimental Zoology, 1996, 276: 315 – 329.

[79] Karg G, A E Sauer. Seasonal variation of pheromone concentration in mating disruption trials against european grape vine moth *Lobesia botrana* (Lepidoptera: Tortricidae) measured by EAG. Journal of Chemical Ecology, 1997, 23: 487 – 501.

[80] Kavčič A, A Čokl, R A Laumann, *et al*. Tremulatory and abdomen vibration signals enable communication through air in the stink bug *Euschistus heros*. Plos One, 2013, 8: e56503.

[81] Kawada H, C Kitamura. The reproductive behavior of the brown marmorated stink bug, *Halyomorpha mista* Uhler (Heteroptera: Pentatomidae) I. Observation of Mating Behavior and Multiple Copulation. Applied Entomology and Zoology, 1983, 18: 234 – 242.

462

［82］Kocarek P. Sound production and chorusing behaviour in larvae of *Icosium tomentosum*. Central European Journal of Biology，2009，4：422－426.

［83］Korinšek G，M Derlink，M Virant-Doberlet，*et al*. An autonomous system of detecting and attracting leafhopper males using species- and sex-specific substrate borne vibrational signals. Computers and Electronics in Agriculture，2016，123：29－39.

［84］Krugner R. Differential reproductive maturity between geographically separated populations of *Homalodisca vitripennis* (Germar) in California. Crop Protection，2010，29：1521－1528.

［85］Krugner R，S D Gordon. Mating disruption of *Homalodisca vitripennis* (Germar) (Hemiptera：Cicadellidae) by playback of vibrational signals in vineyard trellis. Pest Management Science，2018，74：2013－2019.

［86］Kuhelj A，M de Groot，A Blejec，*et al*. The effect of timing of female vibrational reply on male signalling and searching behaviour in the leafhopper *Aphrodes makarovi*. Plos One，2015a，10：1－15.

［87］Kuhelj A，M de Groot，F Pajk，*et al*. Energetic cost of vibrational signalling in a leafhopper. Behavioral Ecology and Sociobiology，2015b，69：815－828.

［88］Kuhelj A，M de Groot，A Blejec，*et al*. Sender-receiver dynamics in leafhopper vibrational duetting. Animal Behaviour，2016，114：139－146.

［89］Kuhelj A，M Virant-Doberlet. Male-male interactions and male mating success in the leafhopper *Aphrodes makarovi*. Ethology，2017，123：425－433.

［90］Legendre F，P R Marting，R B Cocroft. Competitive masking of vibrational signals during mate searching in a treehopper. Animal Behaviour，2012，83：361－368.

［91］Lakes-Harlan R，J Strauß. Functional morphology and evolutionary diversity of vibration receptors in insects. Studying Vibrational Communication，2014：277－302.

［92］Lanier G. Principles of attraction-annihilation：mass trapping and other means. Ridgway RL，Silverstein RM，Inscoe MN，et al. Behavior-modifying chemicals for insect management. Marcel Dekker，New York. 1990：25－45.

［93］Magal C，M Schöller，J Tautz，*et al*. The role of leaf structure in vibration propagation. Journal of the Acoustical Society of America，2000，108：2412－2418.

［94］Maixner M. A sequential sampling procedure for *Empoasca vitis* Goethe (Homoptera：Auchenorrhyncha). IOBC wprs Bulletin，2003，26：209－216.

［95］Mankin R W，B B Rohde，S A Mcneill，*et al*. *Diaphorina citri* (Hemiptera：Liviidae) responses to microcontroller-buzzer communication signals of potential use in vibration traps. Florida Entomologist，2013，96：1546－1555.

［96］Mazzoni V，F Cosci，A Lucchi，*et al*. Occurrence of leafhoppers (Auchenorrhyncha，Cicadellidae) in three vineyards of the *Pisa district*. IOBC wprs Bulletin，2001，24：267－272.

［97］Mazzoni V，A Lucchi，C Ioriatti，*et al*. Mating behavior of *Hyalesthes obsoletus* (Hemiptera：Cixiidae). Annals of the Entomological Society of America，2010，103：813－822.

［98］Mazzoni V，A Eriksson，G Anfora，*et al*. Active space and the role of amplitude in plant-borne vibrational communication. Cocroft R B，M Gogala，P S M Hill，*et al*，editor，Studying Vibrational Communication，Berlin，Heidelberg：Springer Berlin Heidelberg，2014：125－145.

［99］Mazzoni V，A Lucchi，A Čokl，*et al*. Disruption of the reproductive behaviour of *Scaphoideus titanus* by playback of vibrational signals. Entomologia Experimentalis Et Applicata，2009b，133：174－185.

［100］Mazzoni V，J Polajnar，M Baldini，*et al*. Use of substrate-borne vibrational signals to attract the brown marmorated stink bug，*Halyomorpha halys*. Journal of Pest Science，2017a，90：1219－1229.

［101］Mazzoni V，S D Gordon，R Nieri，*et al*. Design of a candidate vibrational signal for mating disruption against the glassy-winged sharpshooter，*Homalodisca vitripennis*. Pest Management Science，2017b，73：2328－2333.

［102］Mazzoni V，R Nieri，A Eriksson，*et al*. Mating disruption by vibrational signals：State of the field and perspectives. Hill P S M，R Lakes-Harlan，V Mazzoni，*et al*，editor，Biotremology：Studying Vibrational Behavior，Cham：Springer International Publishing，2019，331－354.

［103］McNett G D，L H Luan，R B Cocroft. Wind-induced noise alters signaler and receiver behavior in vibrational communication. Behavioral Ecology and Sociobiology，2010，64：2043－2051.

［104］Meyhöfer R，J Casas. Vibratory stimuli in host location by parasitic wasps. Journal of Insect Physiology，1999，45：967－971.

［105］McNett G D，R N Miles，D Homenteovschi，*et al*. A method for two-dimensional characterization of animal vibrational signals transmitted along plant stems. Journal of Comparative Physiology A，2006，192：1245－1251.

[106] McNett G D, R B Cocroft. Host shifts favor vibrational signal divergence in *Enchenopa binotata* treehoppers. Behavioral Ecology, 2008, 19: 650 - 656.

[107] McVean A, L H Field. Communication by substratum vibration in the New Zealand tree weta, *Hemideina femorata* (Stenopelmatidae: Orthoptera). Journal of Zoology, 1996, 239: 101 - 122.

[108] Michelsen A, F Fink, M Gogala, *et al*. Plants as transmission channels for insect vibrational songs. Behavioral Ecology and Sociobiology, 1982, 11: 269 - 281.

[109] Miklas N, N Stritih, A Čokl, *et al*. The influence of substrate on male responsiveness to the female calling song in *Nezara viridula*. Journal of Insect Behavior, 2001, 14: 313 - 332.

[110] Miller J R, L J Gut, F M de Lame, *et al*. Differentiation of competitive vs. non-competitive mechanisms mediating disruption of moth sexual communication by point sources of sex pheromone (part i): theory. Journal of Chemical Ecology, 2006, 32: 2089 - 2114.

[111] Morrison W R, D H Lee, B D Short, *et al*. Establishing the behavioral basis for an attract-and-kill strategy to manage the invasive *Halyomorpha halys* in apple orchards. Journal of Pest Science, 2016, 89: 81 - 96.

[112] Mortimer B. Biotremology: Do physical constraints limit the propagation of vibrational information?. Animal Behaviour, 2017, 130: 165 - 174.

[113] Nieri R, V Mazzoni, S D Gordon, *et al*. Mating behavior and vibrational mimicry in the glassy-winged sharpshooter, *Homalodisca vitripennis*. Journal of Pest Science, 2017, 90: 887 - 899.

[114] Nieri R, V Mazzoni. The reproductive strategy and the vibrational duet of the leafhopper *Empoasca vitis*. Insect Science, 2018, 25: 869 - 882.

[115] Nieri R, V Mazzoni. Vibrational mating disruption of *Empoasca vitis* by natural or artificial disturbance noises. Pest Management Science, 2019, 75: 1065 - 1073.

[116] Oberst S, J C S Lai, T A Evans. Termites utilise clay to build structural supports and to increase foraging resources. Scientific Reports, 2016, 6: 20990.

[117] O'Hanlon J C, D N Rathnayake, K L Barry, *et al*. Post-attack defensive displays in three praying mantis species. Behavioral Ecology and Sociobiology, 2018, 72: 176.

[118] Oldfield B P. Accuracy of orientation in female crickets, *Teleogryllus oceanicus* (Gryllidae): dependence on song spectrum. Journal of Comparative Physiology, 1980, 141: 93 - 99.

[119] Ord T J, J A Stamps. Alert signals enhance animal communication in noisy environments. Proceedings of the National Academy of Sciences of the United States of America, 2008, 105: 18830 - 18835.

[120] Ossiannilsson F. Sound production in psyllids (Hem. Hom.). Opuscula Entomologica, 1950, 15: 202.

[121] Pamel A V, G Sha, S I Rokhlin, *et al*. Simulation of elastic wave propagation in heterogeneous materials. The Journal of the Acoustical Society of America, 2017, 141: 3809 - 3810.

[122] Peljhan N S, J Strauss. The mechanical leg response to vibration stimuli in cave crickets and implications for vibrosensory organ functions. Journal of Comparative Physiology Λ, 2018, 204: 687 - 702.

[123] Pertot I, T Caffi, V Rossi, *et al*. A critical review of plant protection tools for reducing pesticide use on grapevine and new perspectives for the implementation of IPM in viticulture. Crop Protection, 2017, 97: 70 - 84.

[124] Prešern J, J Polajnar, M de Groot, *et al*. On the spot: utilization of directional cues in vibrational communication of a stink bug. Scientific Reports, 2018, 8: 5418.

[125] Polajnar J, A Čokl. The effect of vibratory disturbance on sexual behaviour of the southern green stink bug *Nezara viridula* (Heteroptera, Pentatomidae). Open Life Sciences, 2008, 3: 189 - 197.

[126] Polajnar J, D Svenšek, A Čokl. Resonance in herbaceous plant stems as a factor in vibrational communication of pentatomid bugs (Heteroptera: Pentatomidae). Journal of the Royal Society Interface, 2012, 9: 1898 - 1907.

[127] Polajnar J, A Eriksson, M V Rossi Stacconi, *et al*. The process of pair formation mediated by substrate-borne vibrations in a small insect. Behavioural Processes, 2014, 107: 68 - 78.

[128] Polajnar J, A Eriksson, A Lucchi, *et al*. Manipulating behaviour with substrate-borne vibrations—potential for insect pest control. Pest Management Science, 2015, 71: 15 - 23.

[129] Polajnar J, A Eriksson, M Virant-Doberlet, *et al*. Mating disruption of a grapevine pest using mechanical vibrations: from laboratory to the field. Journal of Pest Science, 2016a, 89: 909 - 921.

[130] Polajnar J, L Maistrello, A Bertarella, *et al*. Vibrational communication of the brown marmorated stink bug (*Halyomorpha halys*). Physiological Entomology, 2016b, 41: 249 - 259.

[131] Pollack G. Who, what, where? Recognition and localization of acoustic signals by insects. Current Opinion in

Neurobiology，2000，10：763 - 767.

[132] Qin D Z, L Zhang, Q Xiao, *et al*. Clarification of the identity of the tea green leafhopper based on morphological comparison between Chinese and Japanese specimens. Plos One, 2015, 10：e0139202.

[133] Rakitov R. What are brochosomes for? An enigma of leafhoppers (Hemiptera, Cicadellidae). Denisia, 2002, 411 - 432.

[134] Redak R, B White, F Byrne, *et al*. Management of insecticide resistance in glassy-winged sharpshooter populations using toxicological, biochemical, and genomic tools. Proceedings of Pierce's Disease Research Symposium, 2017, 163 - 169.

[135] Rendall D, M J Owren, M J Ryan. What do animal signals mean?. Animal Behaviour, 2009, 78：233 - 240.

[136] Renou M, A Guerrero. Insect parapheromones in olfaction research and semiochemical-based pest control strategies. Annual Review of Entomology, 2000, 45：605 - 630.

[137] Roberts L, M Elliott. Good or bad vibrations? Impacts of anthropogenic vibration on the marine epibenthos. Science of The Total Environment, 2017, 595：255 - 268.

[138] Rodriguez R L. Male and female mating behavior in two Ozophora bugs (Heteroptera：Lygaeidae). Journal of the Kansas Entomological Society, 1999, 72：137 - 148.

[139] Rodriguez R L, M G Burger, J E Wojcinski, *et al*. Vibrational signals and mating behavior of Japanese beetles (Coleoptera：Scarabaeidae). Annals of the Entomological Society of America, 2015, 108：986 - 992.

[140] Saxena K N, H Kumar. Acoustic communication in the sexual behaviour of the leafhopper, *Amrasca devastans*. Physiological Entomology, 1984, 9：77 - 86.

[141] Schöner M G, R Simon, C R Schöner. Acoustic communication in plant-animal interactions. Current Opinion in Plant Biology, 2016, 32：88 - 95.

[142] Shannon C E. Communication in the presence of noise. Proceedings of the Institute of Radio Engineers, 1949, 37：10 - 21.

[143] Shaw S. Detection of airborne sound by a cockroach 'vibration detector'：A possible missing link in insect auditory evolution. Journal of Experimental Biology, 1994, 193：13 - 47.

[144] Southern P S, C H Dietrich. Eight new species of Empoasca (Hemiptera：Cicadellidae：Typhlocybinae：Empoascini) from Peru and Bolivia. Zootaxa, 2010：1 - 23.

[145] Strauß J, R Lakes-Harlan. Sensory neuroanatomy of stick insects highlights the evolutionary diversity of the orthopteroid subgenual organ complex. Journal of Comparative Neurology, 2013, 521：3791 - 3803.

[146] Strauß J, A Stumpner. Selective forces on origin, adaptation and reduction of tympanal ears in insects. Journal of Comparative Physiology A, 2015, 201：155 - 169.

[147] Šturm R, J Polajnar, M Virant-Doberlet. Practical issues in studying natural vibroscape and biotic noise. Hill P S M, R Lakes-Harlan, V Mazzoni, *et al*, editor, Biotremology：Studying Vibrational Behavior, Cham：Springer International Publishing, 2019, 125 - 148.

[148] Sullivan-Beckers L, R B Cocroft. The importance of female choice, male-male competition, and signal transmission as causes of selection on male mating signals. Evolution, 2010, 64：3158 - 3171.

[149] Swatek C A, J Gibson, R Cocroft. Use of an amplitude gradient during vibration localization by a small plant-dwelling insect. Ecological Society of America Annual Meeting (abstract). Available online from：http：//eco. confex. com/eco/2011/webprogram/Paper30908. html. Cited, 2013.

[150] Tishechkin D Y. Vibrational background noise in herbaceous plants and its impact on acoustic communication of small Auchenorrhyncha and Psyllinea (Homoptera). Entomological Review, 2013, 93：548 - 558.

[151] Takanashi T, M Fukaya, K Nakamuta, *et al*. Substrate vibrations mediate behavioral responses via femoral chordotonal organs in a cerambycid beetle. Zoological Letters, 2016, 2：18.

[152] Tishechkin D Y. New data on vibratory communication in jumping plant lice of the families Aphalaridae and Triozidae (Homoptera, Psyllinea). Entomological Review, 2007, 87：394 - 400.

[153] Tishechkin D Y. Do different species of grass-dwelling small Auchenorrhyncha (Homoptera) have private vibrational communication channels? Russian Entomological Journal, 2011, 20：135 - 139.

[154] Torres-Vila L M, M C Rodríguez-Molina, J Stockel. Delayed mating reduces reproductive output of female European grapevine moth, *Lobesia botrana* (Lepidoptera：Tortricidae). Bulletin of Entomological Research, 2002, 92：241 - 249.

[155] Toyama M, F Ihara, K Yaginuma. Formation of aggregations in adults of the brown marmorated stink bug,

Halyomorpha halys (Stål) (Heteroptera: Pentatomidae): The role of antennae in short-range locations. Applied Entomology and Zoology, 2006, 41: 309 – 315.

[156] Ulyshen M D, RW Mankin, YG Chen, *et al*. Role of emerald ash borer (Coleoptera: Buprestidae) larval vibrations in host-quality assessment by *Tetrastichus planipennisi* (Hymenoptera: Eulophidae). Journal of Economic Entomology, 2011, 104: 81 – 86.

[157] Vélez M J, H J Brockmann. Seasonal variation in selection on male calling song in the field cricket, *Gryllus rubens*. Animal Behaviour, 2006, 72: 439 – 448.

[158] Velilla E, J Polajnar, M Virant-Doberlet, *et al*. Variation in plant leaf traits affects transmission and detectability of herbivore vibrational cues. Ecology and Evolution, 2020, 10: 12277 – 12289.

[159] M Virant-Doberlet, A Čokl, M Zorović. Use of substrate vibrations for orientation: from behaviour to physiology. Drosopoulos S, M F Claridge, editor, Insect sounds and communication: physiology, behavior, ecology and evolution. Taylor & Francis, Boca Raton, FL, 2006: 81 – 97.

[160] Virant-Doberlet M, R A King, J Polajnar, *et al*. Molecular diagnostics reveal spiders that exploit prey vibrational signals used in sexual communication. Molecular Ecology, 2011, 20: 2204 – 2216.

[161] Virant-Doberlet M, V Mazzoni, M de Groot, *et al*. Vibrational communication networks: eavesdropping and biotic noise. Cocroft R B, M Gogala, P S M Hill, *et al*, editor, Studying Vibrational Communication, Berlin, Heidelberg: Springer Berlin Heidelberg, 2014, 93 – 123.

[162] Wäckers F L, E Mitter, S Dorn. Vibrational sounding by the pupal parasitoid *Pimpla* (*Coccygomimus*) *turionellae*: an additional solution to the reliability-detectability problem. Biological Control, 1998, 11: 141 – 146.

[163] Witzgall P, L Stelinski, L Gut, *et al*. Codling moth management and chemical ecology. Annual Review of Entomology, 2008, 53: 503 – 522.

[164] Wu C H, D O Elias. Vibratory noise in anthropogenic habitats and its effect on prey detection in a web-building spider. Animal Behaviour, 2014, 90: 47 – 56.

[165] Zapponi L, R Nieri, V Zaffaroni-Caorsi, *et al*. Vibrational calling signals improve the efficacy of pheromone traps to capture the brown marmorated stink bug. Journal of Pest Science, 2023, 96: 587 – 597.

[166] Zgonik V, A Čokl. The role of signals of different modalities in initiating vibratory communication in *Nezara viridula*. Central European Journal of Biology, 2014, 9: 200 – 211.

[167] Zhang H N, L Bian, X M Cai, *et al*. (2023) Vibrational signals are species-specific and sex-specific for sexual communication in the tea leafhopper, *Empoasca onukii*. Entomologia Experimentalis et Applicata, 2023, 171: 277 – 286.

[168] Zorović M, J Prešern, A Čokl. Morphology and physiology of vibratory interneurons in the thoracic ganglia of the southern green stinkbug *Nezara viridula* (L.). Journal of Comparative Neurology, 2008, 508: 365 – 381.

[169] Žunič A, M Virant-Doberlet, A Čokl. Species recognition during substrate-borne communication in *Nezara viridula* (L.) (Pentatomidae: Heteroptera). Journal of Insect Behavior, 2011, 24: 468.

边　磊　张惠宁

第十章
基于化学生态和物理通信构建
茶树害虫绿色精准防控体系

10.1 茶园害虫种群治理的历史沿革

茶树是一种多年生的作物,主要生长在气候条件温暖高湿的亚热带、热带和暖温带。同时,茶树冠茂密郁闭,生态条件相对稳定,适宜于害虫繁衍和孳生。我国常见的茶树害虫种类有 400 余种,其中造成一定经济损失的种类不下 80 种,常年约给茶叶生产带来近 50% 的产量损失,在局部地区和局部年份损失则更大。植保技术的实施为保障茶叶正常生产和避免虫害发生造成的损失,起到了重要作用。从中华人民共和国成立至今的 70 多年间,我国茶树植保工作发生了巨大变化,大致可分为化学防治阶段、综合治理阶段和绿色防控阶段(陈宗懋等,1999,2020;陈宗懋,2022)。

10.1.1 化学防治阶段

我国的化学防治阶段覆盖了 20 世纪 50 年代至 70 年代。这时有机合成农药刚刚诞生。由于二二三、六六六等有机氯农药既价廉又高效,50 年代初就几乎占领了所有的农业市场,同样也席卷了茶树植保,成了 50 年代茶叶生产上的万灵药。当时的害虫主要是一些食叶的鳞翅目害虫,如浙江、江苏的茶尺蠖,湖南、江西、四川、浙中和浙西的茶毛虫,以及全国均有发生的刺蛾、蓑蛾。然而,不到几年时间,即 50 年代末 60 年代初,由于这些高残留农药的使用,害虫天敌也被大量杀伤,茶园生态系自然平衡遭到了破坏,茶园害虫区系演替现象明显。在我国东南部茶区普遍出现蚧类的危害,使得茶叶生产面临新的威胁。二二三、六六六等农药大量使用带来的另一个严重的负面效应是茶叶农药残留超标。二二三和六六六的持久稳定性,使得某些茶叶中的残留水平超标达 10~100 倍。这个问题至少持续了 30 年之久。从 20 世纪 60 年代初开始使用有机磷农药,以取代有机氯农药,但很快又在 60 年代末出现了第二次茶园害虫区系演替。过去很少出现的害螨和叶蝉类,在茶叶生产上猖獗成灾。尽管化学防治阶段的中后期,茶叶生产中已强调运用多种手段进行害虫防治,但是由于防治目标十分接近国际上提出的全部种群防治策略,即只着眼"消灭"害虫,缺乏种群间的生态平衡观念。这个时期防治上依然偏重于化学农药。化学农药应用产生的负面效应,使人们逐渐认识到化学农药是有利有弊的。茶叶生产不能单纯依靠这一种手段来解决茶园害虫的危害。

10.1.2 综合治理阶段

该阶段由 20 世纪 70 年代中期至 21 世纪初。之前的防治实践告诉我们,有害生物的防治要与保护生态环境相结合,走可持续发展之路。人们认识到不能单纯依赖化学防治,必须运用农业防治、化学防治和生物防治等多种手段进行害虫防治。我国尽管早在 20 世纪 50 年代就曾提出过综合防治,但真正系统地提出是在 1975 年全国植物保护工作会议上,并确定"预防为主,综合防治"为我国植保工作方针。在防治策略上,从整个农田生态系统出发,以保持生态系平衡为目标,运用多种技术手段将有害生物控制在经济损害水平之下,而不是消灭有害生物种群。在防治措施上,以农业措施为基础,尽可能应用生物防治手段,以化学防治为辅,以此来达到综合治理的目的。与前期的化学防治相比,有害生物综合防治有 3 个特点:一是具宏观性,强调生态的平衡与多样性,将有害生物控制在经济损害水平之下,而不是消灭有害生物;二是具协调性,强调农业、化学和生物等各措施的协调和互补;三是具持续性,强调生态调控,以达到长期抑制有害生物种群的目的。与第一阶段相比,这一阶段由于强调了多种防控措施的综合运用,化学农药的使用量有了明显减少,同时实行了化学农药安全使用规范化管理,在农药品种选用和农药残留上有了明显的改进。

与此同时,国际对茶叶农药残留问题也日益关注。1999 年起,以欧盟为代表的茶叶进口国大幅增加茶叶中农药残留标准的数量,从 1999 年的 6 种增加到 2000 年的 108 种,2005 年又增加到 682 种,到 2010 年又进一步增加到 850 种。同时,随着农药毒理学的发展,茶叶中农药残留标准也日益严格化。20 世纪 50 年代标准都在百万分之一浓度的水平,之后差不多每 20 年降低一个数量级,到 2010 年 80% 以上的标准已处于亿分之一浓度的水平。其间,我国大量茶叶由于残留超标而被停止出口,最高时有 82% 的茶叶超过欧盟制定的安全标准。这反映了随着科学的发展,人们对食品安全提出了更高的要求。为此,2000 年农业部提出无公害产品将是茶叶生产的目标和要求,也是未来茶叶产品的市场准入标准。

由于预测预报、物理防治、生物防治、农业防治等方面的茶园害虫防治新技术不断涌现,化学农药的选用与使用更加科学合理,同时广大茶区贯彻了综合治理的防治原则,我国茶树植保工作在 20 世纪 80 年代中期有了一个质的飞跃。但存在各种化学农药替代技术还不成熟、防治效率较低,茶农对技术的可接受度有待提高等问题。例如,市场上当时已有茶尺蠖性诱剂商品,但其诱蛾效果远未达到防治应用的程度;各地普遍使用诱虫板防治茶小绿叶蝉,但诱虫板颜色多样化,诱杀效果参差不齐。因此,为了尽可能减少化学农药使用,如何提高化学农药替代技术和综合治理的防治效率,如何进一步科学合理使用化学农药,是当时茶园植保科技工作者所面临的主要课题。

10.1.3 绿色防控阶段

从 21 世纪初开始,茶树害虫防治进入了绿色防控阶段。绿色防控的概念,是 2006 年全国植保植检工作会议上首次提出,并在 2012 年全国农作物重大病虫防控高层论坛上拓展、丰富,而形成的植保理念。其内涵是:基于害虫发生规律,遵循综合治理原则,优先采用农业防治、物理防治、生物防治、化学生态防治等环境友好型技术,并结合科学合理使用化学农药,达到有效控制农田害虫危害。相对综合防治,绿色防控在保障农作物生产安全的同时,更加注重农产品质量安全、农田系统生物多样性和避免环境污染。

2016年科技部启动了国家重点研发计划项目"茶园化肥农药减施增效技术集成研究与示范",其目标之一就是通过化学农药替代技术的突破、各项防控技术的集成应用以及示范推广,到2020年实现茶园化学农药减施25%。随着昆虫性信息素鉴定、害虫与天敌间趋色趋光性差异等基础研究取得重要进展,相继提出了7种茶树鳞翅目害虫高效性诱剂、窄波LED杀虫灯、黄红双色诱虫板等绿色精准防控新技术。这些诱杀产品不仅实现了对茶园害虫的高效诱杀和有效防控,同时也极大避免了对天敌的误杀。高效性诱剂的诱蛾效果是同类商品的4~200多倍,连续诱杀2代雄虫防效达70%。相对常规物理诱杀产品,窄波LED杀虫灯、黄红双色诱虫板不仅提高了茶园主要害虫诱杀效果,且降低了约40%的天敌诱杀量。此时,化学农药的选用也更加合理科学。基于农药在茶叶种植、加工、冲泡过程中的转移规律和农药毒理学特性,建立了农药水溶解度、农药蒸气压、农药残留半衰期、农药每日允许摄入量和大鼠急性参考剂量等7个参数、5个评价等级的茶园农药安全选用体系。其中,农药水溶解度是最重要的参数,高水溶性化学农药不建议在茶园中使用。这是因为农药水溶解度与其在茶汤中的浸出率呈正相关。茶叶上相同残留量的高水溶性农药在茶汤中的浸出量比脂溶性农药高300多倍。为降低吡虫啉、啶虫脒等被普遍使用的高水溶性农药对饮茶者造成健康危害,科研人员相继筛选并示范推广了虫螨腈、茚虫威、唑虫酰胺等高效低水溶性农药。2020年,茶叶中吡虫啉、啶虫脒检出率分别为25.5%、16.0%,比2016年均下降约30%,极大降低了饮茶者的农药摄入风险。

同时,在国家和地方政府的大力推动下,我国各产茶省均根据当地茶园害虫的发生种类与发生动态等实际情况,集成了高效性诱剂、窄波LED杀虫灯、黄红双色诱虫板、高效生物农药、高效低水溶性化学农药等绿色防控技术,建立了相应的茶园害虫绿色精准防控技术模式,并进行了大面积的示范推广。茶园害虫绿色精准防控技术模式示范区,化学农药平均减施达76.0%,茶叶产量略有增加,茶叶质量安全水平提升明显,茶农收益得到增加。

10.2 化学生态和物理通信研究在茶树害虫防控中的实践

植食性昆虫与寄主植物的关系以及植食性昆虫种间交流是昆虫学研究的重要问题,而植食性昆虫的寄主选择和求偶通信又是其中的核心研究内容。从行为生态学角度,植食性昆虫寄主选择分为寄主植物栖境定向、寄主定位、寄主接受和寄主利用4个连续性步骤,其中定向和定位是搜寻过程,此过程中昆虫的嗅觉和视觉起主要作用。在求偶通信方面,鳞翅目昆虫大多利用特定的性信息素化合物来实现求偶行为,而半翅目昆虫则依靠振动信号进行求偶信息通信。由此可见,嗅觉信号、视觉信号和振动信号等生物信号在植食性昆虫觅食、交配、寻找产卵场所等生命活动中发挥了重要的作用。近年来,研究人员通过研究茶树害虫寄主定位、求偶等行为中的重要生物信号及其内在的调控机制,研发了引诱剂、性诱剂、诱虫板、杀虫灯等多项绿色防控技术,并成功应用于茶树害虫的防控。

10.2.1 食物源嗅觉信号的挖掘与利用

植物挥发物是植物与周围环境中其他生物交流的语言,对调节"植物—害虫—天敌"三级营养关系起着重要作用。于植物本身,挥发物不仅可以驱避植食性昆虫取食和产卵,增强植物对昆虫天敌的引诱能力,还可以引起邻近植物的防御反应。同时,植物挥发物亦可以被植食性昆虫用于了解寄主植物的健康状态、寄主植物上是否有潜在竞争者、周边是否有天敌存在等信息。因此,植物挥发物在植食性昆虫的寄主选择过程中起着决定性作用,并且显著影响昆虫的生长发育和群体生物学(陆宴辉等,2008)。

植物挥发物是多种挥发性植物次生物质的混合物,具有丰富的多样性,目前已从 90 多种植物的挥发物组分中鉴定出 2 000 余种挥发性物质(Simpraga *et al*,2016)。其主要包括萜烯类化合物、挥发性的脂肪酸衍生物、苯丙烷类化合物和氨基酸衍生物 4 大类化合物,以及乙醇、乙醛、乙烯等一些强挥发性的短链化合物(Beyaert & Hilker,2014)。植物挥发物的组成与植物的种类、组织器官、生长状态、生理阶段等密切相关。同时,植物挥发物的释放还受病虫危害、外部环境因子等各种胁迫因素的影响(Loreto & Schnitzler,2010)。因此,植食性昆虫可以通过植物挥发物中寄主定位的嗅觉信息来寻找到适宜的寄主和产卵场所。研究人员20 世纪初就开始利用发酵糖水、糖醋酒液模拟腐烂果实、植物蜜露、植物伤口分泌液等昆虫食源气味进行害虫诱杀。这些传统引诱剂的诱虫谱较广,对多种鳞翅目、鞘翅目及双翅目害虫都具有较强的诱杀作用。随着对植物挥发物研究的不断深入,通过组配人工合成的挥发物组分,先后研制出实蝇、夜蛾、甲虫、盲蝽等多类害虫的新型引诱剂。这些引诱剂对雌雄害虫均有效,已在橘小实蝇(*Bactrocera dorsalis*)、地中海实蝇(*Ceratitis capitata*)、棉铃虫(*Helicoverpa armigera*)、苹果蠹蛾(*Cydia pomonella*)、西方玉米根萤叶甲(*Diabrotica virgifera virgifera*)、纵坑切梢小蠹(*Tomicus piniperda*)等重要害虫的监测和防治中发挥了重要作用(蔡晓明等,2018)。

在茶树害虫上,我国研究人员发现糖醋酒液(白酒∶食醋∶白砂糖∶清水=3∶2∶1∶10)、蜂蜜稀释 20 倍和糖水(白砂糖∶清水=3∶10)3 种方式配置的引诱剂均对茶天牛(*Aeolesthes induta* Newman)成虫具有较好的引诱活性,且 3 种引诱剂对茶天牛的诱捕效果无显著性差异,7 天平均诱捕量分别为 73.2±22.8 头、60.3±15 头和 49.4+17.2 头(边磊等,2018)。其中,糖醋酒液诱捕到的茶天牛雌虫数量多于雄虫(雌雄比=1.81),但是无显著性差异;蜂蜜和糖水诱捕到的雌虫数量则显著高于雄虫,雌雄比分别为 2 和 2.03。由此可见,糖类是茶天牛必不可少的诱集成分,3 种引诱剂以蜂蜜稀释液成本最低、诱捕效果较好。并且有效成分比例越高对茶天牛的引诱作用越强,随着蜂蜜稀释倍数的增大,茶天牛的诱捕数量显著减少($F=23.22,P<0.01$),其中稀释 20 倍时引诱剂的诱捕量每 7 天可达 87.8±14.3 头,稀释至 400 倍后,7 天诱捕量仅为 3±0.89 头。研究人员发现,蜂蜜水和白糖水放置后第一天的诱捕数量较低,需在田间经过微生物短时间的发酵后才会起到引诱作用,这是因为糖溶液经过发酵后释放的气味对茶天牛具有较强的吸引作用。同时,引诱剂结合水盆诱捕器放置在茶棚上方 30 cm 处对茶天牛诱杀效果最佳。该技术在浙江绍兴御茶村茶业有限公司进行了大面积示范推广,经过多年的应用,有效地控制了当地茶天牛的发生,取得了较好的经济

效益。

另一个茶树害虫引诱剂的成功应用案例是日本研究人员利用清酒酒粕、乙酸诱杀茶小卷叶蛾(*Adoxophyes honmai* Yasuda)。茶小卷叶蛾是日本最重要茶树害虫之一,日本科学工作者鉴定茶小卷叶蛾性信息素的过程中发现,在对茶小卷叶蛾性腺浸提液进行弗罗里硅土柱洗脱时,其中一部分洗脱液对茶小卷叶蛾雌蛾具有较强的田间引诱活性,其诱捕到的雌蛾数量是雄的 1 倍,且多为交配后的雌蛾。研究人员通过进一步研究,明确了洗脱溶剂乙酸是其中的关键引诱成分,乙酸是糖、蜂蜜等物质发酵后释放的挥发物组分之一,茶小卷叶蛾成虫可以利用乙酸寻找食物,补充营养(Tamaki *et al*, 1984)。而后,日本研究人员又利用茶小卷叶蛾成虫喜食发酵后食物的习性,筛选出了清酒酒粕作为高效引诱剂。其对茶小卷叶蛾雌雄蛾的田间诱捕总数量与性信息素引诱到的雄蛾数量相当,且对茶卷叶蛾也有一定的诱捕活性,诱捕到的茶小卷叶蛾、茶卷叶蛾中,雌蛾均占 60% 以上且 95% 已完成交配(Horikawa *et al*, 1986)。

除了上述发酵蜂蜜水、清酒酒粕、乙酸等发酵物质或其挥发物外,研究人员在基于植物挥发物的茶树害虫引诱剂研究方面也开展了大量的工作,并获得了茶小绿叶蝉(*Empoasca onukii*)、茶尺蠖(*Ectropis obliqua*)、茶棍蓟马(*Dendrothrips minowai* Priesner)等害虫的引诱剂配方。基于茶小绿叶蝉具有趋嫩习性,研究人员发现不同成熟度茶梢间的挥发物差异在茶小绿叶蝉趋嫩习性中发挥重要作用(Bian *et al*, 2018)。茶树嫩梢、成熟梢和成熟枝条 3种不同成熟度茶梢的挥发物组成和释放量不同。嫩梢和成熟梢释放的挥发物种类相同,成熟枝条则不释放吲哚和芳樟醇 2 种物质。随着茶梢成熟度增加,芳樟醇、(*E*)-*β*-罗勒烯、DMNT 等萜类挥发物的含量逐渐减少,其中以芳樟醇含量差异最大,其嫩梢挥发物中的含量是成熟梢的 5 倍,是茶树叶片嫩度的重要指征物质。基于不同成熟度茶梢的挥发物间的差异,研究人员参照茶树嫩梢挥发物组成,设计了 14 个挥发物组合配方。其中,(*Z*)-3-己烯醇、(*Z*)-3-己烯基乙酸酯和芳樟醇按质量比 0.6:23:12.6 配制的配方对茶小绿叶蝉的引诱活性与全组分混合物相当,可以使诱虫色板上茶小绿叶蝉的诱捕量提高 0.6~1.3 倍。

除茶树挥发物外,研究人员还发现茶小绿叶蝉对离体葡萄藤的趋性显著强于离体茶梢(Cai *et al*, 2015)。茶梢挥发物和葡萄藤挥发物组成不同(Cai *et al*, 2017),茶梢挥发物中的特异性组分为(*E*)-橙花叔醇和苯乙腈,主要成分为 DMNT 和(*E*)-*β*-罗勒烯,相对含量分别为 58.3%、24.7%。葡萄挥发物的特异性组分为丁酸乙酯、己酸乙酯、乙酸己酯和苯甲酸乙酯,主要成分是(*Z*)-3-己烯基乙酸酯、(*E*)-*β*-罗勒烯,相对含量均为 20% 左右。而后,蔡晓明等对 2 种植物挥发物进行了人工模拟,并采用逐个减少组分的方法,鉴定出(*Z*)-3-己烯基乙酸酯、罗勒烯和 DMNT 是茶树挥发物中引诱茶小绿叶蝉的关键物质(Cai *et al*, 2017),并在此基础上,加入葡萄挥发物中的特异性挥发物(*Z*)-3-己烯丁酸酯和苯甲酸乙酯后,获得了对茶小绿叶蝉具强烈引诱活性的引诱剂配方。该配方在茶小绿叶蝉发生高峰期可使诱虫色板的诱虫量提高 80%。类似的结果在茶棍蓟马也有报道(Xiu *et al*, 2022),研究人员通过触角电位仪,从 20 种候选植物挥发物中筛选出了 10 种可以引起茶棍蓟马雌虫强烈电生理反应的挥发物。而后通过行为活性测定,明确了茶棍蓟马雌虫对 10 种挥发物中的 8 种表现出显著的行为趋向性,其中以大茴香醛对茶棍蓟马的引诱活性最强,可使田间诱虫板上茶棍蓟马的诱捕量提高 6.7 倍。经过科研人员的不断努力,虽然筛选出了对茶树害虫具有引诱活性的植物挥发物及其配方,但大多数研究还距离实际应用有一定的距离,如何将这些挥发物或配方开发为有效的防治技术还需进一步加强。

10.2.2 茶树害虫性信息素的鉴定与应用

自 Butenandt 研究团队于 1959 年首次完成家蚕(*Bombyx mori*)性信息素的鉴定以来,性信息素应用于害虫防治的大幕被揭开。经过科研人员的合力公关,20 世纪 70 年代初期性信息素被开发为害虫防治技术,由于性信息素的专一性、高效性、环保性等特点,成为害虫绿色防控的重要措施,并逐渐在西方世界大面积推广应用。我国害虫性信息素研究起步于 20 世纪 70 年代,中国科学院动物研究所陈德明团队成功鉴定出了松毛虫(*Dendrolimus punctatus*)性信息素组分。此后的 50 年,性信息素逐渐成为我国害虫防治的主要技术。

性信息素的应用方式主要有 3 种:一是应用于虫情监测,基于性信息素的专一性和高效性,性信息素诱捕的靶标害虫情况可以实时地、准确地反映相应区域范围内是否存在目标害虫、种群密度,以及预测下一代幼虫孵化高峰期,从而为化学防治提供指导;二是迷向防治,通过人为的释放性信息素干扰靶标害虫的求偶通信,进而延迟、减少或者阻止靶标害虫顺利找到异性完成交配,从而减少下一代虫口数量,是性信息素应用最多的一种策略;三是大量诱杀,通过性信息素大量引诱靶标害虫,再结合诱捕器进行灭杀,从而阻止害虫繁殖后代。大量诱杀法对性信息素的使用量相对较低,适于性信息素原料成本较高的害虫种类。

茶树害虫性信息素研究以中日两国为主,日本于 20 世纪 70 年代开始进行了茶小卷叶蛾、茶细蛾(*Caloptilia theivora*)等害虫的性信息素研究,中国则于 20 世纪 90 年代开始进行以茶尺蠖为代表的主要害虫性信息素研究。目前,有关茶树害虫性信息素的研究已鉴定了 19 种害虫的性信息素组分(罗宗秀等,2022),包括 16 种鳞翅目害虫和 3 种半翅目害虫:茶小卷叶蛾、茶卷叶蛾(*Homona magnanima*)、褐带长卷叶蛾(*H. coffearia*)、湘黄卷蛾(*Archips strojny*)、茶细蛾、茶黄毒蛾(*Euproctis pseudoconspersa*)、黄尾毒蛾(*E. similis*)、台湾黄毒蛾(*E.s taiwana*)、茶黑毒蛾(*Dasychira baibarana*)、折带黄毒蛾(*Artaxa subflava*)、茶尺蠖、灰茶尺蠖(*Ectropis grisescens*)、艾尺蠖(*Ascotis selenaria cretacea*)丽绿刺蛾(*Parasa lepida*)、茶蚕(*Andraca bipunctata*)、斜纹夜蛾(*Spodoptera litura*)、桑白盾蚧(*Pseudaulascaspis pentagona*)、茶蚜(*Toxoptera aurantii*)、绿盲蝽(*Aploygus lucorum*)。它们的化学成分在本书的第四章中有详细记述。

茶小卷叶蛾是首个应用性信息素进行防控的茶树害虫。自 1979 年茶小卷叶蛾性信息素组分被鉴定为(*Z*)-9-十四碳烯-1-醇乙酸酯、(*Z*)-11-十四碳烯-1-醇乙酸酯、(*E*)-11-十四碳烯-1-醇乙酸酯和 10-甲基十二烷-1-醇乙酸酯之后,1983 年茶小卷叶蛾的性信息素迷向剂商品便问世,并在日本静冈县全面推广。最初推广的茶小卷叶蛾性信息素迷向剂是由 4 种成分组成的制剂,为了兼防其他茶卷叶蛾,便将 2 种卷叶蛾均含有的性信息素组分(*Z*)-11-十四碳烯-1-醇乙酸酯作为通用的性信息素迷向剂进行推广应用。该迷向剂商品名 Hamaki-con,是一个 20 cm 长的塑料管,其中填充 0.6～1.5 mg 性信息素。田间使用性信息素迷向剂防治茶小卷叶蛾时应每隔 1.5～1.8 m 放置 1 个,即每公顷茶园悬挂 300～400 个,防治效果可达 96％以上。然而在生产中应用了 10 多年后,研究人员发现,长期使用性信息素迷向防治的地区,茶小卷叶蛾在长期的选择压力下抗性种群雌虫自身可以合成更多的 (Z)-11-十四碳烯-1-醇乙酸酯,抗性品系昆虫腺体内的 (Z)-11-十四碳烯-1-醇乙酸酯达 45.6 ng,是敏感品系的 3 倍(15.1 ng),这种变化导致迷向剂防治效果下降至 21％(Mochizuki et al,2002;Tabata et al,2007)。将迷向剂配方恢复为 4 组分配方后,防效由 26％提升至 99％,解决了茶小卷叶蛾对性信息素迷向剂的抗性问题。

灰茶尺蠖是我国茶园发生面积最大、危害最为严重的鳞翅目害虫,其性信息素诱杀技术研究较为系统,在我国茶树害虫防治中应用面积最大。灰茶尺蠖性信息素组分是 $(Z3,Z6,Z9)$-十八碳三烯 $(Z3,Z6,Z9-18：H)$ 和 $(Z3,Z9)$-6,7-环氧十八碳二烯 $(Z3,epo6,Z9-18：H)$,比例为 4：6(罗宗秀等,2016;Ma et al,2016)。研究人员通过田间诱捕实验,明确了添加剂量、缓释载体、诱捕器类型、诱捕器密度和设置高度等应用参数对性信息素诱捕效果的影响,确定了以大量诱杀的方式应用性信息素防治灰茶尺蠖时,单个诱芯最佳田间剂量为 1 mg,配合船型诱捕器使用,诱捕器设置高度为茶蓬面上方 25 cm,诱捕器间距 15 m(罗宗秀等,2018)。在该应用参数下,性信息素诱杀技术对灰茶尺蠖成虫种群密度具有良好的控制作用,可显著减少雄成虫的虫口密度,降低雌蛾交配成功率(Luo et al,2020)。田间防效试验结果显示,使用灰茶尺蠖性诱剂诱杀 1 代成虫对下一代幼虫虫口防效为 49.27％,连续使用 2 代对下一代幼虫虫口防效为 67.16％。通过使用性诱杀技术,在灰茶尺蠖中度发生区域可以实现防治的化学农药零使用。

茶尺蠖是灰茶尺蠖的近缘种,我国研究人员通过性信息素鉴定、嗅觉感受机制和触角叶 3D 结构重建,解析茶尺蠖和灰茶尺蠖求偶通信种间隔离的嗅觉机制(Li et al,2018;Liu et al,2021;Luo et al,2017),明确茶尺蠖的性腺内含有 $Z3,Z6,Z9-18：H$、$Z3,epo6,Z9-18：H$ 和 $Z3,epo6,Z9-19：H$,其中 $Z3,epo6,Z9-19：H$ 是茶尺蠖雌蛾特有的成分,该物质在这两个近缘种求偶化学通信的种间隔离中发挥重要作用,两近缘种在外周嗅觉过程中均可以识别该组分,而性信息素感受初级中枢 MGC 在该组分调控两尺蠖近缘种求偶通信的种间隔离中发挥重要作用。研究人员在此基础上研发了茶尺蠖高效性诱剂,其诱蛾效果较市场同类产品提高了 64 倍,实现了茶尺蠖的性信息素诱杀防治。

茶毛虫是我国茶园中的一种暴发性害虫,其不仅危害茶树生长,同时其幼虫和虫蜕上的毒毛触及人体皮肤会引起红肿痛痒,严重影响茶叶采摘、茶园管理和茶叶加工。茶毛虫性信息素由日本学者首次鉴定,属于类型Ⅲ,其包含 2 个组分,主要成分具有手性结构。目前,商品化的茶毛虫性诱剂对下一代幼虫的防治效果为 27.87％～50.85％,无法满足防控要求(Wang et al,2005)。研究人员利用昆虫触角电位技术和田间活性测定,发现茶毛虫雄蛾触角对主要性信息组分 10,14-二甲基十五醇异丁酸酯的 R 体电生理活性和田间引诱活性均显著高于 S 体,而次要组分 14-甲基十五醇异丁酸酯虽无田间引诱活性,但其可以激活雄蛾触角的电生理反应,且显著地提高其主要成分 R 体和 S 体的引诱活性。在此基础上,研究人员通过测试不同组分间的比例和添加剂量对性信息素诱捕活性的影响,开发出了一个 0.75 mg 的 (R)-10,14-二甲基十五醇异丁酸酯加上 0.1 mg 的 4-甲基十五醇异丁酸酯的高效性诱剂配方,其诱捕效果是现有商品化产品的 2 倍以上(Li et al,2023)。

除了上述几种主要茶树鳞翅目害虫外,我国研究人员还鉴定出了茶黑毒蛾、茶蚕和湘黄卷蛾 3 种茶树害虫的性信息素。其中,在茶黑毒蛾性腺中首次发现$(Z3,Z6,E11)$-环氧-9,10-二十一碳三烯和$(Z3,Z6)$-二十一碳二烯-11-酮 2 种昆虫性信息素新化合物(Magsi et al,2022)。而在湘黄卷蛾性腺中发现化学物质(Z)-11-十四醇对(Z)-11-十四乙酸酯的引诱活性具有拮抗作用(Fu et al,2022)。我国茶蚕大陆种群仅通过一个性信息素组分$(E11,E14)$-十八碳烯醛来完成求偶(崔少伟等,2022),与我国的台湾种群报道的十八醛、(E)-11-十八碳烯醛、(E)-14-十八碳烯醛和$(E11,E14)$-十八碳烯醛的 4 种成分组成不同。通过近年来研究人员的不断深入研究,目前已开发出灰茶尺蠖、茶尺蠖、茶毛虫、茶蚕、茶黑毒蛾、湘黄卷叶蛾、茶细蛾 7 种害虫高效性诱剂产品。同时,还研发出了灰茶尺蠖和茶毛虫"一芯双诱"性诱剂,实现了对两种害虫的引诱效果与单靶标性诱剂相当,降低了混发区的防治成本。目前,性诱杀技术已成为我国茶树鳞翅目害虫防控主推技术,已在我国 17 个省(直辖市)的茶园大面积推广应用。

性信息素作为种内求偶通信的信息化合物,它具有高度的种的专化性,在生产中即可用于害虫监测,同时可以开发为高效的绿色防控技术。但性信息素是一种在成分和功能上非常复杂的混合物,它包括不同的化合物以及这些化合物的不同同分异构物。各组分的功能也具有高度专化性,有的成分对特定的昆虫种具有长距离的引诱活性,而另一些成分则具有短距离的引诱活性。同一种化合物中的不同同分异构物之间有的具有引诱的活性,而另一个同分异构物会对害虫具有忌避活性。因此,在进行性信息素的化学合成时,必须在充分和细致了解性信息素各种成分含量和功能的基础上,人工组建成对某种特定害虫具有最佳引诱活性的配方,同时必须将其中表现为忌避作用的成分尽可能彻底地从配方中分离并去除。必须指出的是,害虫种群对性信息素同样具有产生抗性的可能性,因此必须予以监控和关注。

10.2.3 茶树害虫视觉信息的挖掘与利用

寄主植物的视觉信息也可以被植食性昆虫识别,用于判断寄主的种属特征和生理状态等,从而选择适宜的栖息场所。在多数植食性昆虫远程寄主定位的过程中视觉和嗅觉都会发挥作用,并且具有协同关系。甚至在植物群落多样性较低的环境中,一些以优势植物为食的昆虫仅通过视觉信号就可以定位寄主。植食性昆虫利用寄主的视觉信息来定位寄主属于主观行为,是由中枢神经系统进行分析作出相应的行为反应。部分昆虫会对特定光谱范围和强度的光产生条件反射行为,即昆虫会向光源产生趋性运动,"飞蛾扑火"就是一个典型的自然现象。此外,光对昆虫的生长发育也会造成一定的影响,比如夜间强光会抑制夜行性昆虫的飞行、交配等行为,打乱昆虫的光周期则使昆虫无法滞育,紫外线和蓝光辐射给昆虫造成光照毒性会导致其无法正常生长或生存等。因此,可以通过研究害虫对不同视觉信号的行为反应,利用其趋光性或颜色偏好性,结合捕杀装置对害虫进行直接控制或种群监测,亦可以利用视觉刺激干扰害虫正常的生理活动,抑制其生长发育。在基于视觉信息的茶树害虫防治技术研究方面,目前主要集中在利用茶树害虫颜色偏好性和趋光性,研发杀虫灯和诱虫板。

茶小绿叶蝉的寄主定位是依靠视觉和嗅觉协同作用完成的,其中视觉信息起主导作用。茶树不同成熟度叶片所表现出的视觉信息不同,嫩叶叶绿素含量少呈现出偏黄的色调,成熟叶则呈现出绿色或墨绿色,且叶片的亮度和饱和度随叶龄的增加而减小。茶小绿叶蝉对嫩叶的偏好性显著强于成熟叶片,会优先选择色调偏黄、亮度和饱和度较高的叶片,说明茶小绿叶蝉可以通过视觉区分茶树叶片的老嫩程度。在颜色偏好性方面,茶小绿叶蝉对金色(RGB:255,215,0)的趋性最强,据此研发出的数字化诱虫板对茶小绿叶蝉的诱杀量较市售同类产品提高了50%左右(边磊,2014)。为进一步明确数字化诱虫板对茶小绿叶蝉的防治效果,研究人员在绍兴御茶村茶业有限公司和安吉柏茗茶场两地比较了设置数字化诱虫板茶园和空白对照茶园中茶小绿叶蝉种群动态。研究发现,数字化诱虫板对茶小绿叶蝉第一个发生高峰期虫口具有较好的压制作用,在色板安插后的10~20天内,处理区的茶小绿叶蝉种群数量一直低于对照区(图10-1)。

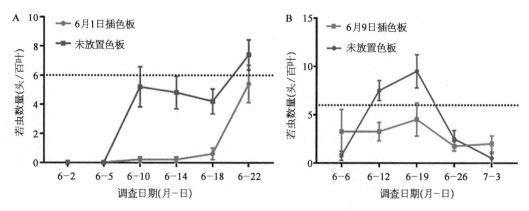

图10-1 数字化诱虫板对茶小绿叶蝉的防治效果

A:数字化诱虫板在绍兴基地对茶小绿叶蝉的防治效果;B:数字化诱虫板在安吉基地对茶小绿叶蝉的防治效果。

数字化诱虫板虽然对茶小绿叶蝉具有较强引诱能力,但也存在着对天敌昆虫误杀量高的缺陷。经过长期的进化,不同昆虫在颜色偏好性和视觉能力上产生差异,因此可以利用茶小绿叶蝉与茶园主要天敌间的这种差异,在数字化诱虫板中引入天敌的驱避色,从而减少天敌误杀量。在颜色偏好性方面,红色对茶园中的一些天敌具有拒避作用,而茶小绿叶蝉虽然能够识别红色,但不会产生趋性反应。在视觉能力方面,茶小绿叶蝉对近距离目标的视敏度约为0.15 cpd,显著低于绝大多数膜翅目天敌(视敏度,>0.5 cpd),即茶小绿叶蝉视觉能力较绝大多数膜翅目天敌弱。进一步的视觉模拟研究结果显示,在0.15 cpd的视觉敏锐度下,茶小绿叶蝉成虫在30 cm范围内才能准确地分辨5 cm×5 cm红色与金色等比例方格式图案,而在此距离外,该方格式图案在茶小绿叶蝉视觉中仍然为黄色。利用这种视觉能力和颜色偏好性上的差异研发出的红黄双色诱虫板,相较于数字化诱虫板减少了30%以上的天敌误杀量,同时保障了茶小绿叶蝉的捕杀量,克服了数字诱虫板天敌误杀量大的弊端。红黄双色诱虫板在茶小绿叶蝉高峰期前使用,可以降低茶小绿叶蝉高峰期虫口30%~58%,已成为我国防控茶小绿叶蝉的主要绿色防控技术之一。

杀虫灯是一种常见茶树害虫物理防治技术,是基于害虫的趋光性而研发。天敌误杀率高是频振式电网型杀虫灯在茶树害虫防治中遇到的难题。与昆虫的颜色偏好性相似,不同昆虫对不同波长趋性也不同,因此利用害虫与天敌之间的趋光性差异,避开天敌趋光光谱,将对害虫的趋光光谱峰值作为杀虫灯光源,可以实现害虫的精准诱杀,并减少天敌误杀。茶小绿叶蝉对 385 nm 和 420 nm 光源的趋性最强,尺蠖对 375 nm 和 385 nm 光源的趋性最强,而茶园 10 种具有趋光性的优势天敌对 370~380 nm 范围的光源趋性最强。因此,避开370~380 nm 光谱范围,仅以 385 nm 和 420 nm 作为发光光谱而研制的 LED 光源可以实现茶小绿叶蝉和尺蠖两种茶树主要害虫的精准诱杀。除了发光灯源,杀虫设备的选择在一定程度也影响整个杀虫灯的防治效果。风吸式杀虫设备可以利用负压将灯源诱集来的害虫吸入集虫袋中,对茶小绿叶蝉等小体型的害虫具有较高的致死率。相较于频振式电网型杀虫灯,以 385 nm 和 420 nm 作为发光光谱而研制的窄波 LED 光源,结合风吸式杀虫设备研发的 LED 杀虫灯,对茶树主要害虫的诱杀效果可提高 54.62%~84.58%,而对茶园天敌昆虫的诱杀量降低了 88%。目前,窄波 LED 杀虫灯已在全国各大茶区进行应用推广,各地植保人员和茶农反映效果良好,成为我国茶树害虫防控中的一项重要措施。

10.2.4 以理化诱杀技术为核心的茶树害虫绿色精准防控体系构建

绿色防控是在"综合防治"概念基础上拓展、丰富后形成的植保理念。在茶树害虫上,以窄波 LED 杀虫灯、黄红双色诱虫板、高效性诱剂等作为核心关键技术,通过长期高效诱杀将茶园中的靶标害虫种群维持在一个较低水平;在此基础上,在害虫发生高峰前使用生物防治措施(如高效生物农药、释放捕食螨等),并配套良好农艺措施(如冬季石硫合剂封园、合理修剪、适时采摘等)控制虫口发生;最后,若害虫大量爆发则使用高效低水溶性化学农药进行应急防治(图 10-2)。基于上述理念,茶树植保科技工作者对灰茶尺蠖、茶尺蠖、茶毛虫、茶小绿叶蝉、茶网蝽、茶棍蓟马等茶树害虫防控技术进行了深入的研究,形成了切实有效的茶树害虫绿色精准防控技术模式。

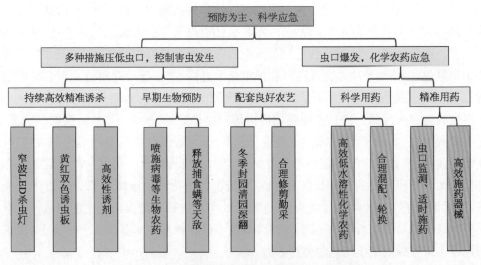

图 10-2　茶树主要害虫绿色精准防控技术集成思路

以鳞翅目害虫灰茶尺蠖和刺吸式害虫茶小绿叶蝉这两个我国茶园发生最重的害虫为例。① 灰茶尺蠖(表 10-1):在越冬代成虫羽化之前悬挂性诱剂和安装窄波 LED 杀虫灯,通过性诱和光诱技术降低越冬基数,同时对灰茶尺蠖成虫持续监测和诱杀;在幼虫虫口基数达防治指标前,利用生物农药控制害虫发生数量;当幼虫虫口达到防治指标后,利用高效低水溶性化学农药进行应急防治,同时结合农艺措施提高防治效果。② 茶小绿叶蝉(表 10-2):在春茶采摘前安装窄波 LED 杀虫灯降低越冬基数,同时对茶小绿叶蝉成虫持续诱杀;春茶结束修剪后茶小绿叶蝉发生高峰前,悬挂红黄双色诱虫板控制茶小绿叶蝉成虫虫口;在若虫虫口基数达防治指标前,利用生物农药控制害虫发生数量;当若虫虫口达到防治指标后,利用高效低水溶性化学农药进行应急防治,同时结合农艺措施提高防治效果。其中,灰茶尺蠖绿色精准防控技术模式在尺蠖轻度、中度发生区域,可做到化学农药零使用;茶小绿叶蝉绿色精准防控技术模式在叶蝉高峰期可减少 1 次化学农药的使用。

表 10-1 灰茶尺蠖绿色精准防控模式(以浙江为例)

农 事 操 作	3 月	4—5 月	6 月	7—9 月	10 月	11 月
窄波 LED 杀虫灯诱杀	√	√	√	√	√	√
性诱杀	√	√	√	√	√	√
挑喷病毒制剂		√				
化学农药应急				√		
深翻耙除越冬蛹						√

注:"√"代表使用该项技术。

表 10-2 茶小绿叶蝉绿色精准防控模式(以浙江为例)

农 事 操 作	3 月	4—5 月	6—7 月	8 月	9 月	10 月	11 月
窄波 LED 杀虫灯诱杀	√	√	√	√	√	√	√
黄红双色诱虫板诱杀		√	√	√	√	√	
合理修剪、适时采摘		√	√	√	√		
化学农药应急			√	√			
石硫合剂封园							√

注:"√"代表使用该项技术。

根据不同茶区害虫发生种类、发生规律和茶叶生产情况,将单个害虫的绿色精准防控技术模式进行模块化集成,并在浙江、湖南、福建、湖北、四川、广东、江西、安徽、江苏等我国主要产茶省进行了大面积的示范推广。示范区化学农药平均减施显著,茶叶增产显著,茶叶质量安全水平提升明显,茶农收益得到增加。

10.3 茶园害虫绿色精准防控的前景展望

从 20 世纪初开始,茶树害虫的治理进入了绿色防控的新阶段。其目的是通过高效、精准的绿色防控技术,将害虫控制在可接受的阈值内,以实现少用或不用化学农药的目的。经过 10 余年的努力,我国茶树植保研究人员在茶树害虫化学生态防治技术和精准物理防治技术方面取得了突破,研制出了性诱剂、引诱剂、窄波 LED 杀虫灯、红黄双色诱虫板等一系列茶园害虫绿色精准防控技术,并进行了集成与示范,取得了较好的经济、生态和社会效益。基于目前茶树害虫化学生态学和物理通信研究进展,在害虫防控的实践基础上,笔者对未来茶园害虫精准防控提出如下几方面的设想。

10.3.1 关注茶树害虫种群演替的过程

茶树害虫的组成是茶树和害虫在环境条件的长期影响下,经过适应和竞争,由量变到质变,最后发展成一个相对稳定的害虫区系。但由于人为因素的影响,害虫区系组成在一个不太长的时间就会产生巨大变化。综观我国从 20 世纪 50 年代起到 21 世纪 20 年代的 70 年漫长岁月中,我国茶区害虫的种群发生了 5 次明显的变化,其中 3 次主要由使用化学农药引起,2 次是由栽培技术和茶叶采摘方式引起(表 10 - 3)。

表 10 - 3 我国 5 次茶树害虫种群演替因素分析

害虫种群演替记录	发 生 时 间	原 因 分 析
蚧类害虫流行	20 世纪 60 年代中期	有机氯农药的大量使用
螨类害虫流行	20 世纪 70 年代中后期	有机磷农药的大量应用
黑刺粉虱流行	20 世纪 70 年代末	拟除虫菊酯农药的大量使用
茶细蛾流行	20 世纪 70 年代末至 80 年代初	留叶采摘有利于茶细蛾幼虫产卵
茶小绿叶蝉流行	20 世纪 90 年代至 21 世纪 20 年代	夏秋季留养有利于叶蝉秋季生长繁殖

茶树害虫的 5 次种群演替对我国茶产业的发展造成了巨大的影响。20 世纪 60 年代茶树长白蚧在我国浙江、湖南、江苏等省发生严重,角蜡蚧在四川、贵州等省发生严重,茶园的产量明显下降,许多茶园的茶树因树势过度衰败而被迫改种其他作物。在 20 世纪 70 年代中期,茶树害螨的严重发生也对许多省的茶产业造成很大影响。害螨发生严重是由于有机磷农药的不合理使用使得天敌大量死亡而引起。由于采摘和管理方式的变化,夏秋季留养茶梢有利于茶小绿叶蝉的生长,使其成为我国茶产业的头号害虫,对茶产业带来严重影响。

茶树害虫的种群演替给我国带来了深刻的教训。目前,我国已经进入茶产业高质量发展的新时期,应强调预防为主、防患于先,不仅要关注气候影响、茶园管理和外界因素对有害生物和茶树的影响,及时发现隐患。但更加重要的是,要从宏观上关注茶树重要害虫种群的消长和流行情况以及新种群的出现和流行动态,预防发生类似我国 20 世纪 70 年代 10 年中的 3 次茶树害虫种群演替,以免给茶产业发展造成负面影响。

10.3.2 利用害虫求偶或寄主定位的生物信息开发智能监测技术

茶树害虫绿色精准防控技术体系可以最大限度地减少茶叶产量损失、环境污染和经济损失。构建茶树害虫绿色精准防控技术体系的一个先决条件,就是要准确地、实时地掌握害虫的种群密度,如果能获知害虫发生数量,种植人员会根据害虫发生情况进行精准治理,既利于茶树生长,又能减少环境污染、保障茶叶质量,从而确保人们食用安全。目前,茶树植保人员最常用的害虫监测方法主要是人工调查计数。而这种计数方式取决于观察者的识别技能、疲劳程度等,不仅效率低且不可靠,尤其是体积较小的害虫,识别和计数更困难。因此,实现自动精准识别害虫对现代农业生产至关重要。

由于茶园生态和茶树害虫形态的复杂性,单独依靠图像识别来监测茶园虫口,其准确率较低,无法满足实际需求。茶树害虫可以利用特定的化学信号或物理信号完成求偶和寄主定位。因此,利用这些生物信号(性信息素、色板、寄主挥发物以及震动信号等)来特异地引诱靶标害虫,进而结合计算机图像技术、通信技术、传感器技术、智能技术等技术,可以实现靶标害虫的自动精准识别。进一步通过测报虫口与田间虫口之间的关系,建立两者间的模型,构建茶树主要病虫害监测预警信息系统,实现害虫的精准监测预警,从而进一步完善绿色精准防控技术体系。另外,茶树遭到害虫取食危害后,会释放出挥发物作为语言来展示植物本身的生理状态和遭受到的生存压力,来达到保护自己和招募环境中的寄生性天敌和捕食性天敌的目的。因此,可以通过研制识别特定挥发物的传感器,来破译茶树的言语,了解茶树当前的生理状态和遭受到的生存压力,实现害虫的监测预警。

10.3.3 植物挥发物的认识和开发利用将是一个值得重视和发展的科学问题

1983 年,美国科学家 Rhoades 发表了一篇柳树受到鳞翅目害虫危害后释放出挥发性有机化合物的论文,并发现这些化合物具有提高邻近柳树对这种害虫的抗性。接着,两位德国科学家提出了一个观点:植物在受到害虫危害后会释放出生物源的挥发性有机化合物(biogenic volatile organic compounds,BVOCs),这些化合物是虫害植物与邻近的同种及异种植物以及其他生物(如昆虫)进行交流的信息物质(Baldwin & Schultz,1983)。从 20 世纪末起,在世界各地兴起了对植物挥发物的来源、功能和应用的研究高潮。到 21 世纪 20 年代,每年全世界发表的有关植物挥发物的论文已达 700~800 篇,说明了植物挥发物的利用和功能已引起世界范围的重视和关注。

通过近 40 年的研究,该领域在以下 10 个方面已获得世界范围的认可和关注。① 植物在受到害虫危害后会释放出生物源的挥发性有机化合物,这类化合物参与的许多植物与植物或其他生物间的交流,是一种可证实广泛存在的自然现象(Turlings et al,1990)。② 挥发物相当于植物的语言和植物的一种行为(Baldwin & Schultz,1983)。③ 植物具有"鼻子",可以识别环境中的挥发物(Wang & Erb,2022)。④ 世界上植物的挥发物到 21 世纪初已总共记载有 2 000 多种化合物(Wei *et al*,2007),全世界植物挥发物每年的释放总量为 1 150 Tg(Guenther *et al*,1995),其中异戊二烯占 44%;这些挥发物中,最早报道的是己烯醛、己烯醇等绿叶挥发物,其后还报道有萜烯类化合物、苯丙烷类、类苯化合物以及氨基酸衍生物(Logan,2000;de Moraes *et al*,2001)。⑤ 植物为应对不同有害生物的危害,可合成、释放不同的挥发物,以抵御有害生物的危害。⑥ 异戊二烯的释放在植物应对高温、高光等非生物胁迫中发挥重要作用,并可显著影响全球大气环境(Sharkey *et al*,1995;Loreto *et al*,2001)。⑦ (*Z*)-3-己烯醛、(*Z*)-3-己烯醇等绿叶挥发物,对调控自然界中三重营养级关系起到重要作用,可以提高植物对有害生物的直接防御和间接防御能力(Pare & Tumlinson,1999;Laothawornkitkul *et al*,2008;Kessler & Baldwin,2001)。⑧ 植物因昆虫危害而释放出的挥发物具有减少害虫在目标植物上降落的作用。⑨ 植物还可以区别机械损伤和害虫危害引起的损伤,并随之释放不同的挥发物(Dicke & Baldwin,2009)。⑩ 植物挥发物在自然界中具有寿命和时间尺度(Atkinson & Arey,2003;Holopainen,2013;Conchou *et al*,2019)。

在以上 10 个方面中,可以在①、②、④、⑤、⑦、⑧六个方面加强茶树挥发物的研究利用。植物的挥发物是植物的语言,可以从挥发物的分析中反映植物对害虫的危害采取的防御对策。先从害虫加害茶树后释放出的挥发物分析中了解挥发物的组成,然后进一步,从挥发物的组成成分,特别是绿叶挥发物的分析和试验中借用和吸收一些化合物进行室内生物学测定和研究,从中提出一些应用配方。其次,已有的研究已经证明,绿叶挥发物参与调控“植物—植食性昆虫—天敌”间三重营养关系,可以提高植物对有害生物的直接防御和间接防御能力,建议开展绿叶挥发物对茶树有害生物的功能研究。此外,研究证明害虫危害而诱导茶树释放的挥发物具有减少害虫在目标植物上降落的作用。在烟草研究发现,挥发物的释放可以使有害昆虫的降落量减少 50%,甚至更多(Kessler & Baldwin,2001;Schuman *et al*,2012)。这说明在释放的挥发物中含有忌避害虫的活性成分,从中如果能分析出具有忌避活性的成分,将为我们开发出拒绝害虫定位降落的活性成分,那将是未来绿色防控的绝佳产品,人们拭目以待。

10.3.4 昆虫性信息素作为茶园鳞翅目害虫防治中的化学农药替代品

茶树害虫的性信息素的应用可视为我国茶园鳞翅目害虫无公害治理的重要力量。在 21 世纪以来,我国已开发出了 7 种茶园鳞翅目害虫的性信息素产品:灰茶尺蠖(包括 2 种化合物)、茶尺蠖(包括 3 种化合物)、茶毛虫(包括 2 种化合物)、茶蚕(包括 1 种化合物)、茶黑毒蛾(包括 3 种化合物)、茶细蛾(2 种化合物)、湘黄卷蛾(包括 1 种化合物)。这 7 种茶园鳞翅目害虫的性信息素产品由中国农业科学院茶叶研究所研发,并已在 2017 年起在我国的 17 个产茶省中推广应用 4 万余公顷。其中,灰茶尺蠖性诱剂的田间防效可达 67.2%。

2017 年起,茶园中鳞翅目害虫的防治基本上以性诱剂替代了化学防治。从未来的防治方向看,采用性诱剂基本可控制鳞翅目害虫的发生和危害,但仍需进行深入研究。未来的研究方向是如何进一步降低成本和提升防治效果,需加强性信息素和茶树的绿叶挥发物混合使用的研究,以进一步提升防治效果;研发更加轻简高效的诱捕装置,以节省防治成本和劳力投入;同时注重更加高效、轻简的性信息素迷向技术的研发。

10.3.5 化学农药的合理选用和精准使用

绿色防控的目标是采用安全有效的措施进行有害生物的综合治理,不用或少用化学农药,更为重要的是农药的合理选择和精准应用。我国茶树有害生物的防控在过去的 70 年经历了化学防治(20 世纪 50 年代至 70 年代)、综合防治(20 世纪 80 年代至 21 世纪 10 年代)和绿色防控阶段(2020 年起)。回顾所经历的岁月,我国在茶产业发展方面,茶园面积从中华人民共和国建国初期的 16.94 万公顷增加到 2021 年的 318.00 万公顷,增加 18.77 倍;茶叶年产量也由 6.22 万吨增加到 308.15 万吨,增加 49.5 倍。在化学农药依赖程度方面,20 世纪 50 年代至 70 年代在茶树有害生物的治理上主要依赖于化学农药,20 世纪 80 年代至 21 世纪 20 年代茶树害虫治理逐步从综合治理进入更高一级的绿色防控,实现了化学农药的使用量减少 50% 以上。我国虽然在茶园有害生物防控中取得了显著的成效,但化学农药的使用仍然较为普遍,尤其是农药品种的选择上仍不尽合理。

饮茶与摄入其他食品不同,一般人们只饮茶汤而将茶渣完全抛弃。从食品毒理学角度而言,毒物只有在进入人体后才会发挥毒理学作用。茶叶上残留的高水溶性农药,如吡虫啉、啶虫脒、呋虫胺、噻虫嗪等,有 80%~90% 可转移到茶汤中而被人体摄入,造成安全风险。因此,这类农药不适宜在茶园中使用。中国农业科学院茶叶研究所曾连续 10 余年通过随机取样测定了全国所有产茶省 6 大茶类茶产品中吡虫啉、啶虫脒的残留量。结果表明,吡虫啉和啶虫脒 2 种水溶性农药在我国茶园应用较为普遍,存在一定的超标率(表 10-4、表 10-5),应引起高度重视。

表 10-4　2011—2020 年我国茶叶中水溶性农药的检出率和超标率

年 份	样品数	吡 虫 啉		啶 虫 脒	
		检出率(%)	超标率(%)	检出率(%)	超标率(%)
2011	1 355	63.30	28.50	65.20	20.70
2012	1 110	61.60	26.60	64.00	23.30
2013	1 627	57.70	17.30	54.10	18.30
2014	1 279	72.30	23.00	63.20	20.00
2015	1 486	54.40	25.60	63.40	24.60
2016	1 250	57.60	25.20	48.50	24.60
2017	1 306	53.10	33.10	55.10	30.90
2018	1 627	37.20	14.50	26.00	10.30
2019	1 279	22.36	6.57	19.39	9.46
2020	919	25.46	11.32	16.00	5.77

表 10-5　2015 年我国不同茶区茶叶中水溶性农药的检出率和超标率

地　点	样品数	吡 虫 啉		啶 虫 脒	
		检出率(%)	超标率(%)	检出率(%)	超标率(%)
广西	32	82.1	41.9	67.7	32.3
安徽	39	82.1	31.5	79.1	28.4
云南	74	81.3	27.8	69.2	25.6
湖北	128	57.0	31.3	69.2	25.5
浙江	279	74.6	30.1	51.5	23.5
广东	132	51.5	27.3	75.6	21.9
福建	404	57.9	24.5	63.3	16.4
湖南	98	52.0	23.5	57.0	15.6

回顾过去,随着科学的发展,人们对物质生活提出了更高的要求,其中最突出表现是在环境、食品上的有机、绿色的安全要求。近 10 年来,随着科学研究的进展,茶叶上 10^{-6} 或 10^{-9} 级的农药残留被分为脂溶性和水溶性两大类。农药的水溶性、脂溶性可导致在饮茶过程中,饮茶者对于茶上相同量的农药残留有截然不同的摄入量。水溶性农药在饮茶时会从茶叶中进入茶汤而被人体摄入,脂溶性农药却因不能进入茶汤而仍留在茶叶上,不会被饮茶者摄入。这一非常简单的事实却晚至 20 世纪末才从科学上被证实并受到国际上的重视。欧盟为保证进口茶叶的质量安全,对茶叶产品中这类水溶性农药的残留量制订了十分严格的允许标准(0.02 mg/kg)。同时,斯里兰卡等产茶国为控制水溶性农药的应用、提高茶叶出口质量安全水平,也对这类水溶性农药制订了非常严格的茶叶中最大允许残留标准(茶叶中的 MRL 为 0.02 mg/kg)。我国也应该调整这些水溶性农药在茶叶中的允许残留标准,以提高我国茶叶在国际市场上的竞争力,保障茶叶消费者的饮茶健康。

10.3.6　物理通信技术在茶树害虫防治中的应用

茶小绿叶蝉、茶网蝽等半翅目的刺吸式口器害虫是我国茶树上一类危害严重的害虫。以叶蝉为例,它体形小、数量大、繁殖代数多、抗药性强,对茶叶的产量和质量安全均构成较大威胁。如何实现茶小绿叶蝉的高效、绿色、安全和生态防治,可从叶蝉的求偶行为中寻找突破。昆虫的求偶起始于雌雄两性昆虫的信息交流。那么叶蝉如何从浩瀚的自然空间中找到异性同种? 近年来的研究表明,叶蝉和盲蝽等半翅目昆虫可以依靠植物基质传递振动波(vibrational wave),并以此作为两性间的交流信息,实现交配行为。2016 年,Hill 和 Wessel 将昆虫的振动信息通信交流定义为一门新的学科: 生物震颤学(biotremology)。通过解析求偶过程中的震动信号交流机制,开发求偶通信干扰技术,有望替代化学农药成为茶小绿叶蝉等半翅目茶树害虫高效绿色防治技术。

参考文献

［1］ 边磊.基于远程寄主定位机理的假眼小绿叶蝉化学生态和物理调控.中国农业科学院,2014.

［2］ 边磊,吕闰强,邵胜荣,等.茶天牛食物源引诱剂的筛选与应用技术研究.茶叶科学,2018,38：94-101.

［3］ 蔡晓明,李兆群,潘洪生,等.植食性害虫食诱剂的研究与应用.中国生物防治学报,2018,34：8-35.

［4］ 陈宗懋.茶园有害生物绿色防控技术发展与应用.中国茶叶,2022,44：1-6.

［5］ 陈宗懋,蔡晓明,周利,等.中国茶园有害生物防控40年.中国茶叶,2020,42：1-8.

［6］ 陈宗懋,陈雪芬.茶业可持续发展中的植保问题.茶叶科学,1999,19：3-8.

［7］ 崔少伟,赵冬香,张家侠,等.茶蚕大陆种群性信息素鉴定与虫口监测应用.茶叶科学,2022,42：101-108.

［8］ 罗宗秀,李兆群,蔡晓明,等.灰茶尺蛾性信息素的初步研究.茶叶科学,2016,36：537-543.

［9］ 罗宗秀,苏亮,李兆群,等.灰茶尺蠖性信息素田间应用技术研究.茶叶科学,2018,38：140-145.

［10］ 罗宗秀,付楠霞,李兆群,等.茶树害虫性信息素防控原理与技术应用.中国茶叶,2022,44：1-9.

［11］ 何亮,秦玉川,朱培祥.糖醋酒液对梨小食心虫和苹果小卷叶蛾的诱杀作用.昆虫知识,2009,46：736-739.

［12］ 陆宴辉,张永军,吴孔明.植食性昆虫的寄主选择机理及行为调控策略.生态学报,2008,10：5113-5122.

［13］ 唐艳龙,魏可,杨忠岐,等.诱捕栗山天牛成虫的食物源引诱剂研究.环境昆虫学报,2016,38：595-601.

［14］ 王萍,秦玉川,潘鹏亮,等.糖醋酒液对韭菜迟眼蕈蚊的诱杀效果及其挥发物活性成分分析.植物保护学报,2011,38：513-520.

［15］ Atkinson R, Arey J. Gas-phase tropospheric chemistry of biogenic volatile organic compounds：a review. Atmospheric Environment,2003,37：197-219.

［16］ Baldwin I T, Schultz J C. Rapid changes in tree leaf chemistry induced by damage：evidence for communication between plants. Science,1983,221：277-279.

［17］ Beyaert I, Hilker M. Plant odour plumes as mediators of plant-insect interactions. Biological Reviews,2014,89：68-81.

［18］ Bian L, Cai X M, Luo Z X, et al. Design of an attractant for Empoasca onukii (Hemiptera：Cicadellidae) based on the volatile components of fresh tea leaves. Journal of Economic Entomology,2018,111：629-636.

［19］ Cai X M, Bian L, Xu X X, et al. Field background odour should be taken into account when formulating a pest attractant based on plant volatiles. Scientific Reports,2017,7：41818.

［20］ Cai X M, Xu X X, Bian L, et al. Attractiveness of host volatiles combined with background visual cues to the tea leafhopper, Empoasca vitis. Entomologia Experimentalis et Applicata,2015,157：291-299.

［21］ Conchou L, Lucas P, Meslin C, et al. Insect odorscapes：from plant volatiles to natural olfactory scenes. Frontiers in physiology,2019,10：972.

［22］ De Moraes C M, Mescher M C, Tumlinson JH. Caterpillar-induced nocturnal plant volatiles repel conspecific females. Nature.2001,410：577-580.

［23］ Dicke M, Baldwin I T. The evolutionary context for herbivore-induced plant volatiles：beyond the 'cry for help'. Trends in plant science,2010,15：167-175.

［24］ Fu N X, Magsi F H, Zhao Y J, et al. Identification and field evaluation of sex pheromone components and its antagonist produced by a major tea pest, Archips strojny (Lepidoptera：Tortricidae). Insects,2022,13：1056.

［25］ Guenther A, Hewitt C N, Erickson D, et al. A global model of natural volatile organic compound emissions. Journal of Geophysical Research,1995,100：8873-8892.

［26］ Holopainen J K, Blande J D. Where do herbivore-induced plant volatiles go?. Frontiers in plant science,2013,4：185.

［27］ Horikawa T, Shiratori C, Suzuki T, et al. Evaluation of sake-lees bait as an attractant for the smaller tea tortrix moth (Adoxophyes sp.) and tea tortrix moth (Homona magnanima DIAKONOFF). Japanese Journal of Applied Entomology and Zoology,1986,30：27-34.

［28］ Kessler A, Baldwin I T. Defensive function of herbivore-induced plant volatile emissions in nature. Science,2001,291：2141-2144.

［29］ Laothawornkitkul J, Paul N D, Vickers C E, et al. Isoprene emissions influence herbivore feeding decisions. Plant, cell & environment,2008,31：1410-1415.

［30］ Logan B A, Monson R K, Potosnak M J. Biochemistry and physiology of foliar isoprene production. Trends in plant science,2000,5：477-481.

［31］ Loreto F, Velikova V. Isoprene produced by leaves protects the photosynthetic apparatus against ozone damage,

quenches ozone products, and reduces lipid peroxidation of cellular membranes. Plant Physiology, 2001, 127: 1781 –
1787.

[32] Li Z Q, Cai X M, Luo Z X, *et al*. Comparison of olfactory genes in two *Ectropis* species: emphasis on candidates
involved in the detection of Type-II sex pheromones. Frontiers in Physiology, 2018, 9: 1602.

[33] Li Z Q, Yuan T T, Cui S W, *et al*. Development of a high-efficiency sex pheromone formula to control *Euproctis
pseudoconspersa*. Journal of Integrative Agriculture, 2023, 22: 195 – 201.

[34] Liu J, He K, Luo Z X, *et al*. Anatomical comparison of antennal lobes in two sibling *Ectropis* moths: emphasis on
the macroglomerular complex. *Frontiers in Physiology*, 2021, 12: 1114.

[35] Loreto F, Schnitzler J P. Abiotic stresses and induced BVOCs. Trends in Plant Science, 2010, 15: 154 – 166.

[36] Luo Z X, Li Z Q, Cai X M, *et al*. Evidence of premating isolation between two dibling moths: *Ectropis grisescens*
and *Ectropis obliqua* (Lepidoptera: Geometridae). Journal of Economic Entomology, 2017, 110: 2364 – 2370.

[37] Luo Z X, Magsi D H, Li Z Q, *et al*. Development and evaluation of sex pheromone mass trapping technology for
Ectropis grisescens: a potential integrated pest management strategy. Insects, 2020, 11: 15.

[38] Ma T, Xiao Q, Yu Y G, *et al*. Analysis of tea geometrid (*Ectropis grisescens*) pheromone gland extracts using GC-
EAD and GCxGC/TOFMS. Journal of Agricultural and Food Chemistry, 2016, 64: 3161 – 3166.

[39] Magsi F H, Li Z Q, Cai X M, *et al*. Identification of a unique three-component sex pheromone produced by the tea
black tussock moth, *Dasychira baibarana* (Lepidoptera: Erebidae: Lymantriinae). Pest Management Science, 2022,
78: 2607 – 2617.

[40] Mochizuki F, Fukumoto T, Noguchi H, *et al*. Resistance to a mating disruptant composed of (*Z*)-11-tetradecenyl
acetate in the smaller tea tortrix, *Adoxophyes honmai* (Yasuda) (Lepidoptera: Tortricidae). Applied Entomology
and Zoology, 2002, 37: 299 – 304.

[41] Paré P W, Tumlinson J H. Plant volatiles as a defense against insect herbivores. Plant Physiology, 1999, 121: 325 –
331.

[42] Rhoades D F. Responses of alder and willow to attack by tent caterpillars and webworms: evidence for pheromonal
sensitivity of willows. Pages 55 – 68 in Hedin PA, ed., American Chemical Society, 1983, Washington, DC.

[43] Sharkey T D, Singsaas E L. Why plants emit isoprene. Nature, 1995, 374: 769 – 769.

[44] Simpraga M, Takabayashi J, Holopainen JK. Language of plants: Where is the word?. Journal of Integrative Plant
Biology, 2016, 58: 343 – 349.

[45] Tabata J, Noguchi H, Kainoh Y, *et al*. Sex pheromone production and perception in the mating disruption-resistant
strain of the smaller tea leafroller moth, *Adoxophyes honmai*. Entomologia Experimentalis et Applicata, 2007, 122:
145 – 153.

[46] Tamaki Y, Sugie H, Hirano C. Acrylic acid: an attractant for the female smaller tea tortrix moth (Lepidoptera:
Tortricidae). Japanese Journal of Applied Entomology and Zoology, 1984, 28: 161 – 166.

[47] Turlings T C J, Tumlinson J H, Lewis WJ. Exploitation of herbivore-induced plant odors by host-seeking parasitic
wasps. Science, 1990, 250: 1251 – 1253.

[48] Wang L, Erb M. Volatile uptake, transport, perception, and signaling shape a plant's nose. Essays in biochemistry,
2022, 66: 695 – 702.

[49] Wang Y M, Ge F, Liu XH, *et al*. Evaluation of mass-trapping for control of tea tussock moth *Euproctis
pseudoconspersa* (Strand) (Lepidoptera: Lymantriidae) with synthetic sex pheromone in south China. International
Journal of Pest Management, 2005, 51: 289 – 295.

[50] Wei J N, Wang L Z, Zhu J W, *et al*. Plants attract parasitic wasps to defend themselves against insect pests by
releasing hexenol. PLOS one, 2007, 2: e852.

[51] Xiu C L, Zhang F G, Pan H S, *et al*. Evaluation of selected plant volatiles as attractants for the stick tea thrip
Dendrothrips minowai in the laboratory and tea plantation. Insects, 2022, 13: 509.

陈宗懋　李兆群　蔡晓明

附表一
常见植物挥发物的英文名称及
化学结构对照表

化合物中文名	化合物英文名	化 学 结 构 式
(Z)-3-己烯醇	(Z)-3-hexenol	
(Z)-3-己烯乙酸酯	(Z)-3-hexenyl acetate	
乙酸正己酯	n-hexyl acetate	
(Z)-3-己烯丁酸酯	(Z)-3-hexenyl butyrate	
(Z)-3-己烯醛	(Z)-3-hexenal	
(E)-2-己烯醛	(E)-2-hexenal	
2-乙基-1-己醇	2-ethyl-1-hexanol	
(E)-2-丁酸己烯酯	(E)-2-hexenyl butyrate	
丁酸己酯	hexyl butyrate	
(Z)-3-己烯基-2-甲基丁酸酯	(Z)-3-hexenyl-2-methyl butyrate	
(Z)-3-己烯基正戊酸酯	(Z)-3-hexenyl n-valerate	
(Z)-3-己烯异丁酸酯	(Z)-3-hexenyl iso-butyrate	
(Z)-3-己烯基苯甲酸酯	(Z)-3-hexenyl benzoate	

化合物中文名	化合物英文名	化 学 结 构 式
(Z)-3-己烯基苯乙酸酯	(Z)-3-hexenyl phenyl acetate	
正己醛	n-hexanal	
(E)-2-戊烯醛	(E)-2-pentenal	
1-戊烯-3-醇	1-penten-3-ol	
正戊醇	n-pentanol	
(Z)-2-戊烯醇	(Z)-2-pentenol	
(Z)-3-己烯-1-醇甲酸酯	(Z)-3-hexenyl formate	
异戊二烯	isoprene	
月桂烯	myrcene	
ρ-伞花烃	ρ-cymene	
柠檬烯	limonene	
(Z)-β-罗勒烯	(Z)-β-ocimene	
(E)-β-罗勒烯	(E)-β-ocimene	
γ-松油烯	γ-terpinene	
芳樟醇	linalool	

化合物中文名	化合物英文名	化 学 结 构 式
(E)-4,8-二甲基-1,3,7-壬三烯	(E)-4,8-dimethylnona-1,3,7-triene(DMNT)	
(E,E)-α-法尼烯	(E,E)-α-farnesene	
雪松醇	cedrol	
苯乙醇	phenylethyl alcohol	
α-蒎烯	α-pinene	
2,6-二甲基-3,7-辛二烯-2,6-二醇	2,6-dimethyl-3,7-octadiene-2,6-diol	
1,3,8-ρ-薄荷三烯	1,3,8-ρ-menthatriene	
(E)-石竹烯	(E)-caryophyllene	
丁酸苯乙酯	β-phenylethyl butyrate	
δ-杜松烯	δ-cadinene	
(E)-橙花醇	(E)-nerolidol	
(E,E)-4,8,12-三甲基-1,3,7,11-十三碳四烯	(E,E)-4,8,12-trimethyltrideca-1,3,7,11-tetraene(TMTT)	
红没药烯	bisabolene	
β-紫罗兰酮	β-ionone	

化合物中文名	化合物英文名	化 学 结 构 式
(E)-β-法尼烯	(E)-β-farnesene	
(Z)-氧化芳樟醇(吡喃型)	(Z)-linalool oxide (pyranoid)	
(E)-氧化芳樟醇(呋喃型)	(E)-linalool oxide (furanoid)	
(E)-氧化芳樟醇(吡喃型)	(E)-linalool oxide (pyranoid)	
(Z)-氧化芳樟醇(呋喃型)	(Z)-linalool oxide (furanoid)	
香叶醇	geraniol	
4-甲基-1,5-庚二烯	4-methyl-1,5-heptadiene	
苯乙酮	acetophenone	
苯酚	phenol	
苯甲醇	benzyl alcohol	
水杨酸甲酯	methyl salicylate	
苯乙腈	phenylacetonitrile	
苯甲醛	benzaldehyde	
2-苯乙基乙酸酯	2-phenylethyl acetate	

化合物中文名	化合物英文名	化 学 结 构 式
异丁酸苯乙酯	phenethyl isobutyrate	
吲哚	indole	
壬醛	nonanal	
癸醛	decanal	

附表二
茶树害虫性信息素的英文名称及
化学结构对照表

化合物中文名	化合物英文名	化 学 结 构 式
(Z)-9-十四碳烯乙酸酯	(Z)- tetradec - 9 - en - 1 - yl acetate	
(Z)-11-十四碳烯乙酸酯	(Z)- tetradec - 11 - en - 1 - yl acetate	
(E)-11-十四碳烯乙酸酯	(E)- tetradec - 11 - en - 1 - yl acetate	
10-甲基十二碳乙酸酯	10 - methyldodecyl acetate	
(Z)-9-十二碳烯乙酸酯	(Z)- dodec - 9 - en - 1 - yl acetate	
11-十二碳烯乙酸酯	dodec - 1 - ene	
(E)-9-十二碳烯乙酸酯	(E)- dodec - 9 - en - 1 - yl acetate	
1-十二醇乙酸酯	dodecyl acetate	
1-十二醇	dodecan - 1 - ol	
(E)-11-十六碳烯醛	(E)- hexadec - 11 - enal	
(Z)-11-十六碳烯醛	(Z)- hexadec - 11 - enal	
(Z)-6,9-环氧-3,4-十九碳二烯	(Z,Z)- 6,9 - epoxy - 3,4 - nonadecadiene	
(Z)-3,6,9-十九碳三烯	(Z3,Z6,Z9)- nonadeca - 3, 6,9 - triene	

化合物中文名	化合物英文名	化 学 结 构 式
(Z)-3,9-环氧-6,7-十八碳二烯	(Z,Z)-3,9-epoxy-6,7-octadecadiene	
(Z)-3,6,9-十八碳三烯	(Z3,Z6,Z9)-octadeca-3,6,9-triene	
(Z)-3,9-环氧-6,7-十九碳二烯	(Z,Z)-3,9-epoxy-6,7-nonadecadiene	
10,14-二甲基十五醇异丁酸酯	10,14-dimethylpentadecyl isobutyrate	
10,14-二甲基十五醇丁酸酯	10,14-Dimethylpentadecyl butyrate	
14-甲基十五醇异丁酸酯	14-methylpentadecyl isobutyrate	
(Z)-7-十八醇异丁酸酯	(Z)-octadec-7-en-1-yl isobutyrate	
(Z)-7-十八醇丁酸酯	(Z)-octadec-7-en-1-yl butyrate	
(Z)-7-十八醇-2-甲基丁酸酯	(Z)-2-methyloctadec-7-en-1-yl butyrate	
(Z)-9-十八醇-2-甲基丁酸酯	(Z)-2-methyloctadec-9-en-1-yl butyrate	
(Z)-7-十八醇异戊酸酯	(Z)-octadec-7-en-1-yl 3-methylbutanoate	
(Z)-9-十八醇异戊酸酯	(Z)-octadec-9-en-1-yl 3-methylbutanoate	
(Z)-9-甲基-16-十七烷异丁酸酯	(Z)-16-methylheptadec-9-en-1-yl isobutyrate	
16-甲基十七烷异丁酸酯	16-methylheptadecyl isobutyrate	
(Z)-3,6-环氧-9,10-二十一碳二烯	(Z,Z)-3,6-epoxy-9,10-henicosadiene	
(Z)-3,6-二十一碳二烯-11-酮	(Z3,Z6)-henicosa-3,6-dien-11-one	

化合物中文名	化合物英文名	化 学 结 构 式
(Z)-3,6,-(E)-11-环氧-9,10-二十一碳三烯	(Z,Z,E)-3,6,11-epoxy-9,10-henicosadiene	
十八碳醛	stearaldehyde	
(E)-11-十八碳烯醛	(E)-octadec-11-enal	
(E)-14-十八碳烯醛	(E)-octadec-14-enal	
(E)-11,14-十八碳二烯醛	(E11,E14)-octadeca-11,14-dienal	
(Z)-7,9-十碳二烯醇	(Z)-deca-7,9-dien-1-ol	
(Z)-9-(E)-11-十四碳乙酸酯	(Z9,E11)-tetradeca-9,11-dien-1-yl acetate	
(Z)-9-(E)-12-十四碳乙酸酯	(Z9,E12)-tetradeca-9,12-dien-1-yl acetate	
荆芥内酯	(4aS,7S,7aR)-nepetalactone	
荆芥醇	(1R,4aS,7S,7aR)-nepetalactol	
(Z)-3,9-二甲基-6-异丙烯-3,9-癸二烯丙酸酯	(Z)-3,9-dimethyl-6-isopropenyl-3,9-decadien-1-ol propionate	
4-氧代-(E)-2-己烯醛	(E)-4-oxohex-2-enal	
丁酸己酯	hexyl butyrate	
丁酸-(E)-2-己烯酯	(E)-hex-2-en-1-yl butyrate